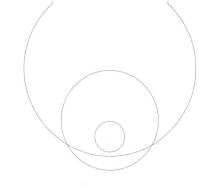

21世纪计算机科学与技术实践型教程

金升灿　主编
杨家毅　张运香　副主编

Flash CS6动画制作

清华大学出版社
北京

内容简介

本书以零起点的读者为主要对象，以 Flash CS6 作为开发平台，从实用角度出发，结合丰富的实例，介绍了制作动画的常用方法和技术，可以作为 Flash 动画制作课程的入门教材。本书详细阐述了利用 Flash 制作动画的方法，介绍了 Flash CS6 提供的新功能、新技术以及 ActionScript 3.0 环境下的脚本程序设计方法。

全书分为15章，主要内容包括 Flash 简介、传统补间动画、工具的使用、补间动画制作、引导线动画、形状补间动画、遮罩动画、逐帧动画、骨骼动画、3D 动画、文本使用、元件和实例、声音和视频应用、Flash 组件、动作脚本基础、动作脚本进阶、动画优化与发布、综合实例。各章内容以制作动画技术为主线，从自学和教学的实用性、易用性出发，用典型实例，边讲(学)边练的方式介绍了制作动画的方法。每章均提供了思考题和上机操作题。

在本书提供的配套光盘中，包括书中所有实例的源文档和影片文件以及相关的素材。

本书既可作为高等院校和高职高专院校计算机动画制作课程的入门教材，也可作为计算机培训辅导用书，还可作为广大计算机爱好者学习 Flash 动画制作的自学用书和参考书。

图书在版编目(CIP)数据

Flash CS6 动画制作/金升灿主编. —北京：清华大学出版社，2017(2021.9 重印)
(21 世纪计算机科学与技术实践型教程)
ISBN 978-7-302-44998-0

Ⅰ. ①F… Ⅱ. ①金… Ⅲ. ①动画制作软件－高等学校－教材 Ⅳ. ①TP317.48

中国版本图书馆 CIP 数据核字(2016)第 216127 号

责任编辑：谢 琛 李 晔
封面设计：何凤霞
责任校对：白 蕾
责任印制：宋 林

出版发行：清华大学出版社
网 址：http://www.tup.com.cn，http://www.wqbook.com
地 址：北京清华大学学研大厦 A 座 **邮 编**：100084
社 总 机：010-62770175 **邮 购**：010-62786544
投稿与读者服务：010-62776969，c-service@tup.tsinghua.edu.cn
质量反馈：010-62772015，zhiliang@tup.tsinghua.edu.cn
课件下载：http://www.tup.com.cn，010-62795954
印 装 者：三河市龙大印装有限公司
经 销：全国新华书店
开 本：185mm×260mm **印 张**：25.25 **字 数**：581 千字
附光盘 1 张
版 次：2017 年 1 月第 1 版 **印 次**：2021 年 9 月第 5 次印刷
定 价：69.00 元

产品编号：067253-03

《21世纪计算机科学与技术实践型教程》

序

21世纪影响世界的三大关键技术是：以计算机和网络为代表的信息技术；以基因工程为代表的生命科学和生物技术；以纳米技术为代表的新型材料技术。信息技术居三大关键技术之首。国民经济的发展采取信息化带动现代化的方针，要求在所有领域中迅速推广信息技术，导致需要大量的计算机科学与技术领域的优秀人才。

计算机科学与技术的广泛应用是计算机学科发展的原动力，计算机科学是一门应用科学。因此，计算机学科的优秀人才不仅应具有坚实的科学理论基础，而且更重要的是能将理论与实践相结合，并具有解决实际问题的能力。培养计算机科学与技术的优秀人才是社会的需要、国民经济发展的需要。

制定科学的教学计划对于培养计算机科学与技术人才十分重要，而教材的选择是实施教学计划的一个重要组成部分，《21世纪计算机科学与技术实践型教程》主要考虑了下述两方面。

一方面，高等学校的计算机科学与技术专业的学生，在学习了基本的必修课和部分选修课程之后，立刻进行计算机应用系统的软件和硬件开发与应用尚存在一些困难，而《21世纪计算机科学与技术实践型教程》就是为了填补这部分鸿沟。将理论与实际联系起来，结合起来，使学生不仅学会了计算机科学理论，而且也学会应用这些理论解决实际问题。

另一方面，计算机科学与技术专业的课程内容需要经过实践练习，才能深刻理解和掌握。因此，本套教材增强了实践性、应用性和可理解性，并在体例上做了改进——使用案例说明。

实践型教学占有重要的位置，不仅体现了理论和实践紧密结合的学科特征，而且对于提高学生的综合素质，培养学生的创新精神与实践能力有特殊的作用。因此，研究和撰写实践型教材是必须的，也是十分重要的任务。优秀的教材是保证高水平教学的重要因素，选择水平高、内容新、实践性强的教材可以促进课堂教学质量的快速提升。在教学中，应用实践型教材可以增强学生的认知能力、创新能力、实践能力以及团队协作和交流表达能力。

实践型教材应由教学经验丰富、实际应用经验丰富的教师撰写。此系列教材的作者不但从事多年的计算机教学，而且参加并完成了多项计算机类的科研项目，把他们积累的经验、知识、智慧、素质融合于教材中，奉献给计算机科学与技术的教学。

我们在组织本系列教材过程中，虽然经过了详细地思考和讨论，但毕竟是初步的尝试，不完善甚至缺陷不可避免，敬请读者指正。

本系列教材主编　陈明

2005年1月于北京

前　言

Flash 作为一款优秀的动画制作软件，一面世就受到动画制作者的喜爱。Flash CS6 以友好的界面使动画设计制作者倍感亲切，强大的功能使设计制作者在设计制作个性化动画时更加得心应手，而简单易用使初学者也能在较短时间内轻松上手，并制作出充满个性的动画。这一切使 Flash 在众多动画制作软件中脱颖而出，成为最受人们欢迎的动画制作软件之一。

Flash 8 曾经作为最经典的版本，完全可以满足教学和学习动画制作的需要。随着 Flash 软件技术的发展和不断升级，Flash CS6 不但增加了许多新功能和技术，在软件界面设计上更为人性化，制作动画的操作也更为方便，成为一款经典的动画制作软件。

迅速掌握 Flash 动画的制作技术和技巧，已成为动画制作爱好者的迫切需求。本书作者根据多年讲授 Flash 动画制作的教案，精心编排和设计了各章内容。在介绍实例制作过程时，力求语言简捷精练、思路清晰，结合丰富的插图，使读者能够一目了然。本书注重动画制作思路和方法的介绍，使读者能够快速掌握动画设计制作的方法，既适合初学者学习，也适合有一定 Flash 动画制作经验的设计制作者使用。

全书分 15 章，主要内容如下。

第 1 章　介绍 Flash 有关的知识和工作界面；

第 2 章　介绍传统补间动画的制作方法和开发 Flash 动画的步骤；

第 3 章　介绍 Flash 提供的各种工具的使用；

第 4 章　介绍利用补间动画制作常用动画的方法；

第 5 章　介绍引导线动画的制作方法；

第 6 章　介绍形状补间动画、遮罩动画、逐帧动画的制作方法；

第 7 章　介绍骨骼动画和 3D 动画的制作方法；

第 8 章　介绍文本的输入和文本动画的制作方法；

第 9 章　介绍元件和实例；

第 10 章　介绍声音和视频的应用；

第 11 章　介绍 Flash 组件的使用方法；

第 12 章　介绍常用的脚本（ActionScript 3.0）命令及用脚本控制影片的方法；

第 13 章　介绍动作脚本的一些高级功能，包括影片剪辑、按钮和键盘控制的方法；

第 14 章　介绍测试作品和作品的输出与发布；

第 15 章　介绍 Flash 网站的制作和 MTV 的制作方法。

各章内容以制作动画技术为主线，从自学和教学的实用性、易用性出发，用典型的实例，边讲(学)边练的方式介绍了制作动画的方法。每章均给出了学习建议，提供了思考题和上机操作题。

配套光盘中提供了所有范例的源文档和影片文件以及相关的素材。内容如下：

- \实例\：各章范例的源文档和影片文件；
- \素材\视频\：视频素材；
- \素材\图片\PNG\：PNG位图素材；
- \素材\图片\剪辑图\：Office剪辑图库中的矢量图；
- \素材\图片\位图\：位图素材；
- \素材\图片\动画\：GIF动画素材；
- \素材\图片\图片序列\：图片序列；
- \素材\音乐\：声音素材；
- \扩展组件\：Flash扩展组件。

本书既可作为高等院校和高职高专院校Flash动画制作课程的入门教材，也可作为计算机培训辅导用书，还可作为计算机爱好者学习Flash动画制作的自学用书和参考书。

本书由佳木斯大学金升灿担任主编，并负责统稿，杨家毅和张运香担任副主编，张博、彭雪峰、周丽韫、葛锐、李帅等参加编写，白建明担任主审。各章具体分工如下：

金升灿编写第9章和第12章；杨家毅编写第3章和第13章；张运香编写第2章、第6章和第10章；张博编写第4章和第5章；彭雪峰编写第7章和第8章；周丽韫编写第14章和第15章；葛锐编写第11章；李帅编写第1章。佳木斯大学白建明教授认真细致地审阅了全部书稿，并提出了修改意见，在此表示感谢。

由于作者水平有限，书中难免会有疏漏和不妥之处，敬请读者批评指正。

编　者

2016年9月

目　录

第 1 章　Flash 简介

内容提要

本章介绍 Flash 软件相关的基础知识；Flash 软件的基本功能和 Flash 动画设计的基础知识；Flash 动画设计的基本概念；Flash CS6 工作环境的设置及常用功能面板的显示与隐藏。

学习建议

在学习本章时，了解 Flash 的相关概念和应用；熟悉 Flash 软件工作界面及工作环境的设置方法；重点掌握 Flash 软件的启动、退出和文件的基本操作。学习时注意对话框和面板的不同。

1.1　认识 Flash

1.1.1　Flash 是什么

Flash 是一种集动画创作与应用程序开发于一身的创作软件，是由美国 Macromedia 公司开发的二维动画制作软件，现已被 Adobe 公司收购。通常包括 Flash(用于设计和编辑 Flash 文档)和 Flash Player(用于播放 Flash 文档)。

Flash 有三重含义。

(1) Flash 英文本意为“闪光”；

(2) 是全球流行的计算机动画设计软件；

(3) 代表用 Flash 软件制作的流行于网络的动画作品。

Flash 是一种交互式矢量多媒体技术，它的前身是 Future Splash，早期网络上流行的矢量动画插件。由 Macromedia 公司收购 Future Splash，将其改名为 Flash 2，并发展到 Flash 8。目前已由 Adobe 公司收购，最新版本为 Flash CS6、Flash CC。现在网络上已经有成千上万个 Flash 站点，可以说 Flash 已经渐渐成为交互式矢量动画的标准，成为未来网页制作的主流软件。

1.1.2　Flash 能做什么

Flash 也指一种网络上新兴的流行动画格式，它是矢量的，即使放大也不会出现变形和失真。基于 Flash 动画制作软件开发的动画，具有丰富的效果和强大的功能，已被广泛地应用在网站设计、动画制作、媒体广告、MTV、Flash 短片、片头宣传、节庆贺卡、教学课件、网络游戏等的制作上。但 Flash 不是那么简单就能学会的，在网络上看到的那些漂亮眩目的动画效果，通常不是用画笔就能画出来的，它还具有强大的动作脚本和动态连接数据库的功能。可以说 Flash 脱离网页(Web)设计常用的语言和脚本，依然可以制作出界面漂亮、功能强大的网站。但由于网页设计人员技术和网络带宽的限制，目前国内全部采用 Flash 设计网站的公司还很少。

动画制作不仅仅是 Flash 一个软件可以实现的，还可以是 3DMax、Maya 软件，也可以是其他的软件。很多软件都可以制作漂亮的动画效果，但这些动画对 Web 的支持都不是很好，而且由于这些动画文件的体积庞大，不适合在网络上传播。而用 Flash 制作的动画文件的体积很小，如果再结合一些绘图软件和 3D 效果软件，动画的效果会更完美绚丽。

除此之外，Flash 还支持视频和音频的播放功能。用它制作出的作品可以声情并茂，加上基于 JavaScript 脚本而设计的 Flash Action 脚本，我们有理由相信，Flash 将颠覆现在的网页设计方法。

1.1.3 Flash 的特点

(1) 由于 Flash 采用了矢量绘图技术，使设计制作的 Flash 动画文件小，适合于网络上使用，并能保证动画播放效果好、图像细腻、画面清晰，任意缩放尺寸也不会影响画面质量。

(2) Flash 软件中脚本语言的强大功能，使 Flash 动画具有强劲的交互性。

(3) 先进的元件库技术及强大的元件管理功能，使作品的编辑修改方便容易。元件的重复使用也是使生成的 SWF 文件更小的重要原因。

(4) Flash 动画采用了流媒体播放技术，使 Flash 动画非常易于在网络上传播，播放和下载可以同时进行。

(5) Flash 具有强大方便的多媒体集成和处理功能，支持文字、图像、音频、动画和视频等所有信息的编排和处理，因此 Flash 动画可以具有绚丽强烈的视听效果；如今 Flash 动画的跨媒体性使 Flash 动画除在网络上传播播放外，还可以在影视和移动设备上播放。

(6) 动画的制作基于关键帧。只要给出两个关键帧对应的画面，在两关键帧间定义补间就能制作出令人心动的动画效果；也使动画制作省时省力，大大降低了制作成本。

(7) 支持多样的文件导入、导出格式。Flash CS6 除支持导入常规图像、音视频格式外，还可以直接导入 PSD、AI 和 FXG 等格式的文件；导出除图像、影片及影片的序列图像外，还可以发布输出. avi、. gif、. mov、. html 和 Win(Mac)放映文件等多种文件格式。Win 放映文件是在 Windows 操作系统下可直接执行的. exe 文件，因为在 Win 放映文件中打包了 Flash Player 软件。

Flash 的诸多特点、优点使 Flash 软件在网站设计、网页动画制作、动画广告、MTV、动画短片、动漫影视制作、影视片头片尾动画、电子贺卡、交互演示课件、网络游戏、手机动画等的制作上都有不俗的表现。

1.1.4 Flash的应用领域

Flash应用的领域主要有动画创作、娱乐短片制作、片头的设计、Flash小广告设计、网页设计中的导航条、各种网络小游戏的开发、各种产品的网络产品展示、应用程序的开发、网站的建设等。尤其是Flash的网络功能开发越来越被广泛应用。Flash也具有跨平台的特性，只要安装了支持的Flash Player，就可以保证在各种平台的最终显示效果的一致。

Flash动画无处不在的魅力，使得人们能够享受Flash动画带来的乐趣。

1. 应用程序开发

Flash有独特的跨平台特性和灵活的界面控制，使得用Flash在软件开发与应用程序设计领域有很强的生命力。通过JavaScript语言实现的程序在与用户的交流方面具有其他任何方式都无可比拟的优势。对于一个软件系统的界面，Flash所具有的特性完全可以为用户提供一个良好的功能。

2. 网页设计

现在打开网页Flash动画随处可见。动态的Flash动画网站设计已经逐渐变成了一种趋势，也越来越受到广大群众的喜爱。很多企业网站往往在进入主页前播放一段使用Flash制作的欢迎页(也称为引导页)，用Flash动画制作网站的Logo(网站的标志)。

随着动画在网站设计领域的不断深入发展，人们已经认识到了Flash动画的广阔前景，它将会变成一种趋势，带给观众不一样的视觉、听觉感受。利用Flash独特的按钮功能制作的网站导航条，浏览者通过鼠标点击菜单栏，实现动画、声音等多媒体效果，同时也达到了美化网站界面、吸引观众眼球的目的，增加了浏览者与网站的互动，同时也调动了浏览者的积极性，提高点击率。

3. 网页广告

现在打开一个网页，随处可见动感时尚的Flash动画广告，创意新颖且富有趣味，更容易被大众所记住，从而达到广告传播的目的。

Flash动画短小精悍，表现力强，能够更好地达到广告传播的作用，其所创造的动态艺术，越来越容易被广大群众所接受，并且为大多数广告公司所重用，从而广泛传播。

4. 网络动画

随着计算机技术的普遍运用和动画行业的飞速发展，二维动画在三维动画迅猛发展情景下也毫不逊色，二维动画在国内外也开始繁荣起来。许多网友都喜欢把自己制作的Flash音乐动画、Flash电影动画传输到网上供网友欣赏，实际上正是因为这些网络动画的流行，Flash已经在网上形成了一种文化。国内较有影响力的二维动画有《喜羊羊与灰太狼》，这是Flash动画的经典制作，

这些网络动画，简短精练、表现力强、制作时间短，而且造价非常低，能够大大减少人力、物力资源的消耗，因此，许多网络公司都非常看好Flash动画的发展前景，并且予以重用。

5. 多媒体教学课件

运用Flash独特的交互性能制作出的教学课件，不仅仅体现出了教师的创新能力，更重要的是可以提高学生学习的积极性，把学生从乏味的学习氛围中解脱出来，接受新的教学方式，调动学生们的新鲜感，从而提高教学质量。

相对于其他软件制作的课件，Flash课件具有体积小、表现力强的特点。在制作实验演示或多媒体教学光盘时，Flash动画得到大量的运用。

6. 游戏开发

Flash运用其强大的动作脚本功能，可以制作一些有趣的在线小游戏，如贪吃蛇、看图识字、五子棋等游戏，由于Flash游戏的体积比较小，所以一些手机厂商已经开始在手机内嵌入Flash小游戏，愈加丰富了人们的业余生活，而且随时随地都能玩，使用非常方便。

不仅仅是手机游戏，一些PC端的小游戏也是通过Flash制作出来的，而且Flash文件比较小，所以在PC端运行也是非常顺畅的。

7. 歌曲MTV

随着网络歌曲的不断盛行，歌曲MTV也成了群众所关注的对象。对于一些流行歌曲，为了能够引起观众的注意，一些唱片公司就会创作一些动画版的歌曲MTV，增加了歌曲的趣味性，保证质量的同时还降低了成本，而且还达到了唱片宣传的目的。这种方式被广泛流传，并且达到了很好的效果，类似《江南style》《小苹果》等，这些都是我们耳熟能详的。

随着计算机应用技术的不断发展，我国越来越重视动漫事业的成长，Flash动画迅速崛起并得到了加速提升，然而三维动画的出现，却对二维的Flash动画产生了一定的影响，但是Adobo公司推出的Flash已经结合了3D技术的精髓，使得Flash动画变得更加灵活，更加强大，可以实现的功能也愈来愈多。相信在网络信息飞速传播的时代中，Flash动画一定会为自己开辟出一片新天地。

1.2 Flash简介

1.2.1 Flash软件的基本功能

Flash软件有绘图、动画、编程三个基本功能。

- 绘图功能：Flash可以完成图形绘制、特殊字形处理等方面的工作。
- 动画功能：Flash提供的动画制作工具可以制作出绚丽的动画效果。
- 编程功能：Flash提供的编程环境是动画制作或交互动画制作不可缺少的部分。

Flash提供了丰富的语言元素和语句，对象方法、属性，但在实际应用中只需要掌握常用的少部分就能完成大多数工作。

这三部分功能是相对独立的，在工作中通常分开进行，例如，由美术人员完成绘图及部分多媒体的制作，后期再由编程人员进行加工处理。学习Flash也可以按绘图、动画制作和编程三个部分进行。

1.2.2　动画设计制作基本功能

Flash 动画设计制作功能中，“绘图与编辑图形”“补间动画”和“遮罩动画”是整个 Flash 动画设计中最重要、也是最基础的三个动画设计基本功能。这三个基本功能自 Flash 诞生以来就存在。

1. 绘图与编辑图形

绘图与编辑图形不仅是创作 Flash 动画的基本功，也是进行多媒体创作的基础。只有基本功扎实，才能在以后的学习和创作道路上一帆风顺。

在绘图的过程中要学习体会怎样使用元件来组织动画画面元素，这是设计制作 Flash 动画的一个特点。

2. 补间动画

补间动画是整个 Flash 动画设计制作的核心，也是 Flash 动画的最大优点，它有补间动画、补间形状和传统补间等动画形式。

学习 Flash 动画设计制作，最主要的就是学习补间动画设计。Flash 补间动画的元素主要有影片剪辑和图形元件。在应用影片剪辑元件和图形元件创作动画时，有一些细微的差别(如时间轴行为表现上，影片剪辑可以被控制，而图形元件则不能)，在学习过程中要注意这些细微的差别。

3. 遮罩动画

遮罩动画是 Flash 动画创作中不可缺少的，也是 Flash 动画设计制作中重要和精彩的地方。遮罩动画的原理简单，但实现的方式多种多样，特别是与补间动画、影片剪辑元件结合起来使用，可以创建出千变万化的动画效果形式。在学习中，应该对这些形式加以总结概括，就能有的放矢，从容地创建出各种形式绚丽的动画效果了。

学习中，通过举一反三会创建出更多、实用性更强的动画效果。

1.3　了解 Flash 中的基本概念

1.3.1　位图和矢量图

计算机中的图像根据其显示原理的不同可以分为位图(点阵图)和矢量图两种。

位图是由计算机根据图像中每一点的信息生成的，要存储和显示位图就需要对每一个点的信息进行处理，这样的一个点就是像素(例如一幅 200×300 像素的位图就有 60 000 个像素点，计算机要存储和处理这幅位图就需要记住 6 万个点的信息)。位图有色彩丰富的特点，一般用在对色彩丰富度或真实感要求比较高的场合。但位图的文件较之矢量图要大得多，且位图在放大到一定倍数时会出现明显的失真(马赛克)现象，每一个马赛克实际上就是一个放大的像素点。

矢量图是由计算机根据矢量数据计算后生成的，它用包含颜色和位置属性的直线或曲线来描述图像。所以计算机在存储和显示矢量图时只需记录图形的边线位置和边线之间的颜色这两种信息即可。矢量图的特点是占用的存储空间非常小，且矢量图无论放大多少倍都不会出现失真现象。

像素和分辨率。像素是位图图像的基本单位，也是最小单位。像素是一个一个有颜色的小方块，这种最小的图形单位在屏幕上通常显示为单个的色点。图像是许多以行和列排列的像素组成的。每个像素都有自己特定的位置和颜色，这些按照特定位置排列的像素最终决定了图像的品质效果。用户可以按需要设定像素的长宽比，以及单位尺寸内所含像素的多少。单位尺寸内含有像素的多少即为位图图像的分辨率。分辨率通常用像素/英寸(ppi)表示。如72ppi分辨率表示在一平方英寸面积有72×72＝5184个像素点，而300ppi分辨率表示在一平方英寸面积有300×300＝90 000个像素点。设计制作Flash动画时通常用72ppi的图像。

1.3.2 帧和图层

帧是组成Flash动画最基本的单位，每一帧就是动画中的一幅幅画面。与电影的成像原理一样，Flash动画也是通过对帧的连续播放实现动画效果的，通过帧与帧之间的不同状态或位置的变化实现不同的动画效果。制作和编辑动画实际上就是对连续的帧进行操作的过程，对帧的操作实际就是对动画的操作。

图层就像一张透明的纸，用于绘制、布置和存放动画元素。因此Flash动画往往由多个图层组成。图层之间是相互独立的，每个图层都有自己的时间轴，包含相互独立的多个帧。当修改某一图层时，不会影响到其他图层中的对象。由于各图层间的独立性，可以把复杂的动画进行划分，将它们分别放在不同的图层，依次对每个图层上的对象进行编辑，不但可以简化烦琐的工作，也便于以后修改，从而有效地提高工作效率。

1.3.3 元件、库和实例

在Flash动画制作过程中，善于利用元件和库是提高工作效率的重要途径之一。

“元件”是Flash动画中可以重复使用的某一个部件，如果在动画中需要多次使用同一个对象，就可以将这个对象转化为元件，以后在需要应用时，直接调用元件即可。利用元件可以大大提高动画制作的效率，也可以有效地减小Flash动画文件的大小。Flash中的元件有三种：图形元件、影片剪辑元件和按钮元件。

库主要用于存放和管理动画中可重复使用的元件、位图、声音和视频文件等。利用库管理这些资源，可有效提高工作效率。如果要调用某一个元件，只要将该元件从库中拖放到舞台上即可。除了对元件进行管理，还可以在库中对元件的属性进行修改。

“实例”也称元件的实例，将库中的元件拖放到舞台上后，Flash中就将它称为元件的实例。Flash动画主要以实例为动画元素。用动作脚本还可以动态地创建对象的实例。

1.3.4 关键帧

关键帧是在时间轴的帧格中有黑色实心圆点所在的帧，它代表着某时间点对应的画面有内容，并且与之前的画面内容可能不同，可用于由一个画面到另一个画面的动画生成。空白关键帧是在时间轴的帧格中有黑色空心圆圈所在的帧，它代表着某时间点对应的画面没有内容，可用于结束此帧之前的画面。

1.3.5 帧频

帧频是指单位时间内播放的帧数。Flash CS6 默认的帧频为 24fps，即在 1 秒钟时间内播放的画面有 24 帧。通过修改帧频达到想要的动画播放速度。

1.3.6 Flash 中常用的文件类型

Flash 软件支持的文件类型有多种，常用的有 FLA 格式、SWF 格式和 AS 格式三类。

FLA 格式文件是 Flash 中的文档文件，它包含着 Flash 文档内容的图形、文本、声音和视频对象，还有时间轴和脚本等信息的文件；文件扩展名为. fla。

SWF 格式文件也称 Flash 动画影片文件，是 FLA 文件的二进制压缩形式文件，它包含图形、动画、文本、位图、音频、视频和脚本语言等多种数据；Flash 文档通过发布或导出或测试成为 SWF 文件后，可以直接应用到网页中，也可以用 Flash Player 直接播放；文件扩展名为. swf。

AS 格式文件是指 ActionScript 文件，即将某些或全部 ActionScript 脚本代码保存在 FLA 文件以外的位置，AS 文件有助于脚本代码的管理；文件扩展名为. as。

1.3.7 ActionScript

ActionScript 是一种编程语言，也是 Flash 动画制作特有的一种开发语言。它在 Flash 内容和应用程序中实现交互、数据处理及其他功能。在 Flash CS6 版本中支持 AsctionScript 2.0 和 AsctionScript 3.0。

1.4 Flash CS6 的工作界面

1.4.1 界面简介

1. 欢迎屏幕

在启动 Flash CS6 软件的过程中，显示启动图标后，首先打开欢迎屏幕，如图 1-1 所示。通过欢迎界面，可以快速创建各种类型的 Flash 文档，或者访问相关的 Flash 资源。

欢迎屏幕包含以下 7 个区域。

(1) 从模板创建：列出创建新的 Flash 文档最常用的模板。通过单击列表中所需的

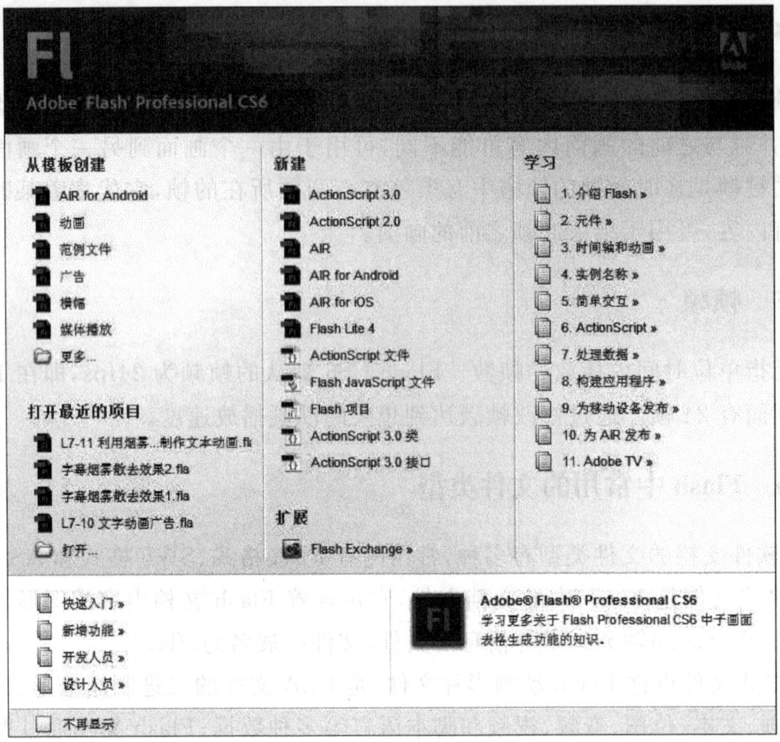

图 1-1　欢迎屏幕

模板，可以创建新文档。

(2) 打开最近的项目：用于打开最近打开过的文档，也可以通过单击“打开”图标，打开“打开文件”对话框。

(3) 新建：列出了 Flash 文档类型。单击列表中所需的文件类型，可以快速创建新的文档。新建 Flash 动画文档时，根据动画设计中使用的脚本，可以选择 ActionScript 3.0 或 ActionScript 2.0 脚本环境，创建新的 Flash 文档。

提示：如果已进入 Flash 工作窗口，或启动 Flash 时，未显示欢迎屏幕，则执行菜单“文件”→“新建”命令，打开“新建文档”对话框，选择“常规”选项卡，并选择其中所要创建的文档(如 ActionScript 3.0)类型，单击“确定”按钮，可以创建一个新的 Flash 动画文档。

(4) 扩展：在该选项区中提供了 Flash CS6 的扩展选项，单击 Flash Exchange 选项，将自动在浏览器窗口中打开 Adobe 官方网站的软件扩展页面，在该扩展页面中可以查找需要的扩展功能，下载并安装。

(5) 学习：在该选项区中提供了 Flash CS6 相关功能的学习资源，单击相应的选项即可在浏览器窗口中打开 Adobe 官方网站所提供的相关内容介绍页面。

(6) 相关资源：在该选项区中提供了 Flash CS6 相关资源的快速访问链接，单击相应的选项即可在浏览器窗口中打开 Adobe 官方网站所提供的相关内容介绍。

(7) 不再显示：勾选该复选框，弹出提示对话框，单击“确定”按钮。下次启动 Flash CS6 时将不会再显示欢迎屏幕。

提示：如果希望再次显示 Flash CS6 的欢迎屏幕，则可以执行菜单“编辑”→“首选参数”命令，打开“首选参数”对话框。在“常规”类别的“启动时”下拉列表中选择“欢迎屏幕”选项，单击“确定”按钮，即可在启动 Flash CS6 时显示欢迎屏幕。

2. 工作窗口界面

创建或打开文档后，进入 Flash 基本功能窗口界面，如图 1-2 所示。

图 1-2 “基本功能”窗口界面

1.4.2 基本操作窗口

1. 工作区切换按钮

Flash CS6 提供了多种软件工作区预设，在该选项的下拉列表中可以选择相应的工作区预设，如图 1-3 所示。选择不同的选项，即可将 Flash CS6 的工作区更改为所选择的工作区预设。在列表的最后提供了“重置‘基本功能’”、“新建工作区”、“管理工作区”3 种功能，“重置‘基本功能’”用于恢复当前工作区为默认状态，“新建工作区”用于创建个人喜好的工作区配置，“管理工作区”用于管理个人创建的工作区配置，可执行重命名或删除操作。

提示：执行菜单“窗口”→“工作区”命令，在菜单列表中也可以选择预设的工作区。

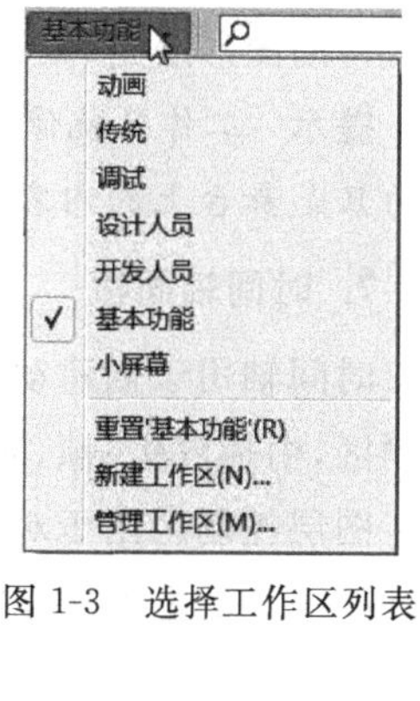

图 1-3 选择工作区列表

2. 搜索框

该选项提供了对 Flash 中功能选项的搜索功能，在该文本框中输入需要搜索的内容，再按 Enter 键即可。

3. 菜单栏

在菜单栏中提供了“文件”、“编辑”、“视图”、“插入”、“修改”、“文本”、“命令”、“控制”、“调试”、“窗口”和“帮助”11个菜单，几乎所有的可执行命令都可在这里直接或间接地找到相应的操作选项。

4. 文档选项卡

Flash可以打开多个文档。文档选项卡用于管理不同的文档。当对文档进行修改没有保存时，在文件名的后面显示“*”号作为标记，在文档名称的右侧是关闭文档命令按钮“×”。

提示：用鼠标拖动文档选项卡，可以将该文档拖出来成为一个独立的窗口，也可把独立文档窗口拖回原处，再形成文档窗口组。

也可以利用“窗口”菜单最下方的文档名称来切换文档窗口。

5. 场景编辑栏

该栏的左侧显示当前“场景”或“元件”的名称和图标；单击右侧的“编辑场景”按钮，在弹出的菜单中可以选择要编辑的场景；单击旁边的“编辑元件”按钮，在弹出的菜单中可以选择要切换编辑的元件，如图1-4所示。

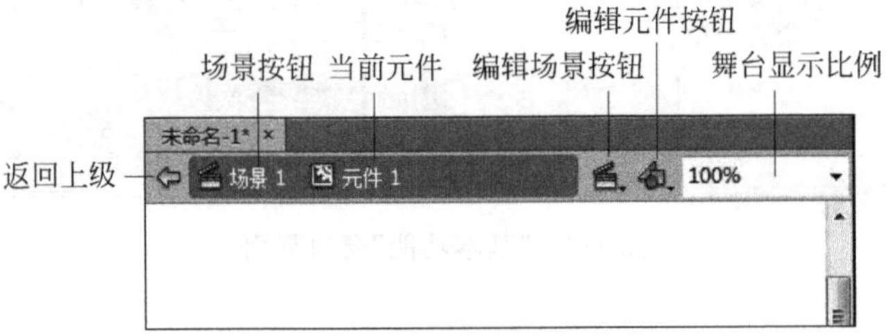

图1-4 场景编辑栏

执行菜单“窗口”→“工具栏”→“编辑栏”命令，可以设置显示或隐藏该栏。

6. 舞台

舞台(白色区域)是用来进行创作的编辑区，如矢量图形的制作和编辑以及动画的制作和展示都在舞台中进行。在舞台中除可以编辑作品中的图形对象外，还可以设置一些用于帮助图形绘制、编辑操作的辅助构件，如标尺、网格线和参考线等。

提示：工作区就像舞台的“后台”，在其中可以做许多准备或辅助工作，但真正表现出来的只是舞台上的内容。工作区中的内容在最终播放动画时是不会显示出来的。

7. 时间轴面板

时间轴用于创建动画和控制动画的播放。时间轴左侧为图层控制区，右侧为时间轴控制区，由播放头、帧、时间轴标尺及状态栏组成。

图层控制区用于对动画中的各图层进行控制和操作。当舞台中有多个对象，又需要将其按一定的上下顺序放置时，可将它们放置在不同的图层中。

8. 属性面板

属性面板也称为“属性检查器”，使用“属性”面板对各种不同对象的属性进行设置，如文档属性中的舞台大小和颜色设置、操作对象属性的设置等。

9. 工具箱

在工具箱中提供了 Flash 中所有的操作工具，如笔触颜色和填充颜色，以及工具的相应设置选项，通过这些工具可以在 Flash 中进行绘图、调整等相应的操作。

10. 面板的操作

在菜单“窗口”中，给出了 Flash CS6 所有面板的完整列表。默认情况下，面板以组合的形式和按钮形式显示在工作区的右侧。

单击“面板”按钮组中的按钮，可以打开面板，再单击按钮或单击其他位置关闭面板，如图 1-5 所示。

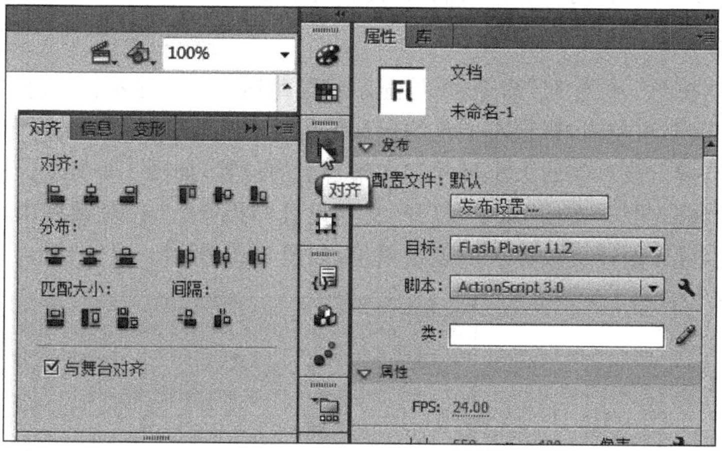

图 1-5 单击面板按钮打开“对齐”面板

常用的面板操作如下：

(1) 从菜单“窗口”选择所需的面板，可以打开和关闭面板。

(2) 在面板停靠栏，单击“折叠为图标”按钮，可以将面板折叠为图标；单击“展开面板”按钮，将展开面板，如图 1-6 所示。

图 1-6 折叠和展开面板

(3) 在面板停靠栏，单击关闭按钮，可以关闭面板，如图 1-7 所示。

(4) 在面板标题栏，单击面板选项按钮，或右击停靠栏、标题栏，将打开菜单，如图 1-8 所示。

图 1-7 关闭面板按钮

图 1-8 面板选项按钮

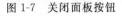

(5) 用鼠标按住停靠栏、标题栏或折叠后的图标，可以拖动面板脱离“面板”按钮组。也可以将脱离的面板拖动到“面板”按钮组。

提示：初学者可以利用“重置‘×××’”命令将 Flash 界面恢复为原始工作窗口状态。

1.4.3 动画制作辅助工具

在动画设计制作过程中，可以使用标尺、网格和辅助线等辅助工具进行精确绘制和设置对象的位置，还可以利用“贴紧”功能，方便将对象定位。

1. 标尺的使用

执行菜单“视图”→“标尺”命令，可以显示或隐藏标尺。当显示标尺时，它们将出现在编辑区窗口的顶部和左侧，舞台左上角的标尺值为 0。当移动舞台上的对象时，将在标尺上显示几条线，指出该对象的大小尺寸和在舞台上的位置，如图 1-9 所示。

执行菜单“修改”→“文档”命令，打开“文档设置”对话框。在对话框中的“标尺单位”下拉列表框中，可以选择更改标尺的度量单位，如图 1-10 所示。

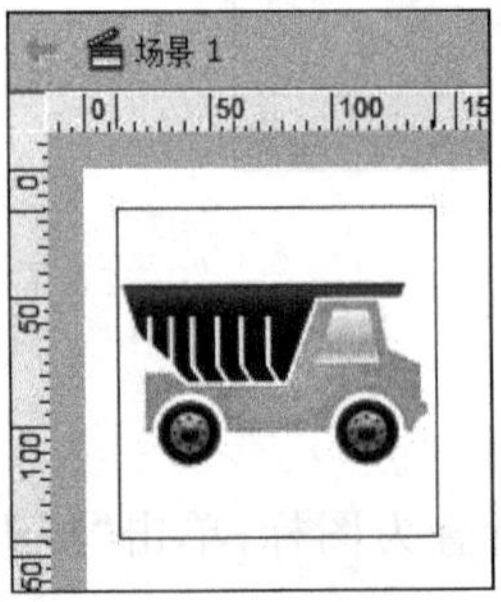

图 1-9 显示标尺

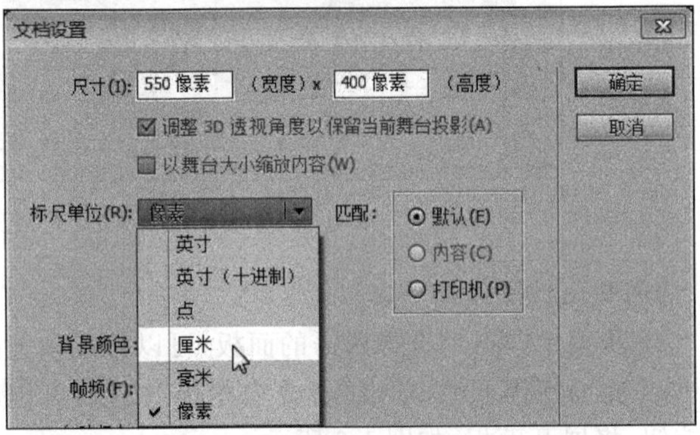

图 1-10 设置标尺单位

2. 网格使用

执行菜单“视图”→“网格”→“显示网格”命令，可以显示或隐藏网格。当设置为显示网格时，将在舞台显示网格线，如图 1-11 所示。

执行菜单“视图”→“贴紧”→“贴紧至网格”命令，可以打开或关闭贴紧至网格线。

提示：打开“贴紧至网格”功能后，在舞台移动对象时，将对象自动贴紧至网格线。

执行菜单“视图”→“网格”→“编辑网格”命令，打开“网格”对话框。在对话框中可以设置网格的颜色、网格的宽度等选项，如图 1-12 所示。

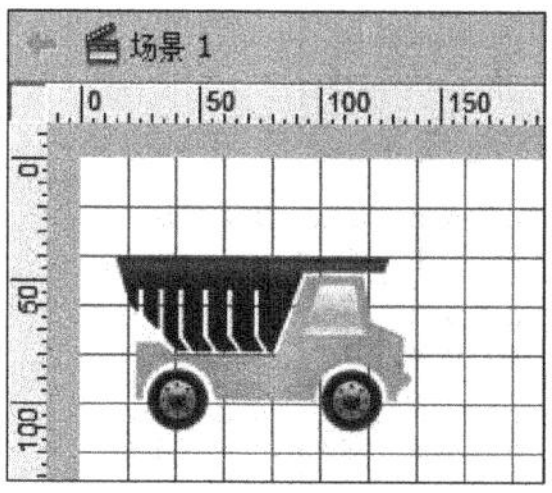

图 1-11 显示网格线

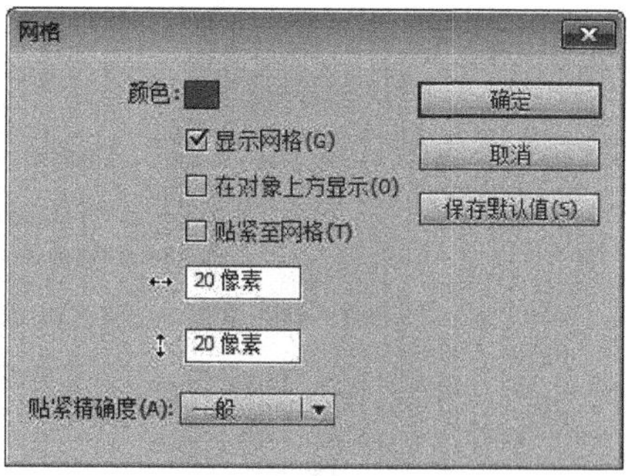

图 1-12 “网格”对话框

3. 辅助线使用

如果显示了标尺,可以用鼠标将水平和垂直辅助线从标尺拖动到舞台上;可以移动、锁定、隐藏和删除辅助线,也可以使对象贴紧至辅助线,还可以更改辅助线颜色和对齐精确度,如图 1-13 所示。

执行菜单“视图”→“辅助线”→“显示辅助线”命令,可以显示或隐藏辅助线。

执行菜单“视图”→“辅助线”→“编辑辅助线”命令,打开“辅助线”对话框。在该对话框中可以设置辅助线的颜色、对齐精确度等选项,如图 1-14 所示。

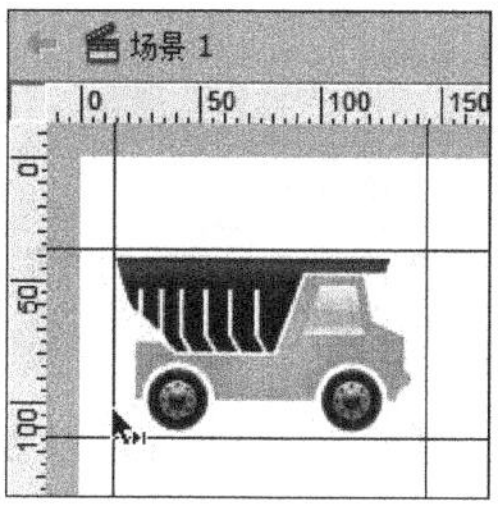

图 1-13 设置辅助线

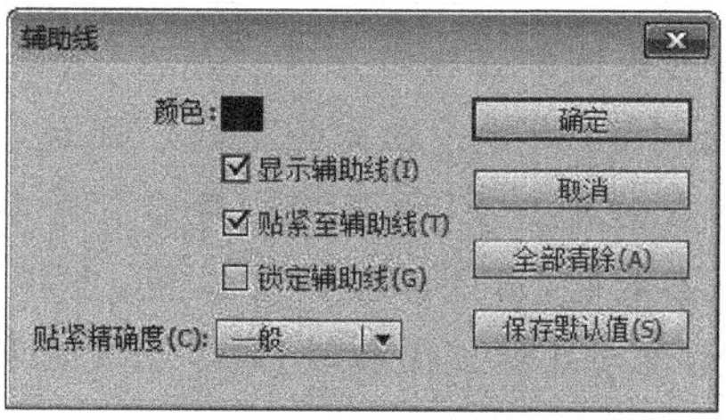

图 1-14 “辅助线”对话框

提示:如果在创建辅助线时网格是可见的,并且选中“贴紧至网格”复选框,则辅助线将与网格对齐。

在显示标尺状态下,单击按住标尺上的任意一处或在舞台按住辅助线,可以将辅助线拖至舞台上需要的位置。

执行菜单“视图”→“辅助线”→“锁定辅助线”命令,可以锁定辅助线。

在辅助线处于解除锁定状态,使用“选择工具”将辅助线拖到水平或垂直标尺,可以删除该辅助线。

执行菜单“视图”→“辅助线”→“清除辅助线”命令,可以清除所有的辅助线。

1.4.4 文档属性

执行菜单“修改”→“文档”命令,打开“文档设置”对话框。在对话框中,设置舞台的宽度和高度、背景颜色、帧频、标尺单位等属性,单击“确定”按钮保存文档属性,如图 1-15

所示。

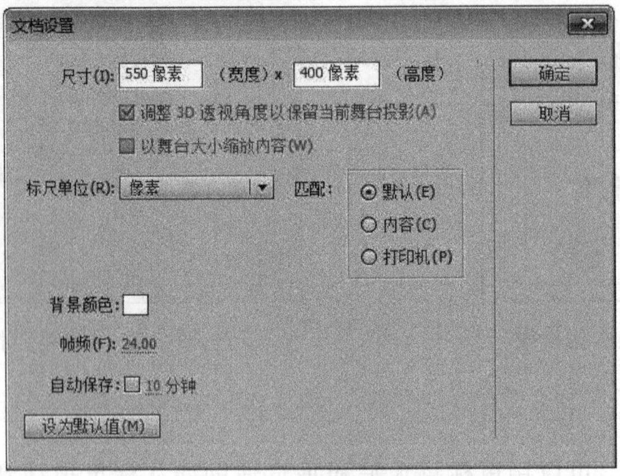

图 1-15 “文档设置”对话框

提示：设置文档属性后，单击“设为默认值”按钮，可以保存当前文档属性为默认值。当新建文档时，按照默认设置创建新文档。

在“匹配”选项区域中，“默认”按照指定的大小设置舞台大小；“打印机”按照打印机默认的纸张大小设置舞台；“内容”按照舞台内容大小设置舞台大小。

在舞台未选择任何对象时，“属性”面板将显示文档属性，如图 1-16 所示。在文档“属性”面板，可以设置当前文档舞台的大小、FPS(帧频)、舞台背景颜色等属性。

设置参数时，用鼠标指向文本框，当指针变为双箭头时，左右拖动鼠标选择参数，或单击文本框反显后，输入参数，如图 1-17 所示。

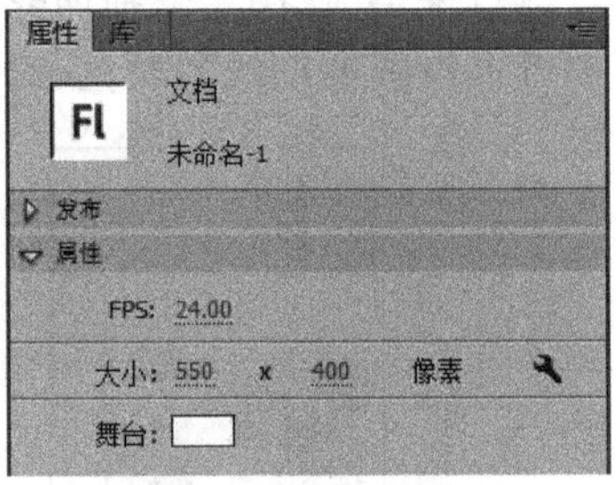

图 1-16 文档“属性”面板

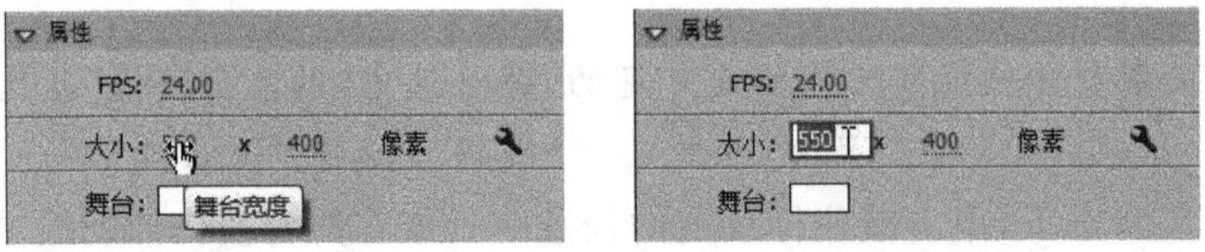

鼠标指向文本框　　　　单击文本框

图 1-17 输入参数

1.4.5 首选参数设定

使用“首选参数”对话框可以设置常规应用程序操作、编辑操作和剪贴板操作的首选参数。选择菜单“编辑”→“首选参数”命令，打开“首选参数”对话框，如图 1-18 所示。

在“首选参数”对话框中，可以设置撤销级别(进行撤销或恢复操作的最高次数)、转换选择(设置多个对象的选择方法)、加亮区域(选择一个对象后所显示的边框颜色)等。

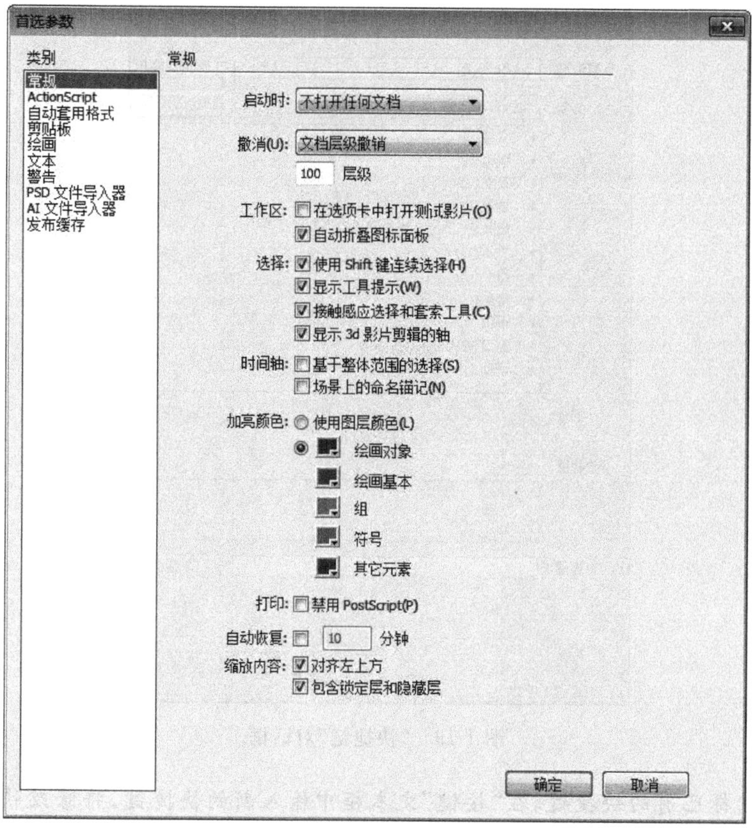

图 1-18 “首选参数”对话框

1.4.6 快捷键的设定

Flash 中可以设置快捷键，以便与在其他应用程序中所使用的快捷键一致，或使 Flash 和工作流程更为流畅。默认情况下，Flash 使用的是 Flash 应用程序专用的内置键盘快捷键。

要创建自定的键盘快捷键设置，首先要复制现有的设置，然后在复制得到的新设置中添加、修改或删除快捷键；还可以删除自定的快捷键设置。

执行菜单“编辑”→“快捷键”命令，打开“快捷键”对话框。在对话框的“当前设置”下拉列表框中选择一种快捷键设置，单击“直接复制设置”按钮，打开“直接复制”对话框。在对话框中输入“副本名称”，单击“确定”按钮，创建新的快捷键设置，如图 1-19 所示。

在“命令”弹出菜单中选择“绘画菜单命令”、“绘画工具”、“测试动画菜单命令”或“工作区辅助功能命令”，以便查看所选类别的快捷键。

在“命令”列表中，选择要为其添加、修改或删除快捷键的命令。所选命令的说明将显示在对话框的描述区域中。

添加快捷键，请单击“快捷键”后的“＋”按钮，在“按键”文本框中输入新的快捷键组合，单击“更改”按钮保存设置。

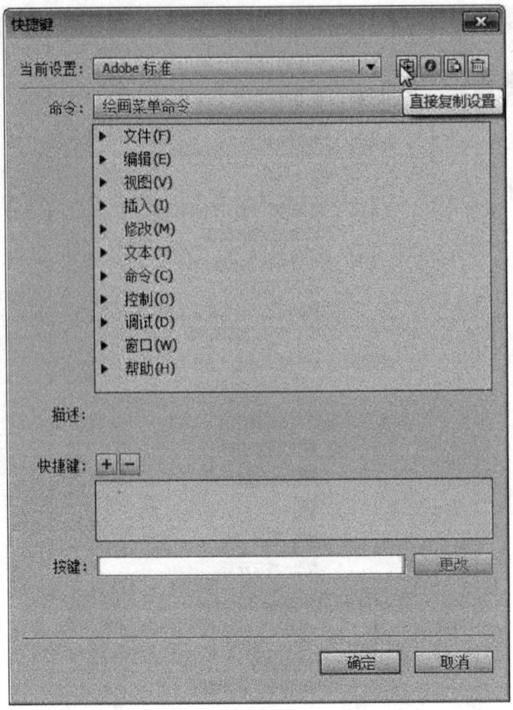

图 1-19 “快捷键”对话框

提示：选择已有的快捷键，在“按键”文本框中输入新的快捷键，将修改快捷键。要输入组合键，在键盘上按下这些键，不必输入键的名称。

要删除快捷键，选择快捷键后，单击“快捷键”后的－按钮，单击“确定”按钮。

思 考 题

1. Flash是什么？
2. Flash软件可以做什么？基本功能有哪些？
3. Flash帧和关键帧的作用有哪些？
4. 元件和实例是什么关系？
5. Flash CS6欢迎界面由哪几部分组成？都有什么作用？
6. Flash CS6的“基本功能”界面主要由哪几部分组成？
7. 时间轴由哪两个部分组成？Flash CS6默认的帧频是多少？
8. 场景由哪几部分组成？
9. 图层的特点有哪些？
10. 在Flash CS6工作窗口环境下，如何打开、关闭各种面板？怎样恢复默认工作区状态？
11. 舞台默认的大小和颜色是什么？如何改变舞台的大小和颜色？

12. 标尺、网格和辅助线有什么作用？如何显示或隐藏它们？
13. 标尺的默认单位是什么？
14. Flash 动画文档文件的扩展名是什么？动画影片文件的扩展名是什么？
15. 利用“文档属性”面板或“文档设置”面板，可以对文档设置哪些属性？

操 作 题

1. 创建一个名为“练习 1”的 Flash 动画文档。

要求设置舞台大小为 600×500 像素，背景色为深绿色。

2. 执行“窗口”菜单下的命令，打开各种面板并调整位置。

要求对打开的面板结构和基本功能有初步的了解。再恢复默认的工作区环境。

3. 学会设置 Flash CS6 的首选参数。

要求理解“常规”参数的意义。

4. 学会设置 Flash CS6 中各种命令的快捷键。

要求对“绘画菜单命令”和“工具面板”的快捷键重点了解。

5. 学会 Flash CS6 工具面板的自定义。

要求会用“自定义工具面板”定义工具面板。

6. 学会在“基本功能工作区”与“传统工作区”间的转换。

要求比较并说出两种工作区的异同。

7. 创建一个空白动画文档，设置舞台大小和颜色。

要求在舞台上用矩形工具和椭圆工具绘制无边线的正方形和正圆，然后用鼠标拖动复制正方形一次，用“重做”命令复制三个正方形，用“撤销”命令撤销一个正方形。用“历史记录”面板查看操作步骤，并在正圆上撤销和重做相应的操作。

第 2 章　传统补间动画

内容提要

本章主要介绍利用 Flash 制作几种基本动画（移动、缩放、旋转、颜色、透明度）的方法；利用 Flash 制作动画的基本步骤；Flash 制作动画的基本技术；帧和图层相关概念及操作。

学习建议

首先掌握制作简单动画的基本方法，不要在制作动画元素上花费过多的精力和时间；初步理解传统补间动画的制作原理；逐渐掌握利用关键帧和图层将简单动画进行组合和叠加，制作复杂动画的方法。

2.1　Flash 动画设计思想

设计制作 Flash 动画就同拍一部电影、电视剧或演一部话剧一样，要有前期策划、编写剧本、后台和舞台、演员等。在剧本中设计每个角色的出场顺序、方位和要做的动作、说的话等；后台是演员休息、化妆、做出场前准备，剧务准备道具的地方；舞台是演员表演，观众能够看到演出的地方。

2.1.1　库

库用于存放元件（动画元素），也叫元件库，相当于后台。Flash 是通过"库"面板来管理库中元件的。"库"面板在"基本功能"工作区窗口版面布局中的右侧，如图 2-1 所示。

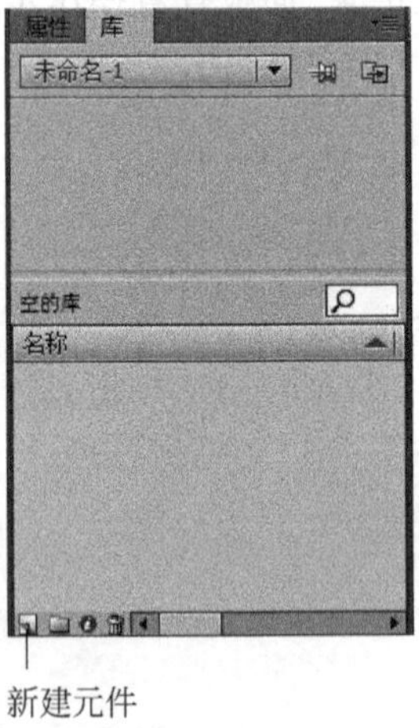

图 2-1　"库"面板

在"库"面板底部左侧，单击"新建元件"按钮，打开"创建新元件"对话框，设置后单击"确定"按钮可以在库中创建一个新元件。创建新的元件时，给元件命名一个可以代表元件内容或有意义的名字，如"背景"等，这是好习惯。

提示： 如果没有打开"库"面板，执行"窗口"菜单下"工作区布局"中的"默认"命令，可以将 Flash 版面布局恢复为默认状态。或者执行"窗口"菜单下的"库"命令，也可以打开"库"面板。

执行菜单"插入"→"新建元件"命令，也可以打开"创建新元件"对话框。

2.1.2 时间轴

一部 Flash 动画就像一部小电影，时间轴是用来组织和控制影片内容在一定时间内如何播放的，相当于剧本。“时间轴”面板在“基本功能”工作区窗口版面布局的下方，如图 2-2 所示。“时间轴”面板由左侧“图层”控制区和右侧“帧格”控制区两部分组成。

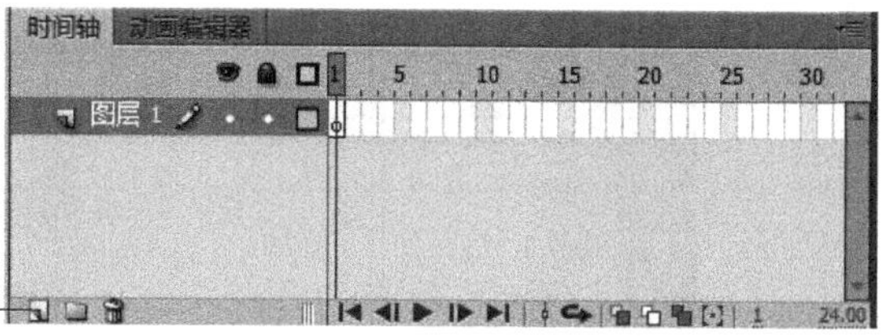

图 2-2 “时间轴”面板

一部动画中往往有多个动画元素参与表演。Flash 中一个元素的动画是在一个独立的图层中完成的。因此，在时间轴中用不同的图层来制作和管理不同元素的动画。

在“时间轴”面板底部左侧，单击“新建图层”按钮，增加新的图层。每增加一个动画元素都应该添加一个新的图层，以保证每个元素的动画安排在独立的图层。每添加一个图层，要给该图层命名一个有意义的名字，这也是好习惯。

动画中的每一幅画面叫一帧，是动画制作的最小单位。在时间轴中用一个小格表示一个帧。有内容的帧用填充颜色表示，没有内容的空帧用白色表示。因此，图层是由帧组成的。

2.1.3 舞台

Flash 窗口中的工作区（也叫编辑区）占有大部分区域，其中白色部分是舞台，如图 2-3 所示。

将元件库中的元件拖动到舞台后，就成为该元件的实例（动画元素）。实例可以在舞台按照设计做动画。就像一个演员在舞台扮演的一个角色。一个演员可以扮演多个角色，同样一个元件可以重复拖动到舞台中，得到同一个元件的不同实例，需要给每个不同实例冠以不同的实例名加以区别。

工作区中，舞台四周的灰色部分可以放置实例和编辑对象，但在动画中是看不见的。可以理解为准备进入舞台前和退出舞台后的过渡区。

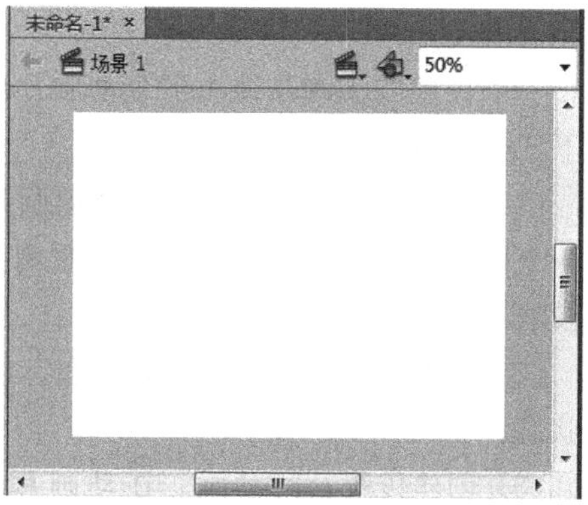

图 2-3 舞台窗口

2.1.4 场景

场景由“时间轴”和“工作区”组成，随着时间轴中“播放头”的移动，舞台中的内容也将同步变化，如图 2-4 所示。

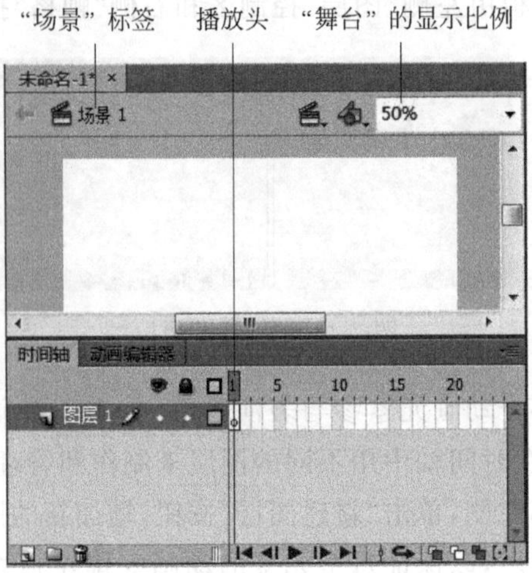

图 2-4 “场景”窗口

复杂的动画一般由有多个场景组成。播放动画时，按照场景的顺序播放。编辑动画时，单击“场景”按钮，即可进入该场景。

在场景还可以调整舞台的显示比率，使舞台大小适合编辑操作。

注意：场景的顺序可在“场景”面板中进行调整。执行“窗口”菜单中“其他面板”下的“场景”命令，打开“场景”面板。

2.2 制作传统补间动画的三个要素

一个完整的动画往往由多个动画片段组成。一个实例在一个动画片段中做动画需要以下三个要素：

(1) 创建两个关键帧。在一个动画片段中，一个实例的开始和结束状态分别保存在同一个图层两个不同的关键帧中。左侧关键帧是动画片段的开始帧，右侧关键帧是动画片段的结束帧。

(2) 设置实例的起止位置和状态。设置实例在动画片段的开始帧和结束帧中的位置和状态。

(3) 创建传统补间动画。在动画片段的开始帧和结束关键帧之间创建传统补间动画，使实例的动作连续平滑、缓动加速合理。介于开始帧和结束帧间的所有帧中实例的位置和状态均由 Flash 软件自动完成。

【例 2-1】 利用传统补间动画制作一个简单的动画。

动画情景：工程车从舞台的左侧移动到右侧。

(1) 新建 Flash 文档。启动 Flash CS6 软件，执行菜单“文件”→“新建”→“常规”→ActionScript 3.0 或 ActionScript 2.0 命令，单击“确定”按钮。

(2) 创建新元件。在“库”面板单击“新建元件”按钮(见图 2-1)，打开“创建新元件”对话框，如图 2-5 所示。

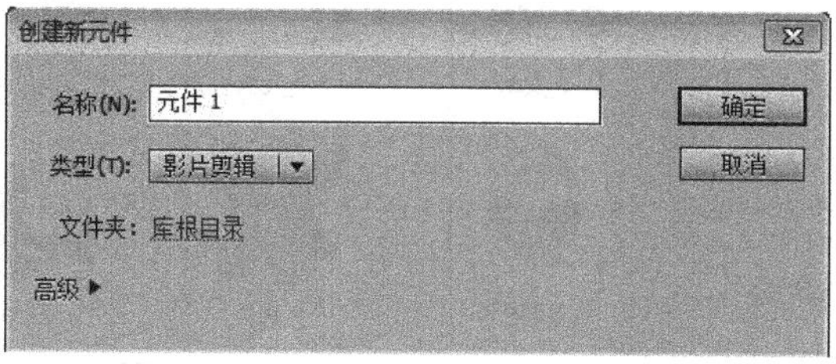

图 2-5 “创建新元件”对话框

在对话框的“名称”文本框中输入元件名称“图片”(即新建元件名称)，单击“类型”按钮，在下拉列表框中选择“影片剪辑”选项，单击“确定”按钮，打开“图片”元件的编辑窗口，如图 2-6 所示。

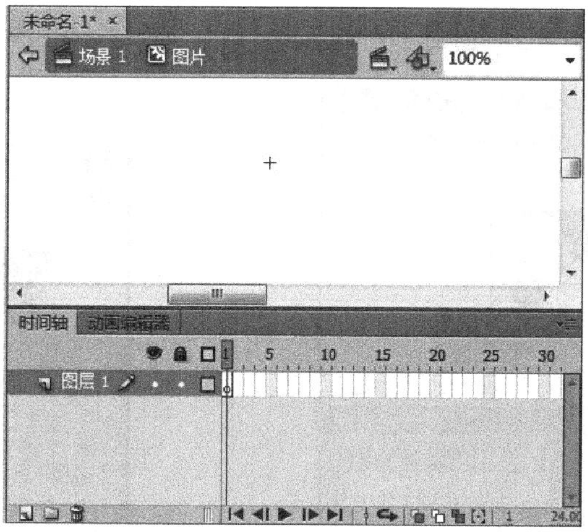

图 2-6 “图片”元件的编辑窗口

提示：打开元件编辑窗口后，在“场景编辑栏”中的“场景 1”标签右侧显示以该元件名称命名的标签。在元件编辑窗口中有元件编辑区和时间轴。元件编辑窗口中的“+”标志元件编辑区的中心，叫做元件的注册点。

执行菜单“文件”→“导入”→“导入到舞台”命令，打开“导入”对话框，如图 2-7 所示。

在该对话框中，选择要导入的图片文件所在的位置(如素材\图片\PNG)，在文件列表框中选择图片文件(P_工程车.png)，单击“打开”按钮，将所选择的图片导入当前窗口，并返回元件编辑窗口，如图 2-8 所示。

提示：当前打开的是元件编辑窗口，因此“导入舞台”命令，将选择的图片导入当前元件的舞台。

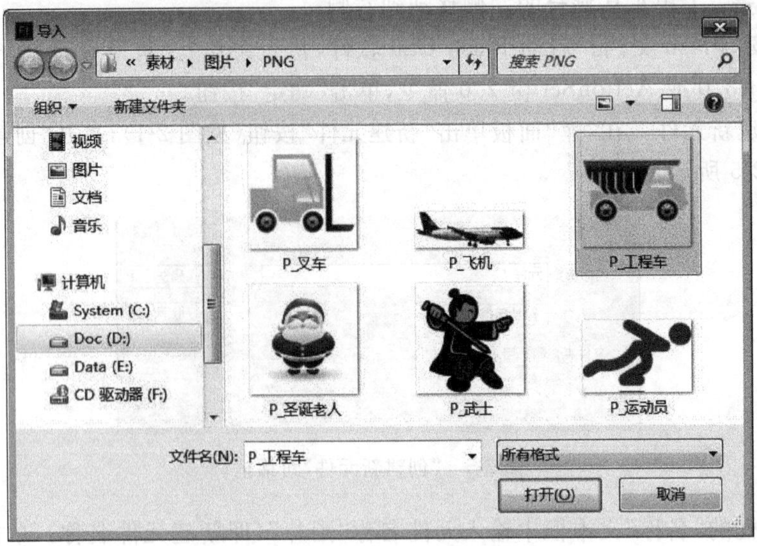

图 2-7 “导入”对话框

(3) 单击“场景 1”按钮，返回到场景。

这时，在“库”面板中，已经创建了新的元件“图片”，如图 2-9 所示。

图 2-8 导入图片的元件编辑窗口

图 2-9 新建元件“图片”后的“库”

提示： 这时在“库”面板中保存了创建的元件“图片”和导入的图片“P_工程车.png”，如图 2-9 所示。

(4) 在时间轴上创建两个关键帧。选择“图层 1”的第 1 帧后，将“库”面板中的元件“图片”拖动到舞台，如图 2-10 所示。

提示： 此时，时间轴“图层 1”的第 1 帧舞台放置了“图片”元件的实例。

“图层 1”默认第 1 帧为空心圆，表示第 1 帧的舞台没有内容，叫空白关键帧。将元件拖动到第 1 帧后，第 1 帧变为实心圆，表示该帧的舞台有内容，叫做关键帧。

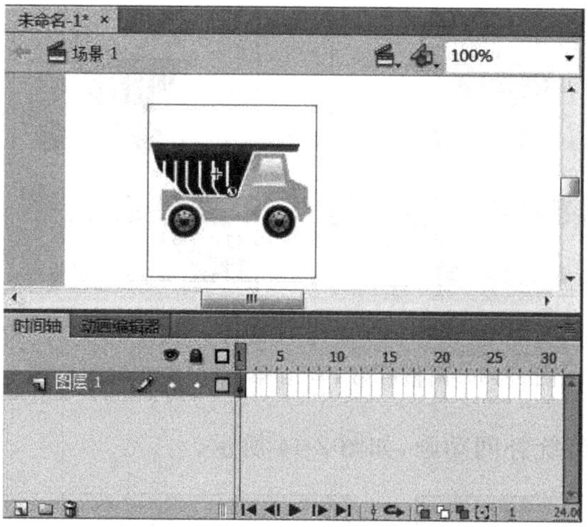

图 2-10 拖动到舞台的实例

舞台中的实例，有两个记号“＋”和“○”。“＋”是实例的注册点，由元件的注册点确定位置；“○”是实例的变形中心点，默认位置在实例外框线的几何中心，是实例进行缩放、旋转的参照中心点，可以拖动“○”的位置。

选择“图层 1”的第 20 帧，右击，在弹出的快捷菜单中选择“插入关键帧”命令(见图 2-11)，在第 20 帧插入关键帧，如图 2-12 所示。

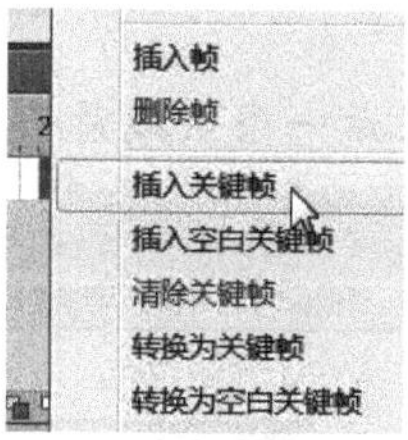

图 2-11 选择“插入关键帧”命令

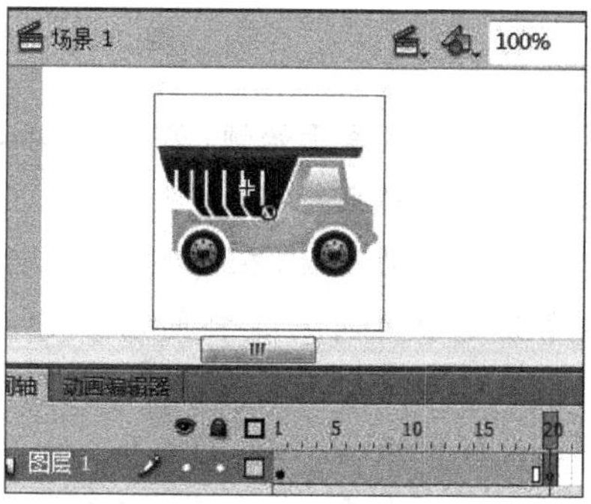

图 2-12 在第 20 帧插入关键帧

提示： 插入关键帧操作是在当前帧创建一个关键帧，并将左侧最近的关键帧复制到该关键帧。此时，两个关键帧之间的所有帧都得到同一个实例，并且两个关键帧以及之间的所有帧中实例的位置和状态是一致的。这里第 1 帧是动画片段的开始帧，第 20 帧是结束帧。

(5) 调整起止帧中实例的位置。选择第 1 帧后，将实例移动到舞台的左侧；选择第 20 帧后，将实例移动到舞台右侧，如图 2-13 所示。

提示： 在“工具”面板中，单击“选择工具”(第一个黑色箭头)后，用鼠标左键按住实例拖动，可以移动实例。

(6) 创建传统补间动画。右击开始帧(第 1 帧)，在弹出的快捷菜单中选择“创建传统

(a)

(b)

图 2-13 调整后第 1 帧和第 20 帧中实例的位置

补间”命令，完成创建传统补间动画，如图 2-14 所示。

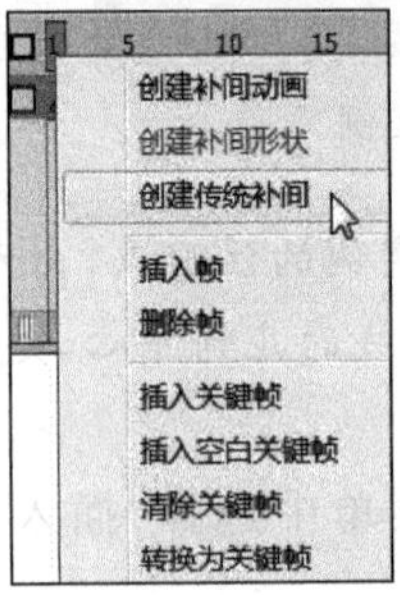

(a)

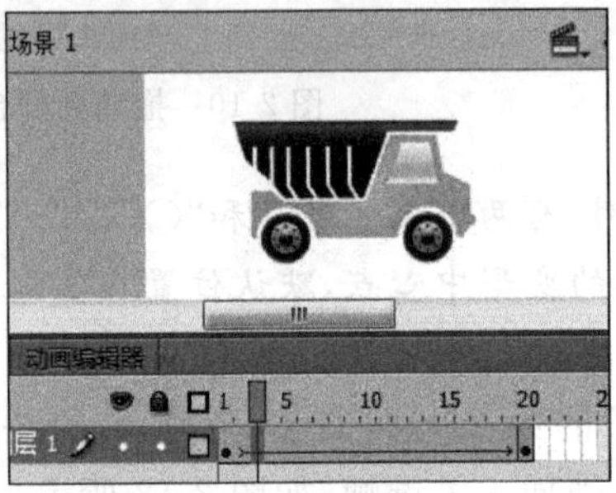

(b)

图 2-14 创建传统补间动画

提示：用鼠标选择开始帧(第 1 帧)后，在菜单“插入”中选择“插入传统补间”命令，也可以创建传统补间动画。

创建传统补间动画后，在“图层 1”从开始帧到结束帧显示一条实线箭头。

在两个关键帧之间创建补间动画时，Flash 将自动完成实例从开始帧到结束帧做连续的动作，不需要设计者做任何操作。

(7) 测试动画动画。执行菜单“控制”→“测试动画”→“测试”命令或按快捷键 Ctrl+Enter，在演示窗口中测试动画，如图 2-15 所示。

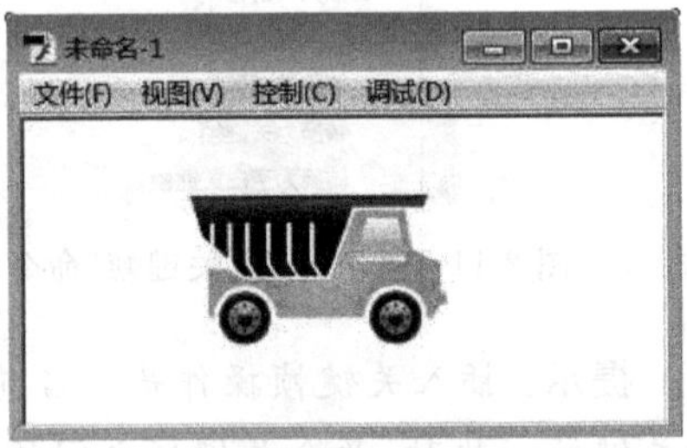

图 2-15 测试动画

提示：执行菜单“控制”→“测试场景”命令或按快捷键 Ctrl+Alt+Enter，可以测试当前场景中的动画。

在时间轴上，拖动播放头或按回车键(Enter 键)，可以预览动画效果。

创建传统补间动画要求开始帧和结束帧是同一个实例。因此，制作传统补间动画时，创建开始帧后，结束帧是用插入关键帧的方法来创建。

两个关键帧之间的帧是普通帧，不允许在普通帧中对实例做任何操作。如果选择普通帧后，对实例进行移动等操作，那么该帧将转换为关键帧。

2.3　常用的5种基本动画

在动画中一个对象的传统补间动画是由移动位置、改变大小、旋转、变化颜色、改变透明度5种简单动画组成。

为了介绍5种基本动画的制作方法，创建一个文档，并将该文档保存为“原始文档”。

(1) 新建文档。执行菜单“文件”→“新建”→“常规”→ActionScript 3.0或ActionScript 2.0命令，单击“确定”按钮。工作区布局选择“基本功能”。

(2) 创建新元件。在“库”面板中，单击“新建元件”按钮，打开“创建新元件”对话框。在对话框的“名称”文本框输入“图片”，“类型”选择“影片剪辑”，单击“确定”按钮，打开元件“图片”编辑窗口。

(3) 执行菜单“文件”→“导入”→“导入到舞台”命令，打开“导入”对话框，选择图片(素材\图片\PNG\P_工程车.png)，单击“打开”命令，将图片导入元件编辑窗口。

(4) 单击“场景1”按钮，返回到场景，保存文档。执行菜单“文件”→“保存”或“另存为”命令，打开“另存为”对话框，如图2-16所示。

图2-16　“另存为”对话框

在对话框中，选择工作目录，在“文件名”文本框中输入文件名“原始文档”，单击“保存”按钮，保存文档。

提示： 制作动画时应该创建工作目录。文件类型.fla是Flash的文档格式。

(5) 关闭文档。执行菜单“文件”→“关闭”命令，关闭当前文档“原始文档”。

2.3.1　移动位置的动画

移动位置动画是指在起止关键帧中实例的位置不同。

【例 2-2】 移动位置的动画。

动画情景：工程车从舞台的左侧移动到右侧，再回到左侧原位置。

(1) 新建文档。打开文档"原始文档"，执行菜单"文件"→"打开"命令，打开"打开"对话框。在对话框中选择工作目录及文件"原始文档"(见图 2-17)，单击"打开"按钮，打开文档"原始文档"。

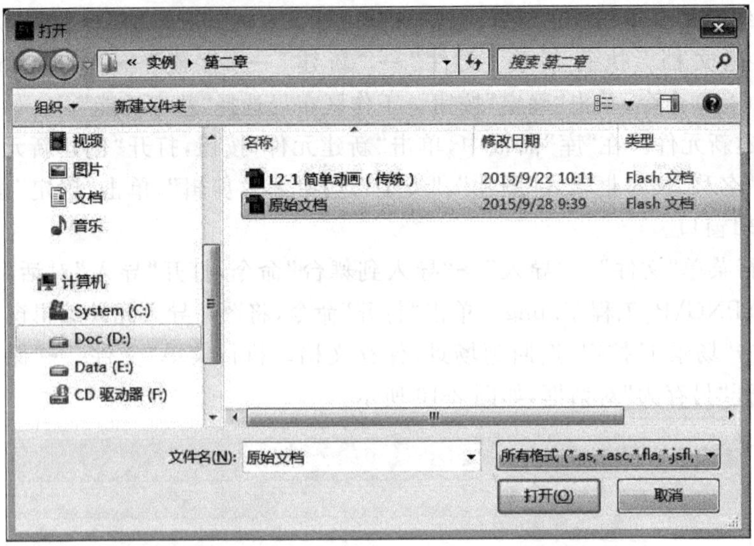

图 2-17 "打开"对话框

执行菜单"文件"→"另存为"命令，将文档另存为"移动位置动画"。

提示：为了制作其他动画时使用"原始文档"，这里另存为新的文档，保留"原始文档"。这时当前窗口是"场景 1"的编辑窗口。

(2) 选择"图层 1"的第 1 帧，将元件"库"面板中的元件"图片"拖动到舞台的左侧。在第 20 帧右击，在弹出的快捷菜单中选择"插入关键帧"命令，插入关键帧。

(3) 右击第 1 帧，在快捷菜单中选择"创建传统补间"命令，创建传统补间动画。

提示：选择开始帧和结束帧之间的任意帧，通过右键快捷菜单命令也可以创建补间动画。

(4) 在第 10 帧插入关键帧，并将该帧中的实例拖动到舞台的右侧，如图 2-18 所示。

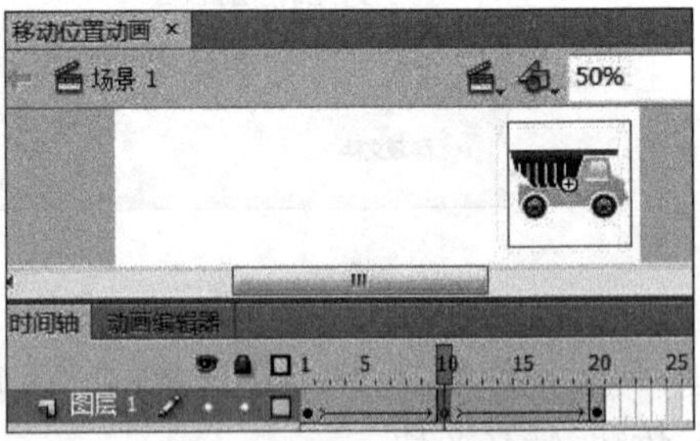

图 2-18 制作移动位置动画

提示：这里先创建传统补间动画，再调整关键帧中实例的位置。根据要制作的动画片段的特点，灵活使用创建传统补间动画和调整关键帧中实例位置或状态的操作顺序。

(5) 测试动画。

提示：动画制作中，经常使用一个片段的动画开始帧和结束帧中的实例状态完全一样。这时可以先创建开始帧，并调整好其中实例的位置及状态，然后利用插入关键帧的方法创建结束帧。这样开始帧和结束帧中的实例位置及状态保持一致。之后在中间创建关键帧，并对这些关键帧中的实例做相应的设置。

2.3.2　改变大小动画

改变大小动画是起止帧中实例的大小不同。

【例 2-3】 改变大小的动画。

动画情景：工程车逐渐变大到原来的 150%，再逐渐恢复到原来的大小。

(1) 打开文档“原始文档”，并另存为“改变大小动画”。

(2) 选择“图层 1”的第 1 帧，将元件“库”中的元件“图片”拖动到舞台。在第 20 帧插入关键帧。在第 1 帧和第 20 帧之间创建传统补间动画。

(3) 在第 10 帧插入关键帧，用“选择工具”选择第 10 帧中的实例后，执行菜单“修改”→“变形”→“缩放与旋转”命令，打开“缩放与旋转”对话框，如图 2-19 所示。在对话框中，“缩放”设置为 150%(放大)，其他不变，单击“确定”按钮关闭对话框，如图 2-20 所示。

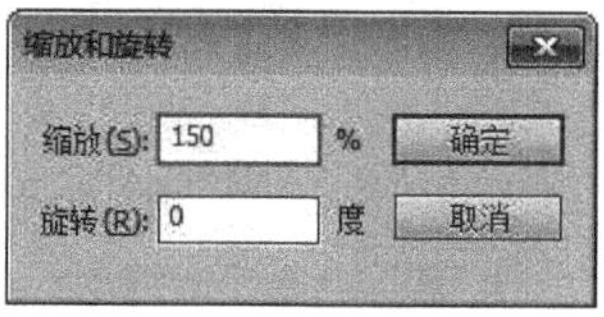

图 2-19　设置缩放

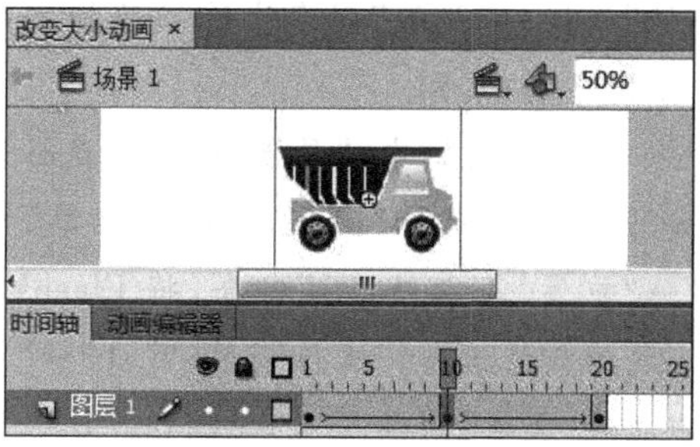

图 2-20　改变大小动画

提示：选择一个关键帧时，此帧中的实例同时都被选择。如果要对某一个实例单独操作(如缩放、设置属性等)，则应该先选择实例后，再执行相应的操作命令。

(4) 测试动画。

2.3.3　旋转动画

旋转动画是起止帧中实例的角度不同。

【例 2-4】 旋转的动画。

动画情景：工程车逐渐旋转 180 度。

(1) 打开文档“原始文档”，并另存为“旋转动画”。

(2) 选择“图层 1”的第 1 帧，将元件“库”面板中的元件“图片”拖动到舞台。在第 20 帧插入关键帧后，在第 1 帧和第 20 帧之间创建传统补间动画。

(3) 用“选择工具”选择第 20 帧中的实例后，打开“缩放和旋转”对话框。在该对话框中“缩放”设置为 100%(不改变大小)，“旋转”设置为 180 度，如图 2-21 所示。单击“确定”按钮关闭对话框。

此时，第 20 帧中的实例已经旋转了 180 度，如图 2-22 所示。

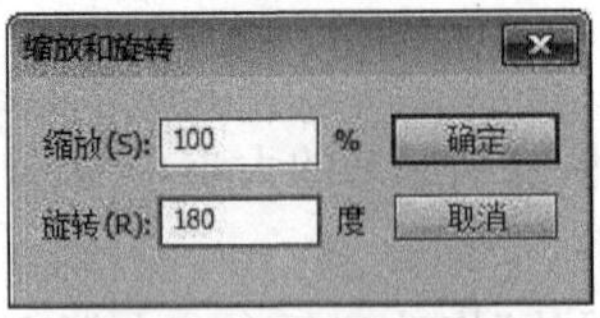

图 2-21 设置旋转

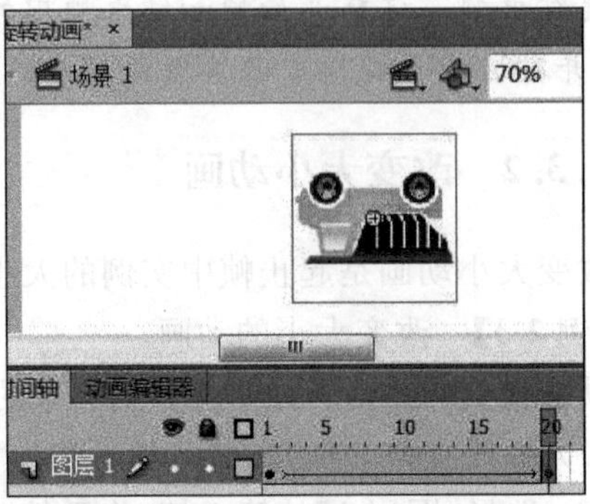

图 2-22 制作旋转动画

(4) 测试动画。

提示：旋转也可以在帧“属性”面板设置。创建传统补间动画后，选择动画的片段的开始帧(第 1 帧)，在帧“属性”面板的“旋转”列表中选择旋转方向和相应的参数，如图 2-23 所示。

“基本功能”窗口中，“属性”面板默认位置在舞台右侧。如果没打开“属性”面板，则执行菜单“窗口”→“工作区”→“重置‘基本功能’”命令，将 Flash 工作区窗口布局恢复为默认状态。执行菜单“窗口”→“属性”命令，也可以打开“属性”面板。

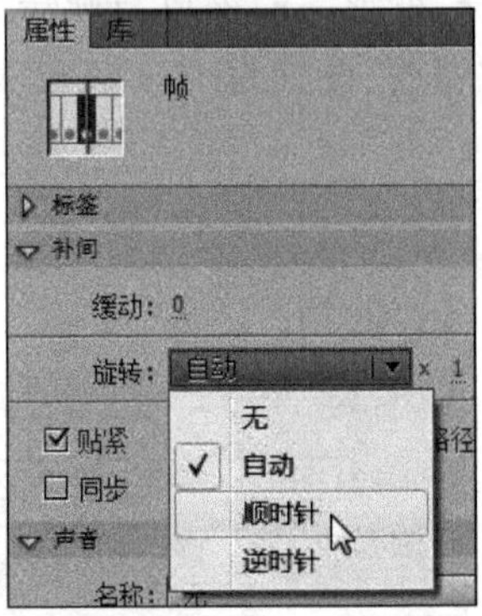

图 2-23 在帧“属性”面板设置旋转

2.3.4 变化颜色动画

变化颜色动画是起止帧中实例的颜色不同。

【例 2-5】 变化颜色的动画。

动画情景：工程车的颜色不断地改变。

(1) 打开文档“原始文档”，并另存为“变化颜色动画”。

(2) 选择“图层 1”的第 1 帧，将元件“库”面板中的元件“图片”拖动到舞台。在第 20 帧插入关键帧后，在第 1 帧和第 20 帧之间创建传统补间动画。

(3) 用“选择工具”选择第 20 帧中的实例后，在实例“属性”面板的“色彩效果”选项组的“样式”下拉列表框中选择“高级”，设置“红”、“绿”、“蓝”三种基色和 Alpha 值，设置实例的颜色和透明度，如图 2-24 所示。

提示：在“样式”的“高级”选项中，可以拖动鼠标或直接输入红、绿、蓝的百分比，也可以调整红、绿、蓝的偏移量，设置实例的颜色。

“样式”下拉列表中选择“色调”后，单击“着色”按钮选择颜色，然后调整“色调”着色量和红、绿、蓝三种颜色的值，也可以设置实例的颜色，如图 2-25 所示。

(4) 测试动画。

图 2-24　在实例"属性"面板设置颜色

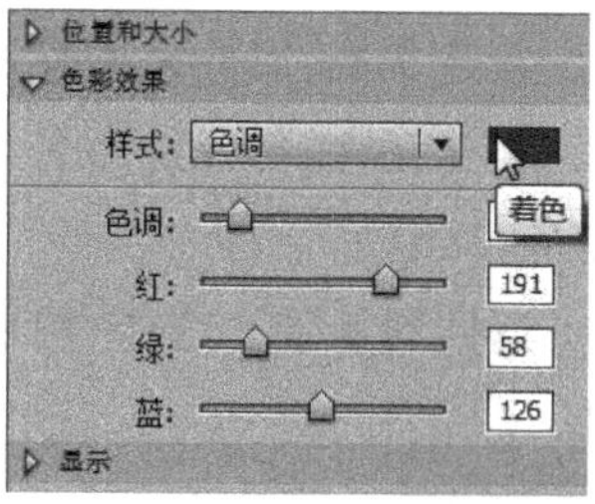

图 2-25　利用"色调"设置实例颜色

2.3.5　改变透明度动画

改变透明度动画是起止帧中实例的透明度不同。

【例 2-6】 改变透明度的动画。

动画情景：逐渐改变工程车的透明度。

(1) 打开文档"原始文档"，并另存为"改变透明度动画"。

(2) 选择"图层 1"的第 1 帧，将元件"库"面板中的"图片"元件拖动到舞台。在第 20 帧插入关键帧后，在第 1 帧和第 20 帧之间创建传统补间动画。

(3) 用"选择工具"选择第 20 帧中的实例后，在实例"属性"面板的"色彩效果"选项组的"样式"下拉列表框中选择 Alpha，设置透明度为 20%，如图 2-26 所示。

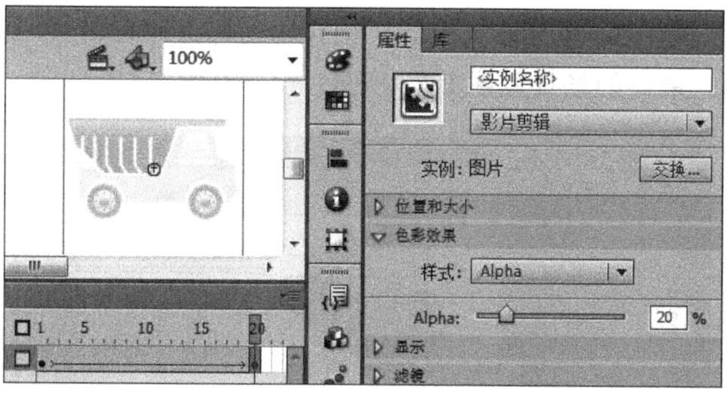

图 2-26　在"属性"面板设置透明度

(4) 测试动画。

2.3.6　基本动画的组合举例

组合使用前面介绍的 5 种简单的补间动画，可以得到较复杂的动画。例如，旋转同时改变大小。

【例 2-7】 用传统补间动画制作基本动画的组合。

动画情景：工程车从舞台左侧移动到舞台中央后(1～10 帧)，旋转同时逐渐放大(10～20 帧)，再旋转同时逐渐缩小到原来大小(20～30 帧)，最后移动到舞台的右侧(30～40 帧)。

(1) 新建文档，属性采用默认值。工作区布局选择"基本功能"。

(2) 新建元件，将元件命名为"工程车"，在元件编辑窗口导入图片(素材\图片\PNG\P_工程车.png)。

(3) 返回到场景。选择"图层 1"的第 1 帧，将元件"库"中的元件"工程车"拖动到舞台的左侧。

(4) 制作第一段动画。

在第 10 帧插入关键帧，并将第 10 帧中的实例("工程车"图片)移动到舞台中央，在第 1 帧与第 10 帧之间创建传统补间动画。

(5) 制作第二段和第三段动画。

在第 30 帧插入关键帧，并在第 10 帧与第 30 帧之间创建传统补间动画。在第 20 帧插入关键帧，并打开"缩放与旋转"对话框，将第 20 帧中的实例放大到 150%。

分别选择第 10 帧和第 20 帧，打开"属性"面板，在"补间"选项设置"旋转"为"顺时针"，如图 2-27 所示。

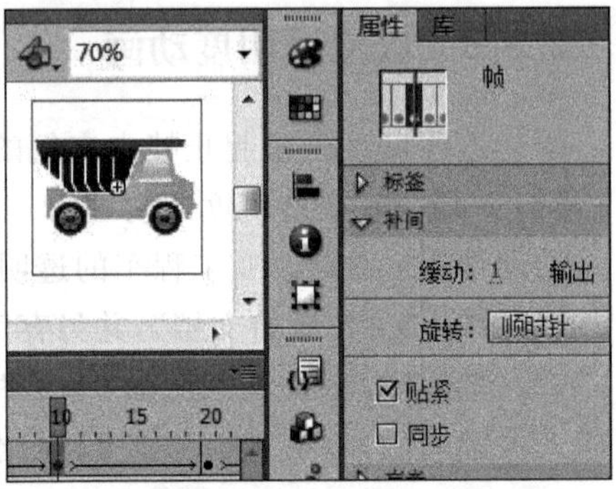

图 2-27 在帧"属性"面板设置旋转

(6) 制作第四段动画。

在第 40 帧插入关键帧，并将该帧中的实例移动到舞台的右侧，并创建传统补间动画。

(7) 测试动画。最终的场景如图 2-28 所示。

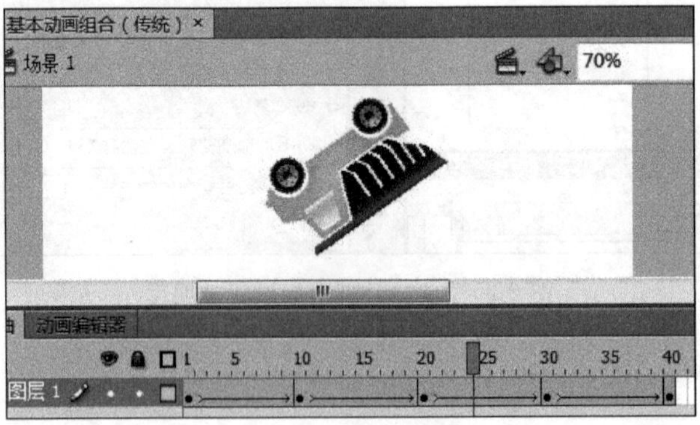

图 2-28 完成动画的场景

2.4 制作Flash动画的步骤

1. 设置 Flash 文档的属性

制作 Flash 动画，首先要创建 Flash 文档，并设置舞台大小、背景颜色和帧频（也叫帧速率）。Flash CS6 默认的舞台宽度为 550 像素，高度为 400 像素，背景为白色，帧频为 24fps。

执行菜单“修改”→“文档”命令，打开“文档设置”对话框，可以设置舞台大小、帧频、标尺单位、背景颜色等属性，如图 2-29 所示。

也可以在文档“属性”面板中设置帧频（FPS）、舞台大小、背景颜色，如图 2-30 所示，单击“编辑文档属性”按钮，还可以打开“文档设置”对话框。

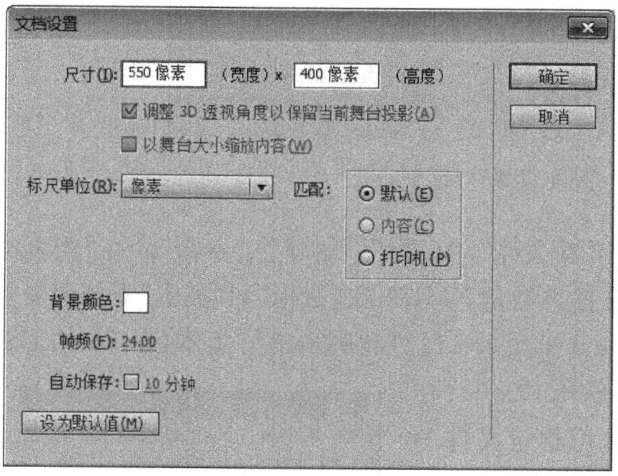

图 2-29 “文档设置”对话框

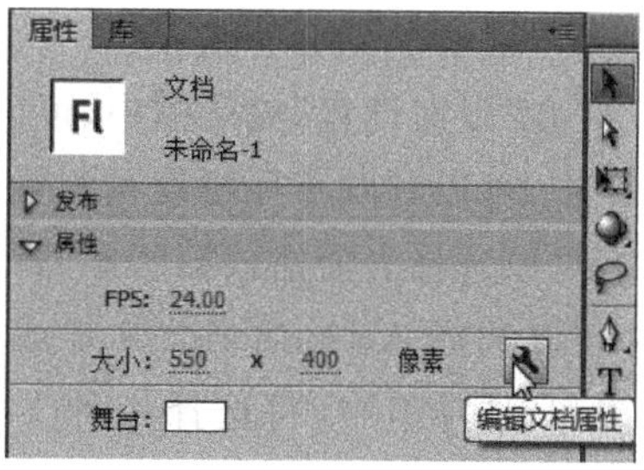

图 2-30 文档“属性”面板

2. 制作元件

动画中的每个元素，应先在“库”中制作并保存为元件，根据动画设计的需要将元件从“库”中拖动到舞台创建元件的实例（动画中元素），避免在舞台中直接制作动画元素。

3. 制作动画

根据动画设计的需要先选择时间轴上的图层（或新建图层），再选择该图层的帧，插入关键帧或空白关键帧后，将元件拖动到该帧的舞台中，确定实例的起止属性状态，并制作动画。

4. 保存文档

在制作动画过程中，要养成随时保存文档的习惯，避免发生意外事件而丢失已设计好的内容。

5. 发布

执行菜单“文件”→“发布设置”命令，打开“发布设置”对话框。在该对话框中设置发布选项，单击“发布”按钮，发布所设置类型的动画文件。单击“确定”按钮，使设置生效并关闭“发布设置”对话框，如图 2-31 所示。

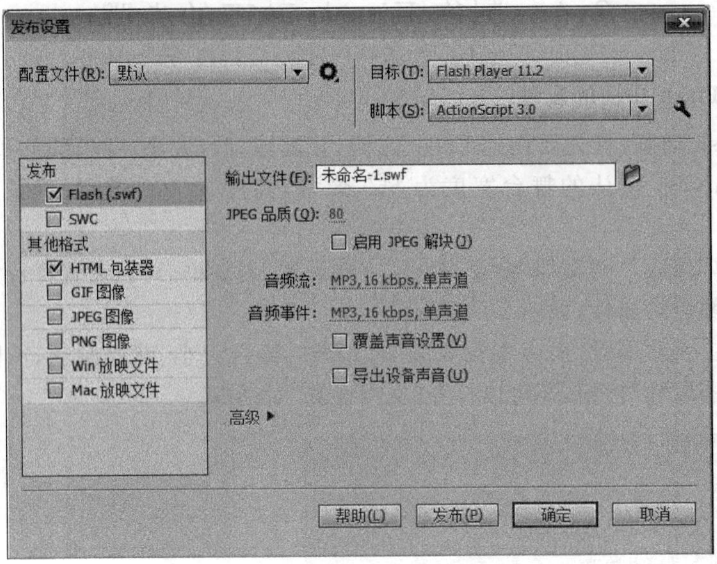

图 2-31 “发布设置”对话框

在“发布设置”对话框中，可以设置“配置文件”、“目标”、“脚本”、“发布”。在“配置文件”中，可以对发布环境设置配置文件(文件类型是 XML)；在“目标”和“脚本”下拉列表框中，可以选择当前播放器版本(默认是 Flash Player 11.2)和脚本语言版本(在 Flash CS6 中可以选择 ActionScript 3.0 或 ActionScript 2.0)；在“发布”选项组中，每选择一种文件格式，可指定文件的输出名称及 Flash 动画压缩品质的设定。默认发布 SWF 文件格式，即 Flash 动画影片文件格式。

图 2-32 文档“属性”面板

提示：在文档“属性”面板中，可以设置发布“目标”和“脚本”，如图 2-32 所示，单击“发布设置”按钮，可以打开“发布设置”对话框。

每测试一次动画(按 Ctrl+回车键)，Flash 将在文档所在的目录中生成一个同名的 swf 格式文件。

在“发布设置”对话框中，单击“发布”按钮，将在文档所在的目录中生成指定的格式文件。

2.5 帧的概念

电影是由一幅幅的胶片画面按照先后顺序播放出来的。由于人的眼睛有视觉暂留现象，这一幅幅的胶片按照一定速度播放时，图像看上去就“动”了。Flash 动画制作采用的也是这一原理，而这一幅幅的画面，在 Flash 中称为“帧”。

2.5.1　帧的基本概念

Flash 影片将动画画面按播放时间分解为帧，用来设置动画的运动方式、播放的顺序和时间等。在“时间轴”面板上，每 5 帧有一个“帧编号”标识。帧是有类别的，如图 2-33 所示。

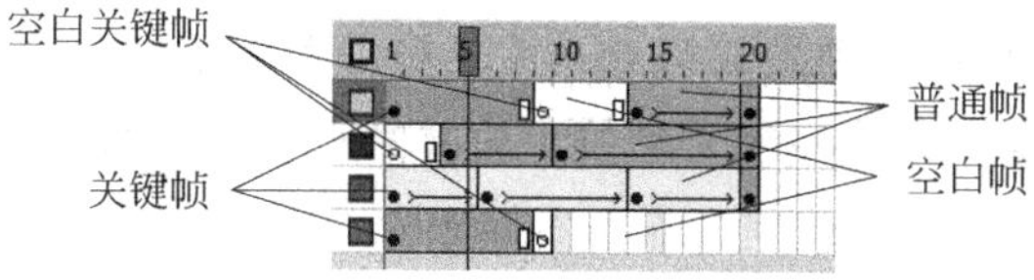

图 2-33　帧的类别

提示：Flash CS6 默认每秒播放 24 帧。

1. 关键帧

关键帧有别于其他帧，它是一段动画起止内容的原型。其间所有的动画都是基于这个起止原型进行变化的。关键帧用黑色实心圆点表示。

关键帧用于定义一个动画片段的开始和结束，或者是前一片段的结束，另外一个片段的开始。

2. 普通帧(过渡帧)

普通帧是动画片段中，两个关键帧之间的帧，也称为过渡帧。普通帧是开始关键帧动作向结束关键帧动作变化的过渡部分。在制作动画过程中，不必理会过渡帧的问题，只要定义好关键帧以及相应的动作即可。不同类型的动画在时间轴上用不同的背景颜色表示，淡绿色背景色表示是形状补间动画，淡紫色背景色表示是传统补间动画，淡蓝色背景色表示是补间动画。前两种动画形式用箭头线表示有补间动画；而没有箭头表示的不是传统补间动画或静止不动。关键帧后面的普通帧将继续该关键帧的内容。

提示：过渡部分的延续时间越长，整个动画变化越流畅，动画前后的联系越自然。但是，中间的过渡部分越长，整个动画文件的大小就会越大。

3. 空白关键帧

在一个关键帧舞台上，什么内容也没有的帧，称为空白关键帧，用空心圆表示。

提示：虽然空白关键帧中没有内容，但它的用途非常广泛。例如，添加动作脚本(ActionScript)需要空白关键帧，结束一个动画对象的显示也需要空白关键帧。

4. 空白帧

没有内容的帧。

2.5.2　帧的基本操作

1. 创建关键帧

将鼠标移到时间轴上，用鼠标选择要创建关键帧的帧格，右击，在弹出的快捷菜单中选择“插入关键帧”命令，创建关键帧。

提示：在时间轴，选择帧格，执行菜单“插入”→“时间轴”→“关键帧”命令，也可以在该帧创建关键帧。

这时的关键帧状态，由左侧最近的关键帧决定。如果左侧没有关键帧或是空白关键帧，则创建的是空白关键帧；如果左侧最近的关键帧有内容，则复制该关键帧的内容到新创建的关键帧。

关键帧具有延续功能，只要定义好开始关键帧并加入了对象，那么在定义结束关键帧时就不需再添加该对象。因为起始关键帧中的对象也延续到结束关键帧。这正是制作补间动画的基础。

2. 创建空白关键帧

将鼠标移到时间轴上，右击要创建空白关键帧的帧格，在弹出的快捷菜单中选择“插入空白关键帧”命令，创建空白关键帧。

提示：在时间轴，选择帧格，执行菜单“插入”→“时间轴”→“空白关键帧”命令，也可以在该帧创建空白关键帧。

创建空白关键帧可用于结束其所在图层中的内容。清除关键帧中的内容也可以得到空白关键帧，在空白关键帧中添加内容，则该帧自动变成关键帧。利用这个特点可以在一个图层中制作动画元素不同的多个动画片段，如图 2-34 所示。第 1 帧至第 10 帧是圆的传统补间动画，第 11 帧至第 20 帧是矩形的传统补间动画。

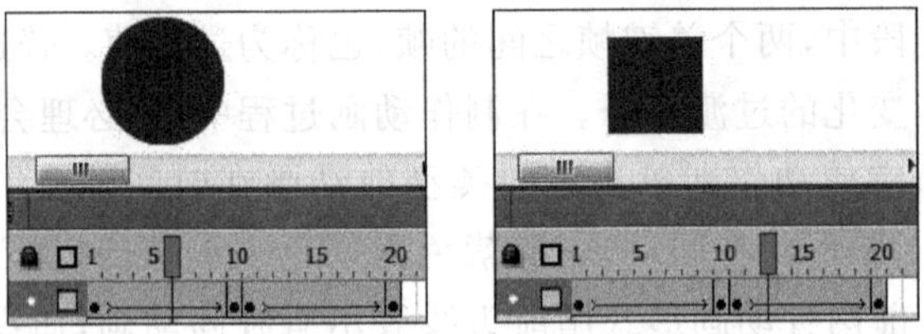

(a) (b)

图 2-34 在一个图层制作两个不同实例的动画片段

3. 插入帧

单击要插入帧的帧格，右击，在弹出的快捷菜单中选择“插入帧”命令插入帧。

提示：单击选择帧格，执行菜单“插入”→“时间轴”→“插入帧”命令，或按功能键 F5，也可以插入帧。

新插入的帧是与左侧帧内容相同的普通帧，将出现在被选择的帧后(右侧)。如果在动画片段结束帧后的若干个空白帧处插入一个帧，则将在新插入帧和左侧有内容帧之间插入与左侧最近关键帧内容一样的过渡帧，如图 2-35 所示。

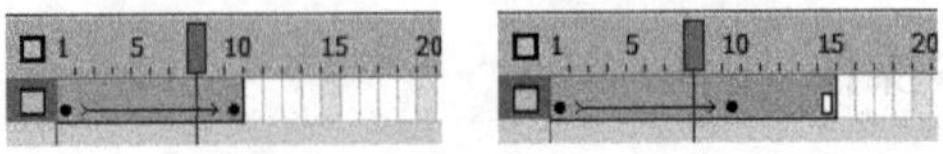

图 2-35 插入帧前和插入帧后

在动画片段内部插入帧，可以延长动画片段播放时间。在动画片段的结束帧右侧插入帧，可以使一个动画元素保持静态的效果。常用于一个动画元素在动画画面中延长显示时间。

按住 Ctrl 键，用鼠标指向关键帧或动画片段的最后一帧，指针变为水平双箭头时，拖动鼠标可以插入普通帧。

选择最后一帧后，用鼠标向右拖动该帧，可以插入普通帧，同时在最后一帧创建关键帧。

4. 选择帧

单击一个帧，可以选择一个帧；选择一个帧后，按住 Shift 键单击另一个帧，可以选择连续的若干帧；按住 Ctrl 键再单击帧，可以选择不连续的多个帧。

提示：帧未被选择状态，按住鼠标左键拖动也可以选择连续的若干个帧。

5. 清除关键帧

选择要清除的关键帧或空白关键帧右击，在弹出的快捷菜单中选择“清除关键帧”命令清除关键帧。清除关键帧的操作，将关键帧转化为普通帧。

6. 清除帧

选择要清除的帧，右击，在弹出的快捷菜单中选择“清除帧”命令清除帧。清除帧操作，将帧变成空白关键帧，同时右侧的帧变为关键帧或空白关键帧。

提示：若选择连续的帧执行“清除帧”命令清除帧时，连续片段的左侧创建空白关键帧，右侧创建关键帧。

7. 删除帧

选择要删除的某个帧或者某几个帧，鼠标指向选中的帧并右击，在弹出的快捷菜单中选择“删除帧”命令(或按组合键 Shift+F5)删除帧。

8. 复制帧/粘贴帧

选择要进行复制的一个帧或几个帧，鼠标指向选中的帧并右击，在弹出的菜单中选择“复制帧”命令复制帧；然后选定要粘贴的帧，右击，在弹出的菜单中选择“粘贴帧”命令，将复制的帧粘贴到指定的帧位置。

提示：粘贴帧时，创建关键帧并粘贴帧内容。

9. 移动帧(剪切帧/粘贴帧)

选择要移动的一个帧或几个帧，鼠标指向选中的帧并右击，在弹出的菜单中选择“剪切帧”命令剪切选择的帧；然后选定放置的帧位置，右击，在弹出的菜单中选择“粘贴帧”命令粘贴帧，实现移动帧。

提示：剪切帧后，原来的帧变成空白关键帧和空白帧。

选择要移动的帧，用鼠标拖动选中的帧到目标位置，也可以移动帧，如图 2-36 所示。

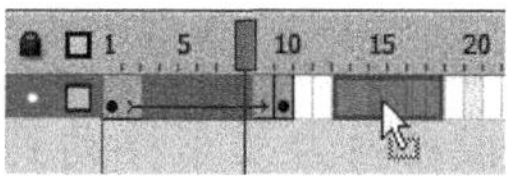

图 2-36　用鼠标拖动被选择的帧

有关帧的操作命令，还可以通过菜单“编辑”→“时间轴”中的命令或“插入”→“时间轴”中的命令或

"修改"→"时间轴"中的命令执行。

10. 帧的转换

右击帧，在弹出的快捷菜单中选择"转换为关键帧"或"转换为空白关键帧"命令，可以将帧转换为关键帧或空白关键帧。右击关键帧(或空白关键帧)，在弹出的快捷菜单中选择"清除关键帧"命令，可以将关键帧(或空白关键帧)转换为普通帧或空白帧。

11. 翻转帧或翻转关键帧

在传统补间动画中，选择两关键帧及其间所有帧，右击，在弹出的快捷菜单中选择"翻转帧"命令，将反转所选择帧的前后顺序，使对象的动画过程反转。

2.6 制作动画的常用技术

2.6.1 动画对象的出现及消失处理

在动画制作中最常用的技术是动画对象的出现与消失。

(1) 动画对象的出现。在需要出现的帧插入空白关键帧，在此空白关键帧添加实例。

(2) 动画对象的消失。在需要消隐的帧插入空白关键帧或删除帧。

提示：可以利用舞台上的对象是可见，舞台外区域的对象是不可见的方法处理动画对象的出现或消失。还可以设置实例的 Alpha 值(透明度)，实现实例的出现或消失的效果。

【例 2-8】 动画对象的出现和消失。

动画情景：叉车从左侧移动到舞台中心位置停顿(1～10 帧)，两架飞机分别从舞台左侧出现并移动到右侧(10～20 帧、30～40 帧)消失后，叉车移动到舞台右侧(40～50 帧)。

(1) 新建文档。

(2) 准备元件。创建两个元件"叉车"和"飞机"，并分别导入图片(素材\图片\PNG\P_叉车.png 和 P_飞机.png)，如图 2-37 所示。

(3) 单击"场景 1"按钮，返回到场景。选择"图层 1"的第 1 帧，将元件"库"中的元件"叉车"拖动到舞台左侧。

提示：在图层中只能在关键帧存放实例。"图层 1"只有一个关键帧，因此选择"图层 1"后，拖动元件到舞台上生成的实例，自动放置到唯一的关键帧(第 1 帧)。

在第 10 帧插入关键帧，将实例拖动到舞台中心，并创建传统补间动画。分别在第 40 帧、第 50 帧插入关键帧，将第 50 帧中的实例拖动到舞台右侧，并创建第 40 帧到第 50 帧的传统补间动画，如图 2-38 所示。

此段动画为叉车移动到舞台中心停顿，而后继续移动到右侧。

图 2-37 创建元件

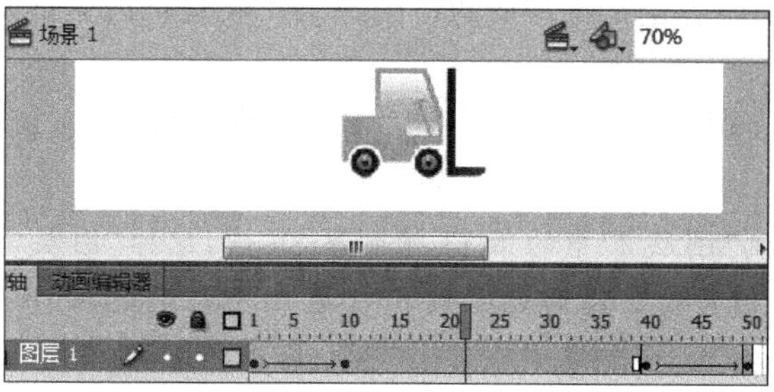

图 2-38　叉车的动画

(4) 在“时间轴”面板，单击“新建图层”按钮，创建新图层，默认名为“图层 2”。

提示：“图层 1”中的动画帧是到第 50 帧。因此，创建的新图层中，除第 1 帧创建空白关键帧外，其他从第 2 帧到第 50 帧的所有帧都添加空白帧，以保持新的图层与已有动画的图层帧数相同，如图 2-39 所示。

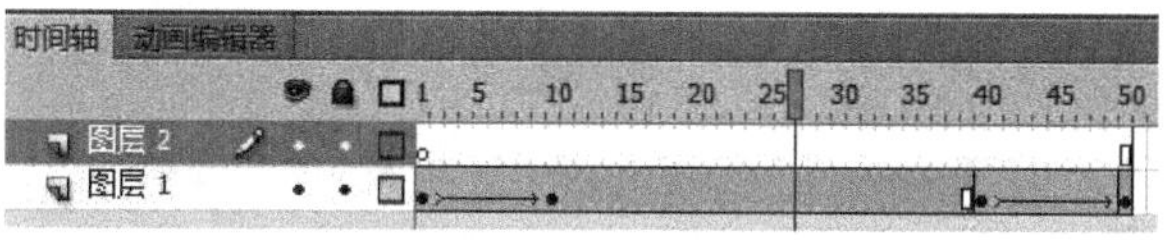

图 2-39　创建新图层

在“图层 2”的第 11 帧插入空白关键帧或关键帧。

提示：因为第 11 帧左侧的关键帧是空白关键帧，所以插入关键帧，将创建空白关键帧。

选择第 11 帧，将元件“飞机”从“库”中拖动到舞台，并将此“飞机”元件的实例拖动到舞台的左侧外。

在第 25 帧插入关键帧，并将该帧中的实例拖动到舞台的右侧外，并创建传统补间动画，如图 2-40 所示。

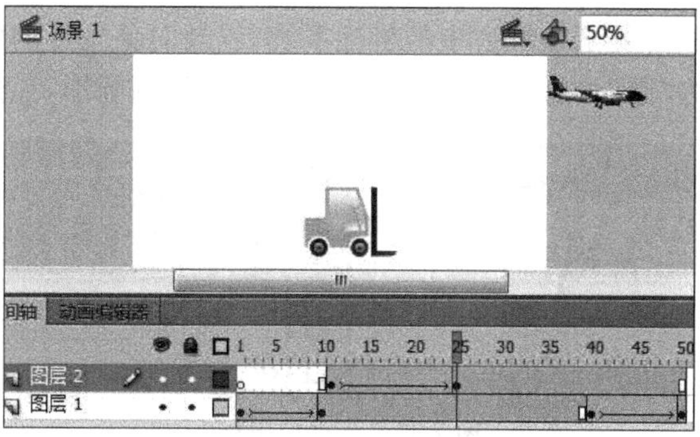

图 2-40　将实例拖动到舞台外

在“图层 2”中，实例从第 26 帧到第 50 帧的内容已经在舞台外，是不可见的或不需要的。在第 26 帧插入“空白关键帧”或删除第 26 帧到第 50 帧。这样实现了“图层 2”中的内容从第 26 帧开始消失。

第 11 帧前帧中的内容也是不需要的。因此第 1 帧是空白关键帧，到了第 11 帧(关键帧)才存放了实例。

(5) 创建新图层"图层 3"。在"图层 3"的第 26 帧到第 40 帧制作与"图层 2"一样的动画。

提示：选择并复制"图层 2"中的第 11 帧到第 25 帧，选择"图层 3"的第 26 帧，粘贴帧。这样两个动画片段是相同的。因为粘贴帧是以插入方式完成的，所以"图层 3"会出现多余的帧，删除多余的帧。这里直接删除第 40 帧以后的所有帧。

根据需要，再调整"图层 3"中动画的开始帧和结束帧中实例的位置，最终的场景效果如图 2-41 所示。

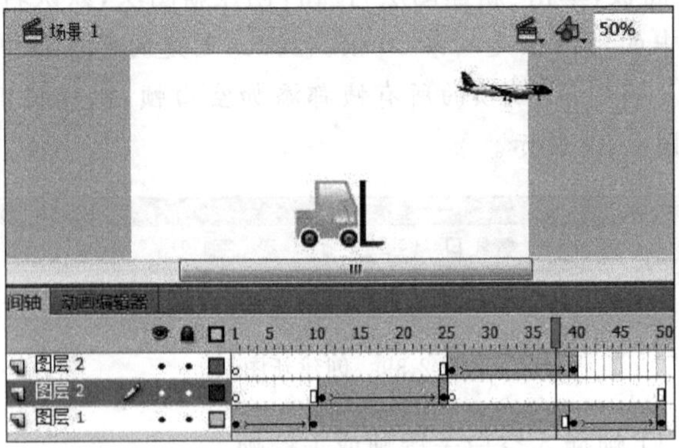

图 2-41 最终场景效果

提示：实例的消失可以用插入空白关键帧的方法，也可以采用删除帧的方法。

(6) 保存文档，测试动画。

2.6.2 对象大小及坐标

制作动画时，可以利用对象的"属性"面板，对舞台中的对象精确定位和调整大小。在舞台中精确定位对象，需要了解舞台中的坐标系统，以及对象坐标的确定方法。

新建元件，命名为"圆"。打开元件"圆"的编辑窗口绘制圆形，如图 2-42 所示。

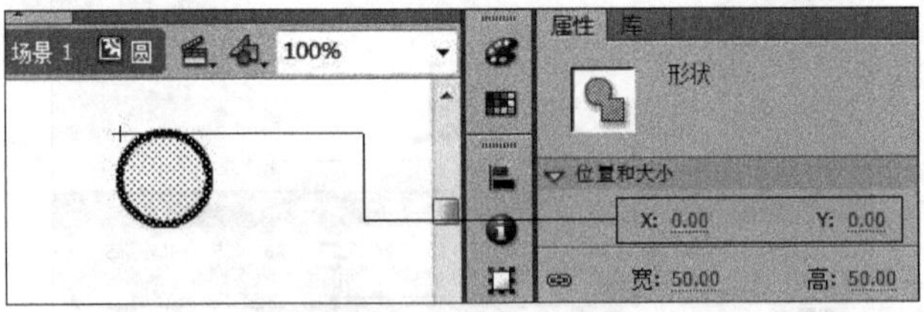

图 2-42 元件的坐标

1. 在元件编辑窗口

在元件"圆"编辑窗口，在"工具"面板，选择"选择工具"，拖动鼠标(或双击)选择圆。在"属性"面板中，查看到对象类别是"形状"及对象的位置和大小。

在元件编辑窗口，用“＋”表示元件编辑窗口的中心（也叫元件的注册点），其坐标为(0,0)，以对象的左上角相对编辑窗口中心“＋”的坐标值作为对象的坐标，如图 2-42 所示。

提示：计算机的坐标系统中，从左向右是 x 轴正向；从上到下是 y 轴正向。

2. 在场景编辑窗口

单击“场景 1”按钮，返回到场景。将元件“圆”拖动到舞台。在舞台中，用“选择工具”选择实例，在“属性”面板中，查看到对象的类别是“实例”（元件“圆”的实例）以及对象的位置和大小。

在场景舞台中，实例上的标记“＋”是实例的注册点（由元件的注册点确定），标记“○”是实例的变形中心点。

在场景中，舞台的左上角坐标是(0,0)，以实例的注册点相对舞台左上角的坐标值作为对象的坐标，如图 2-43 所示。

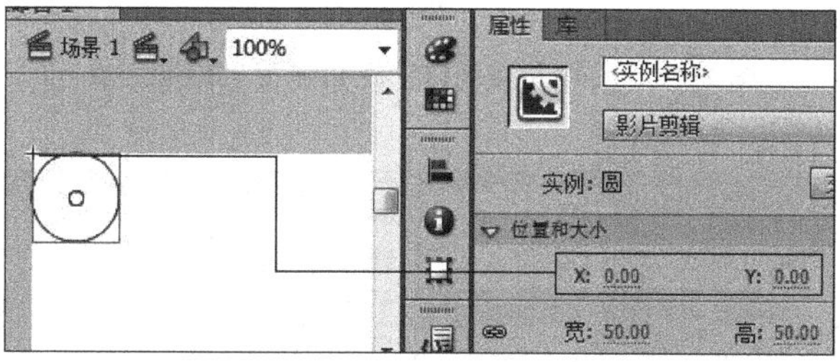

图 2-43　实例的坐标

提示：在动画制作中，经常用坐标精确地定位实例。例如，场景舞台大小为 550×400 像素，舞台中的一个实例的大小为 200×100，其注册点为左上角。如果实例的坐标值设为(－100,－50)，则该实例的中心正好处在舞台的左上角(0,0)处；如果实例的坐标值设为(－200,0)，则该实例正好在舞台左侧外、上边沿对齐舞台的上边；如果实例的坐标值设为(550,0)，则该实例正好在舞台右侧外、上边沿对齐舞台的上边。

如果不需要精确定位对象，可以用“选择工具”直接在舞台上拖动对象定位。需要精确定位对象时，可以使用“属性”面板输入坐标值。

3. 更改舞台的坐标系统

执行菜单“窗口”→“信息”命令，打开“信息”面板。在舞台选择对象后，可以在“信息”面板输入坐标值设定对象的位置。Flash 默认以对象左上角的坐标作为对象的坐标，如图 2-44 所示。

在“信息”面板中，可以指定以对象中心或实例的变形中心点“○”的坐标作为对象的坐标，如图 2-45 所示。

提示：在“属性”面板中，元件的坐标是以对象左上角的坐标作为对象的坐标；实例的坐标是以注册点的坐标作为对象的坐标。

4. 更改对象的大小

在舞台选择对象后，打开“属性”面板，在“宽”和“高”文本框输入数值，可以调整对象

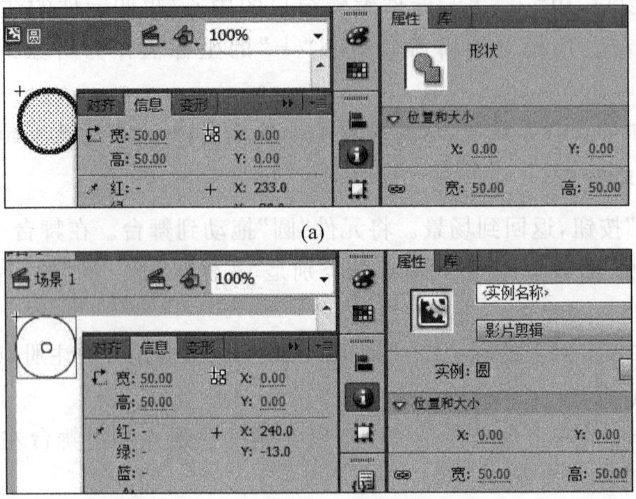

(a)

(b)

图 2-44 元件和实例以左上角作为坐标参照点

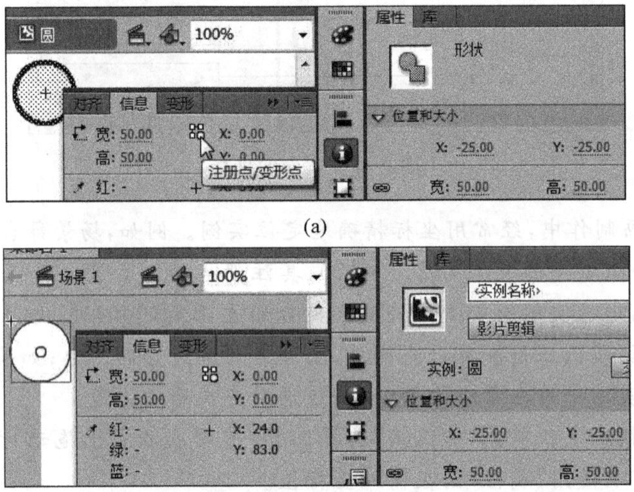

(a)

(b)

图 2-45 元件和实例以中心作为坐标参照点

的大小（宽和高）。单击“锁定”按钮，输入“宽”（或“高”）的值，则“高”（或“宽”）也随着更改，以保持对象的横向纵向比例不变。

2.6.3 导入图形和图像

在制作动画时，如果要将图形和图像导入到 Flash 文档中，一般先把图形和图像作为元件保存在元件“库”中。将外部图形和图像导入到“库”的方法有两种。

(1) 新建元件后，打开元件编辑窗口，执行菜单“文件”→“导入”→“导入到舞台”命令，打开“导入”对话框。在该对话框中，指定图形或图像文件所在的文件夹，在文件列表框选择要导入的图形或图像文件，单击“打开”按钮，将选择的图形或图像导入当前打开的元件编辑窗口中。同时，将导入的图形或图像元件保存到当前文档的元件“库”中。

提示：如果导入的是位图，则除了在元件“库”保存元件外，还会以该位图源文件名保存位图类型的符号。

(2) 执行菜单“文件”→“导入”→“导入到库”命令，打开“导入到库”对话框。在该对话框中，指定图形或图像文件所在的文件夹，在文件列表框选择要导入的图形或图像文件，单击“打开”按钮，将选择的图形或图像导入到当前文档的元件“库”中。

提示：使用“导入到库”命令，可将所选择的图形或图像以源文件名命名的图形类型或位图类型导入到元件“库”。位图类型不是标准的元件，将它拖动到舞台时，得到的是位图实例。

导入到“库”中的图形或图像，在元件“库”中可以查看到。根据需要在元件“库”中选择图形或图像，并将它拖动到舞台上成为图形元件的实例或位图元件的实例。

说明：将元件“库”中的一个元件多次拖动到舞台上，可以得到同一个元件的多个实例。在舞台上使用一个元件的多个实例，不会增加文件的大小。SWF 影片文件仅存储“库”中原始元件或资源的信息，并将每个实例视为一个副本。元件与实例的区别和关系是元件在元件“库”中，实例是放在舞台上元件的副本。当对元件进行编辑修改时，相应的实例也随着变化；当在舞台上对元件的实例编辑修改时，不影响元件“库”中相应的元件。

2.7 图层的使用

2.7.1 图层控制区的操作

Flash 动画往往由多个图层组成，图层之间是相互独立的，每个图层都有自己的时间轴，包含相互独立的多个帧。当修改某一图层时，不会影响到其他图层中的对象。为了便于理解，也可以将图层比喻为一张透明的纸，而动画里的多个图层就像多张叠加在一起透明的纸。

“时间轴”面板中的图层控制区，如图 2-46 所示。

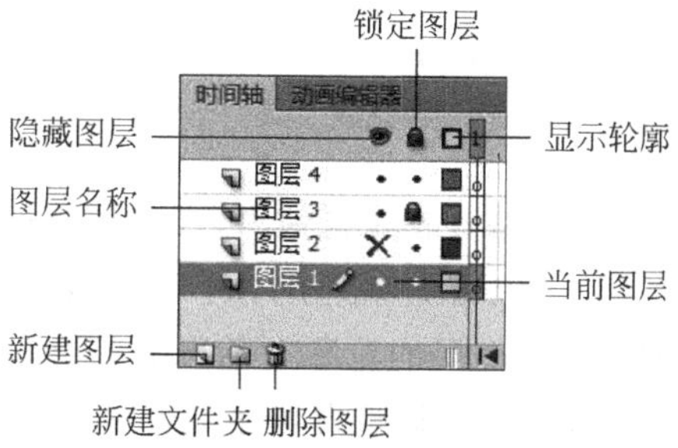

图 2-46 图层控制区

(1) 隐藏图层：用于隐藏或显示所有图层，单击它可在两者之间进行切换。单击其下某一图层的图标，可隐藏或显示该图层，隐藏图层将标记一个隐藏符号。

(2) 锁定图层：用于锁定所有图层，再次单击该按钮即可解锁。单击其下某一图层的图标，可锁定或解锁该图层，锁定的图层将标记一个锁定符号。

(3) 显示轮廓：用于线框模式显示所有图层的内容。单击其下某一图层的图标，将以线框模式显示该图层的内容，图层上标记变为空心框。

(4) 新建图层：单击该按钮将在当前图层上方创建一个新的图层。

(5) 新建文件夹：用于创建新的图层文件夹。可以用鼠标拖动图层到文件夹，便于分类管理图层。

(6) 删除图层：用于删除当前图层。也可以将图层拖动到该按钮上删除图层。

(7) 图层名称：用于标识图层。双击图层名称，当名称反显时，输入新的名称以更改图层的名称。

(8) 当前图层：选择图层时，该图层为当前图层，表示将对该图层进行编辑修改。

提示：用鼠标上下拖动图层，可以调整图层的上下顺序。

2.7.2 洋葱皮工具的使用

在设计制作动画时，对象的运动轨迹是一个常常被关注的问题。常用的方法是观察影片，查看运动轨迹是否正确。利用“洋葱皮工具”可以在Flash的编辑环境下观察对象的运动轨迹，并且能够同时看到多个帧的动画状态。“洋葱皮工具”在动画的制作和编辑过程中非常有用，之所以叫“洋葱皮”，是因为其原文是：Onion Skinning(洋葱皮)。

“洋葱皮工具”在时间轴的下方，如图2-47所示。

(1) 绘图纸外观：单击该按钮可显示起止点手柄范围内各帧的原始图形。通过拖动时间轴上的起止点手柄，可以增加或减少同时显示的帧数量，如图2-48所示。

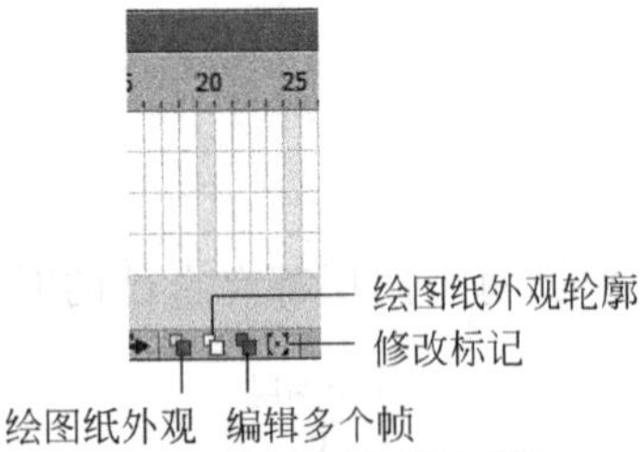

图2-47 洋葱皮工具

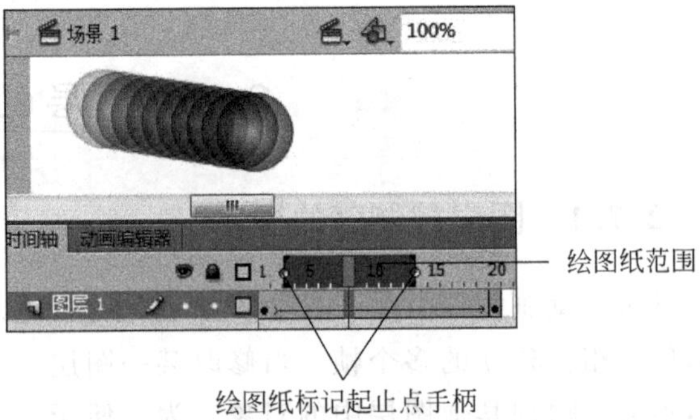

图2-48 绘图纸外观

提示：在绘图纸范围内，只能移动和编辑播放头所在的关键帧内容，其他都不可编辑。

(2) 绘图纸外观轮廓：单击该按钮后，可以同时显示起止点手柄范围内所有帧的轮廓图。每个图层的轮廓颜色决定了绘图纸轮廓的颜色。

提示：除关键帧内实体显示的实例可以编辑外，其他轮廓都不可编辑。

(3) 编辑多个帧：单击该按钮后，可以同时编辑起止点手柄范围内的所有关键帧的画面。

提示：单击“编辑多个帧”按钮，调整绘图纸标记的起止点手柄，使一个动画片段的所有帧包含在内，可以查看到关键帧的内容，如图2-49所示。单击图层图标或拖动鼠标选择所有帧，可以同时移动一段动画所有帧中实例的位置。

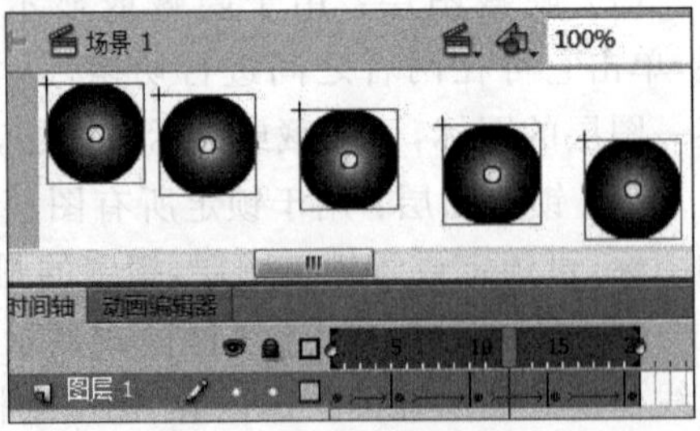

图2-49 编辑多个关键帧

(4) 修改标记：单击该按钮将打开下拉菜单，在该菜单中设置“洋葱皮工具”的显示范围、显示标记和固定绘图纸等。菜单中各选项的功能及含义如下：

- 始终显示标记：选中该选项后，无论是否启用了绘图纸功能，都会在时间轴头部显示绘图纸标记范围。
- 锚定标记：选中该选项后，将时间轴上的绘图纸标记锁定在当前位置，不再跟随播放头的移动而发生位置上的改变。
- 标记范围 2：选中该选项后，在当前选定帧的两边只显示两个帧。
- 标记范围 5：选中该选项后，在当前选定帧的两边显示 5 个帧。
- 标记整个范围：选择该选项后，会自动将时间轴标题上的标记范围扩大到包括整个时间轴上所有的帧。

提示：“洋葱皮工具”的好处不仅仅是在编辑状态下观看运动路径，更重要的功能是为编辑运动路径带来了方便。可以根据自己的需要或喜好使用其中一种洋葱皮工具。例如，使用“绘图纸外观”或“绘图纸外观轮廓”工具，可以查看和编辑动画路径。

2.8　动画实例

【例 2-9】 变化颜色的图片。

动画情景：一张图片的颜色不断变化。

(1) 新建文档，舞台大小为 800×600 像素。

(2) 新建元件，命名为“图片”，并打开元件编辑窗口，在其中导入位图(素材\图片\位图\风景_01.jpg)。在舞台选择图片后，打开“属性”面板，将其坐标 X、Y 均设置为 0，大小设置为 800×600 像素。

提示：导入图片时，如果图片文件名为连续的序列时，将弹出对话框“是否导入序列中的所有图像?”。导入一张图片时，单击“否”按钮，将导入所选择的图片。

(3) 单击“场景 1”按钮，返回到场景。将元件“图片”拖动到“图层 1”的第 1 帧，并在舞台中选择元件“图片”的实例后，打开“属性”面板，将坐标 X、Y 均设置为 0，使图片实例与舞台对齐。

(4) 在“图层 1”的第 10 帧、第 20 帧、第 30 帧处分别插入关键帧，并分别为其创建传统补间动画。

(5) 选择“图层 1”的第 10 帧中实例后，打开实例“属性”面板，在“色彩效果”选项中，单击“样式”按钮，选择“高级”选项，设置“红”、“绿”、“蓝”三种基色和 Alpha 的参数值，如图 2-50 所示。

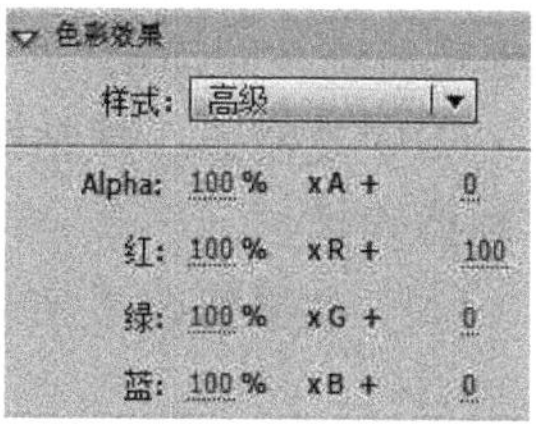

图 2-50　“高级”样式面板

对第 20 帧的实例用相同的方法设置不同的颜色参数值。第 30 帧中的实例不做修改。

(6) 测试动画。

提示：在设置关键帧中实例的颜色时，也可以在实例“属性”面板的“色彩效果”选项，单击“样式”按钮，选择“色调”选项，设置“色调”着色量和红绿蓝三种颜色的值。

【例 2-10】 展示大图片。

动画情景：在较小的舞台上，浏览较大图片的各个部分。

(1) 新建文档。

(2) 新建元件，命名为“图片”，并在其中导入位图(素材\图片\位图\风景_03.jpg)。

(3) 单击“场景 1”按钮，返回到场景。将元件“图片”拖动到“图层 1”的第 1 帧。

(4) 调整元件“图片”实例在舞台上的位置。这里将首先要看到的部分调整到舞台。

提示：因为舞台大小默认是 550×400 像素，而导入的图片是 1024×768 像素，无法看到舞台。为了能够看到舞台，将实例的透明度(实例“属性”面板中“色彩效果”→“样式”→Alpha)设置为较小的值(如 40%)。制作完将透明度恢复为原始的 100%，也可以设置辅助线标识舞台范围。

在制作动画中，为了看到编辑区中的全部内容，可以将舞台的显示比例设置为“显示全部”。

(5) 在第 10 帧插入关键帧，并将该帧中的实例调整位置。这里将图片的左上角对齐舞台的左上角(在舞台展示图片的左上角部分)，并在第 1 帧至第 10 帧间创建传统补间动画。在第 15 帧插入关键帧，使图片暂停移动，如图 2-51 所示。

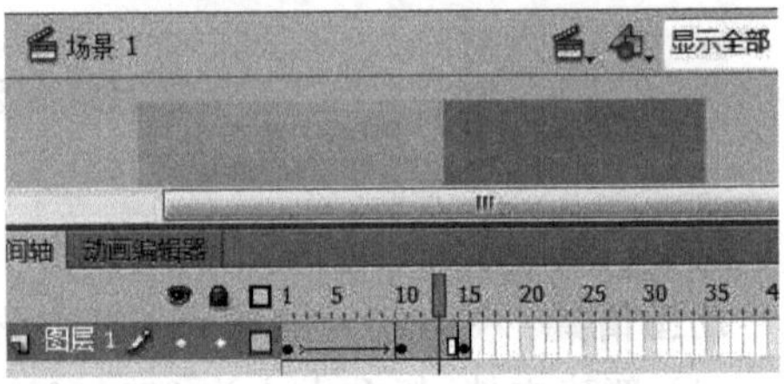

图 2-51 制作的第一段动画

(6) 在第 25 帧插入关键帧，并调整该帧中实例的位置。这里将图片实例的左下角与舞台的左下角(在舞台中展示图片的左下角部分)对齐，并在第 15 帧至第 25 帧创建传统补间动画。在第 30 帧插入关键帧。

(7) 在第 40 帧插入关键帧，并调整该帧中实例的位置。这里将图片的右下角与舞台的右下角(在舞台展示图片的右下角部分)对齐，并在第 30 帧至 40 帧间创建传统补间动画。在第 45 帧插入关键帧。

(8) 在第 55 帧插入关键帧，并调整该帧中实例的位置。这里将图片的右上角与舞台的右上角(在舞台展示图片右上角部分)对齐，并在第 45 帧至第 55 帧创建传统补动画。在第 60 帧插入关键帧。

(9) 在第 65 帧、第 70 帧、第 75 帧分别插入关键帧。选择第 65 帧，将其中的实例缩小为与舞台同样大小，并对齐舞台(在舞台展示图片的全部)。在第 60 帧至第 65 帧创建传统补间动画。复制第 65 帧粘贴到第 70 帧(暂停，不做补间动画)。在第 70 帧至第 75 帧创建传统补间动画。

(10) 复制第 1 帧粘贴到第 80 帧，并在第 75 帧至第 80 帧创建传统补间动画。在第 85 帧插入帧。

(11) 如果修改了实例的透明度，将所有关键帧中的实例的透明度(Alpha 值)恢复为 100%。

(12) 测试动画。最终的时间轴如图 2-52 所示。

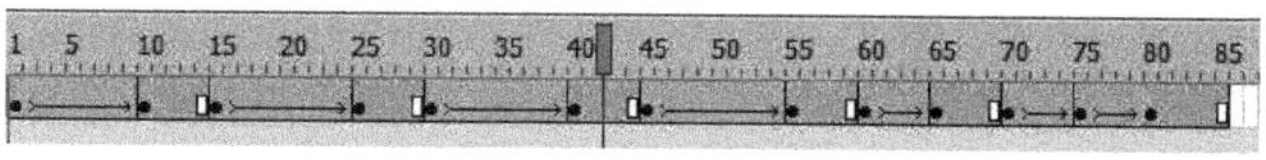

图 2-52　最终的时间轴

思　考　题

1. Flash 中“库”的作用是什么？如何在“库”面板中创建新元件？

2. 制作 Flash 传统补间动画的三个要素是什么？

3. Flash 中传统补间动画有哪几种基本动画形式？

4. 制作 Flash 动画有哪几个步骤？

5. 关键帧、空白关键帧、普通帧（过渡帧）、空白帧等在制作 Flash 动画中有什么作用？

6. 元件编辑窗口与场景编辑窗口的主要区别有哪些？

7. 如何导入图像和图形？将图像或图形导入到“库”与导入到舞台有什么区别？

8. 如何设置传统补间动画的缓动效果？用什么面板可以设置补间动画的缓动效果？

操　作　题

1. 制作乒乓球斜射到墙上反射回弹的动画。

提示：在元件库创建两个影片剪辑元件：一个元件中绘制乒乓球，另一个元件中绘制垂直的墙面。在场景的“图层 1”的第 1 帧拖动元件“墙”，在第 40 帧插入帧。在场景中创建新图层“图层 2”，将元件乒乓球元件拖动到第 1 帧，在第 20 帧、第 40 帧分别插入关键帧，并创建传统补间动画。将第 20 帧的乒乓球拖动到墙面，调整第 1 帧和第 40 帧乒乓球的位置。

2. 制作图片从左侧快速移入舞台中央，稍停片刻的同时，转动 360 度，然后再由慢到快逐渐消失，从右侧退出舞台。

提示：导入一张图片到舞台，调整大小，制作为影片剪辑元件。将元件拖动到舞台中，制作动画。利用帧属性面板或实例设置旋转，用实例的透明度（Alpha 值）设置逐渐消失。选择补间动画帧，在“属性”面板中设置“缓动”。

3. 导入一张图片作为动画的背景（素材\图片\位图\风景_05.jpg），并在此背景上将圣诞老人（素材\图片\剪辑图\圣诞老人.jpg）从舞台的左下角移动到舞台右下角。根据自己的兴趣，在移动中添加其他的动画效果。

第3章 工具的使用

内容提要

本章介绍 Flash 工具箱及利用工具绘制和编辑图形以及编辑文本的方法;在动画制作中常用的重塑对象及对象的对齐和分布等的操作方法和技巧。

学习建议

“工具”面板中包含的工具较多,部分工具的功能不容易掌握。首先要掌握绘制各种图形的基本工具和使用方法,再逐渐掌握综合利用各种工具创建复杂图形的技巧。

希望把本章作为手册使用,不要将大量的时间和精力用在学习工具上。要将学习工具与制作动画结合。在学习后续内容中,遇到不了解的工具时,可以在本章查找和学习,做到根据需要逐渐掌握各种工具的使用方法和使用技巧。

3.1 工具面板

Flash 中的“工具”面板也叫“工具箱”。“工具”面板中提供了绘制图形和编辑文本的各种工具。用这些工具可以实现绘图、设置颜色、选择和编辑图形、输入编辑文本等操作,也可以更改舞台的视图。

利用菜单“窗口”→“工具”命令,可以显示或隐藏“工具”面板。

“工具”面板分为以下 4 个部分,如图 3-1 所示。

(1)“绘图”:包括绘图、着色、文本和选择工具。

(2)“视图”:包括缩放和手形工具。

(3)“颜色”:包括用于设置笔触(边线)颜色和填充颜色的工具。

(4)“选项”:包括用于当前所选工具的功能选项。功能选项的设置将影响工具的操作效率和效果。

工具的使用方法是,单击工具按钮后,根据需要设置工具的“选项”和工具的“属性”面板,按照工具的操作方法进行操作即可。不同的工具在“选项”区会有不同的选项按钮,还有不同的“属性”面板。

提示:“工具”面板右下角有三角形标记的按钮是工具组,用鼠标按住该按钮将列出该组的所有工具。在列表中选择所需要的工具,进行相应的操作。

为了避免误操作,每次使用完一个工具后,单击“选择工具”,使其处于被选状态。

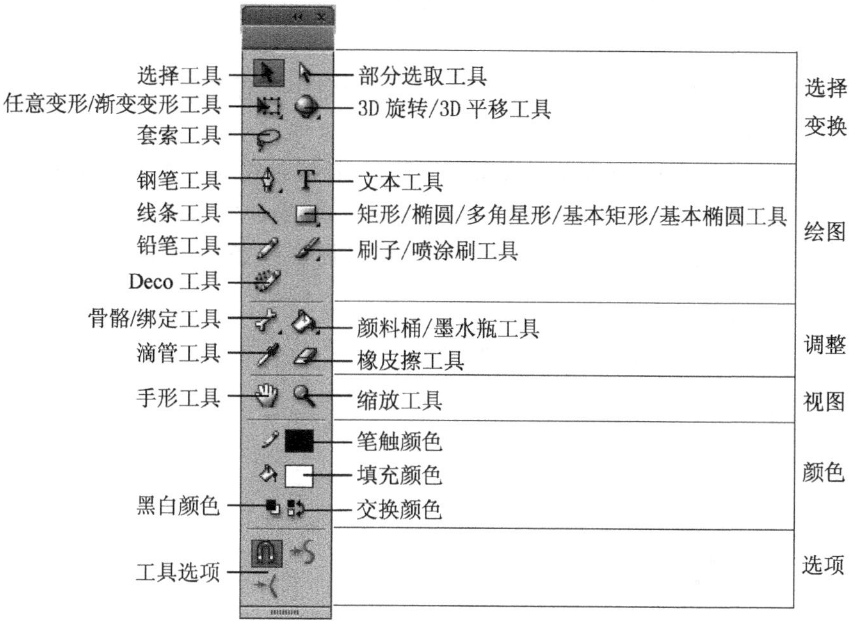

图 3-1　“工具”面板

3.2　图形的绘制与编辑

Flash CS6 中提供了各种不同的绘图工具，利用这些工具及选项设置，用户可以绘制出各种不同效果的图形。

3.2.1　绘制线条

Flash 中绘制线条的工具主要有“线条工具”、“铅笔工具”和“钢笔工具”三种。不同的工具绘制出的线条风格也不同。

1. 线条工具

“线条工具”用于绘制任意的矢量直线段，其操作步骤如下：

(1) 在“工具”面板中，单击“线条工具”按钮，并在“属性”面板设置属性后，将鼠标指针移动到舞台。

(2) 当鼠标指针变成“＋”形状时，在所要绘制线条的起始点处按下鼠标左键拖动，如图 3-2 所示。

(3) 拖至要绘制线条的终止点处，释放鼠标左键完成绘制线条，如图 3-3 所示。

图 3-2　绘制线条

图 3-3　绘制的线条

提示：在绘制线条时，按住 Shift 键拖动鼠标，可以将线条的角度限制为 45 度的倍数。

(4) 在“工具”面板中，单击“选择工具”，并在舞台中选择绘制的线条后，打开“属性”面板，如图 3-4 所示。

(5) 在“属性”面板中，可以设置线条的属性，包括线条在水平或垂直方向上的映射长度、线条的位置、线条的颜色、线条的粗细、线条的样式、缩放等。单击“样式”列表右侧的“编辑笔触样式”按钮，在“笔触样式”对话框，可以设置线条的类型和粗细等，如图 3-5 所示。

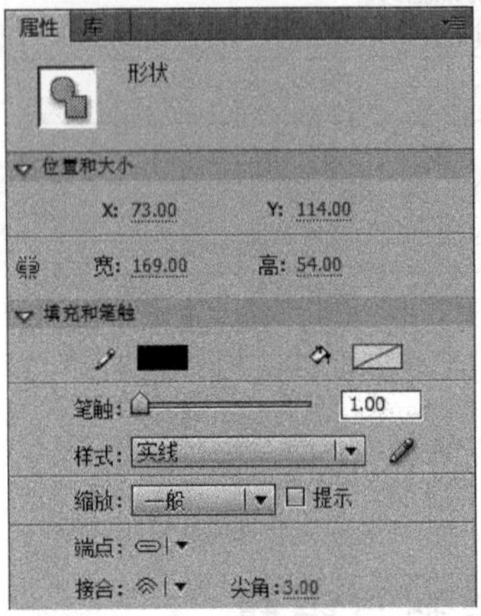

图 3-4 “属性”面板

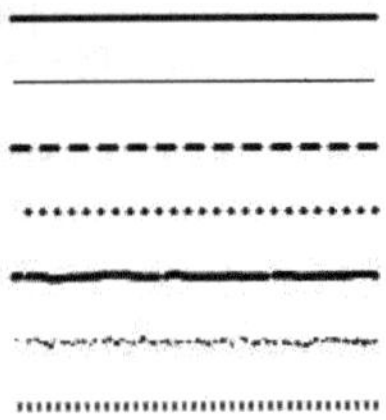

图 3-5 7 种不同样式线条

在“属性”面板中，“缩放”是指在 Flash Player 中是否包含线条笔触的缩放(一般、水平、垂直和无)；“端点”用于设置矢量线条端点样式(无、圆角和方形)；“接合”是设置两个矢量线条的接合方式(尖角、圆角和斜角)，“尖角”文本框中的值是当“接合”为“尖角”时，设置“尖角”大小接合的清晰度(范围为 1～60)。

笔触样式列表中“极细线”选项，将绘制的线条设置为粗细是一个像素，在进行任何比例缩放时，其显示的大小都会保持不变。

提示：单击“线条工具”后，在形状“属性”面板设置线条的填充和笔触等属性后，再绘制线条；也可以选择对已绘制线条，在“属性”面板设置其属性。

打开或关闭“线条工具”选项中的“对象绘制”模式，可以得到不同的图形的模式。打开“对象绘制”模式绘制的线条是组合状态，关闭绘制的线条是分离状态，如图 3-6 所示。

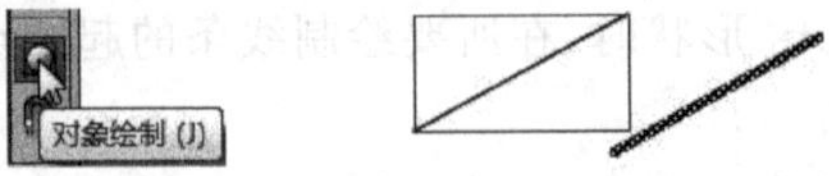

图 3-6 打开和关闭“对象绘制”模式绘制的线条

2. 铅笔工具

“铅笔工具”用于绘制任意形状的矢量线条，其操作步骤如下：

(1) 在“工具”面板中，单击“铅笔工具”按钮后，将鼠标移动到舞台。

(2) 当鼠标指针变成“铅笔”形状时，按下鼠标左键拖动绘制线条，如图 3-7 所示。

图 3-7 用“铅笔工具”绘制线条

用“铅笔工具”绘制线条时，可以在“工具”面板的“选项”中，选择“铅笔模式”。

- “伸直”：适用于绘制矩形、椭圆等规则图形。当所画的图形接近三角形、矩形或椭圆形时，将自动转换为相应的几何形状。
- “平滑”：适用于绘制平滑的图形。绘制的图形会自动去掉棱角，使图形尽量平滑。
- “墨水”：适用于手绘图形。绘制出的图形轨迹即为最终的图形，如图 3-8 所示。

提示：在“属性”面板中，可以设置线条的样式、颜色、粗细等。

“铅笔工具”绘制的线条，用“选择工具”单击或拖动鼠标选择线条后，在“工具”面板的选项中可以修改线条的铅笔模式，如图 3-9 所示。

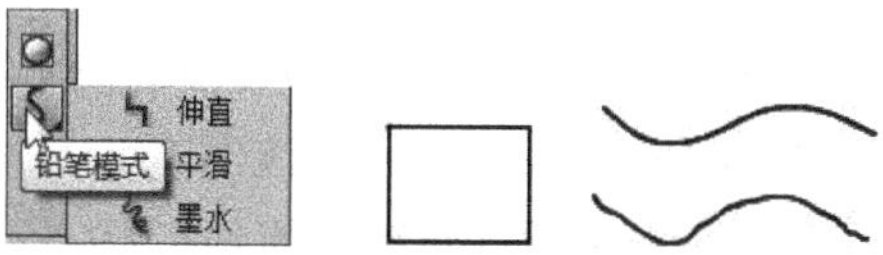

图 3-8 分别以伸直、平滑和墨水模式绘制的线条

图 3-9 修改铅笔模式

3. 钢笔工具

“钢笔工具”用于绘制任意形状的矢量线条(也叫路径)，其操作步骤如下：

(1) 在“工具”面板中，单击“钢笔工具”按钮，将鼠标指针移动到舞台。

(2) 当鼠标指针变为“钢笔”形状时，在要绘制图形的位置处单击，确定第 1 个锚点。在要结束第一条线段的位置单击或按住鼠标左键拖动确定第 2 个锚点，接着在其他任意位置单击或按住鼠标左键拖动确定其他的锚点。双击结束绘制线条，如图 3-10 所示。

单击确定锚点　　按住鼠标拖动确定锚点

图 3-10 用“钢笔工具”绘制曲线

(3) 若想得到封闭的图形，将鼠标指针移至起始点，当鼠标指针侧边出现一个小圆圈时，单击起始点即可。

(4) 确定锚点时，拖动鼠标会出现调节杆，使用调节杆可调整曲线的弧度。

初学者使用“钢笔工具”绘制图形时不容易控制，要有一定的耐心，而且要善于观察，总结经验。

单击“钢笔工具”按钮，在打开的菜单中选择所需要的工具，进行相应的操作，如图 3-11 所示。

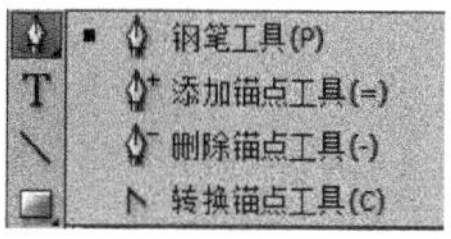

图 3-11 “钢笔工具”按钮

添加锚点工具：鼠标指针移到绘制的线条上没有锚点的位置，单击添加锚点。

删除锚点工具：鼠标指针移到绘制线条上的锚点，单击删除该锚点。

转换锚点工具：鼠标指针移到弧线锚点，单击将转换为折线锚点；用鼠标按住锚点拖动，调整调节杆的方向，可以改变曲线的形状。

使用“钢笔工具”时，钢笔形状的鼠标指针右下角符号形状在不停地变化，如图 3-12 所示。

图 3-12 “钢笔工具”的各种状态

不同形状的符号代表不同的含义，其具体的含义如下：

没有符号——等待确定下一个锚点。

×——选择“钢笔工具”后鼠标指针自动变成的形状，表示单击即可确定第 1 个锚点。

+——将鼠标指针移到绘制的线条上没有锚点的位置时出现，单击添加锚点。

-——将鼠标指针移到绘制线条上的锚点时出现，单击删除该锚点。

∧——将鼠标指针移到锚点时出现，单击将弧线锚点转换为折线的锚点。

▲——用鼠标拖动锚点的调节杆时出现，用于修改曲线的形状。

○——鼠标指向起始锚点或其他锚点时出现，用于绘制封闭曲线或调整锚点的位置。

3.2.2 绘制几何图形

Flash 提供了“椭圆工具”、“矩形工具”、“基本椭圆工具”、“基本矩形工具”和“多角星形工具”5 种绘制简单几何图形的工具，如图 3-13 所示。

1. 椭圆工具

“椭圆工具”用于绘制有填充的或无填充的椭圆和圆，其使用方法如下：

(1) 绘制有填充色的椭圆。

① 在“工具”面板中，单击“椭圆工具”按钮。

② 在“工具”面板中，单击“笔触颜色”按钮，在弹出的颜色面板中选择绘制椭圆边框(笔触)的颜色。

③ 在“工具”面板中，单击“填充颜色”按钮，在弹出的颜色面板中选择绘制椭圆的填充色。

④ 将鼠标移动到编辑区，当指针变为“+”时，按住鼠标左键拖动绘制椭圆，如图 3-14 所示。

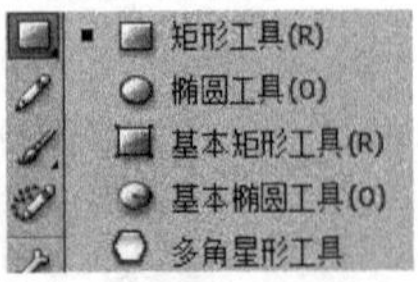

图 3-13 绘制几何图形工具

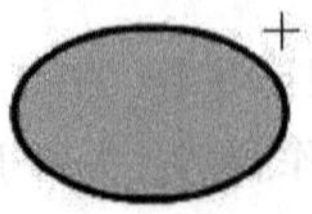

图 3-14 绘制有填充色的椭圆

提示：用“选择工具”双击或按住左键拖动鼠标选择椭圆后，打开椭圆的形状“属性”面板，可以对椭圆的大小、位置、笔触色、线型、粗细及填充色等进行设置，如图 3-15 所示。

绘制椭圆时，也可以选择“椭圆工具”，打开椭圆工具“属性”面板，设置椭圆属性后，再绘制椭圆，如图 3-16 所示。

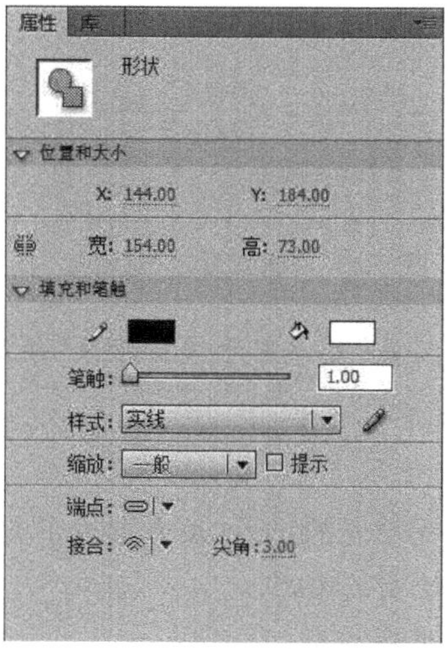

图 3-15　椭圆的“属性”面板

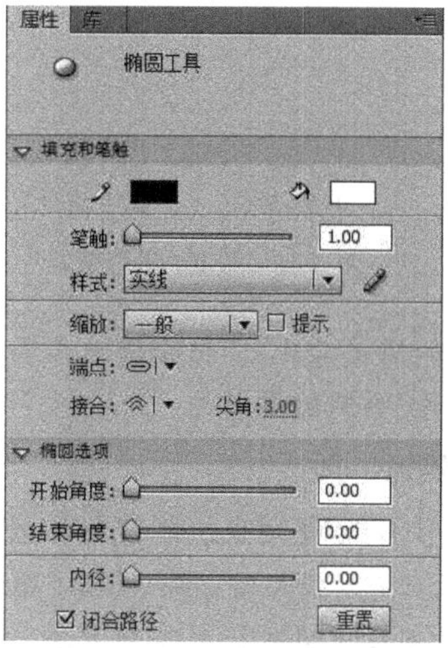

图 3-16　“椭圆工具”的“属性”面板

(2) 绘制空心椭圆。

① 在“工具”面板中，单击“椭圆工具”按钮。

② 在“工具”面板中，单击“笔触颜色”按钮，在弹出的颜色面板中选择绘制椭圆边框(笔触)的颜色。

③ 在“工具”面板中，单击“填充颜色”按钮，在弹出的颜色面板中选择“没有颜色”按钮。

④ 将鼠标移动到编辑区，当指针变为“+”时，按住鼠标左键拖动绘制椭圆，如图 3-17 所示。

提示：无填充颜色的图形，不能在椭圆的“属性”面板添加颜色，只能利用“颜料桶工具”填充颜色。

按住 Shift 键绘制椭圆，将绘制圆；也可以选择椭圆后，在“属性”面板中的“宽”和“高”中输入相同的数值，将椭圆修改为圆。

(3) 绘制扇形和圆环。

在“椭圆工具”的“属性”面板中，设置“开始角度”和“结束角度”，可以绘制扇形、半圆等图形；设置“内径”可绘制圆环或扇形圆环，如图 3-18 所示。

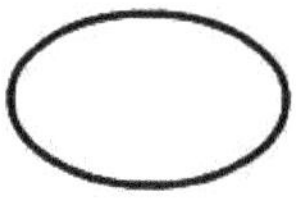

图 3-17　绘制无填充色的椭圆

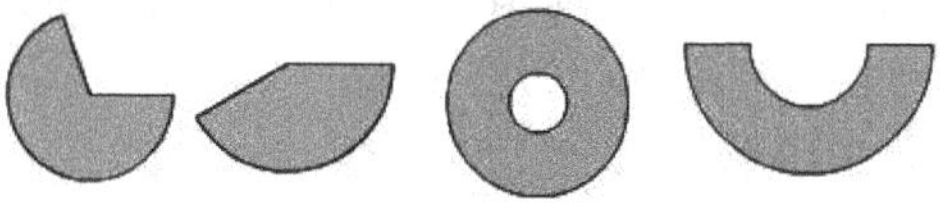

图 3-18　绘制的扇形和圆环

在“椭圆工具”的“属性”面板中，通过设置“闭合路径”，可以将边框线（笔触）绘制为闭合路径和开放路径，如图 3-19 所示。

提示：选择“椭圆工具”后，按住 Alt 键不放，在舞台上单击，将打开“椭圆设置”对话框。在该对话框中，可以设置宽度、高度绘制椭圆，如图 3-20 所示。

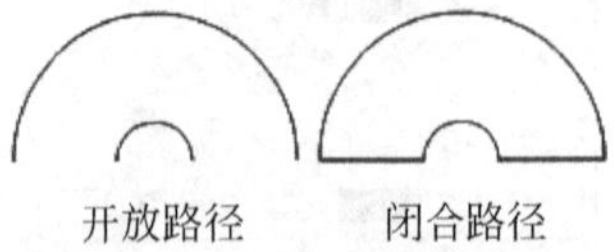

图 3-19 设置“闭合路径”

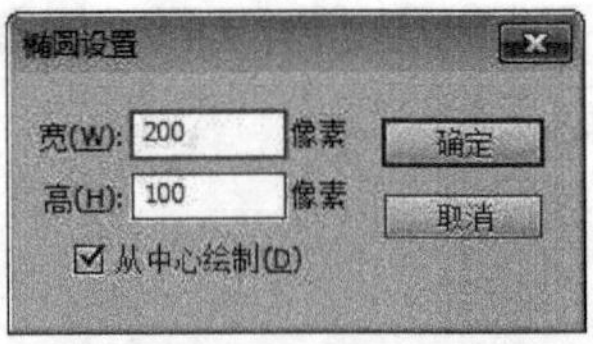

图 3-20 “椭圆设置”对话框

“添加锚点工具”、“删除锚点工具”和“转换锚点工具”可以用于编辑修改“矩形工具”、“椭圆工具”绘制的图形。

2. 矩形工具

“矩形工具”是用来绘制直角和圆角的有填充或无填充的矩形（长方形或正方形）。

提示：绘制矩形时，按住 Shift 键拖动鼠标可以绘制正方形。

有填充或无填充矩形绘制方法与“椭圆工具”的用法相同。

(1) 绘制矩形。

① 在“工具”面板中，单击“矩形工具”按钮。

② 设置笔触的颜色和填充颜色。

③ 将鼠标移动到编辑区，当指针变为“+”时，按住鼠标左键拖动绘制矩形，如图 3-21 所示。

(2) 绘制圆角矩形。

① 在“工具”面板中，单击“矩形工具”按钮。

② 设置笔触的颜色和填充颜色。

③ 打开“属性”面板，在“矩形选项”中设置边角半径。

④ 将鼠标移动到编辑区，当指针变为“+”时，按住鼠标拖动绘制圆角矩形，如图 3-22 所示。

图 3-21 绘制的矩形

提示：单击“矩形工具”后，按住 Alt 键不放，在舞台上单击，将打开“矩形设置”对话框。在该对话框中设置宽度、高度及边角半径绘制矩形，如图 3-23 所示。

在矩形工具“属性”面板的“矩形选项”中，单击“断开锁定”按钮，可以设置不同边角半径的值，而绘制不同边角的矩形。

3. 基本椭圆工具和基本矩形工具

“基本椭圆工具”和“基本矩形工具”的使用方法与“椭圆工具”和“矩形工具”的使用方法类似。

(1) 基本矩形工具。

① 在“工具”面板中，单击“基本矩形工具”按钮。

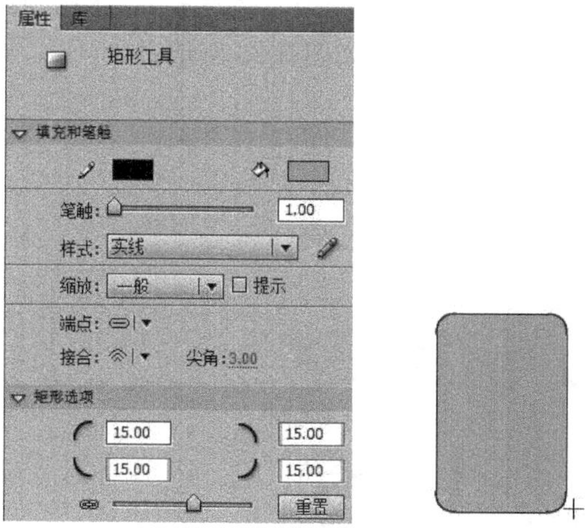

图 3-22 圆角矩形的设置及绘制圆角矩形

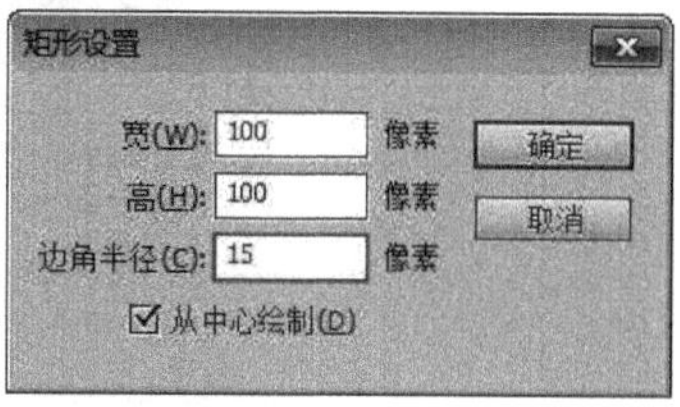

图 3-23 “矩形设置”对话框

② 在“基本矩形工具”的“属性”面板中,在“填充与笔触”设置相关参数,在“矩形选项”设置矩形边角半径。

③ 将鼠标移动到舞台,当其变为“+”形状时,按住鼠标拖动绘制矩形,如图 3-24 所示。

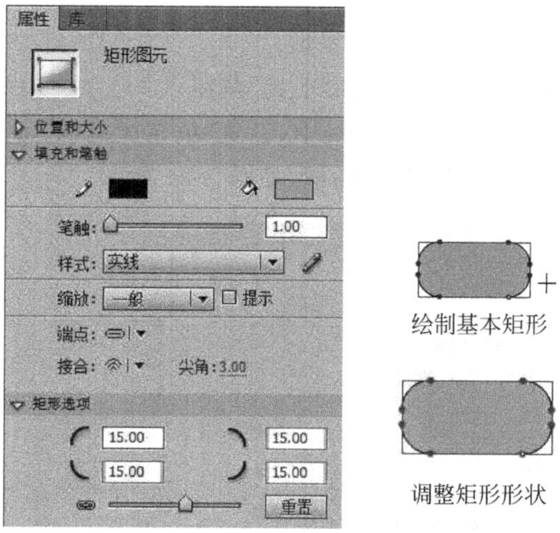

图 3-24 “基本矩形工具”属性与绘制的基本矩形

④ 用“选择工具”选择绘制的基本矩形,用鼠标拖动四周锚点,或在“属性”面板调整参数,可以改变矩形的形状。

提示:用“矩形工具”绘制的圆角矩形,绘制后的矩形不能修改“矩形选项”中的参数。

(2) 基本椭圆工具。

① 在“工具”面板,单击“基本椭圆工具”按钮。

② 在“属性”面板,设置“填充与笔触”和“椭圆选项”相关参数。

③ 将鼠标移动到舞台,当其变为“+”形状时,按住鼠标拖动绘制椭圆。

④ 用“选择工具”选择绘制的基本椭圆，可用鼠标拖动椭圆中心锚点或外边线上的锚点，或在“属性”面板调整“椭圆选项”参数，改变椭圆的形状，如图 3-25 所示。

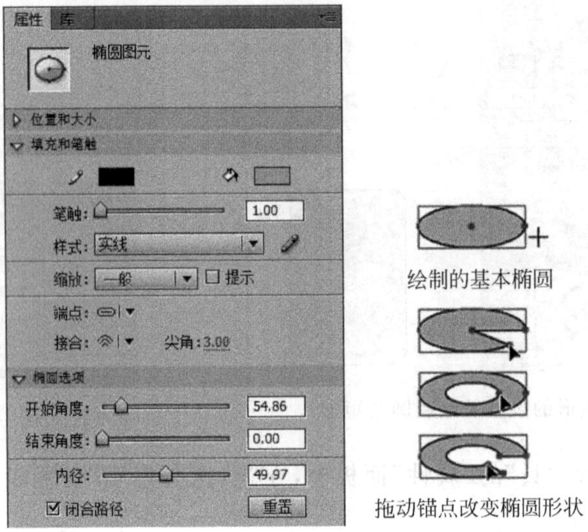

图 3-25 “基本椭圆工具”属性面板与绘制的基本椭圆

4. 多角星形工具

“多角星形工具”用于绘制多边形和星形。

(1) 在“工具”面板中，单击“多角星形工具”按钮。

(2) 在“多角星形工具”的“属性”面板中，设置“填充和笔触”选项；单击“工具设置”选项中的“选项”按钮，打开“工具设置”对话框，如图 3-26 所示。

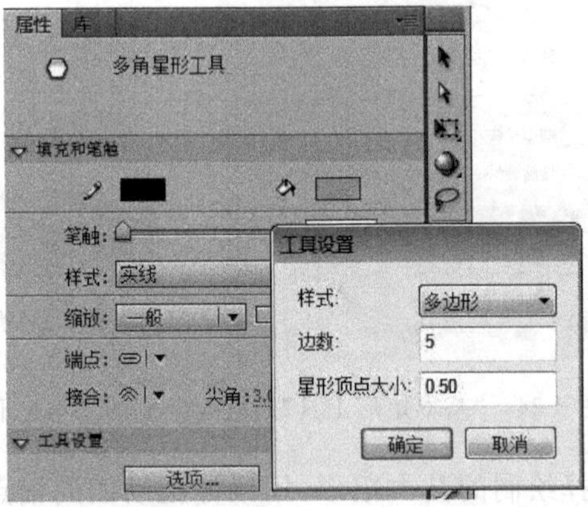

图 3-26 “多角星形工具”属性面板与“工具设置”对话框

(3) 在“样式”下拉列表框中选择“多边形”或“星形”，分别在“边数”和“星形顶点大小”中输入参数，单击“确定”按钮。

提示：在“工具设置”对话框的“边数”文本框中只能输入一个介于 3～32 之间的数字；在“星形顶点大小”文本框中只能输入一个介于 0～1 之间的数字以指定星形顶点的深

度，数字越接近0，创建的顶点就越深。“星形顶点大小”的值不影响多边形的形状。

(4) 将鼠标移动到舞台，当鼠标指针变为“＋”形状时，按住鼠标拖动绘制多边形或多角星形，如图3-27所示。

(5) 选择绘制的多边形或多角星形，在“属性”面板中设置参数。

提示：选择有笔触和填充色的形状图形时：

(1) 用“选择工具”单击笔触或填充色，可以选择笔触或填充色块；

(2) 用“选择工具”框选全部图形，或按住Shift键分别单击笔触和填充色块或双击填充色块，可以选择全部图形。

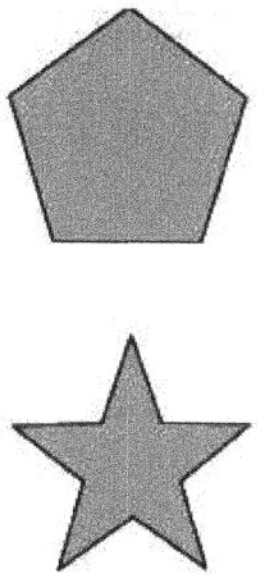

图3-27　绘制的五边形和五角星形

3.2.3　编辑文本

文本是Flash动画中的一个重要元素，使用Flash可以制作多种文本特效动画。

1. 输入文本

(1) 在“工具”面板中，选择“文本工具”按钮，将鼠标移动到编辑区。

(2) 当鼠标指针变为“＋”下有“T”标志的形状时，按住鼠标拖动绘制能容纳文本内容的区域(虚线框)，如图3-28所示。

(3) 释放鼠标左键将显示一个文本框，如图3-29所示。

(4) 在文本框中输入文本后，在文本框外的空白处单击结束输入，如图3-30所示。

图3-28　拖出的虚线框

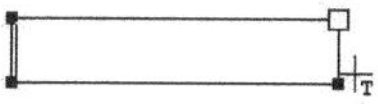

图3-29　创建的文本框

图3-30　输入文本

提示：也可以用“文本工具”在编辑区单击确定输入文本的位置(见图3-31)，再输入文本(见图3-32)。输入文本时，文本框将自动加宽，而输入的文本不会自动换行。

图3-31　单击指定文本位置

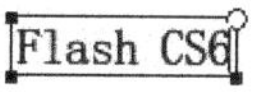

图3-32　输入文本

两种输入方法的区别和转换：拖动鼠标绘制的文本框右上角将显示小矩形(叫做区域文本框)，输入的文本会自动换行。用鼠标指向小矩形并双击，可将小矩形转换为小圆形；单击确定输入文本位置时，在右上角将显示小圆形(叫做点文本框)，随着文本的输入将自动增加文本框的宽度，文本不会自动换行。用鼠标指向小圆形并按住左键左右拖动调整文本框的宽度后，小圆形转换为小矩形。

2. 编辑文本

用“文本工具”单击文本框，使文本框处于编辑状态后，可以在文本框内进行添加、删除和修改等文本编辑操作。

3. 设置文本属性

选择文本框或文字，打开文本“属性”面板，设置文本的属性，如图 3-33 所示。

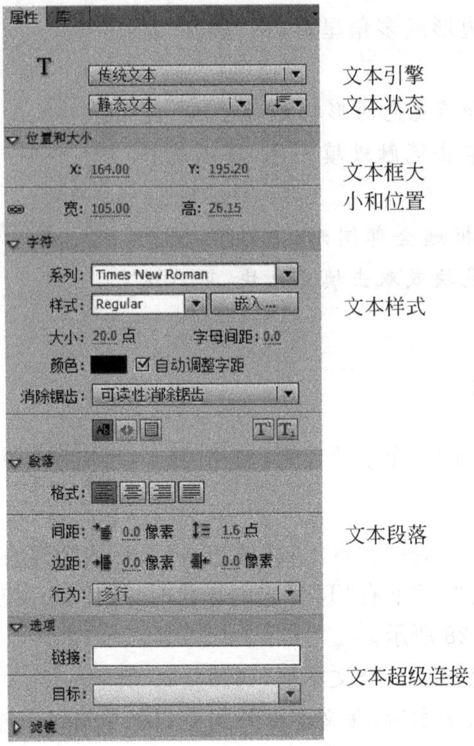

图 3-33　文本“属性”面板

文本引擎：“传统文本”与“TLF 文本”。Flash CS6 的默认设置为“传统文本”。

文本状态：有“静态文本”、“动态文本”、“输入文本”3 种状态。单击右侧的“下拉列表”按钮，在弹出的下拉列表框中选择所需的状态。“静态文本”是最常用的，其他两种状态后面再介绍。

位置和大小：用于设置文本框的 X 和 Y 坐标和文本框的宽和高。

字符：用于设置所选择的文字或文本框的字符。“系列”中选择字体；“样式”中选择字体样式；“大小”中设置字符的大小；“字母间距”中设置文本的间距；“颜色”中设置字符的颜色；“消除锯齿”用于消除文本的锯齿。

段落：用于设置文本的缩进、行列边距等格式。“格式”用于设置文本的对齐方式；“间距”用于设置段落首行缩进和行间距；“边距”用于设置左右边距。

选项：“连接”用于设置超级连接。输入网址(URL)，可以为文本创建超级连接。

滤镜：用于直接给文本添加滤镜。

3.3 填充与编辑图形

3.3.1 填充颜色

1. 刷子工具

“刷子工具”用于绘制任意形状的填充色图形，使用方法如下。

(1) 在“工具”面板中，单击“刷子工具”按钮。

(2) 在“工具”面板中，单击“填充颜色”按钮，在弹出的颜色列表中选择填充色。

(3) 在“工具”面板的“选项”中，选择“刷子模式”，如图 3-34 所示。

(4) 在“工具”面板的“选项”中，选择“刷子大小”，如图 3-35 所示。

(5) 在“工具”面板的“选项”中，选择“刷子形状”，如图 3-36 所示。

图 3-34 刷子模式

图 3-35 刷子大小

图 3-36 刷子形状

(6) 在舞台中，按住鼠标左键拖动涂色。

“刷子模式”有“标准绘画”、“颜料填充”、“后面绘画”、“颜料选择”和“内部绘画”5 种模式，使用不同的模式绘制出不同的绘画效果，如图 3-37 所示。

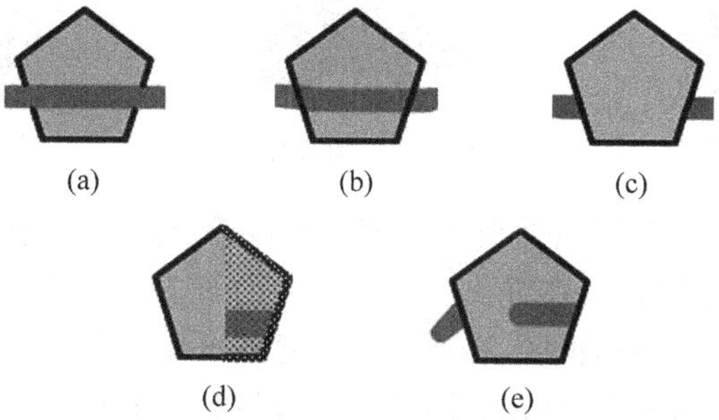

图 3-37 不同的“刷子模式”效果

① 标准绘画——对同一层的笔触和填充色以及空白区域均被涂色，如图 3-37(a)所示。

② 颜料填充——对填充区域和空白区域涂色，不影响笔触，如图 3-37(b)所示。

③ 后面绘画——在空白区域涂色，不影响笔触和填充，如图 3-37(c)所示。

④ 颜料选择——如果没选择任何区域，“刷子工具”不能直接在矢量图形上进行绘画。因此这种模式只适用于选取矢量色块的填充区域，如图 3-37(d)所示。

⑤ 内部绘画——只对刷子笔触开始处的填充区域进行涂色，但不对线条涂色。这种做法很像一本智能色彩书，不允许在区域外面涂色。如果在空白区域开始涂色，该填充不会影响任何现有填充色的区域，如图 3-37(e)所示。

2. 颜料桶工具

"颜料桶工具"用于填充形状的颜色。下面以填充汽车颜色为例介绍使用方法。

(1) 在舞台选择图片(如果是矢量图，用"选择工具"拖动选择，如图 3-38 所示)，执行菜单"修改"→"分离"命令，将图片分离为形状，如图 3-39 所示。用"选择工具"单击空白处取消选择状态。

提示：这里导入到舞台的是矢量图(素材\图片\剪贴画\轿车.wmf)。如果在"导入"对话框中无法查看到.wmf 类型的文件，可将列表文件类型选择为"所有文件(*.*)"，也可以绘制有笔触和填充色的图形。

(2) 在"工具"面板中，选择"颜料桶工具"，单击"工具"面板"颜色"区的"填充色"按钮，在弹出的颜色列表中选择颜色。

(3) 单击"工具"面板的"选项"中的"空隙大小"按钮，选择填充方式。在此选择默认方式。

"空隙大小"各选项功能及含义如下：

① 不封闭空隙——用于在填充区域完全封闭状态下对图形进行填充。

② 封闭小空隙——用于在填充区域存在小缺口的状态下对图形进行填充。

③ 封闭中等空隙——用于在填充区域存在中等大小缺口的状态下对图形进行填充。

④ 封闭大空隙——用于在填充区域存在较大缺口时对图形进行填充。

(4) 将鼠标移动到编辑区，单击汽车体的区域填充颜色，如图 3-40 所示。

图 3-38 选择图片

图 3-39 图片分离

图 3-40 填充效果

使用"颜料桶工具"还可以对图形进行渐变颜色的填充，其操作步骤如下：

(1) 单击"填充颜色"按钮，在弹出的颜色列表的最下方，选择颜色渐变效果。

(2) 将鼠标指针移动到编辑区，在要填充颜色的区域单击填充渐变色。

提示：对图形进行颜色渐变填充时，在填充区域按住鼠标拖动，可以调整渐变颜色的渐变方向、渐变深度。

执行菜单"窗口"→"颜色"命令，打开"颜色"面板，可以编辑渐变颜色效果，如图 3-41 所示。

选择要填充的区域后，再选择填充色，也可以填充区域。同样，选择边线后，再选择笔触颜色，可以修改边线颜色。

用"颜料桶工具"可以填充无填充色的图形。

3. 喷涂刷工具

选择"刷子工具"，在弹出的菜单中选择"喷涂刷工具"后，与使用"刷子工具"一样在舞台按住鼠标左键拖动将喷出的一些圆形小颗粒，并成为组合状态，如图 3-42 所示。

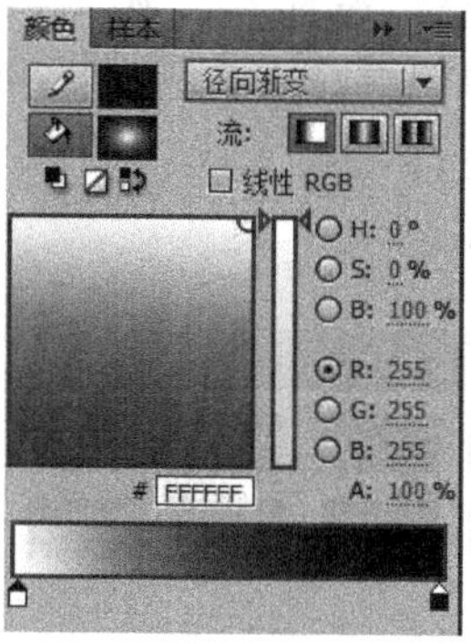

图 3-41 “颜色”面板

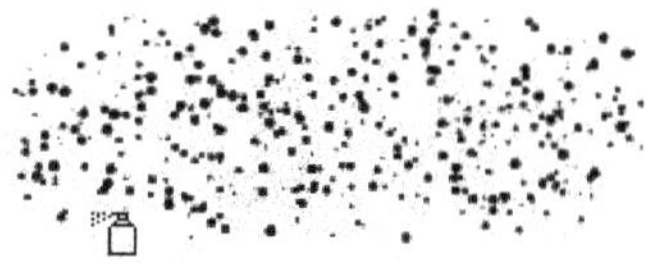

图 3-42 “喷涂刷工具”的喷涂效果

提示：可以在“属性”面板中选择颜色，更改刷子颜色，也可以选择元件“库”中的元件作为喷涂刷，在舞台上绘制其内容。

4. Deco 工具

使用“Deco 工具”可以将库中的任何元件或工具提供的形状作为填充元素制作丰富的图案。选择“Deco 工具”，在“属性”面板“绘制效果”下拉菜单中选择填充效果（见图 3-43），并修改所需的属性后，单击舞台填充图案，如图 3-44 所示。“绘制效果”有“蔓藤式填充”、“网格填充”、“对称刷子”、“3D 刷子”等 13 种填充效果。

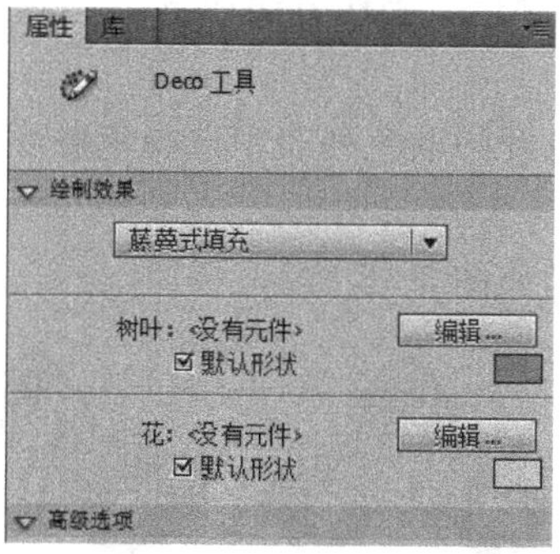

图 3-43 “Deco 工具”的“属性”面板

图 3-44 默认的“蔓藤式填充”效果

提示：选择“树叶”和“花”可以得到不同的图案。如果选择“动画图案”可得到自动生成的动画。

使用“Deco 工具”时，多尝试修改其属性，选择需要的效果。

5. 滴管工具

“滴管工具”是从一个对象复制填充颜色或笔触颜色的属性，可应用到其他对象。“滴管工具”还允许从位图取样用作填充颜色。

要用“滴管工具”复制和应用笔触颜色或填充颜色，首先选择“滴管工具”工具后，单击笔触或填充区域复制颜色属性，再单击其他的笔触或填充区域应用新的颜色属性。

提示：当单击一个笔触时，该工具自动变成“墨水瓶工具”；当单击已填充的区域时，该工具自动变成“颜料桶工具”，并且打开“锁定填充”功能键，如图 3-45 所示。

使用“刷子工具”或“颜料桶工具”填充颜色时，为了得到更好的填充效果，可以用工具“选项”的“锁定填充”功能，对渐变填充对象扩展覆盖涂色。

为了解“锁定填充”功能，先绘制图形，如图 3-46 所示。

图 3-45 “锁定填充”功能

图 3-46 绘制图形

用“颜料桶工具”，给最上面的长条矩形填充渐变效果。用“滴管工具”单击长条矩形复制填充效果(自动打开“锁定填充”功能，工具自动切换为“颜料桶工具”)后，用“颜料桶工具”逐个单击第二行中的矩形。

关闭“锁定填充”功能后，用“颜料桶工具”逐个单击第三行中的矩形。最终效果如图 3-47 所示。

提示：打开“锁定填充”功能后，用“颜料桶工具”填充颜色渐变效果时，拖动鼠标填充不会改变填充效果。

6. 墨水瓶工具

“墨水瓶工具”用于填充形状的笔触(边线、线条)颜色。操作方法如下：

(1) 在“工具”面板中，单击“墨水瓶工具”按钮。

(2) 在“工具”面板中，单击“笔触颜色”按钮，在打开的颜色列表中选择笔触颜色。

(3) 在“属性”面板中，设置笔触样式和笔触宽度。

(4) 在舞台单击对象，为其添加或修改边线颜色，如图 3-48 所示。

图 3-47 “锁定填充”效果

图 3-48 将矢量图分离为形状后添加笔触色

提示：使用“墨水瓶工具”可以修改线条或者形状轮廓的笔触颜色、宽度和样式。

利用“墨水瓶工具”可以对分离状态的文字(或复杂形状)添加指定颜色的边线。

“墨水瓶工具”只能对直线或形状轮廓添加或修改颜色，而不能对矢量色块或区域进行填充。组合图分离后，可以用“颜料桶工具”和“墨水瓶工具”添加填充颜色和笔触颜色。

3.3.2 编辑图形

1. 渐变变形工具

“渐变变形工具”用于调整形状渐变填充颜色的范围、方向和角度等。操作方法如下：

(1) 在“工具”面板中，单击“渐变变形工具”按钮。

提示：“渐变变形工具”与“任意变形工具”在同一按钮组。

(2) 单击形状的渐变色区域，将显示一个带有编辑手柄的边框。按住鼠标左键拖动手柄，可以调整渐变填充的效果，如图 3-49 所示。

图 3-49　用“渐变变形工具”调整渐变填充颜色

“渐变变形工具”的各手柄功能，如图 3-50 所示。

① 中心点：移动中心点手柄可以更改渐变的中心点。鼠标指向中心点时，指针变为四向箭头。

② 焦点：移动焦点手柄可以改变放射状渐变的焦点。只有选择放射状渐变时，才能显示焦点手柄。鼠标指向焦点手柄时，指针变为倒三角形。

③ 大小：移动大小手柄可以调整渐变的大小。鼠标指向大小手柄时，指针变为内部有箭头的圆。

④ 旋转：移动旋转手柄可以旋转渐变效果。鼠标指向旋转手柄时，指针变为 4 个内部有箭头的圆。

⑤ 宽度：移动宽度手柄可以调整渐变的宽度。鼠标指向宽度手柄时，指针变为双头箭头。

提示：对分离的对象填充渐变颜色后，可以利用“渐变变形工具”调整渐变效果。

2. 橡皮擦工具

“橡皮擦工具”用于擦除形状的填充色和笔触色。“橡皮擦工具”的“选项”栏如图 3-51 所示。

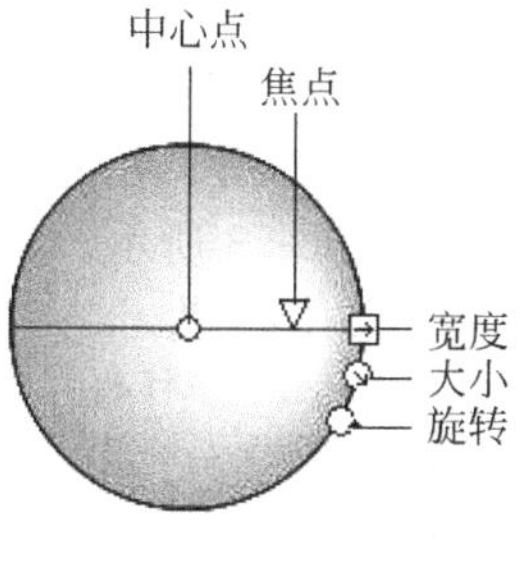

图 3-50　“填充变形工具”的句柄

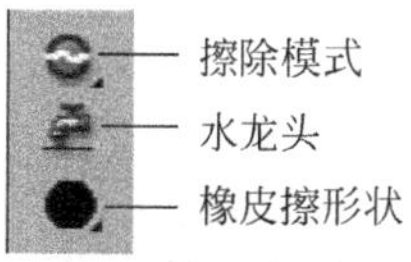

图 3-51　“橡皮擦工具”选项

“橡皮擦工具”的操作方法如下：

(1) 在“工具”面板中，选择“橡皮擦工具”按钮。

(2) 在“工具”面板的“选项”中，选择“擦除模式”。

① 标准擦除：擦除同一层上的笔触色和填充色。

② 擦除填色：只擦除填充色，不影响笔触色。

③ 擦除线条：只擦除笔触色，不影响填充色。

④ 擦除所选填充：只擦除被选择区域的填充色，不影响笔触（不论笔触是否被选中）和未选择的填充色。

⑤ 内部擦除：只擦除橡皮擦笔触开始处的填充区域的填充色，不影响笔触。如果从空白点开始擦除，则不会擦除任何内容。

(3) 在"工具"面板的"选项"中，单击"橡皮擦形状"按钮，选择橡皮擦形状和大小，并关闭"水龙头"功能按钮。

(4) 在舞台上拖动鼠标进行擦除。

"橡皮擦工具"的用法如下：

① 选择"橡皮擦工具"后，在形状上单击或按住鼠标拖动，将删除单击或鼠标经过处所有的内容（笔触和填充）。

② 双击"橡皮擦工具"，将删除舞台上的所有内容。

③ 选择"橡皮擦工具"后，打开"选项"栏的"水龙头"按钮，单击要删除的笔触段（边线）或填充区域，将删除笔触（边线）或填充区域。

提示："橡皮擦工具"只能对形状进行擦除，对文本和位图无效。如果要擦除文本或组合状态的对象，必须先将其分离为形状（两个字以上的文本需要分离两次）。

3. 任意变形工具

"任意变形工具"用于将对象进行缩放、旋转、变形、翻转等操作。其对象既可以是形状、矢量图，也可以是位图或文本。"任意变形工具"操作方法如下：

(1) 在"工具"面板中，选择"任意变形工具"。

(2) 在舞台中，单击要变形的对象。此时将显示句柄，如图 3-52 所示。

① 实例中心点"○"：是旋转和缩放对象的中心。可以用鼠标拖动更改中心点的位置。

② 四角的句柄：鼠标指向句柄时，指针变为双向箭头。按住鼠标向箭头方向拖动，可以放大或缩小对象。将鼠标指向句柄外侧，按住鼠标拖动，可以旋转对象。

③ 上下左右四个句柄：用鼠标按住句柄拖动，改变对象的宽度和高度。

提示：鼠标指向四条边时，将出现双箭头。按箭头方向拖动鼠标，可以使图形倾斜。

(3) 在"工具"面板的"选项"选项组中，选择功能按钮，如图 3-53 所示。

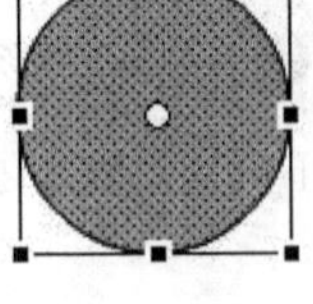

图 3-52 "任意变形工具"的句柄

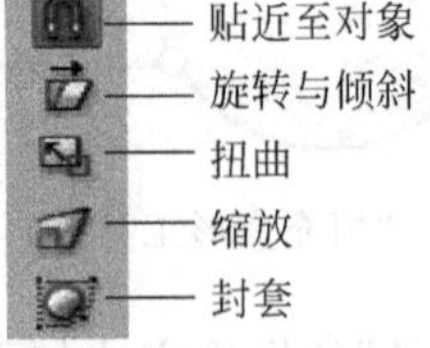

图 3-53 "任意变形工具"的功能按钮

"选项"栏的"扭曲"和"套封"功能按钮，只对形状有效，而对组合对象（包括位图和文本）无效。它们的功能如下：

① 扭曲：用于将对象扭曲变形。选择“扭曲”功能后，用鼠标拖动对象外框上的控制柄，可以将对象变形。

② 套封：用于将对象进行更细微的变形。选择“套封”功能后，将在对象周围出现很多控制柄。用鼠标拖动这些控制柄，可以使对象细微地变形。

(4) 用鼠标按住句柄拖动，可以将对象变形，如图 3-54 所示。

图 3-54　文本分离为形状后，用“套封”变形

提示：用鼠标指向句柄或边框时，指针将变为相应的图标，如图 3-55 所示。

图 3-55　任意变形工具的鼠标形状

变形对象时，可以用“任意变形工具”单击选择对象，或拖动鼠标选择对象；还可以选择对象后，再选择“任意变形工具”。

用“任意变形工具”改变对象的形状时，按住 Shift 键拖动四角的句柄，将保持宽和高的比例缩放对象；按住 Alt 键拖动句柄或边框时，将以中心点“○”为中心变形；当鼠标指向中心点“○”，鼠标指针的右下角出现圆圈时，按住鼠标左键可以将中心点拖动到任何需要的位置，也可以是对象的外侧。

3.4　选择对象

3.4.1　套索工具

“套索工具”用于选取对象中不规则的形状区域。选择该工具后，按住鼠标左键拖动选取区域。

在工具的“选项”中，还提供了“魔术棒”和“多边形模式”工具，如图 3-56 所示。

(1) 魔术棒：用于根据色彩范围选取区域。可以先进行“魔术棒设置”。

(2) 魔术棒设置：单击该按钮，打开“魔术棒设置”对话框，设置魔术棒选取的色彩范围。“阈值”指定选取范围内的颜色与单击处像素颜色的相近程度，输入的数值越大，选取的相邻区域范围就越大。“平滑”指定选取范围边缘的平滑度，有像素、粗略、一般、平滑 4 个选项，如图 3-57 所示。

(3) 多边形模式：用于选取不规则的多边形区域。单击该按钮后，单击确定多边形区域的一个顶点，直到首尾两个顶点重合或双击选取区域。

提示：“魔术棒”和“套索工具”只能用于分离的形状对象。

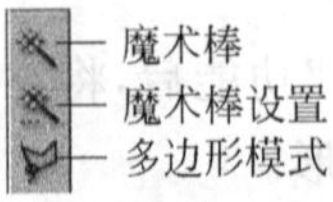

图 3-56 “套索工具”选项

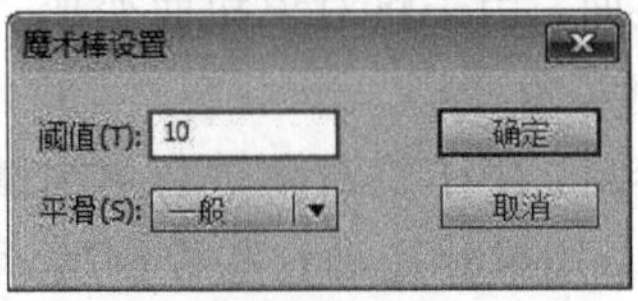

图 3-57 “魔术棒设置”对话框

“魔术棒”工具常用于删除图片的背景。在舞台导入一张图片，将舞台颜色设置为不同于图片的背景色，如图 3-58(a)所示。用“选择工具”选中该图片，执行菜单“修改”→“分离”命令(也可以在右键快捷菜单中选择“分离”命令)，将图片分离为形状，如图 3-58(b)所示。选择“魔术棒”，单击选取分离对象的背景色，按 Delete 键删除所选背景色。如果还有没删除的部分，可以用“套索工具”或“橡皮擦工具”删除，如图 3-58(c)所示。

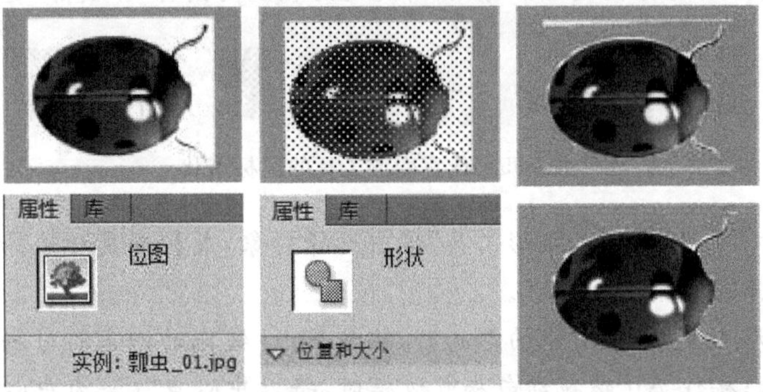

(a) (b) (c)

图 3-58 删除图片的背景色

3.4.2 选择工具

“选择工具”用于选择、移动和重塑形状的对象。“选择工具”的功能和操作方法如下：

(1) 选择对象。Flash 中的形状分为笔触(边线)和填充区域(内部)两个部分。用“选择工具”单击填充区域，将选择填充区域；单击一条边线或双击任意一条边线，将选择一条边线或全部边线。

提示：按住 Shift 键，并用“选择工具”单击边线，可以选取多个或全部边线。

用“选择工具”双击填充区域或按住拖动鼠标，可以选择填充区域和笔触(边线)。

拖动鼠标可以选择形状的一部分，如图 3-59 所示。此时只有拖动范围内的部分被选取，如图 3-60 所示。利用此方法，可以选择形状的一部分。

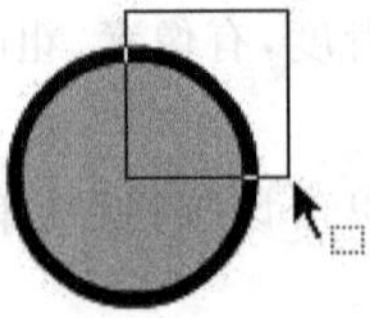

图 3-59 拖出的选择框

图 3-60 选择部分区域

(2) 移动对象。选择对象(全部或部分)后,用“选择工具”按住被选择部分拖动(见图 3-61),可以移动被选择部分,如图 3-62 所示。

(3) 重塑对象。鼠标指向形状的边线,在鼠标指针下方出现弧线(见图 3-63)时,按住鼠标拖动,如图 3-64 所示。释放鼠标后,将得到变形的形状,如图 3-65 所示。

图 3-61 移动选取的区域

图 3-62 移动效果

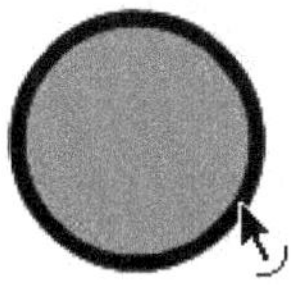
图 3-63 鼠标指向边框

鼠标指向线条(未被选择的线条),在鼠标指针下方出现弧线时,按住鼠标拖动,将更改线条的弯曲度,如图 3-66 所示。鼠标指向线条的端点,在鼠标指针下方出现直角时,按住鼠标拖动,将改变线条的长度,如图 3-67 所示。

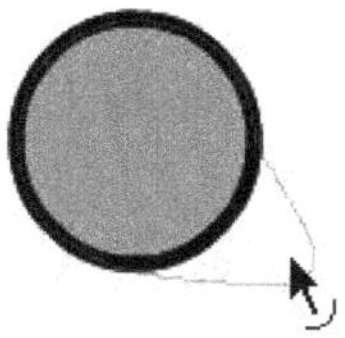
图 3-64 按住鼠标拖动边框

图 3-65 图形重塑效果

图 3-66 更改弯曲度

图 3-67 更改长度

提示:在舞台空白处单击,可以取消对象的选择。

3.4.3 部分选取工具

“部分选取工具”用于对形状边线(路径)上的锚点,进行选取、拖曳调整路径方向及删除等操作,编辑形状的造型。“部分选取工具”只能选取形状的边线。

单击“部分选取工具”按钮后,单击形状的边线或线条时,将在边线或线条上出现锚点,如图 3-68 所示。选择一个锚点时,被选择的锚点用实心点表示,如图 3-69 所示。选择锚点后,可以将该锚点任意拖动,或通过拖动锚点的控制手柄改变边线或线条的形状,如图 3-70 所示。

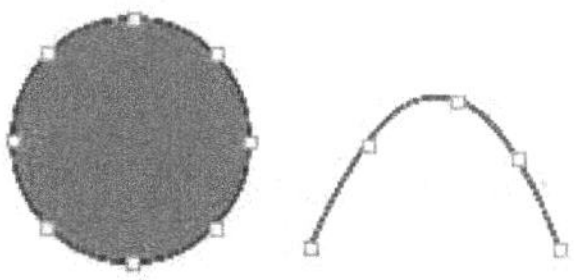
图 3-68 选择边线和线条后出现的锚点

提示:用“钢笔工具”绘制形状的轮廓,再利用“部分选取工具”细致地对轮廓的锚点进行调整。这是在 Flash 中绘制复杂曲线的常用方法,也是绘制图形的基本方法。

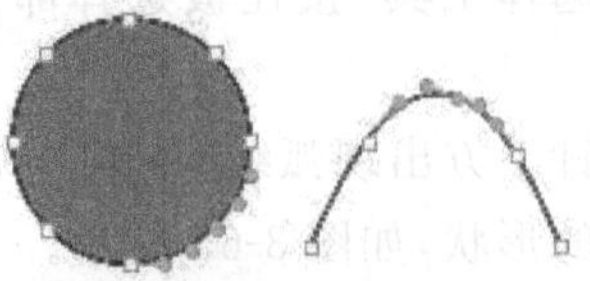

图 3-69 选择锚点后的锚点和手柄

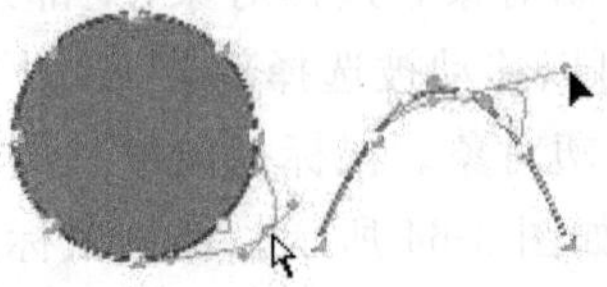

图 3-70 拖动锚点和控制手柄

3.5 视图工具

3.5.1 缩放工具

在“工具”面板中，选择“缩放工具”，并选择“选项”栏中的“放大”或“缩小”功能按钮后，再单击工作区，或在需要放大或缩小浏览的对象上拖动鼠标，可以将工作区或对象成倍地放大或缩小显示。

提示：在工具“选项”中，选择“放大”(或“缩小”)功能后，按下 Alt 键可以切换为“缩小”(或“放大”)。

也可以执行菜单“视图”→“缩放比率”命令，或在场景的“缩放”列表中选择显示比例或输入要缩放显示的比例，缩放显示舞台。

3.5.2 手形工具

放大显示工作区后，有两种方法可以移动工作区：一种方法是拖动水平滚动条和垂直滚动条移动工作区；另一种方法是利用“手形工具”移动工作区。

在“工具”面板中，选择“手形工具”后，在工作区拖动鼠标，可以移动工作区域。

在“工具”面板中，双击“手形工具”按钮，可以将舞台居中并全部显示在窗口中。

提示：在使用工具进行相关的操作时，按下空格键，将当前工具切换为“手形工具”；释放空格键，将切换到原来的工具的工作状态。

3.6 调整工具

3.6.1 3D旋转工具

使用“3D旋转工具”可以将影片剪辑实例在3D空间中旋转。用“3D旋转工具”单击舞台中的影片剪辑实例，将在实例上出现3D旋转控件。红色控件(X轴)、绿色控件(Y轴)、蓝色控件(Z轴)、橙色控件(同时绕X和Y轴旋转)。“3D旋转工具”要求在ActionScript 3.0环境中使用。

利用“3D旋转工具”旋转对象的方法如下：

(1) 在元件“库”新建一个“影片剪辑”类型的元件。这里画一个矩形。

(2) 返回到场景，将新建的元件拖放到舞台。

(3) 选择"3D 旋转工具"，单击舞台中的实例(矩形)，如图 3-71 所示。

(4) 用鼠标左键按住控件(线)拖动，可以旋转对象。拖动的线颜色不同(鼠标指向线时，会提示坐标轴)，旋转方向也不同，如图 3-72 所示。

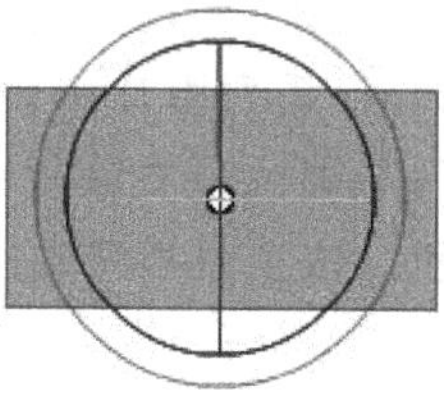

图 3-71　用"3D 旋转工具"选择实例

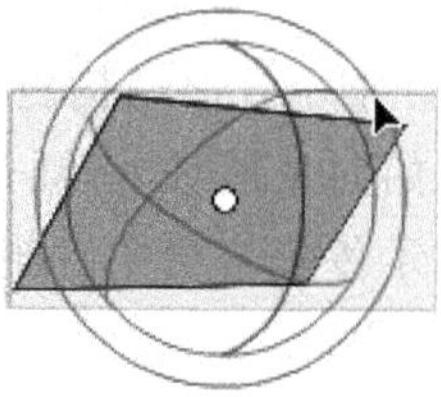

图 3-72　用"3D 旋转工具"旋转实例

提示：拖动中心点"○"，可以重新定位对象的旋转中心点。变更旋转中心点，可以控制旋转对象及其外观的影响。双击中心点可将其移回所选对象的中心。

可以在"变形"面板的"3D 中心点"栏，输入参数值指定或修改实例(具有 3D 旋转控件)的旋转控件中心点的位置。

3.6.2　3D 平移工具

使用"3D 平移工具"可以将影片剪辑实例在 3D 空间中移动。用"3D 平移工具"选择舞台中的影片剪辑实例，将在影片剪辑上显示 X(红色)、Y(绿色)和 Z(蓝色)三个轴。"3D 平移工具"要求在 ActionScript 3.0 环境下使用。

利用"3D 平移工具"平移对象的方法如下：

(1) 在元件"库"新建一个"影片剪辑"类别的元件。这里画一个矩形。

(2) 返回到场景，将新建的元件拖放到舞台。

(3) 选择"3D 平移工具"，选择影片剪辑实例，将显示三个轴，如图 3-73 所示。

(4) 将鼠标移动到 X、Y 或 Z 轴的箭头上(指针在经过任一控件时将发生变化)，按住其中一个箭头沿着箭头方向拖动可以平移对象，如图 3-74 所示。

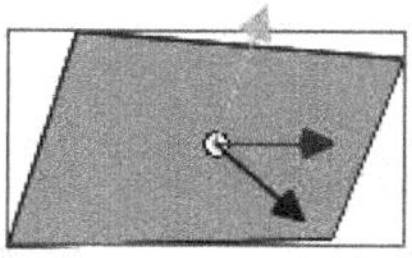

图 3-73　用"3D 平移工具"选择实例

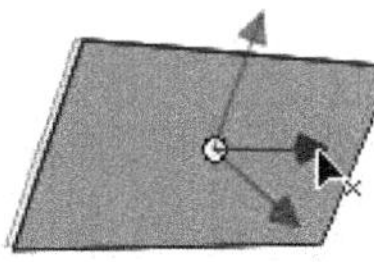

图 3-74　用"3D 平移工具"移动实例

也可以在实例的"属性"面板"3D 定位和查看"选项组中输入 X、Y 或 Z 的值移动对象。

提示：在"3D 平移工具"的"选项"中，选择"全局转换"功能时，Z(蓝色)轴用黑点表示。如果所选择的对象是 3D 对象(如使用"3D 旋转工具"变形)时，如果取消选择"全局转换"功能，将显示 Z(蓝色)轴。

在Z轴上移动对象时，对象的外观尺寸将发生变化。外观尺寸在“属性”面板中，显示在“3D定位和查看”选项组的“宽度”和“高度”值。这些值是只读的。

3.6.3 骨骼工具

利用“骨骼工具”可以便捷地将对象连接起来，形成父子关系，实现反向运动(Inverse Kinematics)。整个骨骼结构也可称为骨架。把骨架应用于一系列影片剪辑或图形元件上，或者是原始向量形状上，通过在不同的时间把骨架拖到不同的位置来操纵它们。“骨骼工具”相对于传统的动作绘制，提供了更便捷的操作途径。该工具要求在ActionScript 3.0环境中使用。

1. 使用骨骼工具创建一个简单的骨架动画

(1) 新建ActionScript 3.0文档。

(2) 在舞台上绘制一个图形，用“选择工具”选择并右击图形执行“转换为元件”命令，将图形转换为实例。这里使用“矩形工具”绘制一个矩形，转换为影片剪辑元件。

提示：也可以在元件“库”创建元件后，拖放到场景。

(3) 在舞台按住Ctrl键(或Alt键)拖动实例，复制创建新的实例。使用同样的方法创建同一个元件的多个实例。将实例按照需要调整位置，如图3-75所示。

图3-75 水平对齐、均匀分布的同一元件的多个实例

提示：也可以在舞台创建不同元件的实例，将这些实例连接起来创建骨架。

(4) 在“工具”面板中，选择“骨骼工具”按钮。

(5) 确定骨架中的父(根)实例(这个实例将是骨骼的第一段)，按住鼠标拖向到下一个实例，将两个实例连接起来创建骨骼。当松开鼠标时，在两个实例中间会出现一条实线表示骨骼段，如图3-76所示。

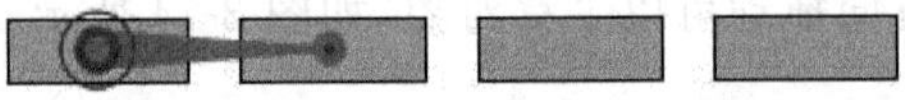

图3-76 连接两个实例的骨骼段

提示：创建骨骼操作，将创建图层“骨架”，并在该图层创建骨骼。

(6) 重复这个过程，将第二个实例和第三个实例连接起来。通过不断从一个实例拖向另一个连接实例，直到所有的实例都用骨骼连接起来，如图3-77所示。

图3-77 连接了所有实例的完整骨架

(7) 在“骨架”图层，用鼠标选择希望结束动画的帧，右击，在快捷菜单选择“插入姿势”命令，在“骨架”图层的当前位置插入了关键帧(姿势帧)，如图3-78所示。

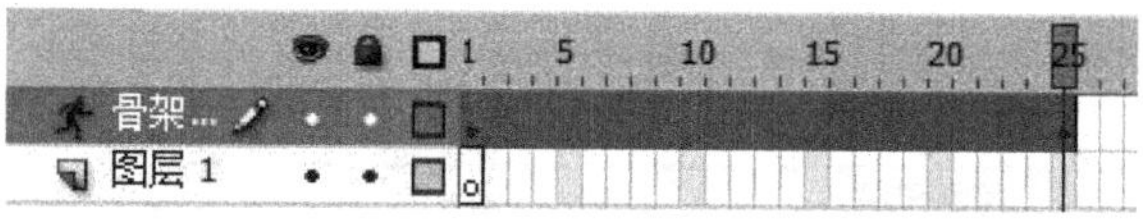

图 3-78　在“骨架”图层插入关键帧

提示：拖动结束帧增加 IK（反向运动）跨度的帧数，可以延长骨架动画，如图 3-79 所示。

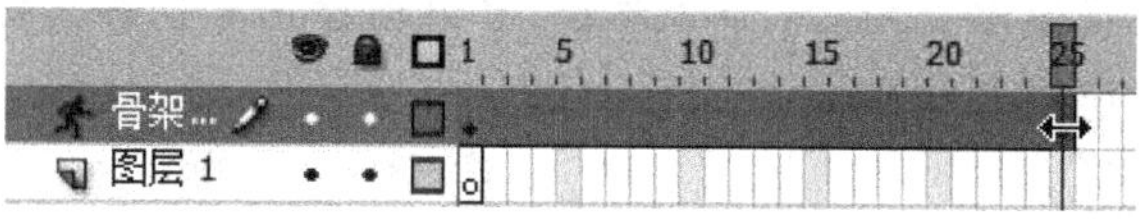

图 3-79　拖动增加 IK 的跨度

（8）选择“选择工具”，拖曳最后一节骨骼，可以实时控制整个骨架，如图 3-80 所示。

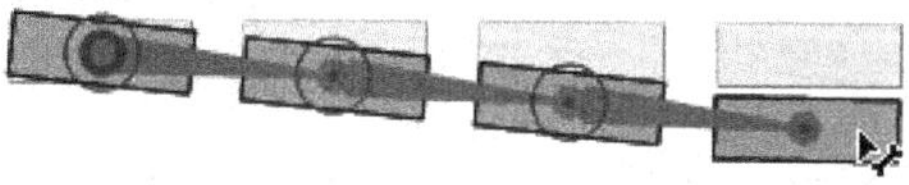

图 3-80　为动画准备好的完整骨架

（9）在“骨架”图层中，右击需要变换骨骼的帧，在弹出的快捷菜单执行“插入姿势”命令插入关键帧（姿势帧），并在此关键帧调整骨骼的位置。

提示：将播放头移动到新的帧（动画范围内的帧），并调整骨骼的位置，将在当前帧插入一个关键帧，并在 IK 跨度内插入动作。

（10）测试动画。

2. 将骨架应用于形状

使用“骨骼工具”可以在形状内部创建一个骨骼，是创建形状动画的新方式。利用此方法可以制作类似与动物摇尾巴等的动画。

（1）在舞台中，绘制横向的长条矩形。

（2）选择“骨骼工具”，从左（根）开始，在形状内部单击并向右拖曳创建根骨骼。在形状内创建第一根骨骼后，Flash 将其转换为一个 IK 形状对象，如图 3-81 所示。

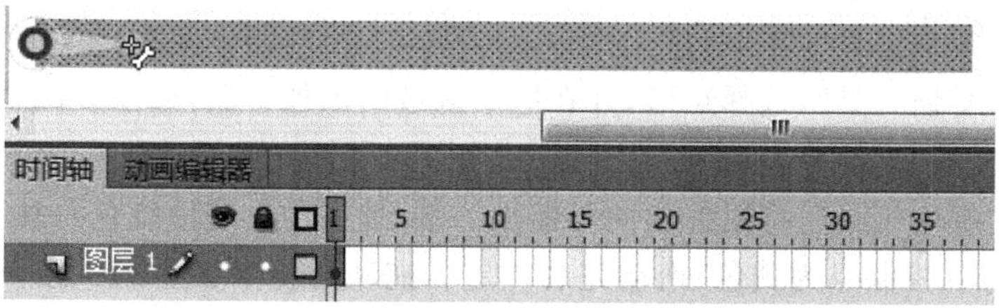

图 3-81　添加第一个（根）骨骼后的形状

提示：创建骨骼操作，将创建“骨骼”图层，并在该图层创建骨架。

（3）继续向右一个接一个创建骨骼头尾相连，如图 3-82 所示。

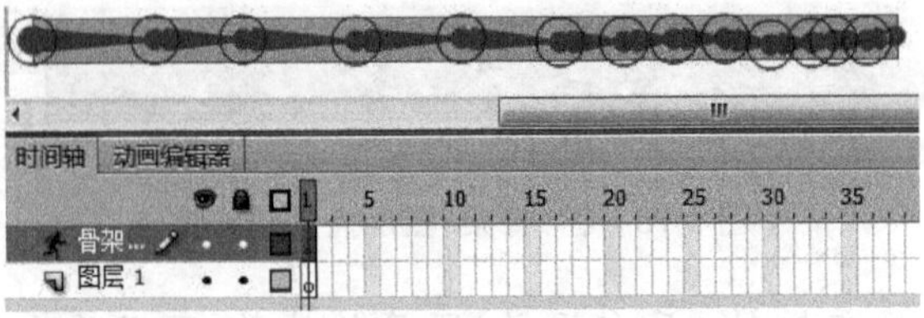

图 3-82 完成后的形状骨架

提示：骨骼的长度逐渐变短，增加骨骼数，可以创建出更切合实际的动作。

(4) 在“骨架”图层需要结束动画的帧，右击打开快捷菜单，执行“插入姿势”命令添加关键帧(姿势帧)。

(5) 选择“选择工具”，单击选择要添加姿势的帧，并将鼠标指向骨骼并显示为骨骼工具时，拖动鼠标调整帧中骨骼的位置，添加关键帧，如图 3-83 所示。

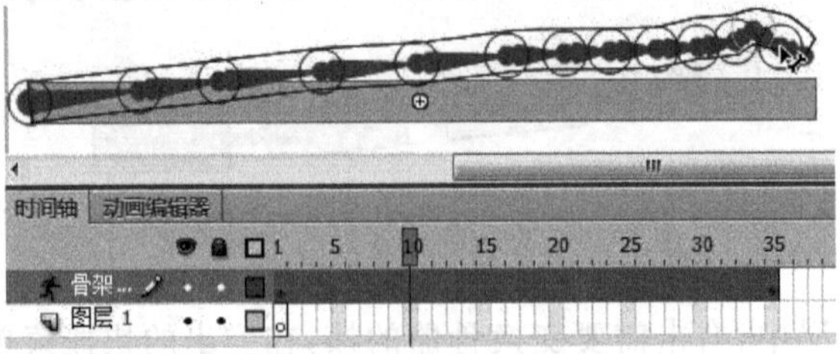

图 3-83 在关键帧调整骨架的位置

(6) 测试动画。

提示：选择关键帧后，在“属性”面板可以设置“强度”、启用“弹簧”等。

选择关键帧后，在舞台选择一个骨骼，打开其“属性”面板，可以设置相关的参数。

3.6.4 绑定工具

在制作骨骼动画的过程中，移动骨架时形状的控制点随着离最近的骨骼扭曲。“绑定工具”可以连接单个骨骼和形状控制点，使得移动骨骼时控制形状边线的扭曲方式。该工具要求在 ActionScript 3.0 环境中使用。

利用“绑定工具”链接单个骨骼和形状控制点的方法如下：

(1) 选择“矩形工具”，在舞台中绘制一个矩形，大小和颜色随意。

(2) 选择“骨骼工具”，选择矩形，并在矩形区域内添加骨骼，如图 3-84 所示。

提示：这时使用“选择工具”移动骨骼点，可以改变矩形的外形。

(3) 选择“绑定工具”，将鼠标指向骨骼点一端(选中的骨骼呈红色)，按下鼠标左键向矩形边线控制点(控制点为黄色)拖动完成绑定。拖动过程中会显示一条黄色的线段，如图 3-85 所示。

提示：使用“绑定工具”选择骨骼点时，形状的笔触上显示若干个黄色的小矩形控制点。可以将所选的骨骼点与其中一个控制点绑定，绑定后骨骼的将通过这个点影响图形形状。

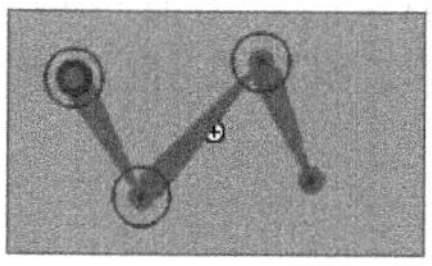

图 3-84　添加骨骼

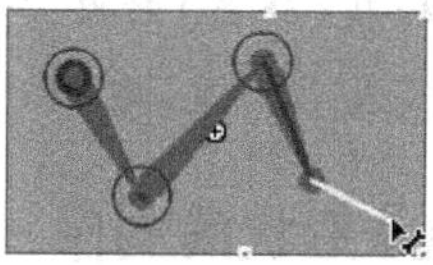

图 3-85　绑定骨骼和控制点

(4) 连接骨骼点与控制点完成绑定连接的操作。

(5) 添加关键帧(姿势帧)制作动画。

(6) 用“选择工具”调整关键帧(姿势帧)中骨骼关节的位置,如图 3-86 所示。

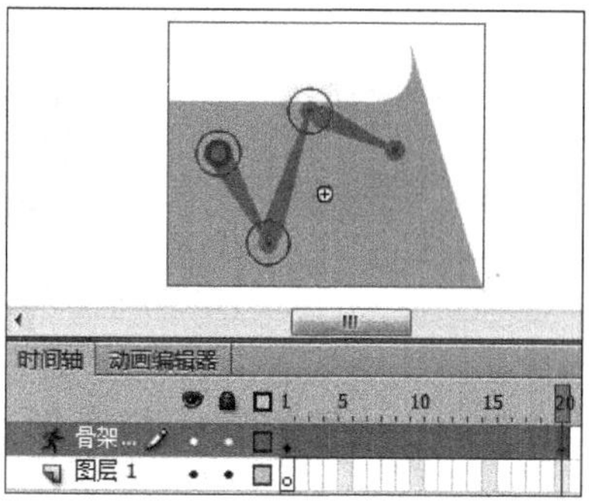

图 3-86　调整关键帧中骨骼关节的位置

提示:可以将多个控制点绑定到一个骨骼,也可以将多个骨骼绑定到一个控制点。

“绑定工具”有以下操作:

(1) 若要加亮显示已连接到骨骼的控制点,用“绑定工具”单击该骨骼。已连接的点以黄色加亮显示,而选定的骨骼以红色加亮显示。仅连接到一个骨骼的控制点显示为方形。连接到多个骨骼的控制点显示为三角形。

(2) 若要向选定的骨骼添加控制点,按住 Shift 键单击未加亮显示的控制点。也可以通过按住 Shift 键拖动鼠标来选择要添加到选定骨骼的多个控制点。

(3) 若要从骨骼中删除控制点,按住 Ctrl 键单击以黄色加亮显示的控制点。也可以通过按住 Ctrl 键拖动鼠标来删除选定骨骼中的多个控制点。

3.7　常用技巧

3.7.1　调整对象的位置

在“工具”面板中,选择“选择工具”后,用鼠标拖动对象,可以将对象移动到指定的位置;按住 Shift 键,同时用鼠标拖动对象,可将对象按水平、垂直等 45°的倍数方向拖动定位;按一次键盘上的 4 个方向键之一,可将对象按照指定的方向移动一个像素;在对象的“属性”面板(见图 3-87)或“信息”面板(见图 3-88)中,设置所选对象的坐标来指定对象的位置。

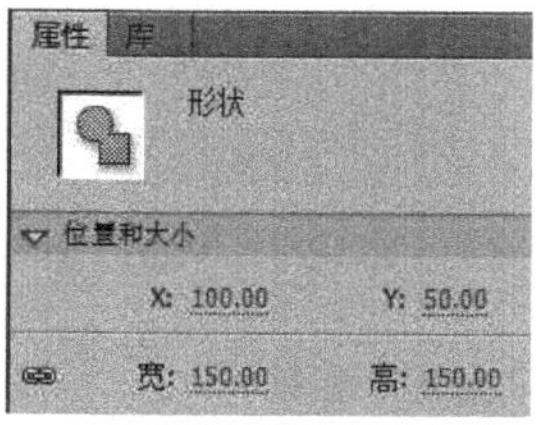

图 3-87　“属性”面板

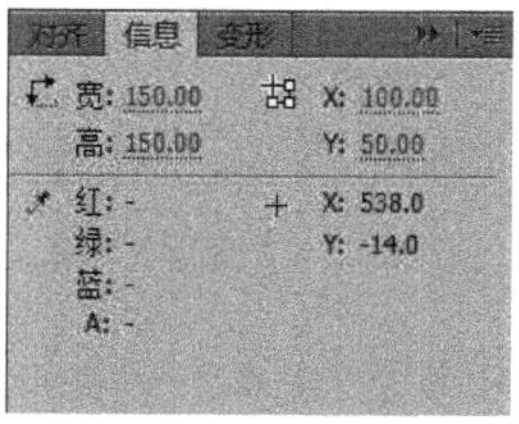

图 3-88　“信息”面板

提示：对于形状（分离）对象，可以移动部分区域，也可以分别移动内部区域和边框。按住 Ctrl 键（或 Alt 键）拖动对象（或被选部分），将复制对象（或被选部分）。

3.7.2 特殊形状的制作

绘制图形时，两个形状叠加一部分区域后，移动其中一个形状，可以创造新的图形。例如，两个不同颜色的圆叠加一部分区域后，再移动其中一个圆，可以得到月牙形的图形，如图 3-89 所示。

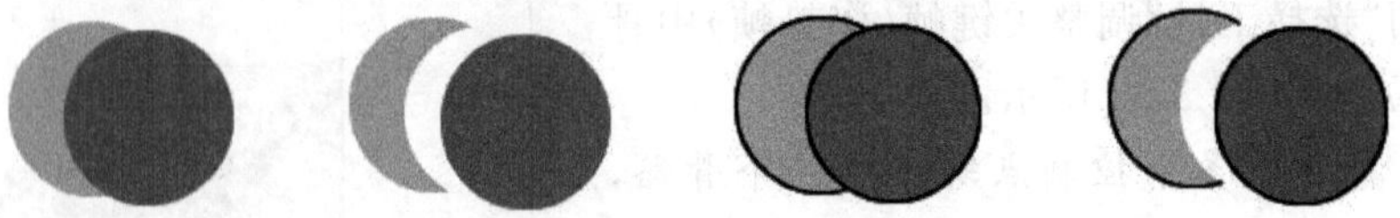

图 3-89 叠加的图形中得到新的形状

3.7.3 对象的旋转与变形

如果要旋转或变形舞台中的对象，则选择对象后，可用“任意变形工具”（见图 3-90）或菜单“修改”→“变形”中的命令（见图 3-91）将对象旋转或变形。也可以用“变形”面板（见图 3-92）将对象旋转或变形。

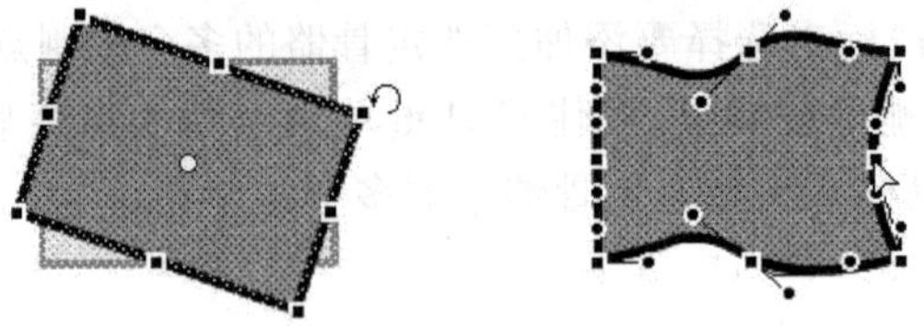

图 3-90 用“任意变形工具”旋转和变形

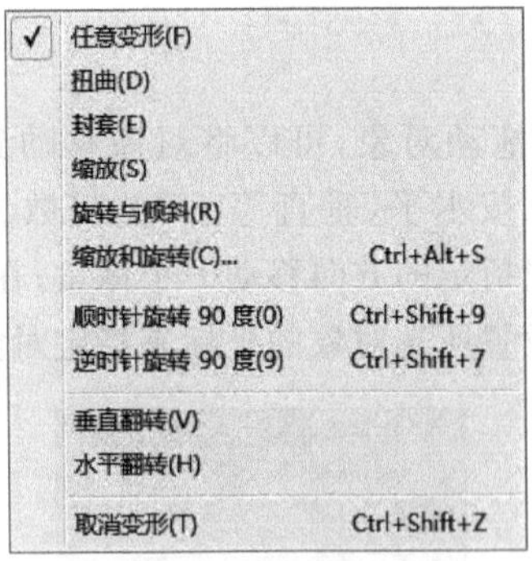

图 3-91 “变形”菜单

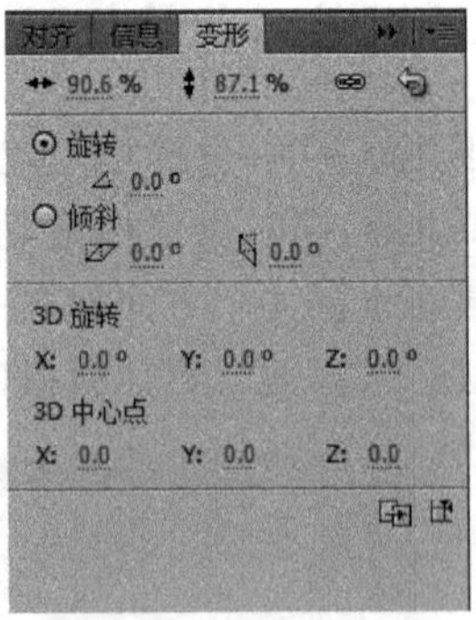

图 3-92 “变形”面板

提示：执行菜单“窗口”→“变形”命令，可以打开“变形”面板。“扭曲”和“封套”命令只对形状有效。

3.7.4 多个对象的对齐和均匀分布

制作动画时，经常需要对动画中的多个对象设置对齐和均匀分布。Flash 提供了多种对齐和均匀分布对象的方案。

如果要对齐或均匀分布舞台中的多个对象，可以在选择对齐对象后，用“对齐”面板（见图 3-93）或菜单“修改”→“对齐”中的命令（见图 3-94）对齐和分布对象。

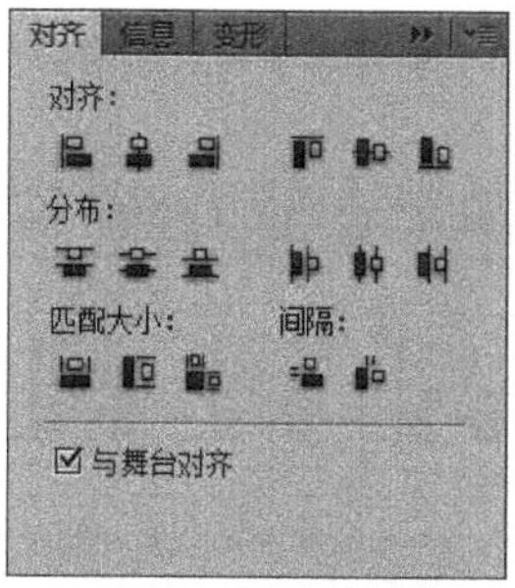

图 3-93 “对齐”面板

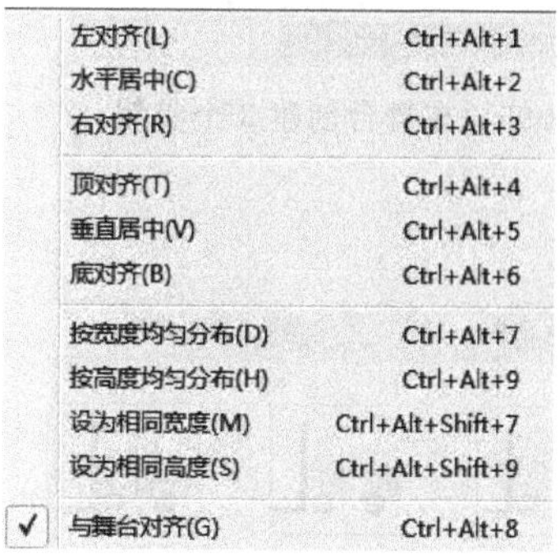

图 3-94 “对齐”菜单

提示：选择“相对于舞台分布”功能时，所选对象将相对于舞台对齐和均匀分布；否则，对象之间相互对齐和均匀分布。

选择一个对象后，选择“相对于舞台分布”功能，并执行“水平居中”和“垂直居中”可将对象对齐到舞台中央。

确定第一个对象的位置后，用鼠标左键按住第二个对象拖动时，将出现一条水平或垂直的虚线用来提示与其他对象的位置关系。可以参考虚线确定对象的位置。

【例 3-1】 多个对象的对齐与分布。

动画情景：三台叉车对象间垂直均匀分布和相对于舞台垂直均匀分布。

(1) 新建文档，属性默认。

(2) 在“库”面板，单击“新建元件”按钮，新建一个元件，命名为“叉车”，在其中导入一张图片（素材\图片\PNG\P_叉车.png）。

(3) 单击“场景 1”按钮，返回到场景。从元件“库”将元件“叉车”拖放 3 次到“图层 1”的第 1 帧，创建 3 个实例，如图 3-95 所示。

(4) 用“选择工具”选择 3 个实例，执行菜单“修改”→“对齐”命令，在菜单中选择需要的对齐和分布方式。“垂直居中”和“按宽度均匀分布”的效果如图 3-96 所示。

打开“相对于舞台分布”功能，“垂直居中”和“按宽度均匀分布”的效果如图 3-97 所示。

提示：用鼠标单击帧可以选择该帧中的所有对象，还可以按住 Shift 键单击选择多个对象。

也可以执行菜单“窗口”→“对齐”命令打开“对齐”面板，设置对齐和分布。

不同图层中的同一个帧对象也可以利用同样的方法处理对齐和分布，如图 3-98

所示。

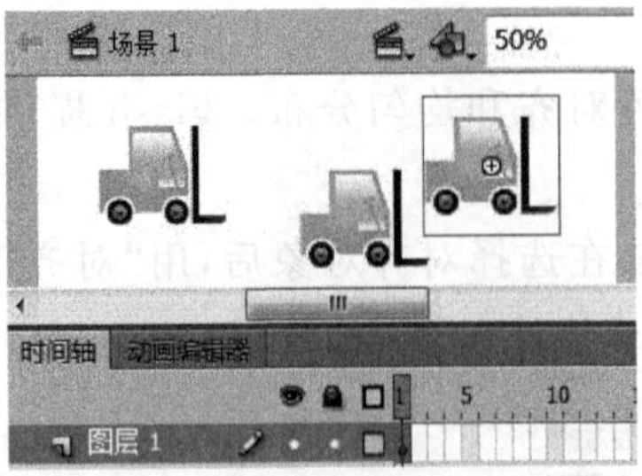

图 3-95 在舞台创建 3 个实例

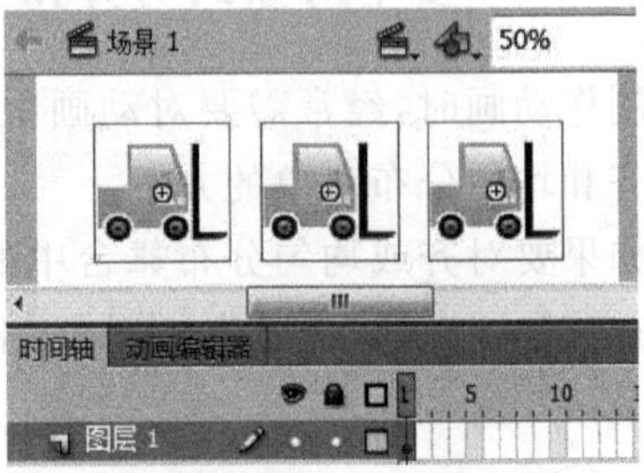

图 3-96 垂直居中和对象间的均匀分布

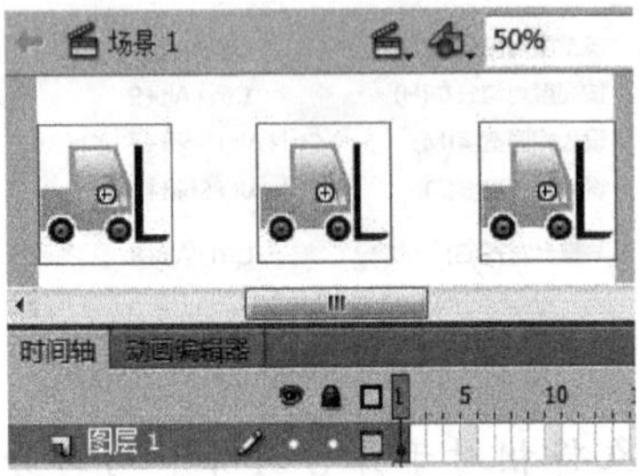

图 3-97 垂直居中和相对于舞台的均匀分布

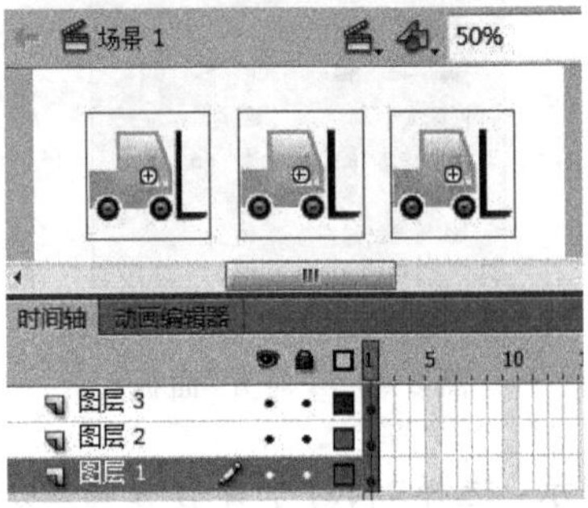

图 3-98 不同图层对象的对齐和均匀分布

【例 3-2】 3 个对象动作一致的动画。

动画情景：3 台叉车动作一致地从左侧放大并旋转移动到右侧。

(1) 新建文档。

(2) 在"库"面板中，单击"新建元件"按钮，新建元件"叉车"，并打开元件"叉车"的编辑窗口，导入叉车图片(素材\图片\PNG\P_叉车.png)。

(3) 适当地缩小叉车，这里缩小 50%。

提示：选择对象后，执行菜单"修改"→"变形"→"缩放和旋转"命令，在"缩放和旋转"对话框将"缩放"设置为 50。也可以用"任意变形工具"或对象的"属性"面板，适当地缩小对象。

(4) 单击"场景 1"按钮，返回到场景。在场景中创建 3 个图层，分别为"图层 1"、"图层 2"和"图层 3"。

(5) 将元件"叉车"分别拖放到 3 个图层的第 1 帧。用"选择工具"选择 3 个图层中的 3 个实例后，执行"左对齐"和"按高度均匀分布"操作，并在 3 个实例被选择状态用鼠标将实例拖动到舞台左侧，如图 3-99 所示。

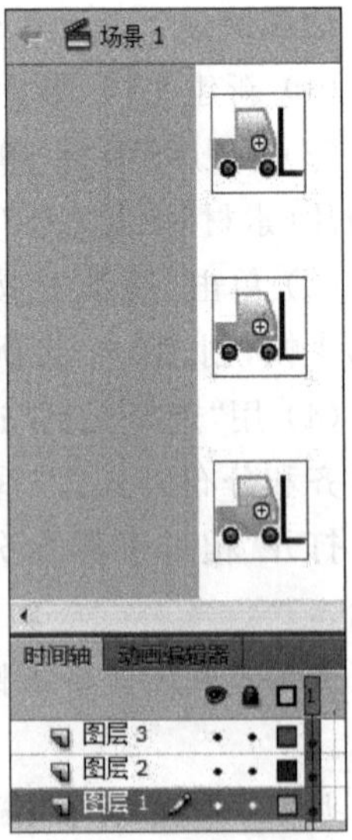

图 3-99 对齐和均匀分布

(6) 拖动鼠标选择 3 个图层的第 20 帧后，右击，在弹出的快捷菜单中执行"插入关键帧"命令，在 3 个图层的第 20 帧均创建关键帧。

提示：也可以在3个图层的第20帧分别插入关键帧。

(7) 在舞台中，拖动鼠标(或按住Shift键单击鼠标)选择3个图层第20帧中的实例，将所选实例拖动到舞台的右侧，如图3-100所示。

提示：在第20帧未被选择状态，按住鼠标左键拖动选择3个图层的第20帧，可以选择3个图层第20帧中的所有对象。

也可以3个图层分别处理，但操作烦琐。

(8) 选择"图层1"第20帧中的实例，执行菜单"修改"→"变形"→"缩放与旋转"命令，打开"缩放和旋转"对话框，将"缩放"输入150，"旋转"输入180。

对"图层2"和"图层3"第20帧中的实例分别做同样的处理，如图3-101所示。

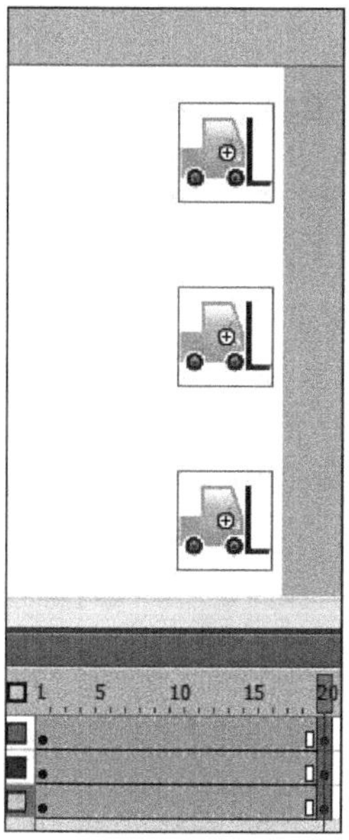

图3-100 调整实例的位置

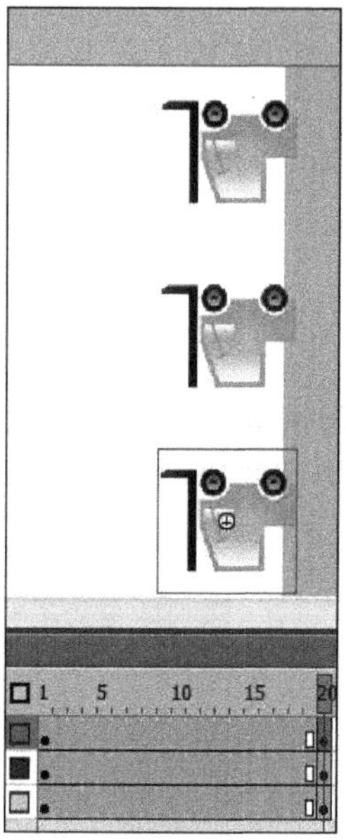

图3-101 缩放和旋转实例

(9) 在3个图层分别创建传统补间动画。

(10) 测试动画。3个图层中实例的移动、放大、旋转是一致的。

(11) 保存文档。在后面的范例中使用该文档。

提示：设置动画对象的旋转，还可以在补间动画的开始帧的"属性"面板"旋转"中设置旋转。也可以用"任意变形工具"旋转动画片段的开始帧或结束帧中的实例。

【例3-3】 完善例3-2中的动画。

打开例3-2的文档。

(1) **动画情景**：3个对象依次分别出现，并分别做移动、放大、旋转动画操作。

在"图层2"，选择第1帧至第20帧后，将被选择的帧拖动到第6帧至第25帧。

在"图层3"，选择第1帧至第20帧后，将被选择的帧拖动到第11帧至第30帧，如图3-102所示。

(2) **动画情景**：3个对象同时出现，并先后分别做移动、放大、旋转动画操作。

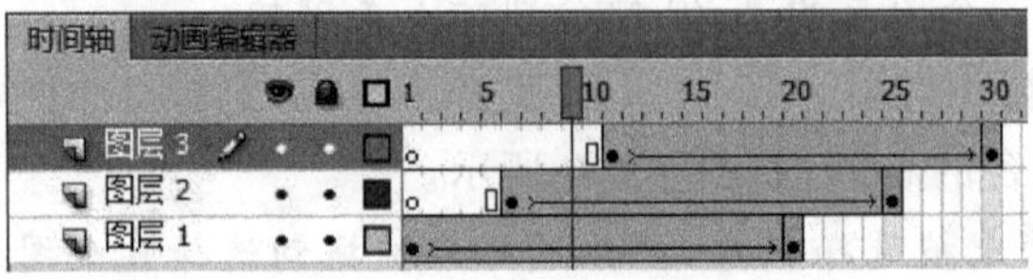

图 3-102 移动补间动画的帧

在"图层 2",复制第 6 帧,粘贴到第 1 帧,删除第 1 帧到第 5 帧的补间动画。

提示:右击补间动画片段的帧,在打开的快捷菜单中执行"删除补间"命令,可以删除补间动画。

在"图层 3",复制第 11 帧,粘贴到第 1 帧,删除第 1 帧到第 10 帧的补间动画,如图 3-103 所示。

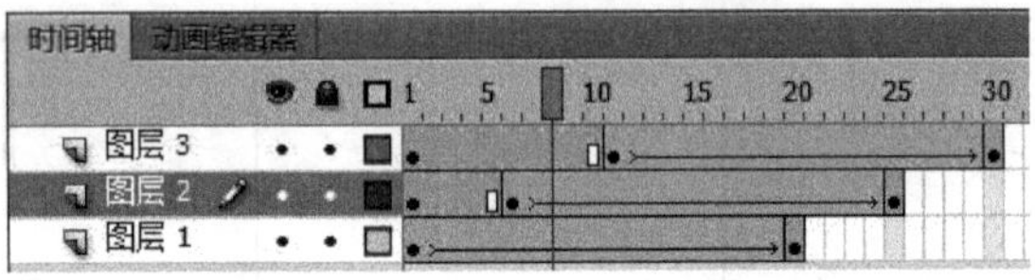

图 3-103 复制和粘贴关键帧

(3) **动画情景**:3 个对象的动画同时结束。

分别在 3 个图层的第 35 帧,右击选择"插入帧"命令插入帧,延长动画,如图 3-104 所示。

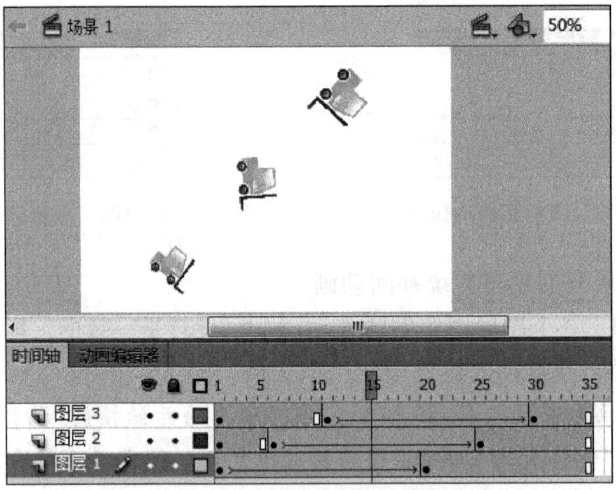

图 3-104 完成动画的场景

提示:也可以拖动鼠标选择 3 个图层的第 35 帧,右击执行"插入帧"命令插入帧。

在舞台空白处单击,取消前面操作中选择的帧(避免选择帧时,其他无关的帧也被选择),再按住鼠标左键拖动,可以选择一个图层中的连续帧或不同图层的同一帧。也可以按住 Shift 键,再单击一个图层中的两个帧选择连续的帧,或单击不同图层的同一个帧选择多个帧。

3.7.5 组合对象与分离对象

1. 舞台中对象的类别

Flash 舞台中的对象有两种：组合对象和分离对象。

在舞台选择对象后，可以在该对象的“属性”面板查看到其类别，如图 3-105 所示。

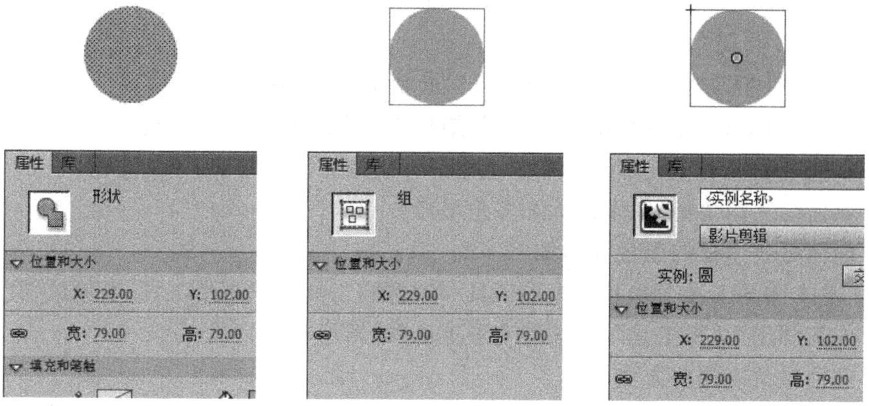

“形状”类　　“组”类　　“实例”类

图 3-105　舞台中对象的类

提示：位图导入到舞台是组合对象，元件拖放到舞台的实例也是组合对象，用绘图工具绘制的图形是分离对象。

“形状”类别的对象是分离状态，按住鼠标左键拖动可以选择对象的全部或部分。选择分离的对象后，可以看到对象是由点组成的。

“组”类别的对象是组合状态，可以由一个或若干个块组成（如“素材\pic\剪辑图”文件夹中的矢量图由多个块组成）。单击或按住鼠标左键拖动，可以选择对象的全部或部分。

“实例”类别的对象是组合状态，是从元件“库”将元件拖动到舞台创建的。单击选择实例时，可以看到实例的注册点“＋”和中心点“○”。

2. 组合对象转换为分离对象

在舞台选择一个组合对象后，执行菜单“修改”→“分离”命令或右击，在快捷菜单中执行“分离”命令，可以将组合对象转换为分离对象。

提示：用“文本工具”输入的文本是组合对象。执行一次分离命令，可以将文本分离为文字；再执行一次分离命令，可以将文本分离为形状。

3. 分离对象转换为组合对象

在舞台拖动鼠标选择分离（形状）状态的对象后，执行菜单“修改”→“组合”命令，可以将被选择的部分组合。也可以将选择的分离对象转换为元件创建实例，从而达到组合对象的目的。

提示：分离对象可以选择全部，也可以选择部分，组合后得到的是被选部分的组合对象。

导入到舞台的矢量图(如素材\pic\剪辑图\轿车.wmf)由多个块组成的组合图形,移动块可以重新构造图形。为了操作方便和避免误操作,导入矢量图后,可以先将图形分离后,再转换为组合图。

思 考 题

1. Flash“工具”面板由哪几部分组成?绘制工具有哪些?
2. 用“椭圆工具”如何绘制圆形?用“矩形工具”如何绘制正方形?
3. 如何绘制只有填充颜色的椭圆或矩形?绘制完成后,如何添加边框?
4. 如何绘制圆角矩形、多边形和多角星形?
5. 如何更改边框的颜色和粗细?
6. “基本椭圆工具”和“基本矩形工具”与“椭圆工具”和“矩形工具”有何区别?
7. 如何利用“选择工具”和“任意变形工具”编辑形状?
8. 选择对象有哪些方法?
9. “填充变形工具”在什么情况下才可使用?
10. 相对于舞台和相对于对象,对齐和均匀分布有什么区别?

操 作 题

1. 分别用“线条工具”和“铅笔工具”绘制不同的线条(包括不同的颜色、大小以及线型);并用“铅笔工具”写出“FLASH”,效果如图 3-106 所示。

图 3-106 不同的线条和写出的文字

2. 分别绘制直线段和空心椭圆,利用“变形”面板绘制形状图案,如图 3-107 所示。

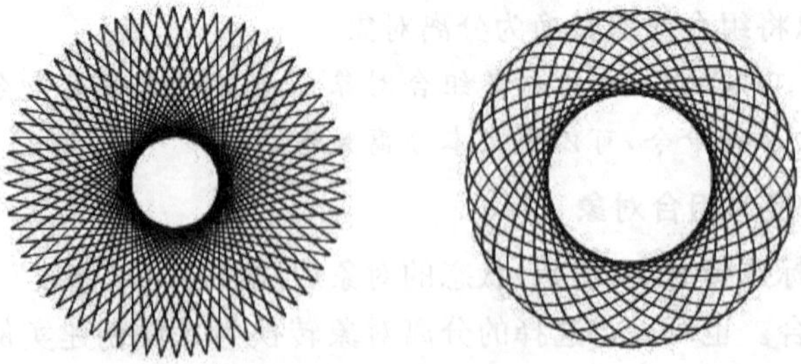

图 3-107 形状图案

提示：分别制作直线段(用“任意变形工具”调整直线段实例中心的位置)和无填充色椭圆的实例，利用“变形”面板的“复制并应用变形”功能旋转。

3. 用“椭圆工具”、“矩形工具”、“任意变形工具”、“变形”面板和“打孔”命令绘制图形，效果如图 3-108 所示。

提示：用“对象绘制”模式绘制无笔触的圆形和长条矩形。利用“变形”面板将长条矩形旋转得到放射状的新图形。选择新图形，执行菜单“修改”→“合并对象”→“联合”命令，将图形联合。圆形在下和放射状图形在上叠加，选择两个图形，执行菜单“修改”→“合并对象”→“打孔”命令。

绘制图形后，执行菜单“修改”→“合并对象”→“联合”命令，可以将图形更改为“对象绘制”模式绘制。

4. 用“线条工具”、“椭圆工具”、“钢笔工具”、“部分选取工具”和“颜料桶工具”绘制太极阴阳图，效果如图 3-109 所示。

图 3-108　打孔效果

图 3-109　太极阴阳图

提示：绘制图形时，用“分离”模式绘制直线、曲线和无笔触的圆。

5. 绘制树叶元件，并画出一棵树，如图 3-110 所示。制作树叶逐渐变为黄色并落下的动画。

图 3-110　树叶和树

提示：在元件中，利用“线条工具”绘制线条，用“选择工具”弯曲线条，用“颜料桶工具”填充颜色制作树叶；在场景中，在一个图层“刷子工具”绘制树干，将树叶元件分别拖放到不同的图层，制作一棵树；树叶分别做动画，制作树叶变黄并落下的动画。

树干放置在一个图层，每个树叶分别放在不同的图层，每个树叶分别作动画。

6. 用“线条工具”、“颜料桶工具”和“选择工具”绘制一把雨伞。

第 4 章　补间动画制作

内容提要

本章主要介绍利用补间动画制作几种基本动画(移动、缩放、倾斜、旋转、颜色、透明度和 3D 旋转)的方法;利用动画编辑器制作和控制动画的基本方法;帧相关概念及操作。

学习建议

首先掌握制作简单动画的基本方法,不要在制作动画元素上花费过多的精力和时间;初步理解利用时间轴和动画编辑器制作补间动画的方法;逐渐掌握制作复杂动画的方法。

4.1　制作补间动画的要素

Flash CS6 支持“补间动画”和“传统补间”两种不同类型的补间动画。其中,“传统补间”是早期版本 Flash 中创建的补间动画,提供了一些用户可能希望使用的某些特定功能。“补间动画”是新版本的 Flash 增加的创建补间动画的方法,可对补间的动画进行最大程度的控制,提供了更多的补间控制。

Flash CS6 中,传统补间是利用一个图层的两个关键帧制作一个动画片段的。而补间动画中,只有动画片段的起始帧(默认是第 1 帧)是“关键帧”,其他更改实例属性的帧叫做“属性关键帧”。

制作补间动画的三个要素:

(1) 创建关键帧。在一个动画片段中,只有一个关键帧。在关键帧中存放实例及其初始属性。

(2) 选择关键帧或关键帧中的实例创建补间动画,或插入帧后创建补间动画。

(3) 创建属性关键帧。选择要更改实例属性的帧,设置该帧中实例的属性创建属性关键帧。介于两个属性关键帧之间的所有帧中实例的属性均由 Flash 软件自动完成。

【例 4-1】 用补间动画制作一个简单的动画。

动画情景:叉车从左侧沿着曲线移动到右侧。

(1) 新建 ActionScript 3.0(或 ActionScript 2.0)文档。

(2) 新建“影片剪辑”类型元件,命名为“叉车”。在元件编辑窗口导入图片(素材\图片\PNG\P_叉车.png)。

(3) 单击“场景 1”按钮,返回到场景。

(4) 创建关键帧。将元件“叉车”拖动到“图层 1”第 1 帧舞台的左侧，如图 4-1 所示。

(5) 创建补间动画。右击“图层 1”第 1 帧或第 1 帧中的实例，在弹出的快捷菜单中选择“创建补间动画”命令，图 4-2(a)所示为选择实例创建补间动画，图 4-2(b)所示为选择帧创建补间动画。创建补间动画，如图 4-3 所示。

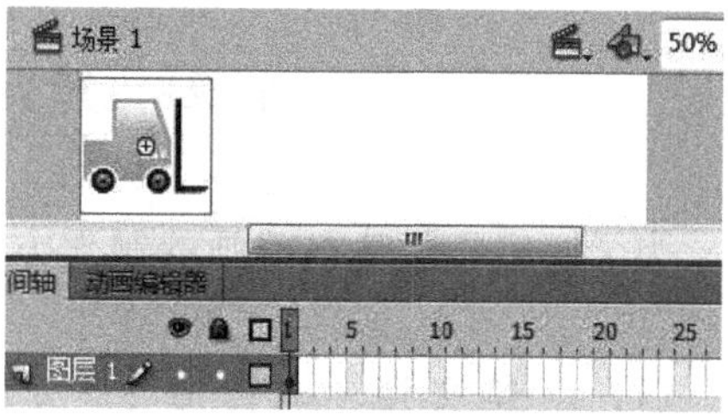

图 4-1　创建关键帧

提示： 执行创建补间动画命令后，默认创建 24 个帧(添加了 23 个帧)的动画片段，并将图层的图标更改为补间动画标识。

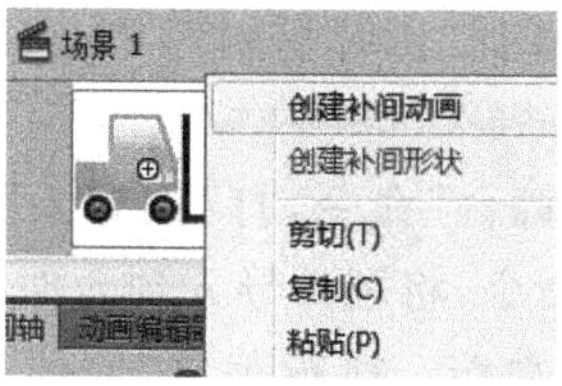

(a)

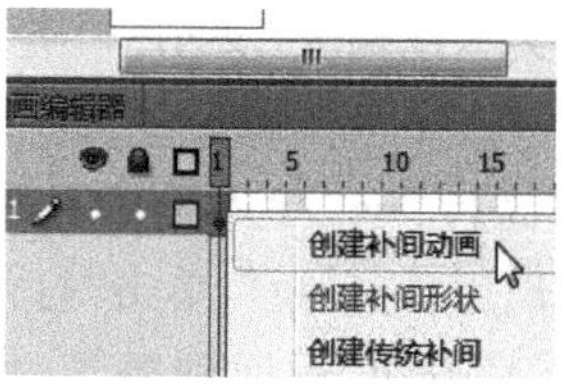

(b)

图 4-2　在快捷菜单中选择“创建补间动画”命令

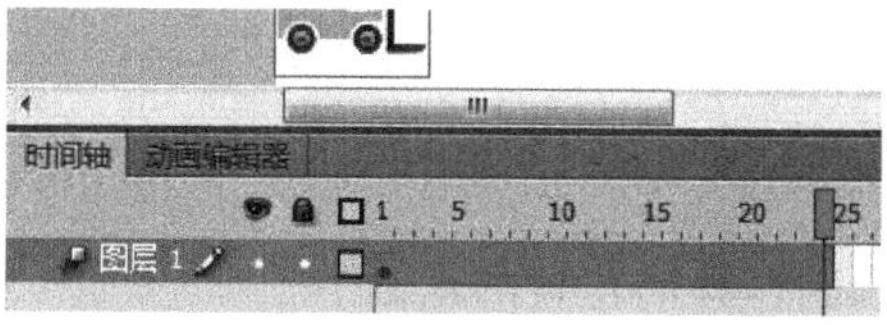

图 4-3　创建补间动画后的时间轴

Flash CS6 默认的动画播放帧频为每秒 24 帧，因此创建的动画片段的时间为 1 秒。用鼠标左键按住结束帧左右拖动，可以修改补间的帧数。

创建的补间动画片段，除了第 1 帧是关键帧外，其他帧均为普通帧。

(6) 创建属性关键帧。选择第 24 帧(或将播放头移动到第 24 帧)，将该帧中的实例拖动到舞台的右侧，创建“属性关键帧”(“位置”属性关键帧)，如图 4-4 所示。

提示： 拖动实例更改实例的位置属性，在结束帧创建“属性关键帧”(用小菱形“◆”表示)，同时显示带点的线段。该线段是实例移动的路径。

(7) 修改移动路径。单击“工具”面板中的“选择工具”按钮，然后将鼠标指针指向路径，当指针下方出现弧线标志时，按住鼠标左键拖动，修改移动路径，如图 4-5 所示。

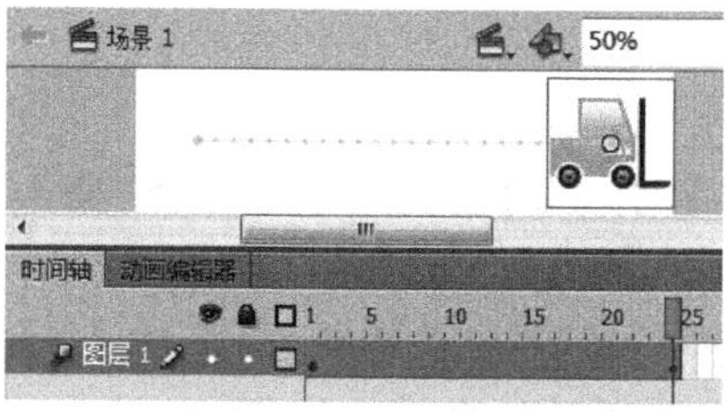

图 4-4　拖动结束帧中的实例创建“属性关键帧”

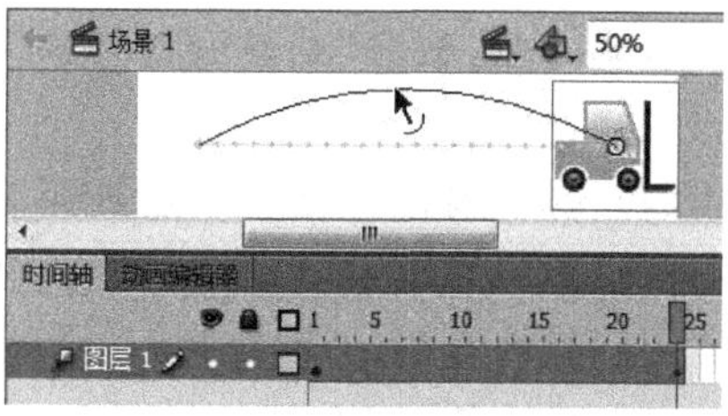

图 4-5　用“选择工具”修改路径

(8) 测试动画。

4.2 常用的几种基本动画

为了介绍几种基本动画的制作方法，创建一个文档，并将该文档保存为“补间原始文档”。

(1) 新建文档。执行命令“文件”→“新建”→“常规”→ ActionScript 3.0 或 ActionScript 2.0 命令，单击“确定”按钮。在工作区窗口布局选择“基本功能”。

(2) 创建新元件。在“库”面板中，单击“新建元件”按钮，打开“创建新元件”对话框。在对话框的“名称”文本框输入“叉车”，“类型”选择“影片剪辑”，单击“确定”按钮，打开元件“叉车”编辑窗口。

(3) 执行菜单“文件”→“导入”→“导入到舞台”命令，打开“导入”对话框，选择图片(素材\图片\PNG\P_叉车.png)，单击“打开”命令，将图片导入到元件编辑窗口。

(4) 单击“场景 1”按钮，返回到场景，保存文档。执行菜单“文件”→“保存”或“另存为”命令，打开“另存为”对话框。

在该对话框中，选择工作目录，在“文件名”文本框中输入文件名“补间原始文档”，单击“保存”按钮，保存文档。

4.2.1 移动位置的动画

【例 4-2】 用补间动画制作移动位置的动画。

动画情景：叉车沿着三角形路径移动并回到原来的位置。

(1) 新建文档。打开文档“补间原始文档”，另存为“补间移动位置动画”。

(2) 创建实例。选择“图层 1”的第 1 帧，将元件“库”面板中的元件“叉车”拖动到舞台左下方。

(3) 创建补间动画。右击第 30 帧，在弹出的快捷菜单中选择“插入帧”命令插入帧，并创建第 1 帧到第 30 帧的补间动画，如图 4-6 所示。

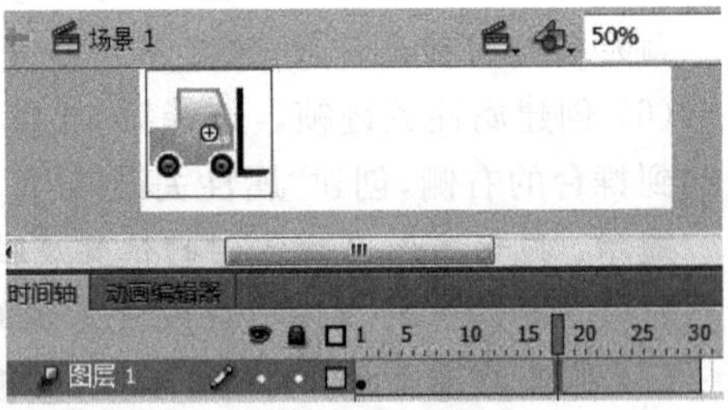

图 4-6 创建补间动画

提示：先插入帧，再创建补间动画，可以方便地指定补间动画的长度(帧数)。

右击舞台中的实例或第 1 帧至第 30 帧之间的任意一帧，执行“创建补间动画”命令，均可以创建补间动画。

(4) 创建属性关键帧。选择第 10 帧，右击，在弹出的快捷菜单中选择“插入关键帧”→“位置”命令，创建“位置”属性关键帧，如图 4-7 所示。

用同样的方法，分别在第 20 帧和第 30 帧创建“位置”属性关键帧。

(5) 调整实例的位置。将第 10 帧中的实例拖动到舞台的右下方，第 20 帧中的实例拖动到舞台的右上方，如图 4-8 所示。

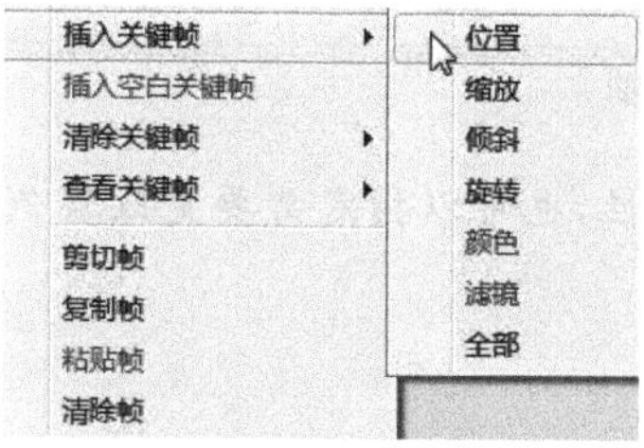

图 4-7　插入属性关键帧

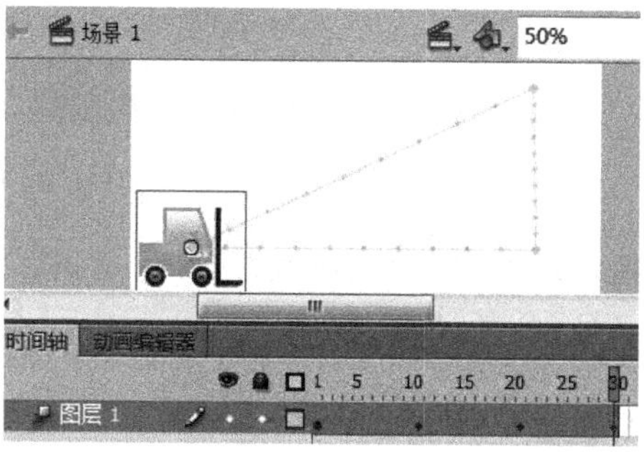

图 4-8　创建三角形路径的补间动画

(6) 测试动画。

4.2.2　缩放动画

【例 4-3】　用补间动画制作改变大小的动画。

动画情景：叉车从左侧移动到舞台中心(1～10 帧)放大到原来的 150%(10～20 帧)，再缩小到原来大小(20～30)后，移动到舞台右侧(30～40 帧)。

(1) 打开文档“补间原始文档”，另存为“补间改变大小动画”。

(2) 选择第 1 帧，将元件“库”中的元件“叉车”拖动到舞台左侧。

(3) 在第 40 帧处插入帧，并创建第 1 帧到第 40 帧的补间动画。

(4) 单击第 10 帧，将实例横向拖动到舞台中心。

(5) 右击第 10 帧，在弹出的快捷菜单中，选择“插入关键帧”→“缩放”命令，插入“缩放”属性关键帧，如图 4-9 所示。

提示：选择第 10 帧后，移动实例的操作，将在第 10 帧创建“位置”属性关键帧。为设置第 10 帧开始的实例缩放，在第 10 帧插入“缩放”属性关键帧。也可以选择插入“全部”属性关键帧。

(6) 在第 20 帧插入“缩放”属性关键帧，第 30 帧分别插入“位置”和“缩放”属性关键帧。选择第 40 帧，将实例拖动到舞台右侧，创建“位置”属性关键帧。

(7) 选择第 20 帧或第 20 帧中的实例，执行菜单“修改”→“变形”→“缩放和旋转”命令，打开“缩放和旋转”对话框，将“缩放”设置为 150%，如图 4-10 所示。

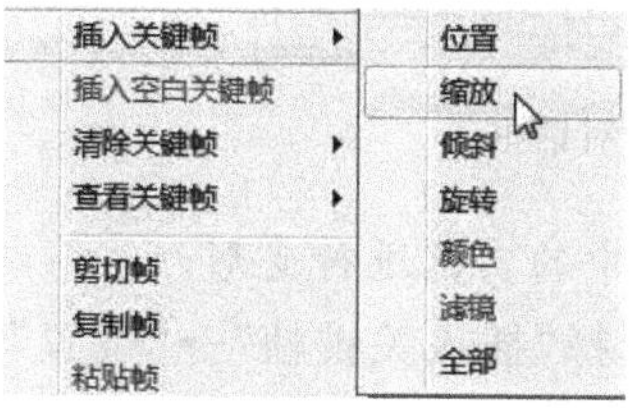

图 4-9　插入缩放属性关键帧

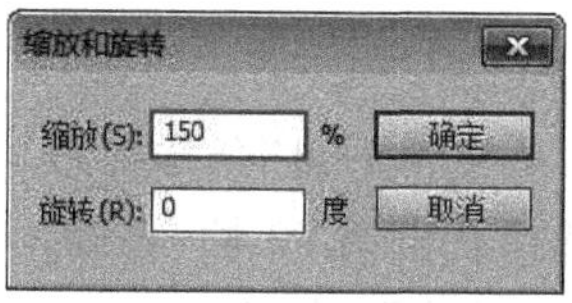

图 4-10　“缩放和旋转”对话框

(8) 测试动画。完成动画的时间轴如图 4-11 所示。

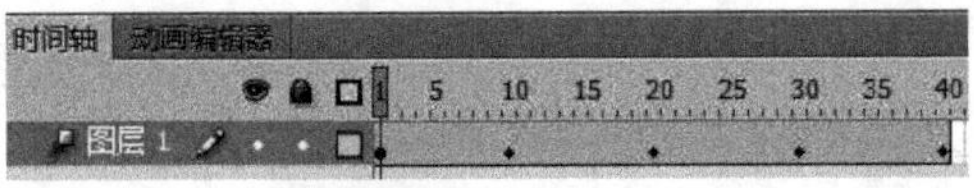

图 4-11　完成动画的时间轴

提示：创建属性关键帧时，可以选择添加“全部”属性，也可以指定需要更改实例的某一种属性(位置、缩放、旋转等)。

4.2.3　倾斜动画

【例 4-4】 用补间动画制作倾斜变形的动画。

动画情景：叉车从左侧移动到舞台中心(1～10 帧)，倾斜变形(10～20 帧)，再变形恢复为原始状态(20～30 帧)后，移动到舞台右侧(30～40 帧)。

(1) 打开文档“补间原始文档”，另存为“补间倾斜动画”。

(2) 选择第 1 帧，将元件“库”中的元件“叉车”拖动到舞台左侧。

(3) 在第 40 帧处插入帧，并创建第 1 帧到第 40 帧的补间动画。

(4) 选择“图层 1”的第 10 帧，将实例横向拖动到舞台中心，创建“位置”属性关键帧。

(5) 右击第 10 帧，在弹出的快捷菜单中选择“插入关键帧”→“倾斜”命令，在第 10 帧添加“倾斜”属性关键帧。用同样的方法，分别在第 20 帧和第 30 帧创建“倾斜”属性关键帧。

(6) 选择第 20 帧中的实例，执行菜单“窗口”→“变形”命令。在打开的“变形”面板中，“倾斜”设置水平倾斜 45°，如图 4-12 所示。

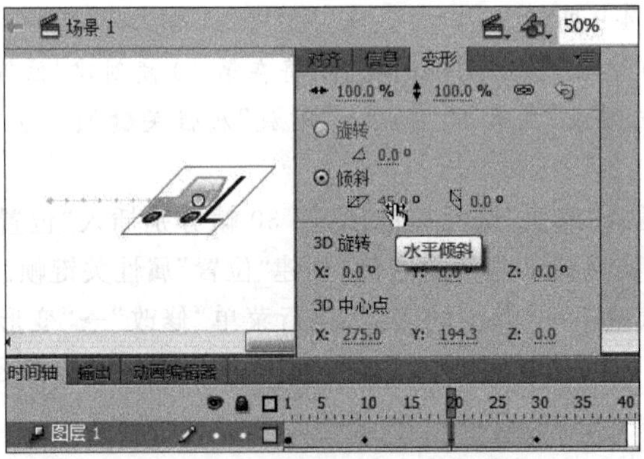

图 4-12　“缩放和旋转”对话框

提示：也可以利用“任意变形工具”，将第 20 帧中的实例进行变形。

(7) 选择右击第 30 帧，在弹出的快捷菜单中选择“插入关键帧”→“位置”命令，在属性关键帧添加“位置”属性。

(8) 选择第 40 帧，将实例横向拖动到舞台的右侧。

(9) 测试动画。

提示：制作一段改变某一属性的动画时，分别在动画片段的起止属性关键帧中添加要改变的属性。

4.2.4　旋转动画

【例 4-5】 用补间动画制作旋转的动画。

动画情景：叉车从左侧移动到舞台中心(1～10 帧)，顺时针旋转 180°(10～20 帧)，再逆时针旋转 180°(20～30 帧)后，移动到舞台右侧(30～40 帧)。

(1) 打开文档"补间原始文档"，另存为"补间旋转动画"。

(2) 选择第 1 帧，将元件"库"中的元件"叉车"拖动到舞台左侧。

(3) 在第 40 帧处插入帧，并创建第 1 帧到第 40 帧的补间动画。

(4) 选择"图层 1"的第 10 帧，将实例横向拖动到舞台中心，创建位置属性关键帧。

(5) 右击第 10 帧，在弹出的快捷菜单中选择"插入关键帧"→"旋转"命令，在第 10 帧添加"旋转"属性关键帧。用同样的方法，分别在第 20 帧和第 30 帧创建"旋转"属性关键帧。

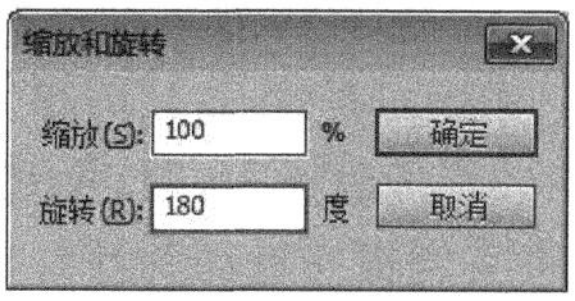

图 4-13　"缩放和旋转"对话框

(6) 选择第 20 帧中的实例，执行菜单"修改"→"变形"→"缩放和旋转"命令，在打开的"缩放和旋转"对话框中，"旋转"设置为 180 度，如图 4-13 所示。

(7) 右击第 30 帧，在弹出的快捷菜单中，选择"插入关键帧"→"位置"命令，在属性关键帧添加"位置"属性。

(8) 选择第 40 帧，将实例横向拖动到舞台的右侧。

(9) 测试动画。

4.2.5　变化颜色的动画

【例 4-6】 用补间动画制作变化颜色的动画。

动画情景：叉车从左侧移动到舞台中心(1～10 帧)，变化颜色(10～20 帧)，再恢复到原颜色(20～30 帧)后，移动到舞台右侧(30～40 帧)。

(1) 打开文档"补间原始文档"，另存为"补间变化颜色动画"。

(2) 选择第 1 帧，将元件"库"中的元件"叉车"拖动到舞台左侧。

(3) 在第 40 帧处插入帧，并创建第 1 帧到第 40 帧的补间动画。

(4) 选择"图层 1"的第 10 帧，将实例横向拖动到舞台中心，创建"位置"属性关键帧。

(5) 右击第 30 帧，创建"位置"属性关键帧。选择第 40 帧，将实例横向拖动到舞台右侧。

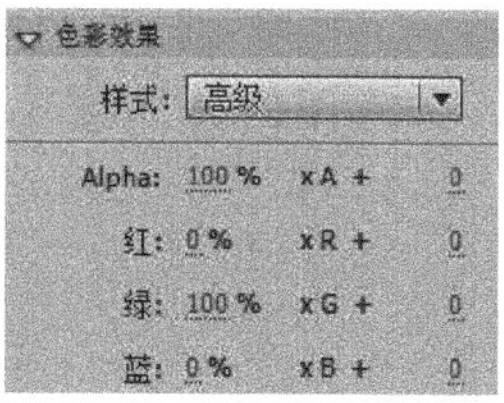

图 4-14　设置实例的颜色

(6) 选择第 20 帧中的实例，打开该实例"属性"面板，选择"色彩效果"→"样式"→"高级"选项，将"红"和"蓝"设置为 0%，如图 4-14 所示。

(7) 分别选择第 10 帧和第 30 帧中的实例，在该实例"属性"面板的"色彩效果"→"样式"→"高级"选项界面中，将"红"

和“蓝”设置为100%(恢复为默认参数值)。

提示:在第20帧更改实例的颜色时,因为第10帧和第30帧没有添加“颜色”(无法直接添加)属性,所以第10帧和第30帧中的实例也会被更改颜色。这里第10帧和第30帧是实例变化颜色的起止帧,需要恢复为默认值。

(8) 测试动画。

4.2.6 更改透明度的动画

【例4-7】 用补间动画制作改变透明度的动画。

动画情景:叉车从左侧移动到舞台中心(1~10帧),逐渐透明(10~20帧),再逐渐恢复透明度(20~30帧)后,移动到舞台右侧(30~40帧)。

(1) 打开文档“补间原始文档”,另存为“补间改变透明度动画”。

(2) 选择第1帧,将元件“库”中的元件“叉车”拖动到舞台左侧。

(3) 在第40帧处插入帧,并创建第1帧到第40帧的补间动画。

(4) 选择“图层1”的第10帧,将实例横向拖动到舞台中心,创建位置属性关键帧。

(5) 右击第30帧,创建位置属性关键帧。选择第40帧,将实例横向拖动到舞台右侧,创建位置属性关键帧。

(6) 选择第20帧中的实例,打开该实例“属性”面板,选择“色彩效果”→“样式”→Alpha选项,将Alpha设置为0%,如图4-15所示。

图4-15 设置实例的透明度

(7) 分别选择第10帧和第30帧中的实例,在该实例“属性”面板的“色彩效果”→“样式”→Alpha文本框中,将Alpha设置为100%。

提示:在第20帧更改实例的透明度时,第10帧和第30帧没有Alpha属性。因此,Alpha属性从第1帧开始变化到第20帧后,Alpha属性保持不变。第10帧和第30帧中实例的Alpha设置为100%。

选择一个帧中的实例后,在“属性”面板调整Alpha值,可以添加Alpha属性。为了在第10帧和第30帧中的实例添加Alpha属性,分别选择该帧中的实例后,在实例的“属性”面板来回滑动Alpha滑块。参数值没变,但可以创建Alpha属性。用同样的方法可以为实例添加颜色、滤镜等属性。

(8) 测试动画。

4.2.7 3D旋转动画

3D旋转动画除了可以在XY平面转动外,还可以绕Y轴或X轴或任何方向旋转的动画。3D旋转动画需要ActionScript 3.0支持。

【例4-8】 3D旋转动画。

动画情景:卡通图片绕中心竖直轴(Y轴)旋转。

(1) 新建ActionScript 3.0文档。

(2) 新建“影片剪辑”类型元件，命名为“卡通”，在元件编辑窗口导入图片(素材\图片\位图\ gif_01. gif)，并将图片中心对齐编辑窗口中心。

提示：选择对象，执行菜单“窗口”→“对齐”命令，打开“对齐”面板，选中“与舞台对齐”复选框，并单击“水平对齐”、“垂直对齐”按钮，可以将对象对齐编辑窗口中心，如图 4-16 所示。

在菜单“修改”→“对齐”的子菜单中，也可以找到相应的对齐命令。

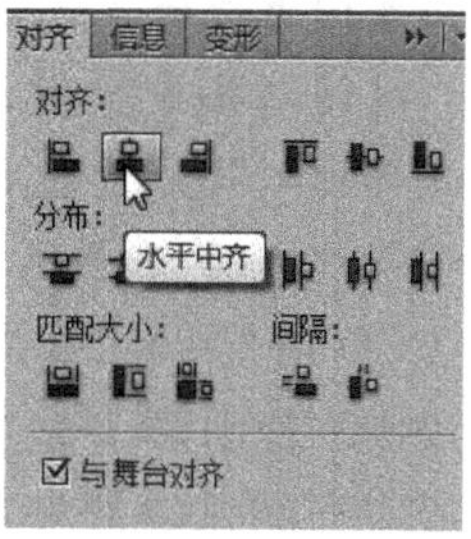

图 4-16　“对齐”面板

(3) 返回到场景。将“库”中的元件“卡通”拖动到舞台，并将该实例对齐舞台中心。

提示：此时，场景中只有一个图层“图层 1”，该图层中只有一个关键帧第 1 帧。

(4) 在第 30 帧插入帧，并创建补间动画。

(5) 单击第 30 帧或该帧中的实例，执行菜单“窗口”→“变形”命令，打开“变形”面板。在“3D 旋转”选项组中将 Y 设置为 359°，如图 4-17 所示。

提示：因为 Y 值输入 360°，自动变更为 0°，所以用 359°来表示旋转一周。

(6) 测试动画。完成动画的场景如图 4-18 所示。

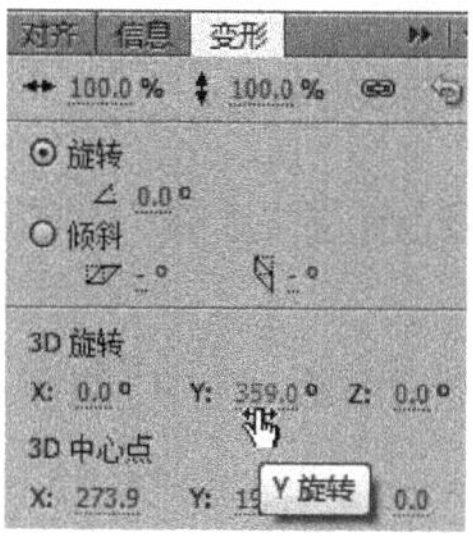

图 4-17　“变形”面板

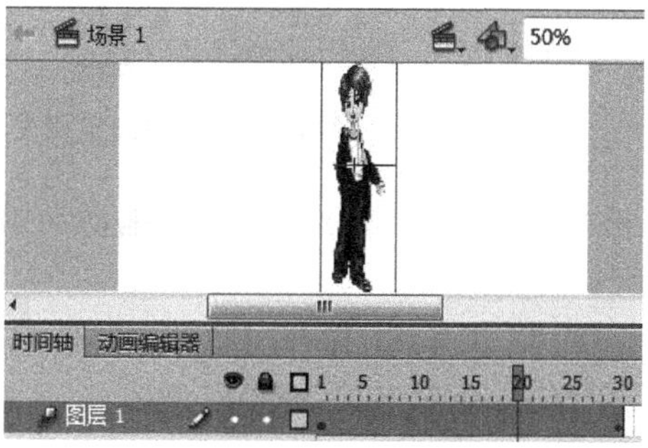

图 4-18　完成动画的场景

4.2.8　显示路径的补间动画

补间动画有自己的运动路径，通过编辑修改运动路径，制作出不同的移动动画效果。

【例 4-9】　显示并沿着路径方向旋转的补间动画。

动画情景：叉车沿着路径行驶中，根据路径起伏改变叉车运行角度为切线方向。

(1) 打开文档“补间原始文档”，另存为“显示路径的补间动画”。

(2) 单击“场景 1”按钮，返回到场景。将图层“图层 1”更名为“弧线”，在第 1 帧绘制弧线，并在第 30 帧插入帧，锁定该图层。

(3) 插入新图层，命名为“叉车”，并将元件“叉车”拖动到该图层的第 1 帧。

(4) 在舞台中，选择叉车实例后，执行菜单“修改”→“变形”→“任意变形”命令，使实例处于变形编辑状态。将实例变形中心移动到叉车的两个轮子下端连接线的中间位置，如图 4-19 所示。

提示：在“工具箱”选择“任意变形工具”后，单击实例也能使实例处于变形状态。

补间动画中实例沿着路径移动时，是以实例变形中心“○”为基准的。将中心移动到两个轮子下端中间，实现叉车走在路径上面的效果。

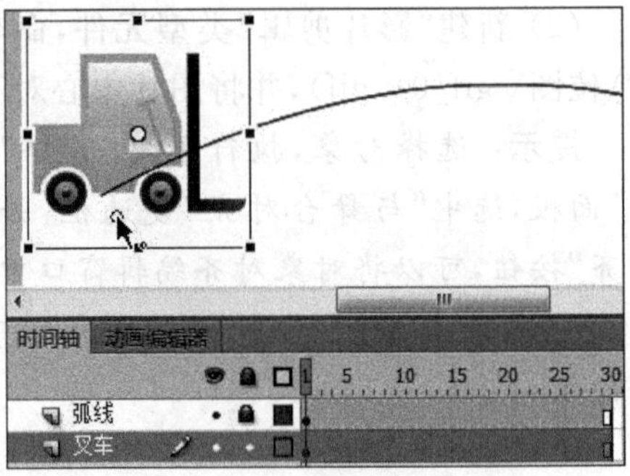

图 4-19　移动实例中心

(5) 在“叉车”图层制作第 1 帧到 30 帧的补间动画。拖动第 1 帧中的实例，将实例的变形中心对齐到弧线的左端。拖动第 30 帧中的实例，将实例的变形中心对齐到弧线的右端，如图 4-20 所示。

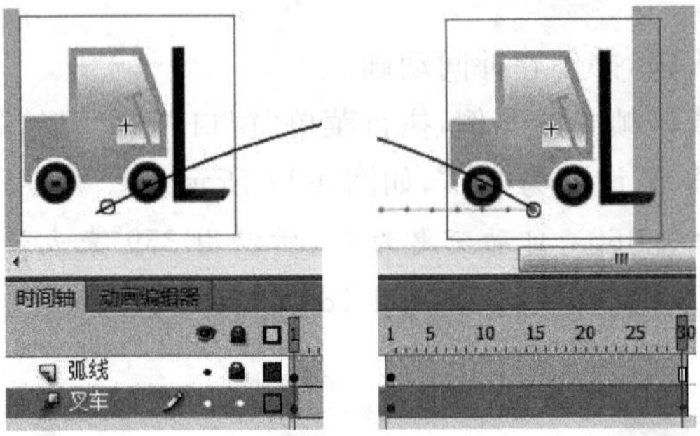

图 4-20　动画起止帧中的实例变形中心分别对齐到弧线两端

(6) 在“叉车”图层用“选择工具”拖动动画路径，使其接近图层“弧线”中的弧线，如图 4-21 所示。

(7) 在图层“叉车”选择补间动画中的任意一帧，打开“属性”面板，选中“调整到路径”复选框。用“任意变形工具”调整实例的方向，如图 4-22 所示。

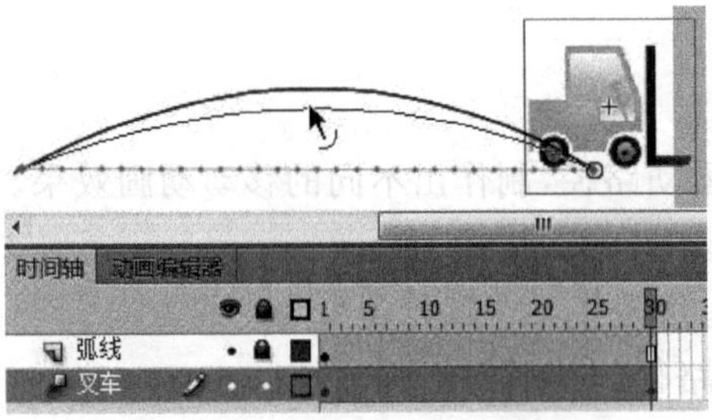

图 4-21　调整补间动画路径

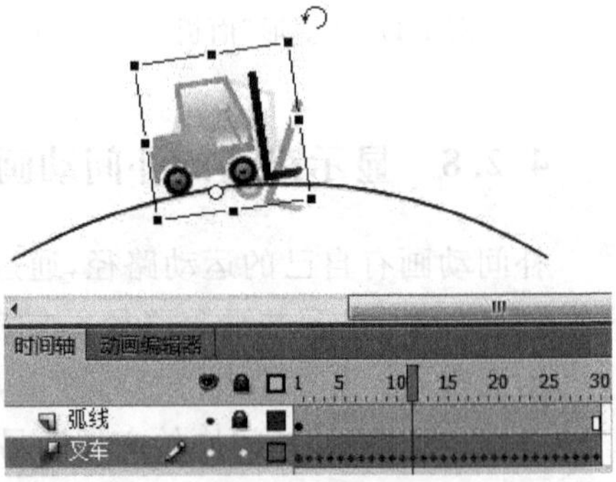

图 4-22　调整实例的方向

(8) 测试动画。

提示：如果要调整补间动画的运动路径，插入“位置”属性关键帧后，在该帧还可以利用“部分选取工具”调整路径。

4.3　动画编辑器

利用“动画编辑器”可以查看和更改所有补间属性及其属性关键帧。它还提供了向补间添加特效的功能，从而制作出多种多样的补间动画效果。“动画编辑器”允许以多种不同的方式来控制补间。

注意：对于多种常见类型的简单补间动画，动画编辑器的使用是可以选择的。动画编辑器旨在轻松创建比较复杂的补间动画。它不适用于传统补间。

4.3.1　动画编辑器面板

在时间轴中创建补间后，选择补间动画帧或实例，单击“动画编辑器”标签，或执行菜单“窗口”→“动画编辑器”命令打开“动画编辑器”面板。面板左侧是对象属性列表及其“缓动”属性和关键帧控制按钮；面板右侧是对应属性的曲线，直观表现出不同时刻的属性值，如图4-23所示。

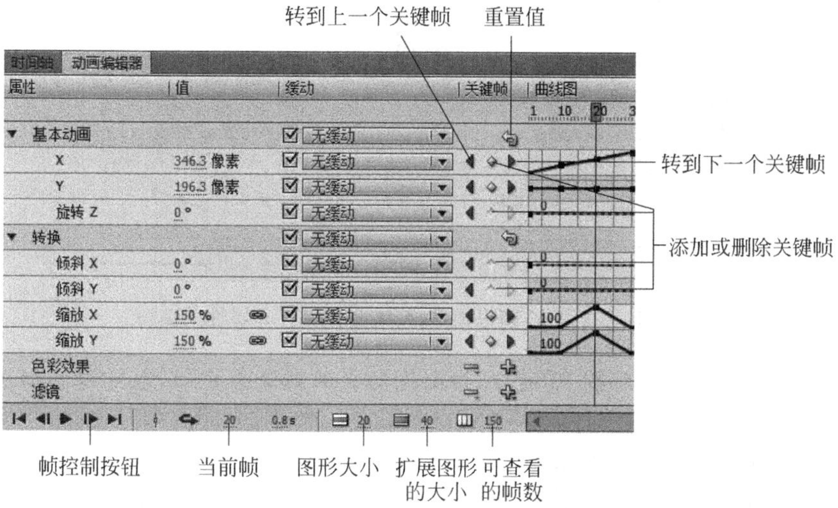

图4-23　“动画编辑器”面板

(1) 重置值：重置该项中所有属性关键帧的设置参数。

(2) 转到上一个关键帧：将播放头移动到上一个关键帧。

(3) 转到下一个关键帧：将播放头移动到下一个关键帧。

(4) 添加或删除关键帧：在播放头所在的帧添加或删除该属性关键帧。

(5) 帧控制按钮：用于快速移动播放头的位置和播放动画。有“转到第一帧”、“后退一帧”、“播放”、“前进一帧”和“转到最后一帧”共5个按钮；

(6) 当前帧：用于移动播放头到指定的帧；或查看当前帧所在的帧数值。

(7) 图形大小：设置属性曲线的显示高度。

(8) 扩展图形的大小：设置当前属性曲线的显示高度。

(9) 可查看的帧数：设置“动画编辑器”面板中可查看的帧数。

4.3.2 使用动画编辑器制作动画

【例 4-10】 利用动画编辑器制作补间动画。

动画情景：叉车从左侧移动到舞台中心(1～10 帧)，顺时针旋转 360°(10～20 帧)后，移动到舞台右侧(20～30 帧)。

(1) 打开文档“补间原始文档”，另存为“使用动画编辑器制作动画”。

(2) 选择第 1 帧，将元件“库”中的元件“叉车”拖动到舞台左侧。

(3) 在第 30 帧处插入帧，并创建第 1 帧到第 30 帧的补间动画。

(4) 选择“图层 1”或舞台中的实例后，单击“动画编辑器”标签，打开“动画编辑器”面板。

(5) 在“曲线图”单击第 10 帧，将播放头移动到第 10 帧，单击“基本动画”选项 X 坐标属性的“添加或删除关键帧”按钮，创建属性关键帧后，将实例拖动到舞台中心。单击“旋转 Z”属性的“添加或删除关键帧”按钮，添加该属性关键帧，如图 4-24 所示。

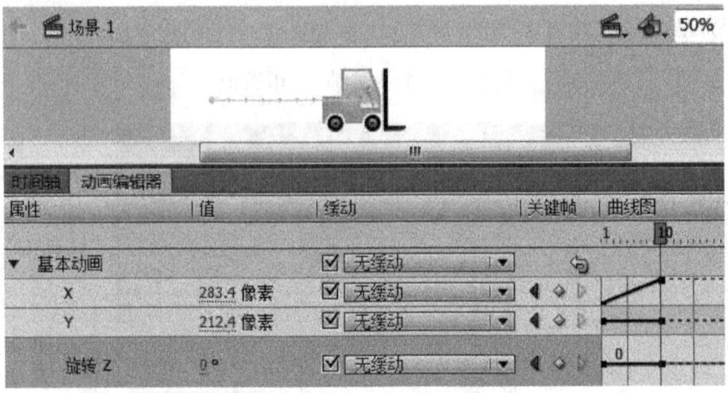

图 4-24 在第 10 帧添加 X、Y 属性和旋转 Z 属性关键帧

提示：将播放头移动到第 10 帧后，横向拖动实例到舞台中心，也可以添加 X 坐标属性关键帧。

(6) 将播放头移动到第 20 帧，分别单击 X 坐标属性和“旋转 Z”属性的“添加或删除关键帧”按钮，添加相应的属性关键帧。将参数“旋转 Z”属性值设为 360°，如图 4-25 所示。

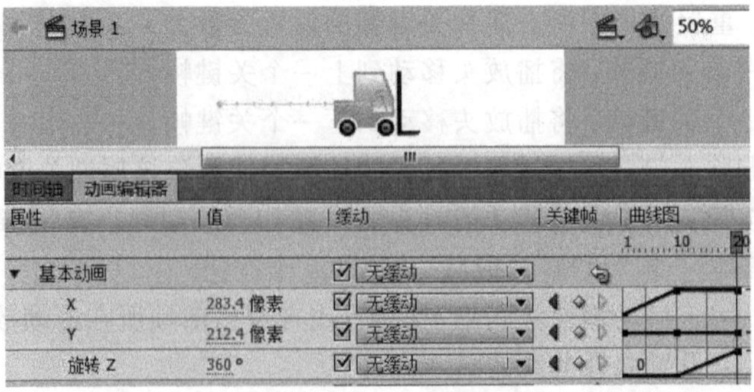

图 4-25 在第 20 帧添加 X、Y 属性和旋转 Z 属性关键帧

(7) 将播放头移动到第 30 帧，单击 X 坐标属性的“添加或删除关键帧”按钮，添加属性关键帧。将实例横向拖动到舞台右侧，如图 4-26 所示。

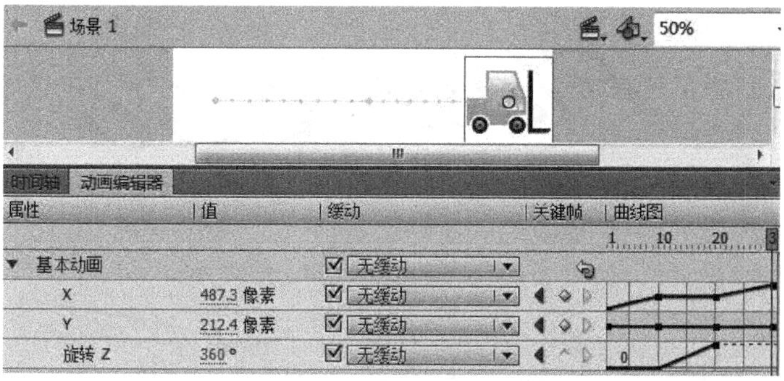

图 4-26　在第 30 帧添加 X 属性关键帧

(8) 测试动画。

提示：在“动画编辑器”面板中，单击“播放”按钮，可以在场景测试动画。

4.3.3　动画编辑器的基本操作

选择时间轴中的补间范围或者舞台上的补间对象或运动路径后，打开“动画编辑器”面板，将在网格上显示该补间的属性曲线，该网格表示选定补间的时间轴的各个帧。在时间轴和动画编辑器中，播放头将始终出现在同一帧编号中。

“动画编辑器”使用每个属性的二维图形表示已有补间的属性值。每个属性都有自己的图形。每个图形的水平方向表示时间(从左到右)或帧数，垂直方向表示对属性值的更改。每个属性关键帧将显示为该属性的属性曲线上的控制点。

1. 添加和删除属性关键帧

属性曲线上的一个黑色小方块代表一个属性关键帧，也是属性曲线形状的控制点。将播放头移动到某帧，单击“添加或删除关键帧”按钮，可以在该属性曲线上添加或删除关键帧。右击曲线上的某点，在弹出的快捷菜单中执行“添加关键帧”或“删除关键帧”命令，也可以在属性曲线上添加或删除关键帧。

提示：在“动画编辑器”面板中添加或删除关键帧，则“时间轴”面板中会发生相应的变化。

2. 移动属性关键帧

在属性曲线选择关键帧(控制点)，向左或向右水平拖动，可将属性关键帧移动到补间内的其他位置。

3. 改变元件实例的位置

在属性曲线选择 X 或 Y 属性的关键帧，向上或者向下垂直拖动，可改变实例的位置。

提示：选择 X 或 Y 属性的关键帧后，修改属性值也可以改变实例的位置。

4. 转换元件实例的形状

选择一个帧或该帧中的实例后，打开“动画编辑器”面板中的“转换”选项，在“倾斜 X”

和“倾斜 Y”中输入属性值，或者向上或者向下拖动该属性曲线图中的关键帧控制点，可以改变实例的形状，如图 4-27 所示。

图 4-27 设置“倾斜 X”和“倾斜 Y”属性值

5. 调整属性曲线的形状

属性曲线上控制点有“角点”和“平滑点”两种。属性曲线经过“角点”时会形成夹角，使属性值变化突然，适合制作过渡快速、有较强冲击力的转场动画效果。属性曲线经过“平滑点”时会形成平滑曲线，使属性值变化自然平滑，适合制作过渡自然平滑的动画效果。

“角点”和“平滑点”可以互相转换。右击属性曲线控制点，在弹出快捷菜单中选择“角点”、“平滑点”、“线性左”、“线性右”、“平滑左”、“平滑右”等命令来完成，如图 4-28 所示。

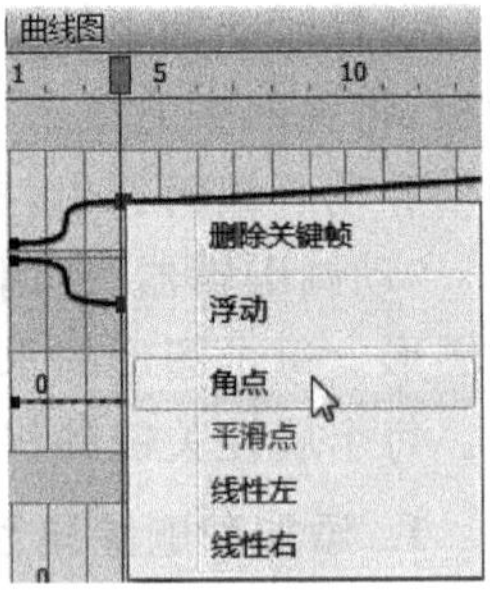

图 4-28 转换控制点

6. 复制和粘贴属性曲线

在要复制属性曲线的属性曲线区（不是曲线上）右击，在弹出的快捷菜单中选择“复制曲线”命令复制属性曲线，选择要粘贴的属性曲线区，右击，在弹出的快捷菜单中选择“粘贴曲线”命令粘贴曲线。

7. 翻转关键帧

在要翻转的属性曲线区（不是曲线上）右击，在弹出的快捷菜单中选择“翻转关键帧”命令，将翻转整个补间范围内所有关键帧及效果（所有帧及效果头尾颠倒）。

8. 快速重置属性

在属性曲线区右击，在弹出的快捷菜单中选择“重置属性”命令，将属性值恢复到初始状态。

4.3.4 设置补间动画缓动

在“动画编辑器”面板中设置缓动，可以对指定的属性或一类属性应用预设的缓动效果。单击打开指定属性的缓动列表按钮，在列表中选择添加缓动效果。Flash 默认的缓动效果只有“简单（慢）”一种，如图 4-29 所示。

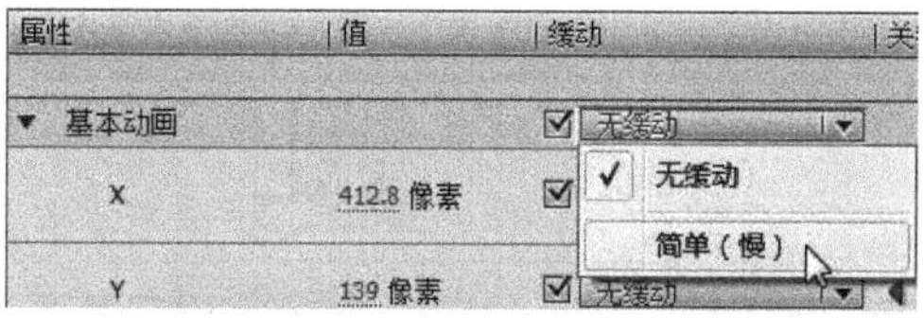

图 4-29 添加默认的缓动效果

在“缓动”选项组中，单击“添加缓动”按钮，打开预设缓动列表，如图 4-30 所示。在列表中选择添加缓动列表后，可以将该缓动效果添加到指定的属性缓动效果中。

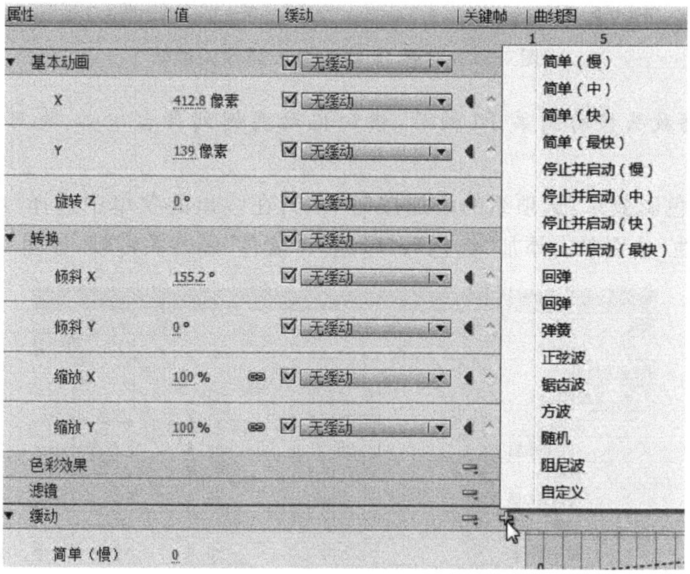

图 4-30 添加预设的缓动效果

4.4 动画实例

【例 4-11】 利用动画编辑器制作变化颜色的动画。

动画情景： 叉车从左侧移动到舞台中心（1～10 帧），变化颜色（10～20 帧），再恢复到原颜色（20～30 帧）后移动到舞台右侧（30～40 帧）。

（1）打开文档“补间原始文档”，另存为“补间变化颜色动画”。

（2）选择第 1 帧，将元件“库”中的元件“叉车”拖动到舞台左侧。

（3）在第 40 帧处插入帧，并创建第 1 帧到第 40 帧的补间动画。

（4）选择“图层 1”或舞台中的实例后，单击“动画编辑器”标签，打开“动画编辑器”面板。

（5）在“曲线图”单击第 10 帧，将播放头移动到第 10 帧，单击“基本动画”选项的 X 坐标属性的“添加或删除关键帧”按钮，创建属性关键帧后，将实例拖动到舞台中心，如图 4-31 所示。

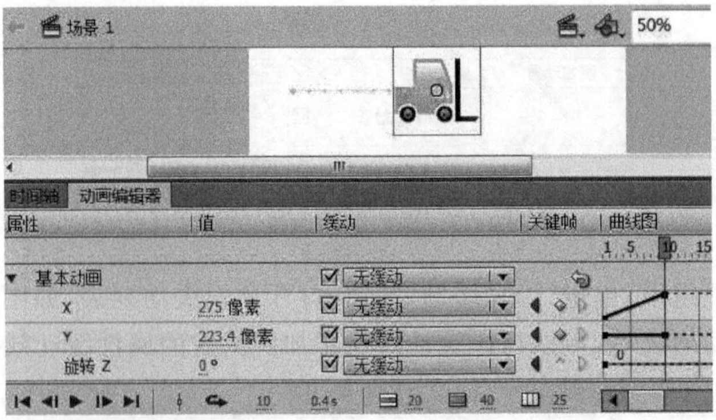

图 4-31　在第 10 帧添加 X 属性关键帧

提示：将播放头移动到第 10 帧后，横向拖动实例到舞台中心，也可以创建属性关键帧。

（6）单击“色彩效果”选项组的添加按钮“＋”，在弹出的菜单中选择“高级颜色”添加“高级颜色”属性，分别单击添加“红色”、“绿色”、“蓝色”属性关键帧，如图 4-32 所示。

图 4-32　添加“红色”、“绿色”、“蓝色”属性关键帧

（7）播放头移动到第 20 帧，单击添加“红色”、“绿色”、“蓝色”属性关键帧，并设置“红色”、“绿色”、“蓝色”值。这里将“红色”、“蓝色”设置为 0%，如图 4-33 所示。

图 4-33　在第 20 帧设置“红色”、“绿色”、“蓝色”属性关键帧

（8）播放头移动到第 30 帧，单击添加 X、“红色”、“绿色”、“蓝色”属性关键帧，将“红色”、“蓝色”设置为 100%，X 值不变，如图 4-34 所示。

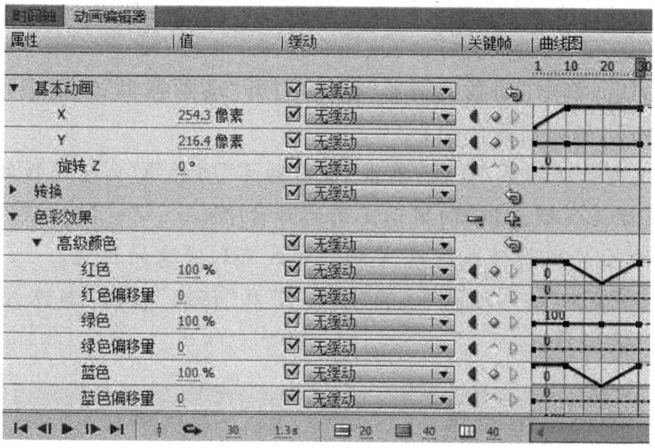

图 4-34　设置第 30 帧中的属性

(9) 播放头移动到第 40 帧，将实例横向移动到舞台的右侧，如图 4-35 所示。

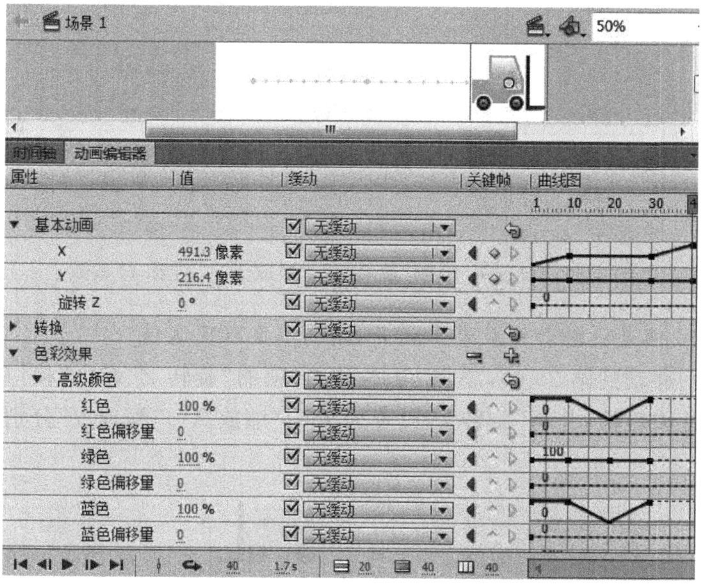

图 4-35　在第 40 帧创建属性关键帧

(10) 测试动画。

【例 4-12】 用动画编辑器制作基本动画的组合。

动画情景：叉车从舞台左侧移动到舞台中央后(1～10 帧)，旋转同时逐渐放大(10～25 帧)，然后透明度逐渐减小到 0(25～40 帧)，再逐渐增加到 100 后(40～55 帧)，之后旋转同时逐渐缩小到原来状态(55～70 帧)，最后移动到舞台的右侧(70～80 帧)。

(1) 新建 ActionScript 3.0 文档。

(2) 新建元件，命名为“叉车”，并在元件中导入图片(素材\图片\PNG\P_叉车.jpg)。

(3) 单击“场景 1”按钮，返回到场景。

(4) 将元件“叉车”拖动到“图层 1”第 1 帧舞台的左侧。在第 80 帧处插入帧，并创建补间动画。

(5) 选择实例后，单击“动画编辑器”标签，打开“动画编辑器”面板，并将播放头移动到第 10 帧，横向拖动实例到舞台中心。

提示：将播放头移动到第 10 帧，单击“基本动画”项的 X 坐标属性的“添加或删除关键帧”按钮添加属性关键帧后，横向拖动实例到舞台中心。

也可以直接输入 X 坐标值或拖动 X 轴的曲线直到满意的位置。

(6) 在第 10 帧添加“基本动画”项的“旋转 Z”和“转换”项的“缩放 X”、“缩放 Y”的属性关键帧，如图 4-36 所示。

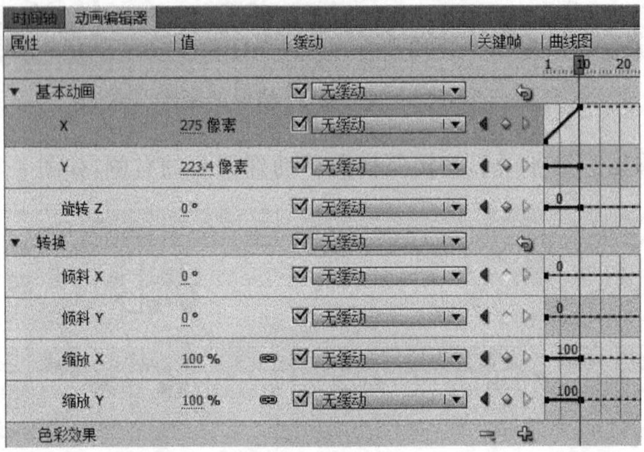

图 4-36　设置第 10 帧“旋转 Z”、“缩放 X”、“缩放 Y”参数

提示：第 10 帧是旋转和缩放动画的开始帧，参数取默认值。

将播放头到移动到第 25 帧，添加“基本动画”项的“旋转 Z”和“转换”项的“缩放 X”、“缩放 Y”的属性关键帧，并将“旋转 Z”设置为 360，“缩放 X”、“缩放 Y”分别设置为 150%，如图 4-37 所示。

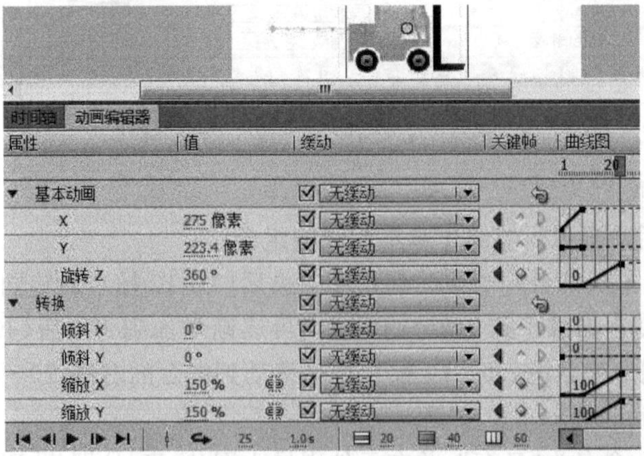

图 4-37　在第 32 帧设置“旋转 Z”、“缩放 X”、“缩放 Y”参数

提示：第 25 帧是旋转和缩放动画片段的结束帧，设置相应的参数。

“缩放 X”和“缩放 Y”后的连锁标志是用于设置横向、纵向等比例缩放。

(7) 单击“色彩效果”选项组的按钮“+”，在弹出的菜单中选择 Alpha 添加 Alpha 属性，如图 4-38 所示。

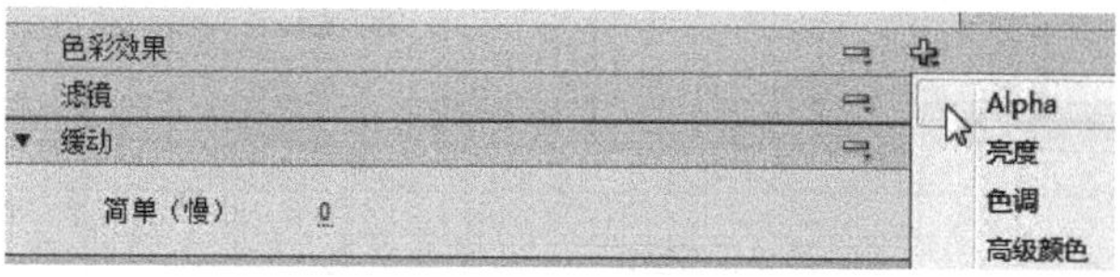

图 4-38 添加 Alpha 属性

在第 25 帧添加 Alpha 属性关键帧。将播放头移动到第 40 帧，添加 Alpha 属性关键帧，并设置为 0%。将播放头移动到第 55 帧，添加 Alpha 属性关键帧，并设置为 100%，如图 4-39 所示。

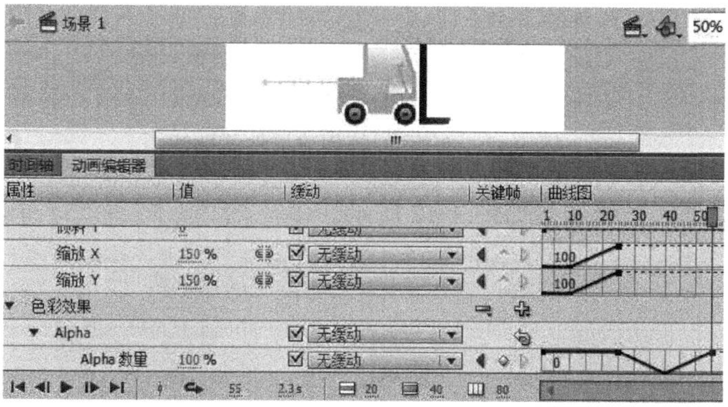

图 4-39 在第 25 帧、第 40 帧、第 55 帧分别添加并设置 Alpha 属性关键帧

提示：单击第 40 帧的实例后，也可以在实例的“属性”面板“色彩效果”选项组的“样式”中设置 Alpha 的值。

(8) 在第 55 帧添加“基本动画”选项组的“旋转 Z”和“转换”选项组的“缩放 X”、“缩放 Y”的属性关键帧。

将播放头移动到第 70 帧，添加“基本动画”选项组的“旋转 Z”和“转换”选项组的“缩放 X”、“缩放 Y”的属性关键帧，并将“旋转 Z”设置为 0%，“缩放 X”、“缩放 Y”分别设置为 100%，如图 4-40 所示。

图 4-40 在第 55 帧和第 70 帧添加并设置“旋转 Z”、“缩放 X”、“缩放 Y”属性

(9) 在第 70 帧，添加“基本动画”组的 X 的属性关键帧。将播放头移动到第 80 帧添加 X 的属性关键帧，并将实例拖动到舞台的右侧，如图 4-41 所示。

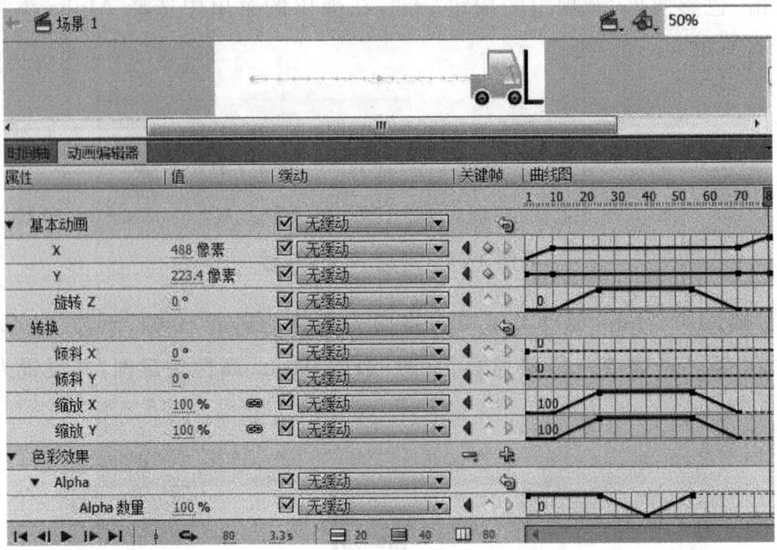

图 4-41　在第 80 帧创建属性关键帧

(10) 测试动画。最终场景如图 4-42 所示。

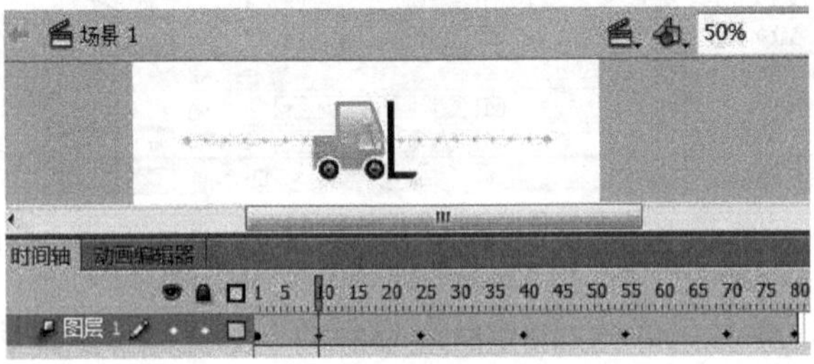

图 4-42　制作完动画的场景

提示：设置“属性关键帧”中实例属性的方法有两种：第一种方法是，选择“属性关键帧”后，在“动画编辑器”面板中设置；第二种方法是，选择“属性关键帧”中的实例后，在“属性”面板或其他方法设置实例的属性。补间动画中建议使用第一种方法。第二种方法用于传统补间动画。

4.5 补间动画中帧的操作

补间动画和传统补间动画中有关帧的概念和操作是有区别的。补间动画中帧的类别如图 4-43 所示。下面介绍补间动画中帧的概念及操作。

1. 关键帧

在补间动画片段中，只有动画片断的第一个帧是关键帧，在帧格中用黑色实心圆点表示。关键帧用于存放实例及其属性。

2. 属性关键帧

在补间动画中记录实例属性及其值的帧称为属性关键帧，在帧格中用菱形的小黑块表示。属性关键帧用于存储动画对象的属性及其值。

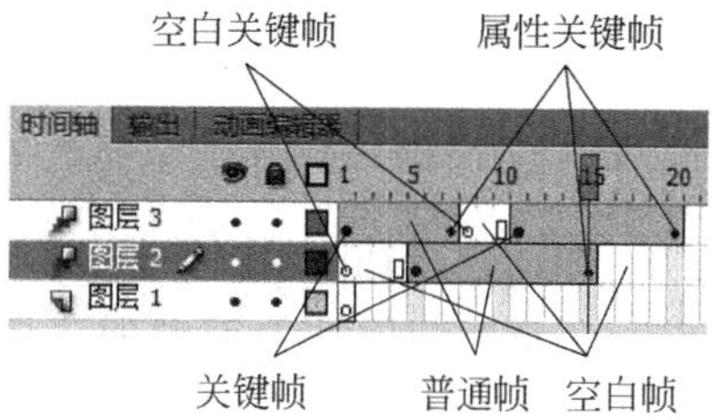

图 4-43　补间动画帧的类别

3. 创建属性关键帧

将播放头移动到指定的帧，更改实例的属性，可以创建属性关键帧。创建属性关键帧有以下几种方法：

(1) 右击补间动画片段指定的帧，在弹出的快捷菜单中选择“插入关键帧”子菜单中的一个属性。

(2) 选择补间动画片段指定帧中的实例，在该实例“属性”面板中更改属性。

(3) 选择补间动画或实例，打开“动画编辑器”，在指定帧添加属性关键帧。

提示：只有创建补间动画帧才能创建属性关键帧。

选择指定帧中实例后，更改实例的属性可以创建属性关键帧。利用此特点，在指定的帧修改实例的某属性后，再恢复到原来的属性值，可以在不改变实例的属性创建该属性关键帧。例如，透明度 Alpha 属性，默认是 100%，将其修改到其他值 50%后，再改回 100%，可以创建透明度 Alpha 属性关键帧。

4. 选择帧

单击帧可以选择一个帧。有时单击补间动画帧选择的是动画片段的所有帧，而不是某一个帧。此时，按住 Ctrl 键单击帧，或单击其他位置后再单击帧，可以选择一个帧。

5. 清除属性关键帧

选择属性关键帧后，右击，在打开的快捷菜单中选择“清除属性关键帧”子菜单中的“全部”或者一种属性(如位置)命令，清除属性关键帧或者此属性；选择“删除帧”命令也可清除属性关键帧。如果选择“清除帧”命令，将属性关键帧转换为空白关键帧，同时在左侧帧创建新的属性关键帧，右侧帧创建关键帧。

6. 选择/移动补间动画片段

单击或双击动画帧，选择补间动画片段所有帧后，按住鼠标拖动，可以移动动画帧。

7. 调整补间动画的起止帧

将鼠标指向补间动画片段的起始帧(关键帧)(见图 4-44(a))或指向结束帧(见图 4-44(b))，指针变为双箭头时，按住鼠标拖动，可以调整补间动画的起止帧的位置(见图 4-44(c))，从而调整补间动画的长短。

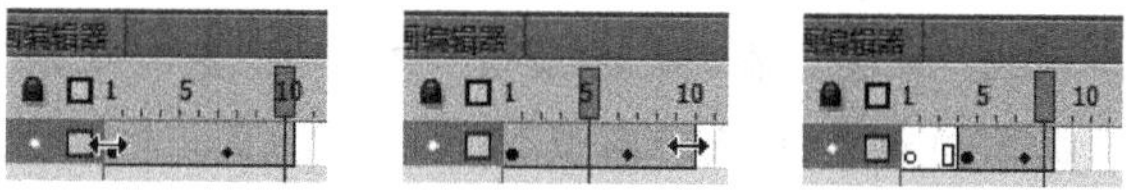
(a)　(b)　(c)

图 4-44　调整补间动画的起止帧

思 考 题

1. 如何创建补间动画？如何调整补间动画的补间范围？

2. 关键帧与属性关键帧的主要区别有哪些？属性关键帧会记录实例的哪些属性及值？

3. 在什么情况下才可以插入或创建属性关键帧？

4. 如何编辑修改补间动画中路径的形状、宽高等？

5. 创建补间动画与创建传统补间动画有何主要区别？

6. 用动画编辑器可以制作哪些补间动画效果？

提示：有基本动画、转换、色彩效果、滤镜和缓动。

7. 用动画编辑器中的基本动画可以制作实例的哪几种属性动画？

提示：与实例属性面板相比较。

8. 如何在动画编辑器中将缓动效果添加到动画中？

9. 在动画编辑器中无论制作哪种动画效果是否都可通过编辑曲线实现？

10. 只有哪种动画类型才可用动画编辑器制作动画效果？

操 作 题

1. 用补间动画制作乒乓球落地弹起、又落地又弹起的动画效果。

提示：创建一个元件，在元件中绘制乒乓球。在场景的"图层 1"的第 1 帧，拖放乒乓球元件，并创建乒乓球实例的补间动画。添加若干个属性帧，调整属性帧中乒乓球的位置，制作乒乓球的弹跳。根据需要适当延长动画帧。

2. 用动画编辑器制作第 1 题中乒乓球加速下落和减速上升的缓动动画效果。

提示：删除第 1 题中的补间动画，在动画编辑器"基本动画"Y 中添加"回弹"缓动效果。用曲线设置动画的补间范围。注意在曲线编辑窗口中补间动画的开始帧和结束帧的位置及在 Y 方向上的坐标关系。

3. 用动画编辑器制作第 2 题中乒乓球落地时变形动画效果。

提示：在第 2 题基础上，在动画编辑器"转换"缩放 Y 中，用曲线编辑乒乓球落地在 Y 方向压扁的动画效果。

4. 用动画预设制作第 1 题动画效果。再在动画编辑器中查看动画曲线和缓动效果曲线。

提示：删除第 1 题中的补间动画。用"选择工具"选择实例，执行菜单"窗口"→"动画预设"命令，打开"动画预设"面板。在"默认预设"中选择"多次跳跃"动画效果，单击"应用"按钮完成设置。根据需要调整跳跃的高低位置。

第 5 章　引导线动画

内容提要

本章介绍两种引导线动画概念以及制作引导线动画的方法；常用的引导线制作方法和引导层的应用；场景和由多个场景组成的动画制作方法。

学习建议

首先对 Flash 补间动画有更深入的理解和掌握，在此基础上，逐步掌握制作引导线动画的基本方法及创建和转换引导层的方法。通过学习常用的引导线动画制作，将引导线动画应用到创建和制作动画中来。掌握创建多场景动画及场景管理的方法。

5.1　引导线动画的制作

引导线动画是指动画对象沿着指定路径移动的动画。

制作引导线动画依次需要制作传统补间动画、添加传统运动引导图层、制作动画路径、调整运动对象的起止位置等步骤。下面举例说明引导线动画的制作方法。

【例 5-1】 简单的引导线动画。

动画情景：一个球沿着指定的路径从左侧移动到右侧。

(1) 新建 ActionScript 3.0 或 ActionScript 2.0 文档。

(2) 新建“影片剪辑”类型元件，命名为“球”。在元件中绘制一个放射状渐变填充效果的圆。

(3) 制作传统补间动画。单击“场景 1”按钮，返回到场景。将元件“球”拖动到“图层 1”的第 1 帧，在第 30 帧插入关键帧，并创建第 1 帧到第 30 帧的传统补间动画，如图 5-1 所示。

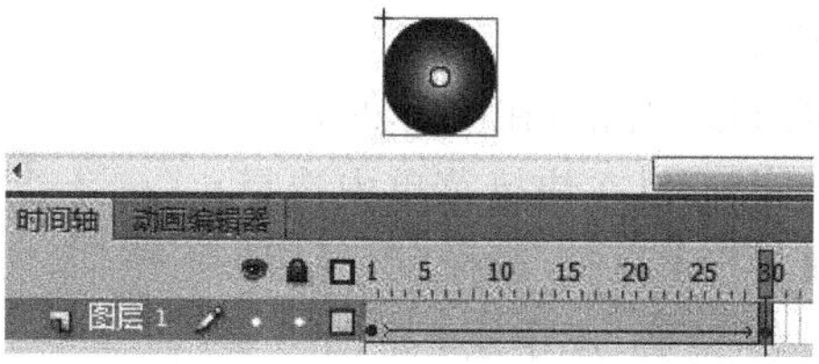

图 5-1　创建传统补间动画

(4) 添加传统运动引导层。在时间轴右击“图层 1”,在弹出的快捷菜单中选择“添加传统运动引导层”命令,创建引导层。这时在“图层 1”上面添加了“引导层”,如图 5-2 所示。

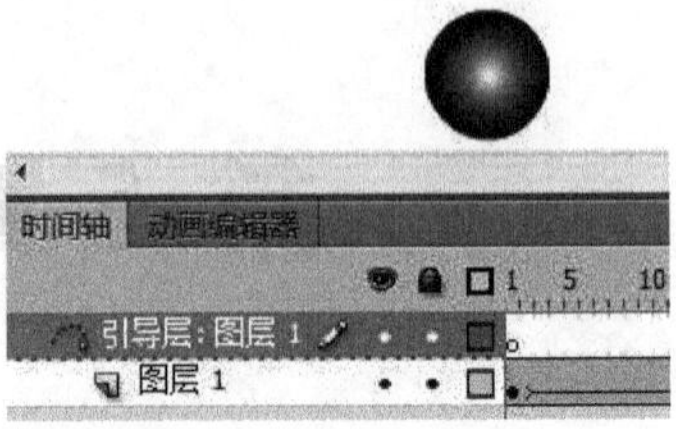

图 5-2 添加引导层

提示:添加的引导层默认命名为“引导层:图层 1”。“图层 1”在运动引导层下面以缩进形式显示,表示该图层与引导层建立了链接。这时“图层 1”也叫做“被引导层”。

(5) 制作动画路径。选择图层“引导层”的第 1 帧,在舞台绘制(用线条工具或钢笔工具、铅笔等工具)一条路径作引导线,如图 5-3 所示。

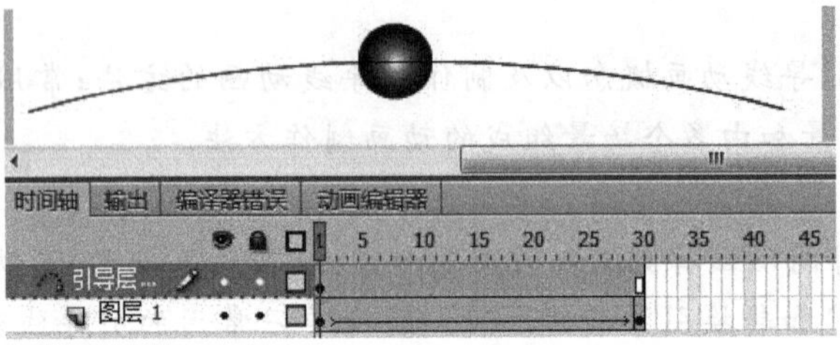

图 5-3 绘制动画路径

(6) 调整被引导层中实例的起止位置。在“图层 1”(被引导层)中,将第 1 帧中的实例拖动到路径的左端;将第 30 帧中的实例拖动到路径的右端,如图 5-4 所示。

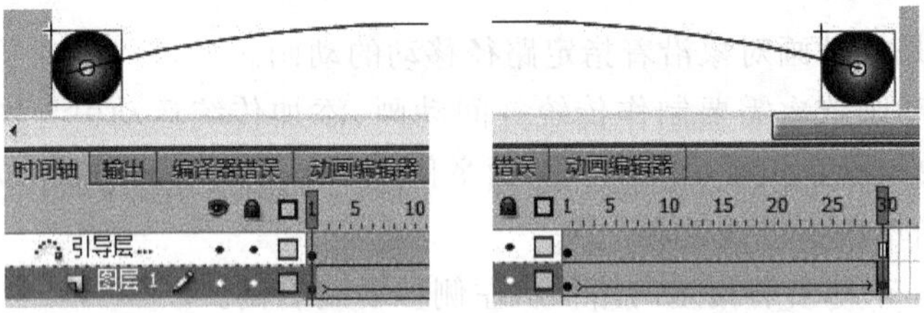

图 5-4 动画的起止位置分别调整到路径的两端

提示:调整实例的位置时,应将实例中心“○”对齐到引导线。打开“选择工具”选项组的“贴紧至对象”功能按钮,可以方便地将实例中心“○”对齐到引导线。

为了避免误操作,可以先锁定引导层,再调整实例的起止位置。

(7) 测试动画。球沿着引导层的路径做移动动画。

也可以先将路径所在的一般图层转换为引导层,再制作引导线动画,方法如下:

(1) 选择路径所在的图层,右击,在打开的快捷菜单中选择“引导层”命令,也可以在快捷菜单中选择“属性”命令,打开“图层属性”对话框,选择“引导层”(见图 5-5),将一般图层转换为引导层,如图 5-6 所示。

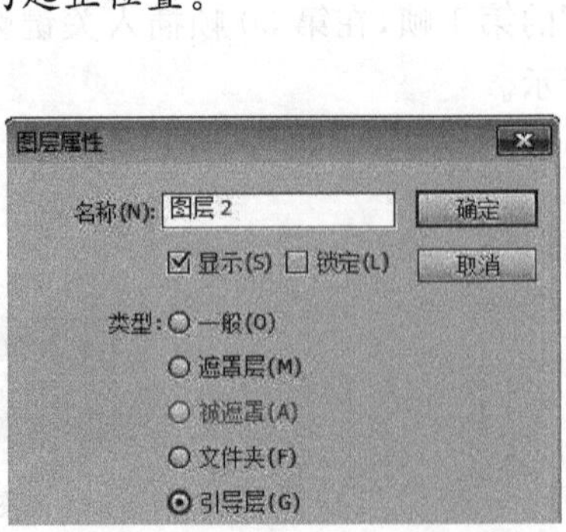

图 5-5 “图层属性”对话框

(2) 用鼠标拖动沿路径运动对象所在的图层“图

层 1”到新建的引导层下方,将普通图层“图层 1”链接到引导层,如图 5-7 所示。

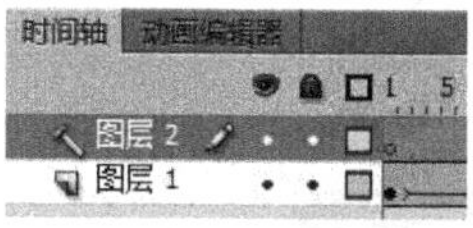

图 5-6 将图层转换为引导层

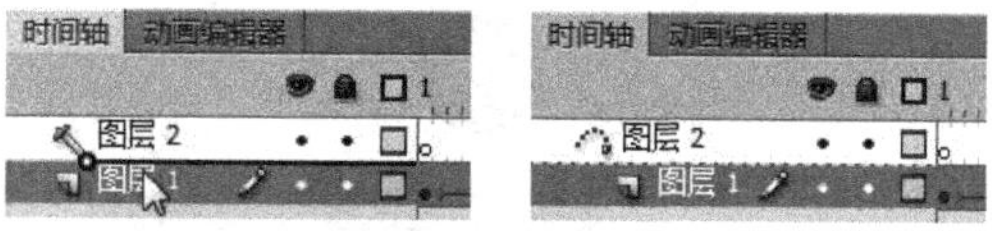

图 5-7 拖动图层链接引导层

(3) 调整实例对象球的起止位置。

提示:引导层中的所有对象,在动画播放中并不显示。利用引导层的特点,可以隐藏一个图层的内容。例如,将制作动画时的辅助信息(如,文字说明、定位对象的参考线)存放在一个图层,将该图层转换为引导层,可以在影片中隐藏辅助信息。

5.2 引导线为圆形和矩形路径

5.2.1 沿着圆弧移动的动画

【例 5-2】 引导线为圆弧的动画。

动画情景:球沿着半圆从左侧移动到右侧。

(1) 新建文档。

(2) 新建“影片剪辑”类型元件,命名为“球”,并在其中绘制一个圆。

(3) 返回到场景。将元件“球”拖动到“图层 1”的第 1 帧,在第 30 帧插入关键帧。创建第 1 帧到第 30 帧的传统补间动画。

(4) 在时间轴,右击“图层 1”,在弹出的快捷菜单中选择“添加传统运动引导层”命令,添加“引导层”。

(5) 在“引导层”的第 1 帧绘制一个无填充色的圆,如图 5-8 所示。

(6) 用“选择工具”拖动选择下半圆,如图 5-9 所示。

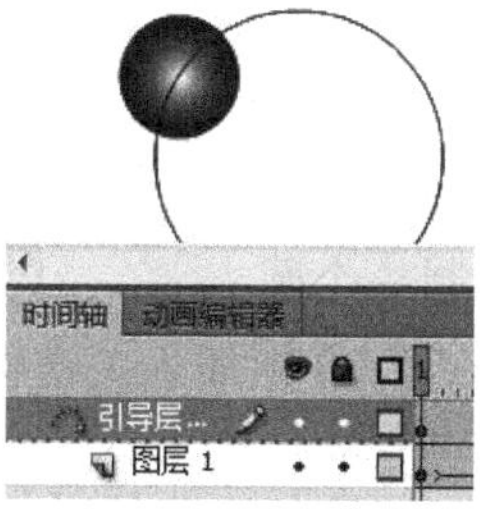

图 5-8 在引导层画圆框

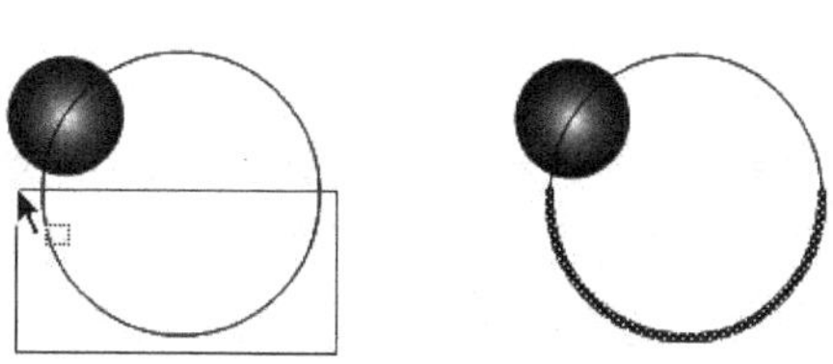

图 5-9 用选择工具拖动选择下半圆

提示:为了避免误操作,可以先锁定“图层 1”。

(7) 清除(按 Delete 键或执行菜单“编辑”→“清除”命令)所选的弧线部分。

(8) 在“图层 1”,分别调整实例球的起止位置到弧线的两端,如图 5-10 所示。

提示:如果锁定了“图层 1”,先解锁“图层 1”。

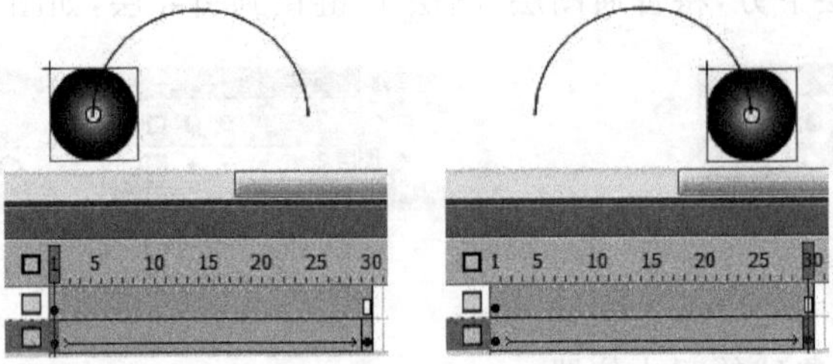

图 5-10 调整动画的起止位置

(9) 测试动画。

提示：利用此方法可以从已有的图形边线得到动画的引导线。

引导线动画中的引导线，要求必须是形状(分离状态)线条，组合状态的线条或元件实例都不能作为引导线。选择线条后，在“属性”面板可以区分线条的状态，如图 5-11 所示。左侧的线条为形状，可以作为引导线；右侧的线条为组合状态，不能作为引导线。

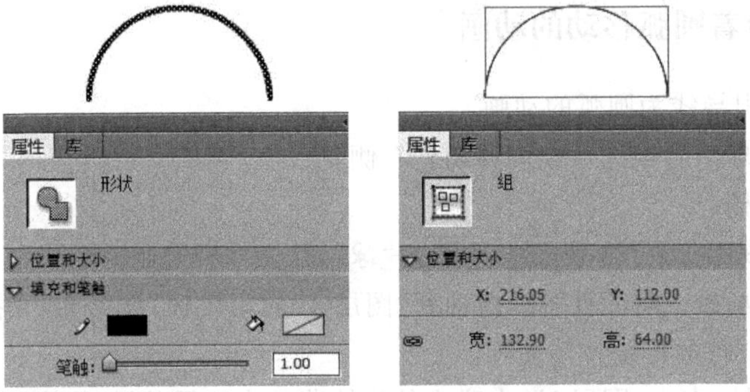

图 5-11 形状线条和组合状态的线条

5.2.2 沿着圆周移动的动画

【例 5-3】 引导线为圆周线的动画。

动画情景：球沿着圆周线顺时针方向移动。

(1) 新建文档，属性默认。

(2) 新建“影片剪辑”类型元件，命名为“球”，并在其中绘制一个圆。

(3) 返回场景，将元件“球”拖动到“图层 1”的第 1 帧，并在第 30 帧插入关键帧。创建第 1 帧到第 30 帧的传统补间动画。

(4) 右击“图层 1”，在快捷菜单中选择“添加传统运动引导层”命令，添加“引导层”。

(5) 在“引导层”的第 1 帧，绘制一个无填充色的圆，如图 5-8 所示。

(6) 在“图层 1”的第 10 帧和第 20 帧分别插入关键帧，使动画片段分成约三等份。

(7) 调整插入的两个关键帧中的实例位置，使球的位置将圆周分成约三等份，起止位置要相同，如图 5-12 所示。

提示：为了保持实例的起止位置相同，复制第 1 帧粘贴到第 30 帧。或者借助辅助线

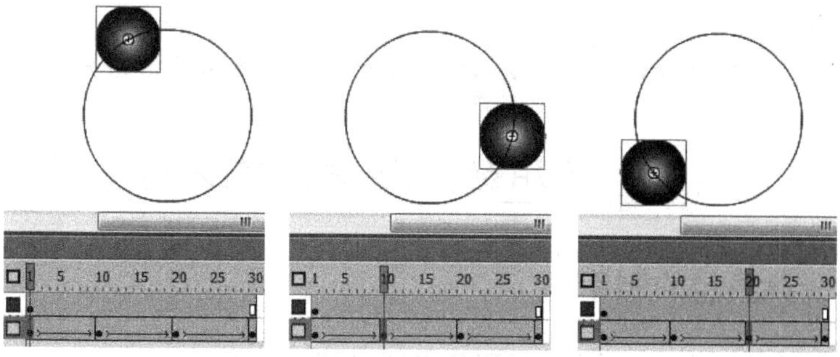

图 5-12　分为三段制作动画

标识第 1 帧中实例的位置后，调整第 30 帧中实例的位置。

(8) 测试动画。

提示：引导线为封闭的路径时，选择较近路径作移动动画。可以插入若干个关键帧，使对象沿着指定的方向移动。

也可以清除圆周上的一小段，使圆周曲线有起始端和终止端。断开封闭路径后，制作引导线动画，如图 5-13 所示。

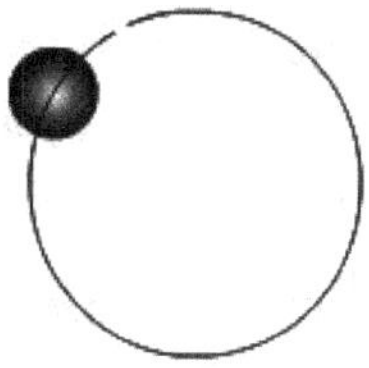

图 5-13　非封闭的圆

5.2.3　引导线为矩形路径的动画

引导线为矩形路径的动画制作方法，可以参考沿着圆周动画的制作。

【例 5-4】 引导线为矩形边框线的动画。

动画情景：球沿着矩形边框线顺时针方向移动。

(1) 新建文档，属性默认。

(2) 新建"影片剪辑"类型元件，命名为"球"，并在其中绘制一个圆。

(3) 返回到场景，将元件"球"拖动到"图层 1"的第 1 帧，并制作第 1 帧到第 40 帧的传统补间动画。

(4) 为"图层 1"添加"引导层"，并在"引导层"的第 1 帧绘制矩形边框。清除左上角线段，制作非封闭的矩形框，如图 5-14 所示。

(5) 在"图层 1"调整实例的起止位置。根据移动方向，将实例分别放在引导线的两个端点，如图 5-15 所示。实例将顺时针方向移动。

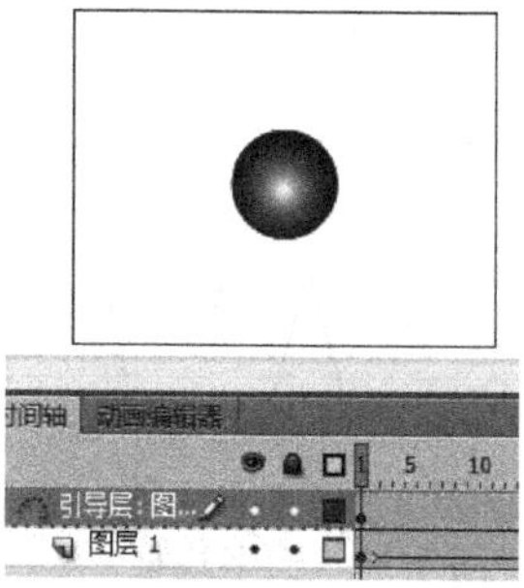

图 5-14　制作非封闭的矩形框

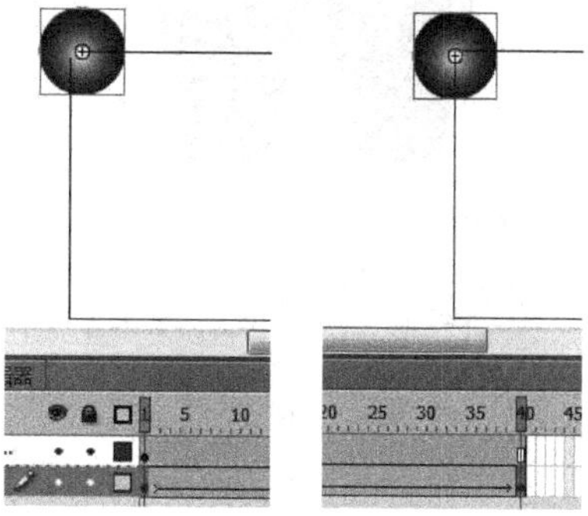

图 5-15　调整实例的起止位置

(6) 测试动画。

提示：也可以利用例 5-3 中的方法，添加若干个关键帧制作沿着矩形路径的动画。

5.3 常用的引导线制作方法

5.3.1 弹跳路径的制作

(1) 先制作弧线。绘制一个圆，再删除半圆，如图 5-9 所示。

(2) 复制弧线。在“工具”面板中选择“选择工具”，单击弧线后，按住 Ctrl 键同时用鼠标拖动所选择的弧线，可以复制该弧线，如图 5-16 所示。

提示：制作弹跳路径动画时，往往并不沿着制作的路径作动画。要细致(放大显示舞台)地处理弧线的连接处。也可以采用删掉连接处，再用“直线工具”连接的方法，如图 5-17 所示。

图 5-16 制作弹跳路径

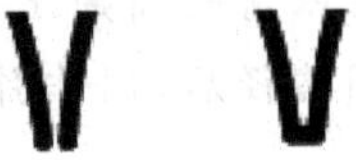

图 5-17 弧线的连接

5.3.2 文字造型路径

(1) 输入文字。根据需要调整字体和大小。这里输入“W”，字体为 Arial Black，大小为 200 点，如图 5-18 所示。

(2) 分离文字。选择文字后，执行菜单“修改”→“分离”命令，将文字分离为形状。

(3) 添加文字轮廓边线。在“工具”面板中，选择“墨水瓶工具”，单击分离后的文字添加笔触颜色(边色)。

(4) 在“工具”面板中，选择“选择工具”，单击填充色，按 Delete 键清除填充色，得到封闭的文字轮廓线条，如图 5-19 所示。

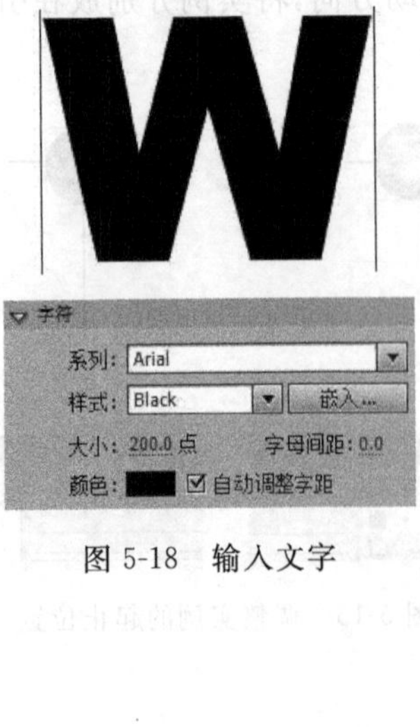

图 5-18 输入文字

图 5-19 文字边框

(5) 动画的制作方法,可以参考沿着封闭路径的动画制作。

提示:作为引导线的必须是笔触(即边框、线条),不允许是填充色(如"刷子工具"绘制)创建的。

5.3.3 图形的轮廓作为路径

(1) 将图片导入舞台。这里导入"素材\图片\位图\树叶_01.jpg",如图 5-20 所示。

(2) 选择舞台中的图片,执行菜单"修改"→"分离"命令,将图片分离为形状。

(3) 在"工具"面板中选择"套索工具",并选择"魔术棒"选项,单击图片的白色区域选择白色背景,按 Delete 键清除白色背景,如图 5-21 所示。

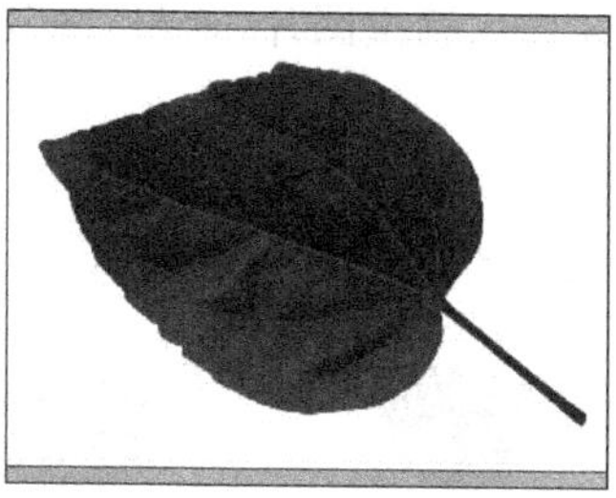

图 5-20　导入图片

图 5-21　分离为形状后清除背景色

提示:如果图片的背景和舞台颜色相同,则将舞台设置为其他颜色,清除背景色,再将舞台设置为原来的颜色。

(4) 在"工具"面板中选择"墨水瓶工具",并选择笔触颜色,单击树叶形状添加笔触(边线),如图 5-22 所示。

(5) 在"工具"面板中选择"选择工具",单击树叶形状选择树叶区域,按 Delete 键清除树叶的填充色,如图 5-23 所示。

图 5-22　添加形状的笔触色

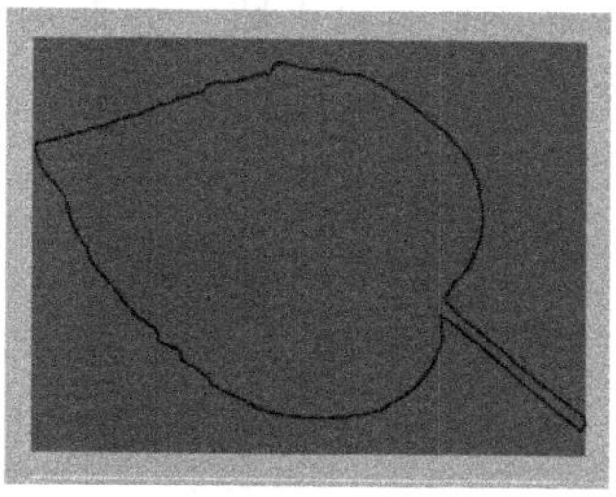

图 5-23　清除填充色

提示:也可以先用"颜料桶工具"填充树叶为单色,再添加笔触色。

如果在元件中制作对象的轮廓线(如文字或位图)后,将其拖动到"引导层"作为引导线,则必须将实例分离为形状,才能做引导线。

5.4 常用的引导线动画制作技术

5.4.1 不同对象共享同一条导引线

多个实例共享同一条引导线,可以使多个实例沿着同一条路径制作动画。

【例 5-5】 两个实例共享一条引导线的动画。

动画情景:两只瓢虫制作弧线动画,其中一只瓢虫从左侧移动到右侧,另一个从右侧移动到左侧。

(1) 新建文档。

(2) 制作“影片剪辑”类型元件,命名为“瓢虫”,并导入瓢虫图片(素材\图片\位图\瓢虫_01.jpg)。

(3) 返回到场景。“图层 1”更名为“瓢虫 1”,将元件“瓢虫”拖动到第 1 帧。

(4) 添加新图层,命名为“瓢虫 2”,将元件“瓢虫”拖动到该图层的第 1 帧,并选中该实例,执行菜单“修改”→“变形”→“水平翻转”命令,将实例水平翻转。

(5) 制作传统补间动画。在图层“瓢虫 1”和“瓢虫 2”分别制作第 1 帧到第 30 帧的传统补间动画,如图 5-24 所示。

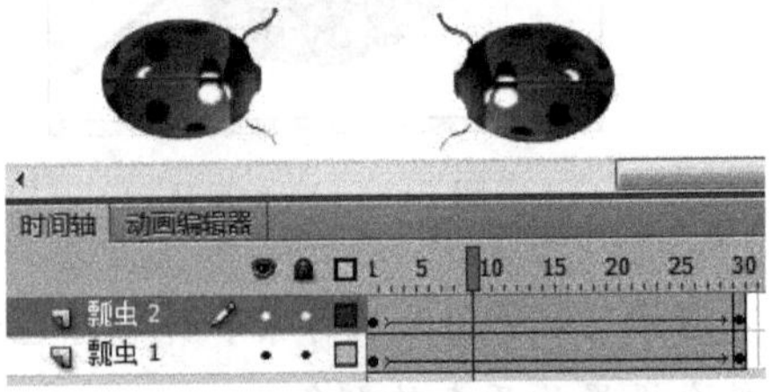

图 5-24 制作两个瓢虫的动画

(6) 添加引导层。右击图层“瓢虫 2”,在快捷菜单中选择“添加传统运动引导层”命令,添加“引导层”,并在“引导层”的第 1 帧绘制一个线条(引导线)。

(7) 将要被引导的图层链接到引导层。将图层“瓢虫 1”和“瓢虫 2”连接到“引导层”。

提示:用鼠标拖动图层到“引导层”下方,可以将该图层连接到引导层。

(8) 调整动画的起止帧。分别将两个被引导层起止帧中的实例置于线条的两端。图层“瓢虫 1”中的实例从左到右运动,“瓢虫 2”中的实例从右到左运动,如图 5-25 所示。

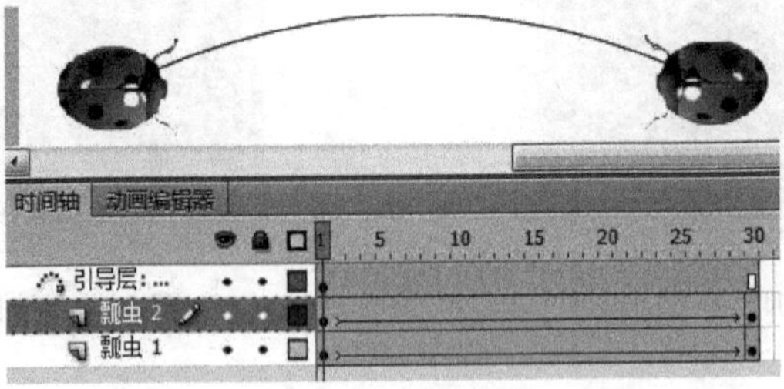

图 5-25 调整动画的起止帧

(9) 测试动画。为了方便在后面的例子中使用此文档,保存文档。

提示:制作多个对象共享一个引导线动画时,为了便于调整每个动画的起止位置和避免误操作，在引导层中绘制引导线后，锁定引导层；调整一个被引导层中动画的起止位置时，隐藏其他的被引导层。

多个对象共享同一条引导线的关键是，做好动画所在的图层与引导层的连接。

右击“引导层”下方最近的未被连接的图层，在快捷菜单中执行“属性”命令，打开“图层属性”对话框，选择“被引导”，也可以将图层连接到引导层。

5.4.2 更换引导线动画对象

制作好一个引导线动画后，如果需要更换其中的动画对象，可以利用交换元件的方法交换元件，而不需要重新制作动画。

【例 5-6】 更换动画中的动画对象。

动画情景：球和瓢虫制作弧线动画。球从左侧移动到右侧，瓢虫从右侧移动到左侧。

(1) 打开例 5-5 完成的动画文档。

(2) 新建元件，命名为“圆”，在其中绘制一个圆。

(3) 返回到场景。在图层“瓢虫 1”选择第 1 帧后，用鼠标选择该帧中要更换的实例，如图 5-26 所示。

(4) 在“属性”面板中，单击“交换”按钮，打开“交换元件”对话框，如图 5-27 所示。在该对话框中，选择要更换的元件“圆”，单击“确定”按钮，完成更换实例，如图 5-28 所示。用同样的方法更换图层“瓢虫 1”中其他所有关键帧中对应的实例。

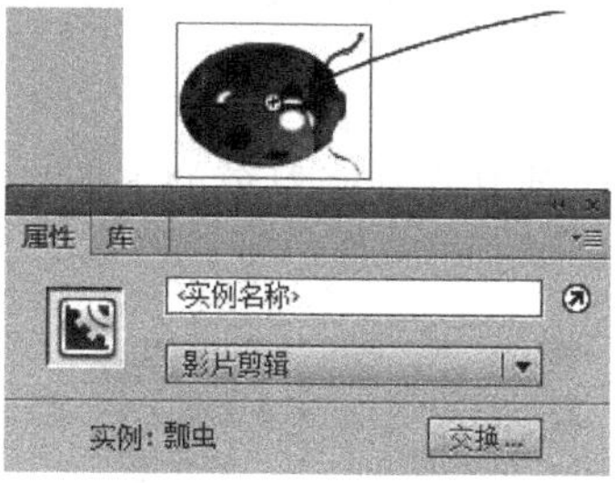

图 5-26 实例的“属性”面板

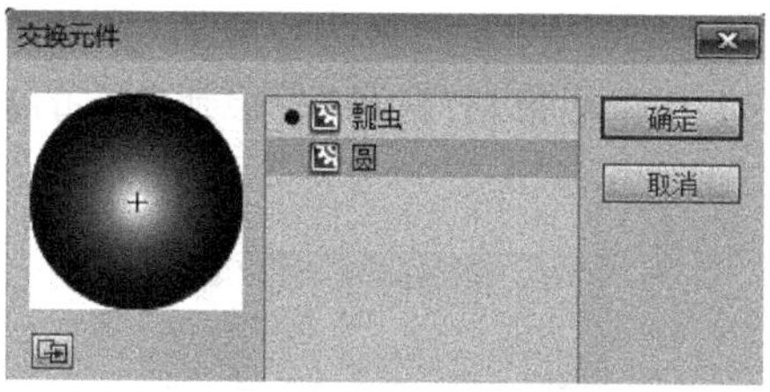

图 5-27 “交换元件”对话框

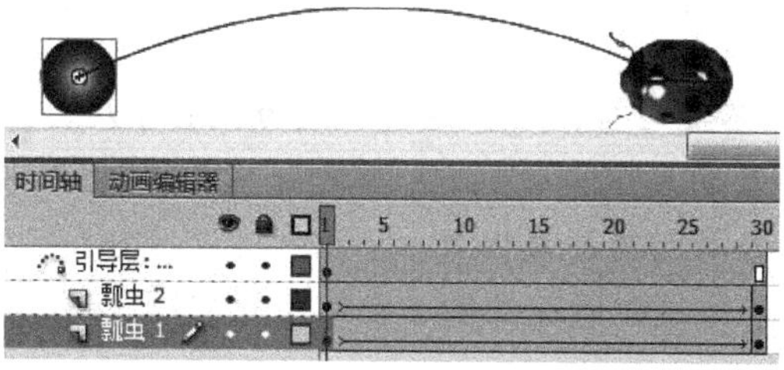

图 5-28 更换实例后的效果

(5) 测试动画。为了方便在后面的例子中使用此文档，保存文档。

提示：更换动画对象，必须将该动画的所有关键帧中的实例交换为同一个元件。更换动画实例的方法，也可以用在其他类型动画的制作上。

编辑修改元件的方法，也可以用于动画对象的更换，但要在元件“库”中修改元件。如果在其他动画片段中也使用了这个元件，那么均会被更换。这可能不是想要的结果。

5.4.3 沿着引导线画线

制作引导线动画时，引导线是隐藏的。有时需要能看到动画对象经过的路径，或动画对象移动时画出所经过的路径。

1. 显示引导线路径

【例 5-7】 显示路径的引导线动画。

动画情景：左右两侧的球和瓢虫沿着同一条路径，分别移动到对方的位置。

(1) 打开例 5-6 中的文档，另存为“显示路径的引导线动画”。

(2) 新建图层，命名为“路径”。

(3) 右击“引导层”的第 1 帧(关键帧)，在弹出的快捷菜单中选择“复制帧”命令，复制引导层中引导线所在的关键帧。

(4) 在图层“路径”中，右击第 1 帧(空白关键帧)，在弹出的快捷菜单中选择“粘贴帧”命令粘贴帧。这时，图层“路径”将变为引导层，如图 5-29 所示。

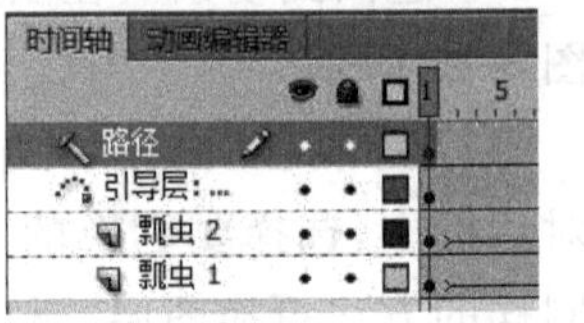

图 5-29 粘贴引导层的关键帧

提示：复制引导层的关键帧，粘贴到一般图层时，除复制帧内容外，还要复制引导层的属性。

(5) 右击“路径”图层，在弹出的快捷菜单中单击“引导层”命令，将引导层转换为一般图层，如图 5-30 所示。

(6) 用鼠标拖动“路径”图层到所有的被引导层下面，使其在动画对象的下面显示，如图 5-31 所示。

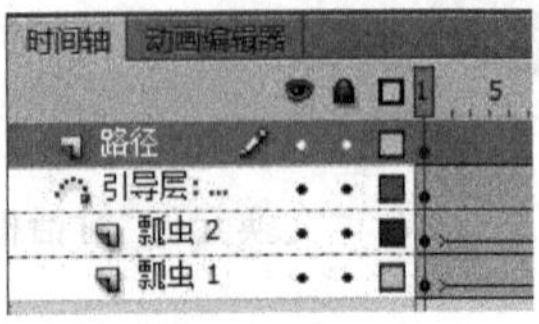

图 5-30 图层“路径”转换为一般图层

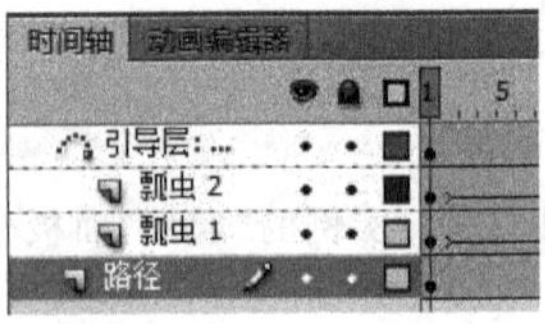

图 5-31 调整图层顺序

提示：拖动图层时，不要与“引导层”连接而成为被引导层。

用鼠标拖动被引导层向左下角方向，或在被引导层的“图层属性”对话框中选择“一般”类型，可以将被引导层转换为一般图层。

(7) 测试动画。为了方便在后面的例子中使用此文档，保存文档。

2. 动画对象画出路径

【例 5-8】 绘制线条的引导线动画。

动画情景：一个球做弧线动画中，画出所经过的路径。

(1) 打开例 5-7 中的文档，另存为“绘制线条的引导线动画”。为了方便说明，删除图层“瓢虫 2”。

(2) 在图层"路径",等距插入若干个关键帧,结束帧也插入关键帧(第 30 帧)。这里每 5 个帧插入一个关键帧,如图 5-32 所示。

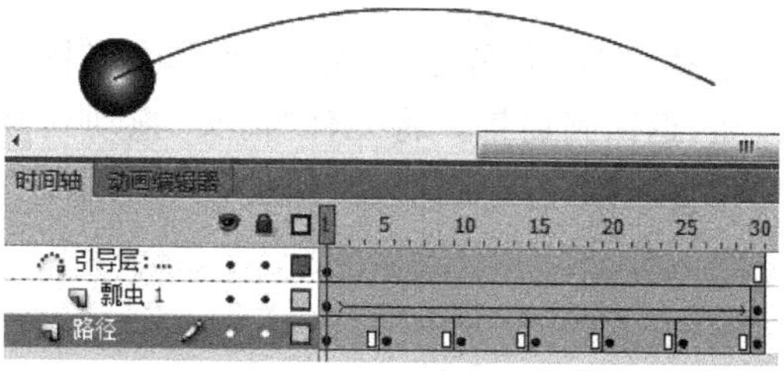

图 5-32　图层"路径"插入关键帧

(3) 这个动画是从左到右移动的。为了操作方便,隐藏引导层,锁定图层"瓢虫 1"。在图层"路径",选择第 1 帧,清除全部路径。对象还没移动,因此还没画线。

选择第 5 帧,清除动画对象右侧部分的路径,如图 5-33(a)所示。

选择第 10 帧,清除动画对象右侧部分的路径,如图 5-33(b)所示。

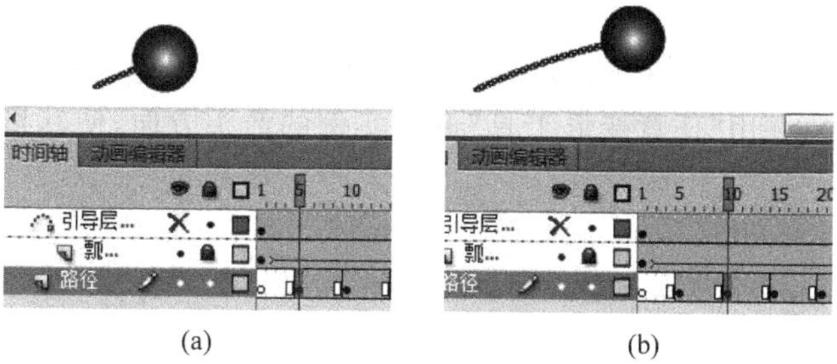

图 5-33　清除动画对象右侧的线条

用同样的方法处理其他关键帧中的路径。

对象到结束帧(第 30 帧)时,已经画出全部路径。因此,结束关键帧不用处理。

(4) 测试动画。

提示:插入的关键帧越密,画线动画效果越好。

对封闭的路径操作时,为了知道动画对象的起点位置,可以在开始帧中动画对象的位置用辅助线做标记后再处理,如图 5-34 所示。

方法是执行菜单"视图"→"标尺"命令,在舞台显示横向和纵向标尺。用鼠标拖动横向或纵向标尺,可以将辅助线拖动到舞台中。

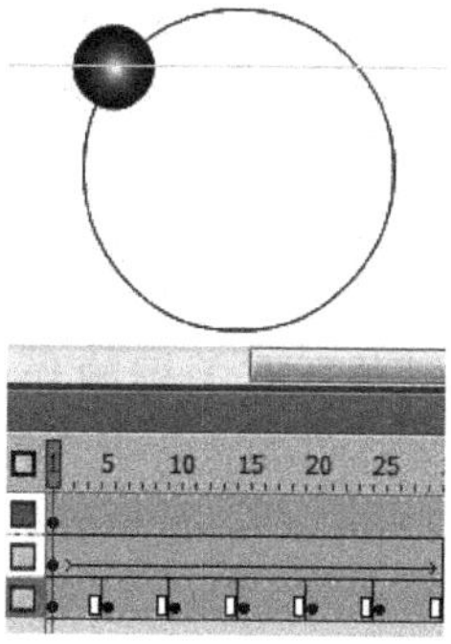

图 5-34　对封闭路径做起点标记

5.4.4　沿着路径方向旋转的动画

在引导线动画中,有时需要动画对象沿着路径改变方向。例如,汽车行驶在上下起伏的路上,可以利用沿着路径方向旋转的动画解决。

【例 5-9】 能改变动画对象方向的动画。

动画情景：一个箭头沿着圆周线移动，移动中箭头将方向自动调整为沿切线方向。

(1) 新建文档。

(2) 新建“影片剪辑”类型元件，命名为“箭头”。在其中绘制一个箭头形状。

(3) 单击“场景 1”按钮，返回到场景。将元件“箭头”拖动到“图层 1”的第 1 帧舞台，并制作实例(箭头)沿着圆周移动的引导线动画，如图 5-35 所示。

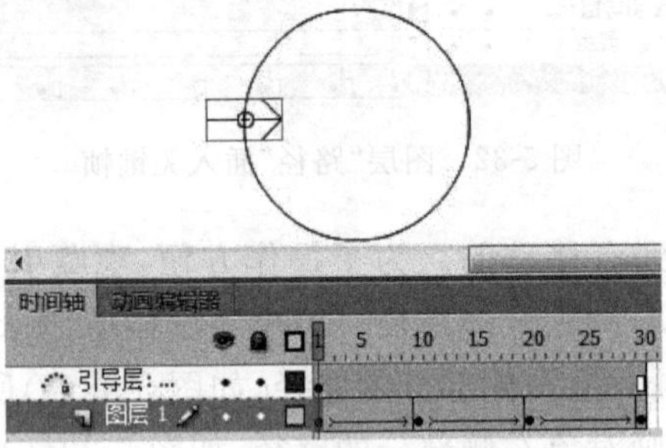

图 5-35　沿着圆周线移动的动画

(4) 单击被引导层“图层 1”的第 1 帧(关键帧)，打开“属性”面板，选中“调整到路径”复选框(见图 5-36)，并用“任意变形工具”调整实例的箭头方向，使其指向圆周的切线方向，如图 5-37 所示。

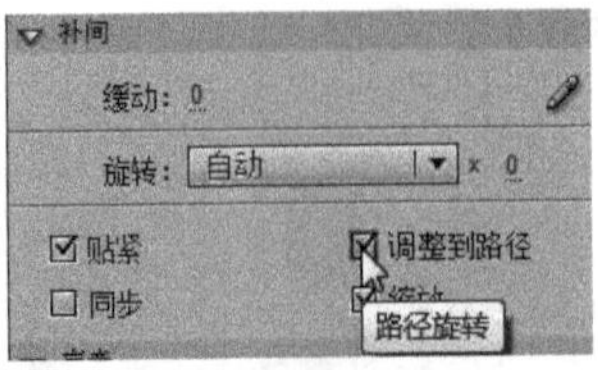

图 5-36　关键帧“属性”面板

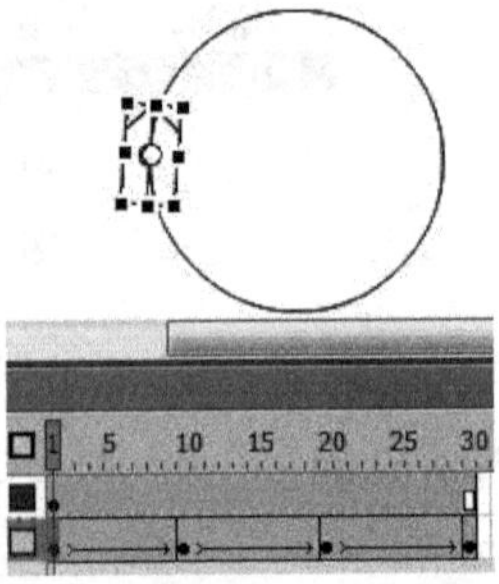

图 5-37　调整关键帧中对象的方向

对其他所有关键帧做同样的处理，如图 5-38 所示。起止帧中的位置及方向保持一致。

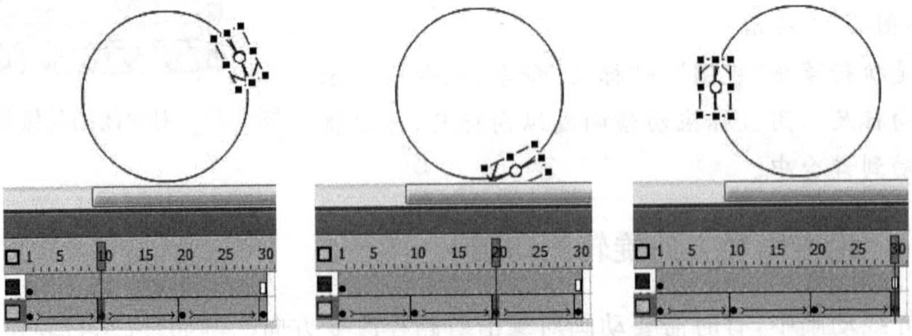

图 5-38　调整关键帧中对象的方向

（5）添加圆周线。创建新图层，命名为“圆周”。复制“引导线”图层的第 1 帧，粘贴到“圆周”图层的第 1 帧。转换“圆周”图层为一般图层，并将该图层拖动到最下层。

（6）测试动画。最终动画场景如图 5-39 所示。

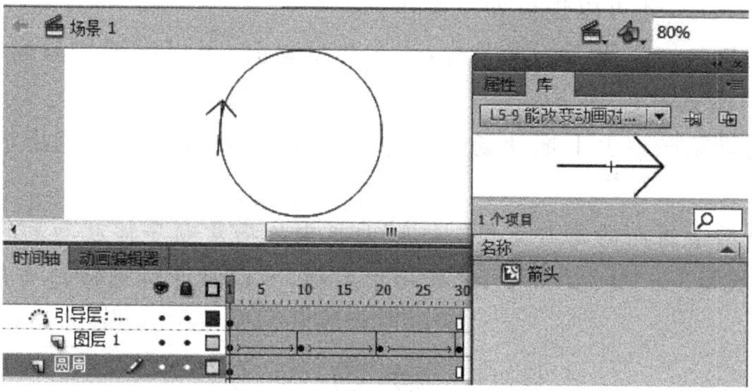

图 5-39　完成动画的场景

5.5　场景管理

多幕话剧是从第一幕到最后一幕形成完整的话剧。复杂的 Flash 动画也可以分为多个场景，播放动画影片时，按照顺序播放每个场景中的动画。

新建文档时，有一个默认的场景，名称为“场景 1”。执行菜单“插入”→“场景”命令，可以添加新的场景，默认名称分别为“场景 2”、“场景 3”……

单击“编辑场景”按钮，在打开的场景列表中，选择打开指定的场景窗口，如图 5-40 所示。

执行菜单“窗口”→“其他面板”→“场景”命令，可以打开“场景”面板。利用“场景”面板，可以管理和操作场景，用灰色光条表示当前场景。单击场景名称，打开该场景为当前场景，如图 5-41 所示。

图 5-40　单击“编辑场景”按钮转换场景

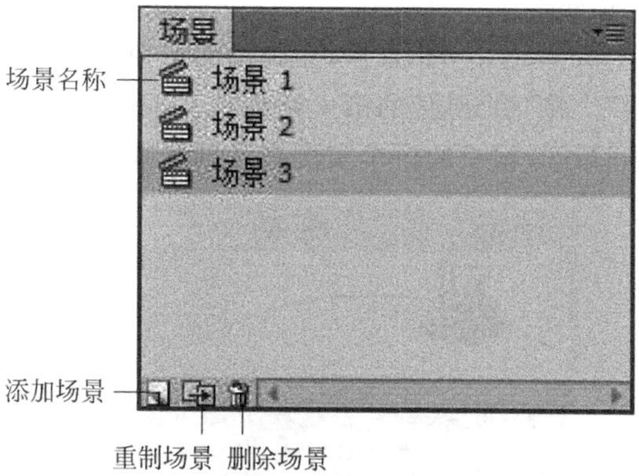

图 5-41　“场景”面板

(1) 添加场景：在当前场景下方添加新的场景。

(2) 重制场景：当前场景复制为副本添加新的场景。

(3) 删除场景：删除当前场景。

在“场景”面板中，还可以进行如下操作：

(1) 更改场景名称。双击场景名称，当名称反显时，可以编辑场景名称，在空白处单击或按回车键确认更名。

(2) 更改场景顺序。上下拖动场景名称到新位置，将场景移动到指定的位置更改场景顺序。

提示：多个场景组成的影片是按“场景”面板中的场景顺序播放动画的。

执行菜单“视图”→“转到”命令，选择场景名称，可以打开所选择的场景。

5.6 动画举例

【例 5-10】 制作由两个场景组成的影片。

动画情景：叉车从左侧移动到右侧消失后，轿车从右侧出现并移动到左侧。

(1) 新建文档。

(2) 新建两个元件，分别命名为“叉车”和“轿车”，并分别在元件中导入叉车和轿车图片(素材\图片\剪贴画\“叉车.wmf”和“轿车.wmf”)。

(3) 单击“场景 1”按钮，返回到场景。将元件“库”中的元件“叉车”拖动到“图层 1”的第 1 帧。在第 20 帧插入关键帧，并创建传统补间动画。

(4) 右击“图层 1”，在弹出的快捷菜单中选择“添加传统运动引导层”命令，添加“引导层”。在“引导层”的第 1 帧绘制一条曲线路径。将第 1 帧中的叉车实例拖动到曲线的左端，第 20 帧中的叉车实例拖动到曲线的右端，制作引导线动画，如图 5-42 所示。

(5) 执行菜单“插入”→“场景”命令，插入新的场景“场景 2”，并打开“场景 2”。

提示：插入新的场景后，将当前场景自动切换为新插入的场景。

(6) 将元件“库”中的“轿车”元件拖动到“图层 1”的第 1 帧。在第 20 帧插入关键帧，并创建传统补间动画。

(7) 右击“图层 1”，在弹出的快捷菜单中选择“添加传统运动引导层”命令，添加“引导层”。在“引导层”的第 1 帧绘制一条曲线路径。将第 1 帧中的轿车实例拖动到曲线的右端，第 20 帧中的轿车实例拖动到曲线的左端，制作引导线动画，如图 5-43 所示。

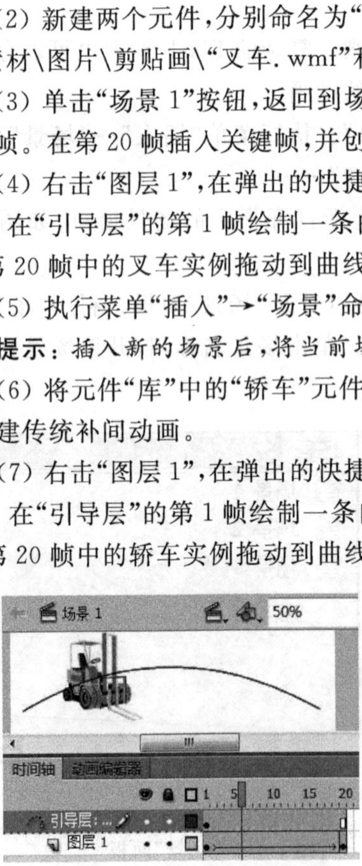

图 5-42 在“场景 1”制作引导线动画

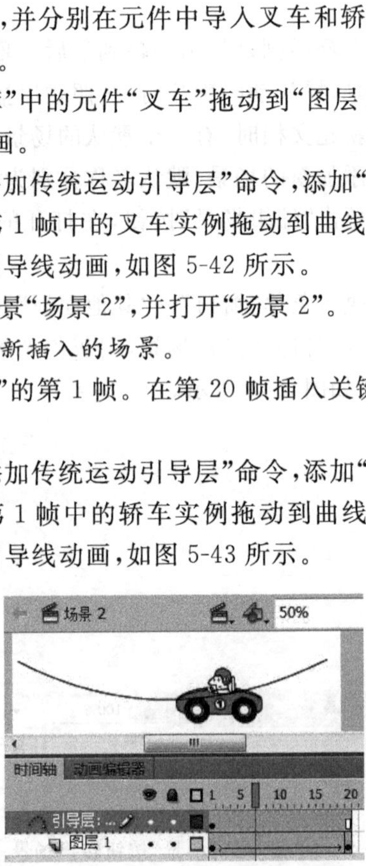

图 5-43 在“场景 2”制作引导线动画

(8) 测试动画。先播放叉车的动画，后播放轿车的动画。

提示：在“场景”面板中，将“场景 2”拖动到“场景 1”上方，调整场景顺序后，测试动画。影片先播放轿车的动画，后播放叉车的动画，如图 5-44 所示。

在“场景”面板中，双击“场景 1”，使名称处于编辑状态，输入新的场景名称“叉车”，更改场景名称。同样的方法，可以将“场景 2”更名为“轿车”，如图 5-45 所示。

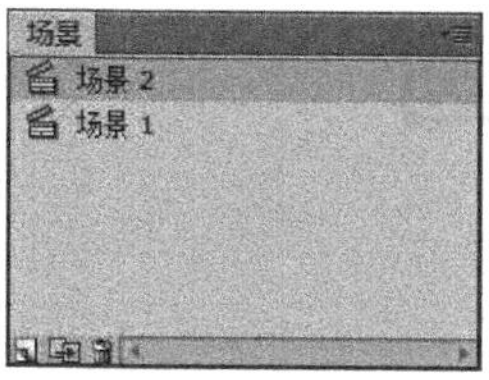

图 5-44　调整场景顺序

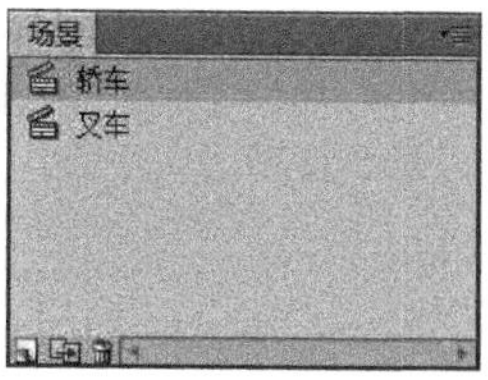

图 5-45　重新命名场景

在“场景”面板，选择“叉车”时，当前场景转换为“叉车”；选择“轿车”时，当前场景转换为“轿车”。

思　考　题

1. 什么是引导线动画？引导图层和被引导图层有什么不同？
2. 制作引导线动画的步骤是怎样的？
3. 如何制作文字路径？
4. 如何利用引导线动画制作画线或写字效果动画？
5. 常用的制作引导线路径的方法有哪些？
6. 如何制作沿路径转动方向的动画效果？

操　作　题

1. 制作沿着起伏不平路面行驶的汽车动画。

提示：沿着路面制作引导线动画，设置“调整到路径”。

2. 制作雪花(或花瓣、树叶)飘落的动画。

提示：雪花(或花瓣、树叶)沿着曲线路径从上往下飘落，用“铅笔工具”绘制有回绕的路径，使飘落显得更轻盈。

3. 制作一个气泡从水中上升的动画。

提示：水中气泡沿着曲线路径从下往上升起。

4. 在一个图层创建若干个关键帧，并在关键帧的舞台上添加内容。将该图层转换为引导层，查看播放效果。

5. 制作杂技表演中的滚筒动画。滚筒在小板上来回移动，同时小板在两端交替上下运动。

提示：利用圆弧引导线制作运动引导线动画。

第 6 章　补间形状、遮罩和逐帧动画

内容提要

本章介绍补间形状动画和遮罩动画的原理，制作补间形状动画和遮罩动画的方法；介绍逐帧动画的制作方法及其在动画设计中的应用。

学习建议

从制作补间形状动画、遮罩动画和逐帧动画的基本方法入手，理解补间形状动画、遮罩动画和逐帧动画的基本原理和制作方法。在动画制作中，常用到遮罩动画技术，制作出非常多的动画效果；在动画制作中逐步掌握应用遮罩动画效果的方法。

6.1　补间形状动画

补间形状动画（也叫变形动画）是 Flash 动画中非常重要的表现手法之一，运用它可以变化出各种奇妙的、不可思议的变形效果。

6.1.1　补间形状动画的制作

制作补间形状动画的 3 个要素：

（1）创建两个关键帧。在两个关键帧中分别绘制图形，或从元件“库”中拖动，还可以从外部导入图片，即两个关键帧中放置不同的对象。

（2）分离起止关键帧对应的对象。补间形状动画的两个关键帧中的对象要求是形状（分离状态）。

（3）创建补间形状动画。单击起始帧或起始帧与结束帧之间的任意帧，执行菜单“插入”→“补间形状”命令，创建补间形状动画。

【例 6-1】 简单的补间形状动画。

动画情景：一个圆逐渐变化为矩形。

（1）新建 ActionScript 3.0 或 ActionScript 2.0 文档。

（2）选择“图层 1”的第 1 帧，在舞台绘制一个圆，如图 6-1 所示。

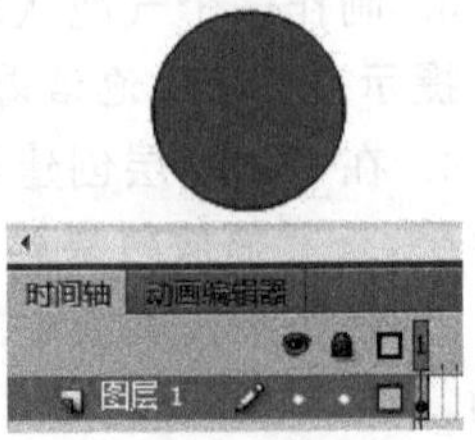

图 6-1　在第 1 帧绘制一个圆

(3) 在第 10 帧插入空白关键帧，并在该帧的舞台绘制一个正方形，如图 6-2 所示。

(4) 选择“图层 1”的第 1 帧(动画片段的起始帧)，执行菜单“插入”→“补间形状”命令，创建补间形状动画，如图 6-3 所示。

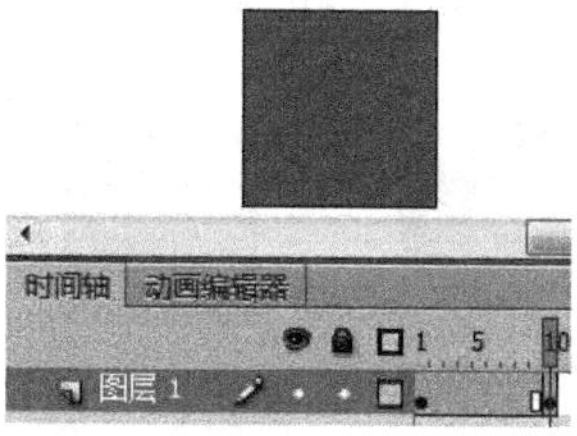

图 6-2　在第 10 帧绘制一个正方形

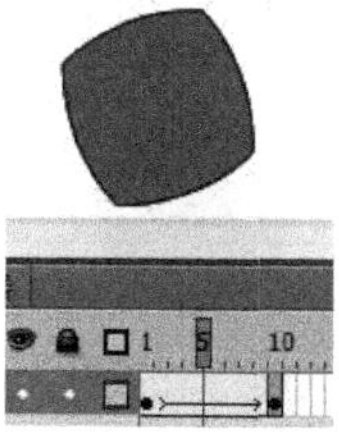

图 6-3　创建的补间形状动画

提示：形状补间动画片段帧的背景色为淡绿色，并显示一个实线箭头。

右击起始帧或起始帧与结束帧之间的任意帧，在弹出的快捷菜单中选择“创建补间形状”命令，也可以创建补间形状动画。

选择动画开始的形状对象后，执行菜单“插入”→“补间形状”命令，或右击开始的形状对象，在弹出的快捷菜单中选择“创建补间形状”命令，也可以创建补间形状动画。

(5) 测试动画。

形状补间动画的“属性”面板中有两个参数。

缓动：用于设定对象形状的变化速度(范围－100～100)。正数表示对象变化由快到慢；负数表示对象变化由慢到快；默认值为 0，表示对象做匀速变化。

混合：其中有两个选项。

- 分布式：用于使中间帧的形状过渡更加随意。
- 角形：用于将中间帧的形状保持关键帧上图形的棱角。此模式适用于有尖锐棱角的图形变换，否则自动将此模式变回分布模式。

提示：也可以利用插入关键帧创建补间形状动画片段的结束帧，再修改该关键帧中的对象的形状。但要记住，起止帧中的实例必须是分离状态的。

6.1.2　使用形状提示

补间形状动画除两个关键帧外，其他过渡帧均由 Flash 软件“计算”生成。当两个关键帧中的对象形状差异较大时，变形过程会显得很乱。在动画片段起止帧中的形状添加“形状提示”，可以使动画的变形过渡按一定的规则进行，从而有效地控制变形过程。

1. 添加形状提示的方法

【例 6-2】　添加“形状提示”的补间形状动画。

动画情景：补间形状动画按照提示点有规律地变形。

(1) 按照例 6-1 的方法制作补间形状动画，如图 6-4 所示。

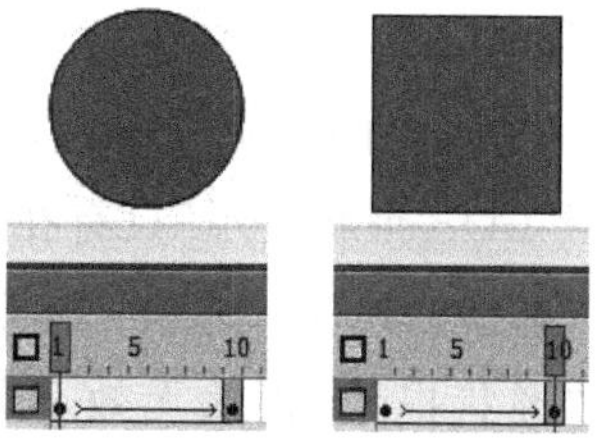

图 6-4　添加提示前的起止帧

(2) 单击补间形状动画的起始帧，执行菜单“修改”→“形状”→“添加形状提示”命令，将在该帧对应的形状图形上添加一个带圆圈的红色字母"形状提示"。同时,在结束帧的形状图形上也会添加一个"形状提示"。用鼠标分别拖动这两个"形状提示"到形状图形边线的适当位置。拖动成功后起始帧上的"形状提示"变为黄色,结束帧上的"形状提示"变为绿色,图 6-5(a)所示为调整提示点前的起止帧,图 6-5(b)所示为调整提示点后的起止帧。

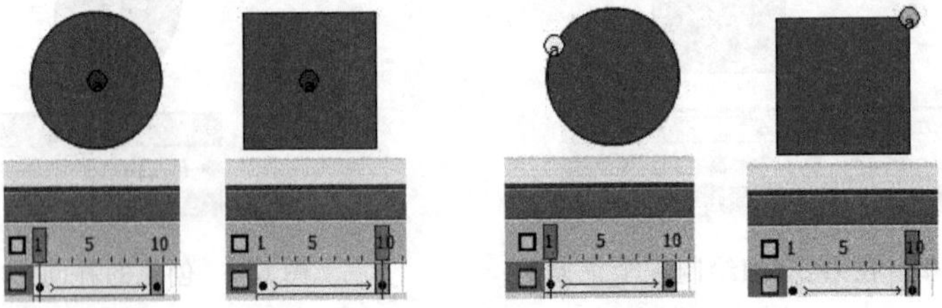

(a) (b)

图 6-5 调整形状提示点前后的起止帧

(3) 测试动画。

提示:拖动不成功或不在一条曲线上时,"形状提示"的颜色不变。

选中"选择工具"的选项"贴紧至对象"功能,能够方便地调整提示点。

用同样的方法可以添加多个形状提示点。提示点标志按照 a,b,c,…的顺序编号。

打开有形状提示的动画文档时,可能不显示"形状提示"。执行菜单"视图"→"显示形状提示"命令,显示"形状提示"。

在舞台上单击形状图形对象时,将自动隐藏"形状提示"。

2. 删除形状提示的方法

单击补间形状动画的开始帧,执行菜单"修改"→"形状"→"删除所有提示"命令,即可删除所有的"形状提示"。

提示:在起始帧,右击"形状提示"标志(鼠标指针显示"+"时),在弹出的快捷菜单中选择"删除提示"命令,可以删除该"形状提示";选择"删除所有提示"命令,可以删除所有"形状提示"。

3. 添加形状提示的技巧

(1) "形状提示"可以连续添加,最多可添加 26 个(a~z)。

(2) "形状提示"从形状的左上角开始按逆时针摆放时,变形提示工作会更有效。

(3) "形状提示"的摆放位置也要符合逻辑顺序。例如,起始帧和结束帧上各有一个三角形,添加 3 个"形状提示"。如果在起始帧的三角形上的顺序为 a、b、c,那么在结束帧的三角形上的顺序也应为 a、b、c,不应是 a、c、b 顺序。

(4) "形状提示"只有在形状的边缘才能起作用。在调整形状提示位置时,如果已打开"选择工具"的"选项"中"贴紧至对象"功能,则会自动将"形状提示"吸附到边缘上。如果"形状提示"仍然无效,则可以放大舞台的显示比例,以确保"形状提示"位于形状的边缘。

(5) 执行菜单"视图"→"显示形状提示"命令,可以显示或隐藏"形状提示"。

提示:在制作复杂的变形动画时,形状提示点的添加和拖动要多方位尝试。每添加一个形状提示点,最好测试变形效果,然后进一步调整形状提示点的位置。

6.1.3　形状提示举例

【例 6-3】 添加形状提示举例。

动画情景:两个英文小写字母"a"分别变为英文大写字母"B"。其中,一个添加形状提示,另一个不添加形状提示,了解这两种变形的区别。

(1) 新建文档。

(2) 创建变形对象。选择"图层 1"的第 1 帧,用"文本工具"在舞台的左侧输入英文字母"a",字体 Arial Black,150pt,蓝色。

添加新图层"图层 2",选择第 1 帧,在舞台的右侧输入英文字母"a",参数同上,如图 6-6 所示。

(3) 分别在两个图层的第 20 帧插入空白关键帧,并分别输入英文字母"B",参数同上。位置分别与第 1 帧中的字母位置相同(可以利用辅助线),如图 6-7 所示。分别在两个图层的第 30 帧插入帧,使变形后的文字停留。

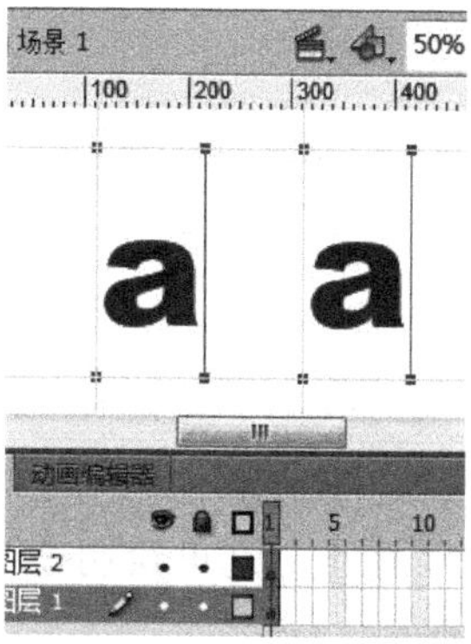

图 6-6　两个图层第 1 帧

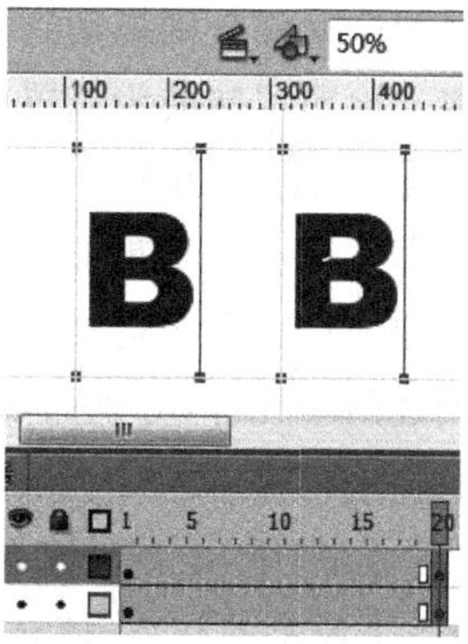

图 6-7　两个图层第 20 帧

(4) 文本分离为形状。分别选择两个图层的第 1 帧和第 20 帧的字母,执行菜单"修改"→"分离"命令,将字母分离为形状。

(5) 创建补间动画。分别在"图层 1"和"图层 2"创建补间形状动画。

(6) 添加形状提示。选择"图层 2"的第 1 帧,执行菜单"修改"→"形状"→"添加形状提示"命令两次,在"图层 2"中的形状添加两个提示点。确认"选择工具"的"选项"中"贴近至对象"按钮已打开,调整第 1 帧和第 20 帧处的形状提示点,如图 6-8 所示。

(7) 测试动画。可以看到形状提示点的作用,如图 6-9 所示。

提示:形状提示点越多,动画效果就越细腻,越逼真。

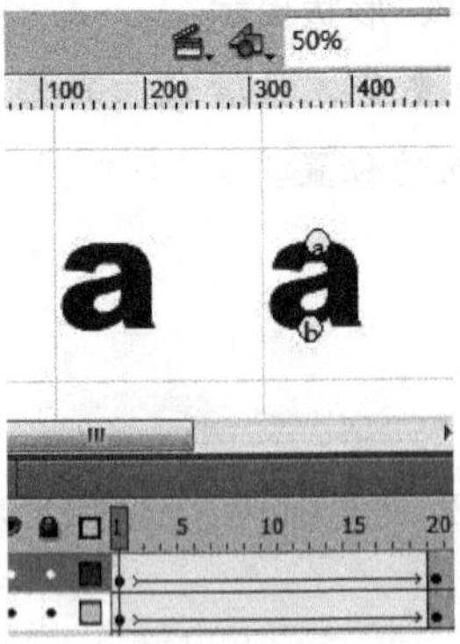

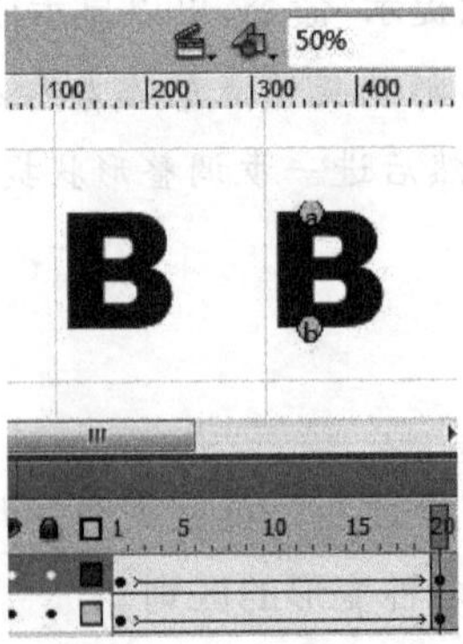

图 6-8　添加形状提示的第 1 帧和第 20 帧

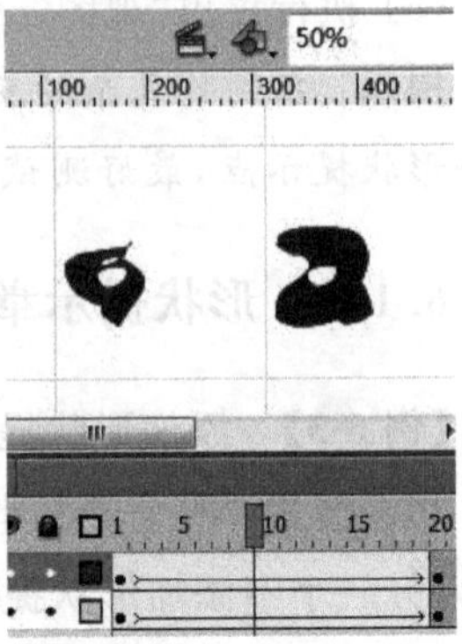

图 6-9　添加形状提示的变形过程

6.2　遮罩动画

6.2.1　遮罩的制作方法

制作遮罩动画的三个要素：

(1) 准备两个元件。

(2) 将两个元件分别拖动到两个相邻图层。

(3) 将上面图层转换为遮罩层。

【例 6-4】 制作圆角图片。

动画情景：显示圆角矩形图片。

(1) 新建文档。舞台宽高设为 500×500 像素。

(2) 创建两个元件，分别命名为“图片”和“方形”。

在元件“图片”中，导入一张图片(素材\图片\位图\风景_01.jpg)。

在元件“方形”中，绘制一个圆角矩形，宽高为比舞台尺寸小。这里绘制 200×200 像素、边线为 5 个像素的红色、填充色设为灰色的圆角正方形。

提示：选择“矩形工具”后，打开“属性”面板，在“填充和笔触”项中笔触颜色设置为红色和填充颜色设置为灰色、笔触高度设置为 5；在“矩形选项”中的“矩形边角半径”设置为 20 点，在舞台绘制圆角矩形。用“选择工具”拖动选择矩形(或双击矩形)后，在“属性”面板设置矩形宽高 200×200 像素。

(3) 返回场景。创建两个图层，上面图层命名为“遮罩”，下面图层命名为“图片”。

将两个元件“方形”和“图片”分别拖动到图层“遮罩”和“图片”的第 1 帧，如图 6-10 所示。

提示：为了使方形在舞台居中，先隐藏“图片”图层，调整方形位置后再关闭隐藏。

(4) 将图层“遮罩”转换为遮罩层。右击“遮罩”图层，在弹出的菜单中选择“遮罩层”命令，将该图层转换为遮罩层，如图 6-11 所示。

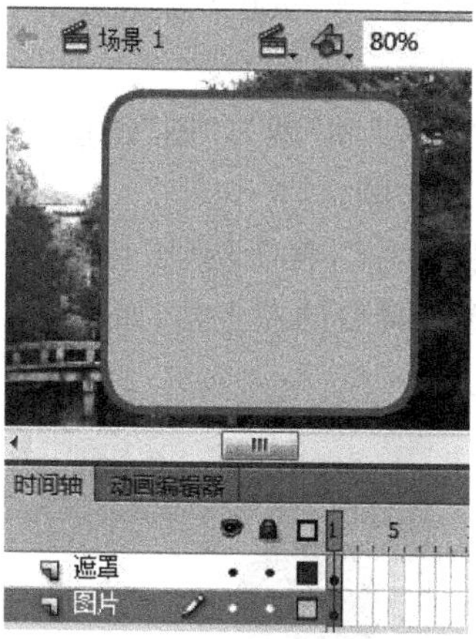

图 6-10　两个元件分别拖动到两个图层

图 6-11　上面图层转换为遮罩

提示：也可以右击“遮罩”图层，在快捷菜单中选择“属性”命令，在打开的“图层属性”对话框中选择“遮罩层”，将图层转换为遮罩层。

(5) 测试动画。看到圆角的图片。

提示：遮罩效果是将上面图层(遮罩层)中的填充颜色(与具体颜色值无关)的区域变为透明，无填充颜色的区域变为非透明。

将图层转换为遮罩层后，遮罩层和被遮罩层的图标起了变化，而且被遮罩层的名称缩进。这表示该图层与遮罩层建立了连接。

一个图层拖动到遮罩层下方，可以使该图层与遮罩层建立连接而成为被遮罩层。

创建遮罩层后，遮罩层和被遮罩层将自动被锁定。如果解锁图层，则场景中看不到遮罩效果，但测试动画或发布的影片，遮罩还有效。解锁图层，可以调整舞台中遮罩区域和被遮罩对象的位置。

笔触(边线)色(如线条工具、铅笔工具、墨水瓶工具产生的对象)不能成为遮罩。如在例 6-4 中，边线不起遮罩作用。但将线条或笔触对象转换成填充对象后可以做遮罩。选择要转换的笔触对象后，执行菜单“修改”→“形状”→“将线条转换为填充”命令，可以将笔触色转换为填充色。

6.2.2　常用的遮罩动画

在遮罩层或被遮罩层中创建移动、旋转、变形等动画，可以得到丰富多彩的动画效果。

1. 移动遮罩层的动画

【例 6-5】　移动遮罩层的动画。

动画情景：移动的圆中显示图片的各部分内容。

(1) 新建文档。舞台宽高设为 800×600 像素，背景为白色。

(2) 创建两个元件，分别命名为“图片”和“圆”。

在元件“图片”中，导入图片(素材\图片\位图\风景_03.jpg)，并调整宽高为 800×600 像素。

提示：用“选择工具”选择图片后，在“属性”面板设置“宽”800，“高”600。

在“圆”元件中，绘制一个无边框的圆。

(3) 返回到场景。创建两个图层，分别命名为“图片”和“圆”(“圆”图层在上面)。将“图片”和“圆”元件分别拖动到“图片”和“圆”图层的第 1 帧。

(4) 分别调整两个图层中实例的位置。在图层“图片”，将实例(图片)对齐舞台。在“圆”图层，将实例(圆)调整到舞台的一角。这里放置在舞台的左上角，如图 6-12 所示。

(5) 将“圆”图层转换为遮罩层，如图 6-13 所示。

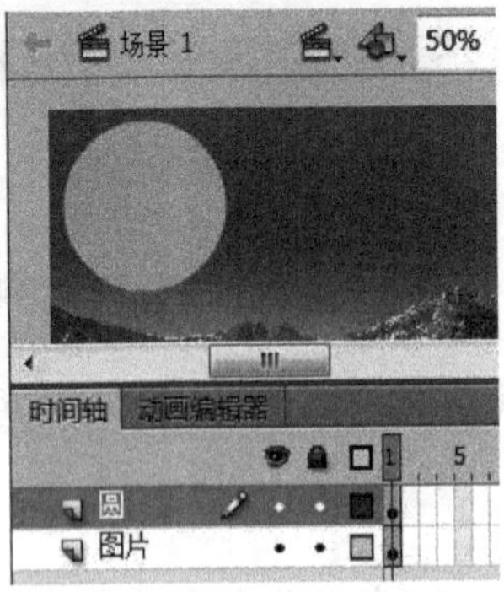

图 6-12　调整实例在舞台的位置

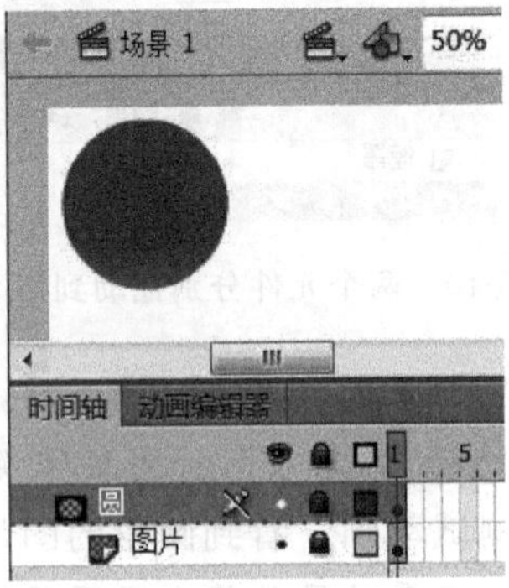

图 6-13　设置遮罩层

(6) 在“图片”图层(被遮罩层)的第 40 帧插入帧(图片静止不动)。

(7) 将“圆”图层(遮罩层)解锁，并在第 40 帧插入帧，创建补间动画。分别在第 10 帧、第 20 帧、第 30 帧和第 40 帧插入“位置”属性关键帧，并调整各关键帧中圆的位置，如图 6-14 所示。

图 6-14　制作遮罩层的动画

(8) 测试动画。锁定图层“圆”后的场景，如图 6-15 所示。

提示：此例也可以用传统补间动画制作。

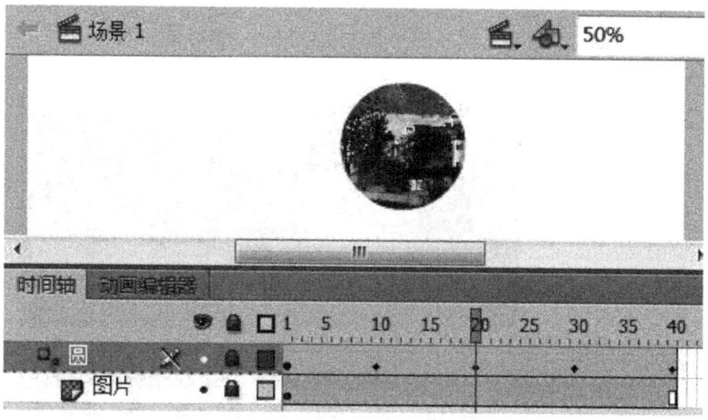

图 6-15 完成动画的场景

2. 移动被遮罩层的动画

【例 6-6】 移动被遮罩层的动画。

动画情景：固定的圆中显示图片的各部分内容。

(1) 新建文档。舞台宽高设为 800×600 像素。

(2) 创建两个元件，分别命名为"图片"和"圆"。

在"图片"元件中，导入图片(素材\图片\位图\风景_03.jpg)。

在"圆"元件中，绘制一个无边框的圆。

(3) 返回到场景。创建两个图层，分别命名为"图片"和"圆"(图层"圆"在上面)，分别将元件"图片"和"圆"拖动到图层"图片"和"圆"的第 1 帧。

(4) 分别调整两个图层中实例的位置。在"圆"图层中将实例放置在舞台的中央；在"图片"图层中将图片中首先要显示的部分调整到圆的下方，如图 6-16 所示。

(5) 将"圆"图层转换为遮罩层，如图 6-17 所示。

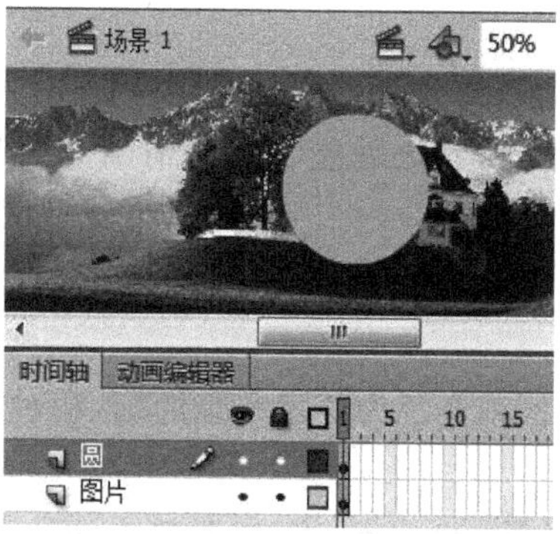

图 6-16 调整实例在舞台的位置

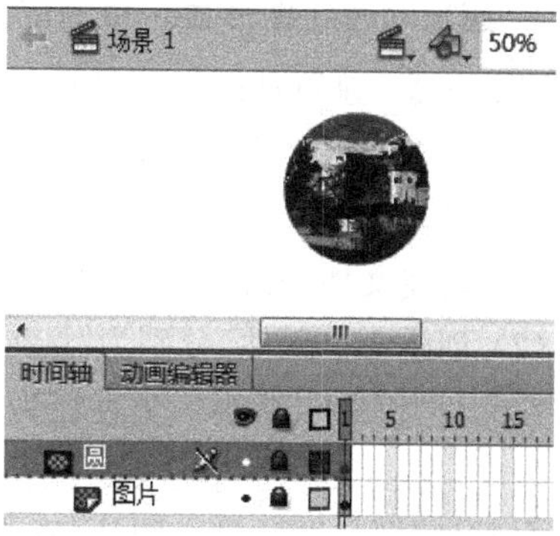

图 6-17 设置遮罩层

(6) 在"圆"图层(遮罩层)第 40 帧插入帧(圆静止不动)。

(7) 将"图片"图层(被遮罩层)解锁，在第 40 帧插入帧，并创建补间动画。分别在第 10 帧、第 20 帧、第 30 帧和 40 帧插入位置属性关键帧，并将实例(图片)中要显示的部分调整到圆的下方，如图 6-18 所示。

(8) 测试动画。锁定"图片"图层后的场景，如图 6-19 所示。

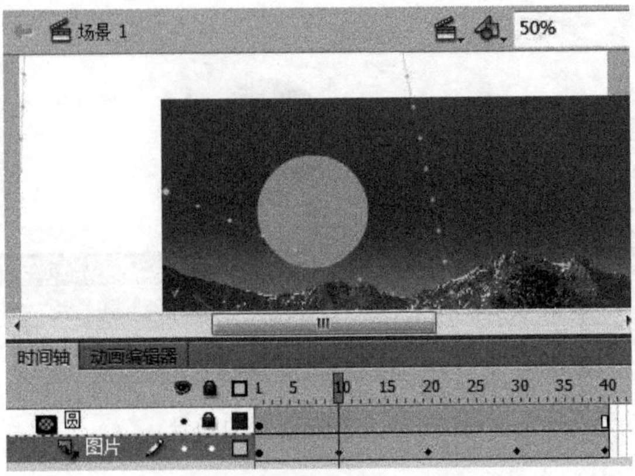

图 6-18 制作被遮罩层的动画

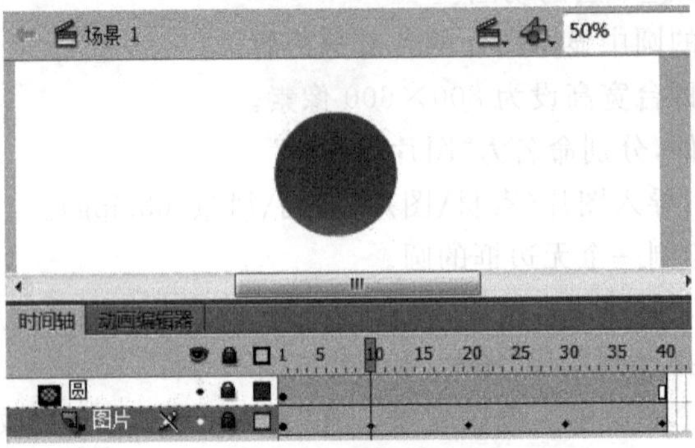

图 6-19 完成动画的场景

3. 遮罩动画在图形显示中的应用

【例 6-7】 遮罩动画在图像显示中的应用。

动画情景：一个圆在一幅不清晰的图片上移动，圆所到之处能够看到清晰的图片内容。圆在移动过程中改变大小。

(1) 新建文档，舞台宽高设为 800×600 像素。

(2) 创建 3 个元件，分别为“圆”、“图片”、“模糊”。

在元件“圆”中，绘制一个直径为 150 像素的无边框填充色为任意单色的圆，相对舞台居中。

在元件“图片”中，导入图片(素材\图片\位图\风景_03.jpg)，宽高调整为 800×600 像素，相对舞台居中。

制作元件“模糊”。在元件“库”面板中，右击元件“图片”，在弹出的快捷菜单中选择“直接复制”命令，打开“直接复制元件”对话框。“名称”文本框中输入“模糊”，再单击“确定”按钮，创建元件“模糊”。

打开元件“模糊”的编辑窗口。插入新图层“图层 2”，并在“图层 2”的第 1 帧绘制一个 800×600 像素的无边线的白色矩形。选择矩形并右击，在打开的快捷菜单中选择“转换为元件"命令，将矩形形状转换为实例，并将实例对齐舞台。选择矩形实例，打开"属性"面板，在"色彩效果"选项组的"样式"中选择 Alpha，并设置为 50%。

提示：元件的实例才能设置透明度。在舞台绘制的图形是形状，形状转换为元件后，才能变成元件的实例。

元件"模糊"中的图片也可以用其他图片处理软件处理后导入。如素材\图片\位图\风景_031.jpg。

(3) 返回场景，创建三个图层。从上到下分别命名为"圆"、"图片"、"模糊"。

选择图层"圆"的第 1 帧，将元件"圆"拖动到舞台。选择图层"图片"的第 1 帧，将元件"图片"拖动到舞台。选择图层"模糊"的第 1 帧，将元件"模糊"拖动到舞台。

(4) 分别将"图片"和"模糊"图层中的实例对齐舞台，并分别在两个图层的第 30 帧插入帧(延长时间)。锁定图层"图片"和"模糊"。将图层"圆"中的实例拖动到舞台左上角，如图 6-20 所示。

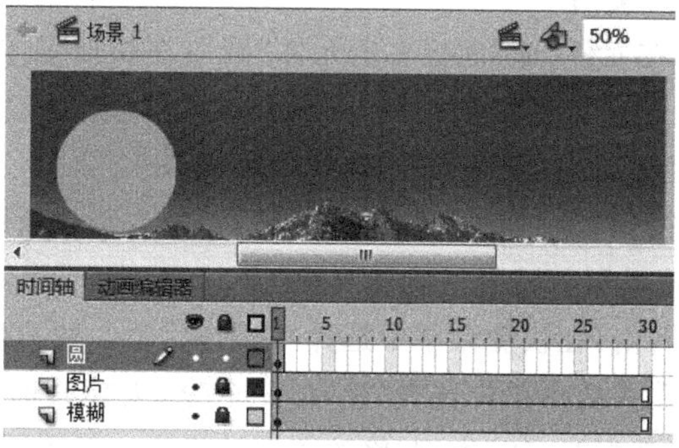

图 6-20 在图层"图片""模糊"插入帧后的场景

(5) 在"圆"图层中第 30 帧插入帧，并创建补间动画。选择第 5 帧，将实例(圆)移动到舞台的左下角；选择第 10 帧，将实例移动到要重点浏览的位置，并插入"缩放"属性关键帧；在第 15 帧插入"缩放"属性关键帧；在第 20 帧插入"缩放"属性关键帧；在第 25 帧分别插入"位置"和"缩放"属性关键帧；将第 30 帧中的实例拖动到舞台的右下角。将第 15 帧和第 20 帧中的实例放大 200%，如图 6-21 所示。

图 6-21 在图层"圆"创建补间动画后的场景

提示：第 5 帧、第 10 帧、第 25 帧、第 30 帧有移动动画，第 10 帧、第 15 帧、第 20 帧、第 25 帧有缩放动画。其中第 15 帧到第 20 帧放大后不变化。因此相应的帧插入了相关的属性关键帧。也可以用动画编辑器处理缩放动画。

(6) 将“圆”图层转换为遮罩层。

(7) 测试动画。为了后面例子中使用此文档，保存文档。

提示：如果延长动画的帧，并增加关键帧，效果会更好。

此例也可以用传统补间动画制作。

4. 有边框线的遮罩动画

【例 6-8】 有边框线的遮罩动画。

动画情景：例 6-7 动画中遮罩层是一个圆，圆所到之处能清楚地显示图片。如果这个圆带边框，会得到更好的效果。

(1) 打开例 6-7 中的文档。

(2) 创建新元件。在元件“库”面板右击元件“圆”，在快捷菜单中选择“直接复制”命令，创建新元件“圆框”。打开元件“圆框”的编辑窗口，用“墨水瓶工具”添加圆的边色(添加自己喜欢的颜色和粗细)，用“选择工具”选择填充色，并清除。

(3) 单击“场景 1”按钮，返回到场景。在图层“圆”上方创建新图层，命名为“圆框”。

(4) 在“圆”图层，拖动鼠标选择所有动画帧(第 1～30 帧)，并复制所选择的帧。选择图层“圆框”的第 1 帧，右击，在快捷菜单中选择“粘贴帧”命令粘贴帧。

右击图层“圆框”，在快捷菜单中选择“遮罩层”命令，去掉其前面的对钩，或在此图层的“图层属性”对话框中选择“一般”类型，将遮罩层转换为一般图层。

提示：此时，图层“圆框”的图标变换为“遮罩层”图标。这是因为粘贴帧时，除了粘贴帧的内容外，还粘贴了“遮罩层”的属性。

(5) 在“圆框”图层，删除第 30 帧以后的多余帧。

提示：粘贴帧是插入帧，因此粘贴帧将增加图层中的帧。

因为图层“圆框”中的圆覆盖了遮罩层中的圆，因此测试动画看不到遮罩效果。

(6) 交换元件。将“圆框”图层中实例(圆)交换为元件“圆框”。

选择“圆框”图层中的一个关键帧(如第 1 帧)，选择此帧中的实例，打开“属性”面板，单击“交换”按钮，打开“交换元件”对话框。在对话框中选择元件“圆框”，单击“确定”按钮，交换元件，如图 6-22 所示。

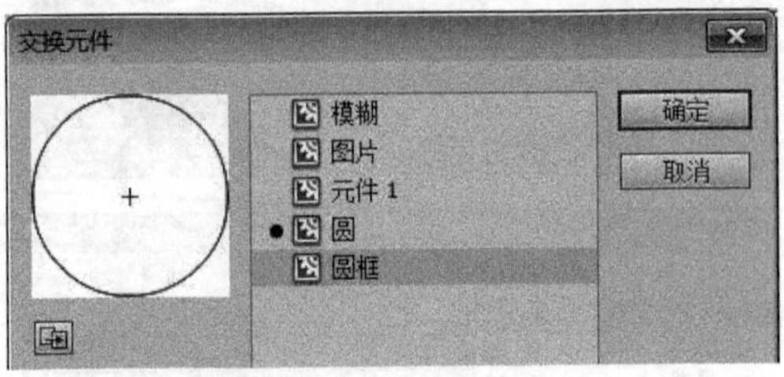

图 6-22 “交换元件”对话框

(7) 测试动画。圆框跟随着遮罩圆移动，而且宽高也跟着变化，如图 6-23 所示。

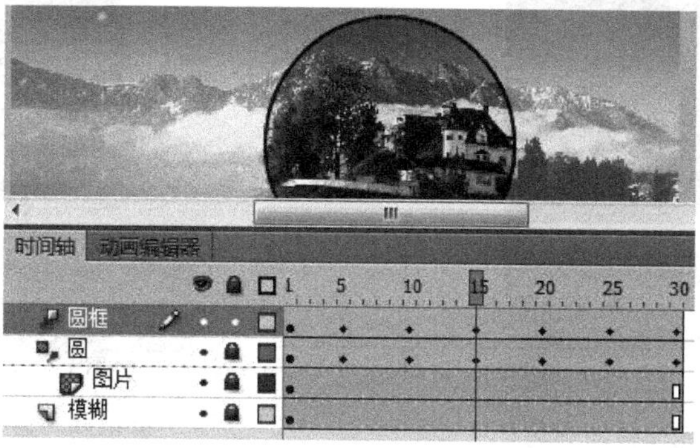

图 6-23　最终场景

提示：制作有多个实例做相同动作的动画时，使用“交换元件”功能，可以节省时间。只要设置一个实例的动画，其他动画只要插入新图层后，复制帧、交换元件即可。

右击图层，在弹出的快捷菜单中选择“复制图层”命令，可以复制创建新图层。

传统补间动画也可以做同样的处理，但必须将所有关键帧中的实例逐个交换。

5. 矢量图做遮罩

【例 6-9】 矢量图做遮罩。

动画情景：显示矢量图轮廓内的图片内容。

(1) 新建文档。

(2) 新建两个元件，分别命名为“图片”和“圣诞老人”。

在元件“图片”中，导入图片(素材\图片\位图\风景_01.jpg)。

在元件“圣诞老人”中，导入矢量图(素材\图片\剪辑图\圣诞老人.wmf)。

(3) 打开元件“圣诞老人”的编辑窗口，单击第 1 帧，选择舞台中的矢量图(也可以拖动鼠标选择矢量图)，执行菜单“修改”→“分离”命令，将矢量图分离为形状。在形状选择状态，用“颜料桶工具”单击形状填充单色，如图 6-24 所示。

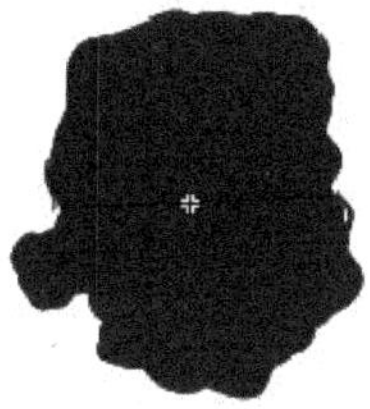

图 6-24　分离后填充单色

(4) 返回到场景，创建两个图层。分别命名为“图片”和“遮罩”。图层“遮罩”在上，图层“图片”在下。

选择图层“图片”的第 1 帧，将元件“图片”拖动到舞台，并调整位置。

选择图层“遮罩”的第 1 帧，将元件“遮罩”拖动到舞台，并调整位置，如图 6-25 所示。

(5) 将图层“遮罩”转换为遮罩层，如图 6-26 所示。

(6) 根据需要，可以制作遮罩层的动画或被遮罩层的动画。

提示：矢量图作为遮罩层中的遮罩区域要用单色填充。本例是将矢量图分离成形状后，填充单色得到填充色区域。

如果要用位图做遮罩层中的遮罩区域，则要先处理图片(如清除背景等)。

图 6-25 元件拖动到场景

图 6-26 遮罩效果

6.3 逐帧动画

逐帧动画中的所有帧都是关键帧，适合制作每一帧中的图像都在更改的复杂动画。创建逐帧动画时，先创建一个与前一帧内容完全相同的关键帧，再对该帧舞台中的对象按照动画的发展的需求进行编辑、修改，使之与相邻帧中的同一对象有变化。如此重复，直到完成全部动画的帧。

【例 6-10】 会走的小女孩。

动画情景：小女孩从左侧走到右侧，并逐渐变大。

(1) 新建文档。

(2) 新建"影片剪辑"类型元件，命名为"女孩"。打开元件"女孩"的编辑窗口，执行菜单"文件"→"导入"→"导入到舞台"命令，将 3 张女孩的图片分别导入 3 个连续的关键帧(素材\图片\位图\女孩_01.jpg、女孩_02.jpg、女孩_03.jpg)，如图 6-27 所示。

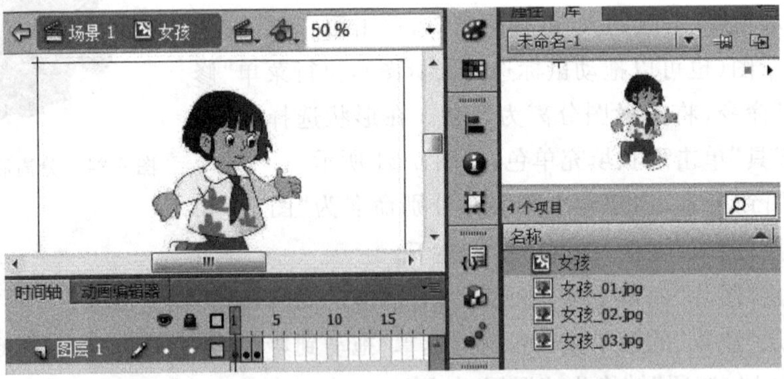

图 6-27 第 1 帧中的小女孩图片

提示：导入时，选择图片"女孩_01"后，可以直接导入文件名连续的图片。也可以将 3 张图片直接导入到库，再将 3 张图片分别拖动到元件"女孩"的 3 个关键帧。

(3) 单击"场景 1"按钮，返回场景，并将元件"女孩"拖动到舞台。在第 20 帧插入帧，并创建补间动画。将第 1 帧中的实例放置在舞台的左侧，并适当缩小，第 20 帧中的实例放置在舞台的右侧，并适当放大。

(4) 测试动画。

提示：导入的位图有白色背景。可以在元件"女孩"的编辑窗口逐帧清除背景色。将图片分离后，利用"套索工具"的"魔术棒"选项选择白色背景，按 Delete 键清除白色背景。如果帧速率设置为 12fps，播放效果会更佳。

6.4 动画举例

6.4.1 导入动画为逐帧动画

【例 6-11】 导入 GIF 动画为逐帧动画。

动画情景：动态中的老鼠沿着曲线移动。

(1) 新建文档。

(2) 新建"影片剪辑"类型元件，命名为 GIF。在元件 GIF 编辑窗口，执行菜单"文件"→"导入"→"导入到舞台"命令，打开"导入"对话框。在该对话框中，选择要导入的动画文件(素材\图片\动画\动画_02.gif)，将动画导入元件 GIF 窗口，如图 6-28 所示。

提示：导入 GIF 动画后，在"图层 1"中添加了若干个关键帧，按照动画顺序每个关键帧保存 GIF 动画中的一幅图像。并将动画中的每一帧图像以"位图"类型存放到元件"库"中，如图 6-29 所示。

图 6-28　在元件导入动画

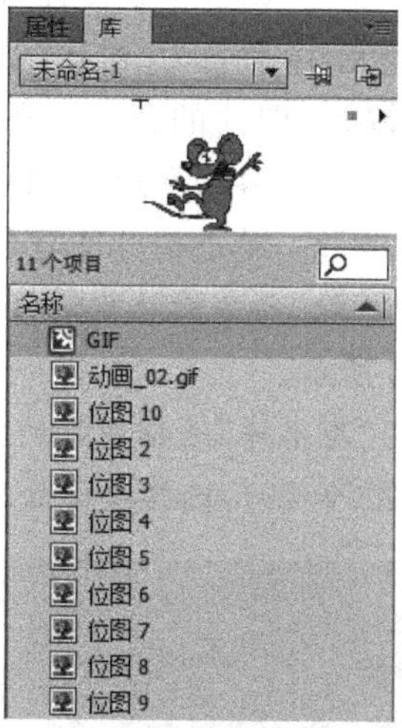

图 6-29　元件"库"

如果要同时调整动画中所有帧中的图像位置(例如在舞台居中)，选择"洋葱皮工具"中的"编辑多个帧"按钮，并将绘图纸标记的起止点手柄分别拖动到逐帧动画的起止帧(见图 6-30)，单击图层名称或拖动鼠标选择动画片段的所有帧(见图 6-31)后，用"选择工具"按住图像拖动(或在"属性"面板，设置坐标)，统一调整所有帧中的图像位置，如图 6-32

所示。

图 6-30 调整起止位置

图 6-31 选择所有帧

图 6-32 调整图像的位置

(3) 返回到场景。将元件 GIF 拖动到舞台制作动画。在第 40 帧插入帧,并创建补间动画。将第 1 帧中的实例拖动到舞台左侧,第 40 帧中的实例拖动到舞台右侧,并调整动画路径为曲线。

(4) 测试动画。

提示:也可以将 Flash 动画文件(.swf)导入为逐帧动画。

6.4.2 透明度在遮罩动画中的应用

【例 6-12】 透明度在遮罩动画中的应用。

动画情景:一条光柱条在树叶上左右移动。

(1) 新建文档,舞台背景设置为灰色。

(2) 新建元件,命名为“树叶”,并导入树叶图片(素材\图片\位图\树叶_01.jpg)。

(3) 清除树叶图片的背景。在元件“树叶”窗口,选择舞台中的图片,执行菜单“修改”→“分离”命令,将图片分离为形状。在“工具”面板选择“套索工具”,并在工具“选项”中选择“魔术棒”后,单击树叶的背景色(白色)部分选择背景区域,按 Delete 键或执行菜单“编辑”→“清除”命令清除背景色。个别没清除的区域,可以用“橡皮擦工具”等工具清除,如图 6-33 所示。

提示:用“魔术棒”选择图片的白色背景区域时,在“魔术棒设置”对话框,将“阈值”设置为较大的值(如 70),选择要清除的背景色,如图 6-34 所示。

图 6-33 清除树叶的背景色

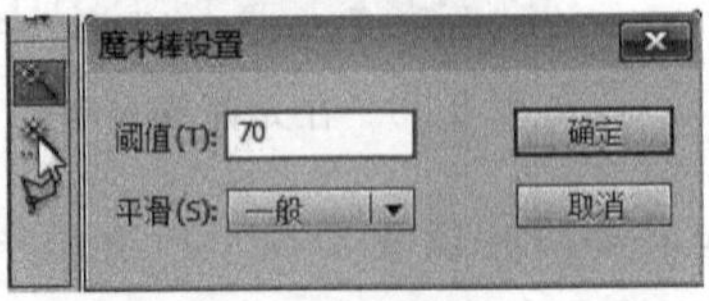

图 6-34 “魔术棒设置”对话框

(4) 新建树叶形状元件。在元件“库”面板右击元件“树叶”,在弹出的快捷菜单中选择"直接复制"命令，新建元件"树叶填充"。打开元件"树叶填充"窗口，将树叶填充为单色，如图 6-35 所示。

(5) 新建元件，命名为"光柱"。在元件"光柱"窗口，绘制一个高度长于树叶高度的白色长条矩形。选择矩形后，打开"颜色"面板，颜色类型选择"线性渐变"，在颜色样本框中间位置单击添加一个色块。分别选择左右两侧的色块，设置 Alpha 值为 0%，中间色块 Alpha 值为 100%，如图 6-36 所示。

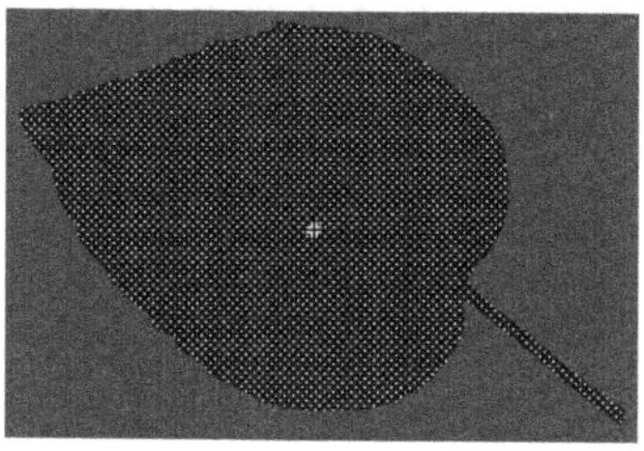

图 6-35　用单色填充树叶

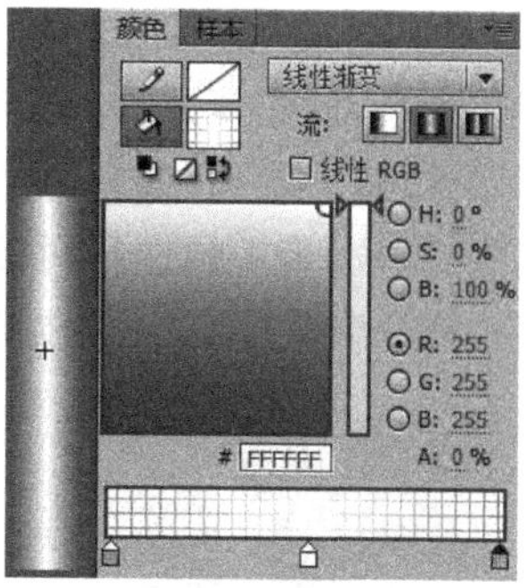

图 6-36　制作透明度渐变的光柱

(6) 返回场景。创建三个图层，从上到下分别命名为"填充"、"光柱"和"树叶"，并将元件"树叶填充"、"光柱"和"树叶"分别拖动到图层"填充"、"光柱"和"树叶"的第 1 帧，如图 6-37 所示。

提示：分别调整三个图层中的实例。对齐图层"填充"和"树叶"中的实例，将图层"光柱"中的实例调整到树叶的左侧，并适当旋转光柱条使方向与树叶一致。

(7) 创建补间动画。在图层"填充"和"树叶"的第 20 帧插入帧。在图层"光柱"的第 20 帧插入帧，并创建补间动画。在第 20 帧插入位置属性关键帧，选择第 10 帧将实例移动到舞台右侧创建属性帧，如图 6-38 所示。

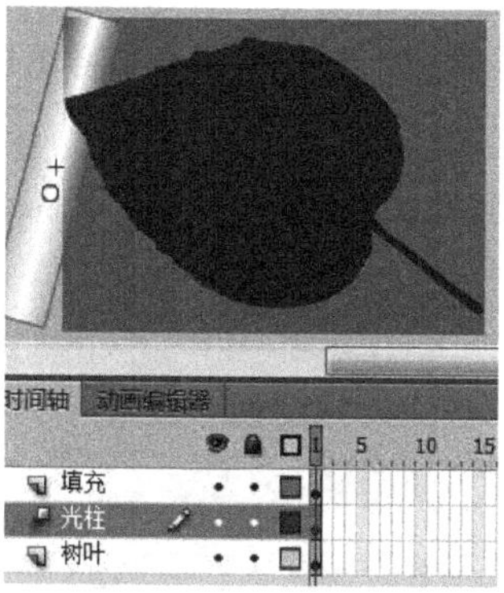

图 6-37　场景中的图层与实例

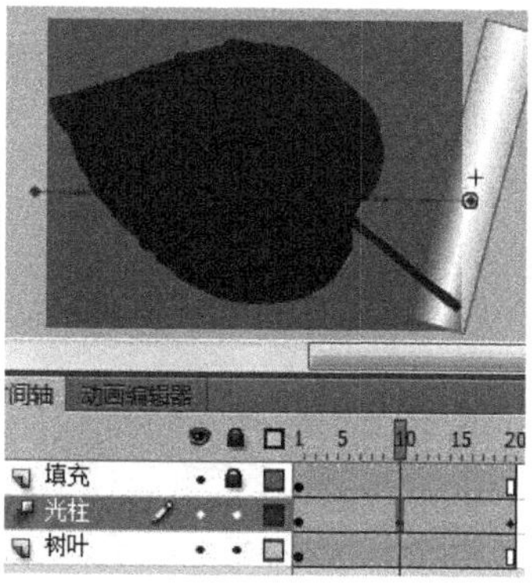

图 6-38　创建补间动画

(8) 创建遮罩层。右击图层"填充"，在快捷菜单中选择"遮罩层"命令，将图层"填充"转换为遮罩层。

(9) 测试动画。为了方便在后面的例子中使用此文档，保存文档。最终场景如图 6-39

所示。

6.4.3 笔触作为遮罩的应用

【例 6-13】 笔触(线条)作遮罩。

动画情景:一条光柱在树叶的边线左右移动。

(1) 打开例 6-12 中的动画文档,删除图层"填充"。

(2) 新建树叶轮廓元件。在元件"库"面板右击元件"树叶填充",在快捷菜单中选择"直接复制"命令,创建新元件,命名为"树叶轮廓"。

打开元件"树叶轮廓"窗口,用"墨水瓶工具"为树叶形状添加 5 个像素的笔触颜色,并清除填充色。单击第 1 帧选择树叶的轮廓线,执行菜单"修改"→"形状"→"将线条转换为填充"命令,将轮廓线(笔触线)转换为填充色,如图 6-40 所示。

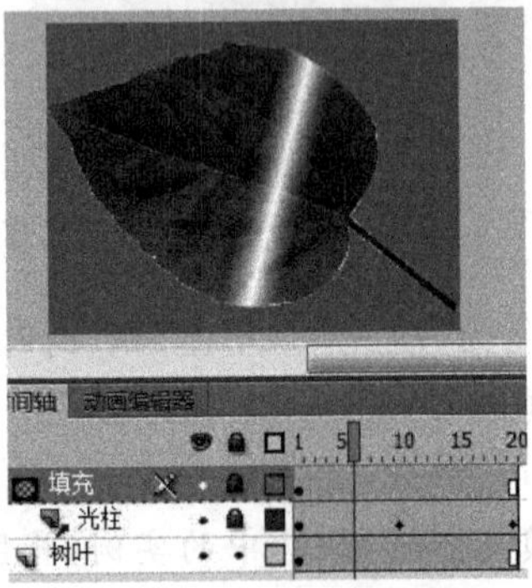

图 6-39 影片的最终场景

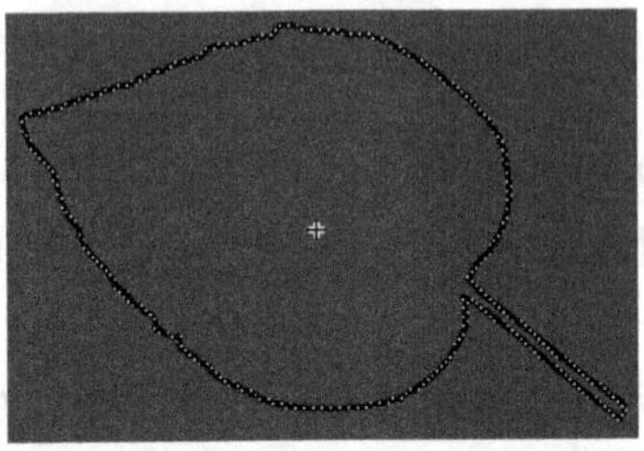

图 6-40 树叶的轮廓

(3) 单击"场景 1"按钮,返回场景。在图层"光柱"上方创建新图层,命名为"轮廓",并将元件"树叶轮廓"拖动到第 1 帧。调整树叶轮廓与图层"树叶"中的树叶实例对齐,如图 6-41 所示。

(4) 创建遮罩层。右击图层"轮廓",在快捷菜单中选择"遮罩层"命令,将图层"轮廓"转换为遮罩层,如图 6-42 所示。

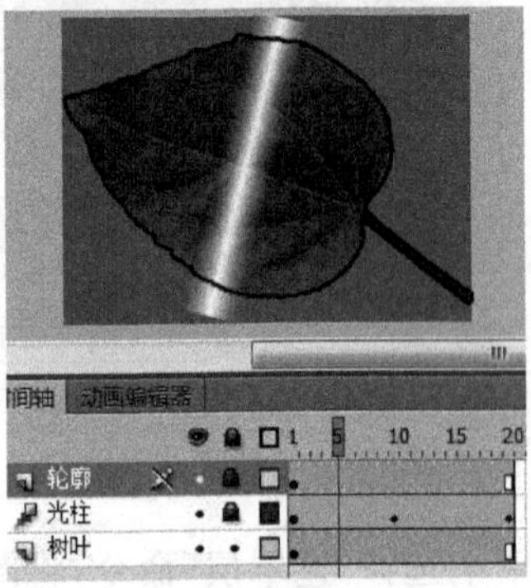

图 6-41 在场景中将树叶轮廓对齐树叶

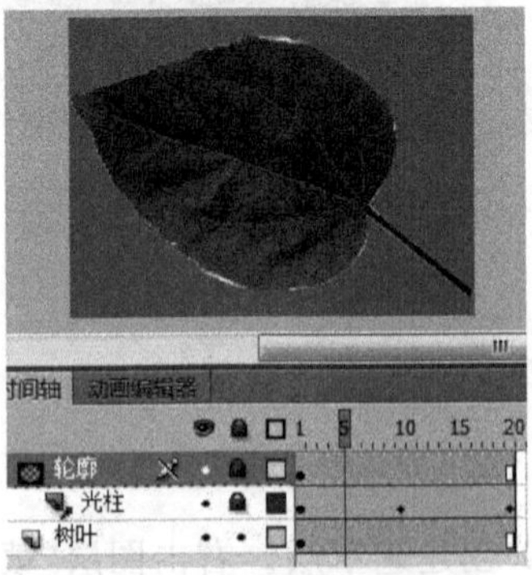

图 6-42 创建遮罩层

（5）测试动画。

提示：遮罩层中，只有填充色区域才能作为透明区域。如果要将线条（笔触）作为遮罩层中的透明区域，则必须将线条转换为填充。线条转换为填充后，只能用“颜料桶工具”更改颜色。图 6-43(a)是线条，图 6-43(b)是转换的填充。注意观察“属性”面板中“填充与笔触”选项。

也可以将树叶的轮廓拖动到舞台分离实例后，将线条转换为填充。

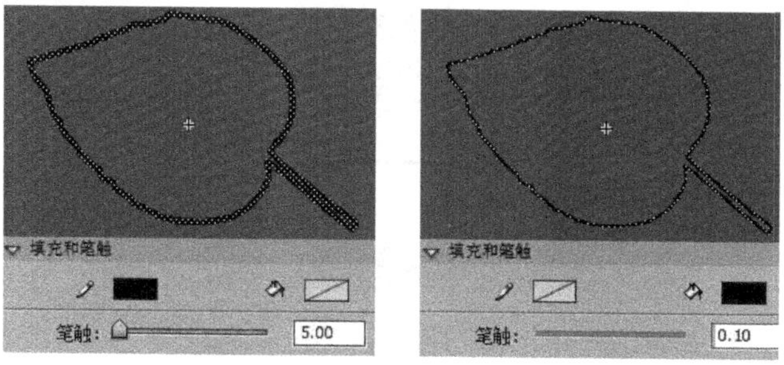

(a)　　(b)

图 6-43　线条转换为填充色前后的属性

6.4.4　形状补间动画的应用

【例 6-14】　弹跳的球。

动画情景：一个球从上方落到有弹性的横条，再弹回到上方。

（1）新建文档。

（2）新建元件，命名为“球”，并打开元件“球”的编辑窗口。在元件中绘制一个放射状渐变效果的圆（直径 60 像素），如图 6-44 所示。

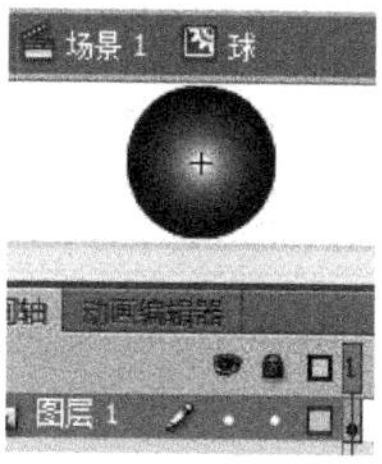

图 6-44　元件“球”

（3）新建元件，命名为“横条”，并打开元件“横条”的编辑窗口。在元件中绘制一个长度短于舞台宽度（宽 450 像素），宽度为 3 个像素的横线，如图 6-45 所示。

（4）单击“场景 1”按钮，返回场景，将“图层 1”更名为“横条”。从元件“库”面板将元件“横条”拖动到图层“横条”的第 1 帧舞台的下方。在第 10 帧、第 15 帧、第 20 帧、第 25 帧分别插入关键帧，并分别将 5 个关键帧中的实例分离为形状。

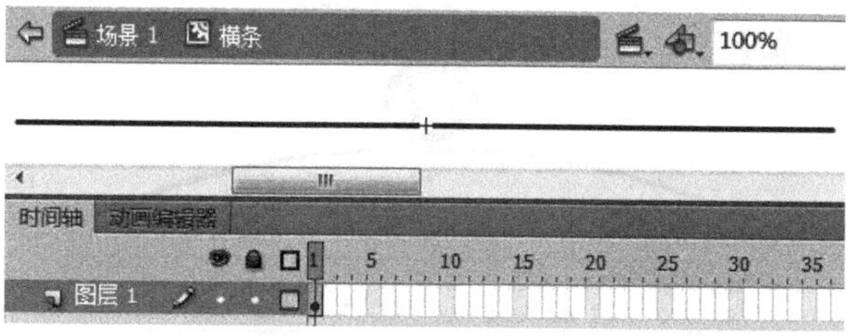

图 6-45　元件“横条”

提示：在舞台选择实例，执行菜单“修改”→“分离”命令，将实例分离为形状。

(5) 将第 15 帧中的线条形状向下弯曲，将第 20 帧中的线条形状向上弯曲。并分别在第 10 帧与第 15 帧、第 15 帧与第 20 帧、第 20 帧与第 25 帧之间，创建“形状补间”动画。在第 30 帧插入帧。按回车键测试线条的动作。线条将上下颤动，如图 6-46 所示。

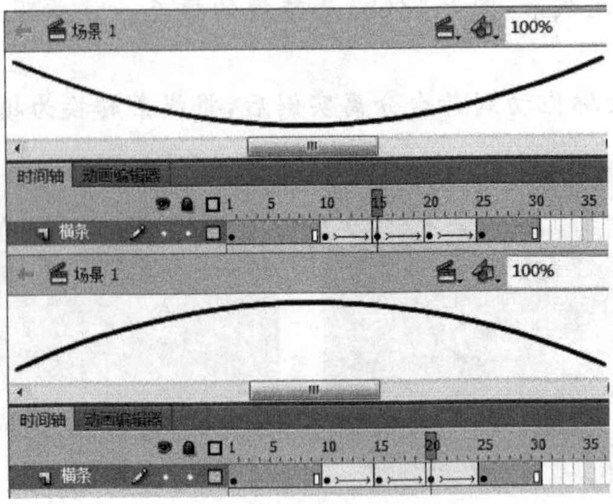

图 6-46　弯曲第 15 帧和第 20 帧中的线条

提示：选择“选择工具”，在舞台空白处单击取消线条的选中状态，将鼠标指针指向线条需要弯曲的位置，当鼠标指针右下角出现小曲线标志时，按住鼠标左键拖动弯曲线条。

(6) 新建图层，命名为“球”。从元件“库”面板将元件“球”拖动到图层“球”的第 1 帧舞台的上方线条中央的位置，创建补间动画。分别在第 10 帧、第 15 帧、第 20 帧、第 25 帧、第 30 帧插入“位置”属性关键帧，将第 10 帧、第 15 帧、第 20 帧中的实例(球)拖动到线条上方，如图 6-47 所示。

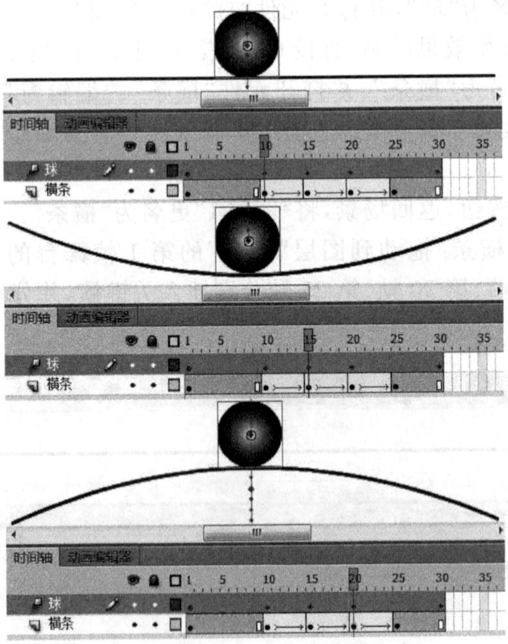

图 6-47　制作球的弹跳动作

（7）测试动画。

6.4.5　用毛笔绘制图片边框的动画

【例 6-15】 用笔画出图片的边框。

动画情景：移动笔给梅花图片绘制出边框。

（1）新建文档。

（2）执行菜单“文件”→“导入”→“导入到库”命令，分别将梅花、毛笔、相框图片导入到库(素材\图片\位图\梅花_01.jpg、毛笔_01.jpg、相框_01.jpg)。

（3）新建元件，命名为“毛笔”，并打开元件编辑窗口。从元件“库”面板中，将图片“毛笔”拖动到元件窗口。执行菜单“修改”→“分离”命令，将图片分离成形状。用“套索工具”的“魔术棒”选项单击分离后的毛笔白色区域，按 Delete 键清除白色部分，留下毛笔形状。

（4）新建元件，命名为“相框”，并打开元件编辑窗口。从元件“库”面板中将图片“相框”拖动到元件窗口。执行菜单“修改”→“分离”命令，将图片分离成形状。用“套索工具”的“魔术棒”选项单击分离后的相框内部白色区域，按 Delete 键清除白色部分，留下黑色边框。

（5）返回到场景。图层“图层 1”更名为“图片”。选择的第 1 帧，将元件“库”中的梅花图片拖动到舞台，并将图片对齐舞台中心。在第 40 帧插入帧延长时间。

（6）在图层“图片”上方插入新图层，命名为“相框”。选择第 1 帧，将元件“相框”拖动到舞台，对齐舞台中心，并将相框分离为形状。在第 40 帧插入帧。在第 1 帧未被选择的状态，拖动鼠标选择第 1 帧至第 40 帧，右击所选择的帧，在打开的快捷菜单中选择“转换为关键帧”命令，将所选择的帧均转换为关键帧。

（7）在图层“相框”上方插入新图层，命名为“毛笔”。选择第 1 帧，将元件“毛笔”拖动到舞台左上角，缩小到 50%，并将实例中心移动到毛笔头部。

提示：用“任意变形工具”单击实例(毛笔)，可以拖动实例中心“○”。

创建第 1 帧到第 40 帧的补间动画，并在第 40 帧插入位置属性关键帧。分别选择第 10 帧、第 20 帧、第 30 帧，按顺时针将实例(毛笔)拖动到相框的其他三个角。

单击“绘图纸外观”，将绘图纸标记的起止点手柄分别拖动到动画的起止帧，可以显示出所有帧中毛笔的位置，如图 6-48 所示。查看后单击关闭“绘图纸外观”。

（8）锁定图层“图片”和“毛笔”。在图层“相框”制作绘制相框的逐帧动画。依次选择“相框”每一个关键帧，沿毛笔移动方向，将毛笔前方的相框用“橡皮擦工具”擦除，如图 6-49 所示。

（9）测试动画。

提示：右击图层“毛笔”的补间动画帧，在弹出的快捷菜单中选择“转换为逐帧动画”命令，将补间动画转换为逐帧动画后，可以更细致地调整毛笔的动画效果，如图 6-50 所示。

当毛笔绘制右、下和左侧框时，毛笔的位置及方向不合理。可以插入四个图层，分别制作绘制四个边框的动画，更改毛笔的方向和位置，如图 6-51 所示。

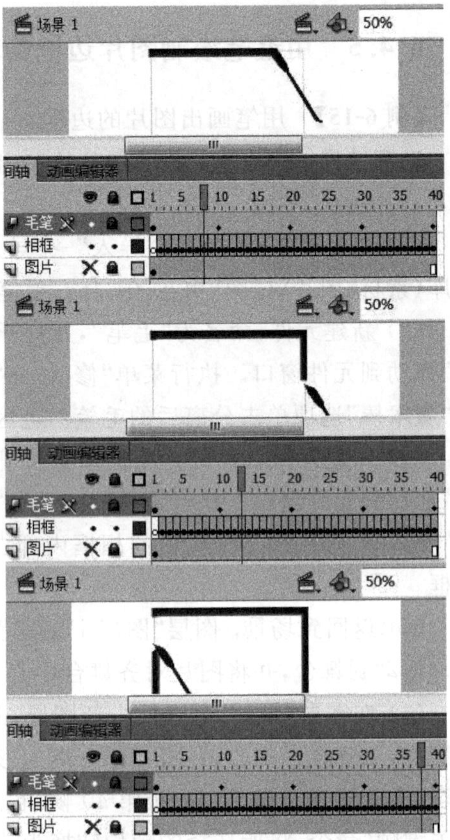

图 6-49 绘制相框的逐帧动画

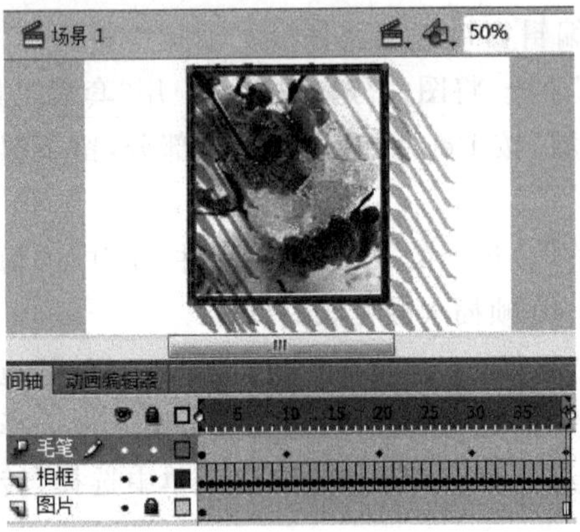

图 6-48 用“洋葱皮工具”查看毛笔的动画效果

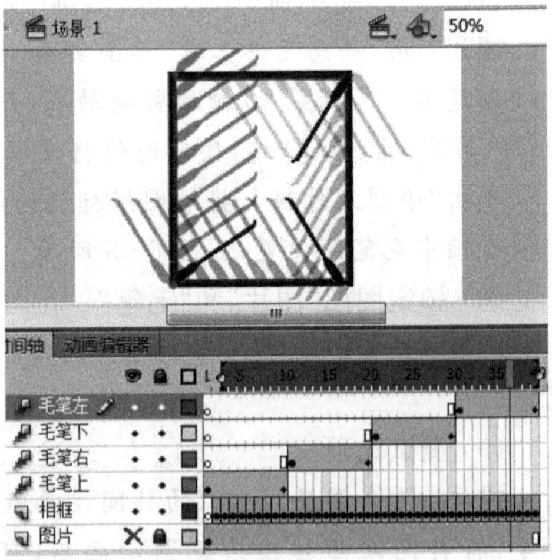

图 6-51 调整绘制不同边框的毛笔位置及方向

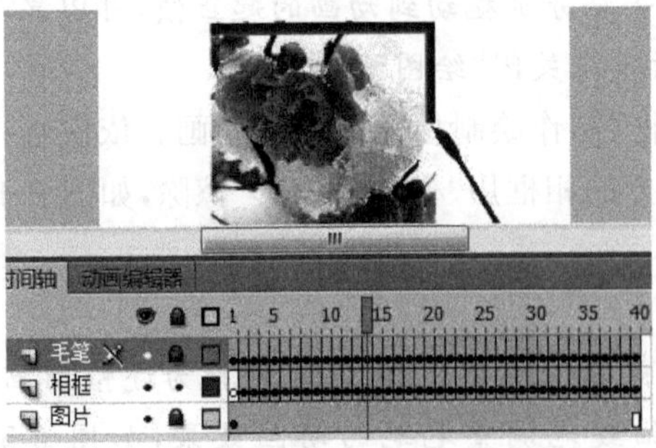

图 6-50 补间动画转换为逐帧动画

6.4.6　从上向下展开图片的动画

【例 6-16】 从上向下粘贴的风景画。

动画情景：从上向下展开图片。

(1) 新建文档，舞台设置为 600×600 像素。

(2) 创建两个元件"图片 1"和"图片 2"。

元件"图片 1"中导入图片(素材\图片\位图\风景_03.jpg)，将图片调整为 400×400 像素，并顺时针旋转 45°，如图 6-52 所示。

在元件"库"中，右击元件"图片 1"，在弹出的快捷菜单中执行"直接复制"命令，创建元件，命名为"图片 2"。在元件"图层 2"插入新图层"图层 2"。在第 1 帧绘制 400×400 像素、透明度 70%的白色图形，旋转 45°并与"图层 1"中的图片对齐，如图 6-53 所示。

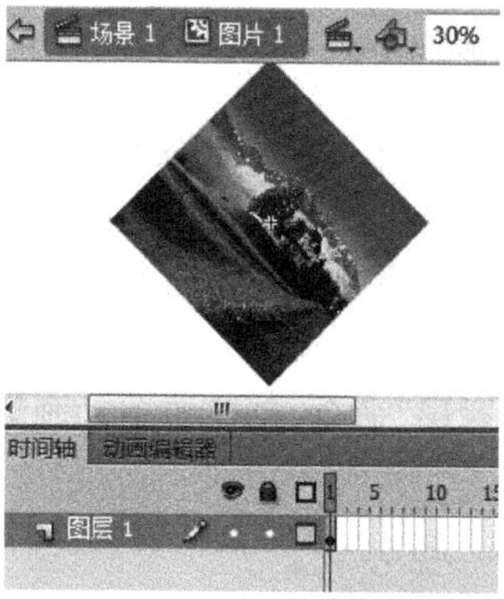

图 6-52　元件"图片 1"

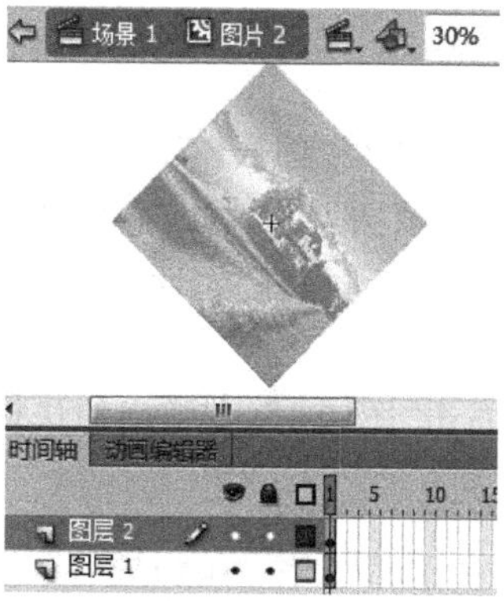

图 6-53　元件"图片 2"

提示：选择图形后，执行菜单"窗口"→"颜色"命令，打开"颜色"面板，设置填充颜色和透明度(Alpha)。

(3) 返回场景。将元件"图片 1"拖动到"图层 1"的第 1 帧，并对齐舞台中心。在第 50 帧插入帧。

(4) 新建图层"图层 2"。在第 1 帧绘制覆盖"图层 1"中实例的任意颜色的矩形。在第 40 帧插入关键帧，并在第 1 帧与第 40 帧间创建补间形状动画。在"图层 2"的第 1 帧选择矩形后，打开属性面板，将矩形高度设置为 1 像素，对齐到"图层 2"实例的上端。

(5) 右击"图层 2"，在弹出的快捷菜单中执行"遮罩层"命令，创建遮罩动画，如图 6-54 所示。

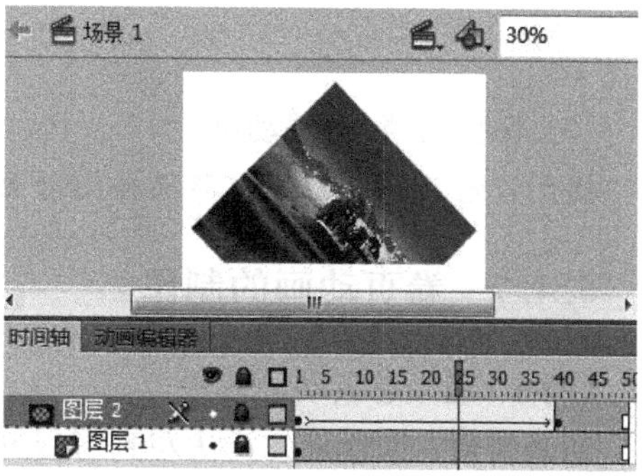

图 6-54　创建遮罩动画

(6) 新建图层"图层 3"。将元件"图片 2"拖动到"图层 3"的第 1 帧，垂直翻转"图片 2"实例，并将其下端对齐"图层 1"中"图片 1"实例的上端，如图 6-55(a)所示。在"图层 3"创建补间动画，并选择第 40 帧，将“图片 2”实例的上端对齐“图层 1”中“图片 1”实例的下端，如图 6-55(b)所示。

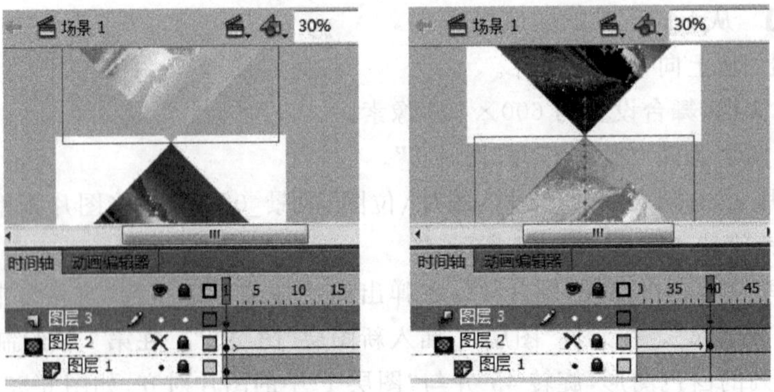

(a) (b)

图 6-55 调整动画起止帧中实例的位置

(7) 新建图层“图层 4”。在第 1 帧绘制覆盖“图层 3”中“图片 2”实例的任意颜色矩形。在第 40 帧插入关键帧，并创建第 1 帧到第 40 帧的补间形状动画。在“图层 4”的第 40 帧选择矩形后，打开“属性”面板，将矩形高度设置为 1 像素，对齐到“图层 3”中“图片 2”实例的上端。

(8) 右击“图层 4”，在弹出的快捷菜单中执行“遮罩层”命令，创建遮罩动画，如图 6-56 所示。

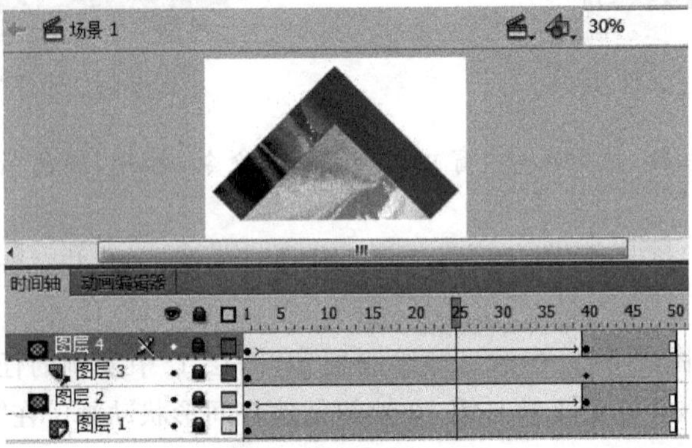

图 6-56 完成动画的场景

(9) 保存文档，测试动画。

提示：遮罩层中的矩形形状补间动画，也可以用补间动画或传统补间动画制作。

6.4.7 卷页动画的制作

【例 6-17】 卷页动画效果。

动画情景：用卷页方式从左到右展开下一幅图片。

(1) 新建 ActionScript 3.0 文档，舞台宽高为 640×480 像素。

(2) 新建 3 个影片剪辑类型元件，分别命名为 p1、p2、p3。将 3 张图片(素材\图片\位图\风景_01.jpg、风景_02.jpg、风景_03.jpg)分别导入到元件 p1、p2、p3 中，并调整图片为 640×480 像素，对齐到舞台中心。

(3) 新建"影片剪辑"类型元件，命名为 box。在元件 box 中，绘制 30×480 像素的无笔触的浅灰色(#999999)矩形。选择矩形后，执行菜单"窗口"→"颜色"命令，打开"颜色"面板。颜色类型选择"线性渐变"，在颜色样本框中间位置单击添加一个色块。分别选择左右两侧的色块，设置 Alpha 值为 100%，中间色块 Alpha 值为 0%，如图 6-57 所示。

(4) 新建"影片剪辑"类型元件，命名为 mask。在元件 mask 中，绘制 640×480 像素的无笔触的纯色矩形，并对齐到舞台中心。

(5) 返回场景。将图层"图层 1"更名为 p1，将元件 p1 拖动到图层 p1 的第 1 帧，对齐舞台。在第 80 帧插入帧。

(6) 新建图层，命名为 p2-A。将元件 p2 拖动到图层 p2-A 的第 1 帧，对齐舞台，锁定图层。

(7) 新建图层，命名为 mask。将元件 mask 拖动到图层 mask 的第 1 帧，对齐舞台。创建第 1 帧到第 80 帧的补间动画，并在第 80 帧插入"缩放"属性关键帧。

选择图层 mask 的第 1 帧，将实例设置为 1×480 像素，与舞台左侧对齐。将图层 mask 转换为遮罩层。

(8) 新建图层，命名为 p2-C。将元件 p2 拖动到图层 p2-C 的第 1 帧，将实例水平翻转，并将实例右侧对齐舞台左侧(−320,240)。在图层 p2-C 创建第 1 帧到第 80 帧的补间动画。选择第 80 帧，将实例左侧对齐舞台右侧(960,240)，锁定图层。

(9) 新建图层，命名为 box。将元件 box 拖动到图层 box 的第 1 帧，对齐舞台左侧(−15,240)。在图层 box 创建第 1 帧到第 80 帧的补间动画。选择第 80 帧，将实例左侧对齐舞台右侧(655,240)，锁定图层。

(10) 在图层控制区右击图层 box，在弹出的快捷菜单中执行"复制图层"命令复制图层，命名为 box-C。将图层 box 转换为遮罩层。

(11) 测试动画。制作的场景如图 6-58 所示。

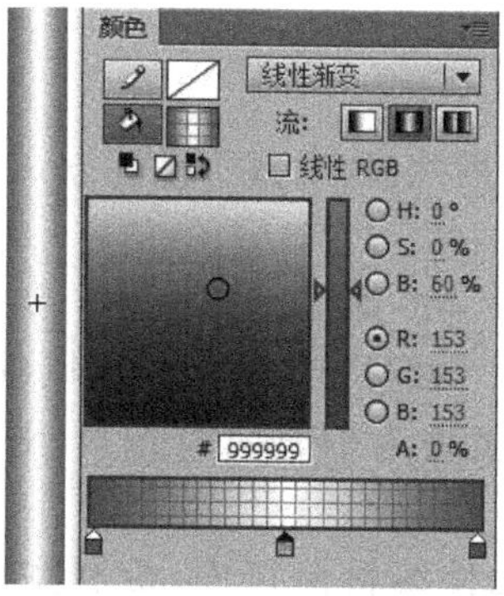

图 6-57　制作渐变矩形

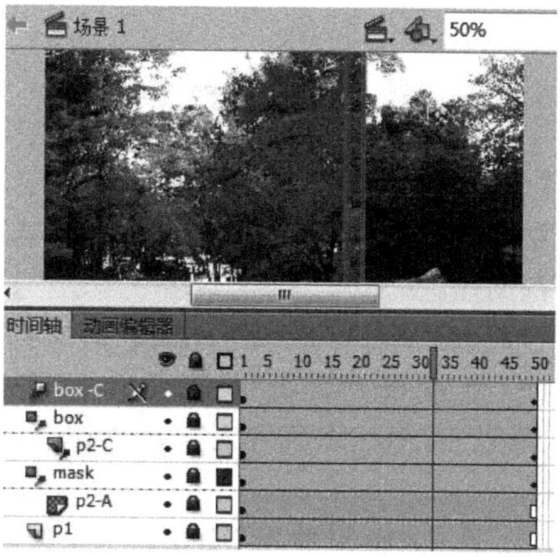

图 6-58　卷页动画场景

(12) 添加画面。

右击图层的任意帧,在弹出的快捷菜单中,执行"选择所有帧"命令,选择所有图层的所有帧。右击,在弹出的快捷菜单中选择"复制帧"命令,复制所选择的图层和帧。

在最上方新建图层,并右击第 80 帧,在弹出的快捷菜单中选择"粘贴帧"命令,粘贴复制的帧。

命名粘贴创建的图层,并交换元件。图层 p1 更名为 p2,并将第 80 帧中的实例交换为元件 p2。图层 p2-A 更名为 p3-A,并将第 80 帧中的实例交换为元件 p3。图层 p2-C 更名为 p3-C,并将第 80 帧中的实例交换为元件 p3。

提示:交换关键帧中的元件时,隐藏其他帧,并解锁该图层。右击关键帧中的实例,在弹出的快捷菜单中选择"交换元件"命令,打开"交换元件"对话框,选择交换元件。

(13) 测试动画。完成的动画场景如图 6-59 所示。

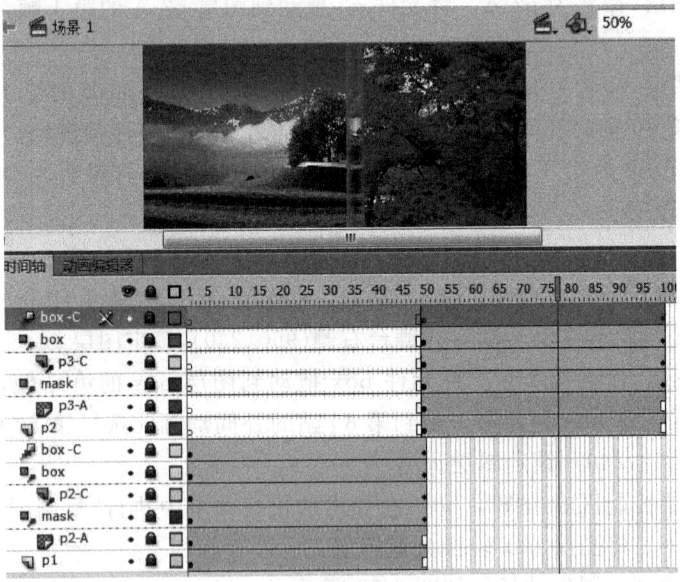

图 6-59 完成的动画场景

6.4.8 融合过渡切换图片

【例 6-18】 融合过渡方式切换图片。

动画情景:用 Alpha 和图层混合模式制作动画。切换图片时,以融合过渡方式展开下一幅图片。

(1) 新建 ActionScript 3.0 文档,文档宽高设置为 640×480 像素。

(2) 新建"影片剪辑"类型元件 p1 和 p2。将两张图片(素材\图片\位图\风景_01.jpg、风景_02.jpg)分别导入到元件 p1 和 p2 中,调整图片宽高为 640×480 像素,坐标为(0,0)。

(3) 新建"影片剪辑"类型元件,命名为 mask。在元件编辑窗口中,绘制宽高为 1920×480像素的无笔触矩形,坐标为(0,0)。用由白色到黑色的线性渐变填充矩形,在渐变色谱条中间添加两个颜色滑块。将左侧两个颜色滑块的透明度 Alpha 设置为 0%，右侧两个颜色滑块的透明度 Alpha 设置为 100%，如图 6-60 所示。

(4) 新建“影片剪辑”类型元件 p1-A，并将元件 p1 拖动到“图层 1”的第 1 帧，坐标设置为(0,0)。在第 50 帧插入帧，锁定图层。

在元件 p1-A 中，新建图层“图层 2”，将元件 mask 拖动到第 1 帧。打开实例 mask 的“属性”面板，设置坐标为(0,0)，“显示”选项中“混合”模式选择 Alpha，如图 6-61 所示。在“图层 2”创建补间动画，选择第 40 帧中实例 mask，坐标设置为(－1280,0)。

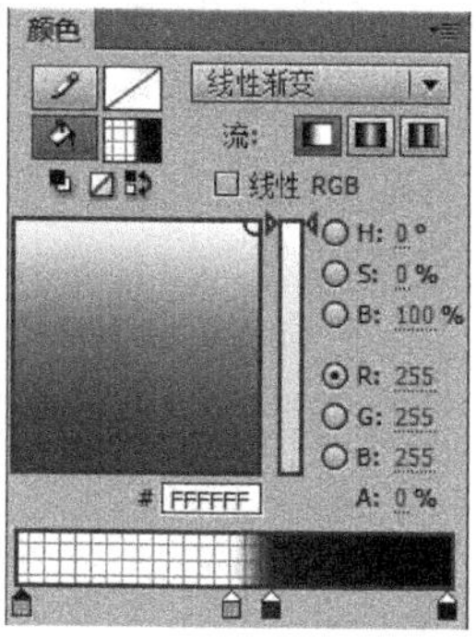

图 6-60　设置渐变填充

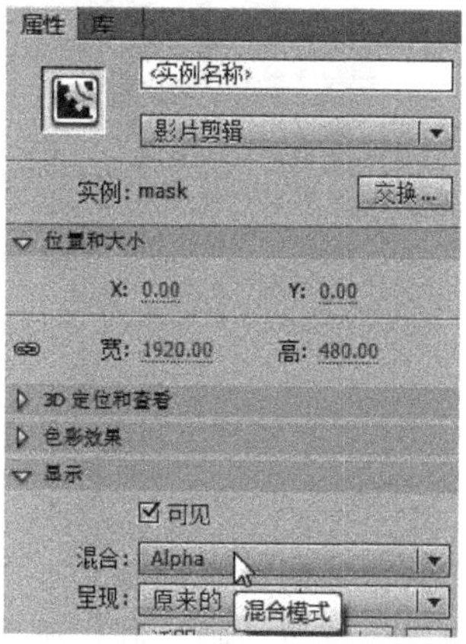

图 6-61　设置实例的属性

(5) 新建“影片剪辑”类型元件 p2-A，并将元件 p2 拖动到“图层 1”的第 1 帧，坐标设置为(0,0)。在第 50 帧插入帧，锁定图层。

在元件 p2-A 中，新建图层“图层 2”，将元件 mask 拖动到第 1 帧。打开实例 mask 的“属性”面板，设置坐标为(0,0)，“显示”选项中“混合”模式选择 Alpha。在“图层 2”创建补间动画，选择第 40 帧中的实例 mask，坐标位置为(－1280,0)。

(6) 返回场景。创建 4 个图层，从上到下分别命名为 p1-A、p2、p2-A、p1。

(7) 在图层 p1 的第 1 帧，拖动元件 p1，坐标设置为(0,0)，第 50 帧插入帧，锁定图层。

(8) 在图层 p2-A 的第 10 帧插入关键帧，并将元件 p2-A 拖动第 10 帧。打开实例的“属性”面板，设置位置为(0,0)，“显示”选项中“混合”模式为“图层”。第 50 帧插入帧，锁定图层。

(9) 在图层 p2 的第 50 帧插入关键帧，将元件拖动第 50 帧，坐标设置为(0,0)，在第 100 帧插入帧，锁定图层。

(10) 在图层 p1-A 的第 60 帧插入关键帧，并将元件 p1-A 拖动第 60 帧。打开实例的“属性”面板，设置位置为(0,0)，“显示”选项中“混合”模式为“图层”。在第 100 帧插入帧，锁定图层。

(11) 测试动画。完成动画的场景如图 6-62 所示。

提示：利用此例中的方法，可以制作有多张图片循环切换的动画。

设置实例属性时，隐藏和锁定其他图层后，打开“属性”面板设置参数。

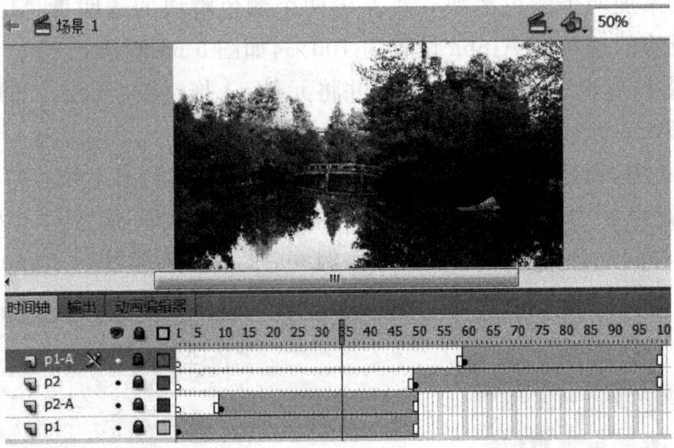

图 6-62　完成动画的场景

思　考　题

1. 如何制作补间形状动画？
2. 如何制作遮罩动画？制作遮罩动画至少需要几个图层？
3. 如何将 GIF 动画或 SWF 动画导入 Flash 文档？
4. 如何将多张序列图片制作为逐帧动画？

操　作　题

1. 制作一个字符变成另一个字符的形状补间动画。
2. 制作字符变成花瓣四散飞去的补间形状动画。
3. 用遮罩动画制作在电视屏幕(素材\图片\位图\电视机_01.jpg)中播放风景画的动画。
4. 用遮罩动画制作在电视屏幕中由下向上滚动的字幕。
5. 导入一张图片作为动画的背景(素材\图片\位图\风景_05.jpg)，在此背景上老鼠(素材\图片\动画\GIF_02.gif)动态地从舞台的左下角移动到舞台右下角。

提示：将 GIF 动画导入一个元件制作逐帧动画，将此元件拖动到舞台制作动画。

6. 用遮罩层制作翻页字幕。

第 7 章　骨骼动画和 3D 动画

内容提要

本章介绍 Flash 骨骼动画和 3D 动画的原理；使用骨骼工具和 3D 旋转、3D 平移工具的方法；制作骨骼动画和 3D 动画的方法。

学习建议

从骨骼动画、3D 动画制作的基本方法入手，理解和掌握骨骼动画、3D 动画的基本原理和制作方法。学会使用骨骼工具和 3D 工具制作出简单的动画效果，如人的奔跑、鸟的飞翔，绕 *X* 或 *Y* 轴的旋转动画等效果。

7.1 骨骼动画

骨骼动画是基于反向运动（Inverse Kinematics，IK）原理的一种动画技术。用“骨骼工具”在实例之间或形状内部创建骨骼时，实例之间或形状内部建立骨骼的层级关系，叫做父子关系。这些骨骼可链接成线性或枝状骨架，各骨骼间的连接点叫关节。反向运动原理要求运动动作的传递既可由父传递给子，也可以由子传递给父。即父对象的各种运动会影响到子对象；反之，子对象的各种运动也会影响到父对象。

7.1.1 骨骼动画类型

Flash CS6 提供了用于制作骨骼（反向运动）动画的“骨骼工具”和“绑定工具”。制作骨骼动画中，常用的技术为添加骨骼、选择骨骼、删除骨骼、调整骨骼等操作。

1. 在实例之间创建骨骼

(1) 添加骨骼。

【例 7-1】 实例之间添加骨骼。

① 新建 ActionScript 3.0 文档。

② 新建两个“影片剪辑”类型元件，分别命名为“圆”和“矩形”。分别在元件中绘制圆和矩形，如图 7-1 所示。

③ 返回场景。分别将元件“圆”和“矩形”拖动到“图层 1”的第 1 帧。圆在上矩形在下，水平对齐，如图 7-2 所示。

④ 在“工具”面板中，选择“骨骼工具”，用鼠标按住矩形中心拖动到圆的中心释放鼠

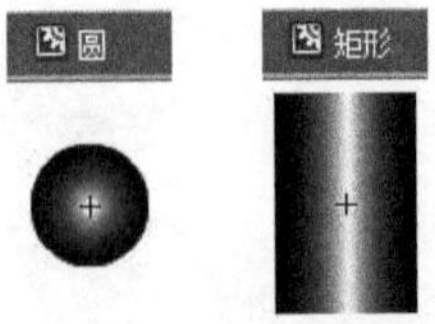

图 7-1 制作两个元件

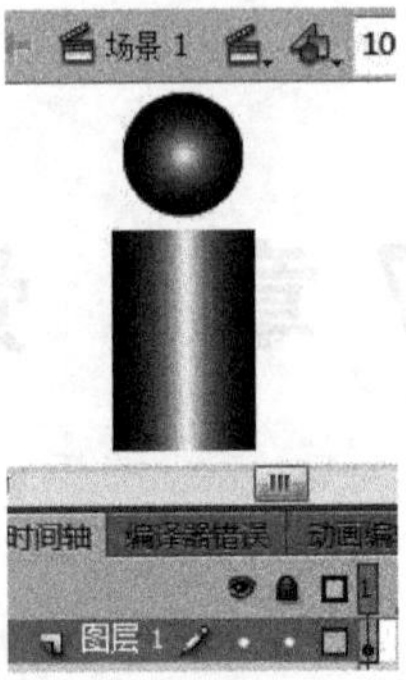

图 7-2 调整实例的位置

标创建连接两个实例的骨骼，如图 7-3 所示。

提示：用“骨骼工具”从一个实例拖向另一个实例创建骨骼，同时创建骨架图层。被骨骼连接的对象，都由普通图层转移到骨架图层；每个骨骼有头部和尾部。骨骼的头部与尾部相连，形成父子关系骨骼；多个骨骼连接在一起称为骨架，骨骼连接处称为关节。

⑤ 拖动两次元件“圆”到“图层 1”的第 1 帧，分别放置在矩形实例下方的左右两侧。用“骨骼工具”从矩形实例中心分别拖动到两个圆实例中心创建骨骼，如图 7-4 所示。

图 7-3 创建骨骼

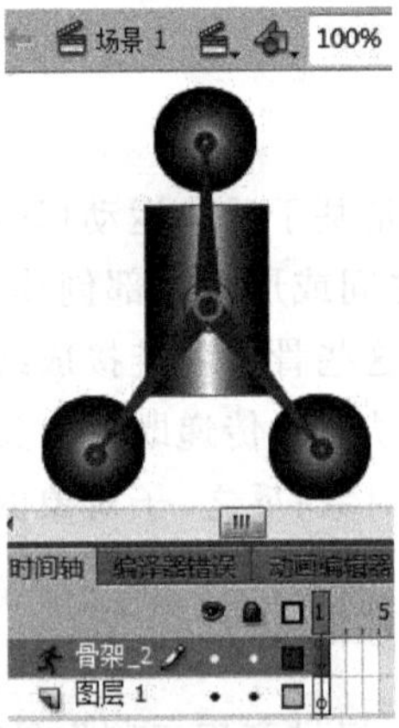

图 7-4 创建骨骼

提示：在实例间添加骨骼后，骨骼颜色与其所在骨架图层的轮廓颜色相同，可用图层属性对话框更改颜色。

(2) 选择骨骼。

用“选择工具”或“部分选取工具”选择骨骼时，该骨骼将变成另一种颜色，表示被选择；按住 Shift 键单击骨骼，可以选择多个骨骼。用“选择工具”双击一个骨骼，可选择整个骨架上的所有骨骼。

(3) 删除骨骼。

选择骨骼后按 Delete 键，可以删除该骨骼及其下级骨骼。在图层“骨架”中，右击骨骼所在的帧，在打开的快捷菜单中选择“删除骨架”命令，可以删除所有骨骼，并将实例恢复到添加骨骼之前的状态。

提示：选择骨骼或实例后，执行菜单“修改”→“分离”命令，也可以删除所有骨骼。

(4) 调整骨骼的位置。

用“选择工具”选择骨骼，并按住鼠标左键拖动，可以将骨骼以关节为轴转动，同时与骨骼连接的实例以骨骼长度为半径移动。按住 Shift 键拖动骨骼不会移动父级骨骼，如图 7-5 所示。

(5) 调整实例的位置。

用“选择工具”选择并拖动与骨骼连接的实例，可以移动实例，并将骨骼以关节为轴转动。按住 Shift 键拖动实例不会移动父级骨骼，如图 7-6 所示。

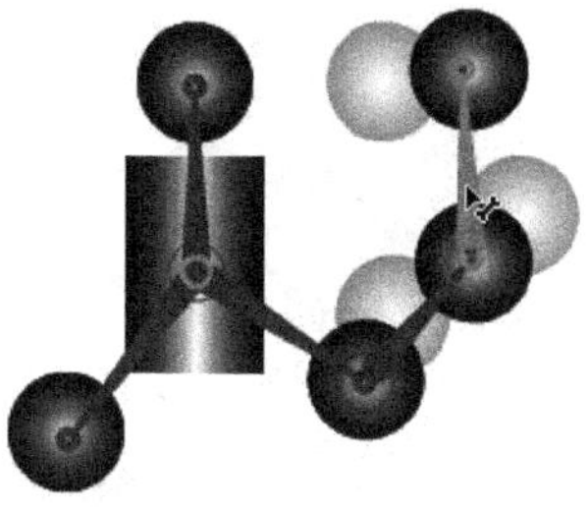

图 7-5　拖动骨骼

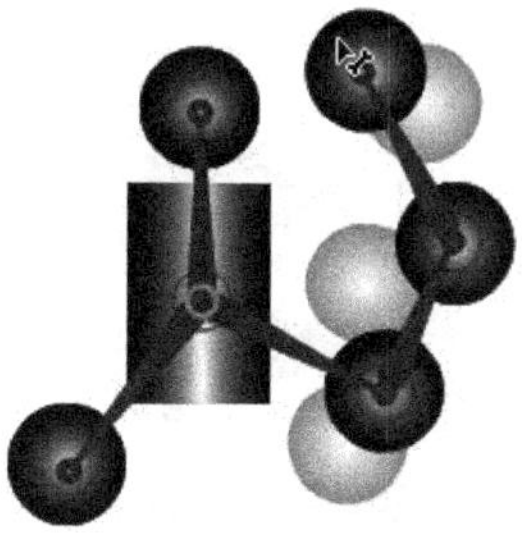

图 7-6　拖动实例

(6) 调整骨骼长度。

按住 Alt 键的同时拖动实例，可以更改与该实例连接的骨骼长度。用“任意变形工具”拖动实例，也可以更改与该实例连接的骨骼的长度。

2. 在形状内部创建骨骼

(1) 添加骨骼。

【例 7-2】 形状内部添加骨骼。

① 新建 ActionScript 3.0 文档。

② 在“图层 1”的第 1 帧中，绘制一个矩形形状，如图 7-7 所示。

③ 在“工具”面板中，选择“骨骼工具”，在矩形内部按住鼠标拖动到矩形内部指定的位置释放鼠标创建骨骼，如图 7-8 所示。

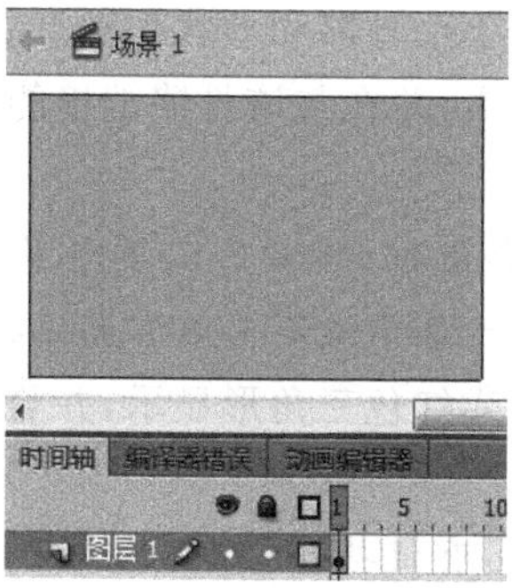

图 7-7　绘制矩形形状

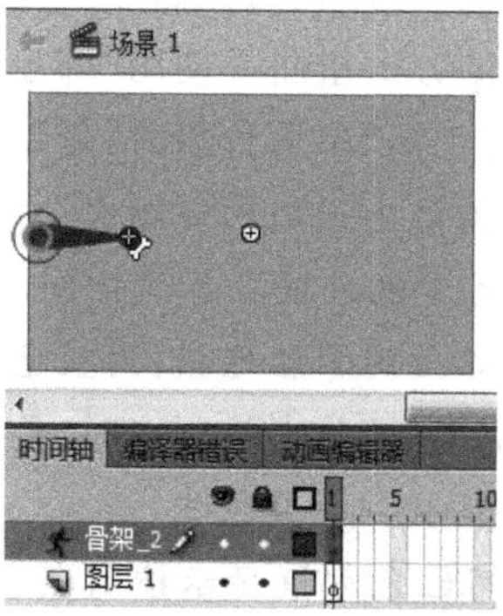

图 7-8　形状内部创建骨骼

提示：用“骨骼工具”在形状内部拖动创建骨骼，同时创建骨架图层。创建的骨骼形状由普通图层转移到骨架图层，形状四周用青色路径框线表示。每个骨骼有头部和尾部。

④ 用“骨骼工具”从第1个骨骼尾部开始拖动创建6个形状内部骨骼，如图7-9所示。

(2) 选择与删除形状内部骨骼。

与实例之间骨骼的相关操作类似。

(3) 调整形状内部骨骼的位置和长度。

用“部分选取工具”拖动骨骼的任一端，可改变骨骼在形状内部的位置和长度。用“选择工具”拖动骨骼，可以将骨骼以关节为轴转动。按住Shift键拖动骨骼，不会移动父级骨骼的位置，如图7-10所示。

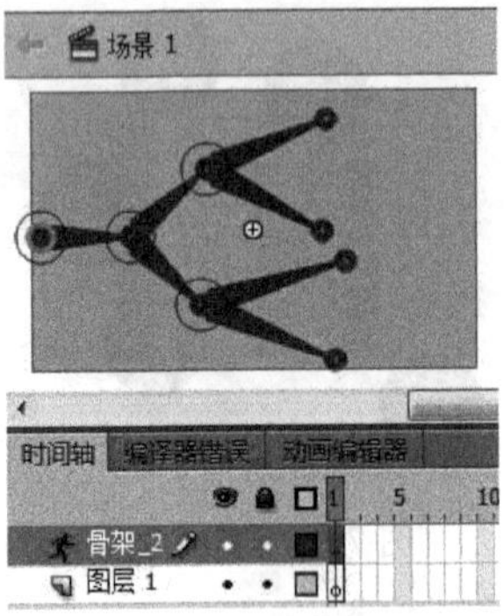

图7-9 创建骨骼

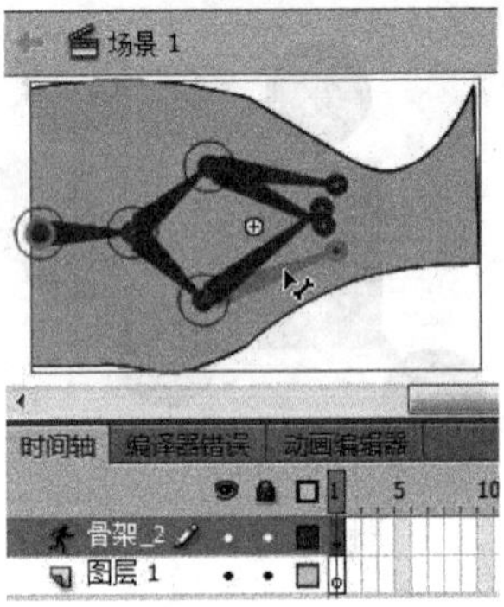

图7-10 拖动骨骼

(4) 绑定骨骼与控制点。

在“工具”面板中选择“绑定工具”后，单击已添加骨骼的形状时，在形状四周显示蓝色的边线，并在边线上用蓝色小方块显示形状控制点(锚点)。

用“绑定工具”选择一个控制点变为红色后，按住鼠标拖动到骨骼，绑定控制点与骨骼。

提示：可以将多个控制点绑定到一个骨骼，也可以将多个骨骼绑定到一个控制点。“绑定工具”与“骨骼工具”在“工具”面板的同一个按钮组。

(5) 编辑骨骼与控制点的绑定。

默认情况下，形状的控制点连接到离它们最近的骨骼，在移动骨架时形状的变形并不按令人满意的方式扭曲。使用“绑定工具”，可以编辑单个骨骼和形状控制点之间的连接。

用“绑定工具”单击骨骼时，骨骼中显示一条红色线，并在与该骨骼链接的控制点以黄色小方框或黄色小三角形显示。

提示：用黄色方框显示的控制点表示仅与该骨骼链接；用黄色三角形显示的控制点表示与两个以上的骨骼连接；用蓝色方框显示的控制点表示没有与该骨骼连接。

用“绑定工具”单击控制点时，控制点以红色方框或红色三角形显示，并与此控制点连接的骨骼中显示一条黄色线。

提示：用红色方框显示控制点表示仅与一个骨骼有链接；用红色三角形显示控制点表示与两个以上的骨骼有连接。

在形状内部创建了骨架后，可以用“绑定工具”编辑骨骼和形状控制点之间的连接。

用“绑定工具”按住红色控制点拖动到一个没有与该控制点绑定的骨骼时，将取消原来的骨骼绑定。按住 Shift(或 Ctrl)键，同时用“绑定工具”按住红色控制点拖动到没有与该控制点绑定的骨骼，可以保留原来骨骼的绑定，同时创建新的骨骼绑定。

提示：用“绑定工具”选择骨骼，按住 Shift(或 Ctrl)键，单击蓝色小方块的控制点，将绑定骨骼与控制点；用“绑定工具”选择控制点，按住 Shift(或 Ctrl)键，单击骨骼，将绑定控制点与骨骼。

(6) 删除控制点或删除骨骼。

用“绑定工具”拖动控制点不指向任何骨骼，可以删除控制点与骨骼的绑定；按住 Ctrl 键，用“绑定工具”单击有黄色线条的骨骼，或单击黄色显示的控制点，也可以删除控制点与骨骼的绑定。

(7) 调整添加了骨骼形状的外形。

在形状内部添加骨骼后，可以用“添加锚点工具”和“删除锚点工具”在形状边线上添加控制点和删除控制点；还可以用“部分选取工具”拖动控制手柄对控制点进行调整，改变形状轮廓外形。

7.1.2 制作骨骼动画

1. 基于实例的骨骼动画

【例 7-3】 行走的木偶。

动画情景：木偶在原地行走。

(1) 新建 ActionScript 3.0 文档。

(2) 新建 8 个“影片剪辑”类型元件，分别命名为“头”、“躯干”、“臀部”、“大手臂”、“小手臂”、“大腿”、“小腿”和“脚”，并在元件中分别绘制木偶人身体的各部位。这里在元件中分别导入相应的素材(素材\图片\PNG\木偶\头.png、躯干.png、臀部.png、大手臂.png、小手臂.png、大腿.png、小腿.png 和脚.png)。

(3) 新建“影片剪辑”类型元件，命名为“木偶”。进入“木偶”元件编辑窗口，单击“图层 1”第 1 帧，将 8 个元件分别拖放到元件编辑窗口，将 8 个元件实例按照身体结构摆放，如图 7-11 所示。

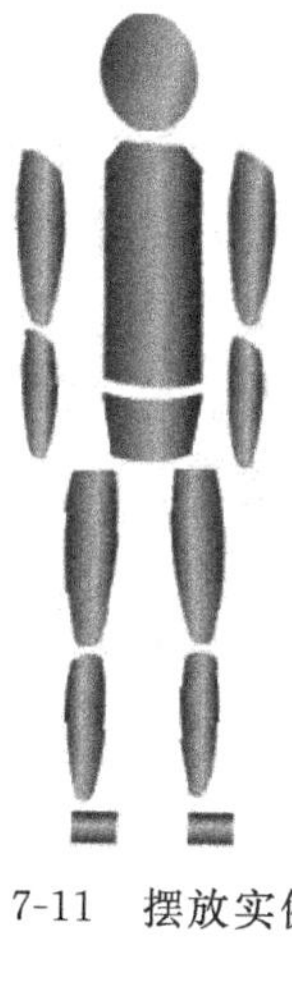
图 7-11 摆放实例

提示：大小手臂、大小腿和脚元件应分别创建两个实例。

(4) 在实例之间添加骨骼。选择“骨骼工具”，在臀部实例按住鼠标向上拖动到躯干实例的上部，添加臀部和躯干的骨骼。这个骨骼相当于身体的脊椎骨。从躯干骨骼尾部拖向到大手臂上端添加骨骼；从大手臂骨骼尾部拖向到小手臂上端添加骨骼。从臀部骨骼头部拖向到大腿上端添加骨骼；从大腿骨骼尾部拖向到小腿上端添加骨骼；从小腿骨骼尾部拖向到脚的上端添加骨骼。从躯干骨骼尾部拖向到头部下端添加骨骼。

(5) 在图层“骨架”的第 1 帧，用“任意变形工具”分别选择每个元件实例(头部实例和臀部实例除外)，调整实例的变形中心位置到实例的顶端,如图 7-12 所示。

提示:在两个实例之间添加骨骼时,将实例的变形中心移动到骨骼头部和尾部位置。做骨骼动作时,实例以变形中心为轴转动。

(6) 调整每个实例的位置,拼接为行走姿势,并调整实例的显示次序,如图 7-13 所示。

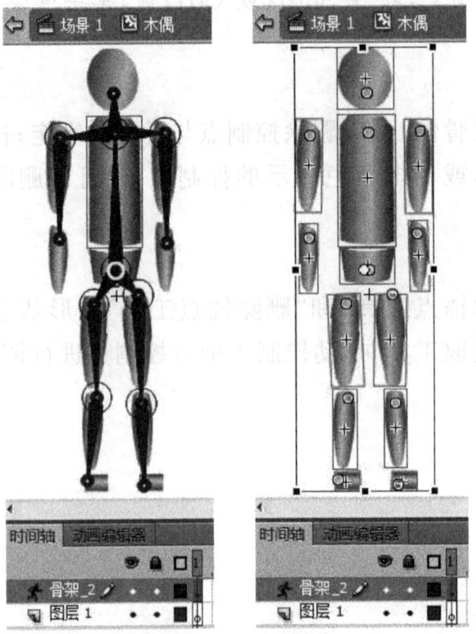

图 7-12 在实例之间添加骨骼,并调整变形中心

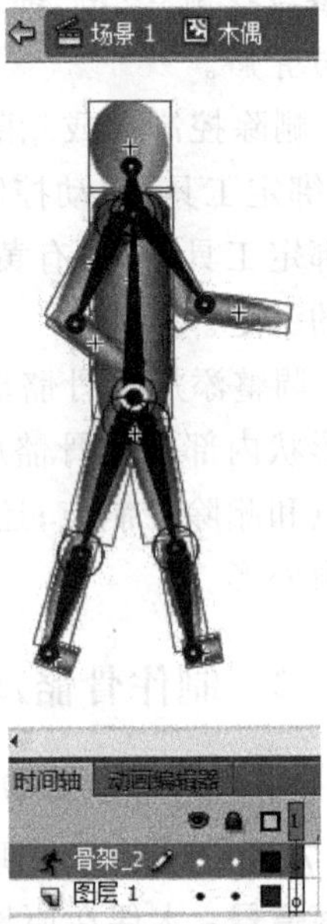

7-13 调整为行走姿势

提示:用"任意变形工具"选择实例后,可以调整实例的位置。利用 4 个方向键可以微调实例的位置。

执行菜单"修改"→"排列"命令,在子菜单中可以设置实例的显示顺序。

(7) 在图层"骨架"的第 1 帧,用"选择工具"拖动骨骼,调整木偶的姿势。

提示:调整木偶姿势时,可按住 Shift 键,使骨骼转动不影响父骨骼。

(8) 在图层"骨架",分别选择第 10 帧和第 20 帧,右击,在弹出的快捷菜单中选择"插入姿势"命令,在第 10 帧和第 20 帧处插入姿势帧。

(9) 在第 10 帧,调整四肢的动作姿态。这里第 1 帧到第 10 帧走一步,第 10 帧到第 20 帧走一步。第 1 帧和第 20 帧中的姿势保持相同,在第 10 帧中需要调整左右手臂和腿的位置。

提示:按住 Ctrl 键,用"选择工具"选择第 1 帧,并右击打开快捷菜单,选择"复制姿势"命令,在第 20 帧(姿势帧)右击打开快捷菜单,选择"粘贴姿势"命令,可以将第 1 帧的姿势复制到第 20 帧。

(10) 返回场景,"图层 1"更名为"行走",将元件"木偶"拖动到图层"行走"的第 1 帧。

(11) 测试动画。可看到木偶在原地走动。

(12) 将文档命名为"行走的木偶"保存到工作目录,以便于在后面的例子中使用。

【例 7-4】 在草地行走的木偶。

动画情景：木偶在草地行走。

(1) 打开例 7-3 中的文档，另存为"草地上行走的木偶"。

(2) 新建图层，命名为"背景"。在第 1 帧导入草地图片(素材\图片\PNG\P_草地.png)，并对齐舞台。将图层"背景"移动到图层"行走"的下方，并锁定该图层。

(3) 分别在两个图层的第 80 帧插入帧。

(4) 在图层"行走"的第 1 帧到第 80 帧创建补间动画。

(5) 在图层"行走"的第 1 帧，将实例拖动到舞台左下方外侧，适当缩小(50%)实例。

(6) 在图层"行走"的第 80 帧，将实例拖动到舞台右侧外合适位置，并将实例适当缩小(50%)实例。调整补间动画的路径为曲线，如图 7-14 所示。

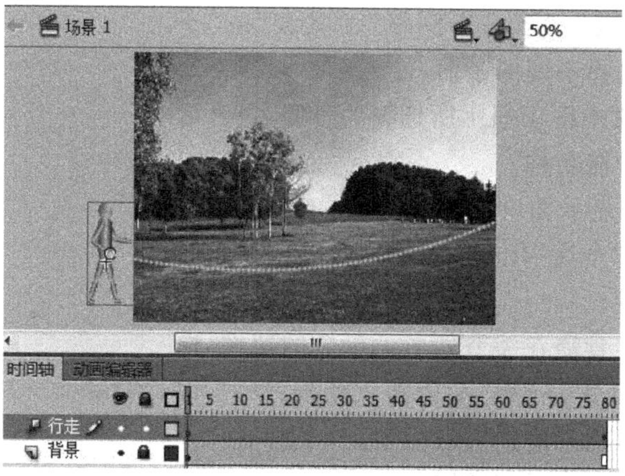

图 7-14　完成动画的场景

(7) 测试动画。

2. 骨架"属性"面板

在实例之间或形状内部添加骨骼时，自动创建骨架图层，并将相关的实例或形状移动到该骨架图层的第 1 帧，并创建姿势关键帧。用实心黑色的菱形块表示姿势关键帧。选择骨架图层或该图层中的帧，打开"属性"面板，可以设置与骨架相关的属性，如图 7-15 所示。

(1) "IK 骨架"文本框默认添加骨架图层名称，可以更改为有含义的骨架名称。

(2) 缓动：用于设置姿势帧上的动画速度，实现动画的加速或减速效果。

"强度"用于设置缓动的程度，范围为－100～100。正值时，减速运动；负值时，加速运动。

"类型"下拉列表中有 9 种预设缓动类型。

提示："强度"和"类型"两者配合设置缓动效果。当"强度"项中的值为 0 时，"类型"中选择的缓动将无

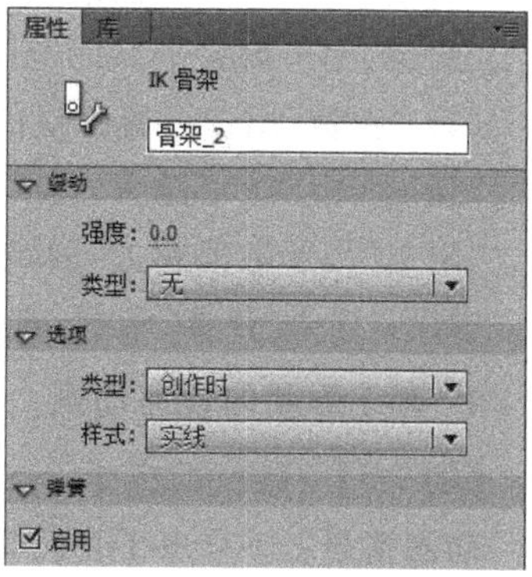

图 7-15　"IK 骨架"面板

效；当“类型”中选择为“无”时，“强度”值将无效。

(3)“选项”：用来设置骨骼动画类型和骨骼的样式。

“类型”中选择“创作时”，在骨架图层可以插入多个姿势帧；选择“运行时”，在骨架图层只能有一个姿势帧，其姿势动作由ActionScript(脚本)命令控制。

“样式”用于设置骨骼的显示方式，有实线、线框、线和无显示4种显示方式。

(4)“弹簧”：用于设置骨骼动画的弹性效果。选中“启用”复选框，可以启用骨骼属性中“弹簧”属性。

3. 用骨骼“属性”面板

选择骨骼，打开“属性”面板，可以查看和设置骨骼的属性，如图7-16所示。

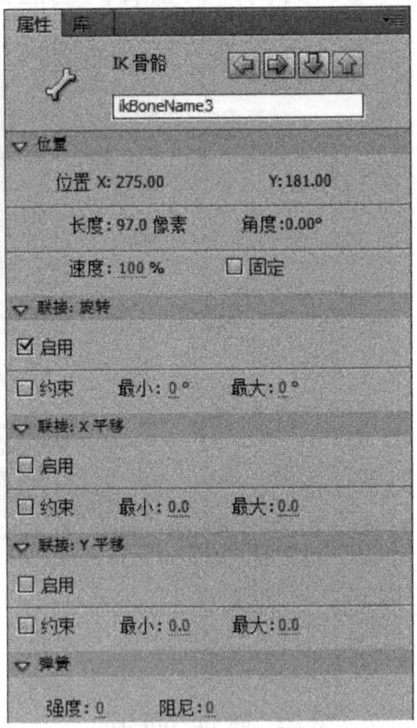

图7-16 “IK骨骼”面板

(1)“IK骨骼”按钮用于选择与当前骨骼相邻的骨骼。单击“上一个同级”、“下一个同级”、“父级”或“子级”按钮，可以快速选择不同的骨骼。

(2)“IK骨骼”文本框中显示所选择的骨骼名称，可以更改为有含义的骨骼名称。

(3)“位置”用于显示和设置骨骼的属性。

X、Y、“长度”和“角度”用于显示所选骨骼的坐标、骨骼长度和骨骼角度。

“速度”用来设置骨骼在关节处启动反应的速度，取值范围0～100%。设置为0时，骨骼将不能绕骨骼头部转动。此项设置将影响同级的所有骨骼。

“固定”用来固定所选骨骼的尾部。

(4)“联接：旋转”用于设置骨骼旋转及旋转范围。

“启用”用于设置骨骼绕骨骼头部或与父连接的骨关节在XY平面内绕Z轴转动。

“约束”用于设置骨骼转动的范围。

(5)“联接:X平移”和“联接:Y平移”：用于设置骨骼在X轴或Y轴上的移动及移动范围。

“启用”用于设置骨骼沿X轴或Y轴平移动。

“约束”用于设置平移的范围。

(6)“弹簧”用于设置弹簧的弹性强度和弹簧效果的衰减速度。

“强度”用于数值越大，弹簧效果越强。取值为0时，骨骼失去弹性。

“阻尼”用于数值越大，弹簧的弹性衰减越快，弹簧弹性结束得越快。

提示：设置“弹簧”选项，需要在“IK骨架”属性面板中启用弹簧功能。

4. 基于形状的骨骼动画

【例7-5】 爬行的虫子。

动画情景：一只虫子在爬行。

(1) 新建ActionScript 3.0文档。

(2) 新建“影片剪辑”类型元件，命名为“爬虫”。在元件中绘制一条虫子，如图 7-17 所示。

绘制方法如下：

绘制一个细长的无笔触浅绿色(＃009900)椭圆，并截取一半作为虫子的身体。绘制无笔触的圆作为头部，黑色小圆作为眼睛。

(3) 选择“骨骼工具”，从虫子头部开始向尾部添加首尾连接的骨骼，骨骼数酌情而定，如图 7-18 所示。

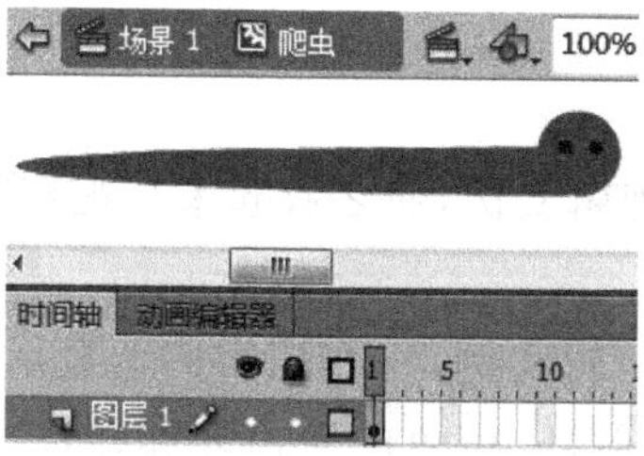

图 7-17　绘制的虫子

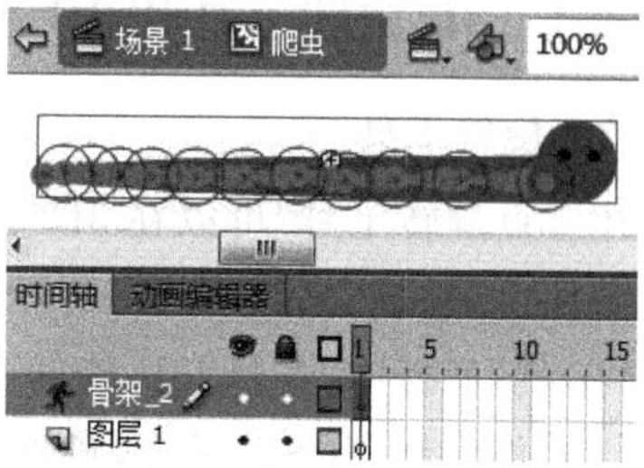

图 7-18　添加骨骼

提示：在虫子形状添加第 1 个骨骼时，自动创建骨架图层，并将虫子形状图形移动到骨架图层的第 1 帧。

(4) 在图层“骨架”中，分别选择第 10 帧和第 20 帧，右击，在弹出的快捷菜单中选择“插入姿势”命令，在第 10 帧和第 20 帧处插入姿势帧。

(5) 在图层“骨架”的第 10 帧，用“选择工具”选择虫子尾部向上向右拖动，然后再向下向左拖动，使虫子身体变形，如图 7-19 所示。

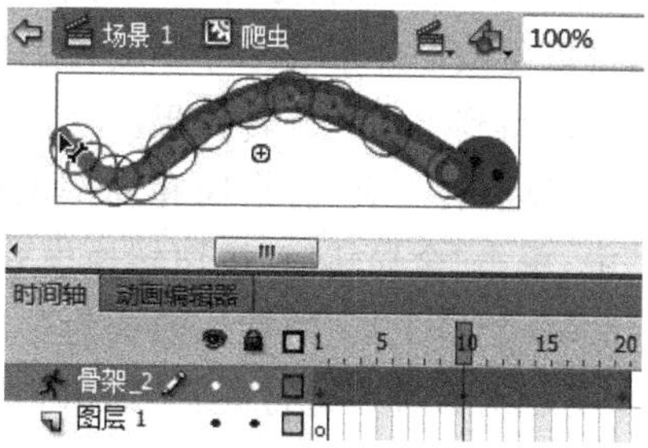

图 7-19　调整骨骼的位置

(6) 返回场景。将元件“爬虫”拖动到“图层 1”的第 1 帧舞台左侧。

(7) 在“图层 1”的第 60 帧插入帧，并创建补间动画。将第 60 帧中的爬虫实例拖动到舞台右侧，如图 7-20 所示。

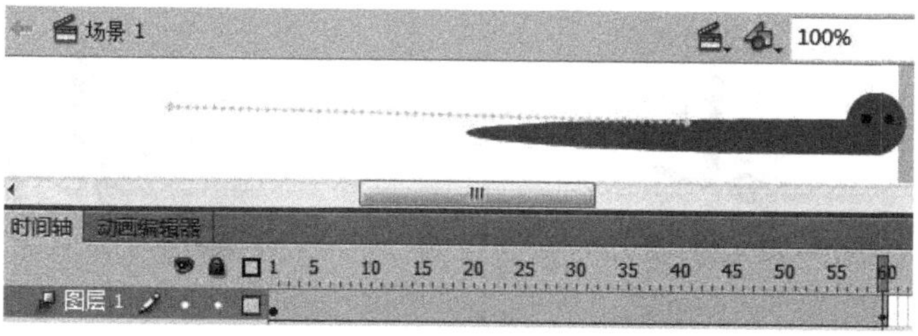

图 7-20　创建补间动画

(8) 测试动画。

7.2 3D 动画

“3D 旋转工具”和“3D 平移工具”用于制作 3D 旋转动画和 3D 平移动画。

提示：“3D 旋转工具”和“3D 平移工具”要求 ActionScript 3.0 类型文档，操作对象为影片剪辑实例，并且只能使用在补间动画中。

7.2.1 3D 旋转工具和 3D 平移工具

1. 3D 旋转工具

使用“3D 旋转工具”可以在 3D 空间中旋转影片剪辑实例，使之看起来与观察者之间形成某一角度，呈现立体效果。

在“工具”面板中，选择“3D 旋转工具”单击影片剪辑实例，将在该实例上显示 3D 旋转控件。控件由红色的 X 线、绿色的 Y 线、蓝色的 Z 圆环、橙色的自由环和控件中心(X 线与 Y 线交叉处小圆圈)组成。

(1) 使用“3D 旋转工具”旋转对象。

用“3D 旋转工具”选择影片剪辑实例后，用鼠标指向控件的线或圆环，指针变为黑色、右下角显示坐标轴符号时，按住鼠标拖动，可将实例相应地旋转。用鼠标按住控件中心拖动，可以更改控件中心。“3D 旋转工具”是以控件中心为轴旋转实例，更改控件中心的位置，可以得到不同的旋转效果。

“3D 旋转工具”有全局和局部两种模式。选择“3D 旋转工具”后，在“工具”面板“选项”中，单击“全局转换”按钮转换模式。

“3D 旋转工具”的默认模式为全局模式(选中“全局转换”按钮)。在全局模式下旋转对象是相对于舞台进行旋转，如图 7-21 所示。旋转实例对象后，3D 旋转控件的 Z 轴始终与屏幕平面垂直，X、Y 轴的线及方位也不变，始终在屏幕平面内。在局部模式(取消选择“全局转换”按钮)下旋转对象是相对于影片剪辑实例本身进行旋转，如图 7-22 所示。旋转实例对象后，3D 旋转控件的 Z 轴、X 轴和 Y 轴可与屏幕平面成任意角度。

图 7-21 全局模式下旋转实例

图 7-22 局部模式下旋转实例

(2) 使用“变形”面板进行 3D 旋转。

使用“3D 旋转工具”对影片剪辑实例进行任意的 3D 旋转。如果需要精确地控制影片剪辑实例的 3D 旋转，则需要使用“变形”面板进行设置和控制。在舞台上选择影片剪辑实例后，打开“变形”面板，可以设置3D旋转与3D中心点相关参数，如图7-23所示。

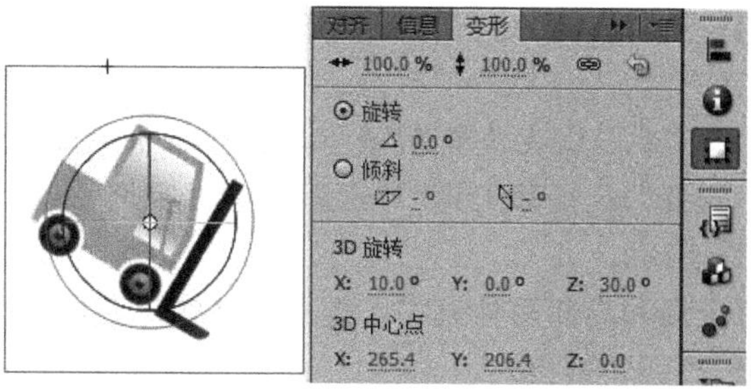

图7-23 实例的“变形”面板

提示：执行菜单“窗口”→“变形”命令，可以打开“变形”面板。

① 3D旋转：用于设置X、Y、Z参数值(以度为单位)改变影片剪辑实例对象绕3个轴旋转的角度。

② 3D中心点：用于设置X、Y、Z参数值(以像素为单位)来改变3D旋转控件中心的位置。

(3) 用实例的“属性”面板设置3D属性。

用“选择工具”或“3D旋转工具”选择影片剪辑实例后，打开“属性”面板。在实例的“属性”面板的“3D定位和查看”选项组中，可以设置影片剪辑实例的3D位置、透视角度和消失点等，如图7-24所示。

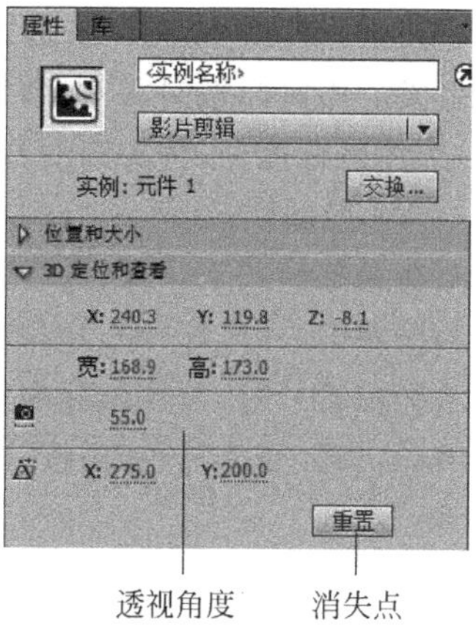

图7-24 实例的“3D定位和查看”选项组

① 设置X、Y、Z参数，改变影片剪辑实例在X、Y、Z轴方向上的坐标值。

② “宽”和“高”用于显示3D对象在3D轴上的宽度和高度，是只读的。

③ 透视角度：用于设置3D影片剪辑实例在舞台中的外观视角，参数范围为1°～179°，增大或减小透视角度将影响3D影片剪辑实例的外观尺寸及其相对于舞台的位置。当实例对象的Z坐标大于0时，增大透视角度值可使3D实例对象看起来远离观察者；减小透视角度值可使3D实例对象看起来接近观察者；当实例对象的Z坐标小于0时，增大透视角度值可使3D实例对象看起来接近观察者；减小透视角度值可使3D实例对象看起来远离观察者；当实例对象的Z坐标为0时，透视角度值对实例对象没有影响。

④ 消失点：用于设置舞台上3D影片剪辑实例对象3D透视消失点的位置和方向。在Flash中所有3D影片剪辑实例对象都会朝着消失点远离观察者；或者背离消失点接近观察者。通过重新定位消失点位置，可以改变沿Z轴移动实例对象时的移动方向。设置X和Y参数值，改变3D影片剪辑实例对象沿Z轴移动消失点的位置。当实例对象的Z坐标为0时，“消失点”位置对实例对象没有作用。

配合使用“透视角度”和“消失点”，可制作出不同的动画效果。

⑤ 重置：单击该按钮，可以将消失点参数恢复为默认的参数。

2. 3D平移工具

使用“3D平移工具”可以在3D空间中移动影片剪辑实例的位置，使之看起来离观察者更近或更远。

提示：“3D平移工具”和“3D旋转工具”是“工具”面板中的同一组按钮。

在“工具”面板中，选择“3D平移工具”单击影片剪辑实例，将在该实例的正中间显示3D移动控件，如图7-24所示。

“3D平移工具”有全局和局部两种模式。选择“3D旋转工具”后，在“工具”面板的“选项”中，单击“全局转换”按钮转换模式。

“3D平移工具”的默认模式是全局模式(选中“全局转换”按钮)。在全局模式下移动对象是相对舞台移动；在局部模式(取消选中“全局转换”按钮)下移动对象是相对影片剪辑实例本身移动。

(1) 全局模式。

在全局模式下，“3D平移工具”的控件由红色箭头X轴、绿色箭头Y轴和黑色实心Z轴组成。用鼠标指向X轴、Y轴箭头或黑色实心，指针变为黑色、右下角显示坐标符号时，按住鼠标拖动，将实例沿着数轴方向移动，如图7-25所示。

(2) 局部模式。

在局部模式下，“3D平移工具”的控件由红色箭头X轴、绿色箭头Y轴、蓝色箭头Z轴和控件中心(坐标中心)组成。用鼠标指向X轴、Y轴、Z轴箭头，指针变为黑色、右下角显示坐标符号时，按住鼠标拖动，将实例沿着数轴方向移动，如图7-26所示。鼠标指向控件中心，指针变为黑色时，按住鼠标拖动控件中心，可以更改控件中心的位置。

图7-25　全局模式下移动实例

图7-26　局部模式下移动实例

提示：只有影片剪辑实例为3D对象(如用“3D旋转工具”旋转的实例)时，“3D平移工具”局部模式才有效。

用“3D平移工具”选择实例后，可以在“属性”面板的“3D定位和查看”选项中的精确设置相关参数。

7.2.2　制作3D动画

【例7-6】 荡秋千的女孩。

动画情景：荡秋千的女孩。

(1) 新建ActionScript 3.0文档。

(2) 新建“影片剪辑”类型元件，命名为“女孩”。在元件“女孩”导入荡秋千图片(素材\图片\PNG\P_女孩.png),左上角对齐舞台中心(坐标为(0,0))。

(3) 返回到场景。将"图层 1"更名为"背景"。在第 1 帧导入背景图片(素材\图片\PNG\P_背景 1.png),对齐舞台。在第 40 帧插入帧,锁定该图层。

(4) 在场景中,新建图层,命名为"秋千"。将元件"女孩"拖动到该图层的第 1 帧,左上角对齐舞台的左上角(坐标为(0,0))。

(5) 在图层"秋千"的第 1 帧到第 40 帧创建补间动画。分别在第 10 帧、第 20 帧、第 30 帧和第 40 帧插入"旋转"属性关键帧。

(6) 在"工具"面板中,选择"3D 旋转工具",单击图层"秋千"第 1 帧中的元件"女孩"实例,在实例上显示"3D 旋转工具"控件。用鼠标向上拖动控件中心与实例上端对齐。

(7) 选择图层"秋千"的第 10 帧,打开"变形"面板。在"3D 旋转"选项中 X 设置为 −40;在第 20 帧,X 设置为 0;在第 30 帧,X 设置为 40;在第 40 帧,X 设置为 0,如图 7-27 所示。

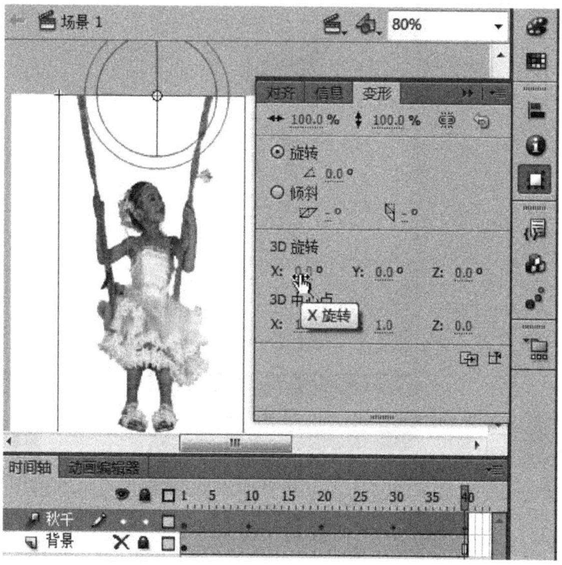

图 7-27 控件中心对齐实例上端,在属性关键帧设置旋转

提示:选择实例,执行菜单"窗口"→"变形"命令,可以打开"变形"面板。为了显示清楚,此处隐藏了图层"背景"。

(8) 测试动画。为了方便在后面的例子中使用,保存文档。

【例 7-7】 有阴影效果的荡秋千女孩。

动画情景:女孩荡秋千,有阴影和缓动效果。

(1) 打开例 7-6 中的文档,另存为"有阴影效果的荡秋千女孩"。

(2) 在元件"库"面板中,右击元件"女孩",在弹出的快捷菜单中执行"直接复制"命令,创建"影片剪辑"类型元件,命名为"女孩阴影"。

(3) 打开元件"女孩阴影"编辑窗口。选择舞台中的图片,执行菜单"修改"→"变形"→"垂直翻转"命令,垂直翻转图片,如图 7-28 所示。

(4) 返回场景。右击图层“秋千”的图标，在弹出的快捷菜单中执行“复制图层”命令，创建新图层，命名为“阴影”。锁定图层“秋千”。

(5) 在图层“阴影”的第 1 帧选择实例，打开“属性”面板，单击“交换”按钮，打开“交换元件”对话框。在该对话框中，选择元件“女孩阴影”，单击“确定”按钮交换元件。

(6) 在图层“阴影”的第 1 帧，向下移动实例，使该实例与图层“秋千”中的实例上下衔接，如图 7-29 所示。

(7) 在图层“阴影”的第 1 帧选择实例，打开“属性”面板。在“滤镜”选项组中，单击“添加滤镜”按钮，在打开的菜单中选择“投影”命令，添加“投影”滤镜。在“投影”列表中，选中“隐藏对象”，隐藏原图片显示阴影。

单击“添加滤镜”按钮，选择“模糊”命令，添加“模糊”滤镜。在“模糊”列表中，“模糊X”和“模糊 Y”均设置为 15 像素。

在“色彩效果”选项组中，设置 Alpha 设置为 30%，如图 7-30 所示。

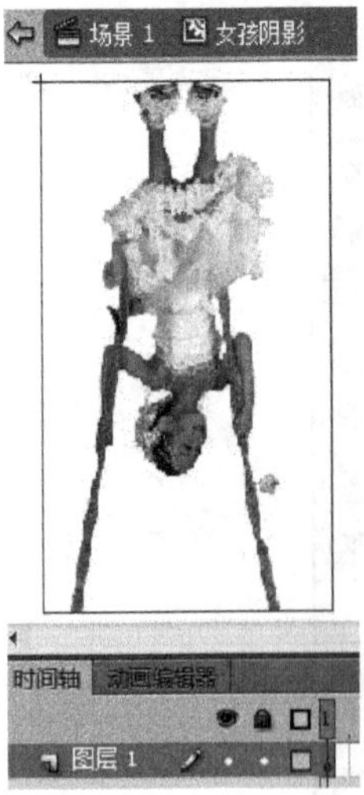

图 7-28 分离图片

图 7-29 衔接两个图层中的实例

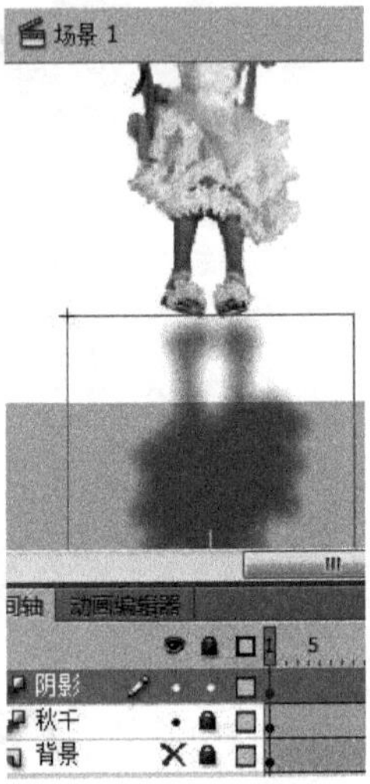

图 7-30 添加滤镜

(8) 在图层“阴影”的第 1 帧选择实例，将控件中心移动到实例的下端。选择第 10 帧，打开“变形”面板，在“3D 旋转”选项中 X 设置为 16°；在第 20 帧，X 设置为 0°；在第 30 帧，X 设置为−16°；在第 40 帧，X 设置为 0°。

(9) 测试动画。

【例 7-8】 打开大门。

动画情景：推开庭院大门。

(1) 新建 ActionScript 3.0 文档。

(2) 新建 4 个“影片剪辑”类型元件，分别命名为“大门”、“左扇门”、“右扇门”和“背景”。在元件中分别导入图片(素材\图片\PNG\P_大门. png、P_左扇门. png、P_右扇门. png、P_背景. png)。在元件中的图片的左上角对齐舞台中心(坐标设置为(0,0))。

(3) 返回场景，将“图层 1”更名为“背景”。将元件“背景”拖动到第 1 帧，相对舞台水平中齐、底对齐。锁定图层。

(4) 新建图层,命名为“大门”。将元件“大门”拖动到第 1 帧,相对舞台水平中齐、底对齐。锁定图层。

(5) 新建两个图层,分别命名为“左扇门”和“右扇门”。分别将元件“左扇门”和“右扇门”拖动到相应图层的第 1 帧。将两个图层移动到图层“大门”下一层,调整两扇门对齐到大门,如图 7-31 所示。

(6) 分别在 4 个图层的第 40 帧插入帧。

(7) 在图层“左扇门”和“右扇门”创建补间动画,并分别在第 10 帧和第 40 帧插入属性关键帧(选择全部)。

(8) 选择图层“左扇门”的第 40 帧,用“3D 旋转工具”单击左扇门实例,将控件中心拖动到实例左侧。打开“变形”面板,将“3D 旋转”选项 Y 设置为−90°。

(9) 选择图层“右扇门”的第 40 帧,用“3D 旋转工具”单击右扇门实例,将控件中心拖动到实例右侧。打开“变形”面板,将“3D 旋转”选项 Y 设置为 100°。

(10) 分别在 4 个图层的第 60 帧插入帧,延长动画时间。

(11) 测试动画。完成动画的场景,如图 7-32 所示。保存文档,以方便在后面的例子中使用。

图 7-31 调整实例的位置

图 7-32 制作完成的动画场景

【例 7-9】 打开大门进入庭院。

动画情景:推开大门进入庭院赏风景。

(1) 打开例 7-8 中的文档,另存为“打开大门进入庭院”。锁定 4 个图层。

(2) 分别在图层“背景”和“大门”的第 61 帧插入关键帧。

(3) 解锁图层“背景”,在第 80 帧插入帧,并创建第 61 帧到第 80 帧的补间动画。

在“工具”面板中,选择“3D 平移工具”单击第 80 帧中的实例,打开实例的“属性”面板。在“3D 定位和查看”选项组中,设置 X: −80、Y: −10、Z: −200;“透视角度”55;“消失点”X: 275、Y:200。锁定图层。

(4) 解锁图层“大门”,在第 80 帧插入帧,并创建第 61 帧到第 80 帧的补间动画。

在“工具”面板中，选择“3D平移工具”单击第80帧中的实例，打开实例的“属性”面板。在“3D定位和查看”选项组中，设置X：－50、Y：10、Z：－250；“透视角度”55；“消失点”X：275、Y：200。锁定图层。

提示： 在“3D定位和查看”选项组中，可以设置画面由远而近或由近而远的镜头推拉效果。

也可以拖动“3D平移工具”的控件坐标轴设置镜头推拉效果。此时设置辅助线作为舞台范围参考线。

(5) 分别在图层“背景”和“大门”的第90帧插入帧，延长动画时间。

(6) 测试动画。完成动画的场景如图7-33所示。

图7-33 制作完成的动画场景

思 考 题

1. 如何显示骨架属性面板和骨骼属性面板？在这两种情况下，其属性面板的差别表现在哪些方面？

2. 在骨骼属性面板通过哪些按钮选择同级骨骼或上级下级骨骼？

3. 骨骼创建后，其颜色如何确定？如何更改其颜色？

4. 如何编辑修改骨骼与形状的绑定？

5. 骨骼可在什么对象间或内部添加，形成骨架？如何添加骨骼？添加骨骼后如何调整骨骼的长短？

6. 按骨骼的连接关系，可把骨骼连接成哪几种类型的骨架？

7. 对影片剪辑实例实现3D动画时，用到的工具在实例上表现为控件，其控件构成有几部分？

8. 制作3D旋转动画，如何调整控件中心的位置？控件中心的位置有何作用？

9. 制作3D旋转动画时，在哪个面板中可进行精确控制，输入旋转角度？

操 作 题

1. 用"3D旋转工具"制作玩偶娃娃在桌面上快速旋转的动画。

提示：参看例7-3制作3D旋转动画的方法。注意3D旋转控件中心位置的调整。

2. 用"骨骼工具"制作鹰展翅飞翔的动画效果。

提示：以"素材\图片\位图\风景_06.jpg"为背景制作动画。创建影片剪辑类型元件"鹰"，参照风景_06.jpg中的鹰，在元件"鹰"中绘制鹰的形状。在鹰的图形内部添加骨骼（注意在翅膀添加骨骼与身体骨骼间的连接关系），并在骨架图层第5帧、第10帧插入姿势帧，向下调整第5帧中鹰的翅膀骨骼。将元件"鹰"拖放到舞台，用补间动画制作鹰在天空飞翔的动画。调整补间动画的路径形状，并将补间动画调整到路径。动画帧速率设置为12fps。

3. 用骨骼工具制作鱼在水中游动摆尾的动画效果，要求有池塘、水草和荷花等场景。

提示：可按照第2题的方法制作。

第 8 章　文本的使用

内容提要

本章介绍创建和编辑文本的方法；修饰文本和设置文本属性的方法；文本特效的制作方法；常用的文本动画制作方法；理解两种文本引擎及其应用；滤镜的应用。

学习建议

首先掌握在动画中添加文本、设置文本属性的方法。掌握利用分离文本制作文字特效的方法及常用的文本动画的制作方法。

8.1　“文本工具”的使用

Flash CS6 提供了文本布局框架“TLF 文本”和“传统文本”两种文本引擎，如图 8-1 所示。“传统文本”是早期 Flash 版本中使用的文本引擎，“TLF 文本”是 Flash CS5 以上的版本提供的新的文本引擎。“TLF 文本”支持更多丰富的文本布局功能和对文本属性的精细控制。

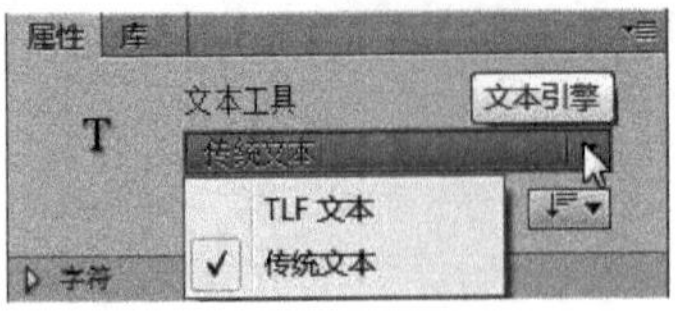

图 8-1　“文本引擎”列表

Flash CS6“文本工具”默认设置为“传统文本”。

8.2　使用传统文本

Flash CS6 中的传统文本有静态文本、动态文本和输入文本三种文本类型。利用静态文本可制作各种文字动画效果；利用动态文本可动态显示文字信息；利用输入文本可动态输入文字信息。

8.2.1　输入文本

在制作动画中，需要文本时，可以用“文本工具”输入文本。

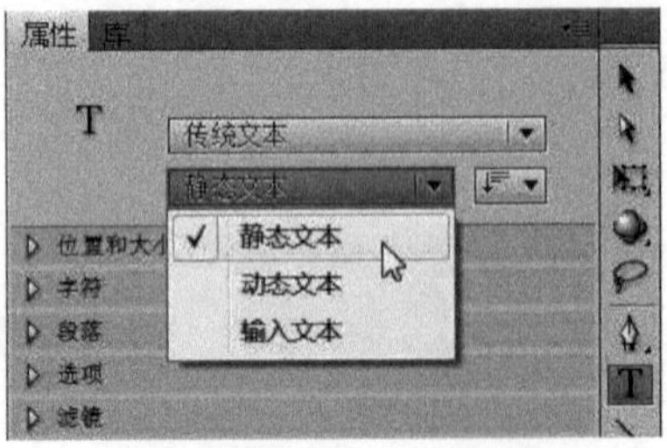

图 8-2　选择文本类型

在“工具”面板中，选择“文本工具”，并在文本“属性”面板的“文本引擎”菜单中选择“传统文本”，在“文本类型”菜单中选择“静态文本”类型，如图 8-2

所示。

输入文本有两种方法。

(1) 选择“文本工具”后,在舞台中单击确定输入文本的位置,如图 8-3 所示。随着输入文本,文本框会向右加宽,不会自动换行,如图 8-4 所示。

图 8-3 用文本工具单击

图 8-4 输入文本时自动加宽文本框

提示:单击创建的文本框右上角将出现小圆圈句柄。

(2) 选择“文本工具”后,在舞台中拖动鼠标创建文本框,如图 8-5 所示。输入的文本遇到文本框的右边线时,会自动换行,如图 8-6 所示。

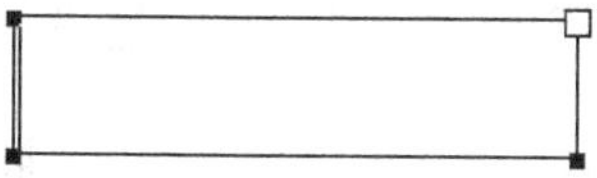

图 8-5 用文本工具拖动鼠标

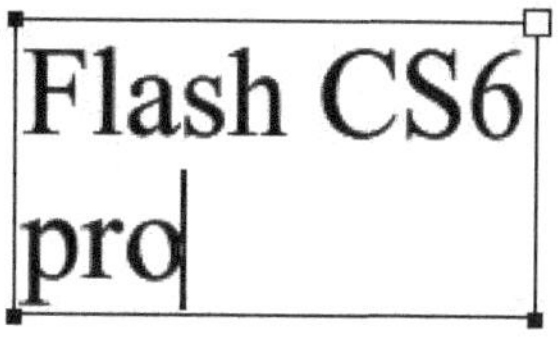

图 8-6 输入文本时自动换行

提示:拖动鼠标创建的文本框右上角将出现小方块。用鼠标指向小方块,当鼠标指针变为双箭头时,按住鼠标拖动,可以改变文本框的宽度。

两种输入方式是可以相互转换的。用鼠标指向小圆圈,当鼠标指针变为双箭头时,按住鼠标拖动,会变成小方块;用鼠标指向小方块,当鼠标指针变为双箭头时,双击鼠标将变成小圆圈。

8.2.2 设置文本属性

在“工具”面板中,选择“文本工具”,在文本框内选择文本,或选择“选择工具”单击文本框后,打开“属性”面板,可在其中设置字体、字号、颜色、样式、字符间距,还可以设置文本框大小、相对舞台位置等,如图 8-7 所示。

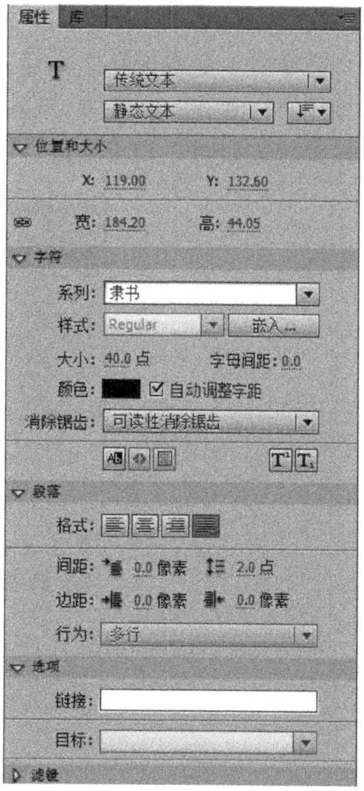

图 8-7 文本“属性”面板

1. 位置和大小

“位置和大小”选项组用于设置文本框的位置和大小。

2. 字符

“字符”选项组用于设置文本的字体及字体样式、文本字符的大小、字符间距、文本字符的颜色、字符的上下标等。

3. 段落

“段落”选项组用于设置文本的对齐方式、行缩进、行间距、文本左右边距。

4. 选项

选择文本框后，在“链接”文本框中输入网址（URL），可以建立文本的超链接，如图8-8所示。“目标”列表中指定在浏览器打开网页的位置。

测试效果如图8-9所示。

图8-8 建立文本超链接

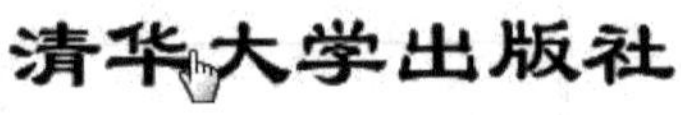

图8-9 测试超链接效果

提示：也可以用“文本工具”选择文本字符后，对选择的文本字符建立超级链接。编辑文本时，有超链接的文本字符下方将显示点。

5. 文本的方向

选择文本框或选择文本后，单击“改变文本方向”按钮，可以设置文本方向。文本方向有“水平”、“垂直”和“垂直，从右向左”三种排列方式，如图8-10所示。不同的文本方向排列方式效果如图8-11所示。

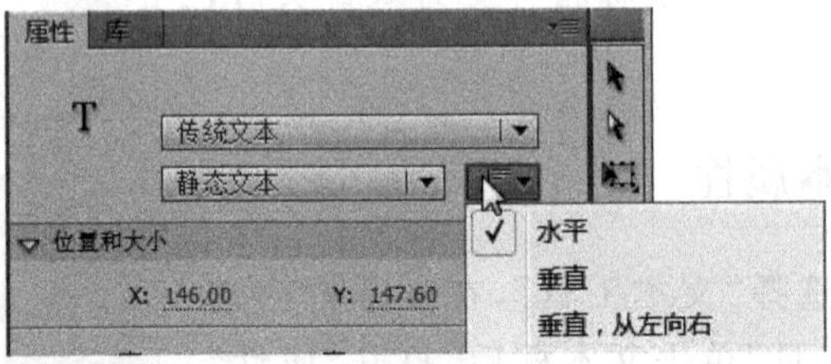

图8-10 设置文本方向

图8-11 不同的文本方向排列效果

提示：选择“垂直”或“垂直，从左向右”排列方式后，在“字符”项中显示“旋转”按钮，如图 8-12 所示。选择或取消选择“旋转”按钮，可以改变字母字符的方向。

8.2.3　传统文本的动画举例

【例 8-1】　文字片头动画。

动画情景：文字“文字片头动画设计”从小逐渐变大后，一线条从左侧逐渐变长，最后文字“Flash CS6”从舞台右侧出现并移动到舞台右下角。

(1) 新建文档。

(2) 创建 3 个元件，分别命名为“主题”、“落款”和“线条”。

在元件“主题”输入传统文本“文字片头动画设计”。在元件“落款”中，输入传统文本“Flash CS6”。在元件“线条”绘制一个水平方向的线条。

(3) 单击“场景 1”按钮，返回到场景。创建 3 个图层，分别命名为“主题”、“线条”和“落款”。将 3 个元件分别拖放到相应图层的第 1 帧，如图 8-13 所示。

图 8-12　“旋转”按钮

图 8-13　舞台中实例的布局

(4) 在图层“主题”中，在第 10 帧插入帧，并创建第 1 帧到第 10 帧的补间动画。右击第 10 帧，在弹出的快捷菜单中选择“插入关键帧”→“缩放”命令，在第 10 帧插入“缩放”属性关键帧。在第 1 帧，用“任意变形工具”单击文本实例，再用鼠标拖动句柄缩小文本实例。

(5) 在图层“线条”中选择第 1 帧，用鼠标拖动到第 15 帧。右击第 15 帧，在弹出的快捷的菜单中选择“创建补间动画”命令，创建补间动画。在第 20 帧插入“缩放”属性关键帧。用“任意变形工具”单击第 15 帧中的线条实例，用鼠标拖动实例中心“○”到线条的左端，将线条右端的句柄向左侧拖动缩短线条的长度。

提示：将第 1 帧移动到其他目标帧后，第 1 帧变为空白关键帧，目标帧变为关键帧。在目标帧创建补间动画时，补间动画只有 1 个关键帧，可以通过插入帧增加动画帧（增加补间范围）。

(6) 在图层“落款”中选择第 1 帧，用鼠标拖动到第 25 帧，并创建补间动画。在第 30 帧插入“位置”属性关键帧。将第 25 帧中的实例拖动到舞台右侧外。

(7) 在三个图层的第 35 帧分别插入帧，延长各图层的动画帧，如图 8-14 所示。

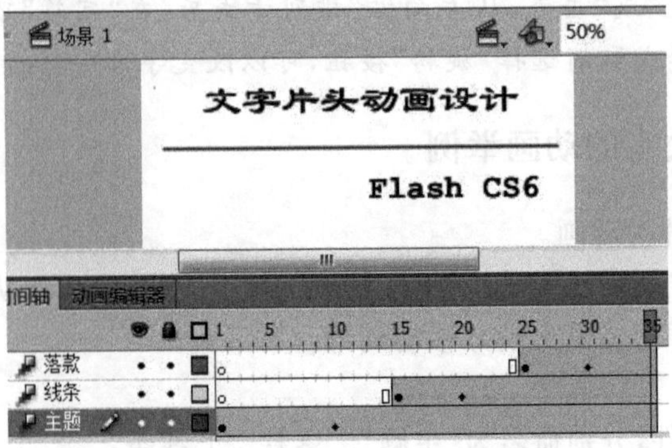

图 8-14 完成动画的场景

(8) 测试动画。

提示：此例中的补间动画也可以用传统补间动画制作。

8.3 使用 TLF 文本

Flash CS6 提供的文本布局框架“TLF 文本”文本引擎,要求在 FLA 文档的发布设置中指定 ActionScript 3.0 和 Flash Player 10 或更高版本。环境设置不满足要求时将弹出警告对话框,如图 8-15 所示。

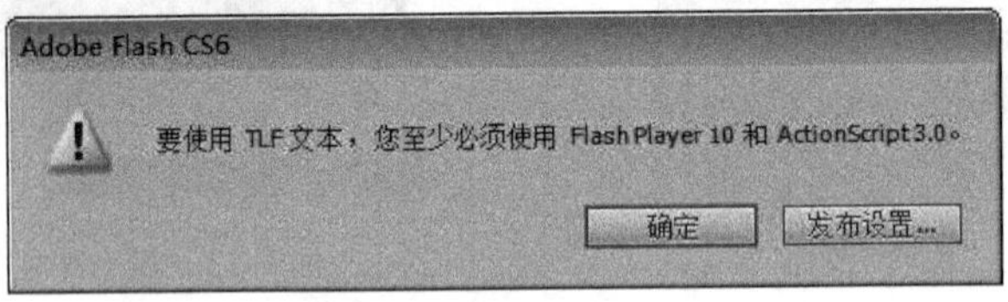

图 8-15 警示对话框

TLF 文本有只读、可选、可编辑三种文本类型。只读文本是发布为 SWF 文件时,文本无法选中或编辑;可选文本是发布为 SWF 文件时,文本可以选中并可复制到剪贴板,但不可以编辑,是 TLF 文本的默认设置;可编辑文本发布为 SWF 文件时,文本可以选中和编辑。

8.3.1 输入文本

在“工具”面板中选择“文本工具”,并在文本“属性”面板的“文本工具”下拉列表框中选择“TLF 文本”选项,在“文本类型”下拉列表框中选择一种文本类型,如图 8-16 所示。单击“文本类型”右侧的“改变文本方向”按钮,还可以选择文本排列方式。

在舞台中单击创建文本的起始位置(点文本),或在要输入文本的起始位置拖动鼠标(区域文本)创建文本容器,如图 8-17 所示。

在文本容器中输入文本,如图 8-18 所示。

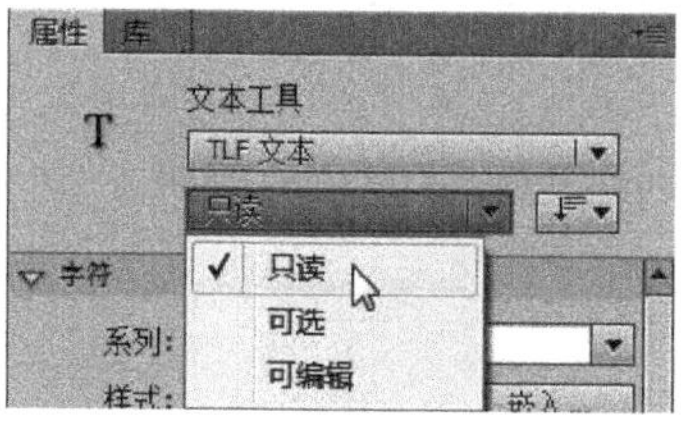

图 8-16 选择文本类型

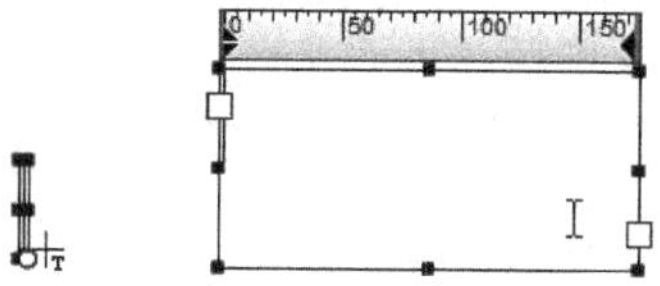

单击 拖动鼠标

图 8-17 确定输入文本的位置

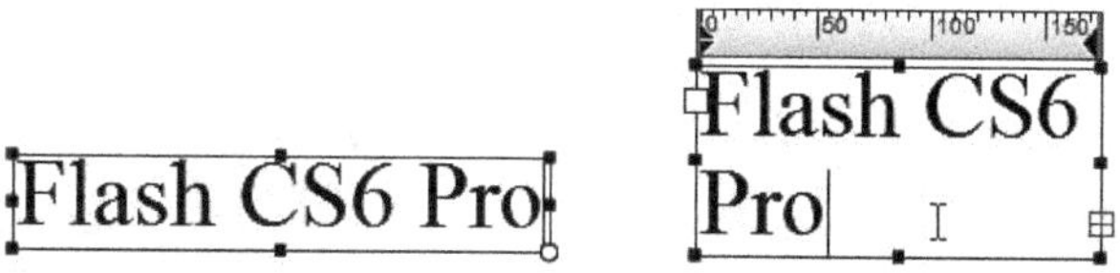

点文本容器中输入文本 区域文本容器中输入文本

图 8-18 在文本容器中输入文本

提示：点文本容器的大小由其包含的文本决定。区域文本容器的大小与其包含的文本量无关。要修改区域文本的区域，可使用"选择工具"拖动黑色句柄调整大小。

要将点文本容器更改为区域文本，可使用"选择工具"调整其大小或双击容器边框右下角的空心圆。若要将区域文本容器更改为点文本，可使用"选择工具"双击左上角空心矩形句柄。

执行菜单"文本"→"TLF 定位标尺"命令，可以隐藏或显示定位标尺。

区域文本容器上有"进"端口(输入端口)和"出"端口(输出端口)，其位置取决于容器的排列方向与垂直或水平设定。如果文字排列是由左到右的水平，则"进"端口在左上角，而"出"端口则是在右下角。

8.3.2 设置文本属性

选择"文本工具"在文本容器内选择文字或单击文本容器后，在文本"属性"面板中设置文字或文本容器的属性。"TLF 文本"可以设置的属性很丰富，单击每个部分的标题栏都可以打开和折叠相应部分的属性内容，如图 8-19 所示。

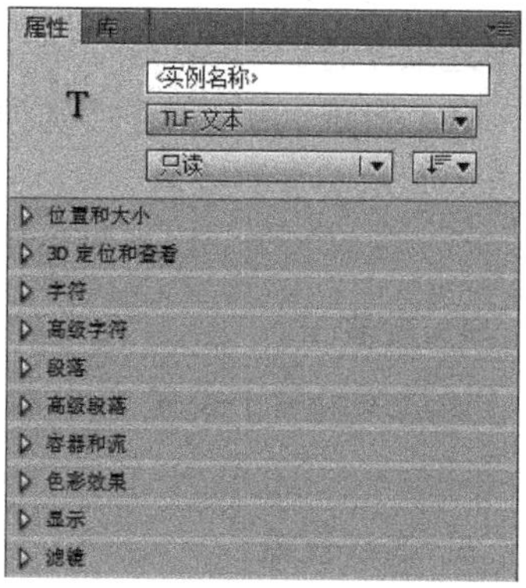

图 8-19 "TLF 文本"的"属性"面板

1. 位置和大小

该选项组用于设置文本框的位置和大小。

2. 字符

该选项组用于设置字体及其样式、大小、字间距、字的颜色等，如图 8-20 所示。其中：

(1) "加亮显示"——用于设置被选择字符的底色，以增强字符颜色亮度，提高显示突出的效果。

(2) "消除锯齿"的 3 个选项。

① 使用设备字体：用当前播放动画的计算机中的字体来显示文本字符。

② 可读性：使字号较小的字符更容易辨认阅读。

③ 动画：通过忽略对齐方式和字间距微调功能创建更平滑的动画效果。

3. 高级字符

该选项组用于设置字符样式，如图 8-21 所示。

图 8-20 “字符”选项

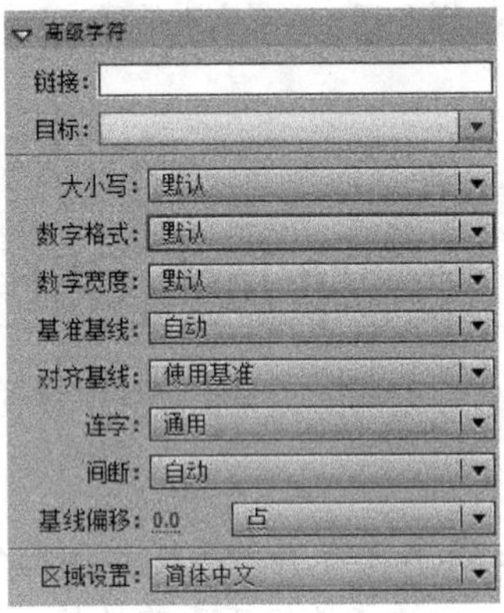

图 8-21 “高级字符”选项

（1）连接：用于为文本创建超级连接。

（2）大小写：用来指定字母字符的大小写。

（3）数字格式：用来指定在使用 Open Type 字体提供等高和变高数字时应用的数字样式。

（4）数字宽度：用来指定在使用 Open Type 字体提供的等高和变高数字时是使用等比数字还是使用等宽数字。

（5）基准基线：用来为选中的文本字符指定基线。

（6）对齐基线：为段落内的文本字符或图形图像指定不同的基线。

提示：只有在文本“属性”面板中选中了“显示亚洲文本”选项时，才能设定“基准基线”和“对齐基线”。

（7）连字：用来指某些字母对的字面替换字符组合，连字通常替换共享公用组成部分的连续字符。

（8）间断：用于防止所选词在行尾断行，还可以设置多个字符或词组放在一起，如首字母大写的英文姓或名。

（9）区域设置：用于选择使用的地区语言，如简体中文。

4. 段落

该选项组用于设置文本的对齐方式、行缩进、行间距、文本左右边距等，如图 8-22 所示。

5. 高级段落

该选项组用于设置段落样式，如图 8-23 所示。只有在文本“属性”面板菜单中选中了

“显示亚洲文本”选项时才可用。

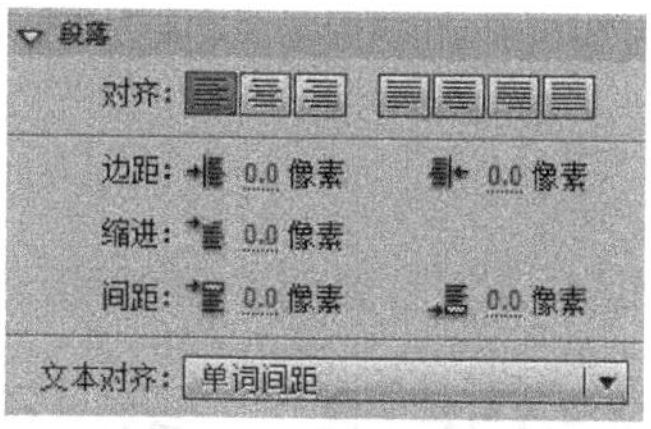

图 8-22 “段落”选项

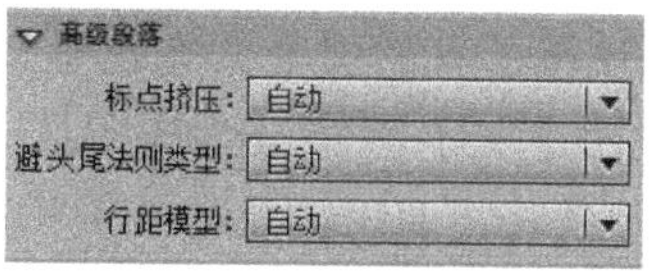

图 8-23 “高级段落”选项

(1) 标点挤压：用于确定如何应用段落对齐。根据此设置应用的字距调整会影响标点的间距和行距。

(2) 避头尾法则类型：用于指定处理日语避头尾字符的选项。

(3) 行距模型：是由“行距基准”和“行距方向”组合构成的段落格式。“行距基准”确定两个连续行的基线，它们的距离是行高制定的相互距离；行距方向确定度量行高的方向。

6. 容器和流

“容器和流”部分控制影响整个文本容器的选项，如图 8-24 所示。

(1) “行为”与传统文本框类似有三或四个选项。用来设置文本框容器随文本字符量的增加而扩展的方式，提供“单行”、“多行”、“多行不换行”选项。“可编辑”文本类型还提供“密码”选项，使字符显示为点而不是字母，以确保密码安全。

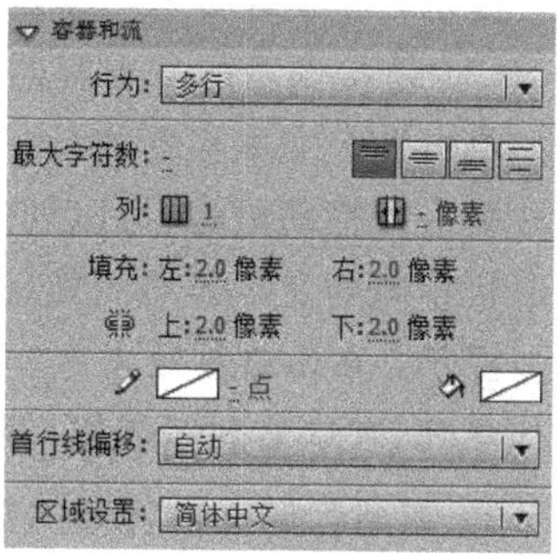

图 8-24 “容器和流”选项组

(2) 最大字符数：用于设定文本框中允许的最多字符个数。仅适用于“可编辑”文本类型。

(3) 对齐方式：用于设置文本框内文本字符的对齐方式。

(4) 列：用于设置文本框内文本字符的列数，所谓列数，就是分栏数，此功能仅适用于区域文本框。

(5) 列间距：用于设置列之间的距离。

(6) 填充：用于设置文本字符与文本框线之间的距离。

(7) 设置容器颜色：有“铅笔”颜色按钮和“数值框”、“颜料桶”颜色按钮。“铅笔”颜色按钮用于设置文本框边框颜色，默认无色；“数值框”用于设置文本框边框宽度，只有选择了边框颜色才可用。“颜料桶”颜色按钮用于设置文本框容器的填充色，即文本框容器的背景色，默认无色。

(8) 首行线偏移：用于指定首行文本字符与文本框顶部的距离。

8.3.3 区域文本容器的链接

在 Flash 中，可以将两个以上的文本容器串接或链接起来，使文本可以在多个文本容器间流动，就像是一个文本容器一样进行修改和编辑，用这种特点可以将大量文本分成若干区域块，利于版面的组织和插入图片、动画等。

1. 区域文本容器的链接

(1) 连接已有的两个文本容器。

创建两个文本容器，分别输入“1234567890”和“abcdefgijk”，如图 8-25 所示。

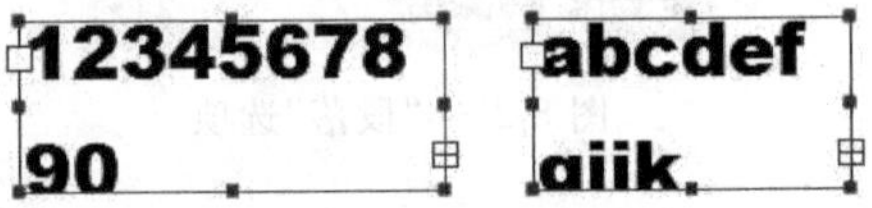

图 8-25 两个文本容器

使用“选择工具”或“文本工具”选择文本容器，鼠标指向“进”或“出”端口，指针变为黑三角形时，单击该文本容器的“进”或“出”端口，指针会变成已加载文本的图标，如图 8-26 所示。

将鼠标指向目标文本容器，并单击该文本容器链接两个容器，如图 8-27 所示。

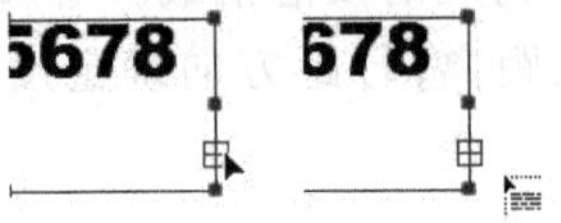

图 8-26 指向和单击端口前后的鼠标指针

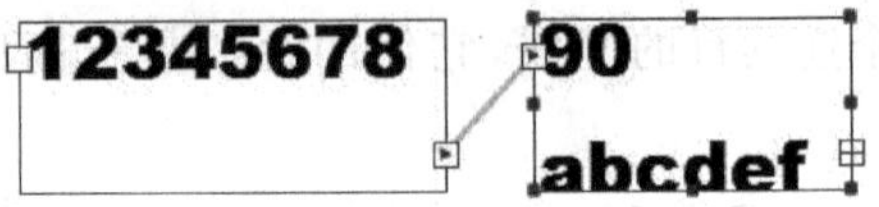

图 8-27 连接的两个容器

提示：连接后的文本容器的“进”或“出”端口，将变为内有箭头小矩形。

(2) 链接到新的文本容器。

单击选定文本容器的“进”或“出”端口，指针变成已加载文本的图标后，在舞台的空白区域单击或拖动鼠标，可以创建连接的文本容器。单击操作将创建与原始文本容器大小和形状相同的文本容器。拖动鼠标操作，可以创建任意大小的矩形文本容器。

提示：在已连接的文本容器中，更改其中一个文本容器的文本排列方式，或更改字间距等操作，可以看到容器间文本的流动。

2. 取消区域文本容器的链接

双击要取消链接的“进”端口或“出”端口，将取消两个文本容器的连接。取消连接后文本将流回到两个容器中的第一个。也可以选择其中一个文本容器，执行菜单“编辑”→“清除”命令或按 Delete 键删除链接中的该文本容器。

提示：创建链接后，第二个文本容器获得第一个容器的流动方向和区域设置。取消链接后，这些设置仍然留在第二个容器中，而不是回到链接前的设置。

8.3.4 TLF 文本与传统文本间的转换

Flash 中的 TLF 文本框与传统文本框间可以互相转换。选择待转换的文本，打开文本“属性”面板，选择要转换的引擎进行转换。由传统文本转换到 TLF 文本时，可以保留原来的格式；由 TLF 文本转换为传统文本时，有些格式会丢失。

提示：传统文本与 TLF 文本之间进行转换时，最好一次转换成功，而不要多次反复转换。

在传统文本与 TLF 文本之间相互转换时，传统文本的“静态文本”和“动态文本”转换为 TLF 文本的“只读”类型,传统文本的“输入文本”转换为 TLF 文本的“可编辑”类型。TLF 文本的“只读”和“可选”类型转换为传统文本的“静态文本”类型,TLF 文本的“可编辑”类型转换为传统文本的“输入文本”类型。

8.3.5 TLF 文本动画举例

【例 8-2】 简单的文字 3D 动画。

动画情景:对文字“Flash CS6 Pro”做简单的 3D 旋转和平移动画。

(1) 新建 ActionScript 3.0 文档。

(2) 新建“影片剪辑”类型元件,命名为“文字”。选择“文本工具”,在“属性”面板选择“TLF 文本”的“只读”类型文本,用点文本输入“Flash CS6 Pro”。

(3) 单击“场景 1”按钮,返回到场景。将元件“文字”拖放到“图层 1”的第 1 帧,右击第 1 帧,在弹出的快捷菜单中选择“创建补间动画”命令,创建默认的 24 帧补间动画。选择第 24 帧,在“工具”面板中选择“3D 旋转工具”,旋转实例,如图 8-28 所示。再选择“3D 平移工具”,将实例平移,如图 8-29 所示。

图 8-28 用“3D 旋转工具”旋转实例

图 8-29 用“3D 平移工具”平移实例

(4) 在第 30 帧插入帧,延长动画时间,如图 8-30 所示。

(5) 测试动画。

提示:测试或发布含有 TIF 文本的影片时,在动画文档所在的目录中生成影片文件(.swf)外,还将生成“textLayout_ X.X.X.XXX.swz”文件(共享运行库),以应对由于某种原因 Adobe 的服务器不可用的罕见情况,以便在运行时加载该文件。

图 8-30 完成动画的场景

8.4 常用于文本的特效

8.4.1 分离文本

用“文本工具”输入的文本是组合状态。制作动画(如形状补间动画)时,往往需要进行分离文本操作。分离文本有两种:一种是从输入的文本分离出文字,这时还是文本状态;另一种是文字分离状态,这时不再是文本状态,已经变成形状。

1. 传统文本

选择"传统文本"文本框后,执行菜单"修改"→"分离"命令,将文本分离出文字,即每个文字可独立编辑;再执行一次分离命令,将分离出的文字分离成形状,可以按形状进行各种编辑操作,如图 8-31 所示。

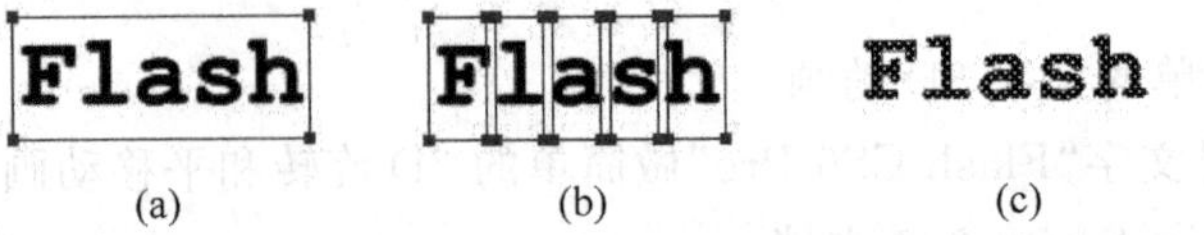

图 8-31 分离操作前后的"传统文本"的变化

2. TLF 文本

选择"TLF 文本"文本框后,执行菜单"修改"→"分离"命令,将文本分离出组合(绘制对象)状态的文字,可以按组合状态分别处理;再执行一次分离命令,将分离出的文字分离成形状,可以按形状进行各种编辑,如图 8-32 所示。

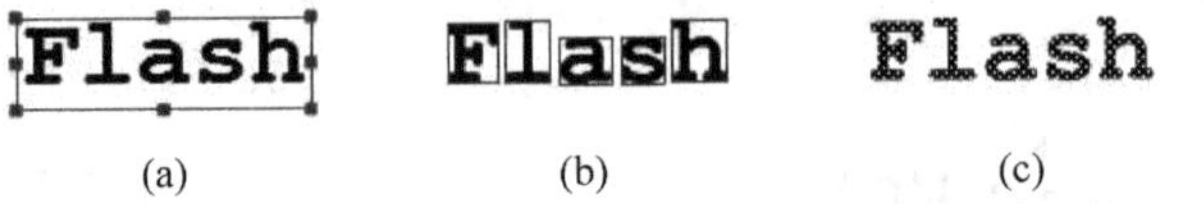

图 8-32 分离操作前后的"TLF 文本"的变化

提示:请注意观察"属性"面板中对象类别的区别。

8.4.2 文字特效

1. 分离为文字后,分别修饰文字

对文本进行一次分离操作,分离出文字后,可以将文字分别进行修饰,如图 8-33 所示。

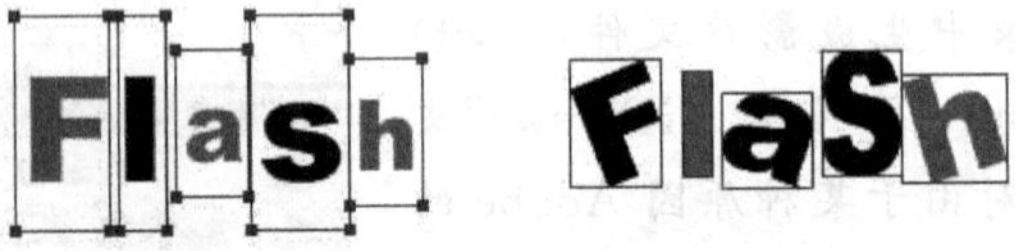

分离一次后的传统文本　　分离一次后的TLF文本

图 8-33 分离出文字后,分别修饰

提示:分离传统文本一次后,可以将分离的文字按照文本逐个进行修饰;分离 TLF 文本一次后,可以将分离的文字按照形状组合逐个进行修饰。

2. 文字分离为形状后,制作彩色字

文本连续分离两次后,文本处于分离(形状)状态。可以像分离的形状一样填充。

(1) 用"选择工具"选择全部或部分文字形状后,可以用"颜料桶工具"填充被选择部分,如图 8-34 所示。

(2) 在"工具"面板中,单击"填充颜色"按钮选择渐变颜色后,用"选择工具"选择文本

图 8-34　文字分离后，用“颜料桶工具”填充

形状，再选择“颜料桶工具”单击文本形状，可以将文本形状填充为渐变颜色，如图 8-35 所示。文本形状为被选择状态，用“颜料桶工具”单击一个文字形状，可以填充一个文字的形状，如图 8-36 所示。

图 8-35　彩色文本

图 8-36　彩色文字

提示：用“选择工具”选择文本形状后，在“工具”面板，单击“填充颜色”按钮选择渐变色，或在“属性”面板，单击“填充颜色”按钮选择渐变颜色，可以为选择的文本形状填充渐变色。

(3) 选择“渐变变形工具”，单击渐变色填充的文本形状，或单击渐变色填充的文字形状后，可以调整文本形状或文字形状的渐变色填充效果，如图 8-37 所示。

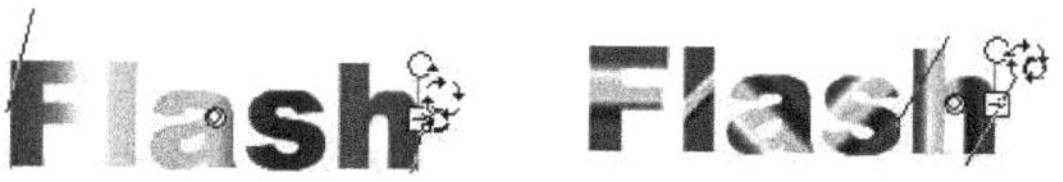

图 8-37　用“渐变变形工具”调整填充效果

3. 文本的形状补间动画

形状补间动画起止帧中的动画对象必须是形状。因此，制作文本变形补间动画时，首先要将文本分离为形状。

【例 8-3】 文字变形动画。

动画情景：英文“Flash”逐渐地变形为中文“动画制作”。

(1) 新建 ActionScript 3.0 文档。

(2) 在“图层 1”的第 1 帧，输入文本“Flash”，并修饰(字体 Arial 系列 Black 样式，60 点，黑色)。在第 15 帧插入空白关键帧，输入文本“动画制作”，并修饰(字体隶书系列，60 点，黑色)，分别调整两个关键帧中的文本位置，如图 8-38 所示。

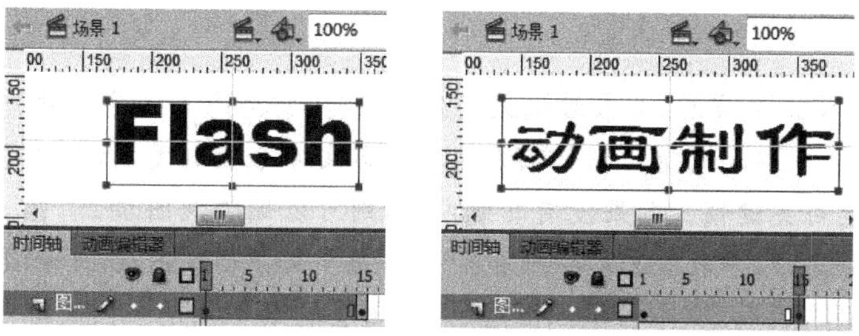

图 8-38　两个关键帧分别输入文本

提示：为了使两个关键帧中的文本中心对齐，可以使用相对舞台对齐，也可以使用辅助线作参照。执行菜单“视图”→“标尺”命令显示标尺后，分别从横向和纵向标尺拖动鼠标拖出辅助线。

(3) 分别将两个关键帧中的文本分离为形状(分离两次)。

(4) 选择第 1 帧到第 15 帧之间的任意一帧，执行菜单“插入”→“补间形状”命令，创建形状补间动画，如图 8-39 所示。

(5) 测试动画。

图 8-39 创建形状补间动画

8.4.3 文字分布到各图层

从文本分离出文字后，将文字分布到不同的图层，可以制作每个文字独立的动画。

【例 8-4】 文字分布到各图层的动画。

动画情景：文本“Flash”按照字母书写顺序分别出现。

(1) 新建文档。

(2) 在“图层 1”的第 1 帧，输入传统文本“Flash”，并将分离文本一次，如图 8-40 所示。

(3) 拖动鼠标选择分离后的所有文字(或部分文字)，执行“修改”→“时间轴”→“分散到图层”命令，或右击被选文字，在弹出的快捷菜单中选择“分散到图层”命令，将插入与选择文字个数相同数目的新图层，并将选择的文字分散到新建的各图层，如图 8-41 所示。

图 8-40 分离文本

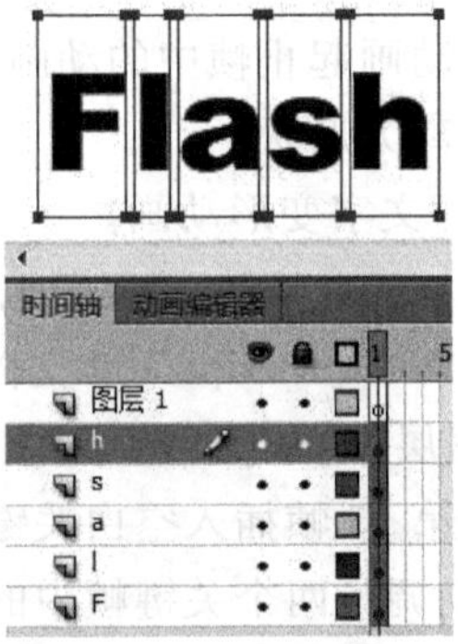

图 8-41 分散到图层

提示：传统文本分离后，分散被选文字到图层时，将为每个文字创建一个以该文字为名的新图层，并分别移动到第 1 帧。如果选择全部文字分散到图层，则源图层中源文本所在的帧将变成空白关键帧。如果没有其他内容，则可以删除该图层。

TLF 文本分离后，分散被选文字到图层时，给每个文字创建图层，并命名为“图层×”。

(4) 删除“图层 1”。文本分散到图层后，该图层的第 1 帧是空白关键帧。

(5) 拖动鼠标选择文字所在的所有图层的第 10 帧。右击被选择的帧，在弹出的快捷菜单中选择“插入帧”命令，在选择的所有第 10 帧均插入帧，如图 8-42 所示。

(6) 在每个图层分别创建补间动画，如图 8-43 所示。

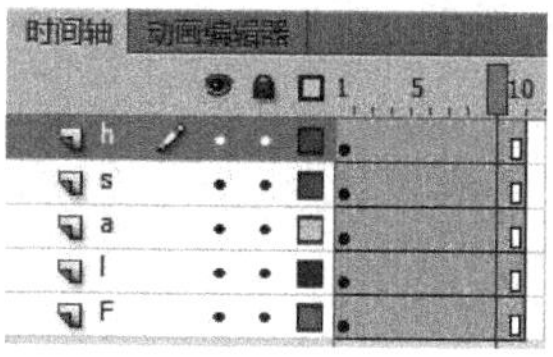

图 8-42 在每个图层的第 10 帧分别插入帧

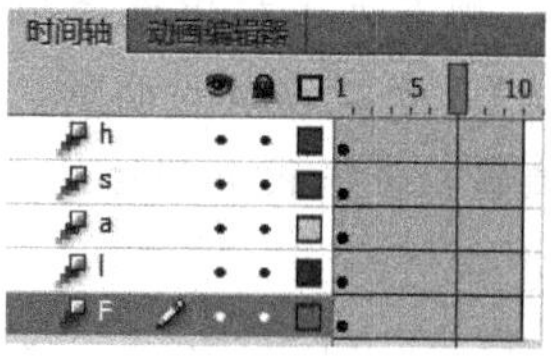

图 8-43 每个图层分别创建补间动画

(7) 在最后一个字母所在的图层“h”，选择所有补间动画帧（第 1～10 帧）后，用鼠标拖动被选部分，向后移动 10 帧（拖动到第 11～20 帧）。同样的方法，下一图层“s”的所有动画帧向后移动 8 帧。以此类推，越往下，每个图层都少移动两个帧，如图 8-44 所示。

(8) 在所有图层的第 25 帧插入帧，延长时间。利用拖动鼠标的方法，选择所有文字所在图层的第 25 帧插入帧，如图 8-45 所示。

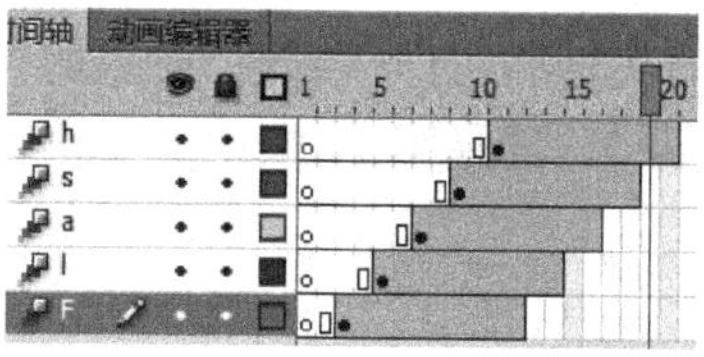

图 8-44 调整各图层中的动画

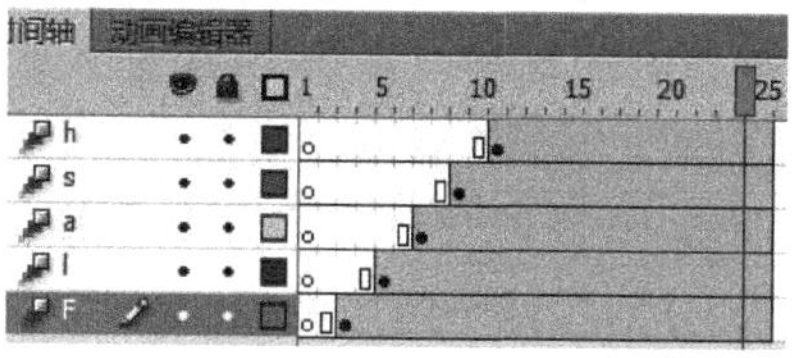

图 8-45 完成动画的时间轴

(9) 测试动画。

提示：分别调整每个图层动画片段起止帧中的文字位置以及文字变形等操作，可以制作其他的文字动画效果。

8.4.4 文本添加滤镜效果

用“选择工具”选择文本框后，打开“属性”面板中的“滤镜”选项组，单击“添加滤镜”按钮，如图 8-46 所示。在打开的菜单中选择滤镜效果，并设置所选择的滤镜效果参数。这里选择“投影”效果，如图 8-47 所示。

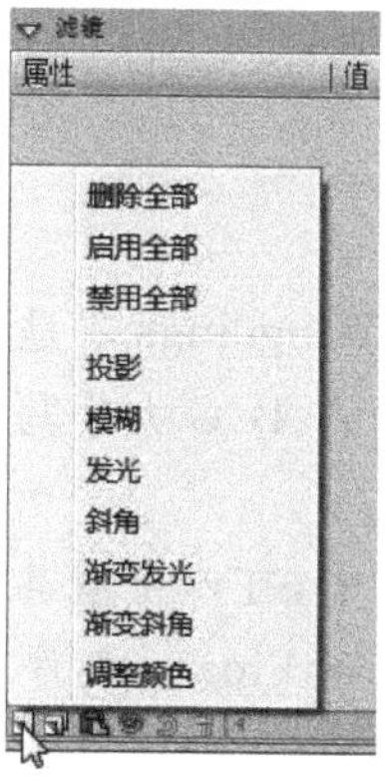

图 8-46 “添加滤镜”菜单

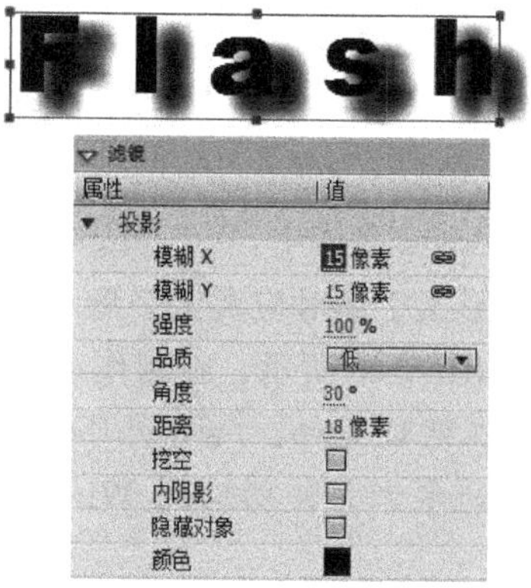

图 8-47 文本添加投影滤镜效果

提示：添加到文本框的滤镜效果将在列表框中列出相应的项目。如果要删除已添加的滤镜效果，则在列表框中选择项目，单击“删除滤镜”按钮，可以删除滤镜效果。

【例 8-5】 滤镜效果的动画。

动画情景： 一张武士图片从左侧进入到舞台后，在舞台左侧文字“舞剑的勇士”从模糊状态出现。

(1) 新建 ActionScript 3.0 文档。

(2) 创建两个元件，分别命名为“武士”和“文本”。

在元件“武士”中导入武士图片(素材\图片\PNG\P_武士.png)。在元件“文本”中输入文本“舞剑的勇士”。

(3) 单击“场景 1”按钮，返回到场景。创建两个图层，分别为“武士”和“文本”。

(4) 在图层“武士”中，将元件“武士”拖动到第 1 帧舞台的左侧，并创建补间动画。在第 10 帧插入“位置”属性关键帧后，将第 1 帧中的实例拖动到舞台左侧外。

(5) 在图层“文本”第 11 帧插入空白关键帧。将元件“文本”拖动到第 11 帧舞台的右侧，并创建补间动画。在第 20 帧插入帧，选择该帧中的实例后，打开“属性”面板的“滤镜”选项组，添加“模糊”滤镜，“模糊 X”和“模糊 Y”均设置为 0。选择第 11 帧中的实例，在“滤镜”选项组中，设置“模糊 X”为 50，“模糊 Y”为 0。

(6) 分别在两个图层的第 25 帧插入帧。

(7) 测试动画。完成动画的场景如图 8-48 所示。

图 8-48 完成动画的场景

8.5 图形文字的应用

在 Windows 字体中，Webdings、Wingdings、Wingdings 2、Wingdings 3 是图形文字体。这些图形文字体对应英文字母 A～Z 和 a～z。对应英文字 A、B、C 大小写所对应的图形文字，如图 8-49 所示。在制作动画时，可以利用这些图形文字。

提示：在网址 http://www.flashkit.com/fonts/Dingbats/中，可以下载其他图形文字。将下载的字体文件粘贴到 Windows 系统目录下的 windows\fonts 文件夹内即可使用。

TLF 文本不支持图形文字。

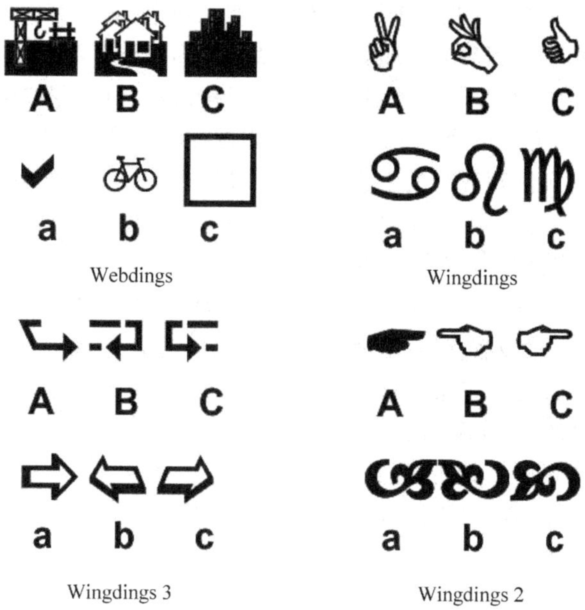

图 8-49 图形文字

8.6 动画举例

8.6.1 文字片头动画

【例 8-6】 文字片头动画。

动画情景：一行文字“文字片头动画”，从窗口上方移动到窗口中央位置后，保持不动。出现两个同样的文字分别向两侧移动。在移动过程中放大，并颜色变淡。落款文字“Flash 练习”，一直显示在右下角。

(1) 新建 ActionScript 3.0 文档。设置舞台为 760×400 像素，白色背景。

(2) 创建两个元件，分别命名为“主题”和“落款”。

在元件“主题”窗口，输入文本“文字片头动画”。大小：80 点，字体：华文行楷。

在元件“落款”窗口，输入文本“Flash 练习”。大小：40 点，字体：华文彩云。

(3) 单击“场景 1”按钮，返回到场景。创建三个图层，分别命名为“主题”、“向左”、“向右”。将元件“主题”分别拖动到三个图层的第 1 帧。拖动鼠标选择三个图层的第 1 帧，选择三个图层中的实例，打开“对齐”面板，设置相对舞台水平居中和垂直居中(这时三个图层中的实例叠加在一起，并将实例放置在舞台中央)。锁定所有图层，如图 8-50 所示。

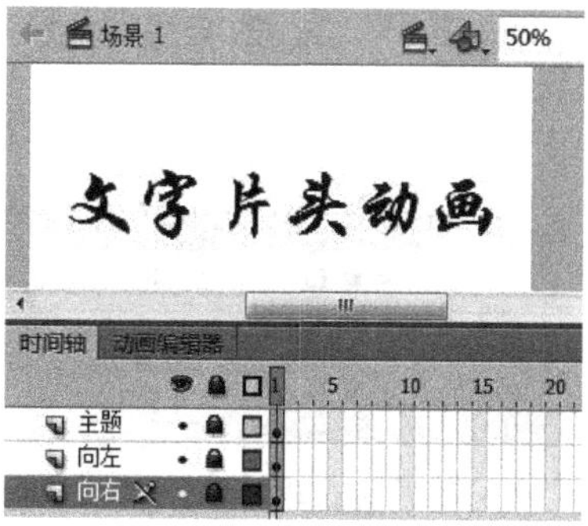

图 8-50 将各图层中的实例对齐

提示：这里也可以将元件"主题"拖动到图层"主题"的第 1 帧，并将实例调整到合适的位置。再复制图层"主题"的第 1 帧，分别粘贴到其他两个图层的第 1 帧。

还可以利用"复制图层"或"拷贝图层"命令，创建图层"向左"和"向右"。

(4) 解锁"主题"图层。在第 1 帧创建补间动画后，选择第 10 帧插入"位置"属性关键帧。调整第 1 帧中的实例到舞台的上方。锁定图层。

(5) 解锁"向右"图层。将第 1 帧移动到第 11 帧，并创建补间动画，在第 25 帧插入帧。将第 25 帧中的实例拖动到舞台的右侧(部分文字可以在舞台外)，并放大到 150%(执行菜单"修改"→"变形"→"缩放与旋转"命令)，将实例设置为透明(在实例"属性"面板，将"颜色"中的 Alpha 设置为 0)。锁定图层。

(6) 解锁"向左"图层。将第 1 帧移动到第 11 帧，并创建补间动画，在第 25 帧插入帧。调整第 25 帧中的实例拖动到舞台的左侧(部分文字可以在舞台外)，并放大到 150%，将实例设置为透明。锁定图层。

(7) 插入新图层，命名为"落款"，并将该图层移动到最下层。将元件"落款"拖动到第 1 帧。实例移动到舞台的右下角。

(8) 在所有图层的第 30 帧插入帧，延长动画。

(9) 测试动画。完成动画的场景如图 8-51 所示。

【例 8-7】 动画片头效果。

动画情景：一线条从中心向两边变长后，从这条线的底部上升一行文字"Flash cs6 Pro"。

(1) 新建 ActionScript 3.0 文档。

(2) 新建两个元件"线条"和"文字"。在元件"线条"中绘制一条水平线条，长度略短于舞台宽度。在元件"文字"中输入文本"Flash CS6 Pro"。

(3) 单击"场景 1"按钮，返回到场景。创建两个图层"线条"和"文字"。

(4) 将元件"线条"和"文字"分别拖放到相应图层的第 1 帧，并调整实例的位置，如图 8-52 所示。

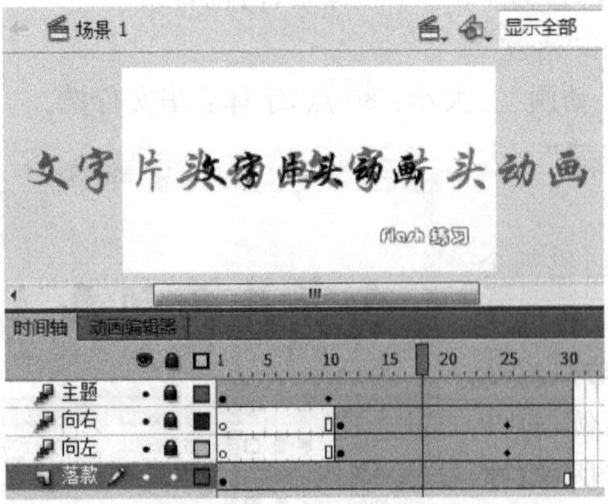

图 8-51 完成动画的场景

图 8-52 舞台中的实例布局

(5) 在图层“线条”中，选择第 1 帧创建补间动画，并在第 10 帧插入缩放属性关键帧。用“任意变形工具”选择第 1 帧中的线条实例，向中心位置拖动句柄缩短线条长度。

提示：也可以选择实例后，执行菜单“修改”→“变形”→“缩放和旋转”命令，在打开的“缩放和旋转”对话框中设置缩小的比例(如 10%)。

(6) 在图层“文字”中，选择第 1 帧移动到第 15 帧，并创建补间动画。在第 25 帧插入“位置”属性关键帧。将第 15 帧中的文本实例拖动到舞台的下半部分。

(7) 分别在两个图层的第 35 帧插入帧，延长动画帧。

(8) 在图层“文字”上方创建新图层“矩形”。在第 15 帧插入空白关键帧，并绘制任意填充色的矩形。矩形下边线对齐线条，大小为覆盖线条上方出现文字的区域(或舞台)。

(9) 将图层“矩形”转换为遮罩层。

提示：也可以在图层“矩形”绘制背景色的矩形，覆盖线条下方的文字，不做遮罩层。

(10) 创建新图层，命名为“落款”，在第 1 帧输入文本“Flash 练习”。将图层拖动到最下层，如图 8-53 所示。

(11) 测试动画。

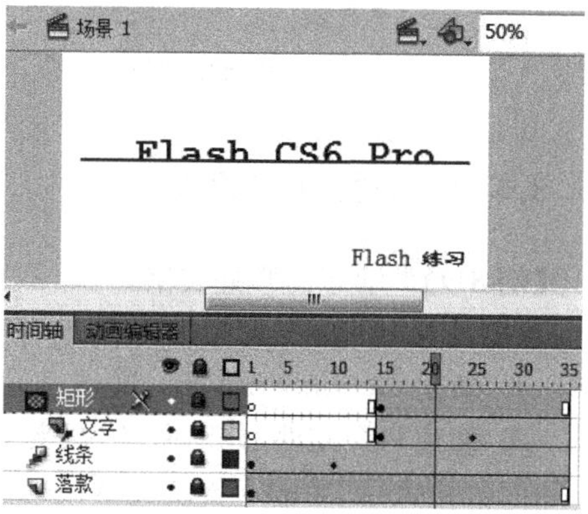

图 8-53 完成动画的场景

8.6.2 文字遮罩动画

【例 8-8】 文字遮罩动画。

动画情景：一个圆在一行灰色文字上移动，圆所到部分的文字显示为蓝色。

(1) 新建 ActionScript 3.0 文档。设置舞台 700×400 像素，白色背景。

(2) 创建三个元件，分别命名为“灰色字”、“蓝色字”、“圆”。

在元件“灰色字”中，输入“Flash 动画制作竞赛”。设置 70 点，隶书，浅灰色。

在元件“蓝色字”中，输入“Flash 动画制作竞赛”。设置 70 点，隶书，蓝色。

提示：也可以在元件“库”面板直接复制元件“灰色字”(通过右键快捷菜单)，创建“蓝色字”元件后修改文本的颜色。

在元件“圆”中，绘制一个无边框的圆，大小比文字(70pt)的高度大一些，这里设直径约 100 像素。

(3) 返回场景。创建三个图层，从上到下分别命名为“圆”、“蓝色字”、“灰色字”。分别将元件拖放到相应的图层，并将图层“灰色字”和“蓝色字”中的文本实例叠加(对齐)；图层“圆”中的实例放置在文字的左侧位置。锁定所有的图层，如图 8-54 所示。

(4) 分别在图层“蓝色字”和“灰色字”的第 20 帧插入帧。

(5) 解锁图层“圆”。选择第 1 帧创建补间动画，在第 20 帧插入“位置”属性关键帧。选择第 10 帧，将实例(圆)移动到文字的右侧。删除第 20 帧后的帧，锁定图层。

(6) 将图层“圆”转换为遮罩层。

(7) 测试动画。最终的动画场景如图 8-55 所示。

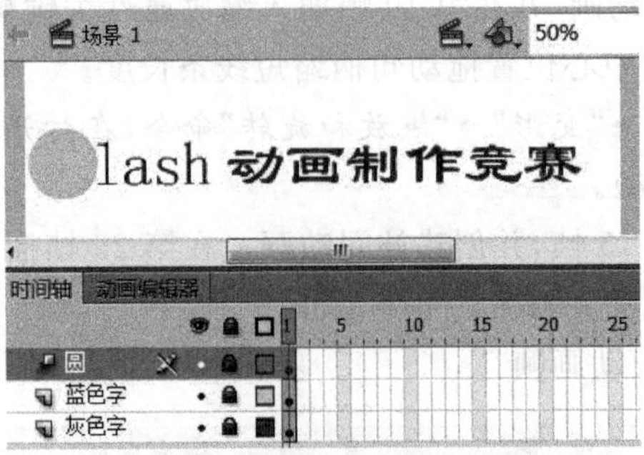

图 8-54　实例在舞台中的位置

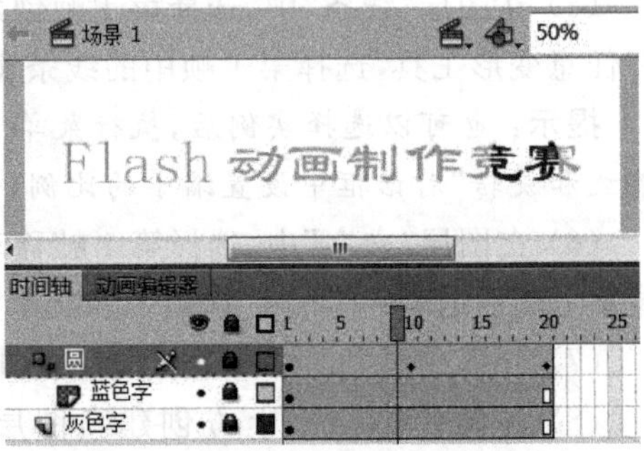

图 8-55　完成的场景

8.6.3　彩虹文字效果

【例 8-9】 动态的彩虹文字。

动画情景：不断变化色彩的文字。

(1) 新建 ActionScript 3.0 文档。设置舞台 700×400 像素，白色背景。

(2) 创建两个元件，分别命名为"文字"和"矩形"。

在元件"文字"中输入传统文本"彩虹文字效果"。设置 80 点，隶书，字间距 100。

在元件"矩形"中绘制一个矩形，长宽比文本大(这里设置 650×100 像素)，填充彩虹渐变色效果。

(3) 返回场景。创建两个图层"矩形"和"文字"。图层"文字"在上。

(4) 将元件分别拖放到各相应的图层，并调整各实例的位置。文字实例与舞台水平居中，矩形实例与文字实例右对齐(保持覆盖文字)。锁定所有图层，如图 8-56 所示。

(5) 分别在两个图层"文字"和"矩形"的第 20 帧插入帧。

(6) 解锁图层"矩形"，创建第 1 帧到第 20 帧的补间动画，在第 20 帧插入"位置"属性关键帧。选择第 10 帧，将该帧中的实例(矩形)向右拖动与文本实例左对齐(保持覆盖文字)。锁定图层。

(7) 将图层"文字"转换为遮罩层。

(8) 测试动画。最终的动画场景如图 8-57 所示。

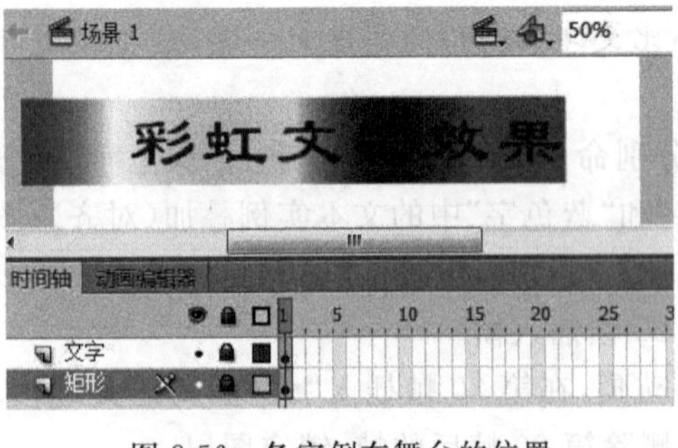

图 8-56　各实例在舞台的位置

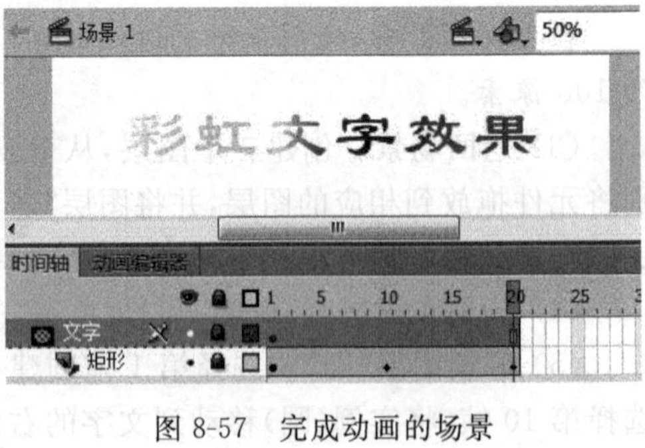

图 8-57　完成动画的场景

提示：TLF 文本无法用作遮罩。要使用文本创建遮罩，请使用传统文本。如果用 TLF 文本作为遮罩，需要将文字分离为形状。

将元件"矩形"中的矩形换成图片，即可得到文字中变化的图片。

8.6.4 文字广告效果制作

【例 8-10】 文字动画广告。

动画情景：一个矩形框由小变大后，在矩形框内线条从短变长，然后一行文字从线条下方上升起到线条上方。一支铅笔移动到文字处挑动，改变文字的颜色与铅笔的颜色相同，最后在直线的下方一行文字从舞台的左边向右移动到中央。

提示：英文惊叹号"!"(英文输入法状态输入)的 Windnigs 字体是铅笔图形。

(1) 新建文档。设置舞台大小为 740×440 像素，白色背景。

(2) 创建六个元件，分别为"矩形"、"主题"、"主题红"、"线条"、"落款"、"铅笔"。

在元件"矩形"中，绘制无填充色的黑色矩形框，大小为 700×400 像素。

在元件"主题"中，输入文本"Flash 广告设计"，华文彩云、80 点、字间距 100、蓝色。

在元件"主题红"中，输入文本"Flash 广告设计"，华文彩云、80 点、字间距 100、红色。

在元件"线条"中，绘制黑色的水平线条，长度比矩形框宽度短。这里设置 650 像素。

在元件"落款"中，输入文本"Flash 练习"，华文行楷、40 点、字间距 100、蓝色。

在元件"铅笔"中，输入传统文本的英文符号"!"，字体设置为 Windnigs、80 点、红色。分离文字，并垂直翻转。

(3) 返回到场景。创建图层"矩形"、"线条"、"铅笔"、"落款"、"主题"、"主题红"。

分别将元件拖动到相应图层的第 1 帧，并调整各实例在舞台中的位置(希望的最终效果)，如图 8-58 所示。锁定所有图层。

提示：图层的顺序按照显示效果的要求调整。显示在前面的图层放在上方。

(4) 解锁图层"矩形"，选择第 1 帧创建补间动画，在第 10 帧插入"缩放"属性关键帧。选择第 1 帧，将矩形缩小(用"任意变形工具"单击矩形实例，将鼠标指向角句柄，按住 Shift 键，同时按鼠标左键向中心方向拖动)。在第 60 帧插入帧。锁定图层。

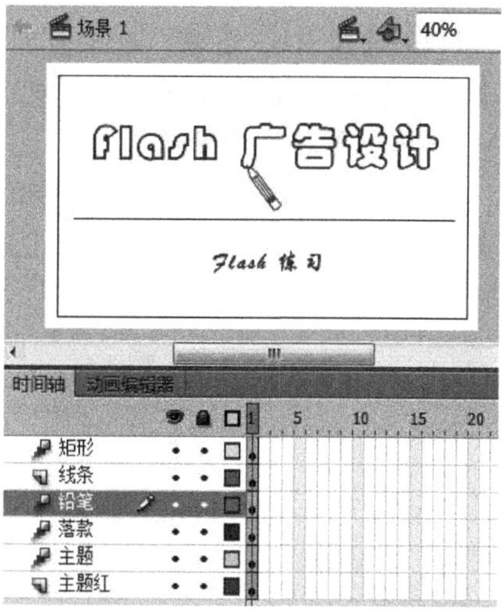

图 8-58 元件分别拖放到各图层后的效果

(5) 解锁图层"线条"，将第 1 帧移动到第 15 帧，并创建补间动画。在第 20 帧插入"缩放"属性关键帧，选择第 15 帧，将线条向中心方向缩短。在第 60 帧插入帧。锁定图层。

(6) 解锁图层"主题"，将第 1 帧移动到第 23 帧，并创建补间动画。在第 30 帧插入"位置"属性关键帧，选择第 23 帧，将实例"Flash 广告设计"移动到直线段下方。在第 60 帧插入帧。锁定图层。

(7) 解锁图层“铅笔”,将第 1 帧移动到第 32 帧,并创建补间动画。在第 35 帧插入“位置”属性关键帧,选择第 32 帧,将实例移动到舞台右下角位置。在第 37 帧、第 40 帧分别插入“旋转”属性关键帧。在第 37 帧,将实例向左旋转一点(动画效果是挑一次铅笔,可以用“任意变形工具”旋转)。在第 60 帧插入帧。锁定图层。

(8) 解锁图层“主题红”,将第 1 帧移动到第 40 帧,在第 60 帧插入帧。锁定图层。

(9) 解锁图层“主题”,删除第 40 帧以后的帧。锁定图层。

(10) 解锁图层“落款”,将第 1 帧移动到第 42 帧,并创建补间动画。在第 50 帧插入“位置”属性关键帧,选择第 42 帧,将实例“Flash 练习”向右移动到舞台左侧外。在第 60 帧插入帧。锁定图层。

(11) 测试动画。测试发现有不完善之处。文本“Flash 广告设计”在直线下方不应该显示。铅笔和文本“Flash 练习”不应该在矩形外开始显示。可以利用遮罩层解决。

(12) 选择图层“主题”,单击“新建图层”按钮(图层控制区下方),在该图层上方创建新图层“遮罩”。在图层“遮罩”的第 1 帧(或在第 23 帧插入空白关键帧,在第 23 帧)绘制一个单色的矩形(大小和位置根据显示文本而定,矩形的下边对齐直线)。将该图层转换为遮罩层。

提示:为方便确定矩形的大小和位置,在新建图层的第 30 帧(文本“Flash 广告设计”动画结束)后的某一帧插入空白关键帧。在该帧绘制矩形,再把该帧移动到第 1 帧(或第 23 帧)。

(13) 选择图层“落款”,在上方创建新图层“遮罩”。在图层“遮罩”的第 1 帧(或在第 42 帧插入空白关键帧后,在第 42 帧)绘制一个单色的矩形(大小和位置根据显示文本而定)。将该图层转换为遮罩层。

(14) 测试动画。测试后,发现矩形框的边线太细。在元件“库”双击元件“矩形”,打开元件编辑窗口,用“选择工具”双击选择矩形后,在“属性”面板设置线条为 3 像素。最终的时间轴如图 8-59 所示。

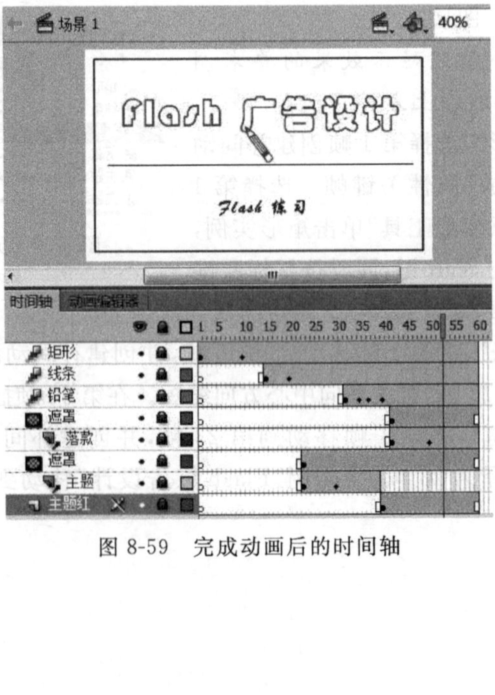

图 8-59 完成动画后的时间轴

提示：制作动画时，首先将各元件分别拖动到相应的图层，按照动画最终效果，调整各实例的位置。每个动画片段均调整动画开始帧中的实例位置。这样容易控制动画对象在影片中的位置，能够做到影片中各元素的布局合理，画面美观。

8.6.5 利用动画预设制作文本动画

【例 8-11】 利用“烟雾”预设制作文本动画。

动画情景：文字依次从舞台右侧进入，文字以烟雾方式向上散去。

(1) 新建 ActionScript 3.0 文档。舞台大小为 550×200 像素，白色背景。

(2) 在“图层 1”第 1 帧的舞台输入传统静态文本“字幕烟雾散去效果”(字体：华文虎珀、大小：50 点、颜色：蓝色、字母间距：2.0)，文本相对舞台水平、垂直居中对齐，将文本分离为文字。

(3) 右击“图层 1”，在弹出的快捷菜单中选择“复制图层”命令，在“图层 1”上方创建新的图层“图层 1 复制”，隐藏和锁定该图层；选择“图层 1”第 1 帧中的所有文字，执行“分散到图层”命令，将文字分散到新的图层，删除图层“图层 1”，如图 8-60 所示。

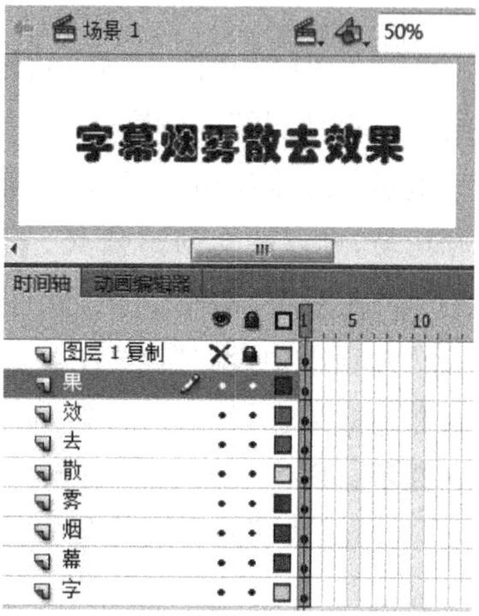

图 8-60 将文字分散到图层

(4) 选择除“图层 1 复制”外的所有图层的第 10 帧插入帧，并创建补间动画。选择所有图层的第 10 帧，插入“位置”属性关键帧。

(5) 选择除“图层 1 复制”外的所有图层的第 1 帧，选择所有文字实例后，拖动到舞台右侧外(或选择所有实例后，在文本“属性”面板的“位置和大小”选项中将 X 坐标设置为 580)。从下方倒数第 2 个图层“幕”开始，选择每个图层的第 1 帧到第 10 帧(或双击动画帧)，依次向上每一个图层比下面图层向右多移动 5 帧。分别在这些图层的第 60 帧插入帧，如图 8-61 所示。

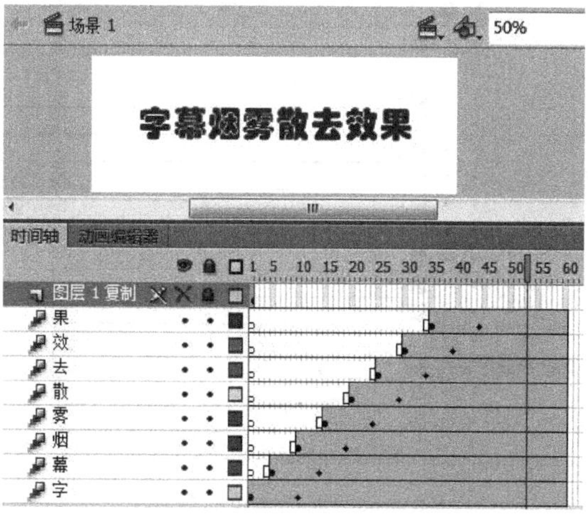

图 8-61 各图层补间动画结果

（6）显示和解锁“图层 1 复制”，隐藏其他所有图层。将“图层 1 复制”中的文字逐个转换为影片剪辑元件。将转换后的所有文字实例，分散到图层（“元件 1”至“元件 8”）。删除“图层 1 复制”。

（7）选择图层“元件 1”至“元件 8”的第 1 帧拖动到第 60 帧。在第 60 帧均被选择的状态下，执行菜单“窗口”→“动画预设”命令，打开“动画预设”面板。在面板中选择“默认预设”→“烟雾”选项，给每个影片剪辑实例应用“烟雾”动画效果，如图 8-62 所示。

图 8-62 “动画预设”面板

（8）在图层“元件 1”至“元件 8”中，将补间动画结束帧拖动到第 80 帧。

提示：鼠标指向动画结束帧。指针变为双箭头时拖动，可以改变动画帧数。

（9）在图层“元件 1”至“元件 8”中，分别选择每个补间动画的路径，在“属性”面板的“路径”选项组中设置“高”为 100。再调整补间动画中间属性关键帧的位置，产生先后散去烟雾的效果。

提示：按住 Ctrl 键单击帧，可以选择补间动画的一个帧。

（10）测试动画。最终场景效果如图 8-63 所示。

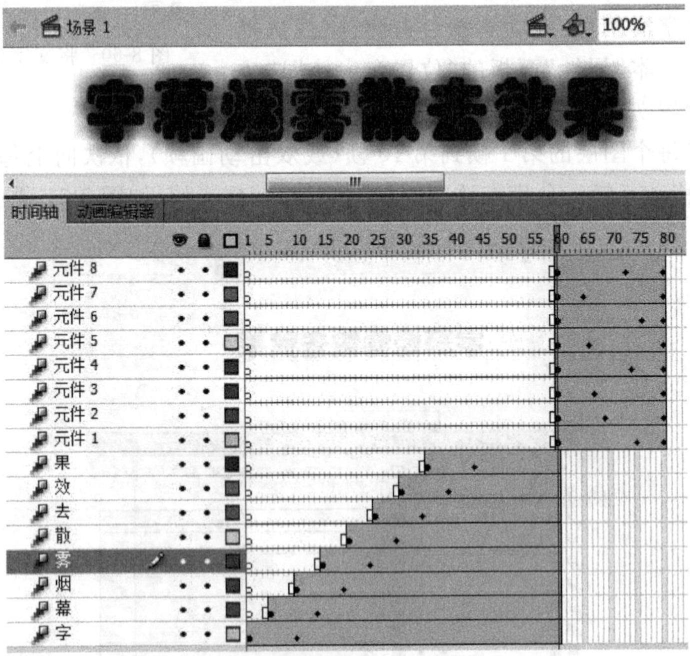

图 8-63 完成动画的场景

8.7 关于 TLF 文本的说明

(1) 发布使用 TLF 文本的 Flash 动画影片时，大多数 TLF 文本要求将特定的 ActionScript 库编译到 SWF 文件中，将增加影片文件的大小。此库会使文件大小增加大约 20KB。

如果要尽可能保持最小的文件大小，可以使用可选或只读 TLF 文本类型。

(2) 发布使用 TIF 文本的 Flash 动画影片时，将生成“textLayout_ ×.×.×.×××.swz”文件，以应对由于某种原因 Adobe 的服务器不可用的罕见情况，以便在运行时加载该文件。

分离 TLF 文本或合并运行共享库，可以避免生成和需要“textLayout_ ×.×.×.×××.swz”文件。方法如下：

① 制作并测试完动画发布时，将 TLF 文本分离为形状。需要注意，这时不能再修饰文本。

② 执行菜单“文件”→“ActionScript 设置”命令，打开“高级 ActionScript 3.0 设置”对话框。选择“库路径”选项卡，将“运行时共享库设置”选项组的“默认连接”选择为“合并到代码”。选择此项将增加影片文件的大小。

(3) 如果对动画中的文本没有特殊要求，可以选择传统文本。

思考题

1. Flash CS6 中有哪两种文本引擎？每种文本引擎有几种文本类型？每种文本类型的作用是什么？

2. 如何使用“文本工具”创建静态文本框？两种静态文本框有何不同？二者明显直观的区别是什么？

3. 静态文本框右上角的小圆圈和小方块表示什么含义？如何转换两种静态文本框？

4. 利用文本“属性”面板可以设置哪些文本的属性？

5. 如何给输入的文本字符添加滤镜效果？

6. 如何将文本字符分离成单个字符？如何进一步分离成图形字符？

操作题

1. 在舞台输入自己的名字，并设置字体为隶书，颜色为蓝色，字号为 75 点。

2. 在舞台输入自己的名字，将其设置为文本超链接。

3. 在舞台输入自己的名字，将其分离为形状后，添加蓝色边框，填充由黄色渐变到红色渐变效果。分别设置为文本渐变和单字符渐变。

4. 制作彩虹字动画。

5. 逐渐显示文字(打字)的动画。

第9章 元件、库和实例

内容提要

本章介绍元件、库和库面板、实例的概念;元件的类型及创建元件的方法;实例与元件的关系;制作按钮元件的方法和按钮的应用技术;动画中实现交互的常用方法。

学习建议

首先掌握创建三种类型元件的方法,注意区分元件的类别及其在动画制作中的作用。掌握按钮的制作方法及按钮元件中各帧的作用,逐渐掌握按钮的应用技巧。

9.1 元　　件

元件是 Flash 中重要而特别的对象,它包含几乎所有可显示的对象内容,是可反复使用的图形、按钮或动画片段(影片剪辑)。元件中的动画片段能独立于主动画播放。在动画中重复使用元件,除了可以减小 Flash 文件的大小外,还可以提高动画的制作效率。对元件进行修改编辑后,应用元件的动画(实例)会自动更改。

9.1.1 元件的类型

Flash 中的元件有三种类型,在元件库中用不同的图标显示,如图 9-1 所示。"元件 1"是"图形"类型,"元件 2"是"影片剪辑"类型,"元件 3"是"按钮"类型。

提示:拖动元件列表标题栏中的项目名称,可以更改项目的显示顺序。

图 9-1　元件库中的元件

1. "图形"类型

"图形"元件用于创建可以重复使用的图形或图像,是制作动画的基本元素之一,主要用来存放静止的图片。"图形"元件可以是由多个帧组成的动画,但在影片中不能独立播放,也不能用动作脚本控制。

2. "影片剪辑"类型

在"影片剪辑"元件中,由多个帧组成的动画可以独立播放,是主动画的一个组成部分。当播放主动画时,"影片剪辑"

元件实例也在循环播放，因此“影片剪辑”元件是包含在影片中的影片片断。“影片剪辑”元件是 Flash 中应用广泛、功能强大的一种元件类型。

3. “按钮”类型

“按钮”元件用于响应鼠标事件，如滑过、单击等操作，可以在影片中创建交互按钮，通过事件来激发它的动作。“按钮”可以添加事件的交互动作，使其具有交互功能，从而使 Flash 影片具有交互性。

9.1.2 创建元件的方法

1. 利用“库”面板创建元件

在“库”面板中，单击“新建元件”按钮，打开“创建新元件”对话框，如图 9-2 所示。

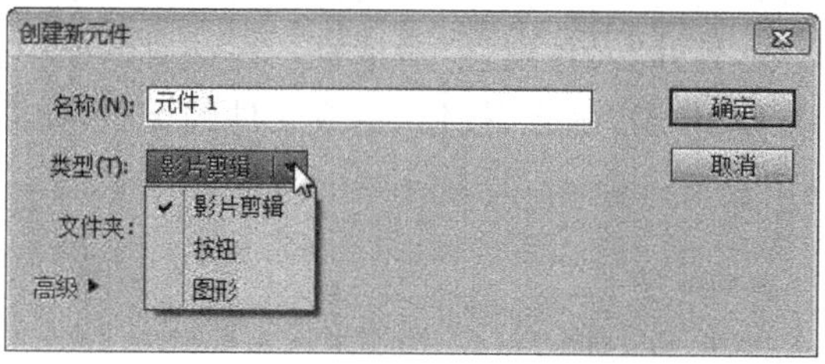

图 9-2 “创建新元件”对话框

在该对话框中的“名称”文本框中输入元件的名称，单击“类型”下三角按钮，在打开的列表框中选中元件的类型，单击“确定”按钮。这时，在“库”面板中添加了新元件，同时打开新元件的编辑窗口。

提示：执行菜单“插入”→“新建元件”命令，也可以打开“创建新元件”对话框。

2. 将舞台中的对象转换为元件

在舞台中选择一个对象(形状图形、绘制对象图形、位图、文本字符或实例等)，右击，在弹出的快捷菜单中选择“转换为元件”命令，打开“转换为元件”对话框，如图 9-3 所示。

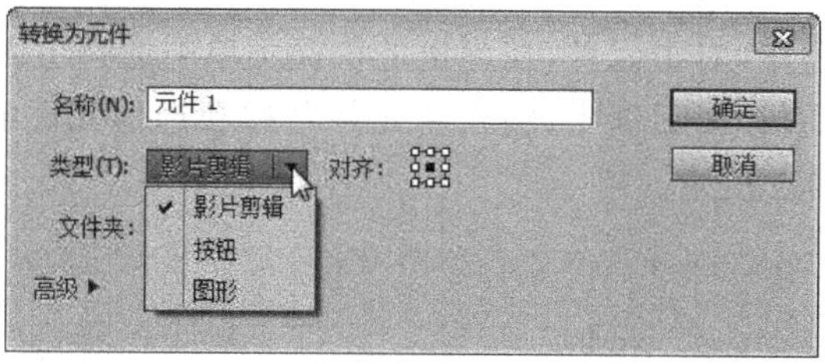

图 9-3 “转换为元件”对话框

在该对话框中的“名称”文本框中输入元件名称，单击“类型”下三角按钮，在打开的列表框中选择元件的类型，在“对齐”中选择对齐方式(注册点)，单击“确定”按钮。这时，当前窗口还是原来的舞台，但舞台上的对象已成为新元件的实例，并在“库”面板中添加了新元件。

提示：执行“修改”→“转换为元件”命令，也可以打开“转换为元件”对话框。

“转换为元件”对话框中的“对齐”用于设置对象与元件编辑窗口中坐标原点的对齐方式，即指定元件的注册点。

舞台中的任何形状以及实例均可以转换为元件，也可以选择多个对象转换为元件。

在“库”面板中单击元件的图标，可以在“库”面板的预览窗口浏览元件的内容；双击元件图标可以打开该元件的编辑窗口，并可以编辑该元件。

在图层复制一段动画帧后，将其粘贴到其他图形元件或影片剪辑元件指定图层的帧，可以将动画片段插入到该元件中。

9.1.3 更改元件的类型

三种元件的类型可以互相转换。在“库”面板中，右击要更改类型的元件，在打开的快捷菜单中执行“属性”命令，打开“元件属性”对话框。在该对话框中，单击“类型”下三角按钮，选择要转换的元件类型，单击“确定”按钮，更改元件的类型，如图 9-4 所示。

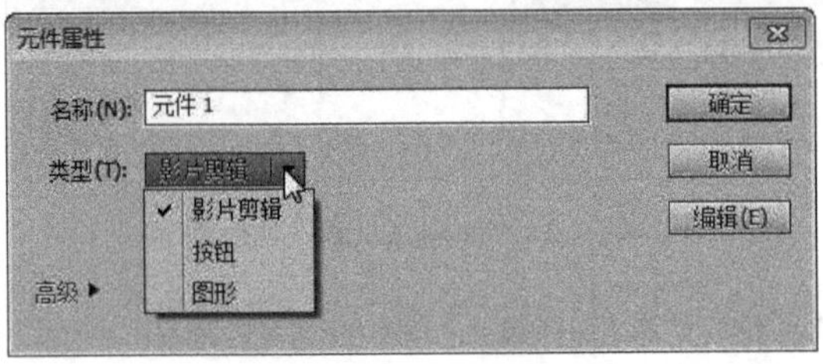

图 9-4 “元件属性”对话框

提示：单击“库”面板底部“属性”按钮，也可以打开“元件属性”对话框。在“库”面板中更改元件类型，不影响舞台中该元件实例的类型。

9.1.4 直接复制元件

直接复制元件可以创建新元件(元件的副本)，也可以在保留原来元件的同时更改元件的类型。在“库”面板中，右击元件，在弹出的快捷菜单中选择“直接复制”命令，打开“直接复制元件”对话框。在该对话框中，输入新元件名称和选择元件的类型，单击“确定”按钮，创建新元件，如图 9-5 所示。

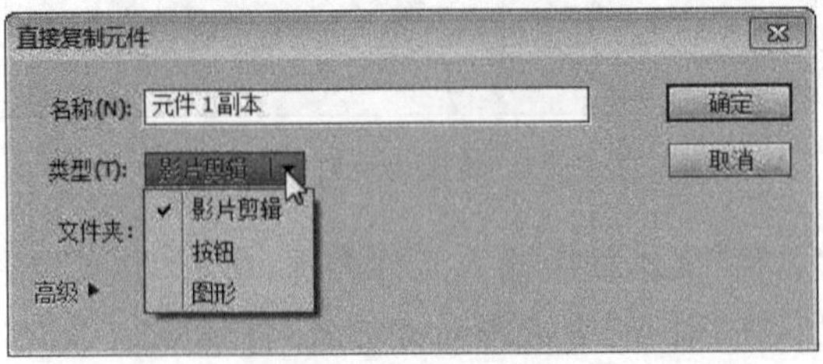

图 9-5 “直接复制元件”对话框(一)

提示：在舞台中右击实例，在弹出的快捷菜单中选择“直接复制元件”命令，打开“直接复制元件”对话框。在该对话框中,命名元件的名称,单击“确定”按钮,可以创建直接复制的同类型元件副本。复制新元件后,舞台中的实例更改为新元件的实例。执行菜单“修改”→“元件”→“直接复制元件”命令,也可以打开此对话框,如图 9-6 所示。

图 9-6 “直接复制元件”对话框(二)

9.1.5 图形元件和影片剪辑元件的区别

初学者不容易分清楚“影片剪辑”类型元件和“图形”类型元件的区别,下面举例说明。

【例 9-1】 “影片剪辑”类型和“图形”类型元件的区别。

动画情景:舞台中有“影片剪辑”类型元件的实例和“图形”类型元件的实例。

(1) 新建 ActionScript 3.0 文档。

(2) 新建“图形”类型元件,命名为“圆”,并在其中绘制一个圆。

(3) 新建“图形”类型元件,命名为“图形元件”,并打开元件编辑窗口。将元件“库”中的元件“圆”拖动到“图层 1”的第 1 帧,在第 20 帧插入帧,创建补间动画。分别在第 10 帧和第 20 帧插入“缩放”属性关键帧,并将第 10 帧中的实例适当地放大,如图 9-7 所示。

(4) 在“库”面板中,右击元件“图形元件”,在弹出的快捷菜单中选择“直接复制”命令,在打开的“直接复制元件”对话框中,输入新元件的名称“影片剪辑元件”,选择“影片剪辑”类型,单击“确定”按钮,创建“影片剪辑”类型元件,如图 9-8 所示。

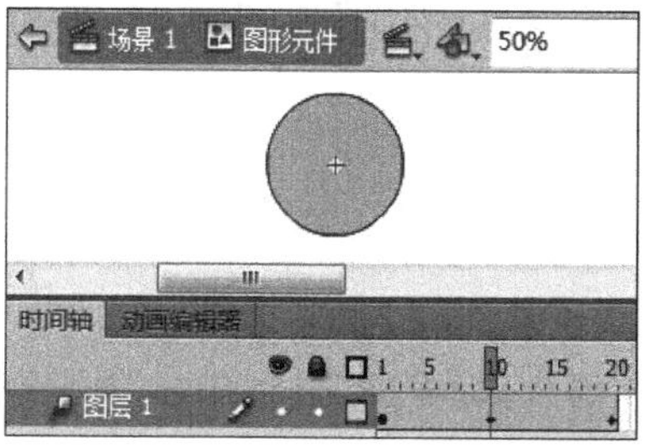

图 9-7 “图形元件”中的动画

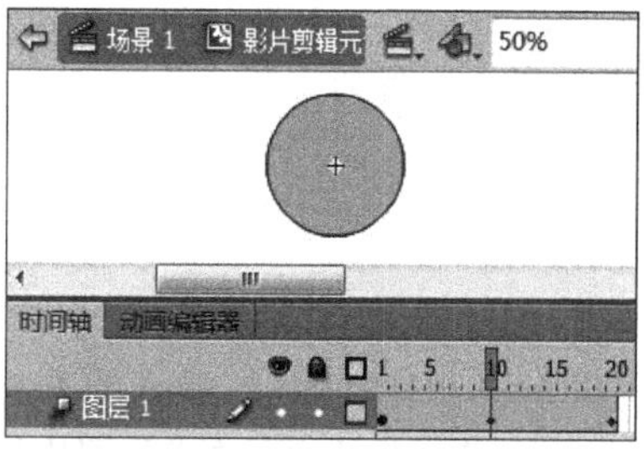

图 9-8 “影片剪辑元件”中的动画

(5) 单击“场景 1”按钮,返回场景。创建两个图层,分别命名为“图形”和“影片剪辑”,并将元件“图形元件”和“影片剪辑元件”分别拖动到图层“图形”和“影片剪辑”的第 1 帧。将“图形元件”实例放在左侧,“影片剪辑元件”实例放在右侧。

(6) 插入新图层,命名为“文本”。在第 1 帧输入两个静态传统文本“图形元件”和“影片剪辑元件”,分别调整文本位置到相应的实例下方,如图 9-9 所示。

(7) 测试动画。“影片剪辑元件”的实例能够播放动画,而“图形元件”实例是静态的,不能播放动画。在三个图层的第 20 帧均插入帧,再测试动画。“图形元件”的实例能够播放动画，如图 9-10 所示。

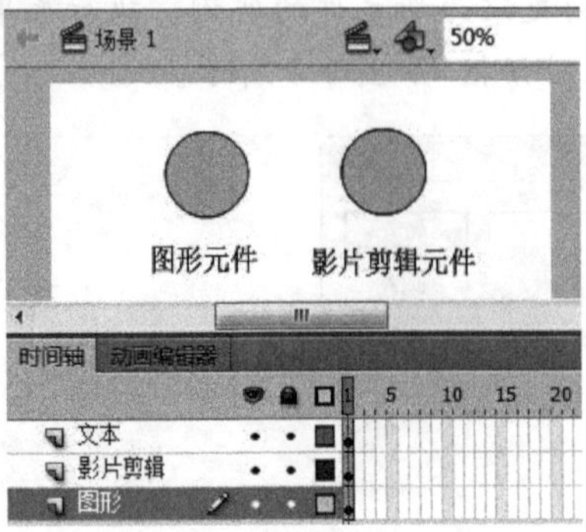

图 9-9　两个元件的实例

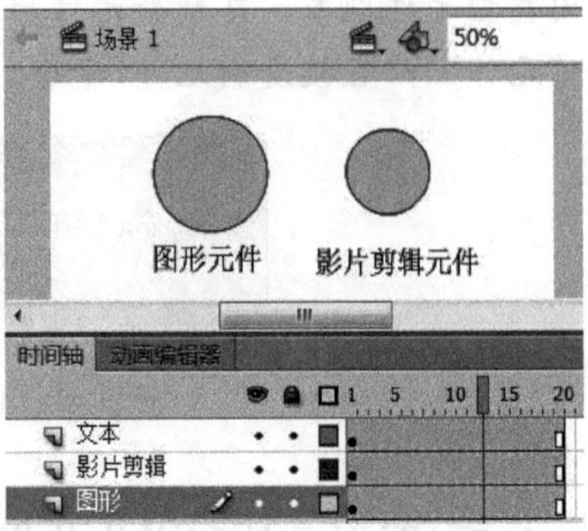

图 9-10　延长动画时间

提示：“影片剪辑”类型元件作为实例时，即使只有一个帧也会不停地循环播放元件中的动画；而“图形”类型元件就不能播放动画。“图形”类型元件实例只有提供与元件相同的帧数，才能完整播放元件中的动画。在场景只提供 10 个帧会怎样？请读者测试。

在动画制作中，一般“图形”类型元件用来存放静态的对象（只有一帧），用来制作动画的元素。因为一个图片或形状转换成元件后，放到别的元件或场景中，可以方便地修改色调、透明度等属性。而且，转换成元件的图形，是属于组合状态的，在制作动画时就不会轻易被修改。另外，如果在制作动画时发现图形的某个地方绘制得不合适，但已经做了多个帧的动画，在这种情况下，如果这图形是元件，只要修改元件中的内容，则舞台中该元件的实例全部得到修改，不需要一帧一帧去修改。

提示：当一个元件在舞台上有多个实例时，对其中的实例进行修改，不会影响对应“库”中的元件。删除舞台上这个元件的所有实例，“库”中的元件不会被删除。修改“库”中的元件时，舞台上的所有该元件的实例都会与之同步修改；删除“库”中元件，将删除舞台上的所有该元件的实例也会被删除。

9.2　库

用 Flash 制作动画时，导入的素材或创建的元件都会放到“库”面板中。“库”分为动画文档的“库”和系统自带的“公用库”。

9.2.1　库

“库”是用来存储与当前 Flash 动画文档有关的符号（或元素）。符号既可以是由 Flash 生成的，也可以是导入到 Flash 中的。由设计者创建的符号叫做元件。在制作动画的过程中，利用“库”还可以查看、组织这些库符号。“库”中的符号都按名称列表于“库”面板窗口中，在符号名称左侧用小图标标识该符号的类型。

在“库”面板选择一个符号时，“库”面板窗口的顶部显示其预览略图。如果选择的符号是动态的或者是声音文件，则可以单击预览窗口的“播放”按钮播放。

9.2.2　公用库

Flash CS6 为用户提供了三种公用库，分别是 Buttons(按钮)、Classes(类)和 Sounds(声音)，其中收集了各种按钮、交互等元件。用户可以从中直接调用元件，而不必自己创建。

执行菜单"窗口"→"公用库"命令，在子菜单中选择 Buttons、Classes、Sounds 之一，可以打开相应的库面板。

(1) Buttons：打开"外部库(按钮)"面板，其中存放了系统自带的按钮元件。

(2) Sounds：打开"外部库(声音)"面板，其中存放了多个声音文件。

(3) Classes：打开"外部库(类)"面板，包括数据绑定类(DataBinding)、组件类(Utils)和网络服务类(WebService)三项。ActionScript 3.0 不支持 Classes 库。

提示：在打开的三种"公用库"面板中，用鼠标拖动元件到舞台成为实例。同时，该元件自动添加到当前文档"库"中。

9.2.3　库的操作

1. 打开库面板

如果已经关闭了库面板，执行菜单"窗口"→"库"命令，可以打开"库"面板，如图 9-11 所示。

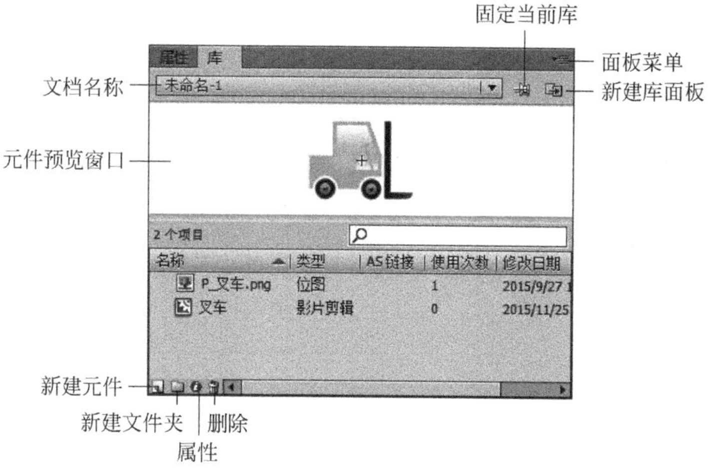

图 9-11　"库"面板

提示：拖动元件列表标题栏中的项目名称，可以更改项目的显示顺序。

(1) 面板菜单：用于打开与面板相关的命令菜单。

(2) 新建库面板：用于打开的是其他文档"库"时，创建当前文档的"库"面板。

(3) 固定当前库：用于固定元件"库"面板。当打开或新建其他文档时，保持显示固定的"库"面板。

(4) 新建元件：用于新建元件。单击将打开“创建新元件”对话框，设置元件的名称和类型，单击“确定”按钮，进入元件编辑窗口，同时在库中也创建一个新的元件。

(5) 新建文件夹：用于新建文件夹，便于管理元件。

(6) 属性：用于打开所选择元件的属性对话框。

(7) 删除：用于删除所选择的元件或文件夹。

提示：在“库”面板中，双击元件名称可对元件名称进行更改，双击元件名称左侧的元件图标，可以打开元件编辑窗口。

2. 新建元件

在“库”面板中，单击“新建元件”按钮，在打开的“创建新元件”对话框中进行相应的设置，单击“确定”按钮，创建新元件。

3. 更改元件的属性

在“库”面板中选取某个元件后，单击“属性”按钮，打开“元件属性”对话框。在该对话框中可对元件的名称和类型进行重新设置。

提示：选择“位图”类型，单击“属性”按钮，将打开“位图属性”对话框，如图 9-12 所示。

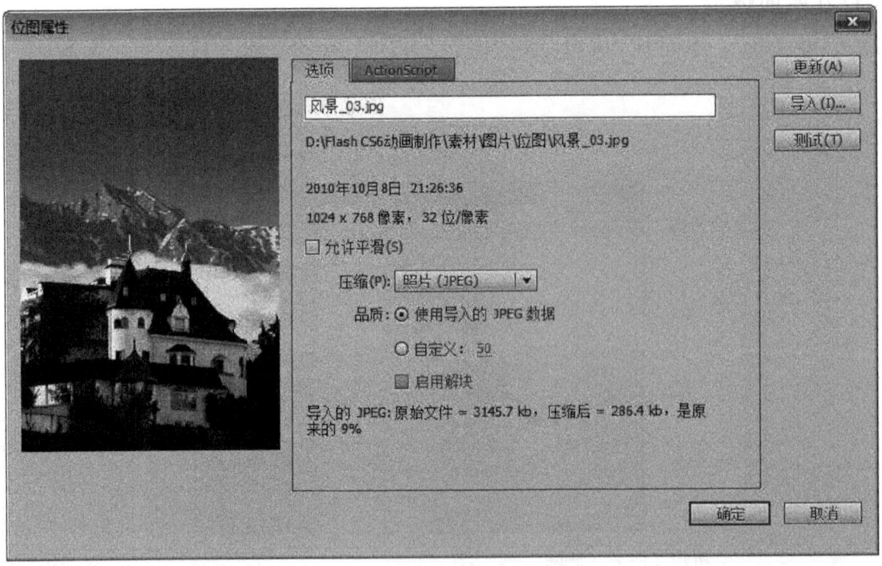

图 9-12 “位图属性”对话框

将位图导入到舞台时，除了将位图导入到舞台，还在元件“库”中存放“位图”类型的符号。相当于先将位图以“位图”类型导入到“库”后，再将该位图拖动到当前编辑窗口的舞台。如果直接将位图导入到“库”，则将在“库”面板导入“位图”类型的符号。

“允许平滑”复选框用于设置位图的平滑度，避免放大位图时发生严重的失真。

4. 删除元件

在“库”面板中，选择要删除的元件，单击“删除”按钮或将该元件拖动到“删除”按钮上，可以删除元件“库”中的元件。

提示： 选择元件后，按 Delete 键可以直接删除该元件。

5. 用“文件夹”管理元件

在“库”面板中，单击“新建文件夹”按钮，将在“库”面板中创建一个文件夹，同时文件夹名称处于编辑状态(用反显表示)，在文本框中输入新文件夹的名称，创建新文件夹。在“库”面板中，用鼠标拖动元件至文件夹，即可将元件放入文件夹中。这样可以把众多元件分类放在不同的文件夹中，以便于日后查看和管理。

6. 导入素材到“库”

执行菜单“文件”→“导入”→“导入到库”命令，在打开的“导入到库”对话框中选择需要的素材，单击“打开”按钮，将所选择的素材导入到当前动画文档的“库”中。

Flash CS6 除支持导入 BMP、GIF、JPEN、PNG 等常用文件格式外，还支持导入 Illustrator 的 AI 文件和 Photoshop 的 PSD 文件格式，也可以导入 Flash 的 SWF 文件到“库”面板中作为影片剪辑元件。

提示： 位图和矢量图导入到“库”时，将在“库”面板分别存储为“位图”类型和“图形”类型。

7. 调用其他动画文档中的“库”

制作动画中，除了可以调用当前文档“库”中的元件和“公用库”中的元件外，还可以将其他动画文档“库”中的元件调用到当前动画中。

(1) 执行菜单“文件”→“导入”→“打开外部库”命令，将打开“作为库打开”对话框，如图 9-13 所示。

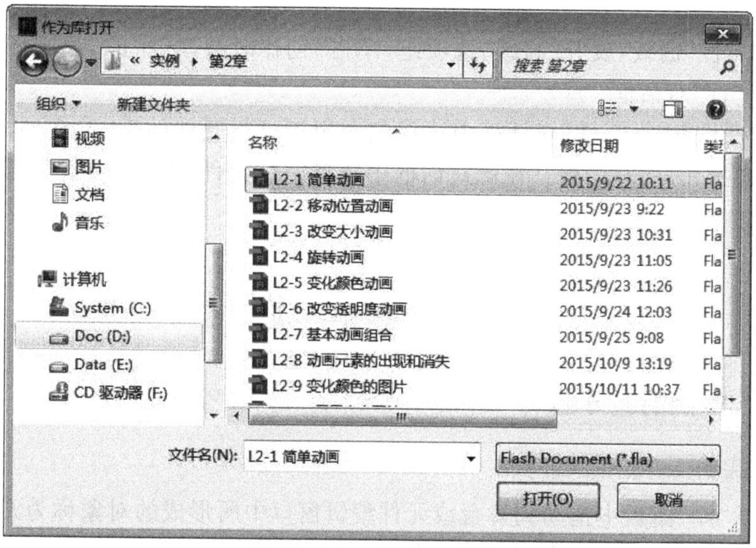

图 9-13　“作为库打开”对话框

(2) 在该对话框中选择需要的动画文档(.fla 格式)，单击“打开”按钮，将打开该动画的元件“库”，如图 9-14 所示。左侧为外部动画文档的“库”面板，右侧为当前动画文档的

“库”面板。

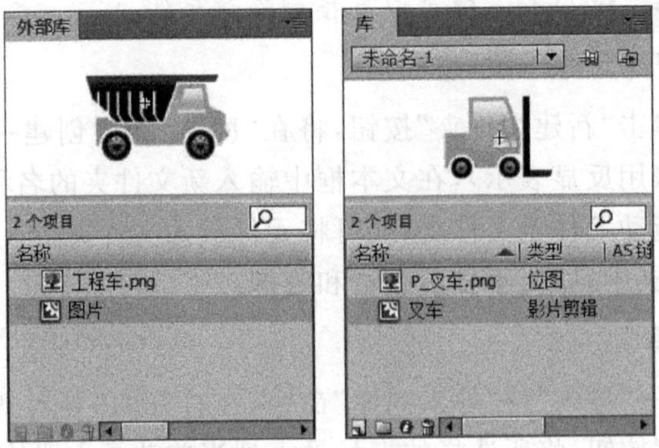

图 9-14 打开的外部库和当前动画库

提示：此时将打开外部动画文档的元件“库”，而不会打开该动画文档。可以调用外部动画文档“库”中的元件，但不能对元件进行编辑，也不能对外部库进行操作。

(3) 在外部动画文档的“库”面板选择要调用的元件，将其从“库”面板中拖动到当前文档的舞台，则将该元件作为实例放入到舞台，同时将该元件复制并存放到当前动画文档的元件“库”面板。

8. 更新或替换元件内容

在“库”面板中，可以将当前 Flash 文档中的元件，更新或替换为另一个 Flash 文档中的元件，方法如下：

(1) 在当前 Flash 文档的“库”面板中选择元件，单击“属性”按钮，打开“元件属性”对话框。

(2) 在“属性”面板，展开“高级”选项组，单击“创作时共享”中的“源文件”按钮，打开“查找 FLA 文件”对话框。

(3) 在“查找 FLA 文件”对话框中选择包含用于更新元件的 FLA 文件，单击“打开”按钮，打开“选择元件”对话框。在此对话框中选择一个元件，单击“确定”按钮，完成更新或替换元件的操作。

9.3 实　　例

9.3.1 实例的基本操作

1. 创建实例

将元件从“库”面板中拖动到舞台或元件编辑窗口中所形成的对象称为元件的实例。

舞台中的对象并不都是实例，例如，在舞台用“椭圆工具”绘制一个圆，用“选择工具”选择圆后，在“属性”面板可以看到是“形状”，如图 9-15 所示。

提示：在形状“属性”面板中，可以更改“形状”的笔触、外形轮廓、尺寸、位置、颜色(笔触和填充)；可以利用“任意变形工具”重塑形状；还能制作“形状补间”动画，其用途广泛。

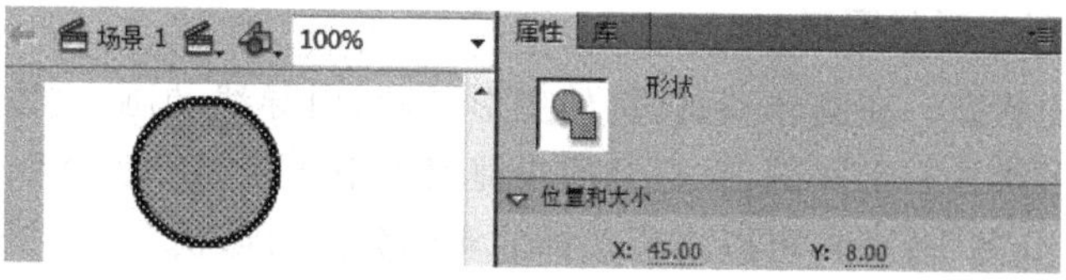

图 9-15　舞台中的形状对象

用“选择工具”选择舞台中的圆(形状),将其转换为元件后,这个圆就成为元件的“实例”,如图 9-16 所示。

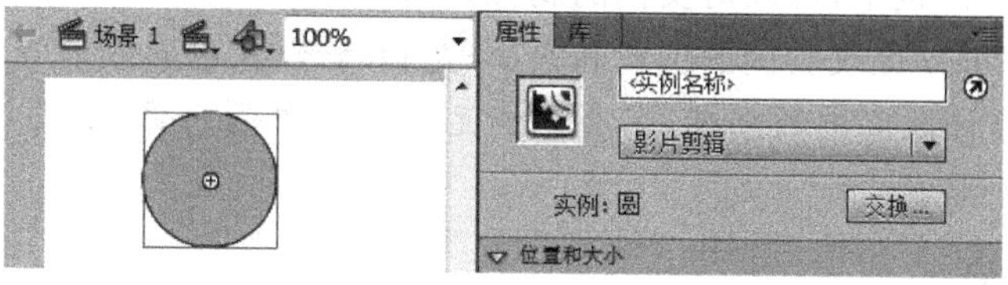

图 9-16　舞台中的实例

2. 更改实例行为(类型)

实例的行为(类型)有“影片剪辑”、“按钮”和“图形”。其中,“按钮”和“影片剪辑”行为的实例还能命名为“实例名称”(在动作脚本中实例是用“实例名称”识别的)。三种实例的行为还能相互转换,如图 9-17 所示。

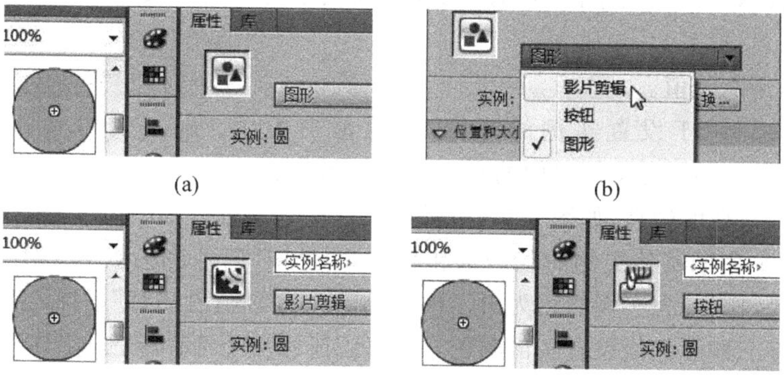

(a)　(b)　(c)　(d)

图 9-17　实例的类型及其转换

提示:元件拖动到舞台上时,实例的行为是由元件的类型指定的。根据制作动画的需要可以更改实例的行为,更改实例的行为不影响元件的类型。将例 9-1 中的“图形元件”实例的行为更改为“影片剪辑”后,只有一个帧也能播放动画。但元件“库”中的元件“图形元件”的类型没有被更改。

3. 为实例交换元件

在制作动画的过程中,选择关键帧中的实例,在该实例的“属性”面板中单击“交换”按钮,打开“交换元件”对话框,选择要交换的元件,可以更换为元件“库”中的其他元件。

4. 将实例分离为形状图形

实例是组合的状态。在制作动画(例如变形动画、引导线动画、文本动画)时,经常需要将实例分离为形状。右击实例,在打开的快捷菜单中选择"分离"命令(或选择实例后执行菜单"修改"→"分离"命令),可以将所选择的实例分离为形状。

提示:有些实例(如文本实例)需要执行多次"分离"命令,才能分离为形状。

9.3.2 实例属性的设置

在实例"属性"面板中,可以对实例的属性进行设置。不同类型元件的实例属性设置项也不相同,但都可以更改实例的位置和大小(宽和高)以及色彩效果等。

提示:在舞台修改实例的属性,不会影响元件"库"中的元件;反之,修改元件的内容会影响到此元件的实例。

1. 位置和大小

"位置和大小"选项组用于查看和编辑实例的位置和大小,如图9-18所示。

提示:宽高比按钮用于修改实例的宽度或高度时,保持宽高比例。

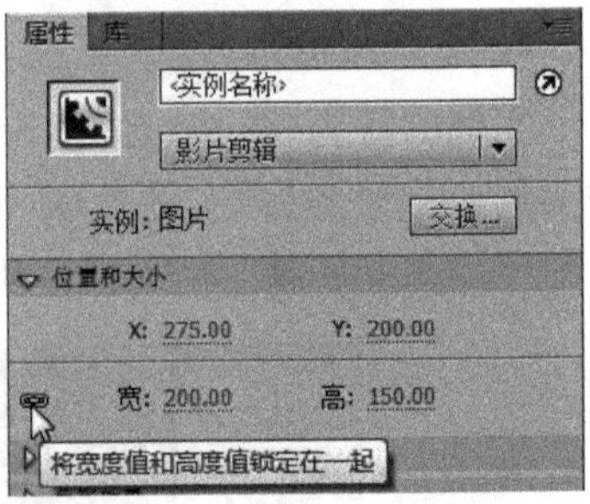

图9-18 "位置与大小"选项

2. 色彩效果

"色彩效果"选项组用于设置实例的亮度、色调、透明度等。"色彩效果"选项组的"样式"列表中提供了五个选项。

(1) 无:用默认值。

(2) 亮度:用于设置实例的亮度,取值范围为-100%~100%。0%为实例原始的亮度,-100%为亮度最低,100%为亮度最高,如图9-19(a)所示。

(3) 色调:用于调整实例的色调量和颜色。"色调"值范围为0%~100%。0%为保持原来的颜色,100%为实例颜色为由三种颜色混合出的颜色;"红"、"绿"、"蓝"值范围为0~255。调整三种原色值设置实例颜色。"着色"按钮用于选择颜色,如图9-19(b)所示。

(4) 高级:设置实例的透明度及透明度的偏移量和三种原色的百分比和偏移量,如图9-19(c)所示。

(5) Alpha:用于设置实例透明度,取值范围为0%~100%。0%为透明,100%为不透明,如图9-19(d)所示。

【例9-2】 利用图形实例的色调选项制作红绿灯。

动画情景:按照绿灯(0~15帧)、黄灯(18~25帧)、红灯(28~40帧)顺序亮灯。

(1) 新建文档。

(2) 新建"图形"类型元件,命名为"圆"。在元件中绘制宽高为100×100像素的红色圆,元件对齐舞台中心。

(3) 新建"影片剪辑"类型元件,命名为"信号灯"。在元件中创建三个图层,分别为"红色"、"黄色"和"绿色"。将元件"圆"分别拖动到三个图层的第1帧。按图层"红色"中

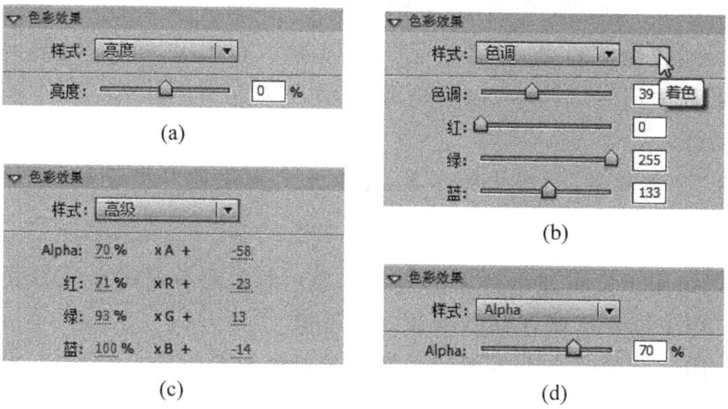

图 9-19　“色彩效果”选项组

的实例、“黄色”中的实例、“绿色”中的实例顺序从左到右水平排列为信号灯，相对舞台垂直中齐、水平居中分布，如图 9-20 所示。

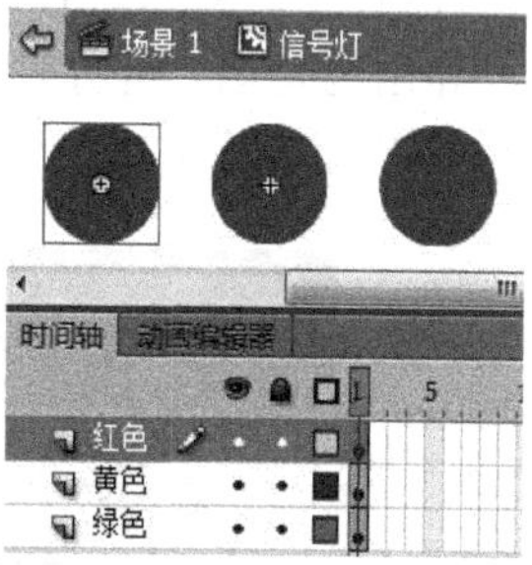

图 9-20　元件“信号灯”

(4) 在图层“绿色”中，选择第 1 帧中的实例，打开“属性”面板。在“色彩效果”选项组的“样式”列表中选择“色调”，单击“着色”按钮，打开拾色器，选择绿色(#00FF00)，“色调”设置为 100%。

在第 15 帧插入关键帧，并选择该帧中的实例，在“色彩效果”选项组的“色调”中，单击“着色”按钮，打开拾色器，选择深灰色(#666666)，“色调”设置为 100%。

(5) 在图层“黄色”中，选择第 1 帧中的实例，在“色彩效果”选项组的“色调”中，单击“着色”按钮打开拾色器，选择深灰色(#666666)，“色调”设置为 100%。

在第 18 帧插入关键帧，将该帧中的实例设置为黄色(#FFFF00)。

在第 25 帧插入关键帧，将该帧中的实例设置为深灰色(#666666)。

(6) 在图层“红色”中，选择第 1 帧中的实例，在“色彩效果”选项组的“色调”中，单击“着色”按钮打开拾色器，选择深灰色(#666666)，“色调”设置为 100%。

在第 28 帧插入关键帧，将该帧中的实例设置为红色(#FF0000)，“色调”设置为 100%。

(7) 分别在三个图层的第 40 帧插入帧，如图 9-21 所示。

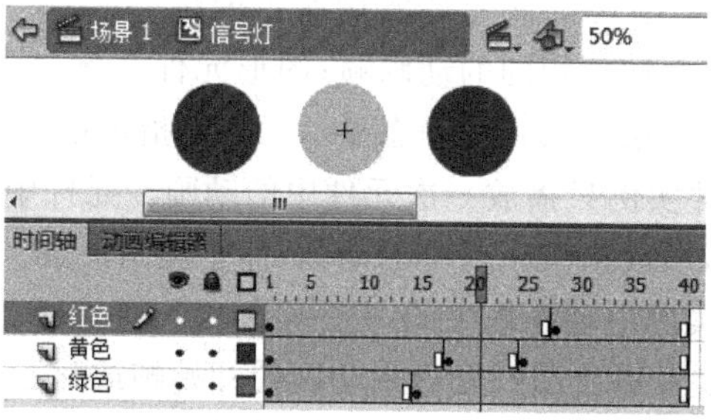

图 9-21　完成的元件“信号灯”

(8) 返回到场景。创建两个图层,分别命名为“信号灯”和“箱体”,图层“信号灯”在上层。将元件“信号灯”拖动到图层“信号灯”的第 1 帧。在图层“箱体”的第 1 帧绘制浅灰色(#999999)矩形作为信号灯箱体,如图 9-22 所示。

(9) 测试动画。

提示:利用“色彩效果”选项中的参数,可以为实例设置不同的颜色。

3. 显示

“显示”选项组用于设置显示对象的显示和显示对象层叠时的显示方式。

(1) 可见:用于设置实例在动画播放时的可见。

(2) 混合:用于设置两个上下图层中的显示对象层叠时的显示方式,共有 14 种。

(3) 呈现:有“原来的(无更改)”、“缓存为位图”和“导出为位图”三个选项。

缓存为位图:运行时转换为位图存储在用户的计算机内存中。对于用户的计算机来说,对内存中的对象进行调用。

导出为位图:运行时转换为位图显示,如图 9-23 所示。

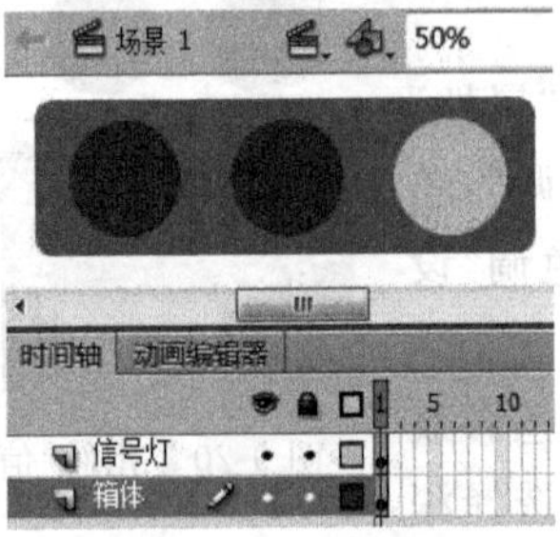

图 9-22 完成动画的场景

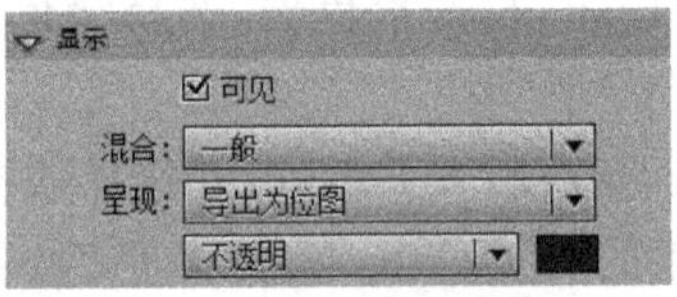

图 9-23 “显示”选项

提示:通过设置“混合”和“呈现”,可以得到显示对象层叠的特殊效果。

4. 循环

“循环”选项组是图形元件实例特有的属性,用于设置图形元件实例中动画序列的播放,实现一些特别的效果。图形元件实例的“循环”选项,如图 9-24 所示。

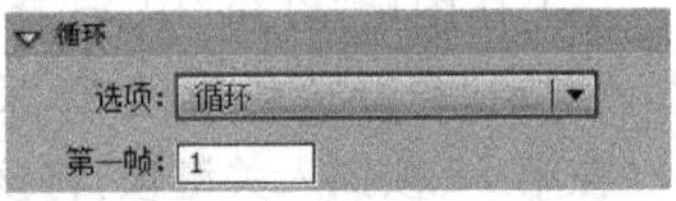

图 9-24 “循环”选项

(1) 选项:有“循环”、“播放一次”和“单帧”三个选项。

循环:图形元件实例中循环播放图形元件中的动画。元件中动画帧数多于场景中该元件实例所占的帧数时,循环播放与实例所占帧数相同的动画帧;图形元件实例只占一个帧时,只会循环播放元件中的一个帧(默认为第 1 帧),即静态显示元件的指定帧。

播放一次:图形元件实例只播放一次元件中的动画。元件中动画帧数少于场景中该元件实例所占的帧数时,播放结束元件中的动画,停止动画播放。

单帧:只显示图形实例中动画帧中的一个帧。

(2) 第一帧:用于设置播放图形元件中动画的开始帧或显示帧。

【例 9-3】 利用图形实例的循环选项制作红绿灯。

动画情景：按照绿灯(0～15 帧)、黄灯(17～23 帧)、红灯(25～35 帧)顺序亮灯。

(1) 新建文档。

(2) 新建"图形"类型元件，命名为"圆"。在元件中的第 1 帧绘制 100×100 像素的绿色圆，分别在第 2 帧、第 3 帧、第 4 帧插入关键帧。第 2 帧中的圆修改为红色，第 3 帧中的圆修改为黄色，第 4 帧中的圆修改为浅灰色(＃999999)。

(3) 新建"影片剪辑"类型元件，命名为"信号灯"。在元件中创建三个图层，分别命名为"红色"、"黄色"和"绿色"。将元件"圆"分别拖动到三个图层的第 1 帧。将图层"红色"中的实例、"黄色"中的实例、"绿色"中的实例从左到右顺序水平排列为信号灯，相对舞台垂直中齐、水平居中分布。

(4) 在图层"绿色"中，选择第 1 帧中的实例，打开"属性"面板。将"循环"选项组中的"选项"选择为"单帧"，在"第一帧"文本框中输入 1(绿色)，如图 9-25 所示。

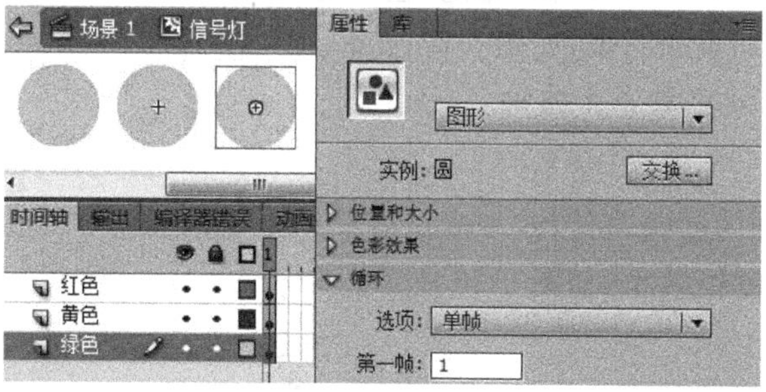

图 9-25 设置"循环"选项

在第 15 帧插入关键帧，选择该帧中的实例，"选项"选择为"单帧"，在"第一帧"文本框中输入 4(浅灰色)。

(5) 在图层"黄色"中，选择第 1 帧中的实例，将"循环"选项组中的"选项"选择为"单帧"，在"第一帧"文本框中输入 4(浅灰色)。

在第 17 帧插入关键帧，选择该帧中的实例，"选项"选择为"单帧"，将"第一帧"文本框中输入为 3(黄色)。

在第 23 帧插入关键帧，选择该帧中的实例，"选项"选择为"单帧"，将"第一帧"文本框中输入为 4(浅灰色)。

(6) 在图层"红色"中，选择第 1 帧中的实例，将"循环"选项组中的"选项"选择为"单帧"，在"第一帧"文本框中输入 4(浅灰色)。

在第 25 帧插入关键帧，选择该帧中的实例，"选项"选择为"单帧"，在"第一帧"文本框中输入 2(红色)。

(7) 返回到场景，创建两个图层，分别命名为"信号灯"和"箱体"，图层"箱体"在下层。将元件拖动到图层"信号灯"的第 1 帧。在图层"箱体"绘制深灰色(＃666666)圆角矩形作为信号灯的箱体。

(8) 测试动画。播放效果，如图 9-26 所示。

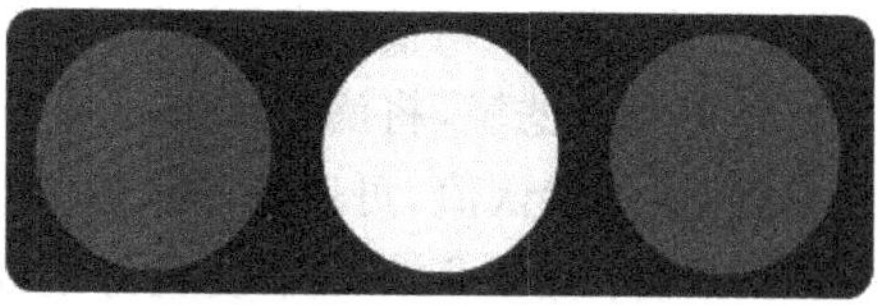

图 9-26 测试动画

提示：在图形元件实例“属性”面板的“循环”选项组中，“选项”选择为“单帧”，并指定“第一帧”，可以查看元件的该帧在舞台中的位置，根据需要可以调整实例的位置。“影片剪辑”类型的实例转换为“图形”类型实例后，可以查看指定帧的位置并调整实例的位置。调整后再将实例转换为“影片剪辑”类型。

9.3.3 实例的滤镜设置

在 Flash CS6 提供了六种滤镜用于影片剪辑实例、按钮实例、文本框实例。在实例“属性”面板的“滤镜”选项中可以添加设置滤镜。

提示：图形元件实例不能应用滤镜。

1. 添加滤镜

选择实例，打开“属性”面板，在“滤镜”选项组中，单击“添加滤镜”按钮，在打开菜单中选择滤镜，可以为实例添加滤镜，如图 9-27 所示。

提示：对实例可以添加多个滤镜。

2. 编辑滤镜

编辑对实例添加的滤镜，可以改变滤镜效果。在“滤镜”选项面板，选择编辑已添加滤镜的参数，可以调整滤镜效果，如图 9-28 所示。

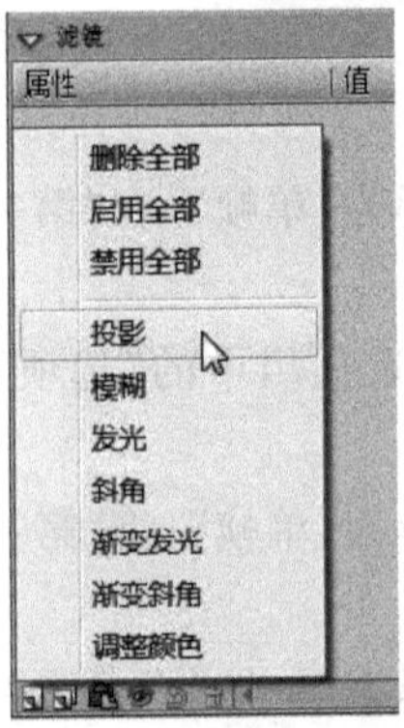

图 9-27 “滤镜”选项面板

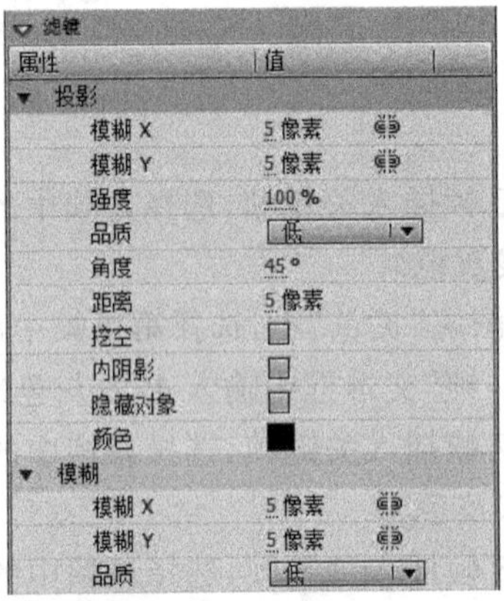

图 9-28 编辑滤镜

3. 面板操作

“滤镜”选项面板底部提供了功能按钮，从左到右分别为“添加滤镜”、“预设”、“剪贴板”、“启用或禁用滤镜”、“重置滤镜”和“删除滤镜”按钮。

(1) 添加滤镜：用于添加滤镜。菜单中列出了六个滤镜，还有“删除全部”、“启用全部”、“禁用全部”和“调整颜色”命令。

菜单中选择滤镜，将滤镜添加所选择实例，同时在“滤镜”选项列表框中列出该滤镜的名称、属性及其默认值，可以修改属性的默认值。

(2) 预设：用于保存一个设置好的滤镜，并将该滤镜应用到其他实例上。还可以进行“重命名”和“删除”操作。

(3) 剪贴板：将设置好的滤镜复制到剪贴板，也可以将剪贴板中的滤镜粘贴到其他实例。

(4) 启用或禁用滤镜：启用或禁用添加到实例上滤镜。

(5) 重置滤镜：用于将所选择的滤镜参数恢复为默认值。

(6) 删除滤镜：删除添加到实例上的指定滤镜。

9.4 制作按钮元件

使用按钮可以实现人与动画的交互。用鼠标操作按钮有“弹起”、“指针经过”、“按下”和“点击”四个设定的状态。

在“库”面板中单击“新建元件”按钮，在打开的“创建新元件”对话框中，将元件命名为“按钮举例”，选择“按钮”类型后，单击“确定”按钮，创建按钮元件，并打开元件“按钮举例”的编辑窗口，如图 9-29 所示。

“按钮”元件的编辑窗口的时间轴有 4 个帧，每一帧都有特定的功能。

(1) “弹起”帧：用于设置鼠标指针没有经过按钮时该按钮的外观。

(2) “指针经过”帧：用于设置当鼠标指针滑过按钮时该按钮的外观。

(3) “按下”帧：用于设置鼠标单击按钮时该按钮的外观。

(4) “点击”帧：用于定义响应鼠标滑过或单击的区域。此区域在播放动画时不显示。

提示：在“点击”帧中定义的区域也叫按钮的“热区”，是按钮对鼠标响应的区域。

【例 9-4】 制作简单的按钮。

动画情景：舞台中的绿色按钮，当鼠标指向按钮时变为蓝色，按下鼠标时为红色，鼠标离开时恢复绿色。

(1) 新建文档。

(2) 新建“按钮”类型元件，命名为“开始”，“类型”为“按钮”，如图 9-30 所示。

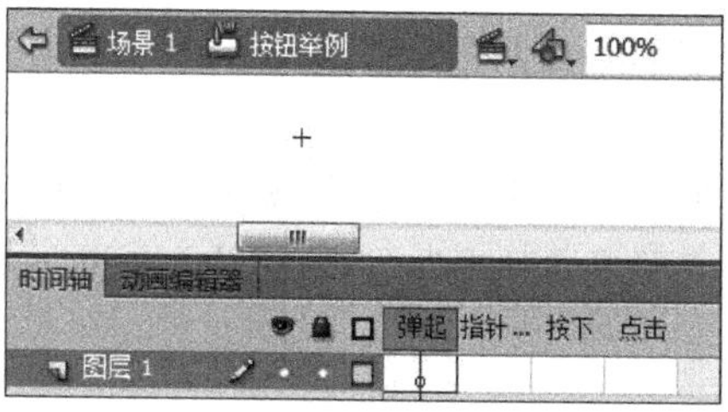

图 9-29 “按钮”元件编辑窗口

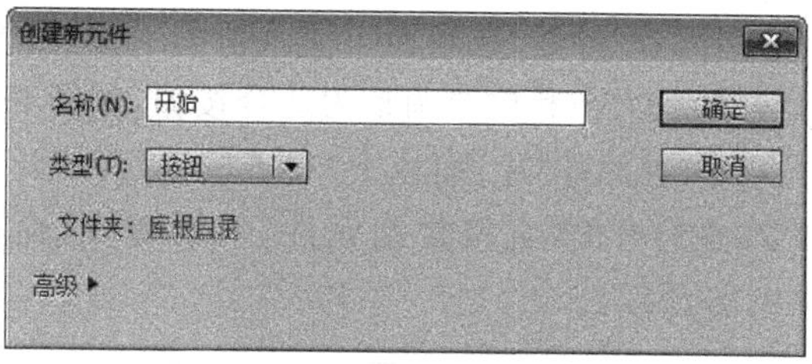

图 9-30 “创建新元件”对话框

(3) 单击“确定”按钮，打开按钮元件“开始”的编辑窗口。

(4) 在“图层 1”的“弹起”帧舞台中，绘制一个圆角矩形，并填充绿色，将矩形中心对齐编辑窗口的中心点“+”，如图 9-31 所示。

(5) 在“指针经过”帧和“按下”帧分别插入关键帧，在“点击”帧插入帧。将“指针经过”帧中的矩形填充蓝色，“按下”帧中的矩形填充红色，如图 9-32 所示。

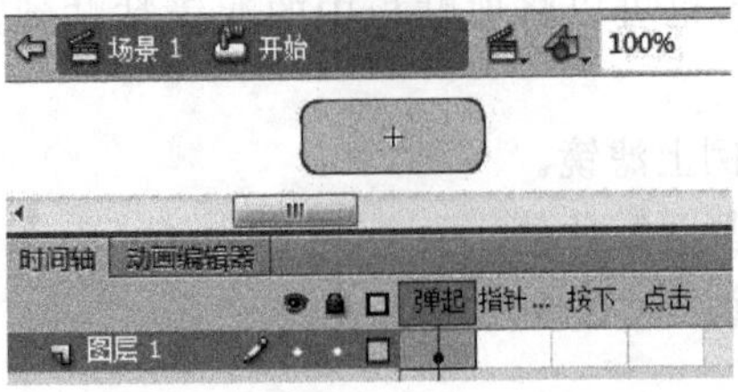

图 9-31　在“弹起”帧绘制圆角矩形

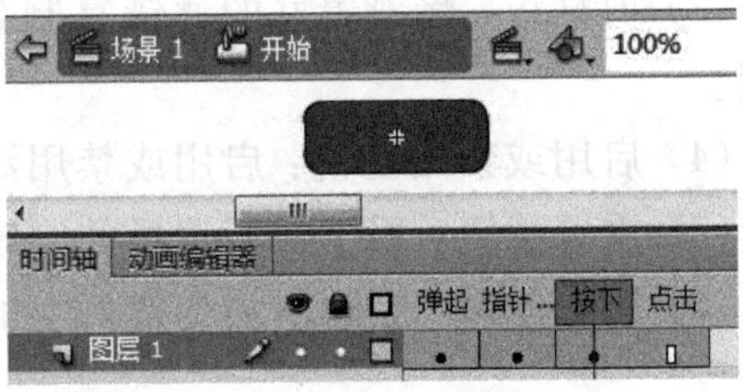

图 9-32　完成的按钮元件窗口

(6) 返回到场景，将元件“开始”拖动到舞台。

(7) 测试动画。按钮显示为绿色，当鼠标指向按钮时，鼠标指针变为手指状，同时按钮显示为蓝色；按下鼠标时，按钮显示为红色，如图 9-33 所示。

图 9-33　测试按钮

提示：在“控制”菜单中，勾选“启用简单按钮”命令，可以在舞台直接测试按钮效果。测试完成后要取消勾选。

“点击”帧的作用是定义鼠标的响应区域。如果没有定义一个有效区域，则单击按钮操作可能变得不方便。

前三个帧中的对象分别对应鼠标的不同操作，不同的帧可以有不同的对象。

9.5　按钮的制作技术

1. 制作形状一致的按钮

在一个动画中可能需要多个按钮。为了画面的美观，需要制作大小和形状一致的按钮。利用复制元件和复制帧的方法可以制作出大小和形状一致的按钮。

【例 9-5】 制作两个形状相同的按钮。

动画情景：舞台上有“开始”和“退出”两个形状和颜色及状态一致的按钮。

(1) 新建文档。

(2) 新建“按钮”类型的元件，命名为“开始”。制作一个圆角矩形按钮(方法见例 9-4)。在按钮元件“开始”编辑窗口插入新图层，命名为“文字”，并在其“弹起”帧输入传统静态文本“开始”，大小和位置调整为适合按钮，如图 9-34 所示。

(3) 在元件“库”面板中，右击按钮元件“开始”，在弹出的快捷菜单中选择“直接复制”命令，在打开的“直接复制元件”对话框中，命名新元件为“退出”，“类型”为“按钮”，如图 9-35 所示。

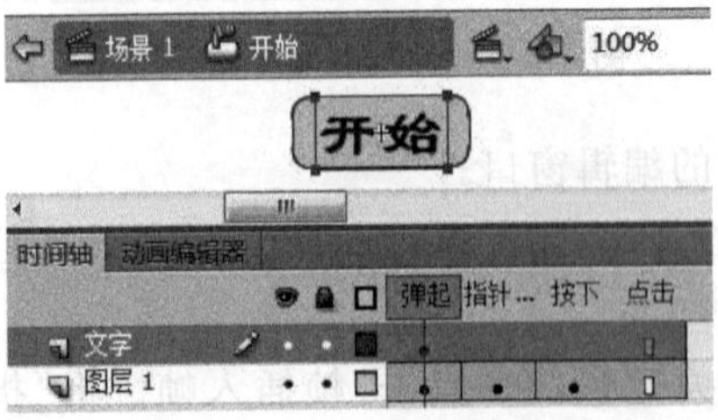

图 9-34　制作文字的按钮

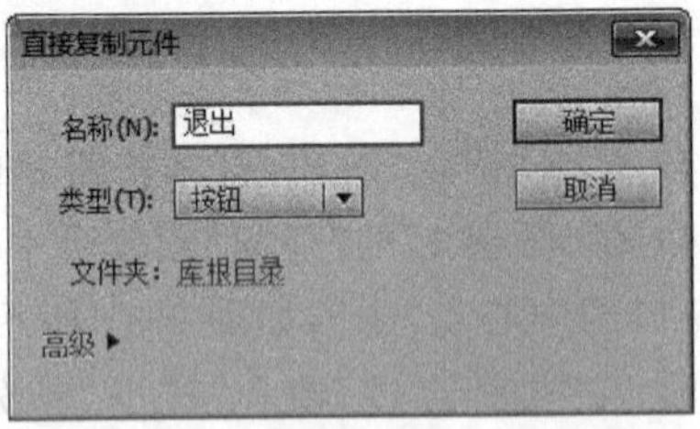

图 9-35　“直接复制元件”对话框

(4) 单击“确定”按钮，在元件“库”面板中创建按钮元件“退出”，如图 9-36 所示。双击元件“退出”图标，打开元件“退出”的编辑窗口，将文本“开始”修改为“退出”。

(5) 返回场景，将两个按钮元件分别拖动到舞台，可以看到两个形状一致的按钮，如图 9-37 所示。

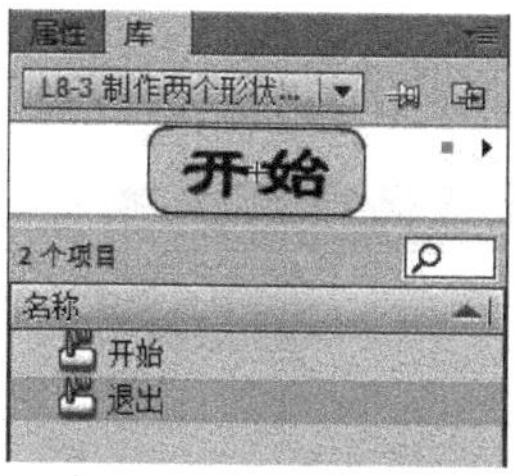

图 9-36　复制元件

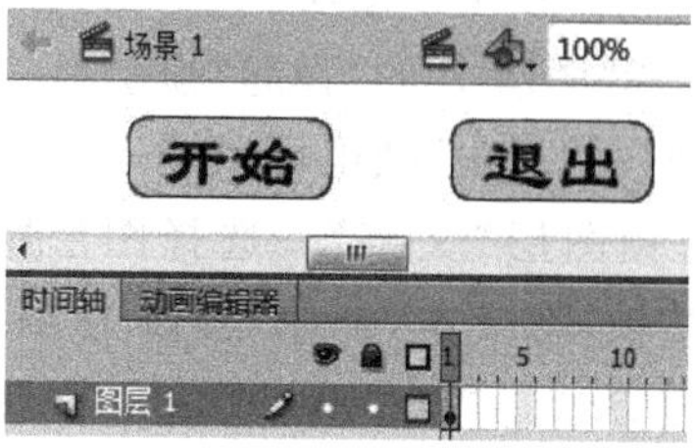

图 9-37　两个形状一致的按钮

(6) 测试按钮。两个按钮形状及鼠标操作状态均一致。

2. 按钮中文字动画效果的制作

【例 9-6】 文字会动的按钮。

动画情景：鼠标指向按钮和单击按钮时，按钮上的文字颤动。

(1) 新建文档。

(2) 新建“按钮”类型的元件，命名为“按钮”。

(3) 在元件“按钮”编辑窗口，插入新图层命名为“文字”。在图层“文字”的“弹起”帧中输入传统静态文本“会动的文字”，并设置文本的大小、字体，位置相对舞台居中等。在“指针经过”帧和“按下”帧分别插入关键帧。锁定该图层。

(4) 在“图层 1”的“弹起”帧绘制一个圆角矩形，大小适合文本。然后在其他三个帧中分别插入关键帧(在“点击”帧也可以插入帧)，如图 9-38 所示。

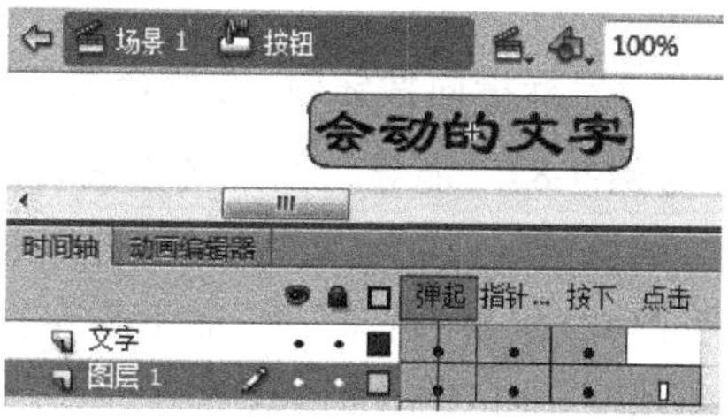

图 9-38　绘制适合文本大小的矩形

提示：根据需要可以将前三个帧中的按钮形状分别设置为不同的颜色。

(5) 解锁图层“文字”。选择“文字”图层中“指针经过”帧，此时该帧中的文本被选中。分别按两次向下和向右光标移动键，移动文本的位置。

提示：按下一次光标移动键可以将对象移动一个像素的距离。

(6) 返回场景，将元件“按钮”拖动到舞台。

(7) 测试动画。当鼠标移动到按钮上时，文本向下、向右轻移；按下鼠标时，文本回到原位置(文本向上、向左轻移)。

提示：在已经制作好的按钮上添加文字时，如果按钮的大小不适合文本，可以先调整“弹起”帧中的按钮形状，然后复制该帧，粘贴到其他三个帧，保持按钮的大小适合文本。

【例 9-7】 切换文字的按钮。

动画情景：鼠标指向按钮时，切换按钮中的文字。

(1) 新建文档。

(2) 新建“按钮”类型的元件,命名为“按钮”。

(3) 在元件“按钮”编辑窗口,插入新图层命名为“文字”。选择图层“文字”的“弹起”帧,输入传统静态文本“开始”,并设置文本大小、字体等。在“指针经过”帧和“按下”帧分别插入关键帧。锁定该图层。

(4) 选择“图层 1”的“弹起”帧绘制一个圆角矩形,大小适合文本。在其他三个帧分别插入关键帧(在“点击”帧也可以插入帧)。

(5) 解锁图层“文字”。选择图层“文字”的“指针经过”帧,将文本“开始”修改为“START”,如图 9-39 所示。

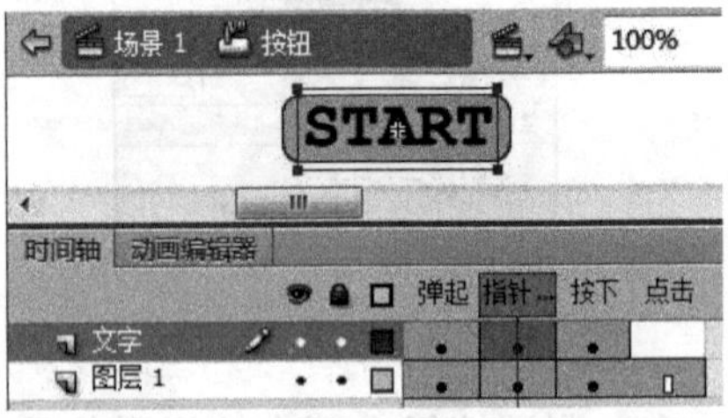

图 9-39 修改“指针经过”帧中的文字

(6) 返回场景。将元件“按钮”拖动到舞台。

(7) 测试动画。按钮上文字的默认状态为“开始”,当鼠标指针移动到按钮上时,文本切换为“START”;按下鼠标左键时,文本又切换为“开始”。

提示:制作动画和编辑元件时,锁定暂时不操作的图层是好习惯。需要编辑修改图层中的帧内容时,先解锁图层后,再编辑修改帧内容。编辑完成后,再及时锁定图层。

9.6 按钮的应用

1. 鼠标指向按钮时,在舞台显示图片或播放动画

【例 9-8】 能导入图片的按钮。

动画情景:舞台有两个按钮“照相机”和“轿车”。鼠标指向按钮“照相机”时,显示照相机图片;指向“轿车”时,显示轿车图片;鼠标指针离开按钮时,图片消失。

(1) 新建文档。

(2) 分别导入照相机、轿车图片(素材\图片\PNG\P_照相机.png、P_轿车.png)到元件“库”。

(3) 新建“按钮”类型的元件“照相机”,在其中制作有文字的矩形按钮,如图 9-40 所示。

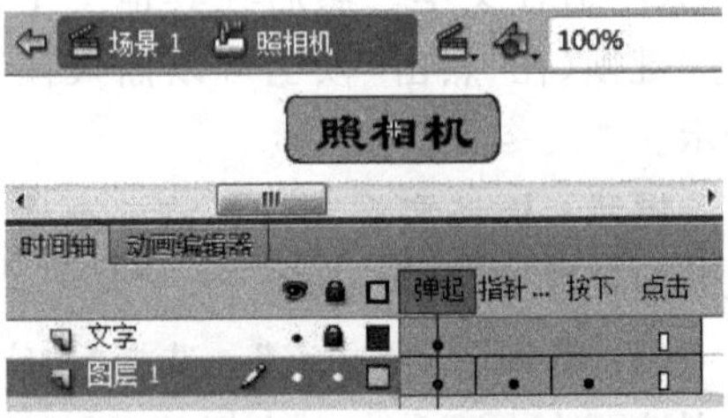

图 9-40 按钮元件“照相机”编辑窗口

(4) 在元件“照相机”编辑窗口,插入新图层,命名为“图片”。在该图层的“指针经过”帧插入空白关键帧,并将元件“库”中的位图“P_照相机.png”拖动到该帧,在“按下”帧插入空白关键帧。锁定所有的图层,如图 9-41 所示。

(5) 在元件“库”面板中,右击按钮元件“照相机”,在弹出的快捷菜单中选择“直接复制”命令,创建按钮元件“轿车”。双击打开按钮元件“轿车”编辑窗口,解锁“文字”图层,将“弹起”帧中的文本“照相机”修改为“轿车”,锁定图层,如图 9-42 所示。

图 9-41　在按钮“照相机”中加入图片

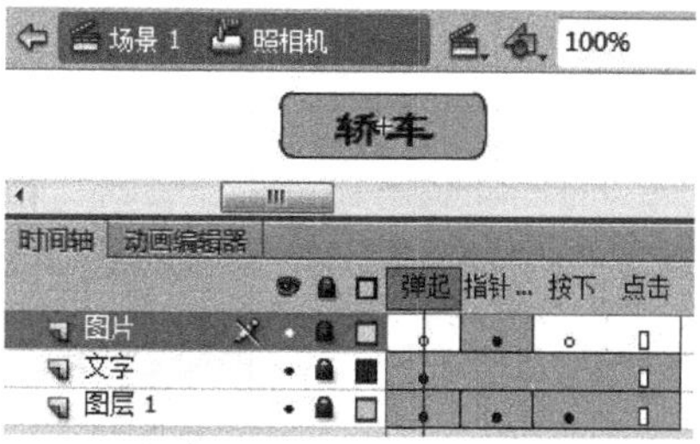

图 9-42　按钮元件“轿车”编辑窗口

(6) 解锁图层“图片”，选择“指针经过”帧中的“P_照相机.png”图片，在“属性”面板中单击“交换”按钮，在打开的“交换位图”对话框中选择位图“P_轿车.png”，单击“确定”按钮交换图片，如图 9-43 所示。

(7) 返回到场景。将元件“库”面板中的按钮元件“照相机”和“轿车”分别拖动到舞台。

(8) 测试动画。当鼠标指向按钮“照相机”时，显示照相机图片；当鼠标指向按钮“轿车”时，显示轿车图片，如图 9-44 所示。

图 9-43　在按钮“轿车”中加入图片

图 9-44　测试按钮效果

提示：在图 9-41 和图 9-43 中，图层“图片”的“按下”帧是空白关键帧，“点击”帧是空白帧。因此，当鼠标指向按钮时显示图片，按下鼠标时图片消失。

按钮元件的“点击”帧的内容是鼠标响应区域。在按钮形状外添加内容时，要考虑该内容是否保留在“点击”帧。请看下面制作的按钮。

在按钮元件“照相机”的“图片”图层中，复制“指针经过”帧，粘贴到“按下”帧，如图 9-45 所示。

测试动画。用鼠标按下按钮时图片不消失，而且鼠标指向照相机图片所在区域时，鼠标也起作用。为了使鼠标只在按钮区域起作用，应该删除或清除“图片”图层“点击”帧的

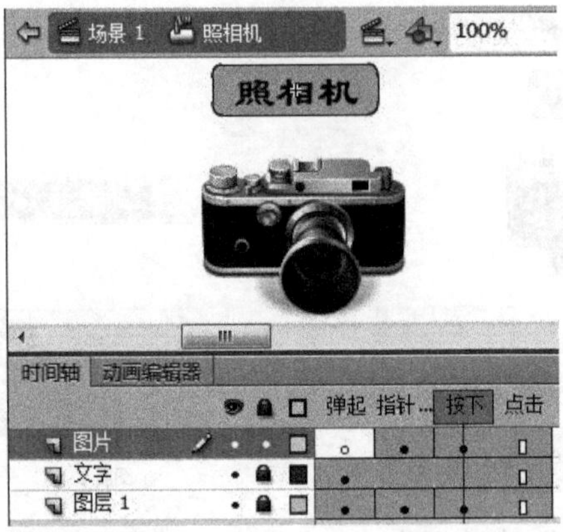

图 9-45　图层“图片”的“按下”和“单击”帧中有内容

内容，如图 9-46 所示。

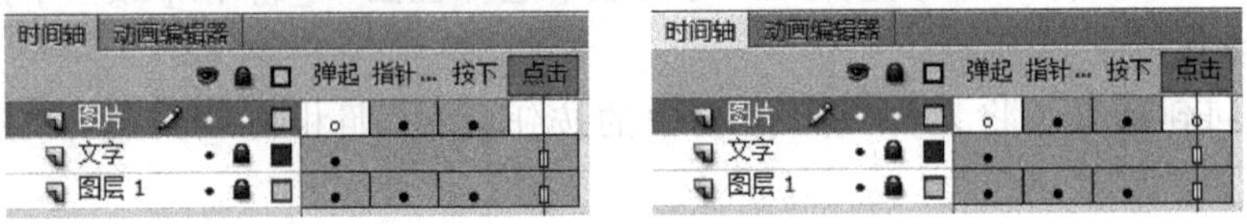

(a)　　　　(b)

图 9-46　删除和清除图层“图片”的“点击”帧

希望初学者理解按钮元件编辑窗口中，各帧在鼠标操作中的作用。在各图层中，不需要内容的帧设置为空白关键帧，可以避免在鼠标操作中出现意外的问题。

【例 9-9】 能播放动画的按钮。

动画情景：鼠标指向按钮时，播放一段动画片段。

(1) 新建文档。

(2) 创建“图形”类型元件，命名为“轿车”，并导入轿车图片(素材\图片\PNG\P_轿车.png)。

(3) 创建“影片剪辑”类型元件，命名为“动画”。将元件“轿车”拖动到“图层 1”的第 1 帧，并制作 20 帧的由小变大的补间动画，如图 9-47 所示。

(4) 创建“按钮”类型元件，命名为“播放”。在“图层 1”的“弹起”帧绘制矩形，并在“指针经过”帧和“按下”帧插入关键帧，在“点击”帧插入帧。

(5) 插入新图层，命名为“文字”，并在该图层的“弹起”帧输入文字“播放”。

(6) 插入新图层，命名为“动画”，在该图层的“指针经过”帧插入空白关键帧，并将元件“库”中的元件“动画”拖动到该帧。删除或清除“点击”帧，如图 9-48 所示。

(7) 返回到场景，将按钮元件“播放”拖动到

图 9-47　元件“动画”中制作动画

舞台。

(8) 测试动画。当鼠标指向“播放”按钮时,播放该按钮中的动画,如图 9-49 所示。

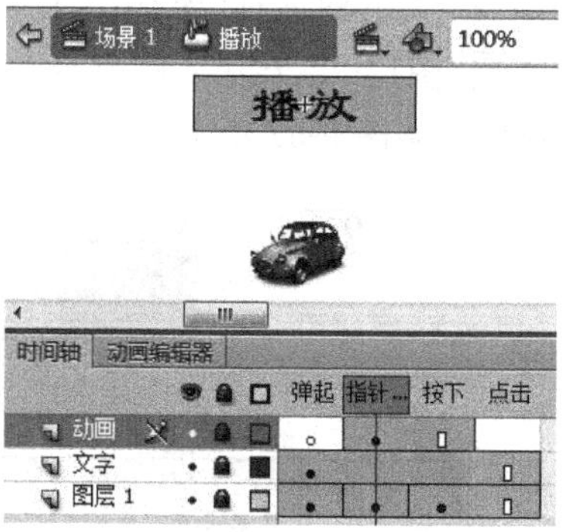

图 9-48 在“播放”按钮添加动画剪辑

图 9-49 测试“播放”按钮

2. 交互式教学按钮的制作

【例 9-10】 制作交互式按钮。

动画情景:默认状态按钮上显示“?”;鼠标指向按钮时,按钮上显示文字“计算机”;按下鼠标时,显示计算机说明。

(1) 新建文档。

(2) 导入计算机图片(素材\图片\PNG\P_计算机.png)到元件“库”。

(3) 新建“按钮”类型元件,命名为“按钮”。在“图层 1”的“弹起”帧绘制矩形,并在“点击”帧插入帧。

(4) 在元件“按钮”的“图层 1”上方插入新图层,命名为“文字”。在图层“文字”的“弹起”帧,用“文本工具”在按钮形状区域输入“?”;在“指针经过”帧插入空白关键帧,用“文本工具”输入文字“计算机”。在“点击”帧插入空白关键帧,如图 9-50 所示。

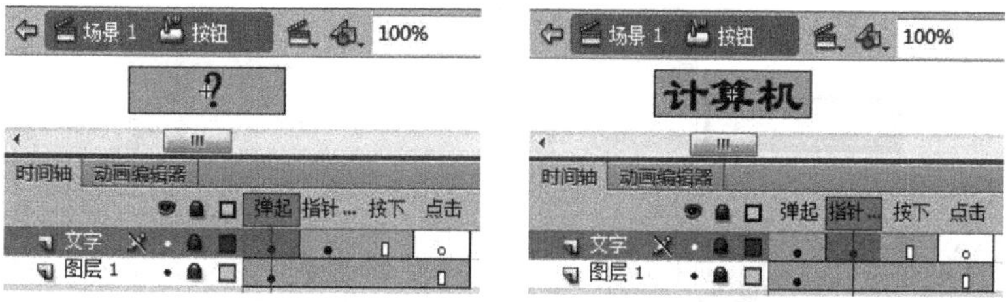

(a) (b)

图 9-50 在按钮的不同帧输入不同的文字

提示:分别将文本“?”和“计算机”调整到按钮形状上。

(5) 在元件“按钮”的图层“文字”上方插入新图层,命名为“说明”。在“按下”帧插入空白关键帧,并在该帧的按钮区域下方输入文字“计算机是……”,清除或删除“点击”帧,如图 9-51 所示。

提示:清除或删除“说明”图层中的“点击”帧,以避免输入的说明部分文字也成为鼠标响应区域。

(6) 返回到场景。选择“图层 1”的第 1 帧，将元件“库”中的位图“P_计算机.png”拖动到舞台合适的位置；在“图层 1”上方新建图层“图层 2”，并将元件“库”中的按钮元件“按钮”拖动到舞台合适的位置；在“图层 2”上方新建图层“图层 3”，在第 1 帧舞台中，用“线条工具”绘制一条线，把计算机图片和按钮实例连接起来，如图 9-52 所示。

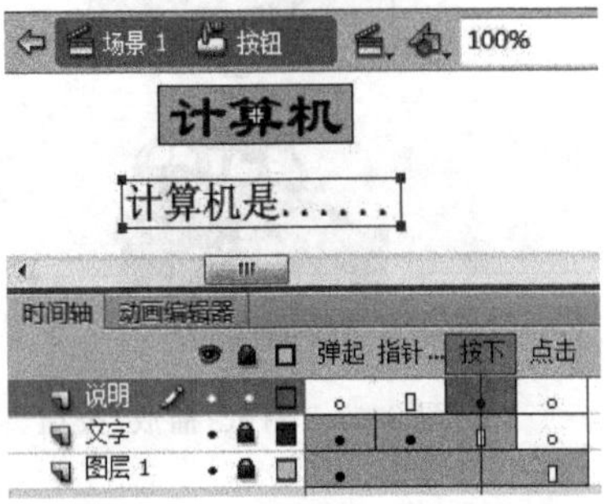

图 9-51　在“说明”图层的“按下”帧输入文字

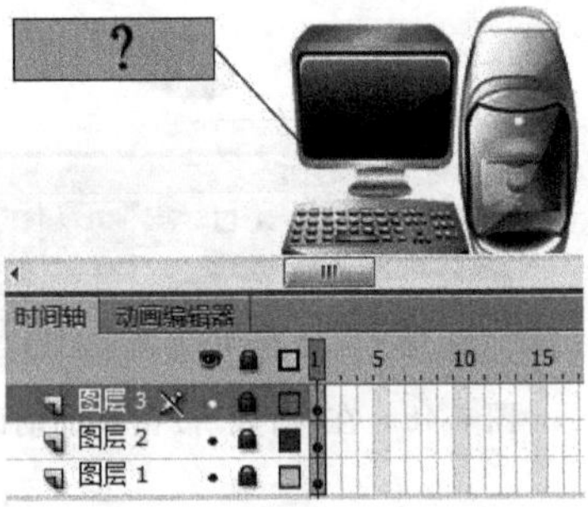

图 9-52　场景中的按钮和图片

(7) 测试动画。当鼠标指向按钮时，按钮上的“?”变换为“计算机”；当按下鼠标时，在按钮的下方显示文字“计算机是……”。

提示：此方法可用于识别设备部件等认识新事物的学习课件的制作中。

3. 动态按钮的制作

【例 9-11】 制作动态变化颜色的按钮。

动画情景：鼠标指向按钮时，按钮的颜色动态变化。

(1) 新建 ActionScript 3.0 文档。

(2) 新建“按钮”类型元件，命名为“按钮”。在“弹起”帧绘制一个矩形，并将该矩形转换为“图形”类型元件“矩形”，选择“对齐”方式为中心对齐，如图 9-53 所示。

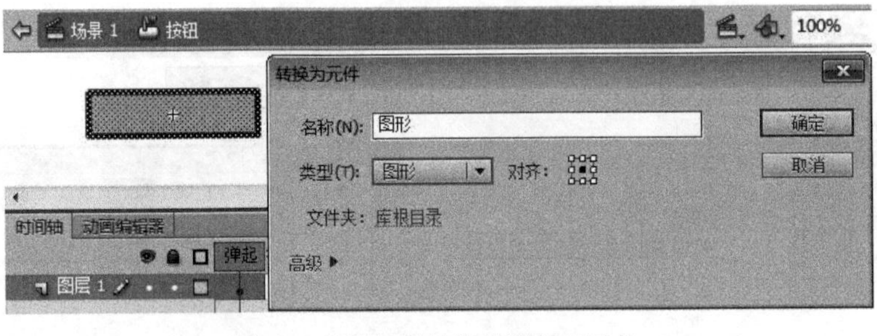

图 9-53　将矩形转换为“图形”元件

提示：将对象转换为元件时，如果选择对齐方式为中心对齐，则新建的元件中，对象的中心对齐元件编辑窗口的坐标原点“+”。

(3) 将矩形转换为元件后，“弹起”帧中的矩形处于组合状态。为了后面操作方便，将其分离为形状。

(4) 在“点击”帧插入帧，在“指针经过”帧和“按下”帧分别插入关键帧。用“选择工具”单击“弹起”帧中矩形的填充色，按 Delete 键清除填充色。

(5) 新建“影片剪辑”类型元件，命名为“动画”。将元件“库”中的元件“矩形”拖动到“图层 1”的第 1 帧，并在第 10 帧插入帧，创建补间动画。将第 1 帧中实例的 Alpha 设置为 10%，第 10 帧中实例的 Alpha 设置为 100%，如图 9-54 所示。

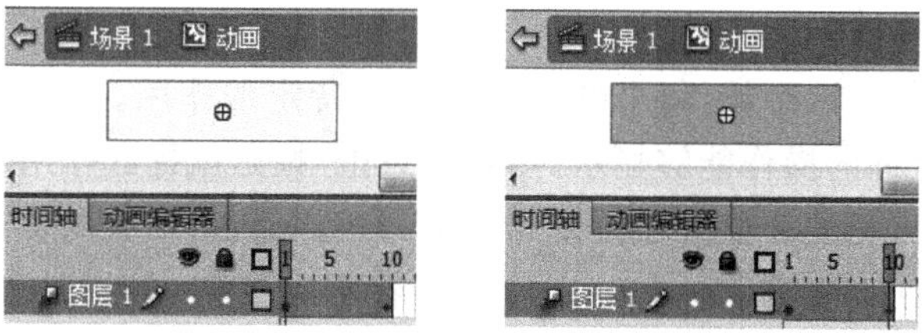

(a) (b)

图 9-54 在元件“动画”中创建补间动画

提示：选择实例后，在“属性”面板的“色彩效果”选项组的“样式”列表中可以选择和设置 Alpha。

(6) 打开元件“按钮”编辑窗口，新建图层，命名为“动画”，并在“指针经过”帧插入空白关键帧。将元件“库”中的元件“动画”拖动到“动画”图层的“指针经过”帧，在“按下”帧插入空白关键帧。调整“指针经过”帧中的实例与按钮对齐，如图 9-55 所示。

(7) 在元件“按钮”编辑窗口，清除“图层 1”的“指针经过”帧(即删除该帧的内容)。

(8) 在元件“按钮”编辑窗口，在图层“动画”上方新建图层，命名为“文字”，在“弹起”帧输入传统静态文本“动态按钮”，调整位置到按钮上方，并调整字体、字号，使文字适合按钮，如图 9-56 所示。

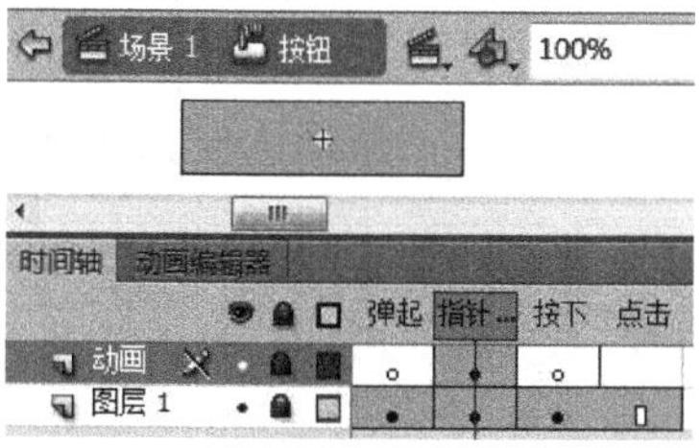

图 9-55 在按钮“元件”添加图层，并加入元件“动画”

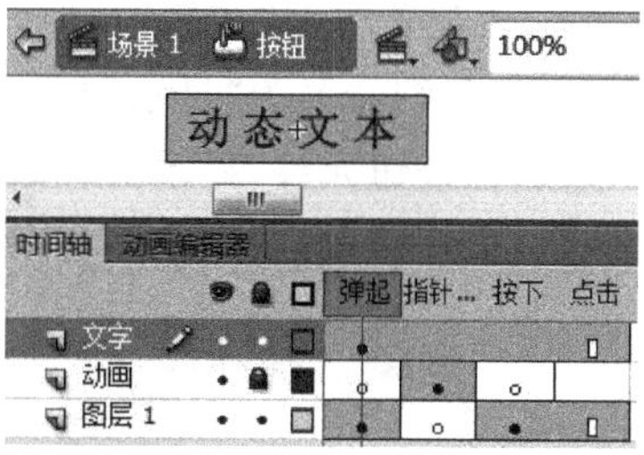

图 9-56 添加“文字”图层，并输入文字

(9) 返回到场景，将元件“按钮”拖动到舞台。

(10) 测试动画。当鼠标指向按钮时，反复播放动画。如果想只播放一次动画，则要在元件“动画”的结束帧设置停止播放动画。

(11) 打开元件“动画”编辑窗口，插入新图层“图层 2”。在第 10 帧插入空白关键帧，右击，在快捷菜单中选择“动作”命令，打开“动作”面板，输入“stop();”(注意：输入英文字符)，如图 9-57 所示。

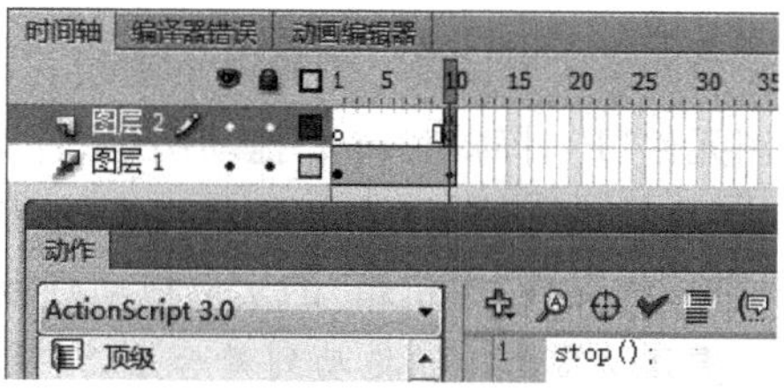

图 9-57 在“动作”面板输入脚本

提示：选择第 10 帧后，执行菜单“窗口”→

“动作”命令，也可以打开“动作”面板。

(12) 测试动画。当鼠标指向按钮时，只播放一次动画。

提示：在元件“动画”编辑窗口中，“图层 2”的第 10 帧显示“a”表示该帧有动作脚本。选择该帧后，打开“动作”面板可以查看脚本内容。

4. 隐形按钮的制作

“按钮”类型元件有四个帧，每个帧对鼠标都有特定的作用。其中前三个帧的内容在影片播放时，根据鼠标的操作能够显示内容。“点击”帧是鼠标起作用的区域(也叫热区)，在影片播放时是不可见的。如果在按钮元件中，只有“点击”帧有内容，而前三个帧是空白帧时，按钮就成了隐形按钮——在影片播放时看不到按钮，但按钮仍起作用，如图 9-58 所示。

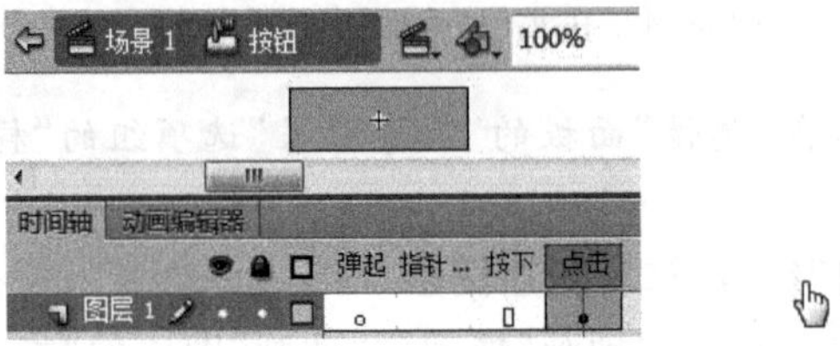

图 9-58 隐形按钮

【例 9-12】 隐形按钮的应用。

动画情景：在一张计算机图片中，鼠标指向不同的设备时，显示该设备的名称。

(1) 新建文档。

(2) 将一张计算机图片(素材\图片\PNG\P_计算机.png)导入到元件“库”。

(3) 创建若干个“按钮”类型元件。元件的个数由需要显示的设备数量确定。这里只制作两个，分别命名为“显示器”和“主机箱”。

分别在按钮元件“显示器”和“主机箱”的“图层 1”“点击”帧插入空白关键帧，并在该帧绘制一个矩形，形状大小随意，如图 9-59 所示。

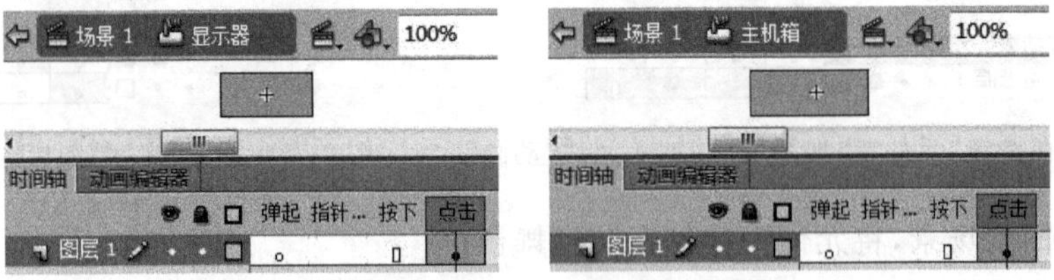

图 9-59 按钮元件“显示器”和“主机箱”

(4) 返回到场景。创建两个图层，分别命名为“计算机”和“按钮”。将元件“库”中的位图元件“P_计算机.png”拖动图层“计算机”的第 1 帧，将两个按钮元件“显示器”和“主机箱”均拖动到图层“按钮”的第 1 帧。将元件“显示器”的实例拖动到计算机图片的显示器位置，将元件“主机箱”的实例拖动到计算机图片的主机箱位置，如图 9-60 所示。

提示：隐形按钮拖动到舞台后，用淡青色表示按钮的形状，但播放动画时不显示。

(5) 修改按钮的作用区域。在场景用“选择工具”双击按钮“显示器”实例，打开按钮元件“显示器”的“当前位置编辑”窗口，如图 9-61 所示。

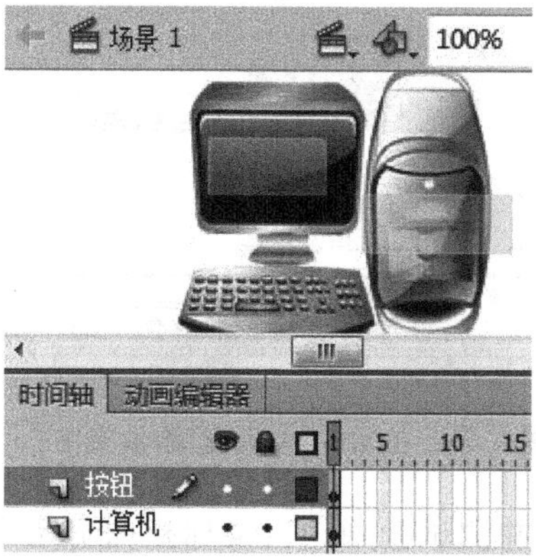

图 9-60 将隐形按钮拖动到舞台

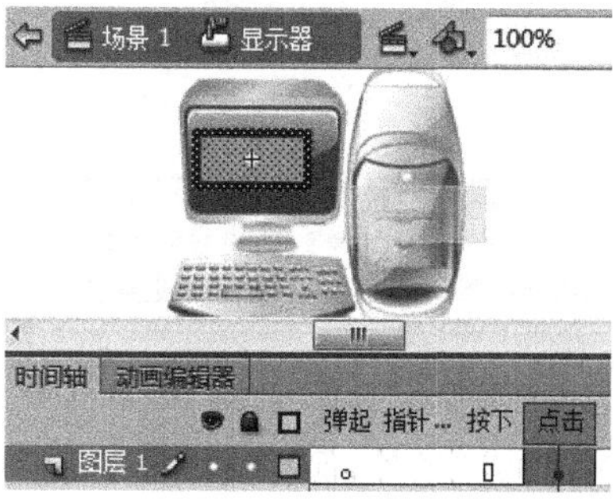

图 9-61 元件“显示器”的“当前位置编辑”窗口

提示：*在舞台中选择按钮实例时，在“属性”面板能够看到是哪个按钮元件。*

在元件的“当前位置编辑”窗口中，能够看到舞台中的所有对象，但只能编辑本元件。这为参照舞台中的其他对象编辑元件提供了方便。

(6) 选择“点击”帧，删除该帧舞台中的内容。在“点击”帧中，用“绘图工具”(如“刷子工具”)绘制覆盖显示器部位的形状，如图 9-62 所示。

(7) 返回到场景。用“选择工具”双击按钮“主机箱”实例，打开按钮元件“主机箱”的“当前位置编辑”窗口。用同样的方法删除“点击”帧中的内容，用“绘图工具”绘制覆盖主机箱部位的形状，如图 9-63 所示。

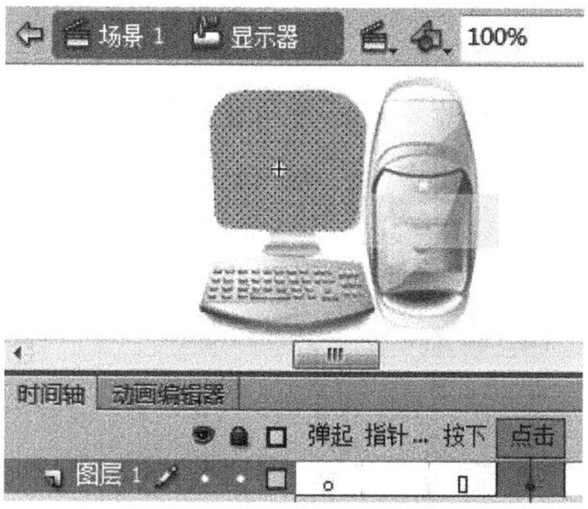

图 9-62 绘制显示器部位

图 9-63 绘制主机箱部位

(8) 返回到场景，测试动画。当鼠标指向显示器部位和主机箱时，鼠标指针变为手指形状。

(9) 为按钮元件添加文字。在场景舞台双击“显示器”实例，打开按钮元件“显示器”的“当前位置编辑”窗口。在“指针经过”帧插入空白关键帧，并在该帧输入文字“显示器”，如图 9-64 所示。

返回到场景，用同样的方法打开按钮元件“主机箱”的“当前位置编辑”窗口。在“指针经过”帧插入空白关键帧，并在该帧输入文字“主机箱”，如图 9-65 所示。

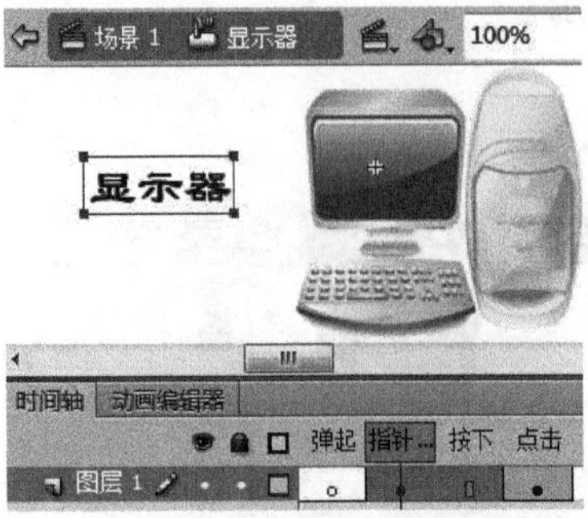

图 9-64 在元件“显示器”添加文字

图 9-65 在元件“主机箱”添加文字

(10) 返回到场景，保存文档(以便于后面使用)，并测试动画。当鼠标指向显示器的部位时，显示文字“显示器”，鼠标离开显示器部位时，文字消失；当鼠标指向主机箱部位时，显示文字“主机箱”，鼠标离开主机箱部位时，文字消失。

5. 按钮中的文字或图片在同一位置显示

【例 9-13】 在同一位置显示说明的隐形按钮。

动画情景：在例 9-12 中，鼠标指向显示器或主机箱时，文字没在同一位置显示。为了影片画面的美观，在同一个位置显示文字。

(1) 打开例 9-12 的文档。

(2) 在场景插入新图层，命名为“位置”。在该图层的第 1 帧绘制一个矩形，如图 9-66 所示。

提示：图层“位置”和该图层中绘制的矩形是用于标记显示文字或图片的位置，完成动画制作后可以删除该图层。

(3) 在场景的舞台中，双击“显示器”实例，打开按钮元件“显示器”的“当前位置编辑”窗口，将“指针经过”帧中的文本拖动到矩形框的位置，如图 9-67 所示。

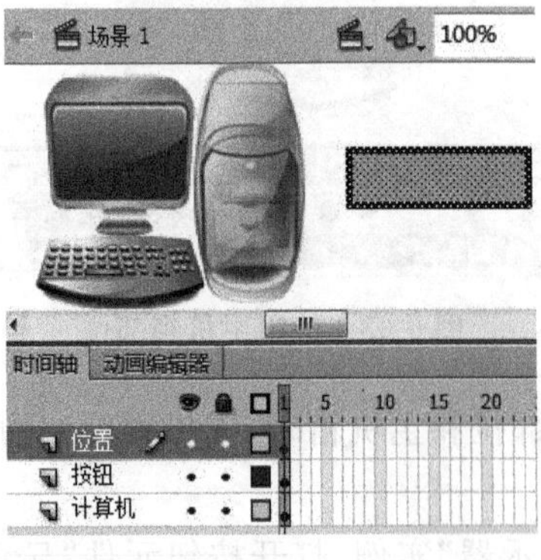

图 9-66 绘制用于定位显示对象的位置

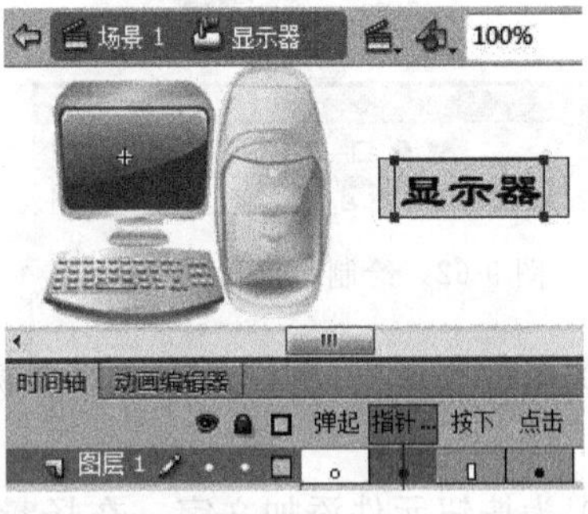

图 9-67 元件“显示器”中的文字调整到矩形

用同样的方法，在按钮元件“主机箱”的“当前位置编辑”窗口中调整文字的位置。

(4) 返回到场景，删除图层“位置”或将图层“位置”转换为引导层。

提示：引导层中的对象在播放动画时不显示。

(5) 测试动画。显示器和主机箱的说明文字显示在同一个位置。

提示：在元件的“当前位置编辑”窗口中，可以方便地调整元件中对象的位置、绘制或修改形状。也可以利用辅助线标记文字或图片的显示位置。

9.7　利用按钮创建超级连接

在动画中，利用 Flash 提供的函数 navigateToURL()可以创建超级连接导航按钮。

【例 9-14】　制作超级链接导航按钮。

动画情景：单击按钮时，打开“清华大学出版社”的主页。

(1) 新建 ActionScript 3.0 文档。

(2) 新建“按钮”类型元件，命名为“网址”。在此按钮元件中制作有文字“清华大学出版社”的矩形按钮，如图 9-68 所示。

提示：在按钮操作中，不要求按钮有形状、颜色的变化。在“指针经过”帧和“按下”帧可以不创建关键帧。

(3) 返回到场景。将按钮元件“网址”拖动到“图层 1”的第 1 帧，并调整按钮实例的位置。

(4) 选择舞台中的按钮实例，执行菜单“窗口”→“代码片断”命令，打开“代码片断”面板，如图 9-69 所示。

图 9-68　制作按钮元件“网址”

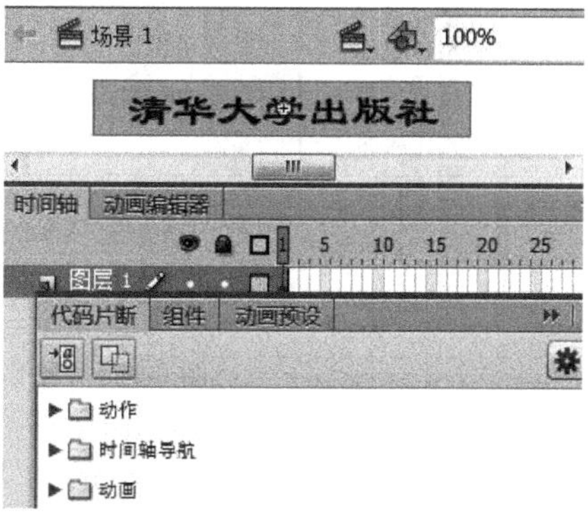

图 9-69　“代码片断”面板

提示：利用“代码片段”面板，非编程人员能够轻松将 ActionScript 3.0 代码添加到 FLA 文件以启用常用功能。

(5) 在“代码片断”面板中，单击展开“动作”文件夹，如图 9-70 所示。

(6) 双击“单击以转到 Web 页”选项，打开“设置实例名称”对话框，如图 9-71 所示。在该对话框的文本框中输入按钮实例的名称，或用默认值 button_1，单击“确定”按钮，打开“动作”面板，如图 9-72 所示。

提示：打开“动作”面板时，将创建新图层 Action，并在第 1 帧添加动作代码(用标识“a”表示)。

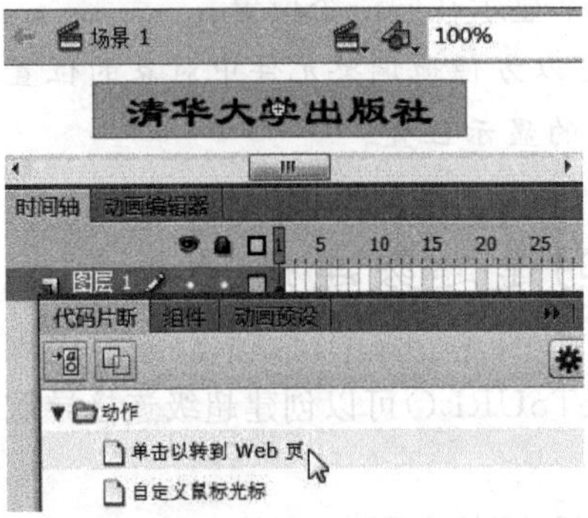

图 9-70 展开“单击以转到 Web 页”文件夹

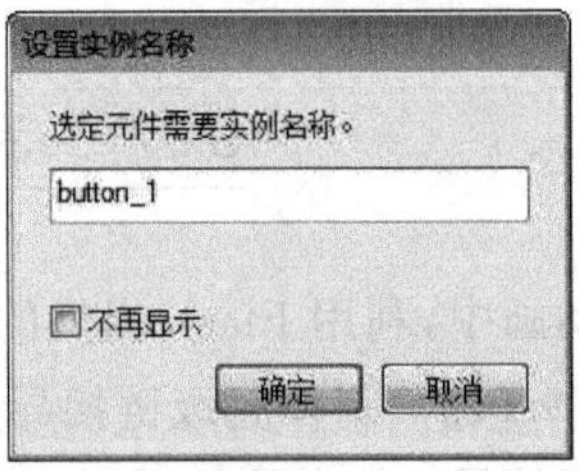

图 9-71 “设置实例名称”对话框

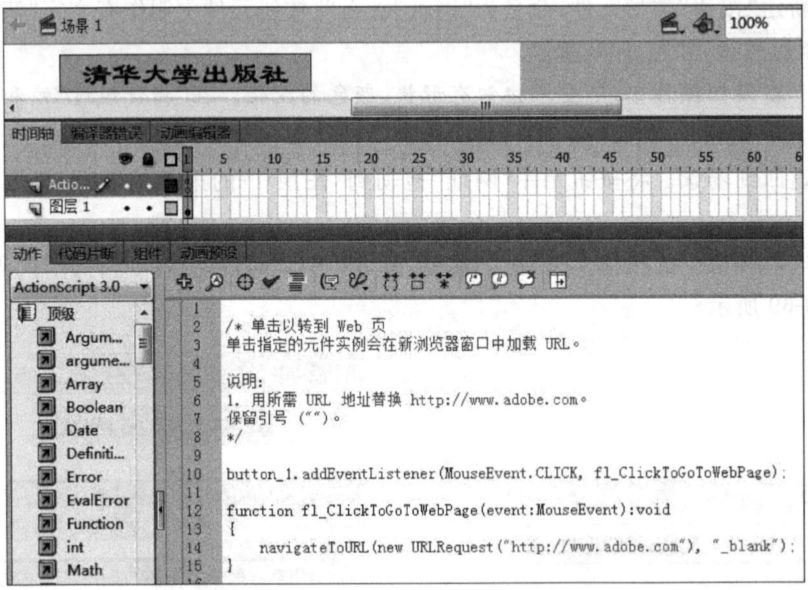

图 9-72 “动作”面板的脚本编辑窗口

选择图层 Action 的代码(有标识“a”)帧,执行菜单“窗口”→“动作”命令,在打开的脚本编辑窗口中,可以查看和编辑代码。

(7) 在“动作”面板的脚本编辑窗口中,按照代码编写说明将代码中的网址 http://www.adobe.com 替换为清华大学出版社的网址 http://www.tup.tsinghua.edu.cn,如图 9-73 所示。

提示:利用“代码片断”打开脚本编辑窗口时,模板代码中有些名称可能有区别。读者不用理会这些名称的不同,只需要根据说明修改网址(URL)。

(8) 保存文档,测试动画。单击按钮“网址”时,启动默认浏览器打开指定的网页。

(9) 发布影片。执行菜单“文件”→“发布设置”命令,打开“发布设置”对话框。在该对话框中,选中“发布”选项组中的 Flash(.swf)复选框(根据需要还可以选中“其他格式”选项组中的“HTML 包装器”复选框,发布网页格式),单击“发布”按钮,发布影片。

```
/* 单击以转到 Web 页
单击指定的元件实例会在新浏览器窗口中加载 URL。

说明:
1. 用所需 URL 地址替换 http://www.adobe.com。
保留引号 ("")。
*/

button_1.addEventListener(MouseEvent.CLICK, fl_ClickToGoToWebPage);

function fl_ClickToGoToWebPage(event:MouseEvent):void
{
    navigateToURL(new URLRequest("http://www.tup.tsinghua.edu.cn"), "_blank");
}
```

图 9-73 替换脚本代码中的网址

提示：发布的影片(.swf)在 Windows 资源管理器中播放时，单击有超级连接的按钮，可能无法启动浏览器打开指定的网页或弹出“Flash Player 安全性”的警告窗口。在“发布设置”对话框中，选中“发布”选项组中 Flash(.swf)复选框，并展开“高级”选项。在“本地播放安全性”下拉列表框中，选择“只访问网络”选项，单击“发布”按钮，可以解决无法打开网页的问题，如图 9-74 所示。

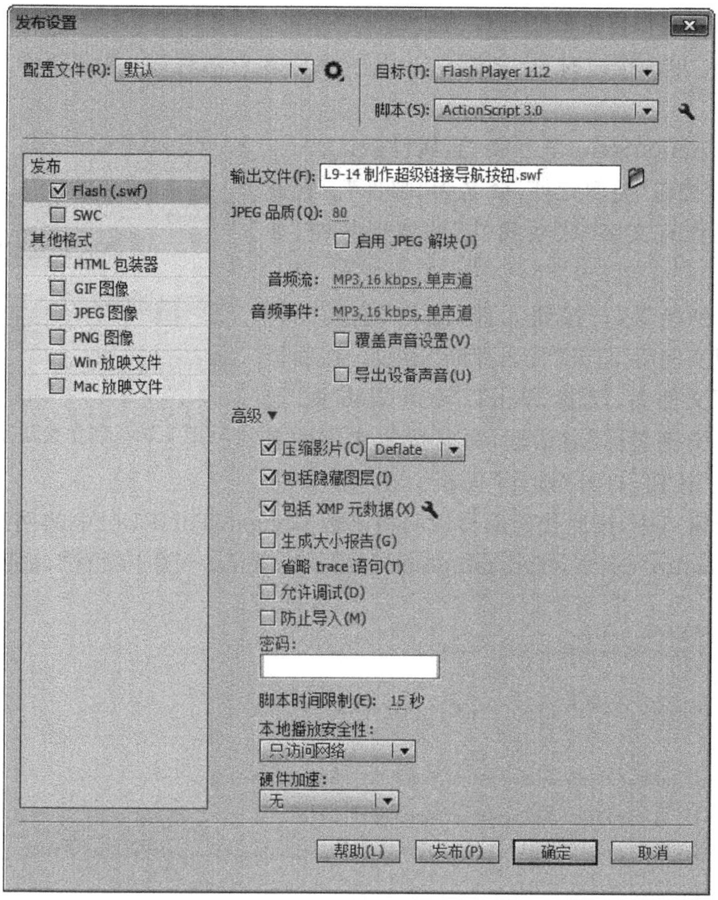

图 9-74 “发布设置”对话框

在“发布设置”对话框中，“本地播放安全性”设置为“只访问网络”后，测试动画生成的动画文件(.swf)也能解决无法启动浏览器打开网页的问题。

navigateToURL()函数的几种用法如下：

(1) navigateToURL()函数也可以使用相对地址。例如，将默认网址(URL)替换为test.html，则用默认浏览器打开同一个文件夹中的网页 test.html 文件。利用此方法可以打开本地网页。

(2) navigateToURL()函数中指定文件名，则用默认程序打开此文件或下载此文件。如果影片文件与要打开的资源在同一目录，可直接输入要打开的文件名与后缀。例如，网址(URL)替换为 test.swf，即 navigateToURL ("test.swf", "_blank")，将打开 test.swf。

如果要打开的资源在下一级目录，就以“文件夹名/”开头。例如，navigateToURL ("文件夹名/test.swf", "_blank")。

如果要打开的资源在上一级目录，就以“../”开头。例如，navigateToURL ("../test.swf", "_blank")。

(3) 将 navigateToURL()中的网址(URL)修改为“mailto:E-Mail 地址”，则可以连接电子邮件程序。

【例 9-15】 制作连接电子邮件的按钮。

动画情景：单击按钮时，启动默认的电子邮件客户端程序，并自动添加邮件地址和主题。

(1) 新建 ActionScriot 3.0 文档，属性默认。

(2) 新建“按钮”类型元件，命名为“邮件”。在此按钮元件中制作有文字“联系我们”的矩形按钮，如图 9-75 所示。

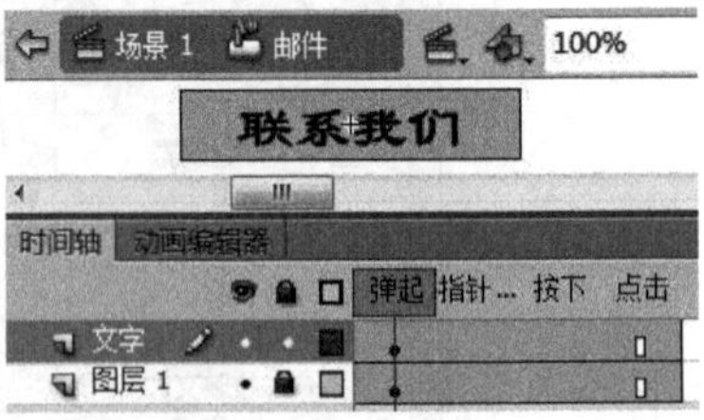

图 9-75 制作按钮元件“邮件”

(3) 返回到场景，将按钮元件“邮件”拖动到舞台。选择按钮实例后，打开“代码片断”面板。在面板中展开“动作”文件夹，双击“单击以转到 Web 页”选项，打开“设置实例名称”对话框，命名按钮实例的名称，单击“确定”按钮，打开“动作”面板。在“动作”面板的脚本编辑窗口中，按照代码编写说明将函数 navigateToURL()中的网址(URL)修改为邮件地址“mailto:e-sale@tup.tsinghua.edu.cn?subject=关于教材”，如图 9-76 所示。

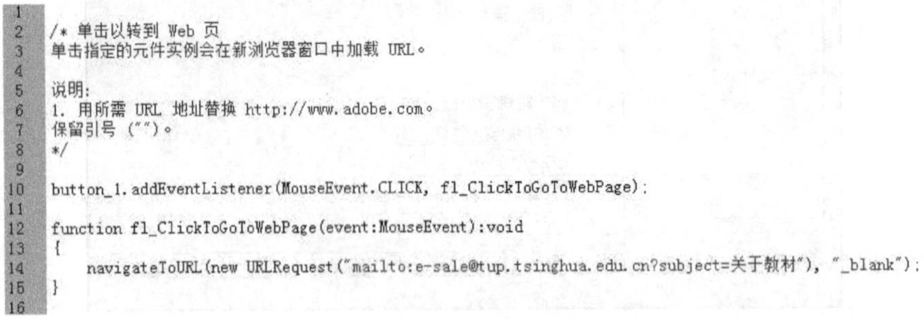

```

/* 单击以转到 Web 页
单击指定的元件实例会在新浏览器窗口中加载 URL。

说明:
1. 用所需 URL 地址替换 http://www.adobe.com。
保留引号 ("")。
*/

button_1.addEventListener(MouseEvent.CLICK, fl_ClickToGoToWebPage);

function fl_ClickToGoToWebPage(event:MouseEvent):void
{
    navigateToURL(new URLRequest("mailto:e-sale@tup.tsinghua.edu.cn?subject=关于教材"), "_blank");
}

```

图 9-76 输入邮箱地址和主题

提示：“mailto:”表示用默认的电子邮件客户端程序发送邮件，随后是电子邮件地址，“?subject=”后是邮件主题。

(4) 测试动画。打开“发布设置”对话框，将Flash(.swf)设置中的“本地播放安全性”选择为“只访问网络”，单击“确定”按钮，测试动画。

提示：如果要将动画影片嵌入到网页，则需要发布影片。执行菜单“文件”→“发布设置”命令，打开“发布设置”对话框。在该对话框中，选中“发布”选项组中的Flash(.swf)复选框和“其他格式”选项组中的“HTML包装器”复选框，将“本地播放安全性”选择为“只访问网络”，单击“发布”按钮发布。

在Windows资源管理器中，双击发布的HTML类型文件测试动画效果。

9.8　制作按钮的注意事项

按钮是制作交互动画的重要元素，正确理解按钮元件中四个帧的含义是成功制作按钮元件的关键。特别是对“点击”帧的理解和设定，是初学者较难掌握的。当按钮元件有多个图层时，只需有一个图层中的“点击”帧有内容(区域)，否则就会出现意想不到的效果。特别是制作纯文字按钮时，要在“点击”帧绘制鼠标的响应区域，即“点击”帧的内容(区域)要合适，并且不能没有响应区域；还要注意区分“点击”帧与鼠标操作概念的不同之处。如果所有图层的“点击”帧都是空白关键帧，则没有鼠标的作用区域，当然也不能实现鼠标单击、经过等按钮的操作。

思　考　题

1. 什么是元件？元件有哪几种类型？图形元件与影片剪辑元件的区别是什么？
2. 创建元件的方法有几种？元件与实例是什么关系？
3. 元件库的作用是什么？
4. 如何将可显示素材导入Flash文档？
5. 如何在当前Flash文档中使用其他Flash文档中的元件？
6. 元件在什么情况下成为实例？
7. 如何交换实例的元件？
8. 按钮元件有四个帧，其功能各是什么？
9. 如何制作隐形按钮？
10. 如何制作交互式按钮？

操　作　题

1. 在舞台导入一幅图片，将其转换为“图形”类型元件，注册点定义在元件中心(图片几何中心)。

2. 创建一个“影片剪辑”类型元件，在其中制作动画片段，将元件拖动到舞台，测试动画。

3. 制作一个按钮，要求按钮上有文字，三种状态颜色不同。利用该按钮制作另一个形状和状态相同、文字不同的按钮。

4. 从“公用库”中选择一个按钮，将其拖动到舞台，放大到200%，并对其测试。

5. 制作在舞台上有三角形、圆形和正方形按钮，当鼠标指向它们时，显示几何图形名称，如指向三角形时，显示“三角形”文字。

第 10 章 声音和视频的应用

内容提要

本章介绍在 Flash 动画制作中导入声音文件，以及编辑声音和控制声音播放的方法；介绍视频文件导入方法，以及在 Flash 中应用视频的技术。

学习建议

掌握在 Flash 文档中添加声音、控制声音的方法；掌握在 Flash 文档中加入视频以及将视频导出为 FLV 格式的视频文件的方法。

10.1 在动画中添加声音

在 Flash 动画中恰当地添加声音，可以增强 Flash 作品的吸引力和渲染力。Flash 本身没有制作声音的功能，只能将制作好的声音文件导入到 Flash 动画作品中。

10.1.1 导入声音

将外部的声音文件导入到元件“库”后，即可在 Flash 影片中添加声音效果。能够直接导入 Flash 的声音文件，主要有 WAV 和 MP3 两种文件格式。如果系统安装了 QuickTime 4 或更高的版本，也可以导入 AIFF 格式和 QuickTime 格式(.mov)的声音文件。

【例 10-1】 导入声音文件到元件库。

动画情景：将动画影片中需要的声音文件导入到元件“库”面板。

(1) 执行菜单“文件”→“导入”→“导入到库”命令，打开“导入到库”对话框。在“导入到库”对话框中，选择要导入的声音文件，单击“打开”按钮，将声音导入到元件“库”，如图 10-1 所示。

(2) 打开“库”面板，可以看到以导入的声音文件名命名的“声音”类型符号，如图 10-2 所示。

提示：如果声音文件来源于 CD 或者不是 WAV 和 MP3 格式的素材，则需要借助第三方软件转换成 Flash 支持的 WAV 和 MP3 声音格式。部分 MP3 格式或不兼容的声音文件，在导入时会出现对话框提示“读取文件出现问题，一个或多个文件没有导入”，如图 10-3 所示。

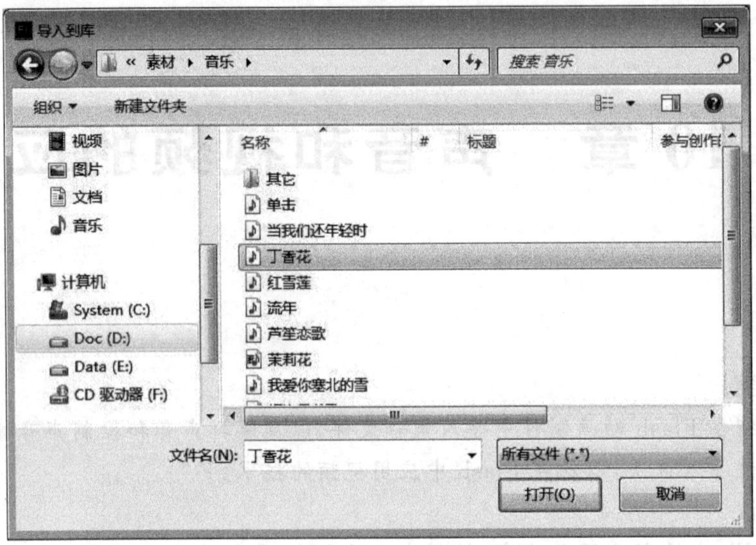

图 10-1 “导入到库”对话框

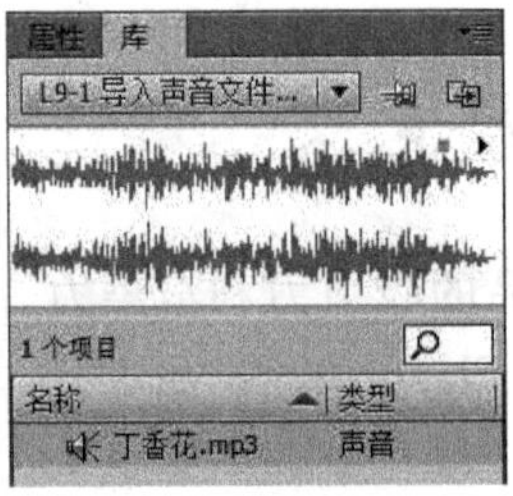

图 10-2 导入声音文件的“库”面板

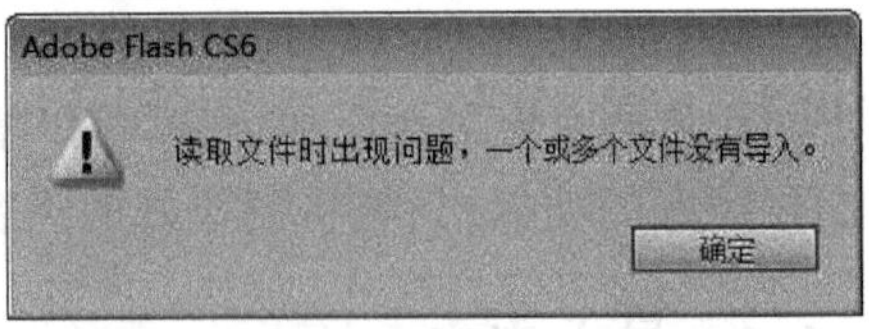

图 10-3 导入声音文件的错误提示

如果选择的 MP3 音乐文件不是标准的 MP3 音频格式，或不是 Flash 支持的 MP3 音频格式(压缩率或采样率不在 Flash 允许之内)，则无法导入到 Flash。Flash 可以导入采样精度为 8 位或 16 位，采样率为 44.1kHz、22.05kHz、11.025kHz 的声音文件。可以借助 Adobe Media Encoder、Adobe Audition 或第三方软件(例如，Gold Wave、Sound Forge、LameGUI 等)将声音文件转换成 Flash 兼容的 MP3 格式。

采样率就是将自然界中的模拟声音转换为计算机可接收的信号的频率。例如，采样率 44.1kHz 是将声音每秒钟采样 44 100 次。采样率选择的越高(CD 音乐的采样率为 44.1kHz)，音乐的音质效果就越好，但是得到的声音文件也越大。采样率为 11.025kHz 的音乐文件体积比较小，但是音质效果不是很好。如果需要高品质的音乐，可以选择 44.1kHz 的采样率。

转换声音文件时，选择采样率 22.05kHz、采样精度 16 位、立体声的“Layer-3”(MP3)音频格式，能得到比较理想的效果，而且文件的体积也不会很大。

10.1.2 添加声音

声音文件导入到元件“库”后，可以将声音添加到动画中。方法如下：

(1) 创建一个用于放置声音的图层和关键帧。

(2) 选择关键帧,在帧“属性”面板中,将声音添加到指定的帧。

(3) 在帧“属性”面板中,设置声音有关的选项。

【例 10-2】 在动画中添加声音。

动画情景:飞机从左侧飞过舞台,同时播放歌曲。

(1) 新建 ActionScript 3.0 文档,将“图层 1”更名为“动画”,并制作 24 帧的补间动画,如图 10-4 所示。

(2) 将声音文件导入到元件“库”。这里导入三个音乐文件(素材\音乐\丁香花.mp3、红雪莲.mp3、芦笙恋歌.mp3)。

(3) 创建新图层,命名为“声音”,并设置一个关键帧作为播放声音的开始帧。

(4) 选择图层“声音”的第 1 帧,打开“属性”面板。在“属性”面板的“声音”选项组中,打开“名称”下拉列表框,如图 10-5 所示,选择需要的声音文件,这里选择“丁香花.mp3”。

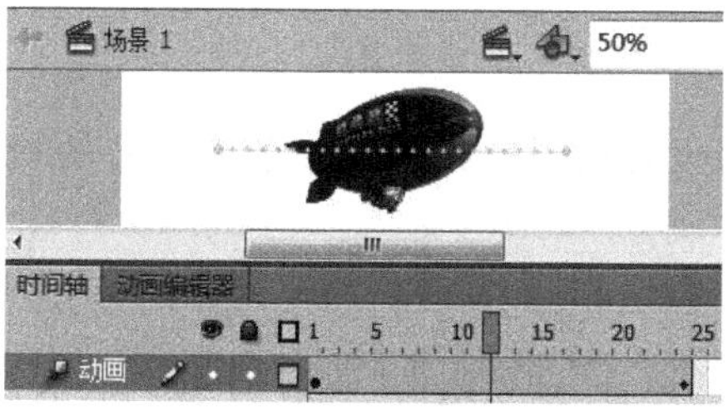

图 10-4　制作补间动画

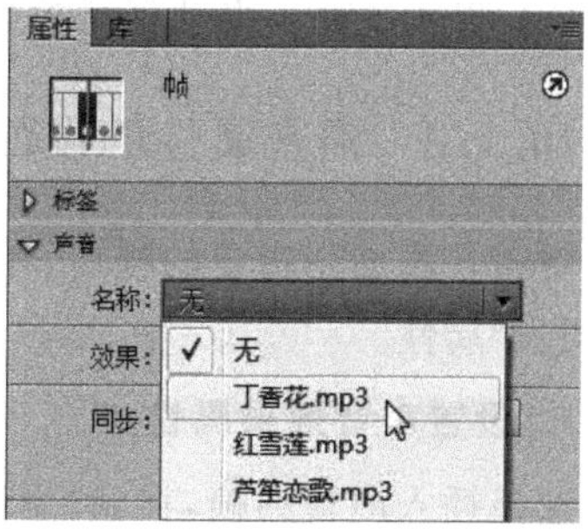

图 10-5　在“属性”面板添加声音

提示:*在声音列表中,将列出导入到“库”中的所有声音。如果列表中没有所需的声音文件,则先将声音文件导入到元件“库”。*

添加声音后,图层“声音”如图 10-6 所示。

提示:*添加的声音所占帧数与已有的动画帧数相等。*

(5) 测试动画。随着动画的重复播放,声音也重复播放,而且不会停止前一次声音的播放。

(6) 在图层“声音”中,选择要停止播放声音的帧(第 24 帧),插入一个空白关键帧,如图 10-7 所示。

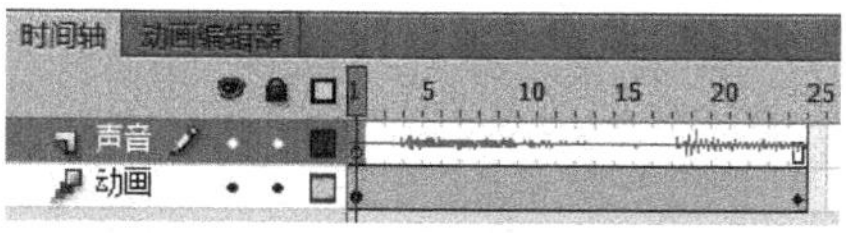

图 10-6　在图层“声音”添加声音

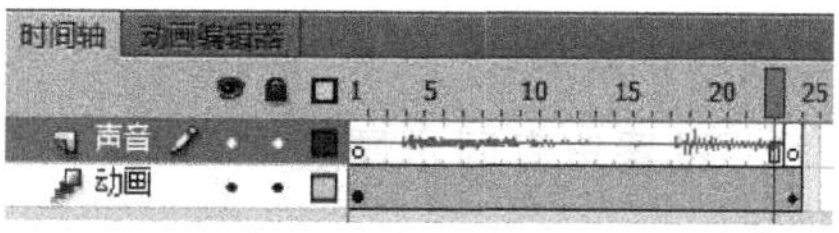

图 10-7　在图层“声音”插入空白关键帧

(7) 选择插入的空白关键帧(第 24 帧),在帧“属性”面板的“声音”选项组中,在“名称”下拉列表框中选取与起始帧相同的声音(丁香花.mp3),在“同步”下拉列表框中选择“停止”选项,如图 10-8 所示。

提示:*停止播放声音的空白关键帧格将出现一个小方块(停止)标记。当声音播放到*

该帧时，将停止声音的播放，如图 10-9 所示。

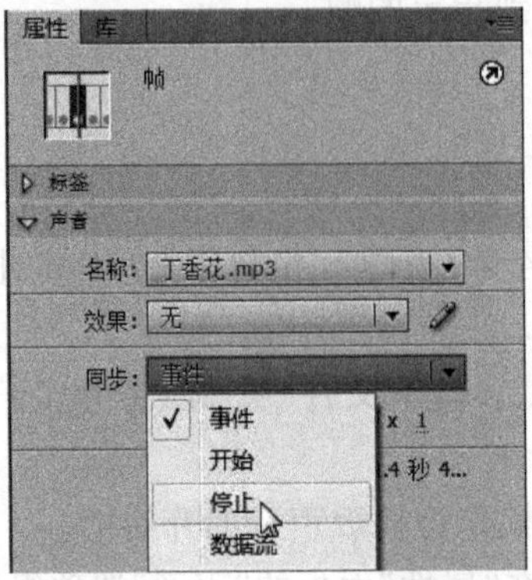

图 10-8 在图层“声音”结束帧设置属性

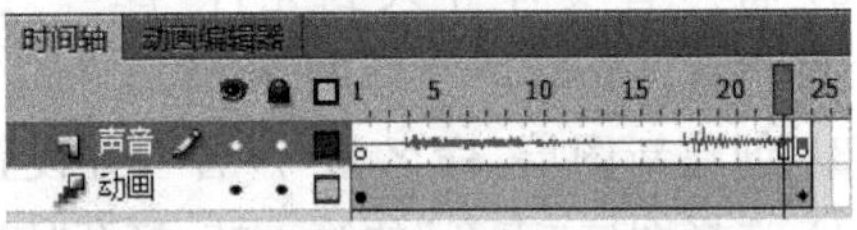

图 10-9 停止播放声音的帧标记

(8) 测试动画。当动画播放到第 24 帧时，声音停止播放。

10.1.3 声音属性的设置

将声音添加到指定的帧后，在帧“属性”面板设置动画播放过程中，播放声音的“效果”和“同步”属性。

1. 设置声音效果属性

选择插入声音的帧，在帧“属性”面板中打开“声音”选项组的“效果”下拉列表框，可以设置声音效果，如图 10-10 所示。

(1) 无：不对声音文件应用效果。选择此选项将删除以前应用过的效果。

(2) 左声道：只在左声道播放音频。

(3) 右声道：只在右声道播放音频。

(4) 从左到右淡出：声音从左声道切换到右声道。

(5) 从右到左淡出：声音从右声道切换到左声道。

(6) 淡入：在声音的持续时间内逐渐增加其幅度。

(7) 淡出：在声音的持续时间内逐渐减小其幅度。

(8) 自定义：使用“编辑封套”创建声音的淡入和淡出点等声音效果。

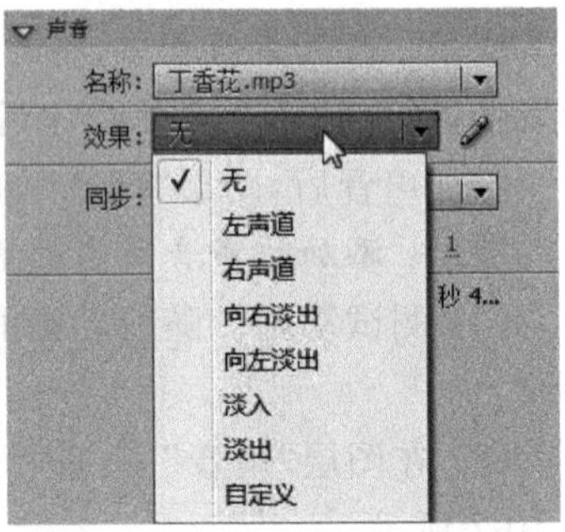

图 10-10 “效果”下拉列表

2. 设置声音同步属性

选择插入声音的帧，在帧“属性”面板中，打开“声音”选项组的“同步”下拉列表框，可以设置声音同步属性，如图 10-11 所示。

(1) 事件：使声音与事件的发生合拍。当动画播放到声音的开始关键帧时，事件声音开始独立于时间轴播放，即使动画停止了，声音也要继续播放到结束。

(2) 开始：与事件声音不同的是，当声音正在播放时，有一个新的声音事件开始播放。

提示：如果新的声音与正在播放的是同一个声音，那么使用“开始”选项则不会播放新的声音实例。

(3) 停止：停止播放指定的声音。

(4) 数据流：用于在互联网上播放流式声音。Flash 自动调整动画和声音，使它们同步，声音随着 SWF 文件的结束而停止。发布 SWF 文件时，流式声音混合在动画中一起输出。

在“同步”选项组中，还可以设置“重复”和“循环”属性。为“重复”输入一个值，以指定声音循环播放的次数，或者选择“循环”以连续重复播放声音，如图 10-12 所示。

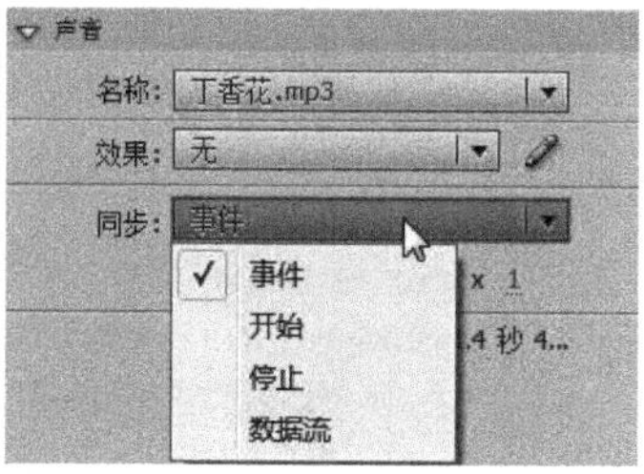

图 10-11　“同步”下拉列表

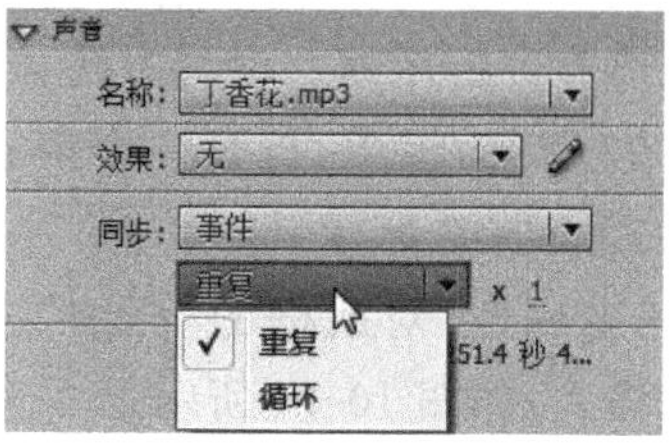

图 10-12　“重复”和“循环”属性

10.2　查看声音文件和编辑声音

10.2.1　查看声音文件属性

在“库”面板中，选择声音文件，单击“属性”按钮，在打开的“声音属性”对话框中，可以查看声音文件的属性，且可以对声音做简单的编辑处理，如图 10-13 所示。

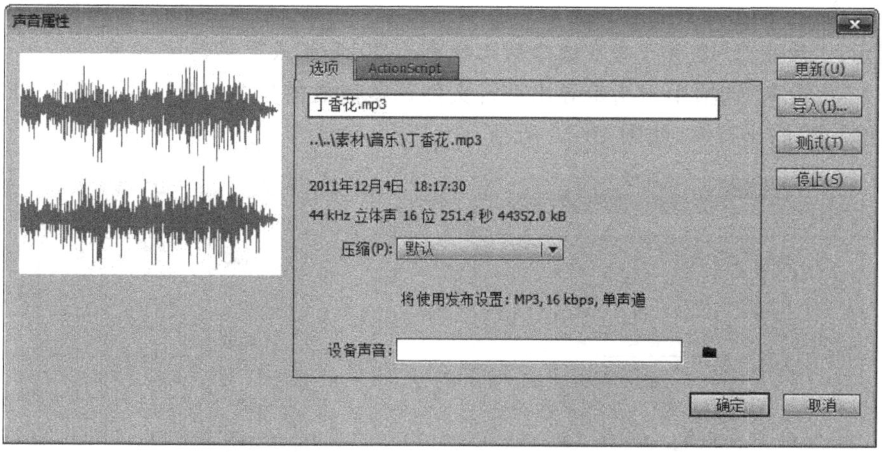

图 10-13　“声音属性”对话框

提示：在“库”面板中双击声音文件图标，或者选择声音文件后，单击“属性”按钮或右击选择“属性”命令，均能打开“声音属性”对话框。

在“声音属性”对话框中,可以查看导入的声音文件来源以及声音文件的参数。单击“导入”按钮,打开“导入声音”对话框。在该对话框中选择声音文件导入后,单击“更新”按钮,更新声音文件。单击“测试”按钮,试听声音,单击“停止”按钮停止测试。

在“导出设置”中可以对声音进行压缩处理。

10.2.2 压缩声音

Flash 动画在网络上流行的一个重要原因是动画文件容量小。为了缩小影片的容量,Flash 导出动画时,将对导出的文件进行压缩。其中包括对动画中的声音压缩。如果对压缩比例的要求很高,那么应该直接在“库”面板中对导入的声音进行压缩。设置方法如下:

(1) 在“库”面板中,打开一个声音的“声音属性”对话框,如图 10-13 所示。

在“声音属性”对话框的“压缩”下拉列表框中有五种压缩模式,如图 10-14 所示。

其中 MP3 压缩选项最为常用,通过对它的设置可以掌握其他压缩选项的设置。

(2) 如果以 MP3 格式导出文件,在“压缩”下拉列表框中选择“默认”。

提示:这是默认设置。如果“库”中对声音不进行处理,那么声音将以此设置导出。

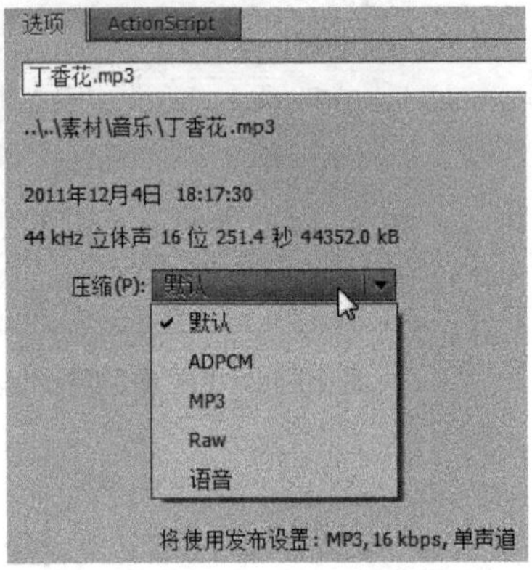

图 10-14 几种压缩声音模式

(3) 如果不想使用默认设置导出文件,在“压缩”下拉列表框中选择 MP3,设置声音,如图 10-15 所示。

(4) 若选中“预处理”选项后的“将立体声转换为单声道”复选框,则将混合立体声转换为单声道。

提示:“预处理”选项只有在选择的比特率为 20kbps 或更高时才可用。

(5) “比特率”选项用于指定导出声音文件每秒播放的位数。Flash 支持 8～160kbps(恒定比特率)的比特率,如图 10-16 所示。

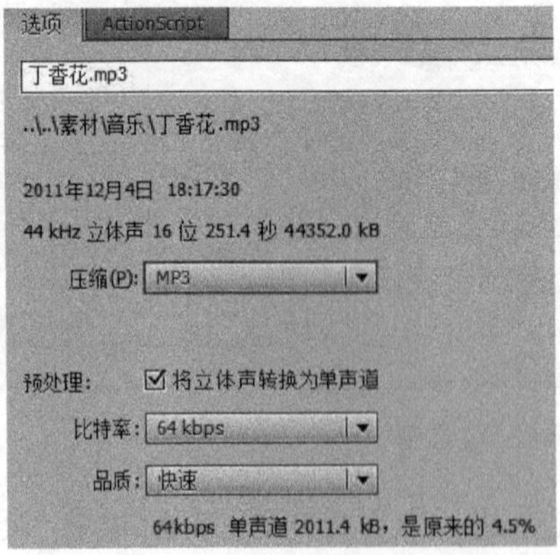

图 10-15 压缩“MP3”设置

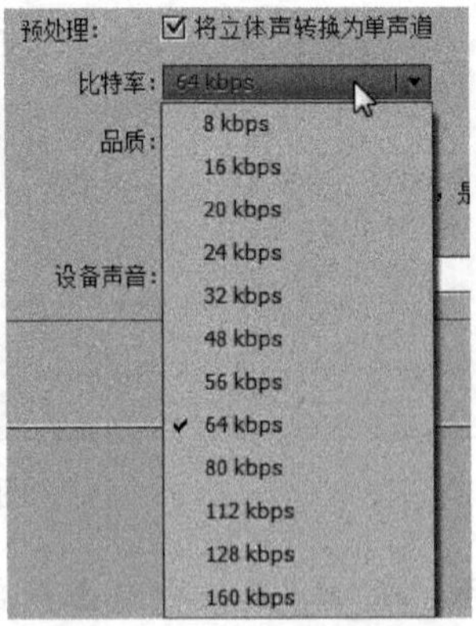

图 10-16 设置“比特率”

(6)“品质”选项用于指定压缩速度和声音品质。

快速：压缩速度较快，但声音品质较低。

中：压缩速度较慢，但声音品质较高。

最佳：压缩速度最慢，但声音品质最高。

(7) 在“声音属性”对话框中，单击“测试”按钮，测试声音效果；单击“停止”按钮，将结束播放。

(8) 单击“确定”按钮保存设置，并关闭对话框。

10.2.3 自定义声音效果

除了利用比特率等压缩声音外，还可以利用设置切入和切出点，避免静音区域保存在Flash影片文件的方法，减少影片文件的容量。

利用Flash提供的声音编辑控件“编辑封套”可以对声音做一些简单的编辑，实现一些常见的效果，例如控制声音的播放音量、调整声音开始播放和停止播放的位置等。

如果要编辑动画中的声音，选择有声音的帧，打开帧“属性”面板，在“声音”选项组的“效果”下拉列表框中，选择“自定义”或单击右侧的“编辑声音封套”按钮，打开“编辑封套”对话框，如图10-17所示。

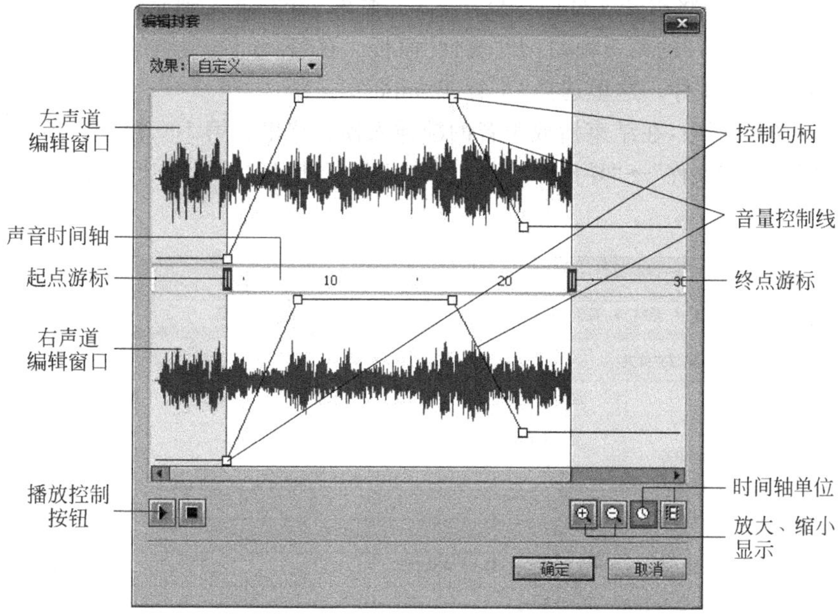

图10-17 “编辑封套”对话

“编辑封套”对话框分为上下两部分，上面的是左声道编辑窗口，下面的是右声道编辑窗口。在该对话框中可以做以下操作：

(1) 改变声音的起止位置。拖动“声音时间轴”中的声音“起点游标”和“终点游标”，调整声音的起止位置。

(2) 调整音量的大小。在左右声道窗口中的直线(或折线)是音量控制线，用鼠标上下拖动"控制句柄"(也叫节点),改变音量控制线垂直位置,可以调整音量的大小。音量控制线位置越高,声音越大。也可以通过调整控制线的倾斜度,实现声音的淡入淡出效果。

(3) 添加、删除"控制句柄"。单击音量控制线,将在单击处添加"控制句柄";用鼠标拖动"控制句柄"到编辑区的外边,可以删除"控制句柄"。

(4) 放大、缩小显示。单击"放大"或"缩小"按钮,可以改变窗口中显示声音的范围。

(5) 切换时间单位。单击"秒"和"帧"按钮,可以切换时间轴单位"秒"和"帧"。

(6) 测试声音效果。单击"播放"和"停止"按钮,可试听编辑后的声音和停止播放。

提示:在默认情况下,音量控制线只有起始位置有"控制句柄",系统允许添加 8 个"控制句柄"。

在不同的关键帧应用不同的声音效果,可以从一个声音文件获得多种声音效果。使用一个声音文件就可以得到更多的声音效果。还可以循环播放短声音,作为背景音乐。

10.2.4 导出声音

可以将 Flash 文档中的所有音频流(包括视频对象中的音频流)导出为单个的声音文件,而且所用的设置是所有应用于单个音频流的设置中的最高级别。

【例 10-3】 将文档中的声音导出为声音文件。

(1) 新建文档。将声音文件(素材\声音\丁香花.mp3)导入到元件"库"。

(2) 选择"图层 1"的第 1 帧,打开"属性"面板。在"声音"选项组的"名称"下拉列表框中选择需要的声音文件。这里选择"丁香花.mp3"。

(3) 在"图层 1"中,在结束播放声音的帧插入帧。这里在第 100 帧插入帧。

(4) 执行菜单"文件"→"导出"→"导出影片"命令,打开"导出影片"对话框,如图 10-18 所示。

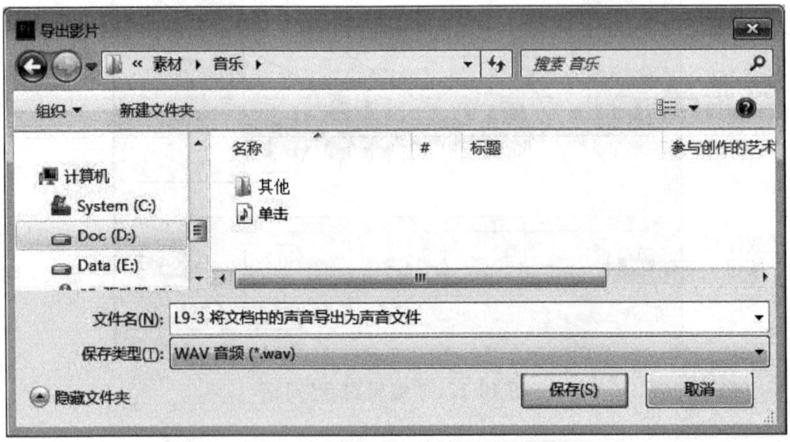

图 10-18 "导出影片"对话框

在该对话框中,选择保存声音文件的文件夹,在"文件名"文本框中输入文件名,在"保存类型"下拉列表框中选择"WAV 音频(*.wav)"选项,如图 10-19 所示。单击"保存"按钮,打开"导出 Windows WAV"对话框,如图 10-20 所示。

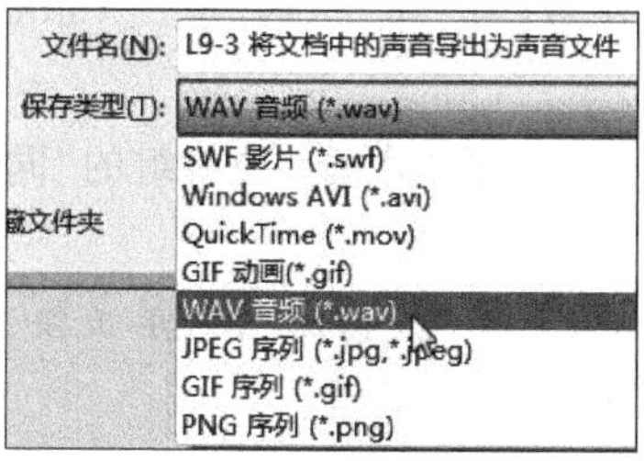

图 10-19 选择声音保存类型为 WAV

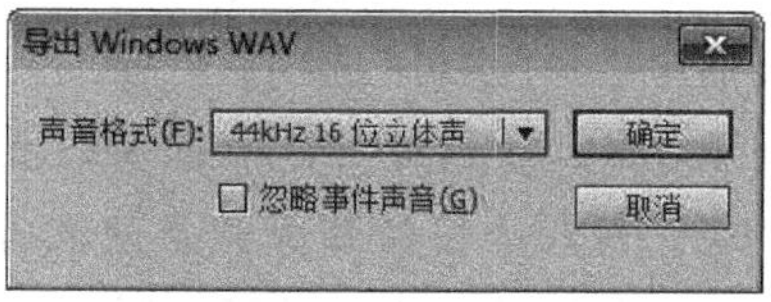

图 10-20 “导出 Windows WAV”对话框

在该对话框中，单击“声音格式”按钮，在下拉列表框中选择声音输出格式，单击“确定”按钮，导出声音。

提示：利用此方法只能导出嵌入到影片(时间轴)中的声音片段，不能导出完整的声音。

执行菜单“文件”→“发布设置”命令，打开“发布设置”对话框。在该对话框中，选择“覆盖声音设置”覆盖在“声音属性”对话框中指定的导出设置，创建一个较小的低保真版本以供在 Web 上使用，此选项非常有用。

10.3 为按钮添加声音

在交互动画中，按钮是使用较多的元件。为按钮的每一种状态添加声音，就可以制作出生动的动画效果。

【例 10-4】 在按钮中添加声音。

动画情景：单击按钮时播放声音。

(1) 新建 ActionScript 3.0 文档。

(2) 执行菜单“窗口”→“公用库”→Sound 命令，打开“外部库”面板，用鼠标将 Animal Dog Bark 26.MP3 声音文件拖动到元件“库”。

(3) 创建“按钮”类型元件，命名为“开始”。在按钮元件“开始”中制作有文字“开始”的按钮，如图 10-21 所示。

(4) 在图层“文字”上方创建新图层，命名为“声音”。在图层“声音”的“按下”帧插入空白关键帧，并打开该帧的“属性”面板，在“声音”选项组的“名称”下拉列表框中选择声音 Animal Dog Bark 26.MP3，如图 10-22 所示。

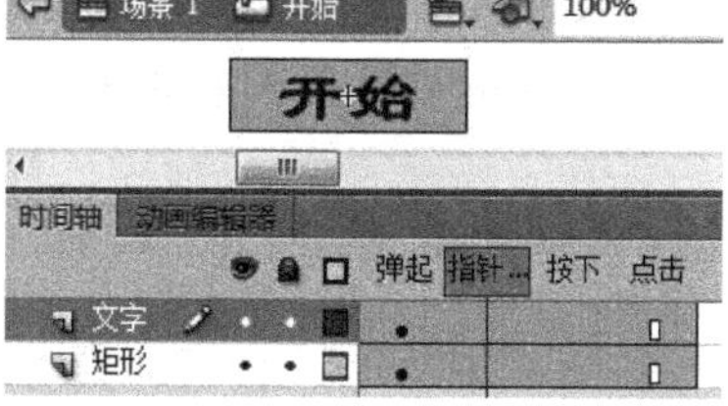

图 10-21 按钮“开始”的编辑窗口

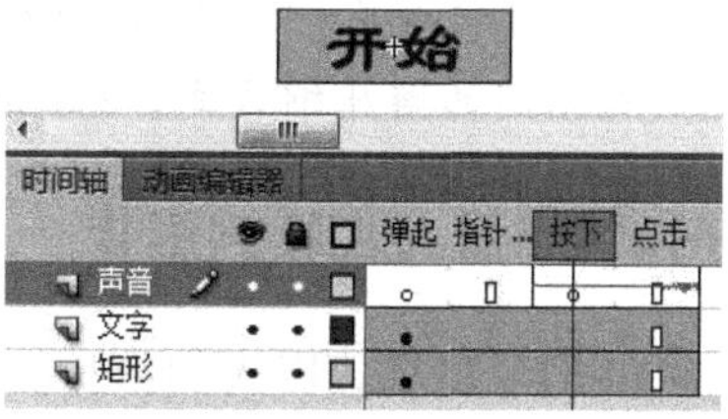

图 10-22 在“按下”帧添加声音

提示：在“按下”帧插入空白关键帧，选择“按下”帧后，将“库”中的声音 Animal Dog Bark 26. MP3 拖动到舞台，也能在“按下”帧插入声音。

(5) 在图层“声音”选择“按下”帧后，打开“属性”面板。在“声音”选项组的“同步”下拉列表框中选择“事件”选项。

提示：这里必须将“同步”选项设置为“事件”。如果选择“数据流”，则单击按钮时听不到声音。因此给按钮添加声音效果时一定要使用“事件”同步类型。

(6) 单击“场景”按钮，返回到场景。将按钮元件“开始”拖动到舞台上。

(7) 测试动画。单击按钮时，播放添加的声音。

提示：如果听不到声音，在按钮元件编辑窗口，选择声音所在的帧，在“属性”面板单击“编辑声音封套”按钮，打开“编辑封套”对话框，对导入的声音进行调整。

可以用同样的方法为按钮的其他帧添加声音效果。

引用添加声音的按钮元件时，声音也一同被引用。因此不必每次引用按钮重新给按钮添加声音。

影片剪辑时间轴和按钮时间轴的关键帧均可以添加声音，并互相独立播放。

如果需要不停地播放声音(如背景音乐)，可以在“重复”文本框中输入重复播放的次数(输入一个较大的值)，尽量不要使用循环。

10.4 视频的应用

Flash 支持的视频类型会因计算机系统所安装的软件不同而不同。如果计算机安装了 QuickTime 7 或更高版本，或安装了 DirectX 11 或更高版本，那么导入视频时，Flash 支持的格式如表 10-1 所示。

表 10-1 Flash CS6 支持的视频格式

文件类型	文件扩展名
Adobe Flash 视频	. flv、. f4v
MPEG-4 文件	. mp4、. m4v
QuickTime 影片	. mov、. qt
适用于移动设备的 3GPP\3GPP2	. 3gp、. 3gpp、. 3gp2、. 3gpp2、. 3g2

提示：编解码器是一种压缩/解压缩的算法，用于控制多媒体文件在编码期间的压缩方式和回放期间的解压缩方式。Flash 默认使用 On2 VP6 编解码器导入和导出视频。

10.4.1 嵌入视频到影片

【例 10-5】 将视频嵌入到影片。

动画情景：播放嵌入到影片中的视频。

(1) 新建文档，属性默认。

(2) 执行菜单“文件”→“导入”→“导入视频”命令，启动“导入视频”向导，并打开“选择视频”窗口，如图 10-23 所示。

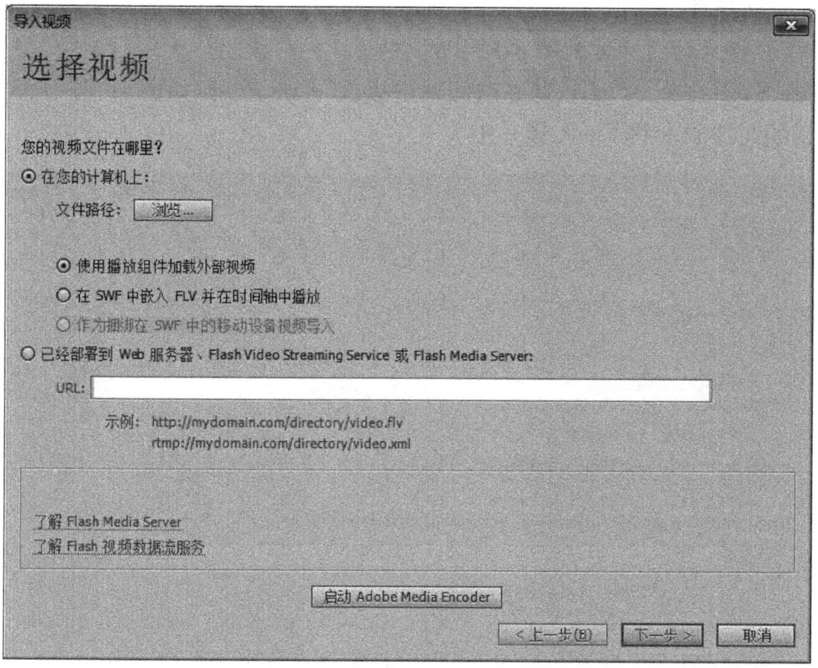

图 10-23　“选择视频”窗口

单击“文件路径”后的“浏览”按钮，打开“打开”对话框。在该对话框中选择要导入的视频文件。这里选择“素材\视频\地中海(FLV).FLV”，如图 10-24 所示。

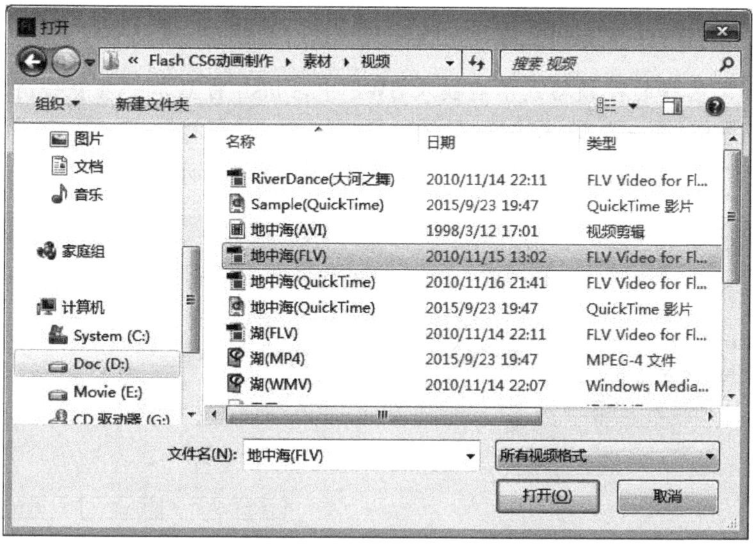

图 10-24　“打开”对话框

单击“打开”按钮，将要导入的视频文件路径添加到“文件路径”中。

提示：如果导入的视频文件是系统不支持的文件格式，Flash 将显示一条警告消息，表示无法完成该操作。

只有 FLV 格式的视频才能嵌入到 SWF 中。

选择“在 SWF 中嵌入 FLV 并在时间轴中播放”单选按钮，如图 10-25 所示。选择这种方式将视频文件嵌入到 Flash 影片中。

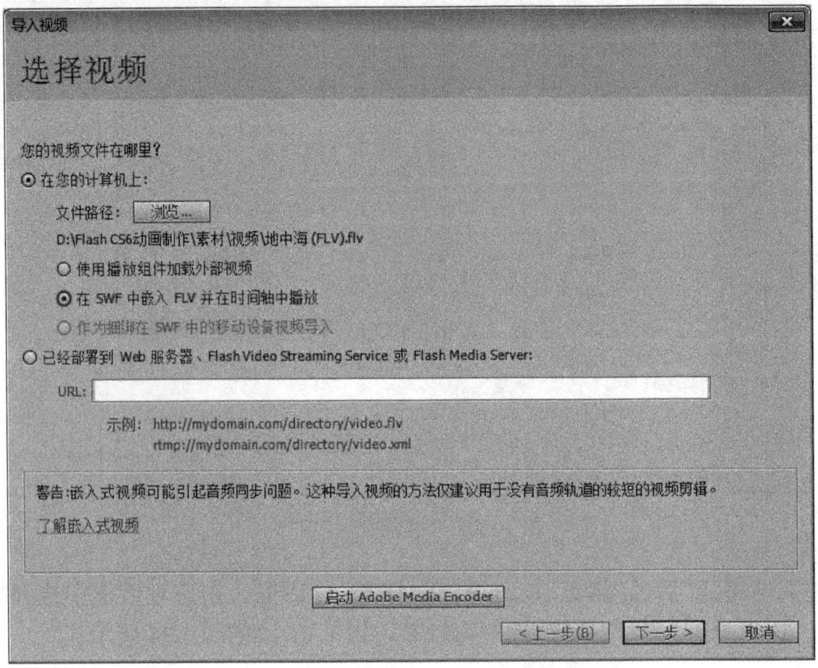

图 10-25 设置将视频嵌入到影片

提示：如果选择的视频格式不能嵌入 SWF 中，Flash 将显示一条警告消息，表示无法完成该操作，并且“下一步”按钮变为灰色。

(3) 单击“下一步”按钮，打开“嵌入”窗口，如图 10-26 所示。

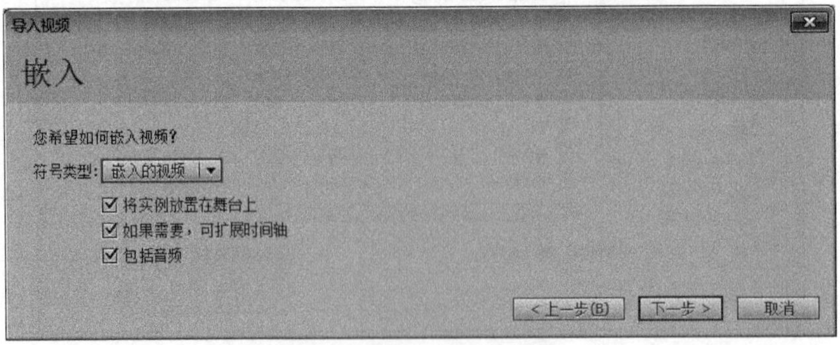

图 10-26 “嵌入”窗口

"符号类型"下拉列表框中包括"嵌入的视频"、"影片剪辑"、"图形"。

① 嵌入的视频：将视频剪辑作为嵌入的视频集成到时间轴。在时间轴上线性回放视频剪辑的最佳方式是将该视频导入到时间轴。

② 影片剪辑：将视频放置在影片剪辑实例中，便于控制视频内容。此时，视频的时间轴将独立于主时间轴进行播放。

③ 图形：将视频剪辑嵌入为图形元件。将无法使用脚本与该视频进行交互。通常，图形元件用于静态图像以及用于创建一些绑定到主时间轴的可重用的动画片段。因此，很少将视频嵌入为图形元件。

在"嵌入"窗口选中"将实例放置在舞台上"复选框，将导入的视频存放到元件"库"的同时将视频实例也放置到舞台上。如果不选中，则将视频只存放到元件"库"中；选中"如果需要，可扩展时间轴"复选框，可以自动扩展时间轴以满足视频长度的要求；选中"包括音频"复选框，音频内容会嵌入时间轴，否则音频内容不会嵌入时间轴，播放动画时也不会有声音。

这里保持默认设置，不做任何改动。

(4) 单击"下一步"按钮，打开"完成视频导入"窗口，如图 10-27 所示。

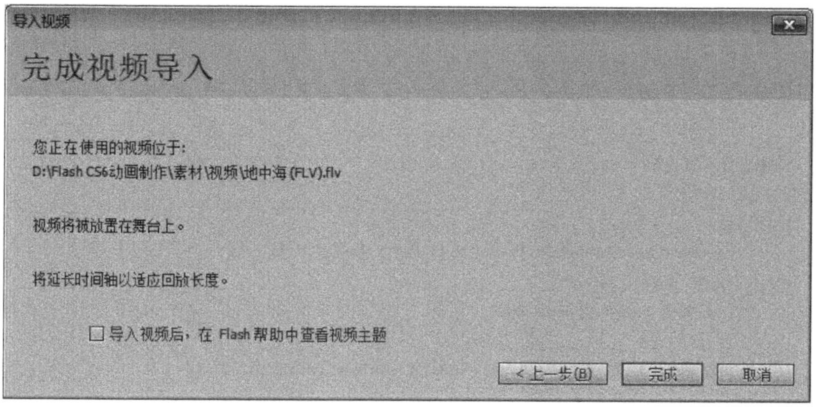

图 10-27　"完成视频导入"窗口

在该窗口中会显示视频信息，单击"完成"按钮，将先后打开导入和解压缩进度窗口，如图 10-28 所示。进度完成后，视频就被导入到舞台，如图 10-29 所示。

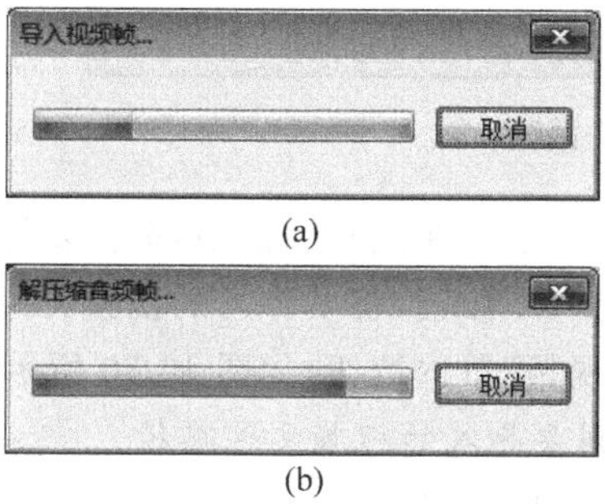

(a)

(b)

图 10-28　导入和解压消息框

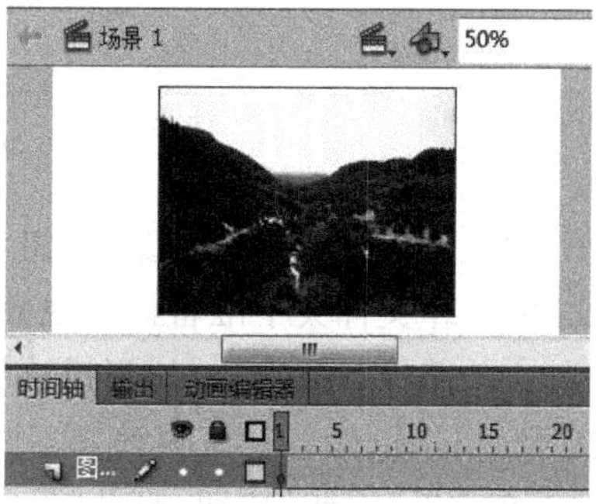

图 10-29　视频导入到舞台

(5) 测试动画。可以看到视频的播放效果。

10.4.2 使用播放组件加载播放外部视频

Flash 影片中,除了将视频嵌入到 SWF 影片外,还可以使用 Flash 提供的组件加载外部(本地硬盘或者 Web 服务器上的)FLV 文件加载到 SWF 影片文件中,播放动画时播放或回放视频。使用播放组件加载的外部视频内容独立于 Flash 文档中其他内容和视频回放组件,只要更新视频内容而不必重复发布 SWF 文件,使视频内容更新更加容易。

【例 10-6】 加载播放外部视频。

动画情景:播放外部视频,并用组件控制视频的播放。

(1) 在工作目录中,创建新的文件夹"L10-6 加载播放外部视频",并将要加载的外部 FLV 文件复制到该文件夹。这里复制视频文件"地中海(FLV).flv"。

(2) 新建文档。将文档命名为"加载播放外部视频",保存在新建的文件夹"L10-6 加载播放外部视频"。

(3) 执行菜单"文件"→"导入"→"导入视频"命令,启动"导入视频"向导,同时打开"选择视频"窗口,如图 10-30 所示。

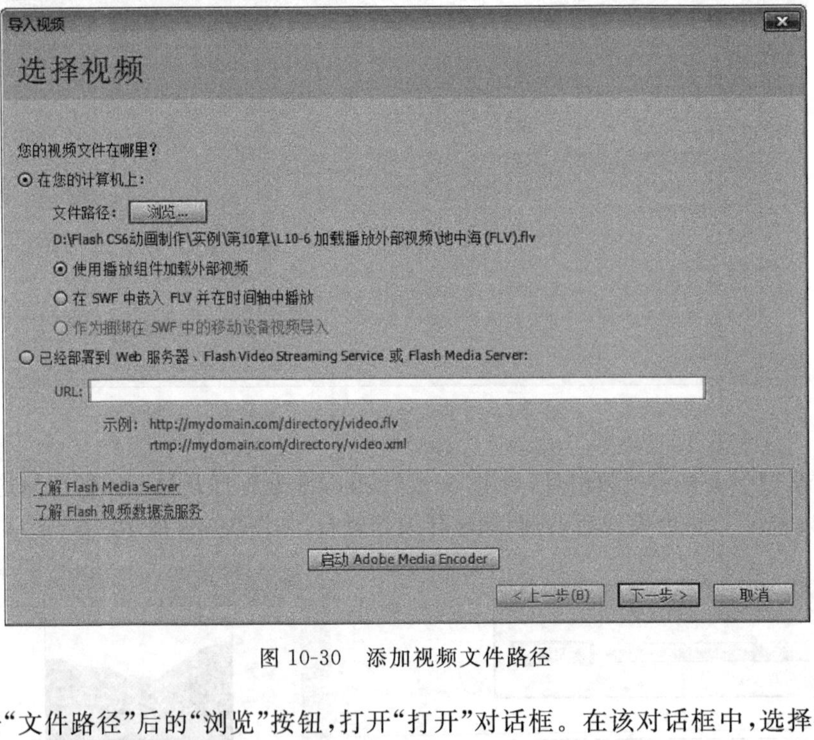

图 10-30 添加视频文件路径

单击"文件路径"后的"浏览"按钮,打开"打开"对话框。在该对话框中,选择要导入的视频文件(工作文件夹中准备好的视频文件),单击"打开"按钮,将要导入的视频文件路径添加到"文件路径",并选择"使用播放组件加载外部视频"单选按钮,如图 10-30 所示。

提示:在"选择视频"窗口的"文件路径"下可看到要导入的视频文件路径。

(4) 单击"下一步"按钮,打开"设定外观"窗口,如图 10-31 所示。

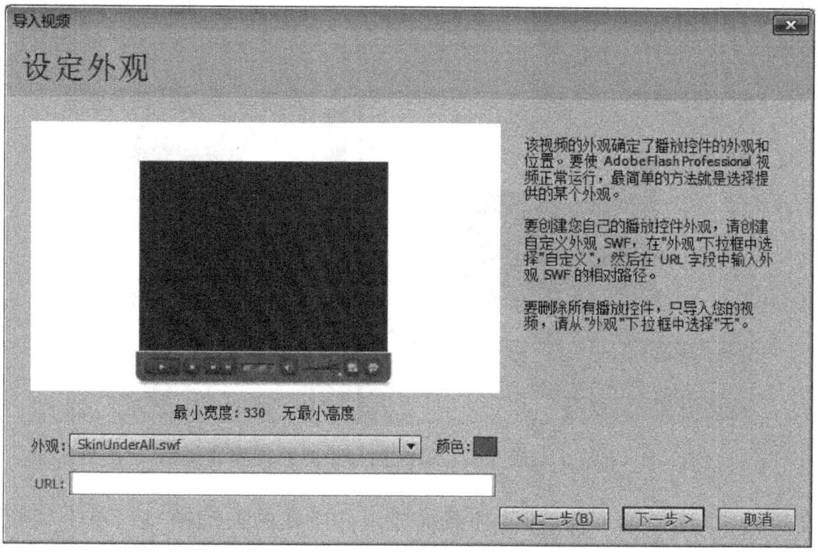

图 10-31　"设定外观"窗口

单击"外观"按钮，在下拉列表框中选择一种加载视频组件外观。如果在"外观"下拉列表框中选择"自定义外观(URL)"选项，则在 URL 文本框中输入外观 SWF 文件的路径。如果在外观下拉列表框中选择"无"，将删除所有加载视频组件外观，只导入视频。

这里"外观"选择 SkinUnderAll. swf。

提示：选择的组件外观将复制到 Flash 文档所在的文件夹"L10-6 加载播放外部视频"。

(5) 单击"下一步"按钮，打开"完成视频导入"窗口，如图 10-32 所示。

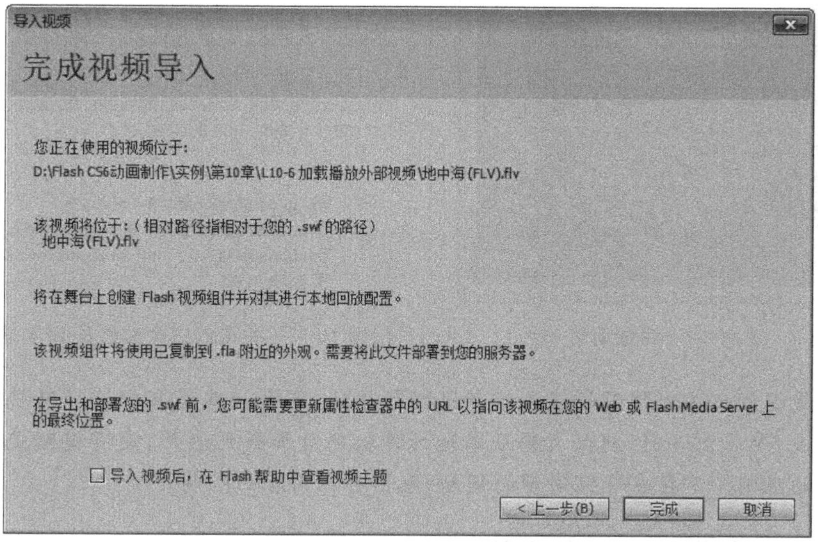

图 10-32　"完成视频导入"窗口

(6) 单击"完成"按钮，将视频加载播放组件导入到元件"库"，并放置到舞台中，如图 10-33 所示。

图 10-33　完成"导入视频"向导后的元件库和舞台

(7) 在舞台中，选择第 1 帧(视频加载播放组件所在的关键帧)后，单击视频加载播放组件的"播放"按钮可直接查看视频的播放效果。

(8) 测试动画。在动画播放时，通过组件"播放"等按钮，可控制视频及声音的播放效果，如图 10-34 所示。

提示：测试动画后，将在保存文档的文件夹，对应这个动画生成三个文件：FLA 格式(动画源文档)、SWF 格式(动画文件)、SkinUnderAll. swf(选择的播放器外观)。还有要加载播放的 FLV 视频文件，如图 10-35 所示。

图 10-34　测试动画

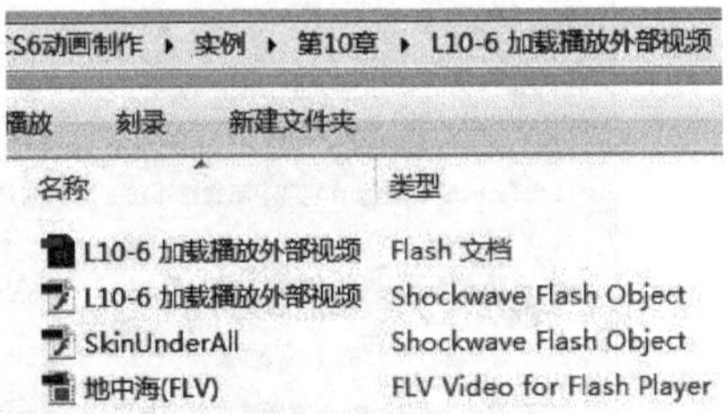

图 10-35　生成的三个文件及 FLV 视频文件

用加载视频组件制作下载播放外部视频影片时，可导入部署在本地计算机上的视频文件。播放 SWF 影片时，视频文件从本地计算机磁盘加载到影片，没有视频文件大小和持续时间的限制。不存在音频同步的问题，也不存在内容的限制。

10.4.3　制作 FLV 视频文件

FLV、F4V 格式是 Flash 的专用视频格式。可以将 Flash 文档中的视频导出为 FLV

格式的视频文件。还可以利用Flash提供视频编码应用程序Adobe Media Encoder，将其他格式的视频文件转换为FLV、F4V格式的视频文件。

1. 视频导出为FLV视频文件

可以将Flash文档中的视频导出为FLV视频文件。

【例10-7】 将文档中的视频导出为FLV视频文件。

(1) 新建文档。将视频文件(素材\视频\地中海(FLV).flv)导入到元件“库”。

(2) 在“库”面板中，右击视频元件，在弹出的快捷菜单中选择“属性”命令，打开“视频属性”对话框，如图10-36所示。

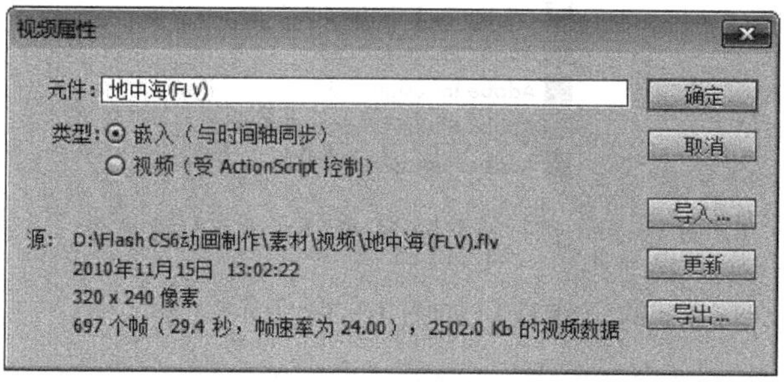

图10-36 “视频属性”对话框

(3) 单击“导出”按钮，打开“导出FLV”对话框。在该对话框中，选择要导出的文件夹，并输入要导出的视频文件名，单击“保持”按钮，保存文件，如图10-37所示。

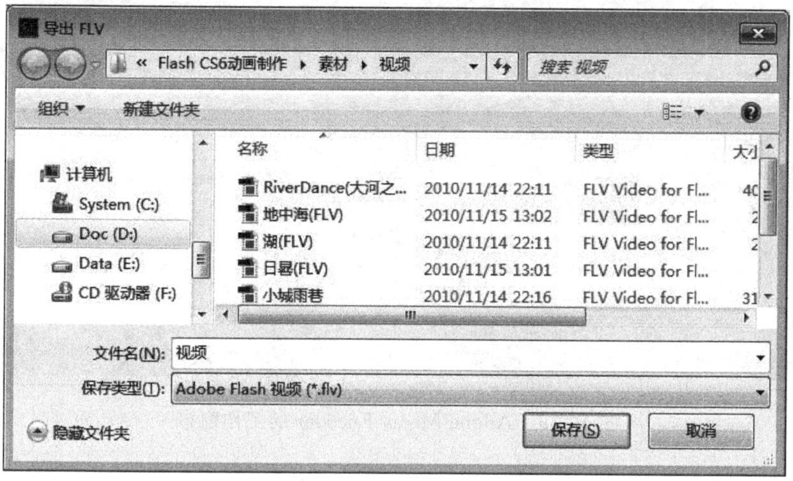

图10-37 “导出FLV”对话框

(4) 关闭“视频属性”对话框。

提示：执行菜单“文件”→“导出”→“导出影片”命令，可以将嵌入到影片(时间轴)中的视频导出为视频文件，请参考例10-3。

2. 视频转换为FLV视频文件

利用Adobe提供的视频编码应用程序Adobe Media Encoder，可以将视频文件转为

FLV、F4V 格式的视频，还可以将声音文件转换为 MP3 的声音格式。

【例 10-8】 将视频转换为 FLV 视频文件。

(1) 在 Windows 的“开始”菜单中执行 Adobe Media Encoder CS6 命令，启动 Adobe Media Encoder，如图 10-38 所示。

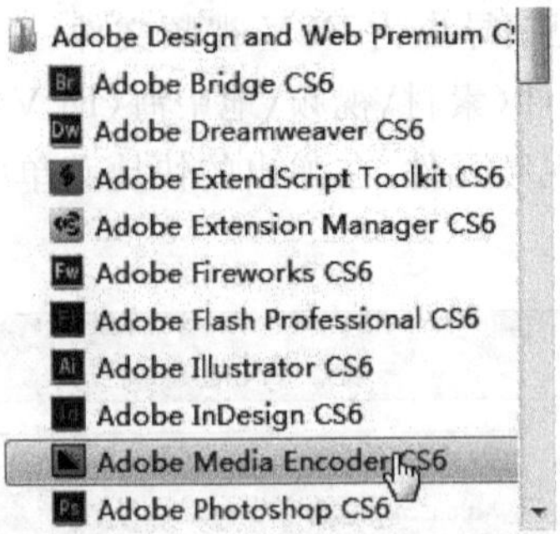

图 10-38 执行 Adobe Media Encoder CS6 命令

Adobe Media Encoder 的工作窗口如图 10-39 所示。

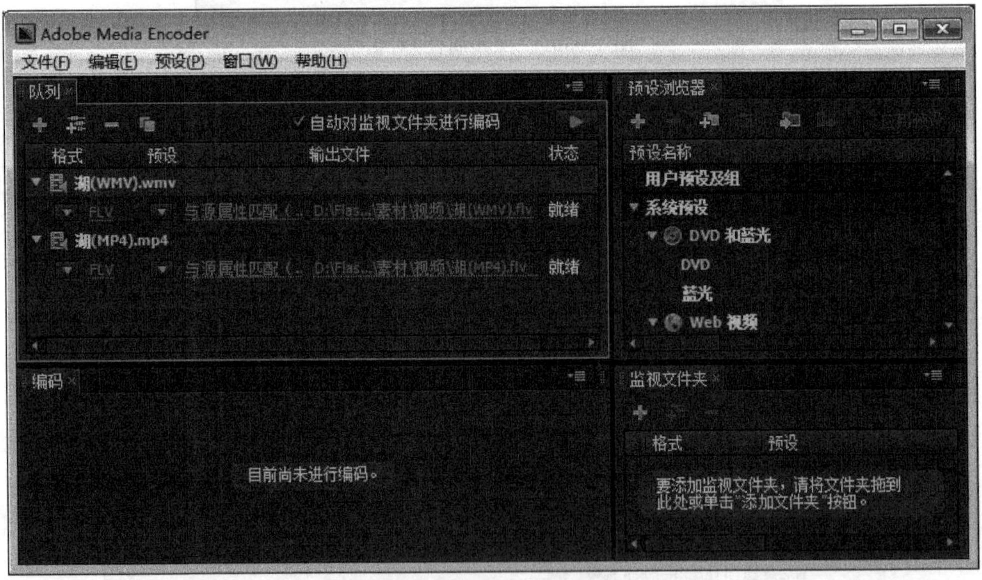

图 10-39 Adobe Media Encoder 的工作窗口

(2) 执行菜单“文件”→“添加源”命令，打开“打开”对话框。在该对话框中选择要转换的视频文件，单击“打开”按钮，将要转换的视频文件添加到“队列”面板列表框中。

提示：单击“队列”面板中的“添加源”(＋)按钮，也可以打开“打开”对话框。

(3) 执行菜单“文件”→“启动队列”命令，将“队列”面板中的文件转换为指定格式的视频文件。

提示：在“队列”面板中单击“启动队列”(▶)按钮，将队列文件进行转换。

在列表框中，单击文件的“格式”按钮，可以设置要转换的格式；单击“预设”按钮，可以设置要转换的视频属性;单击“输出路径”按钮,可以设置保存的文件夹及名称,如图 10-40 所示。

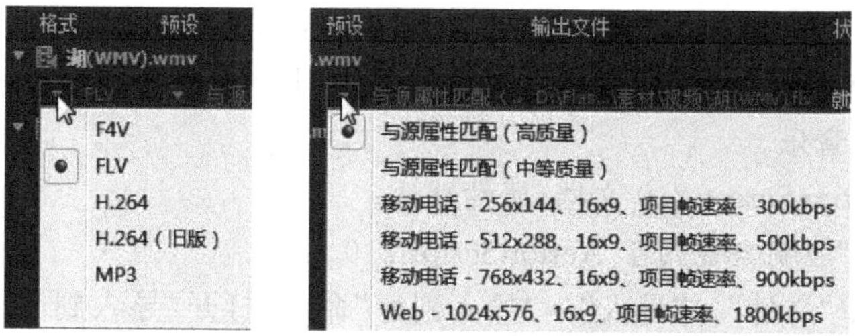

图 10-40 “格式”和“预设”下拉列表

在“队列”面板中选择文件后,执行菜单“文件”→“导出设置”命令,打开“导出设置”对话框,如图 10-41 所示。在该对话框中,可以进行剪辑视频以及导出设置。

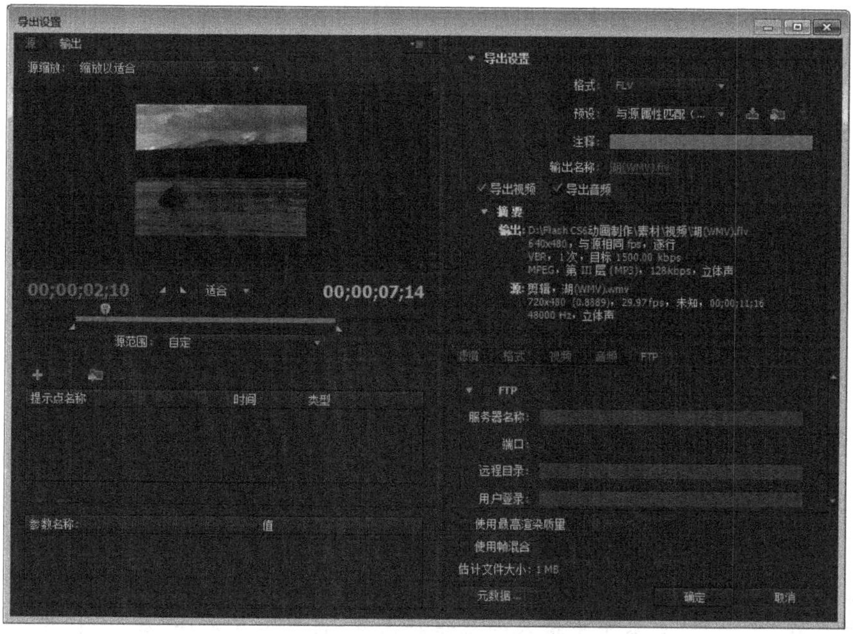

图 10-41 “导出设置”对话框

Flash 不兼容的声音文件,也可以用 Adobe Media Encoder 转换为 Flash 兼容的格式。

10.5 用行为控制声音和视频播放

“行为”是预先编写的 ActionScript 脚本程序,可以将行为脚本程序添加到帧、按钮或影片剪辑等对象,控制帧、按钮或影片剪辑事件行为的执行。“行为”也可以用于控制声音和视频的播放。

10.5.1 用行为控制声音的播放

【例 10-9】 用“行为”加载播放元件“库”中的声音文件。

动画情景：播放动画时播放音乐。单击“停止”按钮，停止播放音乐；单击“播放”按钮，从头开始播放音乐。

(1) 新建 ActionScript 2.0 文档，属性默认。

提示：“行为”控制只能用于 ActionScript 2.0 文档。

(2) 执行菜单“文件”→“导入”→“导入到库”命令，打开“导入到库”对话框。在该对话框中，选择声音文件，单击“打开”按钮，将选择的声音文件导入到元件“库”。这里选择“素材\音乐\丁香花.mp3”。

(3) 执行菜单“窗口”→“公用库”→Buttons 命令，打开“外部库”面板。在面板项目列表中，打开文件夹 playback flat，分别将文件夹中的按钮 flatblueplay 和 flatbluestop 拖动到舞台，并将两个实例适当放大(这里放大 200%)，如图 10-42 所示。

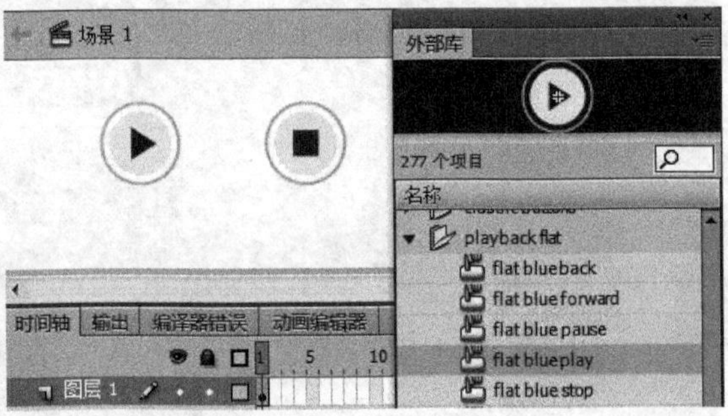

图 10-42 将两个按钮拖动到舞台

(4) 在“库”面板中选择声音文件后，单击“属性”按钮，打开“声音属性”对话框。在该对话框中，打开 ActionScript 选项卡，选中“为 ActionScript 导出”复选框。此时，默认选中“在第 1 帧中导出”复选框，并在“标识符”文本框中自动添加声音文件的名称(这里是“丁香花.mp3”)作为标识符。这里修改输入“背景音乐”作为标识符，如图 10-43 所示。

提示：在“标识符”文本框中输入的标识符名称，将显示在元件“库”面板中，该声音元件的“AS 连接”栏中。

(5) 选择“图层 1”的第 1 帧，执行菜单“窗口”→“行为”命令，打开“行为”面板。单击添加按钮＋，选择“声音”→“从库加载声音”命令(见图 10-44)，打开“从库加载声音”对话框，如图 10-45 所示。

在该对话框的“键入库中要播放的声音的链接 ID”文本框中，输入连接标识符(此例中是“背景音乐”)，在“为此声音实例键入一个名称，以便以后引用”文本框中，输入实例名称(此例中输入“声音”作为声音实例名称)，单击“确定”按钮。

提示：连接标识符，是在“声音属性”对话框的 ActionScript 选项卡中设置的“标识符”“背景音乐”。

测试动画，可以听到播放的音乐。

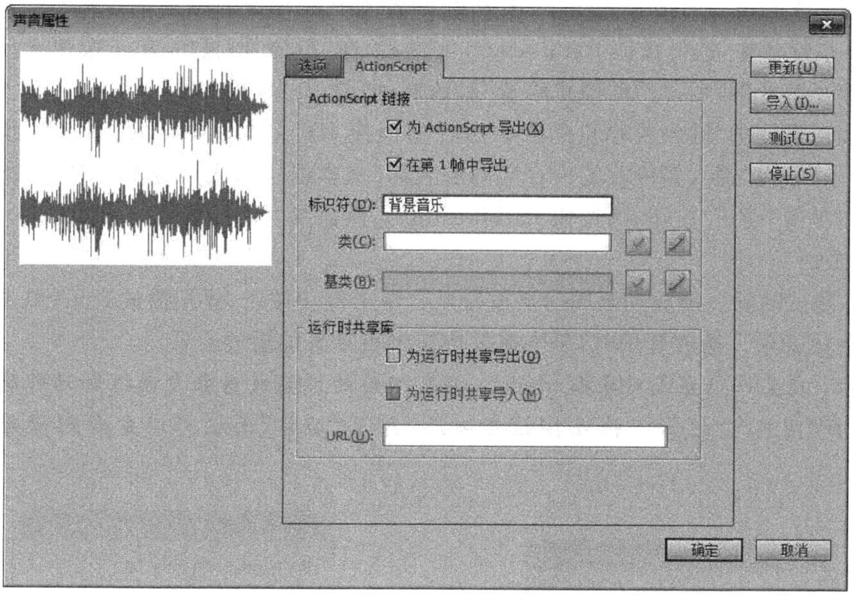

图 10-43　ActionScript 选项卡

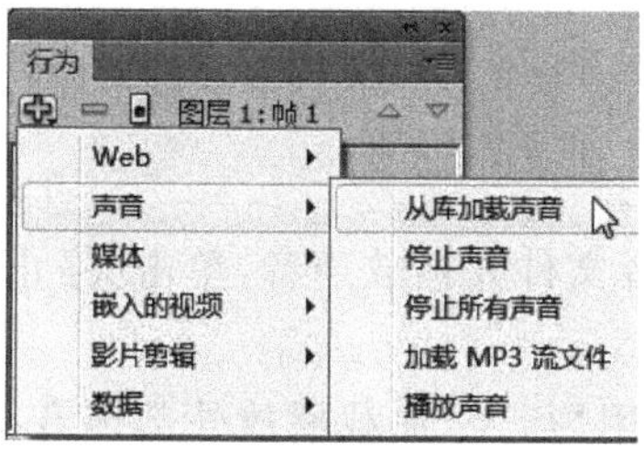

图 10-44　选择“从库加载声音”命令

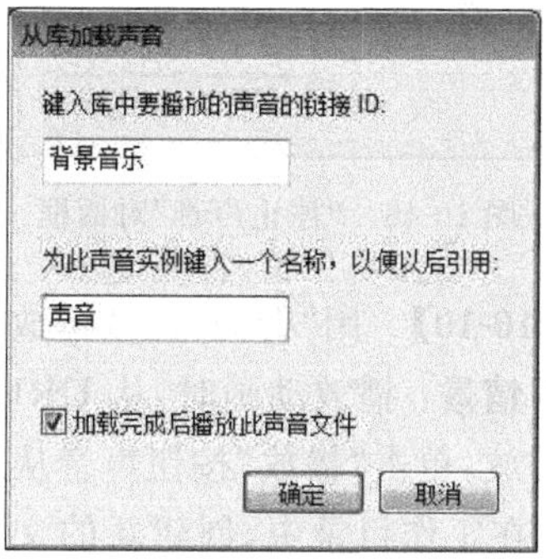

图 10-45　“从库加载声音”对话框

(6) 在舞台中，选择按钮 flat blue play 实例后，在“行为”面板中单击按钮+，选择“声音”→“播放声音”命令，打开“播放声音”对话框，如图 10-46 所示。在该对话框中输入声音实例的名称(此例中是“声音”)，单击“确定”按钮，为按钮 flat blue play 实例添加“播放声音”行为，默认的按钮事件为“释放时”，如图 10-47 所示。

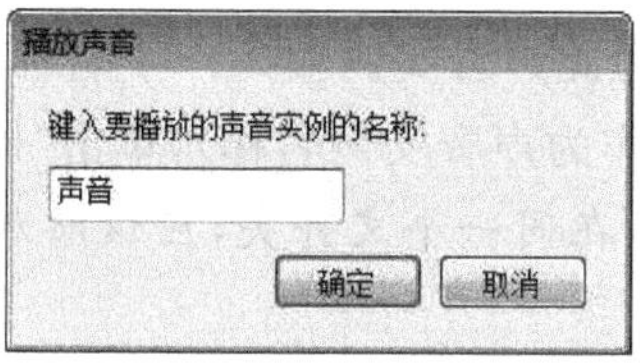

图 10-46　“播放声音”对话框

图 10-47　为按钮添加的按钮事件

提示：声音实例的名称是在“从库加载声音”对话框中命名的声音实例名。

(7) 在舞台中，选择按钮 flatbluestop 实例后，在“行为”面板中，单击按钮＋，选择“声音”→“停止声音”命令，打开“停止声音”对话框，如图 10-48 所示。

在该对话框的“键入要停止的库中声音的链接 ID”文本框中输入标识符（此例中是“背景音乐”），在“键入要停止的声音实例的名称”文本框中输入声音实例名称（此例中是“声音”），单击“确定”按钮，为按钮 flatbluestop 实例添加“停止声音”行为，默认的按钮事件为“释放时”。

(8) 测试动画。播放动画同时播放音乐。单击停止按钮，停止播放音乐；单击播放按钮开始播放音乐。播放音乐时，单击播放按钮将重复叠加播放音乐。

提示：在某一位置或对象添加行为，将在相应的位置或对象自动添加动作脚本。此例中，选择“图层 1”的第 1 帧或按钮实例后，打开“动作”面板可以查看到行为的脚本代码。

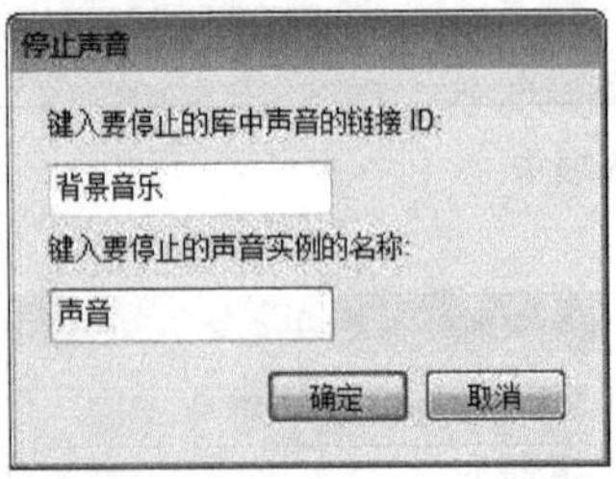

图 10-48 “停止声音”对话框

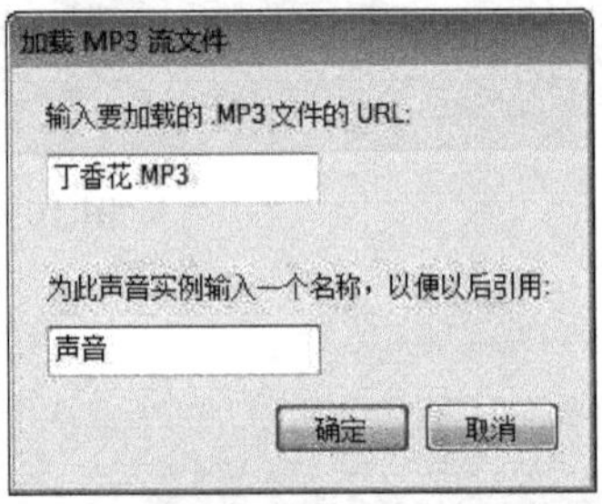

图 10-49 “加载 MP3 流文件”对话框

【例 10-10】 用“行为”加载播放外部声音文件。

动画情景：播放动画时，从 URL 位置加载声音文件并播放声音，单击“停止”按钮停止声音播放，单击“播放”按钮声音从头开始播放。

(1) 在工作目录中，创建新的文件夹“L10-10 用‘行为’加载播放外部声音文件”，并将要加载的外部 MP3 文件复制到该文件夹。这里复制声音文件“丁香花.mp3”。

(2) 新建 ActionScript 2.0 文档。将文档命名为“用‘行为’加载播放外部声音文件”，保存在新建的文件夹“L10-10 用‘行为’加载播放外部声音文件”。

(3) 选择“图层 1”的第 1 帧，执行菜单“窗口”→“行为”命令，打开“行为”面板。单击添加按钮＋，选择“声音”→“加载 MP3 流文件”命令，打开“加载 MP3 流文件”对话框，如图 10-49 所示。

在该对话框的“输入要加载的.mp3 文件的 URL”文本框中，输入要加载的 MP3 声音文件路径和名称（此例中输入“丁香花.mp3”），在“为此声音实例输入一个名称，以便以后引用”文本框中，输入实例名称（此例中输入“声音”作为声音实例名称），单击“确定”按钮。

提示：如果要加载外部声音文件与影片文件不在同一个文件夹，应该添加文件的路径。为了方便发行最好添加相对路径。

此时，在“图层 1”的第 1 帧添加了行为脚本。

(4) 执行菜单“窗口”→“公用库”→Buttons 命令，打开“外部库”面板。在面板项目列表中,打开文件夹 playbackflat,分别将文件夹中的按钮 flatblueplay 和 flatbluestop 拖动到舞台,并将两个实例适当放大(这里放大 200%),如图 10-42 所示。

(5) 在舞台中,选择按钮 flatblueplay 实例后,在“行为”面板中,单击按钮+,选择“声音”→“播放声音”命令,打开“播放声音”对话框。在该对话框中,输入声音实例的名称(此例中是“声音”),单击“确定”按钮,为按钮 flatblueplay 实例添加“播放声音”行为,默认的按钮事件为“释放时”。

(6) 在舞台中,选择按钮 flatbluestop 实例后,在“行为”面板中单击按钮+,选择“声音”→“停止所有声音”命令,将打开“停止所有声音”对话框,如图 10-50 所示。单击“确定”按钮,为按钮 flatbluestop 实例添加“停止所有声音”行为,默认的按钮事件为“释放时”。

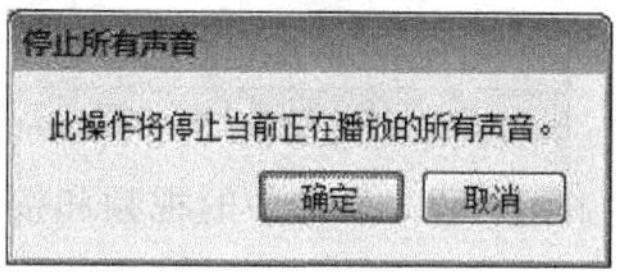

图 10-50 “停止所有声音”对话框

在该对话框中的“键入要停止的库中声音的连接 ID”文本框中输入标识符(此例中是“背景音乐”),在“键入要停止的声音实例名称”文本框中输入声音实例名称(此例中是“声音”),单击“确定”按钮,为按钮 flatbluestop 实例添加“停止所有声音”行为,默认的按钮事件为“释放时”。

(7) 保存文档,测试动画。

10.5.2 用行为控制视频的播放

【例 10-11】 用行为控制播放嵌入 SWF 影片中的视频。

动画情景:播放动画时,播放动画中的视频。单击“停止”按钮,停止视频播放并返回视频开头;单击“播放”按钮,重新播放视频;单击“暂停”按钮暂停视频播放,再单击“播放”按钮,从暂停处继续播放。

(1) 新建 ActionScript 2.0 文档,另存文档。

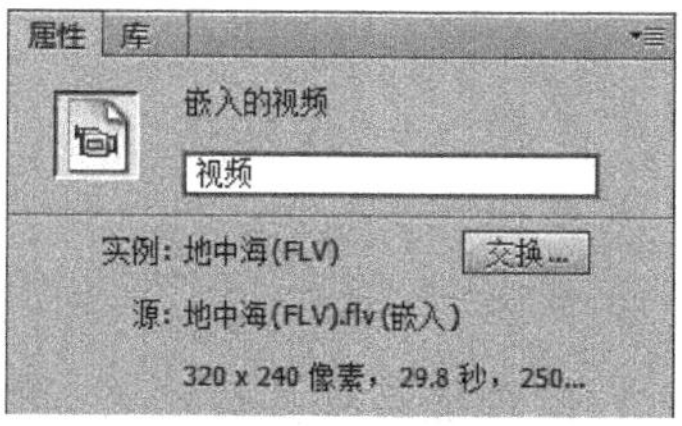

图 10-51 命名视频

(2) 按照例 10-5 的方法将视频嵌入到动画。此例中选择视频文件“素材\视频\地中海(FLV).flv”。

(3) 在舞台中,选择视频实例,打开“属性”面板。在“嵌入的视频”文本框中,输入视频实例的名称(此例中输入“视频”作为实例名称),如图 10-51 所示。

(4) 执行菜单“窗口”→“公用库”→Buttons 命令,打开“外部库”面板。在面板项目列表中,打开文件夹 playbackflat,分别将文件夹中的按钮 flatblueplay、flatbluepause 和 flatbluestop 拖动到舞台,并将三个实例适当放大(这里放大 200%),如图 10-52 所示。

(5) 在舞台中,选择按钮 flatblueplay 实例,执行菜单“窗口”→“行为”命令,打开“行为”面板。单击“添加行为”按钮+,选择“嵌入的视频”→“播放”命令,打开“播放视频”对话框,如图 10-53 所示。

图 10-52 舞台中的视频和按钮实例

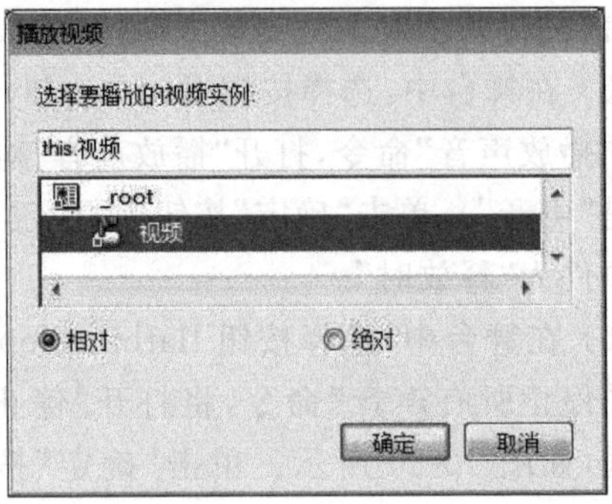

图 10-53 "播放视频"对话框

在该对话框中,"选择要播放的视频实例"列表中选择实例名称(此例中是"视频"),选择"相对"单选按钮,单击"确定"按钮,为按钮 flatblueplay 实例添加"播放"行为,默认的按钮事件为"释放时"。

(6) 在舞台中,选择按钮 flatbluepause 实例,在"行为"面板中,单击"添加行为"按钮+,选择"嵌入的视频"→"暂停"命令,打开"暂停视频"对话框,在"选择要暂停的视频实例"列表中选择实例名称(此例中是"视频"),选择"相对"单选按钮,单击"确定"按钮,为按钮 flatbluepause 实例添加"暂停"行为,默认的按钮事件为"释放时"。

(7) 在舞台中,选择按钮 flatbluestop 实例,在"行为"面板单击"添加行为"按钮+,选择"嵌入的视频"→"停止"命令,打开"停止视频"对话框,在"选择要停止播放的视频实例"列表中选择实例名称(此例中是"视频"),选择"相对"单选按钮,单击"确定"按钮,为按钮 flatbluestop 实例添加"停止"行为,默认的按钮事件为"释放时"。

(8) 保存文档,测试动画。

10.6 用"代码片断"播放视频和声音

10.6.1 控制播放外部声音文件

【例 10-12】 用"代码片断"控制播放外部声音文件。

动画情景:播放动画时,单击"Play&Stop"按钮,从 URL 位置加载并播放声音,再单击此按钮停止声音播放。

(1) 新建 ActionScript 3.0 文档。

(2) 选择"图层 1"的第 1 帧,执行菜单"窗口"→"组件"命令,打开"组件"面板。在 User Interface 文件夹中,将 Button 组件拖动到舞台。选择舞台中的按钮实例,打开"属性"面板。命名实例名为 btn,在"组件参数"项中的 label 属性文本框中输入 Play&Stop。

(3) 选择"图层 1"的第 1 帧,打开"动作"面板。在舞台中选择按钮实例,单击"脚本工具栏"中的"代码片段"按钮,打开"代码片段"对话框。在"音频和视频"文件夹中双击"单击以播放/停止声音"命令,将代码片段添加到"脚本窗格",如图 10-54 所示。

图 10-54　在“脚本窗格”中添加代码片段

提示：此时，创建图层 Actions，并在第 1 帧添加脚本。

按照脚本中的说明，将脚本中的声音文件路径修改为要播放的声音路径。即：

```
new URLRequest("http://www.helpexamples.com/flash/sound/song1.mp3")
```

修改为

```
new URLRequest("要播放的声音文件路径")
```

这里修改为

```
new URLRequest("music/丁香花.mp3")
```

(4) 将文档保存到工作目录。在工作目录中创建文件夹 music，并将声音文件“丁香花.mp3”复制到该文件夹中。

(5) 测试动画。单击按钮播放声音，再单击停止播放。

10.6.2　控制播放外部视频文件

【例 10-13】 用“代码片断”控制播放外部视频文件。

动画情景：播放动画时，视频等待播放。单击“播放”按钮时，开始播放视频；单击“暂停”按钮时，暂停播放视频；单击“停止”按钮时，停止播放视频并返回到视频开头。

(1) 在工作目录中，创建文件夹 movie。在文件夹内复制 flv 视频文件(素材\视频\地中海(FLV).flv)。

(2) 新建 ActionScript 3.0 文档，命名为“播放外部视频文件”保存到工作目录。

(3) 执行菜单“文件”→“导入”→“导入视频”命令，启动“导入视频”向导，并打开“选择视频”对话框。单击“文件路径”按钮选择视频文件(movie\地中海(FLV).flv)，选择“使用播放组件加载外部视频”，单击“下一步”按钮，打开“设定外观”对话框。单击“外观”按钮，在外观列表中选择“无”，单击“下一步”按钮，单击“完成”按钮，关闭向导。

(4) 在舞台中，选择组件 FLVPlayback 实例，打开“属性”面板，将实例命名为

flvMovie,如图 10-55 所示。

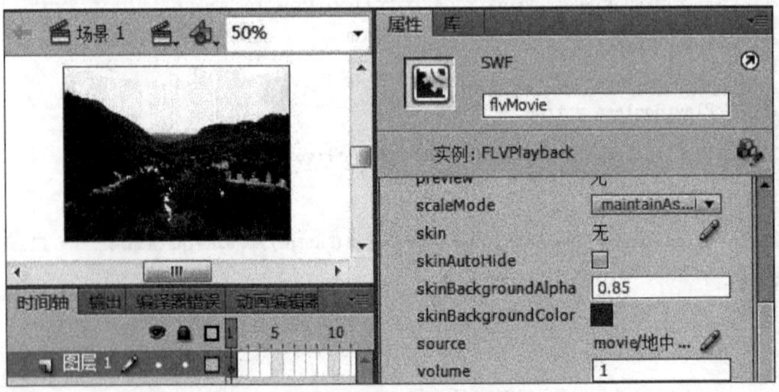

图 10-55 命名组件 FLVPlayback 实例名

(5) 创建新图层,命名为"按钮"。选择第 1 帧,执行"窗口"→"公用库"→Buttons 命令,打开"外部库"面板。在 playbackrounded 文件夹中将三个按钮 roundedgreenplay、roundedgreenpause 和 roundedgreenstop 拖动到舞台,分别将按钮实例命名为 btn_play、btn_pause 和 btn_stop。

提示: *如果不命名按钮实例名称,则添加"代码片段"时将自动命名。*

(6) 在舞台中,选择按钮 btn_play 实例,执行菜单"窗口"→"代码片段"命令,打开"代码片段"对话框。在"音频和视频"文件夹中双击"单击以播放视频"命令,打开"动作"面板。在"脚本窗格"中的代码如下:

```
btn_play.addEventListener(MouseEvent.CLICK, fl_ClickToPlayVideo);
function fl_ClickToPlayVideo(event:MouseEvent):void
{    //用此视频组件的实例名称替换 video_instance_name
     video_instance_name.play();       //此例中,修改为 flvMovie.play();
}
```

按照脚本中的说明,用实例名 flvMovie 替换 video_instance_name。

(7) 在舞台中,选择按钮 btn_pause 实例,执行菜单"窗口"→"代码片段" 命令,打开"代码片段"对话框。在"音频和视频"文件夹中,双击"单击以暂停视频"命令,打开"动作"面板。在"脚本窗格"中的代码如下:

```
btn_pause.addEventListener(MouseEvent.CLICK, fl_ClickToPauseVideo);
function fl_ClickToPauseVideo(event:MouseEvent):void
{    //用此视频组件的实例名称替换 video_instance_name
     video_instance_name.pause();       //此例中,修改为 flvMovie. pause();
}
```

按照脚本中的说明,用实例名 flvMovie 替换 video_instance_name。

(8) 在舞台中,选择按钮 btn_stop 实例,执行菜单"窗口"→"代码片段" 命令,打开"代码片段"对话框。在"音频和视频"文件夹中,双击"单击以暂停视频"命令,打开"动作"面板。在"脚本窗格"中的代码如下:

```
btn_stop.addEventListener(MouseEvent.CLICK, fl_ClickToPauseVideo_2);
function fl_ClickToPauseVideo_2(event:MouseEvent):void
{    //用此视频组件的实例名称替换 video_instance_name
     video_instance_name.pause();         //此例中,修改为 flvMovie. pause();
}
```

按照说明,用实例名 flvMovie 替换 video_instance_name。在语句"flvMovie. pause();"后插入语句"flvMovie. seek(0);",将视频播放头移动到视频开头。

提示:自动添加的函数名、自动添加的按钮实例名称等每次操作可能有区别。

函数 seek(0)的功能是将视频播放头移动到视频的开始处。这里暂停播放后,播放头回到视频的开始处,实现停止播放视频功能。

(9) 播放动画时,为了等待播放视频,在脚本的开头添加代码:

```
flvMovie.pause();
```

(10) 保存文档,测试动画。在动画播放时,用三个命令按钮实现控制视频的播放。

10.7　应用声音和视频的注意事项

(1) 除了在关键帧添加声音外,还可以通过 Flash 内置的 Sound 对象对声音进行更高级的控制,如控制声音的播放、关闭,音量的大小和左右声道的平衡等。

(2) 声音和视频文件格式及编码有多种,计算机系统安装的软件不同支持的格式和编码也不同。在 Flash 动画中使用声音和视频时,文件的格式要符合 Flash 的要求。

(3) 在 Flash 动画制作中处理部分视频文件时,有的计算机系统(如 Windows XP)要求安装 QuickTime、DirectX 等软件。如果没有安装这类软件,导入视频时会出现错误提示。

思　考　题

1. Flash 主要支持哪几种音频文件格式?
2. 可以在 Flash 文档中的哪些地方添加声音?
3. 在 Flash 中如何设置声音的属性?
4. 在 Flash 中要导入视频需要安装什么软件?
5. 如何导入声音和视频?

操　作　题

1. 导入声音文件到 Flash 文档。
2. 制作一个能发出声音的按钮。

3. 将导入到 Flash 文档中的声音以 MP3 的格式进行压缩。

提示：在"声音属性"对话框中进行相关设置。

4. 将导入到 Flash 文档中的声音调节为淡入淡出效果。
5. 导入一个视频到 Flash 文档。
6. 将一个视频制作为 FLV 视频文件。
7. 将一个 MP3 声音文件导入 Flash 文档，用行为控制声音的播放。
8. 将一个 FLV 视频文件嵌入式导入 Flash 文档，用行为控制视频的播放。
9. 在"库"面板创建视频元件，用视频元件实例播放本地视频。

第 11 章　Flash 组件

内容提要

本章介绍 Flash 组件的概念；扩展组件的安装与管理方法；常用组件的使用及组件参数的设置方法。

学习建议

掌握 Flash 提供的常用组件的使用方法，以及扩展组件的安装及使用方法。

11.1　组件简介

Flash 组件是带参数的影片剪辑，根据需要可以修改它们的外观和行为。组件既可以是简单的用户界面控件（例如单选按钮或复选框），也可以是包含内容（例如滚动窗格）的。使用组件，即使对脚本（ActionScript）没有深入的研究，也可以构建复杂的 Flash 应用程序。将组件从“组件”面板拖动到舞台中即可为影片添加按钮、组合框和列表等功能。每个组件都有预定义参数，可以在 Flash 中设置这些参数。

首次启动 Flash 时，系统中就已安装了一组 Adobe 组件。可以在“组件”面板上查看它们，还可以从 Adobe Exchange_cn（http ://www. adobe. com/cn/exchange/ ）下载由 Flash 社区成员构建的组件。下载的组件扩展名为. mxp。

11.2　Flash 组件的应用

11.2.1　使用组件

执行菜单“窗口”→“组件”命令，可以打开或者关闭“组件”面板。在“组件”面板中，用文件夹分类存储和管理组件。单击打开文件夹，将列出该文件夹中的组件，如图 11-1 所示。

图 11-1　“组件”面板

1. 在 Flash 文档中添加组件

(1) 在“组件”面板中，将组件拖动到舞台，或双击组件，可以在舞台中添加组件的实例。

(2) 在舞台选择组件的实例后，打开“属性”面板，在“实例名称”文本框中输入组件实例的名称。

提示：如果没有打开“属性”面板，那么执行菜单“窗口”→“属性”命令，可以打开“属性”面板。

(3) 在实例“属性”面板的“组件参数”选项组中，可设置该组件相关属性的值。

2. 修改组件实例外观

在实例“属性”面板中，可直观地调整组件实例的位置和大小、色彩效果和显示，还可以用组件参数设置组件实例的外观。

在舞台中，也可以用“选择工具”和“任意变形”工具调整组件实例的位置和大小。

3. 从 Flash 文档删除组件

在 Flash 文档中，要删除组件的实例，不仅要在舞台中删除组件的实例，还要从“库”中删除相应的组件元件。

在“库”面板中，选择组件元件，单击“库”面板底部的“删除”按钮或从“库”面板的选项菜单中选择“删除”命令，可以删除“编译剪辑”；也可以按 Delete 键删除“编译剪辑”。

11.2.2 Flash 内嵌组件的应用

Flash 提供的组件分为三大类别。其中，User Interface（用户界面）组件（通常称为“UI 组件”）可与应用程序进行交互，这里介绍几种常用的组件。

1. UIScrollBar 组件

使用 UIScrollBar（文本滚动条）组件，可以方便地浏览较长的文本。它两端各有一个箭头按钮，按钮之间有一个滚动轨道和滚动滑块。它可以附加至文本字段的任何一边，既可以垂直使用，也可以水平使用。

【例 11-1】 UIScrollBar 组件的应用。

动画情景：显示有滚动条的文本，拖动滚动条查看文本。

(1) 新建 Flash ActionScript 3.0 文档，属性默认。

(2) 执行菜单“视图”→“贴紧”→“贴紧至对象”命令，打开对象贴紧功能。

(3) 选择“文本工具”，在“属性”面板中，“文本引擎”选择“TLF 文本”，将“容器和流”选项组的“行为”选择为“多行”，在舞台按住鼠标拖动创建文本框，并命名文本框实例名。这里命名为 MyText，如图 11-2 所示。

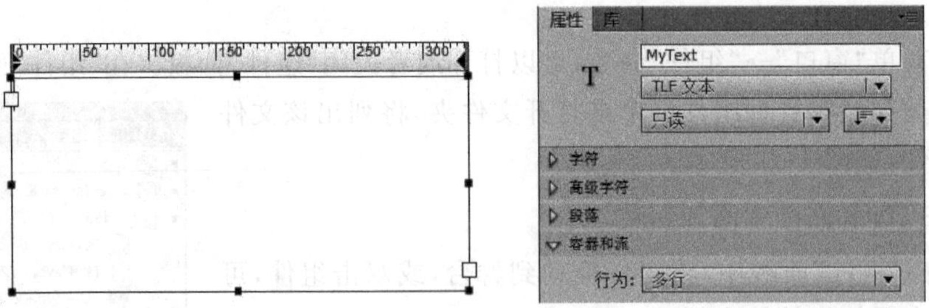

图 11-2 创建“TLF 文本”容器，命名实例名

（4）打开"组件"面板，在 User Interface 类别中，将 UIScrollBar 组件拖放到舞台文本框的右侧，如图 11-3 所示。

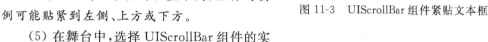

图 11-3　UIScrollBar 组件紧贴文本框

提示：由于选择了"贴紧至对象"命令，所以能够自动贴紧。可以用"任意变形工具"调整 UIScrollBar 组件的高度，使其高度与文本框的高度保持一致。

组件拖放到文本框的位置不同，组件的实例可能贴紧到左侧、上方或下方。

（5）在舞台中，选择 UIScrollBar 组件的实例，在"属性"面板的"组件参数"选项组中设置参数，如图 11-4 所示。

其中，参数 scrollTargetName 的值为所附加到的文本框实例的名称。贴紧时自动添加文本框的实例名。当改变文本框实例的名称时，要修改此参数值。

（6）在文本框中输入文本字符。

提示：如果要将文本复制/粘贴到文本框，则要用"文本工具"单击文本框后粘贴。

（7）测试动画。可以看到有滚动条的文本，如图 11-5 所示。

图 11-4　设置 UIScrollBar 组件实例的参数

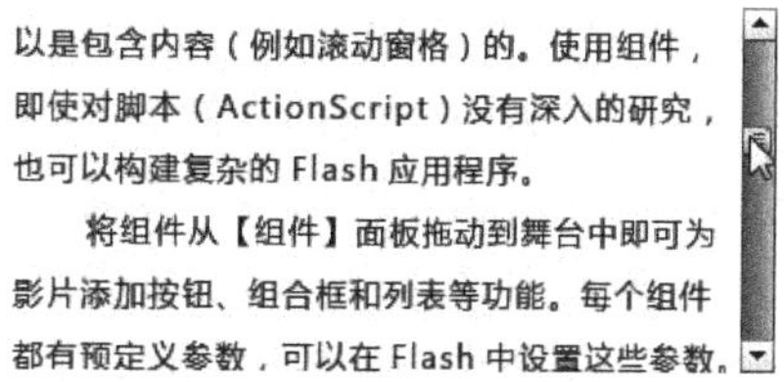
以是包含内容（例如滚动窗格）的。使用组件，
即使对脚本（ActionScript）没有深入的研究，
也可以构建复杂的 Flash 应用程序。
将组件从【组件】面板拖动到舞台中即可为
影片添加按钮、组合框和列表等功能。每个组件
都有预定义参数，可以在 Flash 中设置这些参数。

图 11-5　添加滚动条的文本

UIScrollBar 组件参数说明：

① direction——用于设置滚动条是水平(horizontal)还是垂直(vertical)放置。

② scrollTargetName——要添加滚动条的文本框实例名。如果文本框未命名实例名，则文本框实例名和参数 scrollTargetName 的值将自动添加为默认名。

③ visible——用于设置滚动条的显示与否。选中则显示滚动条。

2. ScrollPane 组件

使用 ScrollPane(滚动窗口)组件，可以创建滚动条浏览超出窗口显示范围的影片剪辑、JPEG、GIF 或 PNG 文件和 SWF 文件。利用 ScrollPane 组件可以浏览元件库中的影片剪辑，还可以浏览本地磁盘或 Internet 加载的内容。

【例 11-2】　ScrollPane 组件的应用。

动画情景：在有滚动条的窗口，拖动滚动条浏览图片。

（1）新建 Flash ActionScript 3.0 文档。

(2) 新建"影片剪辑"类型元件，命名为"图片"。在元件中导入图片(素材\图片\位图\风景_01.jpg)，并将图片的左上角对齐舞台中心(在对象的"属性"面板中坐标值设置为(0,0))。

提示：影片剪辑元件的内容可以是要显示的其他内容。例如，在影片剪辑中制作动画。

(3) 在"库"面板中，右击要在滚动窗口显示的影片剪辑元件(此例中是元件"图片")，在弹出的快捷菜单选择"属性"命令，打开"元件属性"对话框，单击"高级"按钮展开高级选项。在"ActionScript 链接"选项组中，选中"为 ActionScript 导出"和"在第 1 帧导出"复选框；在"类"文本框中默认是元件的名称，可以重新命名(这里输入 pic)，"基类"不做更改，如图 11-6 所示。

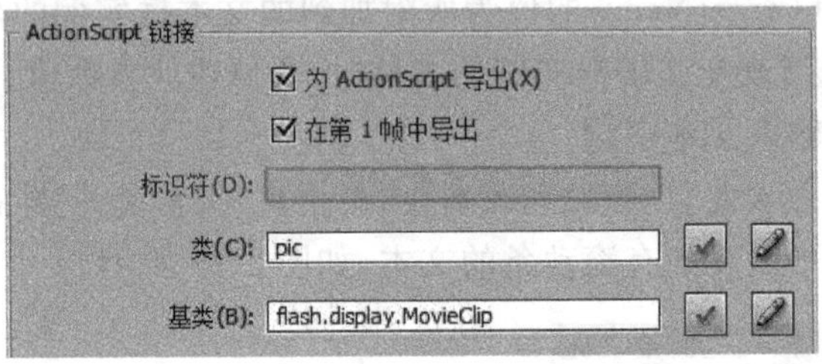

图 11-6 "ActionScript 链接"属性设置

单击"确定"按钮，将弹出"ActionScript 类警告"，单击"确定"按钮，关闭对话框。

(4) 打开"组件"面板，在 User Interface 类别中，将 ScrollPane 组件拖放到舞台。用"任意变形工具"调整该组件实例的大小，并调整位置。

提示：也可以在实例"属性"面板中调整组件实例的大小和位置等。

(5) 在舞台中，选择 ScrollPane 组件实例，打开"属性"面板。在"组件参数"选项组的 source 属性文本框中，输入要显示的影片剪辑元件"ActionScript 连接"项的"类"名称。这里是 pic，如图 11-7 所示。

(6) 测试动画。在滚动窗口可以浏览图片，如图 11-8 所示。

图 11-7 设置 ScrollPane 组件实例的参数

图 11-8 滚动窗口效果

提示：在 source 属性文本框中输入外部图片文件路径和名称也能加载。例如，文本框中输入"pic\P_大象.png"，可以加载影片所在目录下的文件夹 pic 中的图片文件"P_大象.png”。

ScrollPane 组件参数说明：

① enabled——选中此参数，可使用滚动条，否则不可用。默认为选中。

② horizontalLineScrollSize——单击一次滚动箭头移动水平滚动条的像素数，默认值为 4。

③ horizontalPageScrollSize——单击一次滚动条轨道移动水平滚动条的像素数。默认值为 0，将滚动条移动到单击位置。

④ horizontalScrollPolicy——预置水平滚动条。可选 on、off 或 auto，默认值为 auto。为 on 时，总是显示滚动条；为 off 时，不显示滚动条；为 auto 时，显示内容大于窗口时，显示滚动条，否则不显示。

⑤ scrollDrag——选中此参数，可使用鼠标拖动显示内容。默认为不选中。

⑥ source——要加载到滚动窗口中的内容标识。该参数可以是本地计算机中要加载的文件相对路径，或 Internet 上的文件相对或绝对路径。它也可以是在元件“库”中设置为“为 ActionScript 导出”的影片剪辑元件的“类”标识，例如“pic”。该参数是必须设置的。

⑦ verticalLineScrollSize——单击一次滚动箭头移动垂直滚动条的像素数，默认值为 4。

⑧ verticalPageScrollSize——单击一次滚动条轨道移动垂直滚动条的像素数，默认值为 0，将滚动条移动到单击位置。

⑨ verticalScrollPolicy——预置垂直滚动条。可选 on、off 或 auto。默认值为 auto，根据需要显示垂直滚动条。

⑩ visible——选中此参数，在舞台显示组件实例，否则不显示。默认为选中。

3. UILoader 组件

UILoader 组件是一个容器，可以加载显示指定的 SWF 文件或图像文件内容。默认情况下，加载的内容自动缩放显示为适合 UILoader 组件容器的大小。也可以在运行时加载内容，并监视加载进度。

【例 11-3】 UILoader 组件的应用。

动画情景：载入外部图片。

(1) 在工作目录中创建文件夹 pic，并在其中保存要加载的图片文件。这里保存“P_大象.png”。

(2) 新建 Flash ActionScript 3.0 文档，将文档保存到工作目录。

提示：*新建文档后，保存文档是为了获取要加载对象的相对路径。*

(3) 打开“组件”面板，在 User Interface 类别中，将 UILoader 组件拖动到舞台。用“任意变形工具”调整该组件实例的大小，并调整位置。

(4) 在舞台中，选择 UILoader 组件实例，打开实例“属性”面板。在“属性”面板中，实例名称命名为 myLoader，在“组件参数”的 source 属性文本框中输入要加载的文件路径。这里输入“pic\P_大象.png”，如图 11-9 所示。

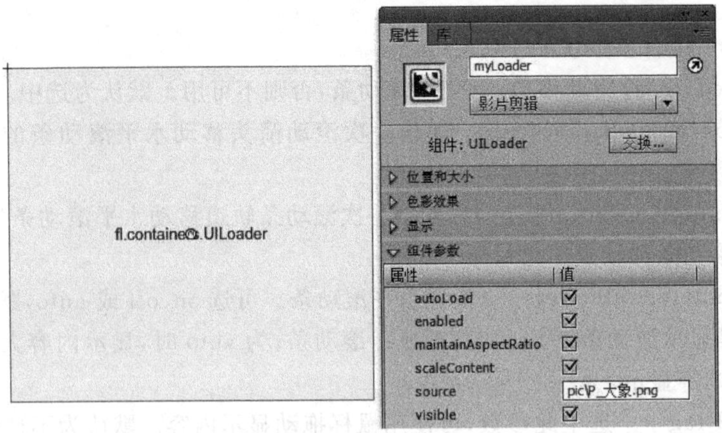

图 11-9　UILoader 组件实例及参数设置

(5) 测试动画。可以看到加载到容器的图片,如图 11-10 所示。

(6) 保存文档,以便于在后面的例子中使用。

图 11-10　加载到 UILoader 组件容器的图片

提示:如果旋转 Loader 组件实例的角度,则载入的对象也旋转角度显示。

UILoader 组件参数说明:

① autoLoad——选中此参数,将自动加载指定的内容;否则要调用 Loader.load()加载。

② Enabled——选中此参数,使组件容器可用。默认为选中。

③ maintainAspectRatio——选中此参数,缩放保持原始对象的宽高比;否则,调整显示对象的宽和高适应 UILoader 组件容器的宽和高。

④ scaleContent——选中此参数,指定缩放内容以适合 UILoader 组件容器的大小;否则,缩放 UILoader 组件的容器适合显示内容大小。

⑤ source——用于指定加载文件的路径(URL)。该参数是必须指定的。

4. ProgressBar 组件

ProgressBar 是进度条组件,在用户等待加载内容时,会显示加载进程。加载进程可以是确定的也可以是不确定的。确定的进程栏是一段时间内任务进程的线性表示,当要载入的内容量已知时使用。不确定的进程栏在不知道要加载的内容量时使用。可以添加标签来显示加载内容的进程。

【例 11-4】 ProgressBar 组件的应用。

动画情景:显示加载影片或图片的进度条。

(1) 打开例 11-3 中的文档。

(2) 新建图层,命名为"进度条"。

(3) 选择图层"进度条"的第 1 帧,打开"组件"面板,在 User Interface 类别中,将

ProgressBar 组件拖动到舞台。用“任意变形工具”调整该组件实例的大小，并调整位置，如图 11-11 所示。

提示：为了版面美观，将 ProgressBar 组件实例放置在 UILoader 组件实例下方，并宽度一致。可以在“属性”面板设置 ProgressBar 组件实例的宽度和高。

(4) 在舞台中，选择 ProgressBar 组件实例，打开实例“属性”面板。在“属性”面板“组件参数”的 source 属性文本框中输入 UILoader 组件实例名称。这里输入 myLoader，如图 11-12 所示。

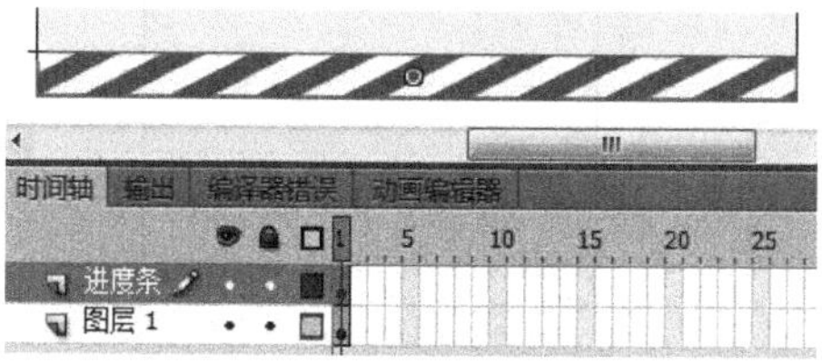

图 11-11　ProgressBar 组件拖动到图层“进度条”

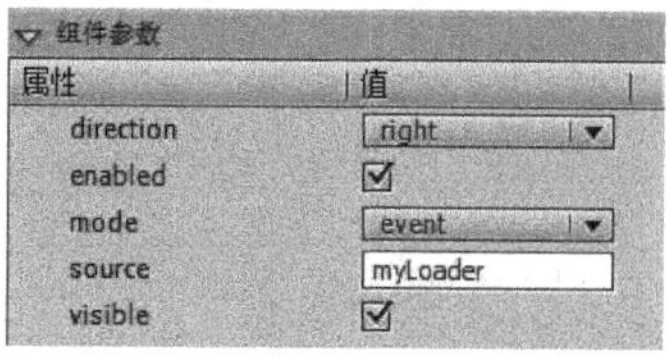

图 11-12　设置 ProgressBar 组件参数

(5) 测试动画。播放动画时，先显示进度条，再显示加载的图片，如图 11-13 所示。

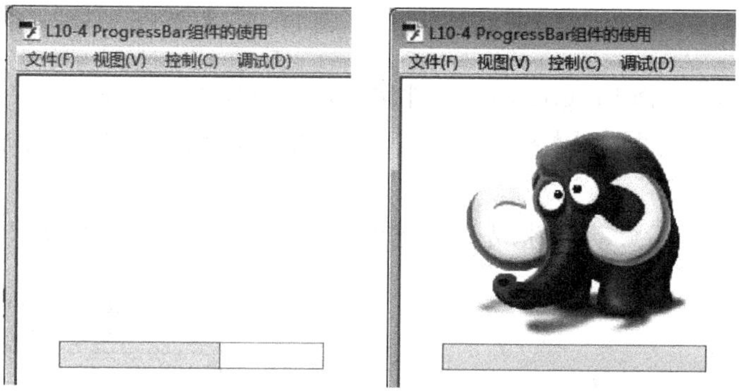

图 11-13　进度条效果

提示：测试进度条时，在测试窗口中，下载进度条一闪而过。这是因为载入本地图片的原因。在测试窗口，选择菜单“视图”→“模拟下载”命令，可以观察到模拟网络中程序的运行情况，还可以在“下载设置”中重新选择模拟下载速度。

【例 11-5】 ProgressBar 组件的使用。

动画情景：显示加载进度条，同时用数字显示加载进度的比例。

(1) 在工作目录创建文件夹 pic，并在其中保存要加载的图片文件。这里保存“P_大象.png”。

(2) 新建 Flash ActionScript 2.0 文档，将文档保存到工作目录。

(3) 打开“组件”面板，在 User Interface 类别中，将 Loader 组件拖动到舞台。用“任意变形工具”调整该组件实例的大小，并调整位置。

(4) 在舞台中，选择 Loader 组件实例，打开实例“属性”面板。在“属性”面板中，实例名称命名为 myLoader，在“组件参数”的 contentPath 属性文本框中输入要加载的文件路径。这里输入"pic\P_大象.png"，如图 11-14 所示。

（5）插入新图层，命名为"进度条"。

（6）选择图层"进度条"的第 1 帧，打开"组件"面板，在 User Interface 类别中，将 ProgressBar 组件拖动到舞台。用"任意变形工具"调整该组件实例的大小，并调整位置，如图 11-15 所示。

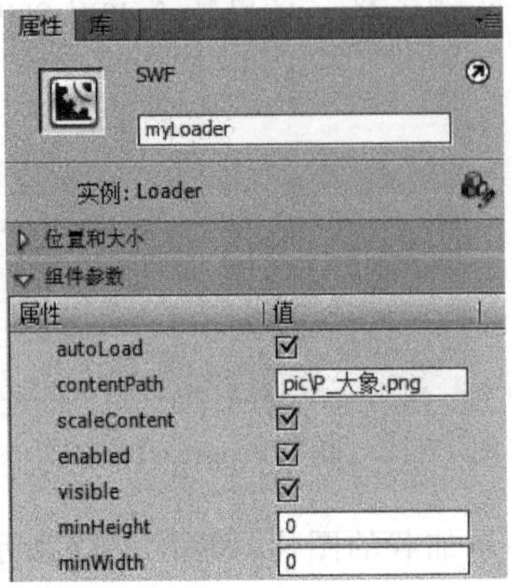

图 11-14 设置 Loader 组件实例的参数

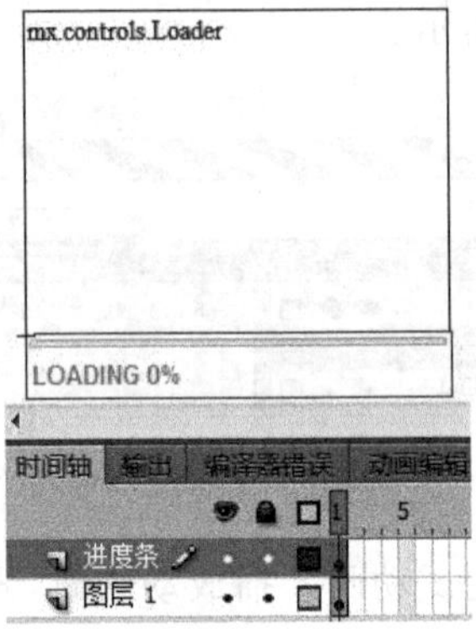

图 11-15 调整 ProgressBar 组件大小和位置

（7）在舞台中，选择 ProgressBar 组件实例，打开实例"属性"面板。在"属性"面板中，"组件参数"的 source 属性文本框中输入 Loader 组件实例的名称。这里输入 myLoader，如图 11-16 所示。

（8）测试动画。播放动画时，先显示进度条，再显示加载的图片，如图 11-17 所示。

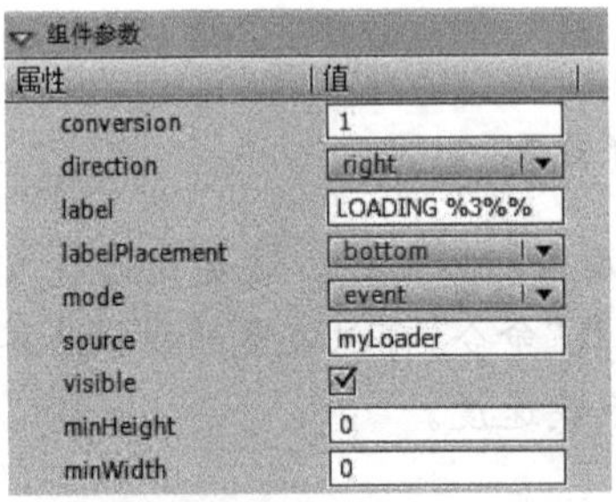

图 11-16 设置 ProgressBar 组件实例的参数

图 11-17 进度条效果

如果参数 label 设置为"已加载%2 的%1(%3%%)"，则进度条的显示如图 11-18 所示。

从测试效果看到，文本直接显示；%2 位置显示"要加载对象的总字节数"；%1 位置显示"对象当前已加载的字节数"；%3 位置显示"当前加载的百分比"；%%位置显示"%"符号。

为了将对象的大小和已加载大小用 KB 表示，将参数 conversion 设置为 1024；参数 label 设置为"已加载%2KB 的%1KB(%3%%)"，则显示效果如图 11-19 所示。

图 11-18 进度条参数设置及效果

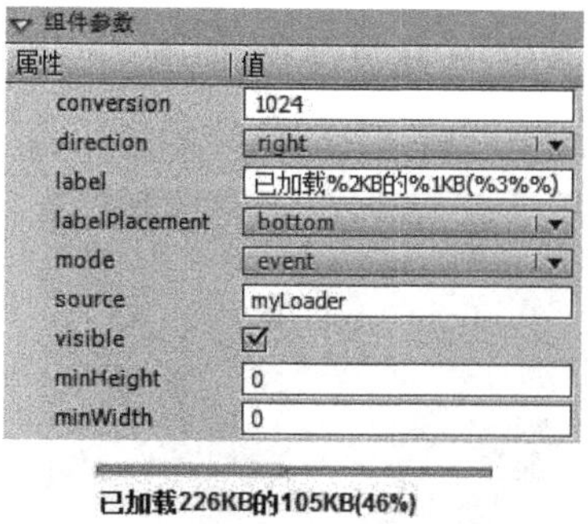

图 11-19 进度条参数设置及效果

ProgressBar 组件参数说明：

① conversion——一个数值，在显示标签字符串中的%1 和%2 的值之前，将这些值除以该数值后显示。默认值为 1。

② direction——进度栏填充的方向。该值可以在右侧或左侧，默认值为右侧。

③ label——加载进度的文本。该参数是一个字符串，其格式是“已加载%2 的%1(%3%%)”；%1 是当前已加载字节数的占位符，%2 是加载的总字节数，%3 是当前加载的百分比的占位符。字符“%%”是字符“%”的占位符。如果某个%2 的值未知，则它将被替换为“??”。如果某个值未定义，则不显示标签。

④ labelPlacement——与进程栏相关的标签位置。此参数可以是顶部、底部、左侧、右侧、中间。默认值为底部。

⑤ mode——进度栏运行的模式。此值可以是事件(event)、轮询(plooed)或手动(manual)。默认值为事件。最常用的模式是“事件”和“轮询”。这些模式使用 source 参数来指定一个加载进程，该进程发出 progress 和 complete 事件(事件模式)或公开 getBytesLoaded 和 getsBytesTotal 方法(轮询模式)。

⑥ source——指定要检测载入的实例名，例如，myLoader。该参数是必须指定的。

5. FLVPlayback 组件

利用 FLVPlayback 组件，可以在 Flash 应用程序中包括视频播放器，播放本地硬盘中的 Flash 视频(FLV)文件；还可以播放通过 HTTP 渐进式下载的 FLV 视频文件，或者播放从 Flash Media Server(FMS)或其他 Flash 视频流服务(FVSS)流式加载的 FLV 视频文件。

【例 11-6】 FLVPlayback 组件的应用。

动画情景：播放外部的视频。

(1) 在工作目录中创建一个文件夹，在其中存放要播放的 FLV 视频文件。

提示：这里创建文件夹 movie，在其中存放 FLV 视频文件“地中海(FLV).flv”。

(2) 新建文档。为获取文档的路径，将文档保存到工作目录。

(3) 打开“组件”面板，在 Video 类别中，将 FLVPlayback 组件拖放到舞台。用“任意变形工具”调整该组件实例的大小，并调整到合适的位置，如图 11-20 所示。

(4) 在舞台中，选择 FLVPlayback 组件实例，打开实例“属性”面板。在“属性”面板的“组件参数”中设置参数，如图 11-21 所示。

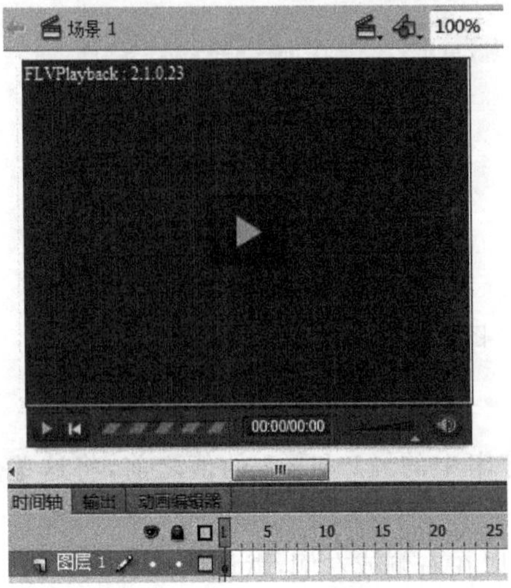

图 11-20　FLVPlayback 组件拖放到舞台

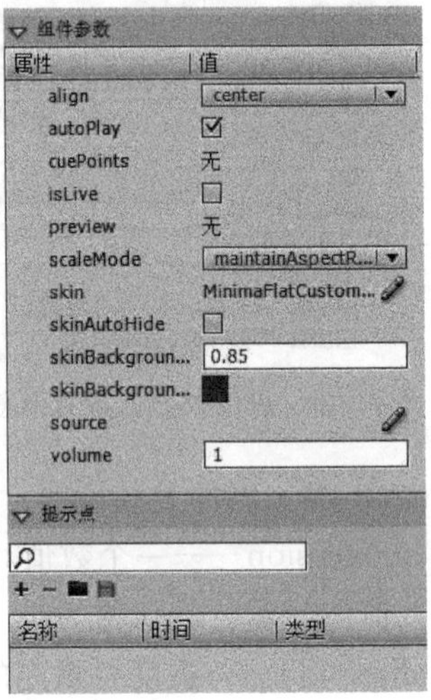

图 11-21　FLVPlayback 组件实例的参数

(5) 单击参数 skin 按钮，打开“选择外观”对话框，如图 11-22 所示。

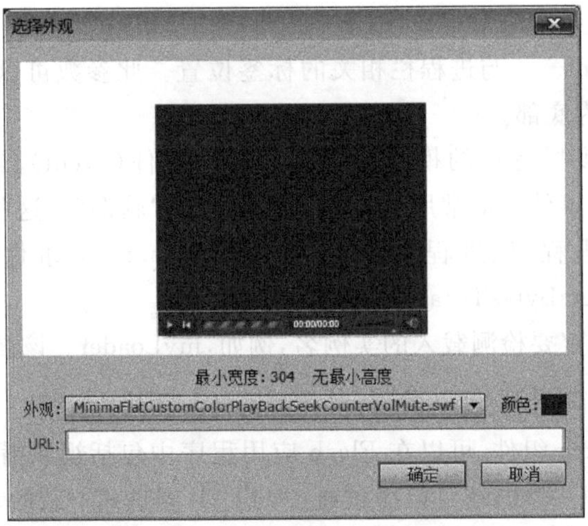

图 11-22　“选择外观”对话框

在“外观”下拉列表框中选择所需要的皮肤，单击“确定”按钮关闭对话框。

(6) 单击参数 source 按钮，打开“内容路径”对话框。在文本框中输入本地 FLV 文件的相对路径、绝对路径或 FLV 文件的网址(URL)。也可以单击右侧的文件夹图标，打开“浏览 FLV 文件”对话框，选择 FLV 文件，如图 11-23 所示。

提示：如果在“内容路径”对话框中选择“匹配源尺寸”复选框，则会根据原视频的大小来调整组件的大小。

(7) 单击“确定”按钮关闭对话框，并测试动画，如图 11-24 所示。

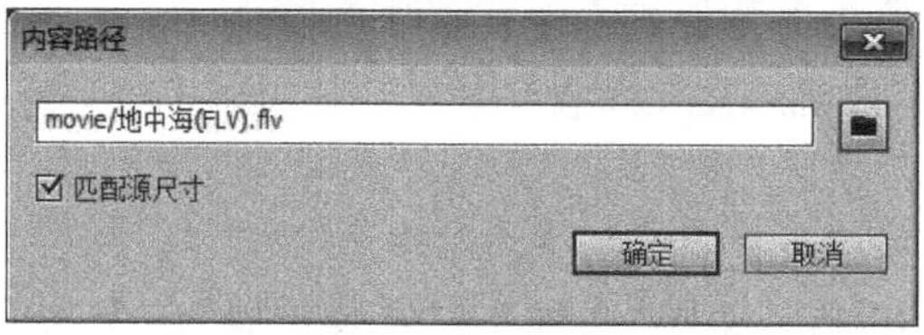

图 11-23 “内容路径”对话框

图 11-24 播放指定的 FLV 视频

提示：测试动画或发布影片，生成影片文件外，还将生成播放外观文件。

FLVPlayback 组件参数说明：

① align——用于设置视频在组件视窗中的对齐方式，有 top、left、bottom、ritht、topLeft、topRitht、bottomLeft、bottomRight 和 center，center 是默认值。

② autoPlay——用于设置 FLV 视频载入后是否自动播放，若选中此复选框，则视频载入后自动播放，否则不自动播放。

③ cuePoints——一个数组，说明 ActionScript 提示点和已禁用的嵌入式 FLV 文件提示点。

④ scaleMode——用于指定加载播放视频的模式。maintainAspectRation 表示将视频保持宽高比缩放在所定义的矩形内；noScale 表示将视频自动调整为源 FLV 文件尺寸大小；exactFit 表示将忽略 FLV 文件的尺寸大小，并将视频拉伸到适合所定义的矩形。

⑤ skin——用于设置播放器的外观样式。与 skin 相关的项 skinAutoHide、skinBackgroundAlpha、skinBackgroundColor，分别用来设置是否隐藏外观、透明度和颜色。

⑥ source——用于指定加载播放的 FLV 文件的路径(URL)。URL 可以是指向本地 FLV 文件的相对路径、指向 HTTP URL、指向流的 RTMP URL，也可以是指向 XML 文件的 HTTP URL。

11.3 扩展组件的应用

11.3.1 Flash 扩展管理程序

Adobe Extension Manager 是为 Flash、Dreamweaver、Fireworks、Photoshop 等提供安装和管理扩展组件的管理程序。在 Windows 操作系统的“开始”菜单中，单击启动 Adobe Extension Manager CS6，如图 11-25 所示。

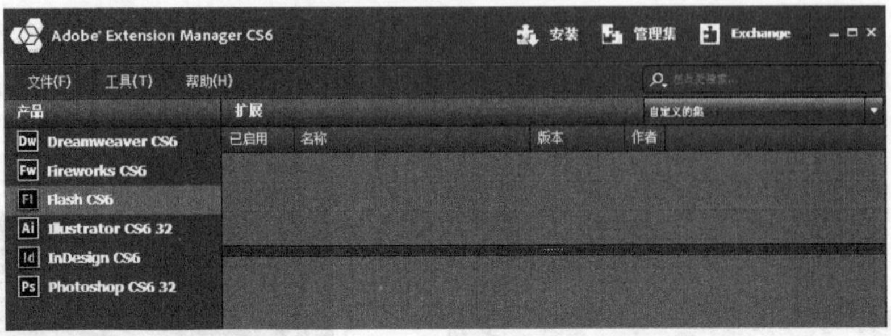

图 11-25　Adobe Extension Manager CS6 窗口

1. 安装扩展组件

在 Adobe Extension Manager CS6 窗口中，执行菜单“文件”→“安装扩展”命令或单击“安装”按钮，打开“选取要安装的扩展”对话框，如图 11-26 所示。

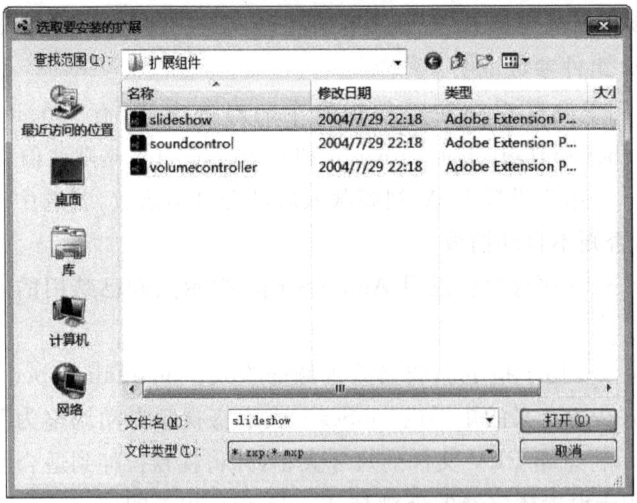

图 11-26　“选取要安装的扩展”对话框

在该对话框中，选择要安装的扩展组件文件(.mxp 类型)，单击“打开”按钮后，按照提示安装。安装的扩展组件将显示在 Adobe Extension Manager CS6 窗口中，如图 11-27 所示。

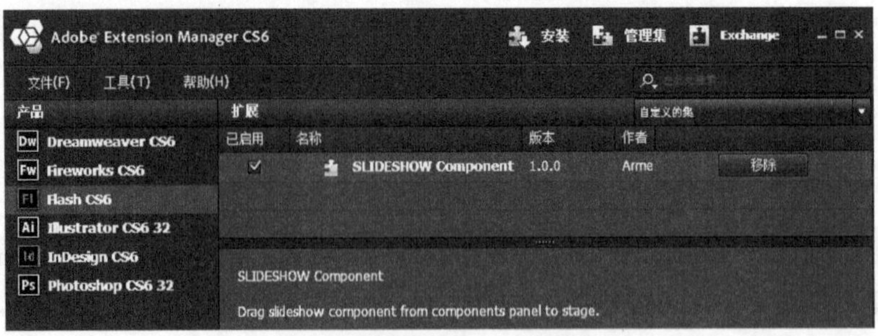

图 11-27　安装的扩展组件

提示：在 Adobe Extension Manager CS6 窗口中，选择 Flash CS6，将在列表框中显示已安装的 Flash 扩展组件。如果选择 Dreamweaver 或 Fireworks，则显示已安装的该程序扩展组件。

安装新的扩展组件后，重新启动 Flash 将新安装的扩展组件添加到“组件”面板，如图 11-28 所示。

图 11-28　添加的扩展组件

2. 删除扩展组件

在 Adobe Extension Manager 窗口，选择已安装的组件，执行菜单“文件”→“移除扩展”命令或单击“移除”按钮后，按照提示操作删除扩展组件。

11.3.2　图片展示组件(slide show)

可以幻灯片方式浏览图片，随着显示图片的大小自动调整窗口的大小。

【例 11-7】　slideshow 组件的应用。

动画情景：以幻灯片方式自动切换显示图片。

(1) 安装 slideshow 组件。组件的安装文件名为 slideshow.mxp。

(2) 在工作目录下创建一个新的文件夹，并在其中存放若干张图片。

提示：这里文件夹命名为 pic，在其中存放五个图片文件 pic_1.jpg、pic_2.jpg、pic_3.jpg、pic_4.jpg、pic_5.jpg，所有图片不大于 800×600 像素。

(3) 新建 ActionScript 2.0 文档，舞台大小为 800×620 像素。

(4) 为获取文档的路径，将文档保存到工作目录。

(5) 打开“组件”面板，将 slideshow 类别中的 slideshow 组件拖动到舞台。slideshow 组件实例在舞台中显示为一个空元件实例，空心圆是实例中心点，是将显示的图片中心。这里设置坐标值设为(400,320)，使图片在舞台居中，纵向 20 像素是为展示图片预留标题栏，如图 11-29 所示。

(6) 在舞台中，选择 slideshow 组件实例，在“属性”面板打开“组件参数”选项组，设置参数，如图 11-30 所示。

图 11-29　设置 slideshow 组件实例的位置

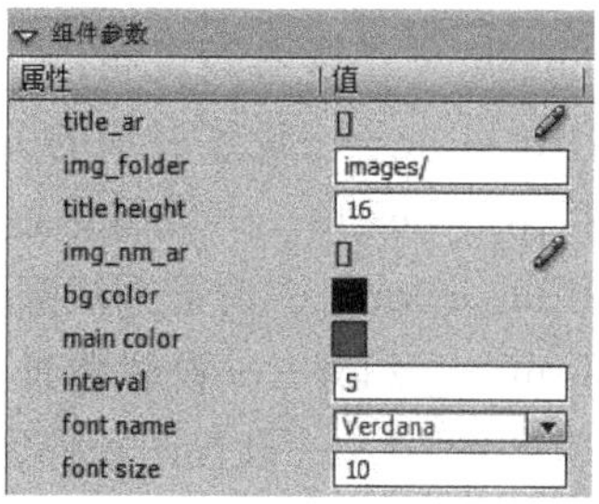

图 11-30　slideshow 组件参数

在 img_folder 属性文本框中，输入要显示的图片所在的文件夹。这里输入 pic。

在 img_nm_ar 属性文本框中，指定要显示的图片文件名。单击右侧的铅笔按钮，打开“值”对话框。单击“+”按钮，添加一个项目，如图 11-31 所示。

在该项目的“值”栏，输入要添加图片文件名。重复添加操作，添加所有要显示的图片文件名称，如图 11-32 所示。

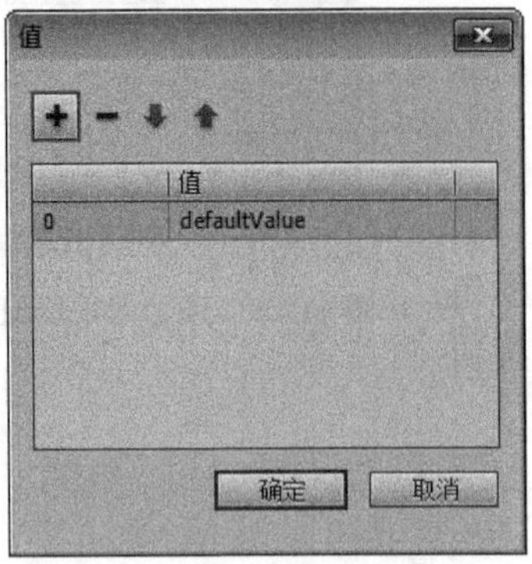

图 11-31　单击“+”按钮添加项目

图 11-32　输入所有要显示的图片名称

单击“确定”按钮，关闭“值”对话框。

设置参数后的 slideshow 组件实例的“组件参数”选项组，如图 11-33 所示。

(7) 测试动画，可以看到幻灯片方式展示图片。单击按钮 prev 和 next，可以手动切换图片，如图 11-34 所示。

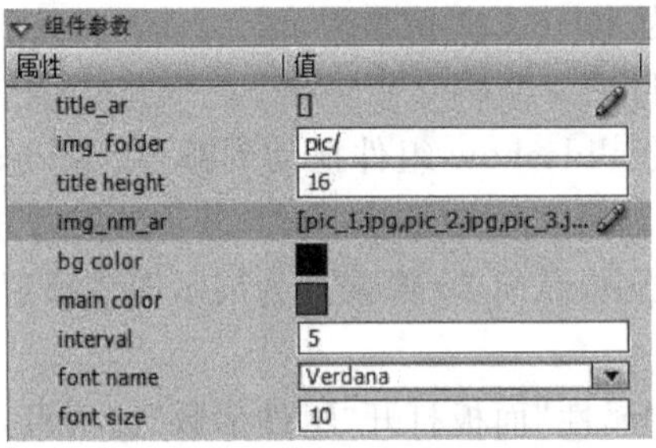

图 11-33　slideshow 组件实例的“组件参数”

图 11-34　测试动画效果

slideshow 组件参数说明：

① title_ar——设置展示的图片标题名称。设置方法与 img_nm_ar 参数设置类似。

② title_height——设置标题栏的高度。

③ bg_color——设置边框颜色。

④ main_color——设置背景颜色。

⑤ interval——设置图片停留时间。

⑥ font_name 和 font_size——设置字体和字号。

提示：对于 slideshow 组件，只需在舞台添加组件，并设置 img_folder(图片的相对路径)和 img_nm_ar(图片名称)参数，其他参数可以自己根据喜好设置。但要注意添加的图片的大小不要超过舞台的大小，否则无法完整显示图片。

11.3.3 声音控制

1. volumecontroller 组件

【例 11-8】 volumecontroller 组件的应用。

动画情景：播放音乐过程中，用控制按钮控制声音的大小。

(1) 安装 volumecontroller 组件。组件的安装文件名为 volumecontroller.mxp。

(2) 新建 ActionScript 2.0 文档。

(3) 将声音文件导入到元件"库"，并在"图层 1"的第 1 帧添加声音。

(4) 插入新图层"图层 2"。打开"组件"面板，将 volumecontroller 类别中的 volumecontroller 组件拖动到"图层 2"的第 1 帧舞台，如图 11-35 所示。

(5) 在舞台中，选择 volumecontroller 组件实例，在"属性"面板打开"组件参数"选项组，设置参数，如图 11-36 所示。

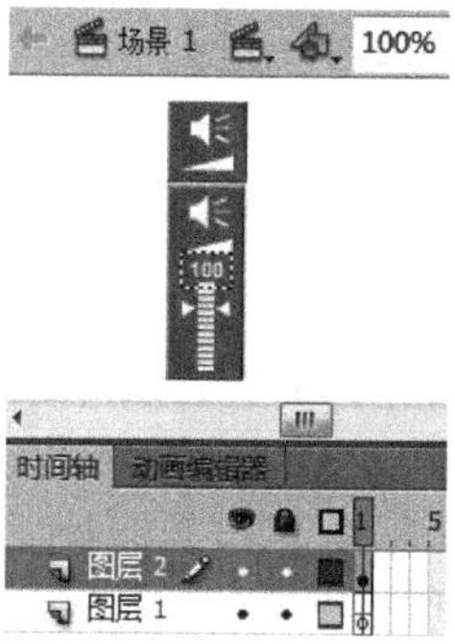

图 11-35 volumecontroller 组件实例

图 11-36 volumecontroller 组件实例的"组件参数"

在 Default sound volum…属性文本框中，输入默认状态下的音量大小，默认值为 50。根据需要输入 1～100 的任意数值。

(6) 测试动画。播放动画时，显示一个小喇叭图标。单击图标打开音量控制器，按住鼠标上下滑动指针，可以调整音量的大小，再次单击可以恢复原状，如图 11-37 所示。

提示：在元件"库"面板中，可以修改 volumecontroller 组件的外观，如图 11-38 所示。

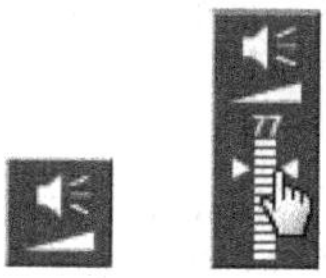

图 11-37 音量控制器

图 11-38 文档"库"面板

2. soundcontrol 组件

【例 11-9】 soundcontrol 组件的应用。

动画情景：在播放音乐过程中，用控制按钮控制声音的大小。

(1) 安装 soundcontrol 组件。组件的安装文件名为 soundcontrol.mxp。

(2) 新建 ActionScript 2.0 文档。

(3) 将声音文件导入到元件“库”，并在“图层 1”的第 1 帧添加声音。

(4) 插入新图层“图层 2”。打开“组件”面板，将 sound control by P-C 类别中的 deslizador volumen 组件拖动到“图层 2”的第 1 帧的舞台。

(5) 在舞台中，选择 deslizador volumen 组件实例，按照组件实例的说明，在“属性”面板中，将组件实例命名为 controlador，如图 11-39 所示。

(6) 测试动画。播放动画时，将显示音量控制器，用鼠标拖动滑块可以调整声音大小。但是，音量的大小的数字显示不正常，如图 11-40 所示。

图 11-39 deslizador volumen 组件实例命名为 controlador

在舞台中，双击 deslizador volumen 组件实例，打开该实例的元件编辑窗口，如图 11-41 所示。在舞台选择数字 000 文本框，打开“属性”面板，如图 11-42 所示。在“字符”选项组中单击“嵌入”按钮，打开“字体嵌入”对话框，并选择“选项”选项卡。在“字符范围”列表中选择“数字[0..9](11/11 字型)”，如图 11-43 所示。单击“确定”按钮，关闭对话框。

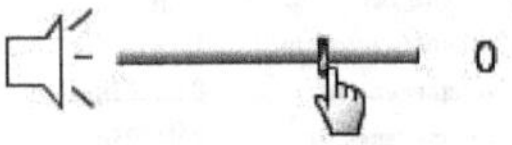

图 11-40 音量控制器

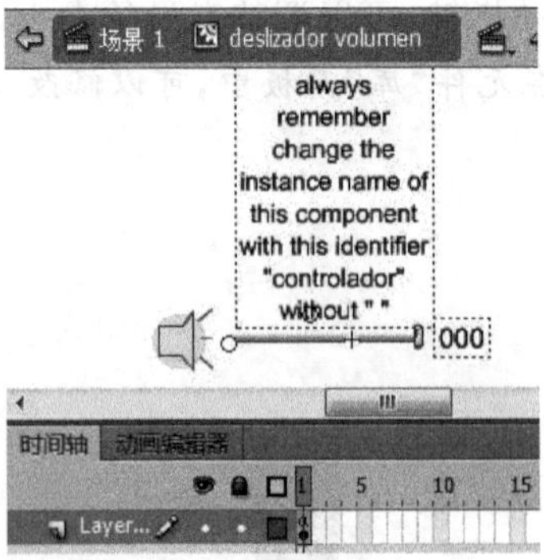

图 11-41 deslizador volumen 元件编辑窗口

测试动画，正常显示数字，如图 11-44 所示。

提示：也可以按 Delete 键，删除数字 000 文本框，不显示数字。

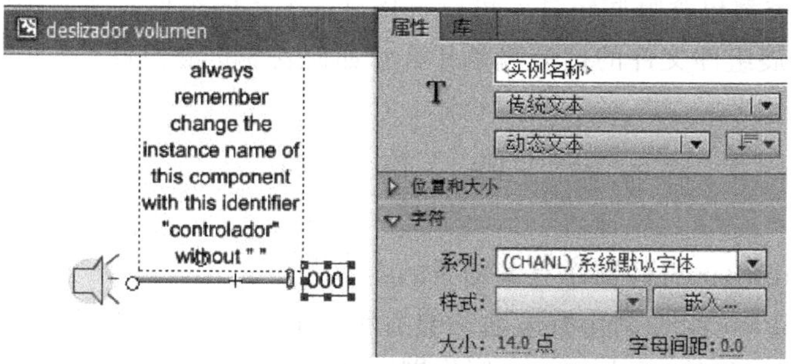

图 11-42 文本框"属性"面板

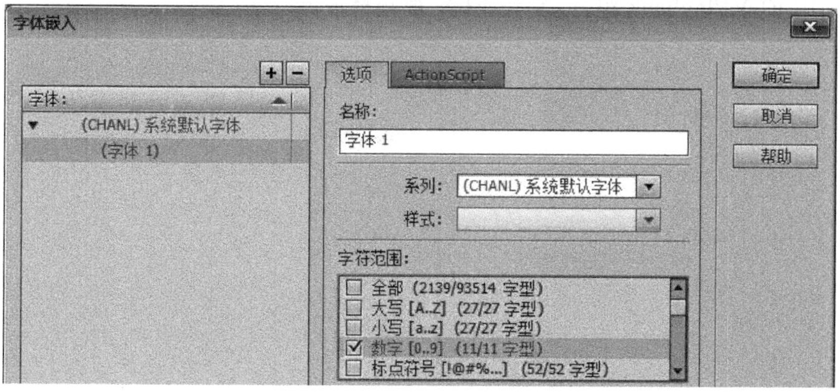

图 11-43 "字体嵌入"对话框

图 11-44 修改后的音量控制器

这里介绍的 3 个扩展组件均是在 ActionScript 2.0 环境中使用的，并不支持 ActionScript 3.0。

11.4 使用组件的说明

一些 Flash 内置组件可以直接使用，不用编制动作脚本程序，只需在其"属性"面板和"组件参数"面板中设置相应的项，如实例名、参数值等。扩展组件安装后才可以使用。

思 考 题

1. 什么是组件？组件有什么特点？
2. Flash CS6 内置组件有几大类，常用的有哪几类？

3. UI 组件类都包含哪些组件？可以直接显示图片的组件有哪几个？
4. Flash 扩展组件文件的扩展名是什么？如何安装扩展组件？

操 作 题

1. 用 UIScrollBar 组件制作有滚动条的文本。
2. 用 ScrollPane 组件制作有滚动条的图片框显示图片。
3. 用图形展示组件(slide show)制作浏览图片的动画。
4. 利用 Flash 提供的组件，制作加载进度条。
5. 利用 FLVPlayback 组件，制作 FLV 视频播放器。

第 12 章　动作脚本基础

内容提要

本章介绍“动作”面板和添加脚本的方法；利用脚本控制动画播放和动态设置实例属性的方法；利用鼠标控制影片的方法；常用的脚本控制命令。

学习建议

首先要掌握“动作”面板打开与关闭及添加脚本的方法；掌握常用脚本命令控制动画播放的方法；掌握利用脚本设置实例属性的方法。

12.1　脚本和动作面板

1. 动作脚本的概念

Flash 作为创建动画的工具，制作的动画是按顺序播放动画中的场景和帧。使用动作脚本(ActionScript，AS)，可以给动画添加交互性，制作交互动画。

ActionScript 是 Flash 面向对象的编程语言，动作(Action)脚本是使用 ActionScript 编写的一组命令(语句)的集合(程序)。为了实现动画的交互功能，应了解一些高级交互的逻辑知识。但不必像其他计算机程序设计语言一样设计复杂的程序，只需在影片中添加一些简单的交互动作。

Flash CS6 支持 ActionScript 2.0 和 ActionScript 3.0 两种版本的动作脚本。这里介绍 ActionScript 3.0 脚本编程及其控制动画的基本方法。

2.“动作”面板简介

“动作”面板是 Flash CS6 提供的动作脚本程序编辑环境，在此环境下可以快捷高效地编写出有效的程序。执行菜单“窗口”→“动作”命令，可以打开“动作”面板。Flash CS6 系统默认的“动作”面板是“专家模式”，如图 12-1 所示。

(1) 脚本类型列表：用于选择脚本语言 ActionScript 版本。

(2) 动作工具箱：用于浏览 ActionScript 语言元素(用包(文件夹)管理各种类、语句指令和运算符等)的分类列表。在此列表中可以浏览查找需要的语言元素，并双击或拖动将语言元素添加到“脚本窗格”中。还可以使用“动作工具栏”中的“添加”(+)按钮，将语言元素添加到“脚本窗格”中。

(3) 脚本窗格：用于输入和编辑动作脚本。“脚本窗格”是创建脚本的工具，是一个全

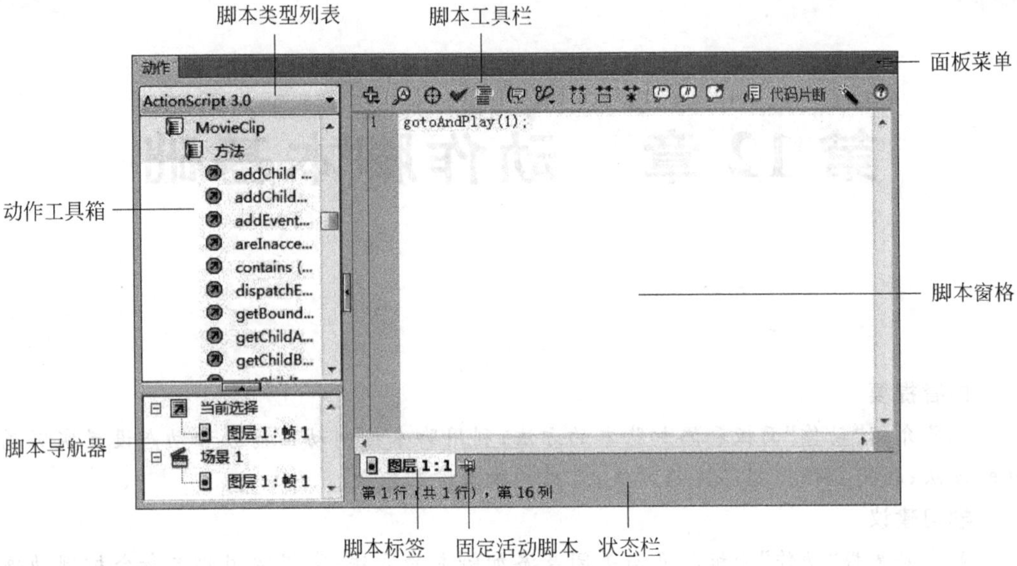

图 12-1 “专家模式”的“动作”面板

功能编辑器(叫做 ActionScript 编辑器)。该编辑器中包括脚本语法格式设置和检查,代码提示、调试以及其他一些简化脚本创建的功能。

(4) 脚本导航器:用于显示包含动作脚本位置(场景、图层、帧和影片剪辑等)的分层列表。利用“脚本导航器”可在 Flash 文档中的各个位置脚本间快速移动。

单击“脚本导航器”中的某一项目,在“脚本窗格”中显示该项目的脚本,并将时间轴上的播放头移动到相应的位置。

(5) 面板菜单:用于显示与该面板相关的命令菜单。

(6) 脚本工具栏:由若干个功能按钮组成。利用这些功能按钮可以快速对动作脚本进行操作,如图 12-2 所示。

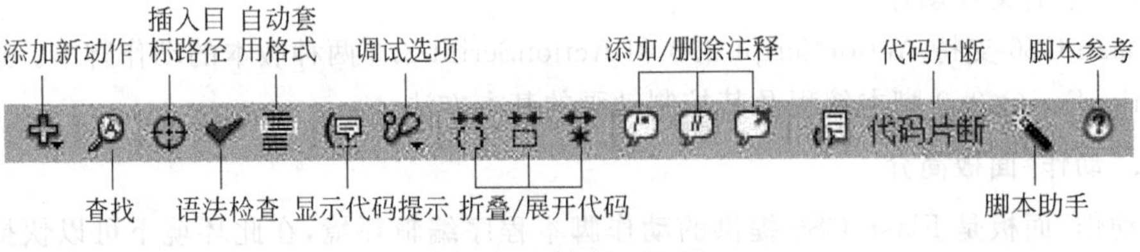

图 12-2 脚本工具栏

(7) 脚本标签:用于切换显示脚本窗格,还显示脚本所在的图层和帧。

(8) 状态栏:用于显示当前“脚本窗格”中,代码的总行数和光标所在的位置。

(9) 固定活动脚本:用于固定脚本,便于在多个脚本之间移动。

单击“固定活动脚本”按钮,将固定正在编辑的脚本。被固定的脚本将在“脚本窗格”的下方显示一个标签,如图 12-3 所示。在“脚本窗格”下方显示了三个标签,其中两个脚本被固定(最左侧标签显示的是当前编辑的脚本)。单击其中的一个脚本标签,可以浏览和编辑该动作脚本。

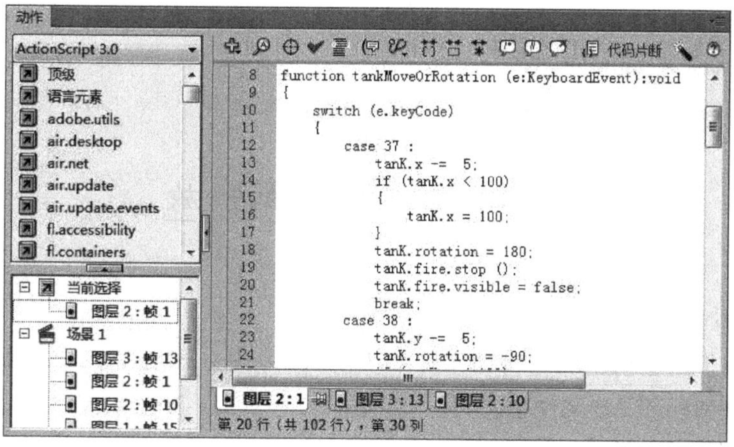

图 12-3　固定多个脚本

选择被固定的脚本标签后，单击“固定活动脚本”按钮，将关闭该标签。

提示：在“脚本导航器”中，双击某一项目，则该项目脚本将被固定。

3. 设置动作脚本编辑环境

执行菜单“编辑”→“首选参数”命令，打开“首选参数”对话框。在 ActionScript 类别和“自动套用格式”类别中，根据自己的习惯设置代码的字体、颜色以及书写格式等，对动作脚本编辑器环境进行设置，如图 12-4 所示。

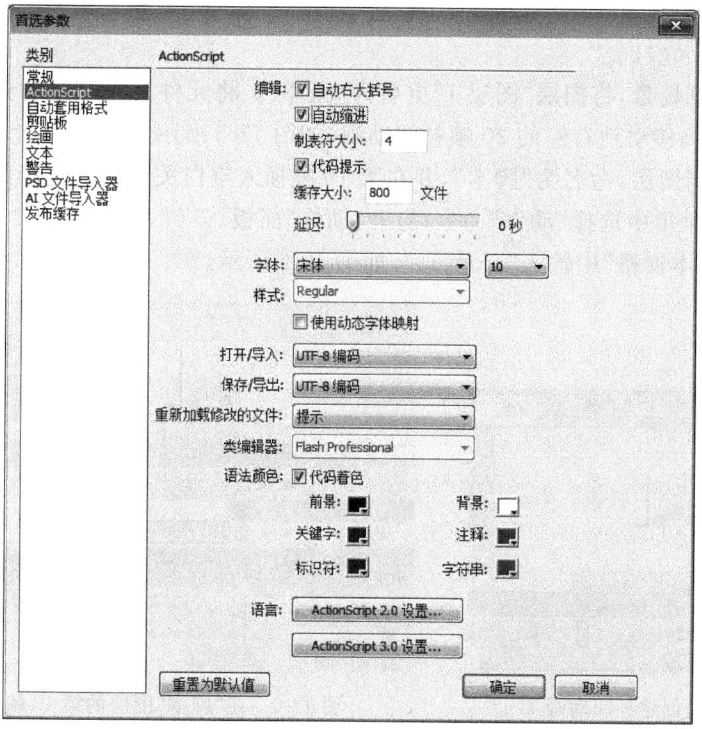

图 12-4　在“首选参数”对话框中设置动作脚本参数

提示：在"动作"面板单击"弹出菜单"按钮，在打开的菜单中执行"首选参数"命令，也可以打开"首选参数"对话框。

如果不清楚参数的含义，暂时不用更改参数。

12.2 控制动画的播放

12.2.1 添加动作脚本

"动作"面板用于创建和编辑动作脚本。在 ActionScript 3.0 中，动作脚本代码只能添加到关键帧和外部 AS 文件中。

12.2.2 基本动作控制

1. 帧事件

在关键帧中添加的动作是动画播放到该帧时自动发生，称为帧事件，也称作自动触发事件。

【例 12-1】 停止播放动画。

动画情景：叉车从左侧移动到舞台中央停止。

(1) 新建 ActionScript 3.0 文档。

(2) 新建"影片剪辑"类型元件，命名为"叉车"。在元件中导入叉车图片(素材\图片\PNG\P_叉车.png)。

(3) 返回到场景，将图层"图层 1"更名为"图片"。将元件"叉车"拖动到第 1 帧，制作叉车从舞台左侧移动到右侧的 20 帧补间动画，如图 12-5 所示。

(4) 创建新图层，命名为"脚本"，并在第 10 帧插入空白关键帧。选择第 10 帧，右击，在弹出的快捷菜单中选择"动作"命令，打开"动作"面板。

(5) 在"脚本窗格"中输入"stop();"，如图 12-6 所示。

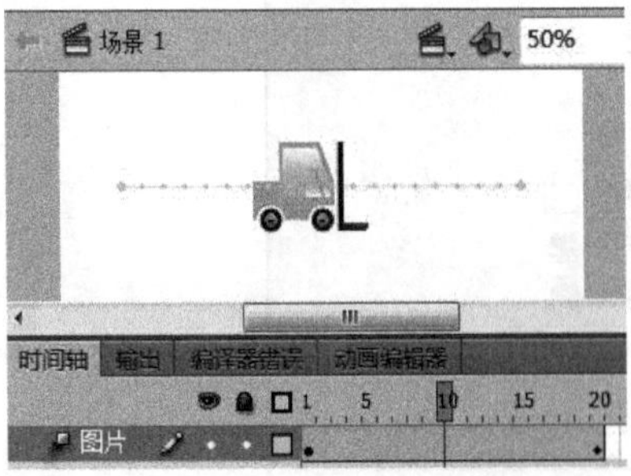

图 12-5 创建补间动画

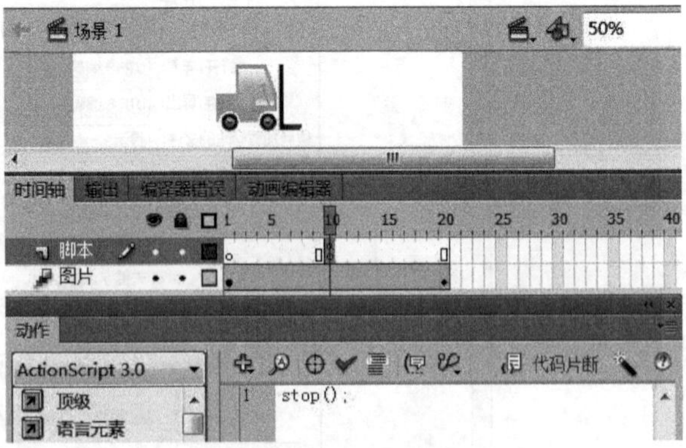

图 12-6 在"脚本"图层的第 10 帧输入脚本

提示：在脚本窗格中输入代码时，要在英文输入法状态输入，并注意区分大小写字母。

在 ActionScript 中，语句是以“;”结尾的。

在关键帧添加动作脚本后，该关键帧格将出现一个小写的字母“a”。

(6) 保存文档，测试动画。叉车移动到舞台中央停止，并没有移动到舞台右侧。

提示：函数 stop()的功能是停止播放动画。

【例 12-2】 跳转到指定的帧播放动画。

动画情景：叉车从左侧直接跳转到舞台中央继续向右侧移动。

(1) 打开例 12-1 中的文档。

(2) 选择图层“脚本”，清除关键帧第 10 帧。在第 1 帧(空白关键帧)右击，在弹出的快捷菜单中选择“动作”命令，打开“动作”面板。

(3) 在“脚本窗格”中输入“gotoAndPlay(10);”，如图 12-7 所示。

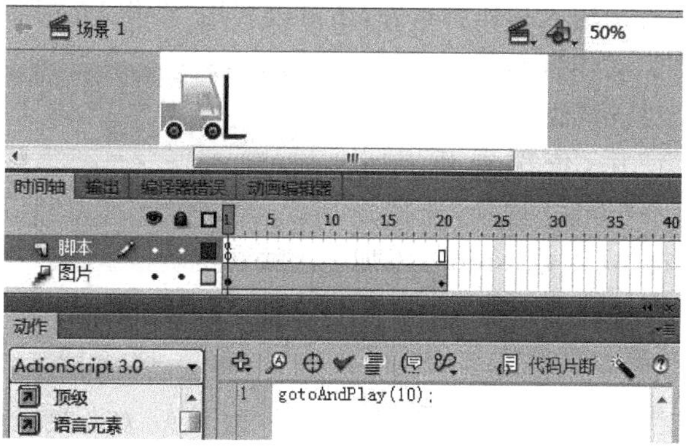

图 12-7 动画从第 1 帧跳转到第 10 帧继续播放

(4) 保存文档，测试动画。叉车直接从舞台中央位置(第 10 帧)开始移动到舞台右侧。

提示：函数 gotoAndPlay()的功能是从当前帧(脚本所在的帧，即第 1 帧)跳转到指定的帧(第 10 帧)继续播放动画。

【例 12-3】 跳转到指定的帧停止播放动画。

动画情景：叉车从舞台左侧移动到中央后直接跳转到右侧并停止移动。

(1) 打开例 12-2 的文档，删除图层“脚本”第 1 帧的动作(脚本)。

提示：选择关键帧后，打开“动作”面板，删除“脚本窗格”中的脚本。

(2) 在图层“脚本”的第 10 帧插入空白关键帧。在第 10 帧右击，在弹出的快捷菜单中选择“动作”命令，打开“动作”面板。

(3) 在“脚本窗格”中输入“gotoAndStop(20);”，如图 12-8 所示。

(4) 测试动画。动画播放到第 10 帧后，跳转到第 20 帧并停止播放。

提示：函数 gotoAndStop()的功能是动画的播放到此帧(脚本所在的第 10 帧)跳转到指定的帧(第 20 帧)，并停止播放动画。

为了管理方便，要将帧动作都写在同一个图层相关的关键帧，不要和其他动画图层及帧混在一起。

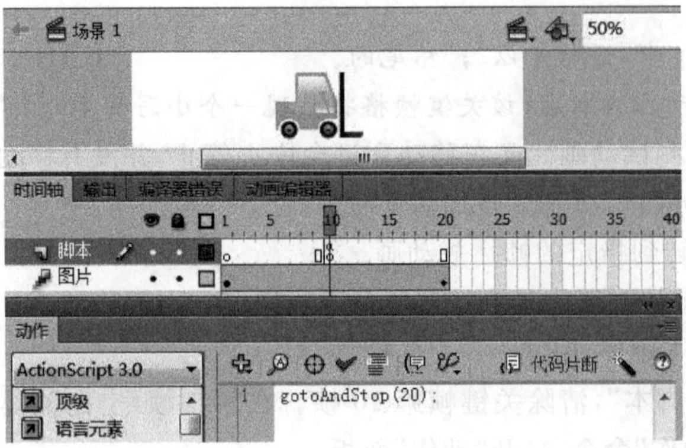

图 12-8 动画播放到第 10 帧后跳转到第 20 帧停止播放

在“脚本窗格”中直接输入动作脚本外，还可以利用“动作”面板中的“动作工具箱”和“添加新动作”按钮添加动作脚本。

(1) 利用“动作工具箱”添加脚本。

在“动作工具箱”中，依次展开 flash.display→MovieClip→“方法”选项，选择并双击或拖动 stop，将动作(函数)stop()添加到“脚本窗格”，如图 12-9 所示。

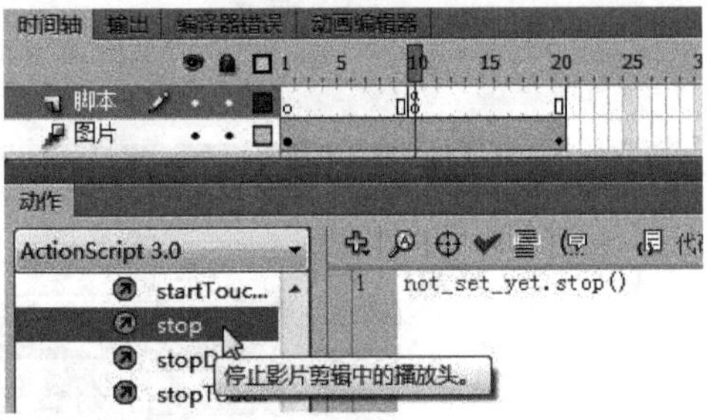

图 12-9 双击或拖动添加动作脚本

在“脚本窗格”中，删除自动添加的“not_set_yet.”，并在函数 stop()尾部输入英文字符“;”。

提示：单击“脚本工具栏”中的“自动套用格式按钮”可以添加符号“;”。

也可以将自动添加的 not_set_yet 修改为 this。this 表示当前舞台中的对象。

(2) 利用“添加新动作”按钮，添加动作脚本。

单击“脚本工具栏”的“添加新动作”(+)按钮，在弹出的菜单中选择相关类别中的动作(函数)单击，也可以将动作添加到“脚本窗格”中，如图 12-10 所示。

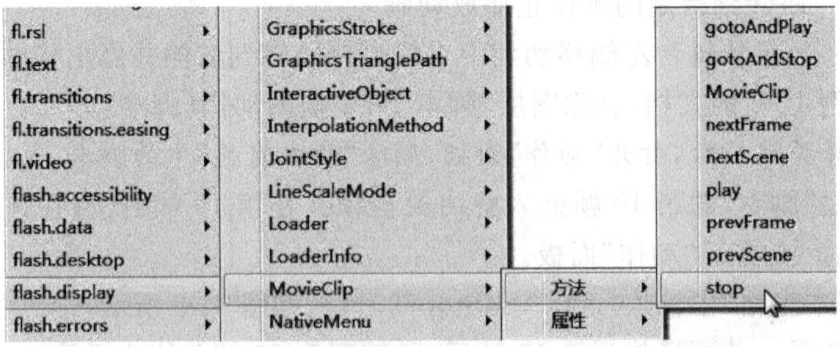

图 12-10 单击“添加新动作”按钮，将动作添加到“脚本窗格”

提示：在“动作工具箱”中，单击“添加新动作”按钮，依次展开 flash.display→MovieClip→“方法”选项。在子菜单中，可以查看到控制动画播放的动作(函数)stop、play、gotoAndPlay、gotoAndStop 等。

2. 按钮事件

当用户操作按钮时发生的事件称为按钮事件，也称作用户触发事件。单击按钮时，将触发鼠标事件。

【例 12-4】 单击按钮播放动画。

动画情景：在舞台左侧停止的叉车，单击按钮后开始向右侧移动。

(1) 新建 ActionScript 3.0 文档。

(2) 在场景中将图层“图层 1”更名为“图片”。制作叉车从舞台左侧移动到右侧的 20 帧补间动画，如图 12-5 所示。

(3) 创建新图层，命名为“按钮”。执行菜单“窗口”→“公用库”→ Buttons 命令，打开“外部库”面板，展开 playback flat 类别(见图 12-11)，将按钮元件 flat blue play 拖动到图层“按钮”的第 1 帧(空白关键帧)。

图 12-11 在“外部库”面板选择按钮

(4) 在舞台中选择按钮实例，打开“属性”面板，将实例名称命名为 btn。适当放大(200%)按钮实例，并调整到舞台的下方，如图 12-12 所示。

(5) 创建新图层，命名为“脚本”。选择该图层的第 1 帧，右击，在弹出的快捷菜单中选择“动作”命令，打开“动作”面板，输入如下脚本：

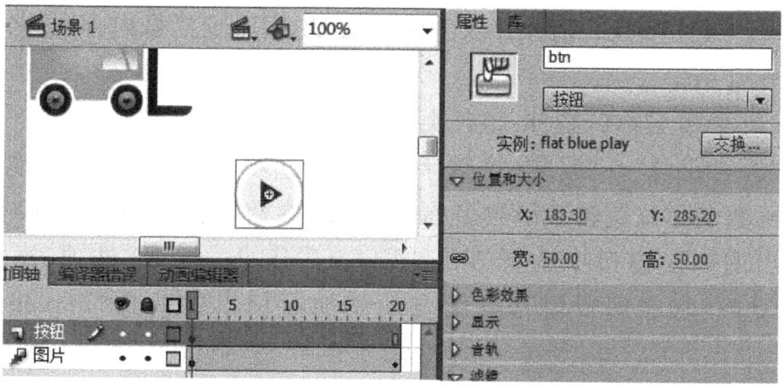

图 12-12 将按钮拖动到舞台，命名实例名称

```
import flash.events.MouseEvent;          //导入鼠标事件类
stop();                                  //停止播放舞台上的实例动画
btn.addEventListener(MouseEvent.CLICK,myFun);
                                         //为按钮 btn 单击事件添加响应对象函数
function myFun(Event:MouseEvent):void    //定义事件响应函数，void 表示函数无返回值
{
    play();                              //播放舞台上的实例动画
}
```

(6) 测试动画。停在左侧的叉车，单击播放按钮后移动到右侧。

在 ActionScript 3.0 中，用按钮控制动画的动作脚本基本结构如下：

```
按钮实例名称.addEventListener(事件类型,函数名称);
function 函数名称(事件对象名称:事件类型名): void
{
    //此处是为响应事件而执行的若干命令序列,即若干条语句
}
```

此例中，按钮实例名称是 btn；事件类型是 MouseEvent. CLICK(鼠标事件.单击)；函数名称是用户命名的 myFun；事件对象名称是 Event(可以用 E 或 e 代替)，事件对象的名称也可以由设计者命名；事件类型名是 MouseEvent(鼠标事件)。

在 ActionScript 3.0 中编写动作脚本时，如果用到函数或基类，那么要求在脚本开头添加相关的包和事件。如：

```
import flash.events.MouseEvent;        //导入事件包中的鼠标事件
```

提示：输入脚本时会自动添加包和事件信息。一般情况下这些包都是默认加载的，不导入也没有多大关系。

下面介绍利用"动作工具箱"添加此例中的脚本代码方法。

(1) 按钮实例名称(. addEventListener(事件类型，函数名称)；)。

输入按钮实例名称 btn 和"."后，在"动作工具箱"中依次展开 flash. display→MovieClip→"方法"选项，选择并双击或拖动 addEventListener，将方法(或函数)addEventListener ()添加到"脚本窗格"。将光标置于参数括号内，依次展开 flash. events→MouseEvent→"属性"选项，选择并双击或拖动 CLICK 到括号内，函数名称输入用户命名的函数名称 myFun。

(2) function 函数名称((事件:事件类型名)：void)。

依次展开"语言元素"→"语句、关键字和指令"选项，选择并双击或拖动 function 到"脚本窗格"。函数名称位置输入函数名称 myFun，参数括号内输入事件对象名称 Event 和":"后，在弹出的列表窗口中选择 MouseEvent - flash. events 选项，添加事件类型名 MouseEvent。此时，将在编辑窗格开头自动添加鼠标事件信息"import flash. events. MouseEvent;"。

提示：输入脚本的过程中(如：此处输入事件对象名称 Event 和":"后)，单击"脚本工具栏"中的"显示代码提示"按钮将打开列表窗口供用户选择。

(3) 输入函数体。

在函数体的括号内输入函数要完成的动作"play()；"，如图 12-13 所示。

【例 12-5】 单击按钮停止播放动画。

动画情景：正在播放的动画，单击按钮后停止播放。

(1) 新建 ActionScript 3.0 文档。

(2) 在场景中将图层"图层 1"更名为"图片"，制作叉车从舞台左侧移动到右侧的 20

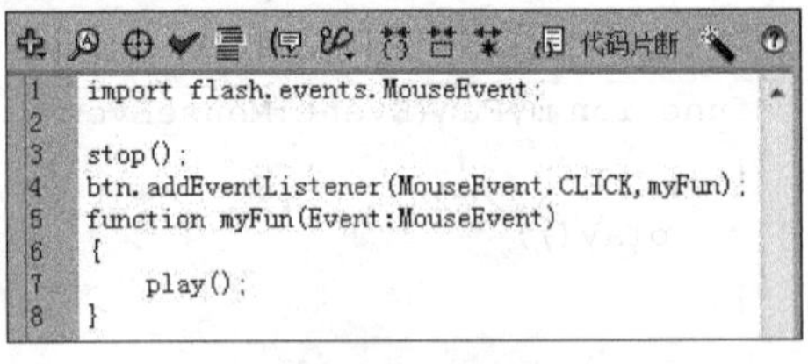

图 12-13　在图层"脚本"的第 1 帧添加脚本

帧补间动画。

(3) 创建新图层，命名为“按钮”。执行菜单“窗口”→“公用库”→Buttons 命令，打开“外部库”面板。展开 playback flat 类别，将按钮元件 flat blue stop 拖动到图层“按钮”的第 1 帧(空白关键帧)。

(4) 在舞台中选择按钮实例，打开“属性”面板，将实例名称命名为 btn。适当放大(200%)按钮实例，并调整到舞台的下方，如图 12-14 所示。

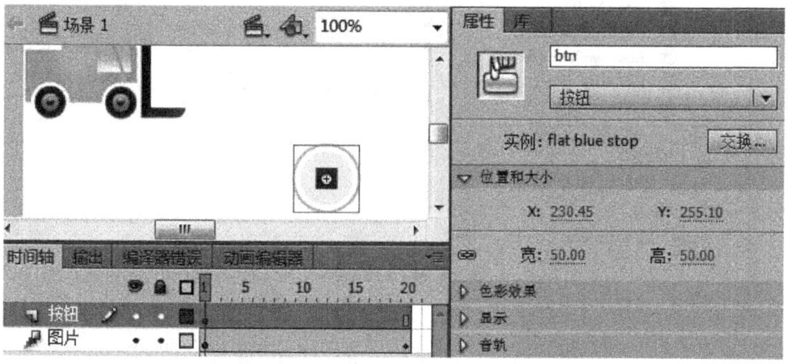

图 12-14 将按钮拖动到舞台，命名实例名

(5) 创建新图层，命名为“脚本”。选择该图层的第 1 帧，右击，在打开的快捷菜单中选择“动作”命令，打开“动作”面板，输入如下脚本：

```
import flash.events.MouseEvent;                     //导入鼠标事件类
btn.addEventListener(MouseEvent.CLICK,myFun);      //将 ymFun 函数注册到按钮 btn
function myFun(Event:MouseEvent)
{
    stop();
}
```

(6) 测试动画。从左侧向右侧移动的叉车，单击按钮后停止移动。

提示：单击“自动套用格式”按钮，可以将脚本按照规范的格式进行自动缩进操作。可以增强代码的可读性，也可以检查语法错误，如图 12-15 所示。

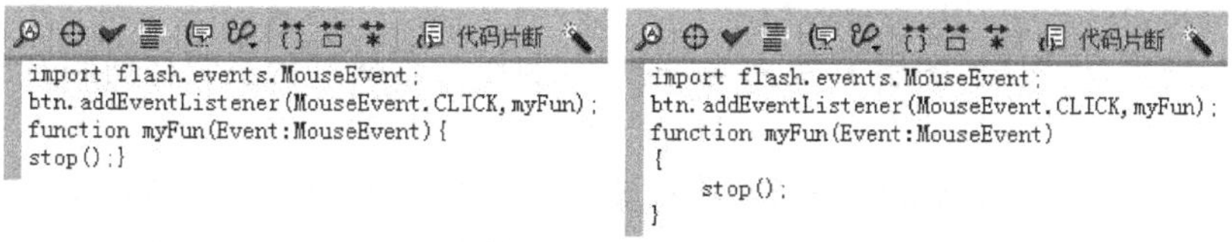

图 12-15 使用“自动套用格式”工具前后

12.2.3 使用“助手模式”

考虑到设计者的需求，Flash 的“动作”面板提供了两种编辑模式：“专家模式”适用于对 ActionScript 比较熟悉的高级用户，“助手模式”适用于初学者。

在“动作”面板单击“脚本助手”按钮，可以将“动作”面板切换为“助手模式”，如图 12-16 所示。

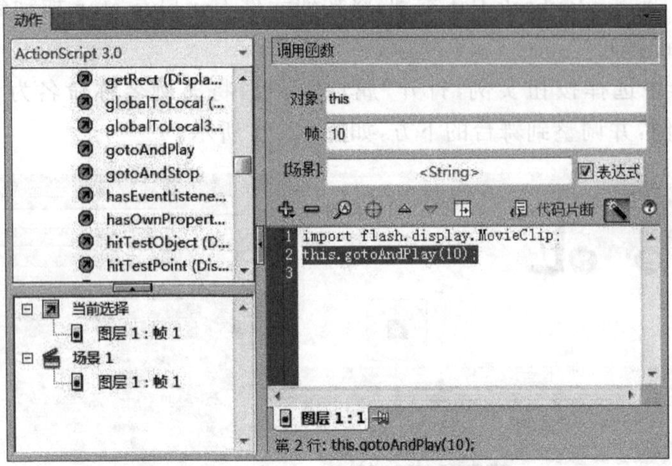

图 12-16 助手模式的“动作”面板

在脚本“助手模式”下利用“脚本工具栏”中的工具，可以添加、删除脚本，更改“脚本”窗格中语句的顺序，还可以查找和替换文本。“助手模式”的“脚本工具栏”如图 12-17 所示。

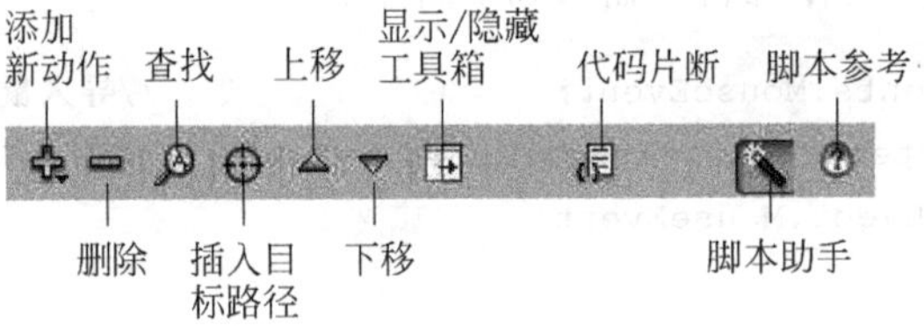

图 12-17 助手模式“脚本工具栏”

【例 12-6】 用按钮控制动画的播放和停止。

动画情景：停止的叉车，单击“播放”按钮时，叉车做动画；单击“停止”按钮时，叉车停止做动画。

(1) 新建 ActionScript 3.0 文档。

(2) 在场景，将图层“图层 1”更名为“图片”，制作叉车从舞台左侧移动到右侧的 20 帧补间动画。

(3) 创建新图层，命名为“按钮”。执行菜单“窗口”→“公用库”→Buttons 命令，打开“外部库”面板。展开 playback flat 类别，选择两个按钮（“播放”按钮和“停止”按钮），分别拖动到图层“按钮”的第 1 帧。

在舞台中选择“播放”按钮实例，在“属性”面板中命名实例名称为 btn_play；选择“停止”按钮实例，在“属性”面板中命名实例名称为 btn_stop，如图 12-18 所示。

(4) 创建新图层，命名为“脚本”。在该图层选择第 1 帧，并打开“动作”面板。单击“脚本助手”按钮，将面板切换为“脚本助手”模式。

(5) 在“动作工具箱”中，依次展开 flash.display→MovieClip→“方法”选项，选择并双

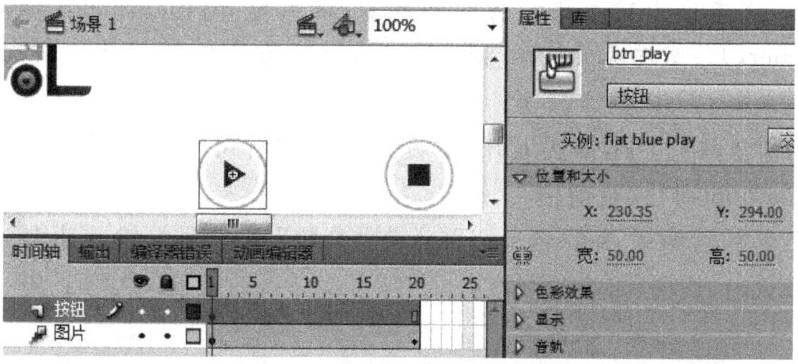

图 12-18 在舞台放置两个按钮实例,并分别命名实例名

击或拖动 stop,将动作(函数)stop()添加到"脚本窗格"。在"对象"文本框中输入 this,如图 12-19 所示。

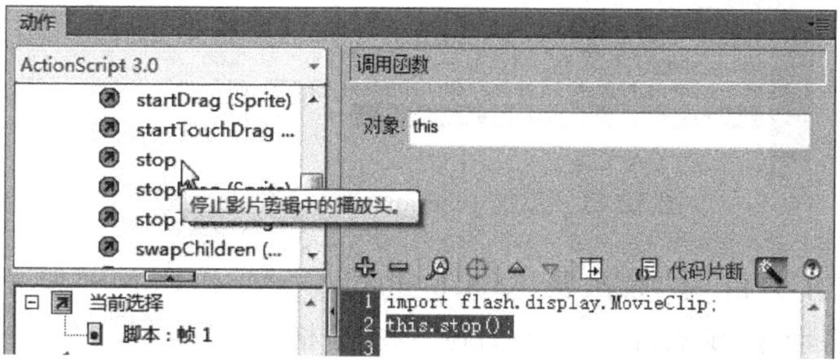

图 12-19 在第 1 帧添加动作 stop

提示:语句"import flash. display. MovieClip;"是自动添加的。

(6) 在"动作工具箱"中,依次展开 flash. display→MovieClip→"方法"选项,选择并双击或拖动 addEventListener,将动作(函数)addEventListener ()添加到"脚本窗格"。

在"对象"文本框中输入"播放"按钮实例名称 btn_play;在"类型"文本框中输入 MouseEvent. CLICK,选中"表达式"复选框;在"侦听器"文本框中输入函数名 myPlay,如图 12-20 所示。

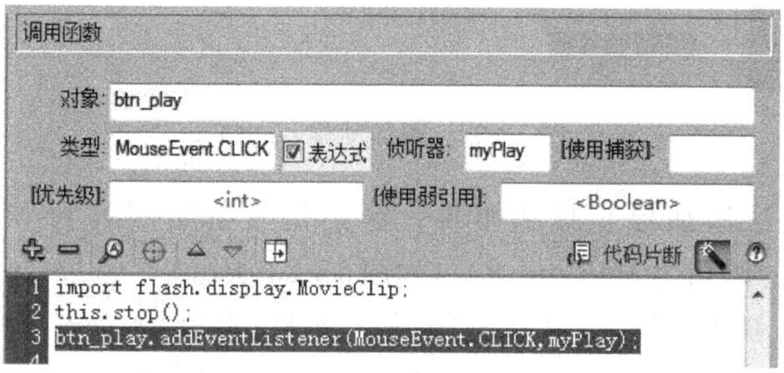

图 12-20 添加并设置侦听函数 addEventListener()

提示:选择"类型"文本框后,单击"添加新动作"(+)按钮,依次打开菜单 flash. events→MouseEvent→"属性"命令,选择双击 CLICK 输入 MouseEvent. CLICK。

在“侦听器”文本框中输入要调用的函数名，这里为 myPlay。用于指定动作(函数) addEventListener()侦听对象是 btn_play 实例；侦听的鼠标事件是单击；侦听的函数是 myPlay。

(7) 在“动作工具箱”中，依次展开“语言元素”→“语句、关键字和指令”选项，选择并双击或拖动 function 到“脚本窗格”。

在“名称”文本框输入函数名 myPlay；在“参数”文本框中输入事件和事件类型名 Event:MouseEvent，如图 12-21 所示。

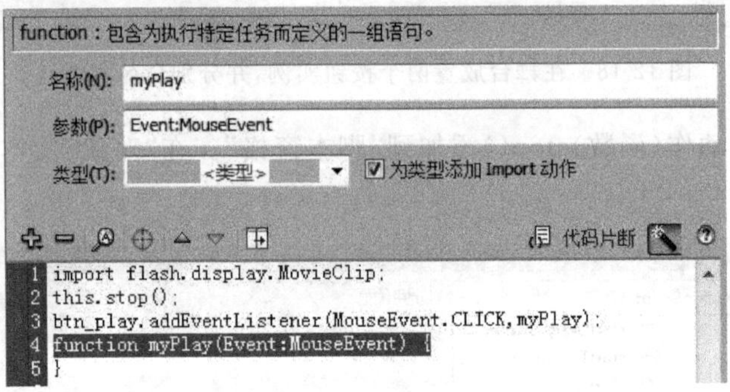

图 12-21 添加 function 定义函数 myPlay

(8) 在“动作工具箱”中，依次展开 flash. display→MovieClip→“方法”选项，选择并双击或拖动 play，将动作(函数)play()添加到“脚本窗格”。

在“对象”文本框中输入 this，如图 12-22 所示。

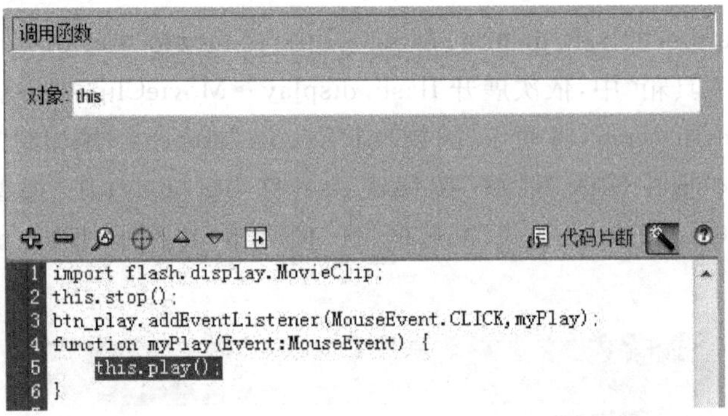

图 12-22 添加动作 play()

(9) 用类似方法添加停止按钮事件。区别是按钮实例名为 btn_stop；函数名为 myStop；函数体中的语句为 this. stop()；，如图 12-23 所示。

提示：在“助手模式”下也可以单击“脚本工具栏”中的“添加新动作”(+)按钮，在弹出的菜单中选择动作，将动作添加到“脚本窗格”中，并在“脚本窗格”上方的文本框中输入动作的参数。

在“助手模式”中，不允许在脚本编辑窗口手动输入和编辑脚本和参数。

(10) 测试动画。单击“播放”按钮，播放动画；单击“停止”按钮，停止播放动画。

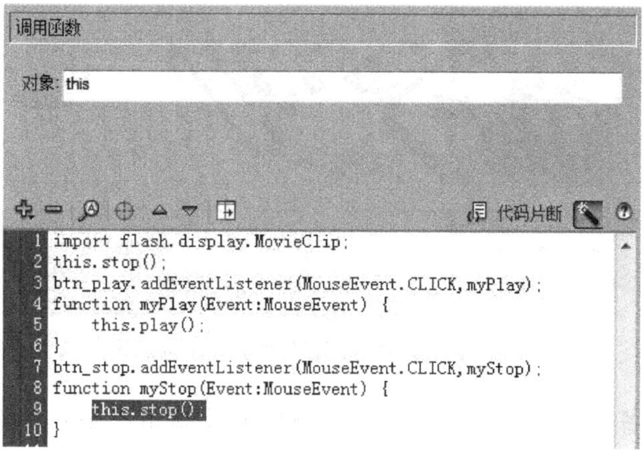

图 12-23　设置停止按钮事件

提示：在“助手模式”输入函数的参数时，在编辑窗口选择该函数后，在上方选择参数。若要删除某个动作，选择该动作后，单击“删除”按钮完成删除。利用“上移”、“下移”按钮，可以调整动作的顺序。

在编写脚本时，根据需要切换“动作”面板模式。如果对函数的参数不了解，那么用“助手模式”比较方便。

12.3　动画举例

【例 12-7】　浏览上海世博园。

动画情景：浏览世博园的几个场馆。汽车到指定的场馆停止，并显示场馆的名称。单击按钮时，到下一个场馆，最后回到出发地。

(1) 新建 ActionScript 3.0 文档。舞台大小设置为 580×540 像素(世博园图片的大小)。

(2) 创建两个影片剪辑元件，分别命名为“世博园”和“汽车”。元件“世博园”中导入世博园图片(素材\pic\位图\世博园_01.jpg)，坐标设置为(0,0)；元件“汽车”中导入汽车图片(素材\图片\PNG\ P_汽车.png)，适当缩小图片大小(这里缩小到 50%)。

(3) 返回到场景，“图层 1”更名为“世博园”，将元件“世博园”拖动到该图层的第 1 帧，坐标设置为(0,0)，在第 80 帧插入帧。锁定该图层。

(4) 创建新图层，命名为“汽车”。将元件“汽车”拖动到该图层的第 1 帧，位置调整到入口处(右上角)，创建第 1 帧到第 80 帧的补间动画。

(5) 在图层“汽车”中选择第 10 帧将轿车拖动到第 1 个场馆，创建位置属性关键帧。用同样的方法在第 1 帧和第 80 帧之间共插入七个位置属性关键帧(浏览七个场馆)。选择第 80 帧，将汽车拖动到入口处出发地，如图 12-24 所示。

(6) 创建新图层，命名为“说明”。参照图层“汽车”的属性关键帧，在该图层插入七个空白关键帧。在插入的每个空白关键帧，用“文本工具”输入该场馆的名称(位置在右下

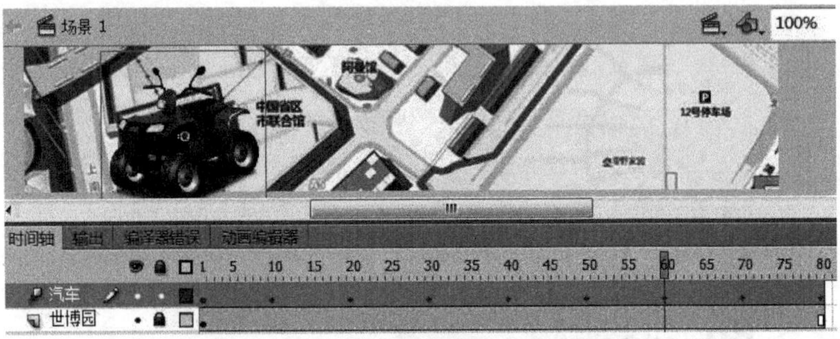

图 12-24　调整“汽车”位置到指定的场馆

角)。在每个场馆名所在帧后插入空白关键帧(离开场馆不显示场馆名),如图 12-25 所示。

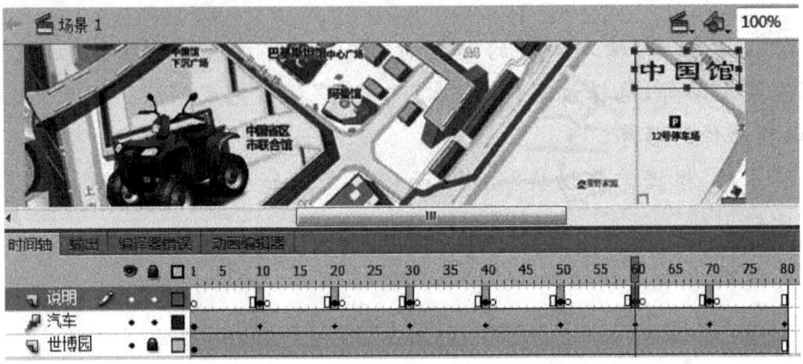

图 12-25　给每个场馆添加文字说明

(7) 创建新图层,命名为“暂停”。参照图层“汽车”的关键帧,在该图层插入七个空白关键帧。在第 1 帧及插入的七个关键帧均添加动作脚本“stop();”。

(8) 创建新图层,命名为“按钮”。执行菜单“窗口”→“公用库”→Buttons 命令,打开“外部库”面板,选择一个按钮(classic button→circle button→circle button-next)拖动到该图层第 1 帧舞台的右下角,如图 12-26 所示。选择该按钮实例,在“属性”面板命名实例名为 btn。

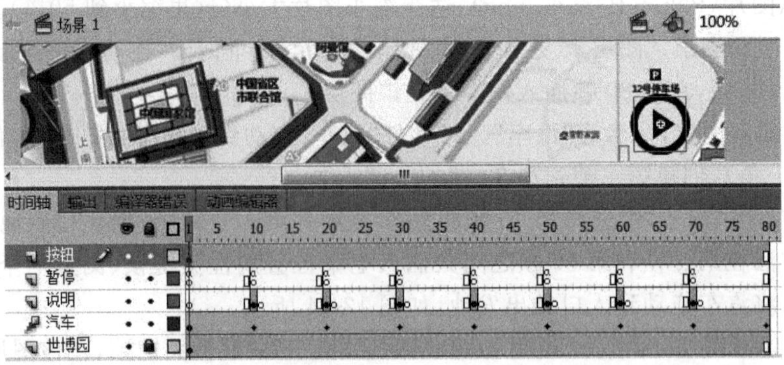

图 12-26　添加按钮实例,并命名按钮实例名

(9) 创建新图层，命名为"移动"。在第1帧添加脚本：

```
import flash.events.MouseEvent;
btn.addEventListener(MouseEvent.CLICK,myFun);
function myFun (E:MouseEvent) {
    this.play();
}
```

(10) 测试动画。播放效果如图 12-27 所示。

图 12-27　测试动画

【例 12-8】 简单的交互式课件。

动画情景：在主界面，单击按钮进入相关的页面，单击返回按钮返回到主界面，实现简单的课件功能。

(1) 新建 ActionScript 3.0 文档。

(2) 在场景中将"图层 1"更名为"内容"。创建新图层，命名为"按钮"。

(3) 在两个图层分别创建与课件页面数相等的空白关键帧。这里要制作的课件共有四个页面，因此创建四个空白关键帧(分别为第1帧、第5帧、第10帧、第15帧)。

(4) 在第1帧制作主界面。在图层"内容"中输入四个文本。分别为"动画制作基础"、"动作脚本基础"、"动画制作实例"和课件名称。执行菜单"窗口"→"公用库"→Buttons 命令，打开"外部库"面板，展开 classic buttons→Arcade buttons 类别。选择三个按钮拖动到图层"按钮"的第1帧，并调整文本和按钮的位置，如图 12-28 所示。

(5) 在第5帧制作"动画制作基础"页面。在图层"内容"中输入四个文本，"动画制作基础"作为标题，"动画脚本基础"、"动画制作实例"、"返回主界面"作为按钮说明。在图层"按钮"拖动三个按钮，并调整文本和按钮的位置，如图 12-29 所示。

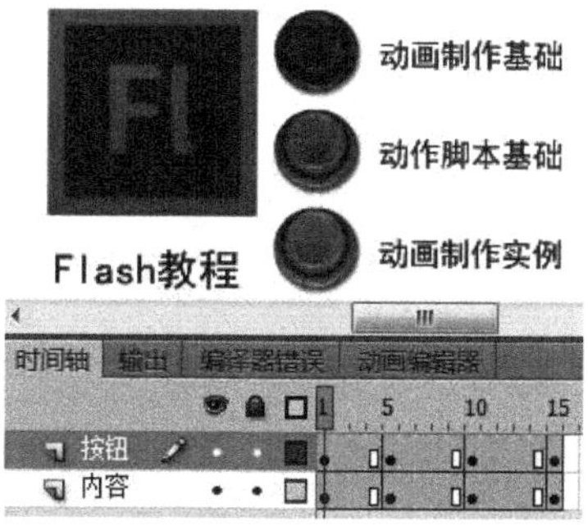

图 12-28　第1帧主界面设计

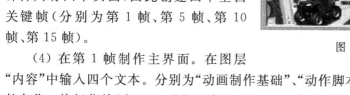

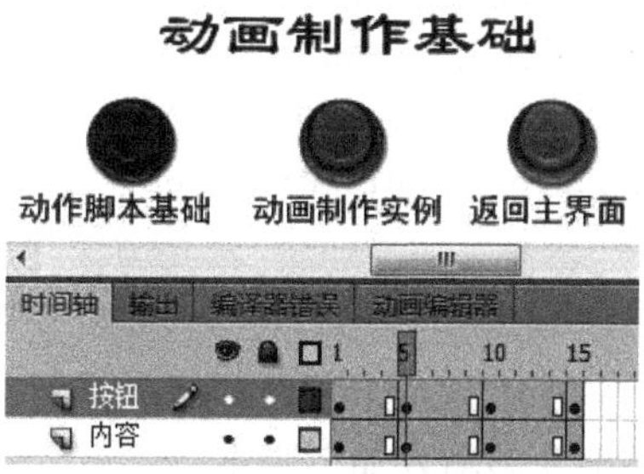

图 12-29　第5帧设计

(6) 在第 10 帧和第 15 帧分别制作“动作脚本基础”、“动画制作实例”页面，如图 12-30 和图 12-31 所示。

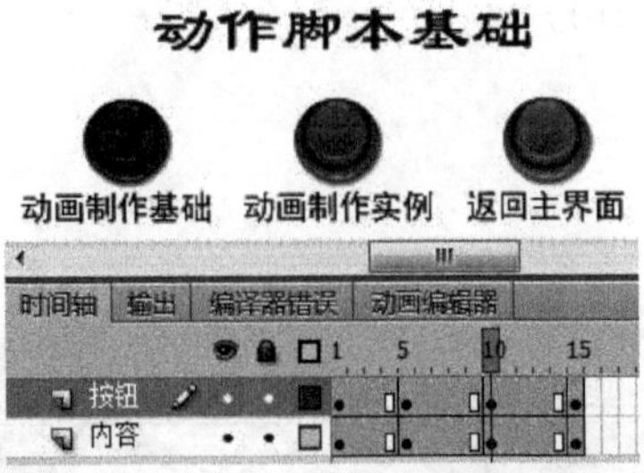

图 12-30 第 10 帧设计

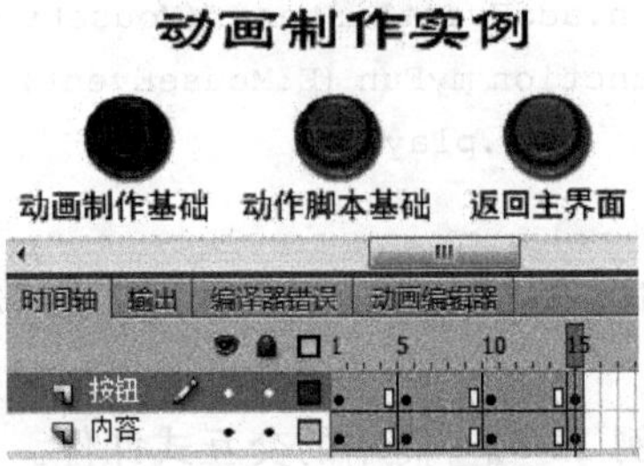

图 12-31 第 15 帧设计

(7) 给舞台中的按钮实例命名实例名。第 1 帧中的三个按钮实例分别命名为 btn_01a、btn_01b、btn_01c；第 5 帧中的三个按钮实例分别命名为 btn_05a、btn_05b、btn_05c；第 10 帧中的三个按钮实例分别命名为 btn_10a、btn_10b、btn_10c；第 15 帧中的三个按钮实例分别命名为 btn_15a、btn_15b、btn_15c。

提示：为了用脚本控制按钮，需要给不同的按钮命名不同的实例名。这里按钮较多，为了方便脚本中使用按钮实例名，命名规则是 btn_所在的帧数(两位数字)顺序(字母)。例如，btn_05b 是第 5 帧第 2 个按钮。

(8) 新插入图层，命名为“停止”，并在第 1 帧(空白关键帧)添加动作脚本“stop();”。

(9) 新插入图层，命名为“控制”，分别在第 5 帧、第 10 帧、第 15 帧插入空白关键帧。在第 1 帧输入如下脚本：

```
import flash.events.MouseEvent;
btn_01a.addEventListener(MouseEvent.CLICK,fun01a);
btn_01b.addEventListener(MouseEvent.CLICK,fun01b);
btn_01c.addEventListener(MouseEvent.CLICK,fun01c);
function fun01a(E:MouseEvent)
{
    this.gotoAndStop(5);
}
function fun01b(E:MouseEvent)
{
    this.gotoAndStop(10);
}
function fun01c(E:MouseEvent)
{
    this.gotoAndStop(15);
}
```

在第 5 帧输入如下脚本：

```
import flash.events.MouseEvent;
```

```
btn_05a.addEventListener(MouseEvent.CLICK,fun05a);
btn_05b.addEventListener(MouseEvent.CLICK,fun05b);
btn_05c.addEventListener(MouseEvent.CLICK,fun05c);
function fun05a(E:MouseEvent)
{
    this.gotoAndStop(10);
}
function fun05b(E:MouseEvent)
{
    this.gotoAndStop(15);
}
function fun05c(E:MouseEvent)
{
    this.gotoAndStop(1);
}
```

在第 10 帧输入如下脚本：

```
import flash.events.MouseEvent;
btn_10a.addEventListener(MouseEvent.CLICK,fun10a);
btn_10b.addEventListener(MouseEvent.CLICK,fun10b);
btn_10c.addEventListener(MouseEvent.CLICK,fun10c);
function fun10a(E:MouseEvent)
{
    this.gotoAndStop(5);
}
function fun10b(E:MouseEvent)
{
    this.gotoAndStop(15);
}
function fun10c(E:MouseEvent)
{
    this.gotoAndStop(1);
}
```

在第 15 帧输入如下脚本：

```
import flash.events.MouseEvent;
btn_15a.addEventListener(MouseEvent.CLICK,fun15a);
btn_15b.addEventListener(MouseEvent.CLICK,fun15b);
btn_15c.addEventListener(MouseEvent.CLICK,fun15c);
function fun15a(E:MouseEvent)
{
    this.gotoAndStop(5);
}
function fun15b(E:MouseEvent)
```

```
{
    this.gotoAndStop(10);
}
function fun15c(E:MouseEvent)
{
    this.gotoAndStop(1);
}
```

提示：不同的函数要命名不同的名称。这里函数的命名规则与按钮实例的命名规则相同。

(10) 每个页面所在的关键帧后面插入空白关键帧，因为在这些帧不需要显示内容。

(11) 测试动画。最终时间轴如图 12-32 所示。

【例 12-9】 用鼠标移动对象。

动画情景：用鼠标按住舞台中的对象(按钮)移动到指定位置。即按住鼠标可以移动对象；释放鼠标时，将该对象放置在当前位置。

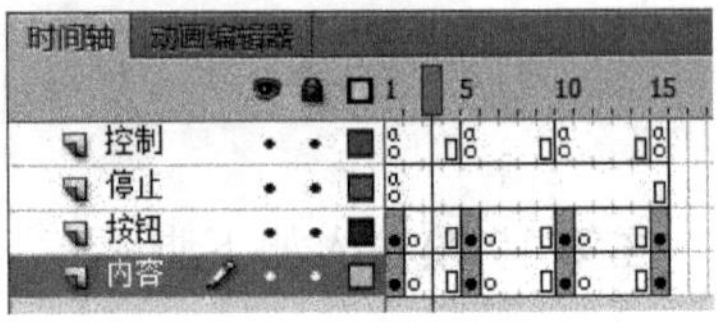

图 12-32 完成的时间轴

(1) 新建 ActionScript 3.0 文档。

(2) 新建按钮元件，命名为“移动”。在该按钮元件编辑窗口的“弹起”帧，绘制图形或导入图片(要移动的对象)，并相对舞台居中(对象中心对齐舞台中心“+”)。

(3) 返回到场景。将按钮元件“移动”拖动到舞台，并将该实例命名为 btn。

(4) 创建新图层，命名为“脚本”。在第 1 帧输入如下脚本：

```
import flash.events.MouseEvent;
btn.addEventListener(MouseEvent.MOUSE_DOWN,FunStar);
function FunStar(E:MouseEvent)
{
    startDrag();            //拖动对象
}
btn.addEventListener(MouseEvent.MOUSE_UP,FunStop);
function FunStop(E:MouseEvent)
{
    stopDrag();             //停止拖动对象
}
```

提示：函数 startDrag 和 stopDrag 的功能是拖动对象和停止拖动对象，在“动作工具箱”→flash.display→MovieClip→“方法”类别中。

鼠标事件 MOUSE_DOWN 是按下鼠标左键；MOUSE_UP 是释放鼠标左键。

(5) 测试动画。用鼠标拖动按钮，可以移动该按钮；释放鼠标停止按钮的移动。

提示：用鼠标按住对象的空白部分时，无法拖动对象。在按钮元件编辑窗口的“点击”帧绘制区域，设置鼠标响应范围可以解决问题。

12.4 利用脚本设置属性

12.4.1 实例的常用属性

利用动作脚本可以设置实例在舞台的透明度、宽和高、旋转、缩放、位置等属性。

设置实例属性的语法格式(赋值语句格式,其中语句后的英文分号不可少):

```
实例名.属性=值;
```

提示:在"脚本工具箱"→flash.display→MovieClip→"属性"类别中,提供了影片剪辑实例的属性。

【例 12-10】 设置舞台中实例的属性。

(1) 新建 ActionScript 3.0 文档。

(2) 新建"影片剪辑"类型元件,命名为"叉车"。将叉车图片导入到元件,并将图片的左上角对齐到舞台中心"+"(即将图片的左上角作为注册点)。

(3) 返回到场景,将"图层 1"更名为"图片"。将元件"叉车"拖动到的图层"图片"的第 1 帧,并将该实例命名为 my_mc。

(4) 创建新图层,命名为"脚本",如图 12-33 所示。

图 12-33 实例命名为 my_mc

(5) 实例的透明度属性:alpha。

在图层"脚本"选择第 1 帧,并打开"动作"面板。在"脚本窗格"输入如下脚本:

```
my_mc.alpha=0.5;          //设置实例 my_mc 的透明度为 50%
```

测试动画,图片显示为半透明的。

提示:输入实例名"my_mc."(实例名和"."),在"脚本工具箱"中,依次展开 flash.display→MovieClip→"属性"类别,双击或拖动 alpha,可以将 alpha 添加到"脚本窗格",如图 12-34 所示。

alpha 用于设置实例的透明度属性,语法格式为:

```
实例名.alpha=Number;
```

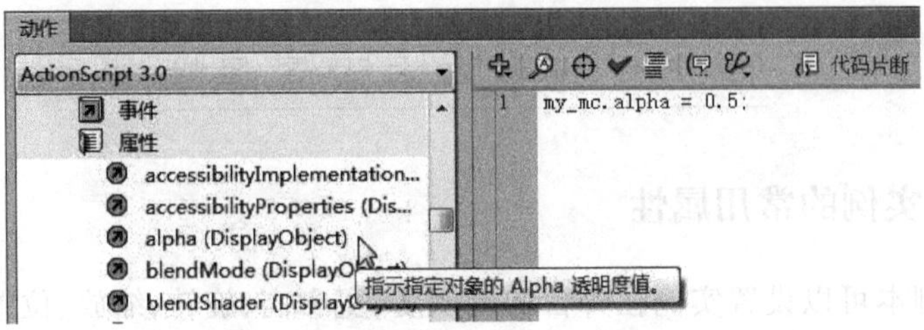

图 12-34 影片剪辑实例的透明度设置为 0.5

其中,Number 表示透明度,其取值范围 0～1,0 代表完全透明,1 表示不透明。

提示:若对象的 alpha 值设置为 0,该对象虽然看不到,但是对象还是有其作用的。

(6) 实例的位置:x、y、z。

在图层"脚本"中选择第 1 帧,输入如下脚本:

```
my_mc.x=0;                //设置实例 my_mc 的 x 坐标为 0
my_mc.y=0;                //设置实例 my_mc 的 y 坐标为 0
```

测试动画。图片的左上角对齐到舞台的左上角。这是因为影片剪辑元件"叉车"实例的注册点是图片的左上角。

x、y 和 z 用于设置实例注册点"+"的坐标,它的语法格式为:

```
实例名.x=Number;
实例名.y=Number;
实例名.z=Number;
```

(7) 实例的缩放:scaleX、scaleY、scaleZ。

在图层"脚本"选择第 1 帧,输入如下脚本:

```
my_mc.scaleX=2;           //设置 my_mc 的宽放大 2 倍
my_mc.scaleY=2;           //设置 my_mc 的高放大 2 倍
```

测试动画。图片放大了 2 倍。

scaleX、scaleY 和 scaleZ 是用于设置按比例横向、纵向和竖向缩放实例,语法格式为:

```
实例名.scaleX=Number;
实例名.scaleY=Number;
实例名.scaleZ=Number;
```

其中 Number 用于设置放大缩小比例(百分比),1 为原始大小。

(8) 实例的宽和高:height、width。

在图层"脚本"选择第 1 帧,输入如下脚本:

```
my_mc.height=200;         //设置 my_mc 的宽为 200 像素
my_mc.width=200;          //设置 my_mc 的高为 200 像素
```

测试动画。图片改变了大小。

height 和 width 用于设置实例的宽和高,其语法格式为:

```
实例名.height=Number;
实例名.width=Number;
```

其中 Number 为宽或高的像素数。

(9) 实例的旋转：rotation。

在图层“脚本”选择第 1 帧，输入如下脚本：

```
my_mc.rotation=-30;        //设置实例 my_mc 逆时针旋转 30°
```

测试动画。图片逆时针旋转了 30°。

rotation 用于设置影片剪辑对象的旋转角度，其语法格式为：

```
实例名.rotation=Number;
```

其中，Number 表示影片对象旋转的角度。取值范围为－90°～90°。如果将它的值设置在这个范围之外，系统会自动将其转换为这个范围之间的值。

提示：属性 rotationX、rotationY 和 rotationZ，用于设置三维旋转角度。

(10) 实例的可见性：visible。

在图层“脚本”选择第 1 帧，输入如下脚本：

```
my_mc.visible=true;        //设置显示实例 my_mc
```

测试动画。显示图片。

visible 用于设置影片剪辑的可见性，其语法格式为：

```
实例名.visible=Boolean;
```

其中，Boolean 表示布尔值，其默认值为 true，表示显示对象；其值为 false 时，表示隐藏对象，这时影片剪辑将从舞台上消失，在它上面设置的动作也变得无效。

最终第 1 帧的脚本，如图 12-35 所示。

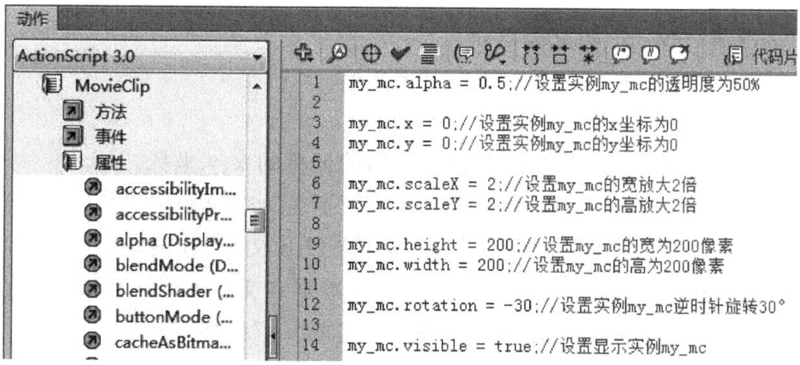

图 12-35　完成的脚本

提示：脚本中，以“//”开头的行是注释行，表示该行是注释说明部分(只限一行)。还可以用“/＊”和“＊/”将多行括起来作为注释说明部分。注释部分不被执行。

最终测试效果如图 12-36 所示。

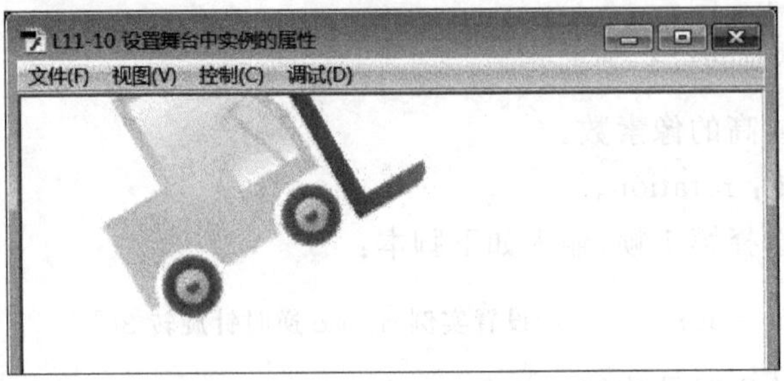

图 12-36 测试效果

12.4.2 获取实例的属性

用脚本控制实例时，可以获取一个实例的属性，并应用到另一个实例。

实例属性的表示格式：

```
实例名.属性
```

例如：

```
s=a_mc.x;            //实例 a_mc 的 x 坐标值赋给变量 s
b_mc.x=a_mc.x;       //实例 a_mc 的 x 坐标值赋给实例 b_mc 的 x 坐标
```

12.4.3 鼠标的属性

1. 获取鼠标的坐标

属性 mouseX 和 mouseY 用于获取鼠标在舞台中的坐标。例如，

```
my_mc.x=mouseX; my_mc.y=mouseY;
```

表示舞台中的实例 my_mc 随鼠标移动。

提示：要测试效果，时间轴要有两个以上的帧。

【例 12-11】 获取鼠标的坐标并显示坐标值。

动画情景：在舞台移动鼠标时，更新显示当前鼠标的 x、y 坐标。

(1) 新建 ActionScript 3.0 文档。将“图层 1”更名为“坐标”。

(2) 选择“文本工具”，打开“属性”面板，选择“TLF 文本”选项，在舞台分别创建两个只读(或可选、可编辑)文本框，并上下排列两个文本框。文本框用于显示坐标值。

(3) 在舞台上，两个文本框的左侧分别输入文本“x:”和“y:”。

(4) 选择“x:”右侧只读文本框，在“属性”面板中，命名实例名 myX；选择“y:”右侧只读文本框，在“属性”面板中，命名实例名 myY，如图 12-37 所示。

(5) 在图层“坐标”的第 2 帧插入帧。

(6) 创建新图层，命名为“脚本”。选择第 1 帧，并打开“动作”面板输入脚本：

```
myX.text=String(mouseX);
```

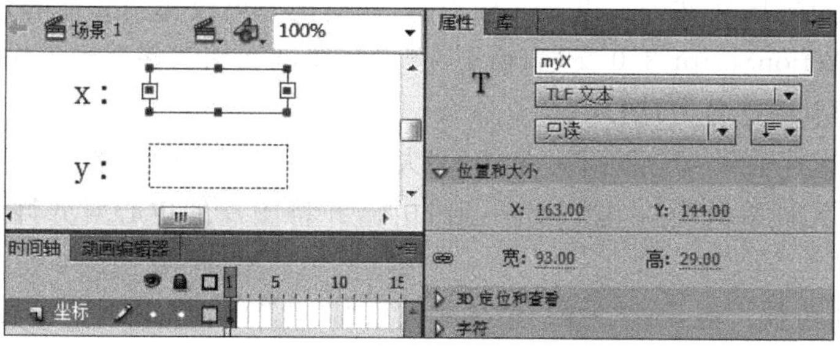

图 12-37　创建文本框，并命名文本框实例名称

```
myY.text=String(mouseY);
```

提示：函数 String()的功能是将数值型数据转换为文本型。

(7) 测试动画。随着移动鼠标，显示鼠标指针的当前坐标值。

2. 隐藏鼠标的指针

动作 Mouse.hide()的功能是隐藏鼠标的指针。在"脚本工具箱"→flash.ui→mouse→"方法"类别中可以找到动作 hide。

【例 12-12】 更换鼠标的指针。

动画情景：隐藏鼠标的指针，用其他对象显示鼠标的位置。

(1) 新建 ActionScript 3.0 文档。

(2) 新建"按钮"类型元件，命名为"指针"。在按钮元件"指针"的"弹起"帧绘制一个代替鼠标指针的圆，圆心对齐舞台的中心"+"。

(3) 返回到场景。将图层"图层 1"更名为"指针"。将元件"指针"拖动到图层"指针"第 1 帧，将实例命名为 p_mouse。

(4) 创建新图层，命名为"脚本"，并在第 1 帧输入动作脚本：

```
import flash.events.MouseEvent;
p_mouse.addEventListener(MouseEvent.CLICK,myFun);
function myFun(E:MouseEvent)
{
    Mouse.hide();          //隐藏鼠标指针
    startDrag();
}
```

(5) 测试动画。播放动画后，单击圆隐藏鼠标的指针，并用圆代替了指针。

12.5 利用脚本实现交互

12.5.1 动态更改属性

在关键帧添加脚本，可以设置实例对象的各种属性，也可以用按钮交互实现动态更改舞台中实例的属性。

创建文档“设置属性文档”,以此文档为例,介绍动态更改实例属性的方法。

(1) 新建 ActionScript 3.0 文档,命名为“设置属性文档”,保存到工作目录。

(2) 将“图层 1”更名为“图片”。

(3) 新建“影片剪辑”类型元件,命名为“大象”。将大象图片(素材\图片\PNG\P_大象.png)导入到元件编辑窗口,图片缩小到 30%,并将图片的中心对齐舞台中心“+”,作为元件的注册点。

(4) 返回到场景。将元件“大象”拖动到图层“图片”的第 1 帧,将实例命名为 my_mc。

(5) 创建新图层,命名为“按钮”。执行菜单“窗口”→“公用库”→Button 命令,打开“外部库”面板。在 classic Buttons→circle Buttons 类别中,将按钮 circle button - next 和 circle button - previous 拖动到该图层的第 1 帧。两个按钮(左右)实例名分别命名为 btn_next 和 btn_pre,如图 12-38 所示。

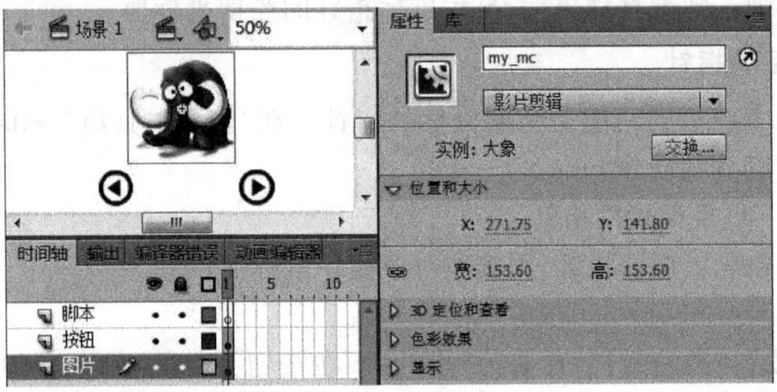

图 12-38 场景的布局

(6) 创建新图层,命名为“脚本”。

(7) 保存文档后关闭文档。

【例 12-13】 单击按钮更改实例的属性。

动画情景:单击按钮,改变舞台中实例的属性。

(1) 交互改变实例的透明度。

① 打开文档“设置属性文档”,另存为“更改透明度”。

② 选择图层“脚本”第 1 帧,打开“动作”面板,输入如下脚本:

```
btn_next.addEventListener(MouseEvent.CLICK,FunNext);
btn_pre.addEventListener(MouseEvent.CLICK,FunPre);
function FunNext(E:MouseEvent):void
{   //减小透明度,alpha 值为 1 时,完全不透明。
    my_mc.alpha=my_mc.alpha+0.1;
}
function FunPre(E:MouseEvent):void
{   //增加透明度,alpha 值为 0 时,完全透明。
    my_mc.alpha=my_mc.alpha-0.1;
}
```

③ 测试动画。单击左侧按钮，图片的透明度增大；单击右侧按钮，图片透明度减小。

(2) 交互改变实例的大小。

① 打开文档“设置属性文档”，另存为“更改大小”。

② 选择图层“脚本”第 1 帧，打开“动作”面板，输入如下脚本：

```
btn_next.addEventListener(MouseEvent.CLICK,FunNext);
btn_pre.addEventListener(MouseEvent.CLICK,FunPre);
function FunNext(E:MouseEvent):void
{
    my_mc.scaleX=my_mc.scaleX*1.2;        //横向放大 1.2 倍
    my_mc.scaleY=my_mc.scaleY*1.2;        //纵向放大 1.2 倍
}
function FunPre(E:MouseEvent):void
{
    my_mc.scaleX=my_mc.scaleX*0.8;        //横向缩小 0.8 倍
    my_mc.scaleY=my_mc.scaleY*0.8;        //纵向缩小 0.8 倍
}
```

③ 测试动画。单击左侧按键，图片逐渐缩小；单击右侧按钮，图片逐渐放大。

(3) 交互改变实例的位置。

① 打开文档“设置属性文档”，另存为“更改位置”。

② 选择图层“脚本”第 1 帧，打开“动作”面板，输入如下脚本：

```
btn_next.addEventListener(MouseEvent.CLICK,FunNext);
btn_pre.addEventListener(MouseEvent.CLICK,FunPre);
function FunNext(E:MouseEvent):void
{
    my_mc.x=my_mc.x+10;        //向右移动 10 像素，要知道舞台上的坐标系就不难理解
}
function FunPre(E:MouseEvent):void
{
    my_mc.x=my_mc.x-10;        //向左移动 10 像素
}
```

③ 测试动画。单击左侧按钮，图片逐渐地向左移动；单击右侧按钮，图片逐渐向右移动。

12.5.2 控制属性的更改

交互更改舞台中实例的属性时，有时希望在指定的范围内变化，属性变化太大可能失去意义。

【例 12-14】 限制实例属性的更改范围。

动画情景：单击按钮时，在指定范围内缩放或移动实例。

(1) 限制实例无限制的缩放。

用交互方式缩放实例时，放大或缩小到一定大小，再缩放没有意义。因此，当缩放到指定的宽度或高度时，需要停止缩放。

① 打开文档“设置属性文档”，另存为“限制缩放”。

② 选择图层“脚本”第 1 帧，打开“动作”面板，输入如下脚本：

```
btn_next.addEventListener(MouseEvent.CLICK,FunNext);
btn_pre.addEventListener(MouseEvent.CLICK,FunPre);
function FunNext(E:MouseEvent):void
{
    if(my_mc.width<=450)
    {  //实例的宽小于等于 450 像素时
        my_mc.scaleX=my_mc.scaleX*1.2;        //横向放大 1.2 倍
        my_mc.scaleY=my_mc.scaleY*1.2;        //纵向放大 1.2 倍
    }
}
function FunPre(E:MouseEvent):void
{
    if(my_mc.width>=50)
    {  //实例的宽大于等于 50 像素时
        my_mc.scaleX=my_mc.scaleX*0.8;        //横向缩小 0.8 倍
        my_mc.scaleY=my_mc.scaleY*0.8;        //纵向缩小 0.8 倍
    }
}
```

③ 保存文档，测试动画。单击左侧按钮，图片逐渐缩小，缩小到指定的宽度(50 像素)停止缩小；单击右侧按钮，图片逐渐放大，放大到指定的宽度(450 像素)停止放大。

简单选择语句的格式为：

```
if(条件)
{
    功能语句块
}
```

功能：如果条件成立，则执行功能语句块。

(2) 限制图片移动超出指定的区域。

用交互方式移动实例时，向左或向右移动到舞台边，再移动没有意义。因此，当移动到指定的左或右边界时，需要停止移动。

提示：*在场景舞台中，元件实例是以注册点“+”的坐标定位的。*

① 打开文档“设置属性文档”，另存为“限制移动”。

② 选择图层“脚本”第 1 帧，打开“动作”面板，输入如下脚本：

```
btn_next.addEventListener(MouseEvent.CLICK,FunNext);
btn_pre.addEventListener(MouseEvent.CLICK,FunPre);
function FunNext(E:MouseEvent):void
```

```
{
    if(my_mc.x<550)
    { //x=550 是舞台的右边界
        my_mc.x=my_mc.x+10;          //向右移动 10 像素
    }
}
function FunPre(E:MouseEvent):void
{
    if(my_mc.x>0)
    { //x=0 是舞台的左边界
        my_mc.x=my_mc.x-10;        //向左移动 10 像素
    }
}
```

③ 测试动画。单击左侧按钮，图片逐渐向左移动，移动到指定的位置（x≤0）停止移动；单击右侧按钮，图片逐渐向右移动，移动到指定的位置（x≥550）停止移动。

（3）连续作用的按钮制作。

上面的操作中，每单击一次按钮可以改变一次实例的属性。连续作用的按钮的作用是，当鼠标指向按钮时，自动改变实例的属性，直到鼠标离开按钮。

【例 12-15】 连续作用的按钮。

动画情景：鼠标指向按钮时，叉车不断地缩小或放大。

（1）打开文档"设置属性文档"，另存为"连续动作的按钮"。

（2）在舞台中，删除两个按钮。在时间轴中，删除图层"脚本"。

（3）创建"影片剪辑"类型元件，命名为"向右"，并打开元件编辑窗口。从元件"库"选择按钮元件 circle button - next 拖动到"图层 1"的第 1 帧，按钮中心对齐舞台中心。在第 2 帧插入关键帧，如图 12-39 所示。

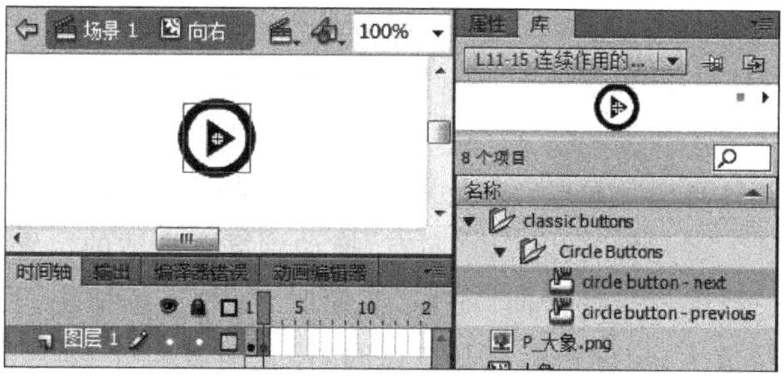

图 12-39 元件"向右"编辑窗口

（4）在元件"向右"编辑窗口，将第 1 帧中的按钮实例命名为 btn_next；第 2 帧中的按钮实例命名为 btn_next1。

创建新图层，命名为"脚本"，选择该图层的第 1 帧，打开"动作"面板，输入如下脚本：

```
btn_next.addEventListener(MouseEvent.MOUSE_OVER,FunNext);
function FunNext(E:MouseEvent):void
```

```
{
    Object(root).my_mc.scaleX=Object(root).my_mc.scaleX*1.1;
    Object(root).my_mc.scaleY=Object(root).my_mc.scaleY*1.1;
}
```

提示：Object(root)表示场景。Object(root). my_mc 是场景中的实例 my_mc。

鼠标指向按钮时，场景中的实例 my_mc 放大 1.1 倍。

在"动作"面板的"脚本工具栏"，单击"插入目标路径"按钮，打开对话框，选择实例名，并选择"绝对"，也可以将场景中的实例名添加到脚本，如图 12-40 所示。

图 12-40 "插入目标路径"对话框

(5) 同样的方法，创建"影片剪辑"类型元件"向左"，在元件的第 1 帧拖动按钮 circle button-previous，在第 2 帧插入关键帧，并分别命名实例名为 btn_pre 和 btn_pre1。

创建新图层，命名为"脚本"，选择该图层的第 1 帧，打开"动作"面板，输入如下脚本：

```
btn_pre.addEventListener(MouseEvent.MOUSE_OVER,FunPre);
function FunPre(E:MouseEvent):void
{
    Object(root).my_mc.scaleX=Object(root).my_mc.scaleX * 0.9;
    Object(root).my_mc.scaleY=Object(root).my_mc.scaleY * 0.9;
}
```

提示：当鼠标指针指向按钮时，场景中的实例 my_mc 缩小到 0.9 倍。

(6) 返回到场景。将元件"向左"和"向右"拖动到舞台合适的位置。

(7) 测试动画。当鼠标指针指向"向左"按钮时，图片连续缩小；当鼠标指针指向"向右"按钮时，图片连续放大；鼠标指针离开按钮时，停止缩放。

提示：播放动画时，场景中的"向左"和"向右"两个动画剪辑实例也在播放。当鼠标指针指向其中一个实例时，该动画剪辑中的两个帧交替播放。因此，鼠标对第 1 帧中的按钮是滑入和滑出操作。相当于鼠标指针指向按钮，再将鼠标指针移出按钮。

在元件"向左"和"向右"编辑窗口中，第 2 帧中的按钮实例也要命名实例名。

移动或放大实例时，可以利用遮罩层，使超过指定范围的部分不显示。

(8) 在场景中，图层"图片"(缩放对象所在的图层)上方创建新图层，命名为"遮罩"。在第 1 帧绘制一个矩形，大小为希望看到显示效果的区域，如图 12-41 所示。

(9) 在图层“遮罩”上方创建新图层，命名为“边框”，在该图层绘制图层“遮罩”第 1 帧中矩形大小的边框。

提示：复制图层“遮罩”第 1 帧，在图层“边框”第 1 帧粘贴。用“墨水瓶工具”添加边框色后，选择并清除填充色。

(10) 将图层“遮罩”转换为“遮罩层”，如图 12-42 所示。

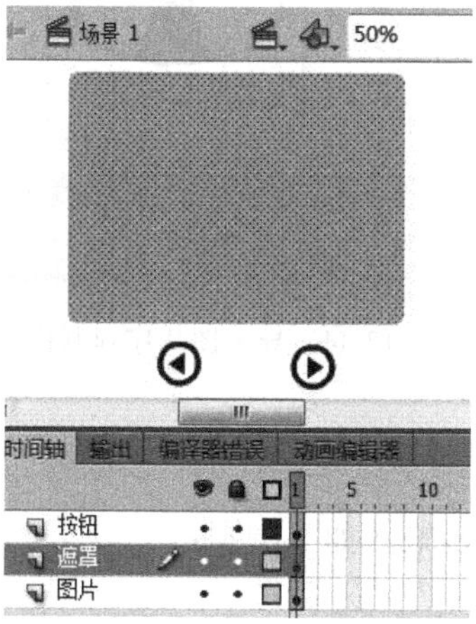

图 12-41　添加遮罩层

图 12-42　完成的场景

(11) 测试动画。效果如图 12-43 所示。

图 12-43　测试动画效果

12.5.3　控制逐帧动画的播放

创建文档“逐帧动画文档”，以此文档为例，介绍下面案例的制作方法。

(1) 新建 ActionScript 3.0 文档，保存为“逐帧动画文档”。

(2) 新建“影片剪辑”类型元件，命名为“逐帧动画”，并导入图片序列(图片文件名连续)。这里导入"素材\图片\图片序列\1.jpg～20.jpg",如图12-44所示。

提示:导入时,选择第1个图片文件(1.jpg),可以导入所有文件名连续的图片序列。

(3) 返回到场景。将元件"逐帧动画"拖动到"图层1"的第1帧,并将该元件的实例命名为ani_mc。

(4) 创建新图层,命名为"脚本"。

(5) 保存文档,测试动画。可以看到播放逐帧动画。关闭文档。

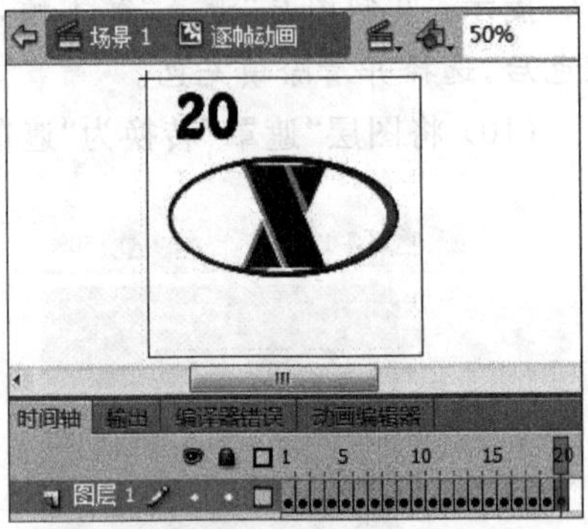

图12-44 导入图片序列制作逐帧动画

1. 移入移出鼠标控制逐帧动画的播放

【例12-16】 移入移出鼠标控制逐帧动画的播放。

动画情景:将鼠标指针指向播放的动画时,停止动画;鼠标指针离开时,继续播放动画。

(1) 打开文档"逐帧动画文档",另存为"控制逐帧动画"。

(2) 选择图层"脚本"的第1帧,打开"动作"面板,输入如下脚本:

```
import flash.events.MouseEvent;
ani_mc.addEventListener(MouseEvent.MOUSE_OUT,playFrame);  //鼠标滑入影片剪辑
ani_mc.addEventListener(MouseEvent.MOUSE_OVER,stopFrame); //鼠标离开影片剪辑
function playFrame(E:MouseEvent):void
{
    ani_mc.play();            //播放实例 ani_mc
}
function stopFrame(E:MouseEvent):void
{
    ani_mc.stop();            //停止播放实例 ani_mc
}
```

(3) 测试动画。当鼠标指针移入播放的动画时,停止播放动画;移出时,继续播放动画。

2. 单击按钮浏览逐帧动画的帧

【例12-17】 单击按钮浏览逐帧动画的各画面。

动画情景:分别单击两个按钮(上一帧和下一帧),浏览逐帧动画的各帧。

(1) 打开文档"逐帧动画文档",另存为"浏览逐帧动画"。

(2) 在场景,创建新图层,命名为"按钮"。从"公用库"中选择两个按钮拖动到该图层第1帧,分别命名实例为btn_next和btn_pre,分别表示"向右"和"向左"。

(3) 选择图层"脚本"的第1帧,打开"动作"面板,输入如下脚本:

```
btn_next.addEventListener(MouseEvent.CLICK,NextFrame);
btn_pre.addEventListener(MouseEvent.CLICK,PrevFrame);
ani_mc.stop();            //停止播放实例 ani_mc
```

```
import flash.events.MouseEvent;
function NextFrame(E:MouseEvent):void
{
    ani_mc.nextFrame();     //ani_mc 播放到下一帧
}
function PrevFrame(E:MouseEvent):void
{
    ani_mc.prevFrame();     //ani_mc 播放到前一帧
}
```

(4) 测试动画。单击“向右”按钮时，逐帧动画播放下一幅图片；单击“向左”按钮时，逐帧动画播放前一幅图片，如图 12-45 所示。

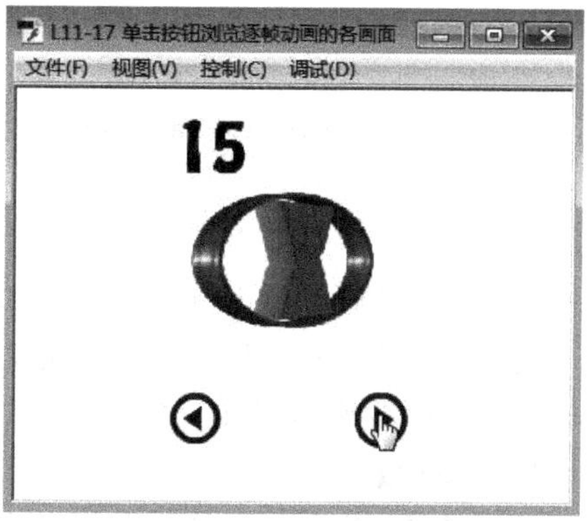

图 12-45　测试动画

提示：函数 prevFrame()和 nextFrame()表示指定实例的前一帧和后一帧。在“动作工具箱”→flash.display→MovieClip→“方法”类别中，可以找到 prevFrame 和 nextFrame。

3. 循环浏览逐帧动画的帧

在例 12-17 中，单击“向右”按钮时，如果逐帧动画播放到最后一幅图片(第 20 帧)，则不能继续浏览图片；单击“向左”按钮时，如果逐帧动画播放到第一幅图片(第 1 帧)，也不能继续浏览图片。

【例 12-18】 循环浏览逐帧动画的各画面。

动画情景：单击两个按钮(上一帧和下一帧)，浏览逐帧动画的各帧。如果到了最后一幅图片，单击“向右”按钮，则浏览第一幅图片；如果到了第一幅图片，单击“向左”按钮，则浏览最后一幅图片。

(1) 打开文档“逐帧动画文档”，另存为“循环浏览逐帧动画”。

(2) 在场景中创建新图层，命名为“按钮”。从“公用库”中选择两个按钮拖动到该图层第 1 帧，分别命名实例为 btn_next 和 btn_pre，分别表示“向右”和“向左”。

(3) 选择图层“脚本”的第 1 帧，打开“动作”面板，输入如下脚本：

```
import flash.events.MouseEvent;
ani_mc.stop();                  //停止 ani_mc 的播放,是 stop()方法常用的一种方法
btn_next.addEventListener(MouseEvent.CLICK,NextFrame);
btn_pre.addEventListener(MouseEvent.CLICK,PrevFrame);
function NextFrame(E:MouseEvent):void
{
    if(ani_mc.currentFrame==20)
    { //如果 ani_mc 的当前帧是第 20 帧
        ani_mc.gotoAndStop(1); //跳转到第 1 帧并停止在第 1 帧
    }
```

```
    else
    { //否则(如果 ani_mc 的当前帧不是第 20 帧)
        ani_mc.nextFrame();          //ani_mc 播放到下一帧
    }
}
function PrevFrame(E:MouseEvent):void
{
    if(ani_mc.currentFrame==1)
    { //如果 ani_mc 的当前帧是第 1 帧
        ani_mc.gotoAndStop(20);     //跳转到第 20 帧
    }
    else
    {
        ani_mc.prevFrame();          //ani_mc 播放到前一帧
    }
}
```

(4) 测试动画。单击"向右"按钮和"向左"按钮时,可以循环浏览逐帧动画的帧。

提示:属性 currentFrame 表示指定实例的当前帧,在"脚本工具箱"→flash. display→MovieClip→"属性"类中。

【例 12-19】 用鼠标控制影片剪辑实例中的动画播放。

动画情景:当鼠标指针指向舞台中的图片时,播放动画;鼠标指针离开图片时,停止播放动画。

(1) 新建 ActionScript 3.0 文档。"图层 1"更名为"动画"。

(2) 新建两个"影片剪辑"类型元件,分别命名为"动画 1"和"动画 2"。分别在元件中制作动画片段。

(3) 返回到场景。将元件"动画 1"和"动画 2"分别拖动到图层"动画"的第 1 帧,并将两个实例分别命名为 dh1_mc 和 dh2_mc。

(4) 创建新图层,命名为"脚本"。选择第 1 帧,打开"动作"面板,输入如下脚本:

```
import flash.events.MouseEvent;
dh1_mc.stop();
dh2_mc.stop();
dh1_mc.addEventListener(MouseEvent.MOUSE_OVER,dh1_in);  //鼠标在 dh1_mc 上
dh1_mc.addEventListener(MouseEvent.MOUSE_OUT,dh1_out);  //鼠标离开 dh1_mc
dh2_mc.addEventListener(MouseEvent.MOUSE_OVER,dh2_in);  //鼠标在 dh2_mc 上
dh2_mc.addEventListener(MouseEvent.MOUSE_OUT,dh2_out);  //鼠标离开 dh2_mc
function dh1_in(E:MouseEvent)
{
    dh1_mc.play();          //播放实例 dh1_mc
}
function dh1_out(E:MouseEvent)
{
```

```
    dh1_mc.stop();            //停止播放实例 dh1_mc
}
function dh2_in(E:MouseEvent)
{
    dh2_mc.play();            //播放实例 dh2_mc
}
function dh2_out(E:MouseEvent)
{
    dh2_mc.stop();            //停止播放实例 dh2_mc
}
```

(5) 测试动画。当鼠标指针指向两个图片之一时，播放动画；鼠标指针离开时，停止播放动画。

12.5.4　载入外部文件

1. 载入外部文本文件

在 flash.net 包中的 URLLoader 类可以载入文本文件或二进制文件数据。

【例 12-20】 载入外部文本文件。

动画情景：播放动画时，显示文本文件的内容。

(1) 新建 ActionScript 3.0 文档，将文档保存到工作目录中，获取文档路径。

(2) 在场景中将"图层 1"更名为"文本框"，用"文本工具"在第 1 帧创建"TLF 文本"的文本框，命名文本框实例名为 txt，如图 12-46 所示。

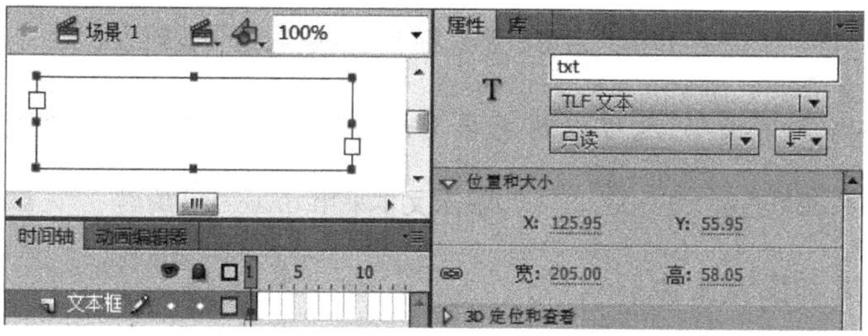

图 12-46　绘制文本框，命名实例名

(3) 创建新图层，命名为"脚本"。选择第 1 帧，打开"动作"面板，输入如下脚本：

```
var req:URLRequest=new URLRequest("test.txt");
    //创建读取文件的(URLRequest 类)对象 req,指定加载地址 URL
var myLoader:URLLoader= new URLLoader();
    //创建加载文件的(URLLoader 类)对象 myLoader,调用 load 加载文本、二进制等数据
myLoader.addEventListener(Event.COMPLETE,show);
    //侦听加载完成进程,COMPLETE 加载完成;
myLoader.load(req);             //load 从指定的 URL 加载数据;
function show(E:Event)
{
```

```
    txt.text=E.target.data;
    //加载操作接收的数据,E.target.data:侦听对象的文本文件数据
}
//System.useCodePage=true;            //显示文本采用 Unicode 编码
```

(4) 在工作目录中,以 test.txt 为文件名,编码为 Unicode 保存文本文件。文本内容为"测试 Flash 动画中加载外部文本文件"。

(5) 测试动画。显示加载的文本文件内容,如图 12-47 所示。

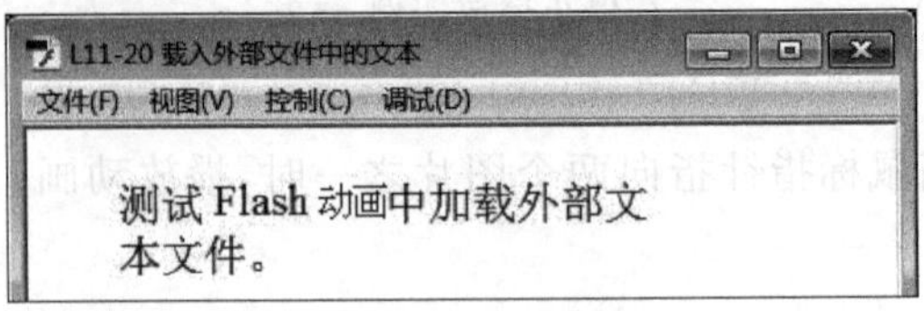

图 12-47 测试动画

提示:用 Windows 的"记事本"保存文本文件时,默认的编码为 ANSI。该编码的文本加载到 Flash 动画时,中文会显示乱码。因此编码要选择 Unicode,如图 12-48 所示。

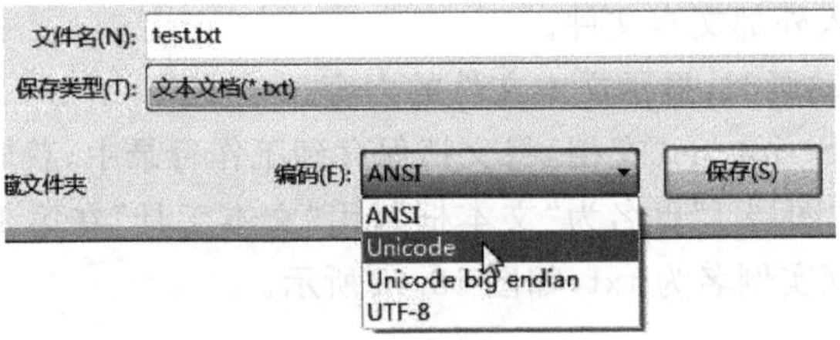

图 12-48 用记事本保存文本文件时选择编码

在脚本中添加如下代码,也可以解决非 Unicode 编码文本显示乱码的问题。

```
System.useCodePage=true;        //显示文本采用 Unicode 编码
```

2. 载入 SWF 和图像文件

在 fl.display 包中的 ProLoader 类可以将 SWF 影片、图像文件载入到影片中。

【例 12-21】 在影片中载入外部图像。

动画情景:有两个按钮,单击左侧的按钮载入图片;单击右侧的按钮卸载图片。

(1) 在工作目录中,新建文件夹 pic。其中复制一张图片,命名为 pic1.jpg。

(2) 新建 ActionScript 3.0 文档,命名为"载入图像"保存到工作目录。

(3) 在场景中将"图层 1"更名为"按钮"。从"公用库"中选择两个按钮拖动到该图层第 1 帧,分别命名实例为 btn_load 和 btn_unload,分别表示"载入"和"卸载"。

提示:这里在 classic buttons→Ovals 类别中选择两个按钮。

(4) 创建新图层,命名为"脚本"。选择第 1 帧,打开"动作"面板,输入如下脚本:

```
import fl.display.ProLoader;        //导入 ProLoader 类
var myLoader:ProLoader=new ProLoader();
```

```
var req:URLRequest=new URLRequest("pic/pic1.jpg");
myLoader.load(req);
btn_load.addEventListener(MouseEvent.CLICK,myLoad);
btn_unload.addEventListener(MouseEvent.CLICK,myUnload);
function myLoad(E:MouseEvent):void
{
    addChild(myLoader);
    myLoader.x=75;              //指定载入图像左上角的 x 坐标
    myLoader.y=70;              //指定载入图像左上角的 y 坐标
    myLoader.width=400;         //指定载入图像的宽
    myLoader.height=300;        //指定载入图像的高
}
function myUnload(E:MouseEvent):void
{
    //myLoader.unloadAndStop();   //卸载图片(或 swf),移除内部的事件侦听,关闭流
    removeChild(myLoader);  //只是从显示列表中移除,看不到而已,内部的事件依旧运行
}
```

(5) 测试动画,保存文件。

提示:此例中的方法也可以用于加载 swf 影片。

在 flash.display 包中的 Loader 类也能加载 swf 影片或图片,但不提倡使用。

【例 12-22】 随机加载 jpg 格式图片。

动画情景:有两个按钮,单击左侧的按钮随机载入图片;单击右侧的按钮卸载图片。

(1) 在工作目录下,新建文件夹 pic。其中复制五张 jpg 图片,分别命名为 pic1.jpg、pic2.jpg、pic3.jpg、pic4.jpg、pic5.jpg。

(2) 打开例 12-21 中的文档,命名为"随机载入图像"保存在工作目录。

(3) 选择图层"脚本"的第 1 帧,打开"动作"面板,删除原来的脚本,输入如下脚本:

```
import fl.display.ProLoader;
var myLoader:ProLoader=new ProLoader();
var t:Number=Math.floor(Math.random() * 5)+1;
//var t:Number=int(Math.random() * 5)+1;
var req:URLRequest=new URLRequest("pic/pic"+t+".jpg");
myLoader.load(req);
btn_load.addEventListener(MouseEvent.CLICK,myLoad);
btn_unload.addEventListener(MouseEvent.CLICK,myUnload);
function myLoad(E:MouseEvent):void
{
    addChild(myLoader);
    myLoader.x=75;              //指定载入图像左上角的 x 坐标
    myLoader.y=70;              //指定载入图像左上角的 y 坐标
    myLoader.width=400;         //指定载入图像的宽
    myLoader.height=300;        //指定载入图像的高
}
```

```
function myUnload(E:MouseEvent):void
{
    //myLoader.unloadAndStop(); //卸载 swf(或图片)以及内部的事件侦听移除,关闭流;
    removeChild(myLoader);  //只是从显示列表中移除,看不到而已,内部的事件依旧运行
    var t:Number=int(Math.random() * 5)+1;    //卸载后准备下一张图片
    var req:URLRequest=new URLRequest("pic/pic"+t+".jpg");
    myLoader.load(req);
}
```

(4) 测试动画。

提示:随机函数 Math.random()生成 0≤n<1 范围内的随机数 n。要生成指定范围内的整数,可用 Math.floor(Math.random() * (max－min＋1))＋min)生成 nim 与 max 之间的随机整数。其中 max 和 min 分别为最大值和最小值。Math.floor()为取整函数,函数值为不超过参数的最大整数。例如 Math.floor (Math.random() * 5)＋1 生成 1～5 之间的整数。取整函数也可以使用 int,例如 int(Math.random() * 5)＋1。

"pic/pic"＋t＋".jpg"生成 pic/pic1.jpg～pic/pic4.jpg 之间的一个文件名。

3. 载入外部声音文件

在 flash.media 包中的 Sound 类可以用于播放外部声音文件。

【例 12-23】 在影片中载入播放外部 MP3 文件。

动画情景:有三个按钮,单击其中的两个按钮时,可以播放不同的音乐;单击第 3 个按时,停止播放音乐。

(1) 在工作目录中,新建文件夹 music。其中复制两个声音文件(素材\音乐\红雪莲.mp3和丁香花.mp3)。

(2) 新建 ActionScript 3.0 文档,命名为"载入外部声音文件"保存到工作目录。

(3) 在场景中将"图层 1"更名为"按钮"。从"公用库"中选择三个按钮拖动到该图层第 1 帧,分别命名实例为 btn_1、btn_2 和 btn_stop,分别表示"播放声音 1"、"播放声音 2"和"停止播放"。

提示:这里在 classic buttons→Ovals 文件夹中选择三个按钮。

(4) 创建新图层,命名为"脚本"。选择第 1 帧,打开"动作"面板,输入如下脚本:

```
var mySound1:Sound=new Sound();
var req1:URLRequest=new URLRequest("music/红雪莲.mp3");
mySound1.load(req1);
var mySound2:Sound=new Sound();
var req2:URLRequest=new URLRequest("music/丁香花.mp3");
mySound2.load(req2);
btn_1.addEventListener(MouseEvent.CLICK,playSound1);
btn_2.addEventListener(MouseEvent.CLICK,playSound2);
btn_stop.addEventListener(MouseEvent.CLICK,stopSound);
function playSound1(E:MouseEvent)
{
```

```
    SoundMixer.stopAll();
    mySound1.play();
}
function playSound2(E:MouseEvent)
{
    SoundMixer.stopAll();
    mySound2.play();
}
function stopSound(E:MouseEvent)
{
    SoundMixer.stopAll();
}
```

(5) 测试动画。

4. 载入外部视频文件

在 flash.media 包中的 Video 类可以用于播放外部视频(flv、mp4、mov 等)文件。

【例 12-24】 载入外部视频文件。

动画情景：播放动画时，影片中的视频自动播放；单击“停止”按钮，停止视频播放并返回视频开头；单击“播放”按钮从头开始重新播放视频；单击“暂停”按钮暂停视频播放，再单击“播放”按钮，从暂停处继续播放。

(1) 在工作目录中，新建文件夹 movie。其中复制一个视频文件(素材\视频\地中海(FLV).flv)。

(2) 新建 ActionScript 3.0 文档，命名为“载入外部视频文件”保存到工作目录。

(3) 将“图层 1”更名为“按钮”。从“公用库”中选择三个按钮拖动到该图层第 1 帧舞台的下方，分别命名实例为 btn_play、btn_pause 和 btn_stop，分别表示“播放”“暂停”和“停止”。

提示：可以在 playback rounded 文件夹中选择三个按钮 rounded green play、rounded green pause 和 rounded green stop。

(4) 创建新图层，命名为“脚本”。选择第 1 帧，打开“动作”面板，输入如下脚本：

```
var nc:NetConnection=new NetConnection();
                                        //创建客户端和服务器之间双向连接对象 nc
nc.connect(null);                       //创建本地链接;
var ns:NetStream=new NetStream(nc);     //创建视频对象 ns,并和连接对象 nc 关联
ns.addEventListener(NetStatusEvent.NET_STATUS,netStatusHandler);
ns.addEventListener(AsyncErrorEvent.ASYNC_ERROR, asyncErrorHandler);
function netStatusHandler(event:NetStatusEvent):void
{  //视频流连接成功后的事件处理
}
function asyncErrorHandler(event:AsyncErrorEvent):void
{  //忽略错误
}
```

```
ns.play("movie/地中海(FLV).flv");        //加载并播放视频;
ns.pause();                               //暂停播放视频;
var vid:Video=new Video();                //创建视频显示对象
vid.attachNetStream(ns);                  //视频显示对象 vid 连接视频对象 ns;
addChild(vid);                            //视频显示对象 vid 添加到显示列表或舞台上
vid.x=(stage.stageWidth-vid.width)/2;
vid.y=(stage.stageHeight-vid.height)/2;
btn_play.addEventListener(MouseEvent.CLICK,funPlay);
btn_pause.addEventListener(MouseEvent.CLICK,funPause);
btn_stop.addEventListener(MouseEvent.CLICK,funStop);
function funPlay(E:MouseEvent):void
{
    ns.resume();                          //恢复播放暂停的视频流;
}
function funPause(event:MouseEvent):void
{
    ns.pause();                           //暂停播放视频流;
}
function funStop(event:MouseEvent):void
{
    ns.pause();
    ns.seek(0);                           //将播放头移动到视频流开始的位置
}
```

(5) 测试动画。

为了加载和播放视频，需要将视频文件的名称和位置传递给 Video 类对象。创建 NetConnection 类对象，并调用 connect()方法的对象，建立与视频文件的连接管道；创建 NetStream 类对象，并调用 play()方法，加载并播放视频文件；创建 Video 类对象，并调用 attachNetStream()方法，获得指定要显示的视频流。当 NetConnection 对象连接成功时，netStatus 事件(事件常量为 NetStatusEvent. NET_STATUS)返回一个 info 对象，该对象带有一个表示成功的 code 属性。建议连接后再调用 NetStream. play()。

NetConnection. connect(null)方法中，参数 null 表示从本地文件或 Web 服务器中播放视频和 MP3 文件。如果要连接到运行 Flash Remoting 的应用程序服务器(如 Flash Media Server 2)，需要将该参数设置为包含服务器上视频文件的应用程序的 URI。

12.5.5 导航到一个 URL

函数 navigateToURL()是 flash. net 包级方法，可以用默认的系统浏览器中打开 URL 窗口。

【例 12-25】 导航到一个 URL

动画情景：单击“关于我们”按钮打开指定的网页；单击“联系我们”按钮启动默认的邮件客户端。

(1) 新建 ActionScript 3.0 文档。

(2) 在场景中将“图层 1”更名为“按钮”。选择第 1 帧，执行菜单“窗口”→“组件”命令，打开“组件”窗口。在 User Interface 文件夹中，将组件 Button 拖动两次到舞台。选择按钮实例，打开“属性”面板。将实例分别命名 btn_web 和 btn_email。在按钮 btn_web 实例“组件参数”中的 label 文本框中输入“关于我们”，在按钮 btn_email 实例“组件参数”中的 label 文本框中输入“联系我们”，如图 12-49 所示。

图 12-49 命名按钮实例名和按钮标签

(3) 创建新图层，命名为“脚本”。选择第 1 帧，打开“动作”面板，输入如下脚本：

```
btn_web.addEventListener(MouseEvent.CLICK,fun_web);
btn_email.addEventListener(MouseEvent.CLICK,fun_email);
function fun_web(event:MouseEvent):void
{
    var url_web:URLRequest=
                new URLRequest("http://www.tup.tsinghua.edu.cn");
    navigateToURL(url_web);
}
function fun_email(event:MouseEvent):void
{
    var url_email:URLRequest=
                  new URLRequest("mailto:e-sale@ tup.tsinghua.edu.cn");
    navigateToURL(url_email);
}
```

(4) 为了发布后的影片能够正常启动浏览器，并打开指定的网址(URL)，打开“发布设置”对话框，选中“发布”选项组中的 Flash(.swf)选项，展开“高级”选项组，在“本地播放安全性”下拉列表框中，选择“只访问网络”。

(5) 测试动画。单击“关于我们”按钮启动默认浏览器打开网页；单击“联系我们”按钮启动默认的邮件客户程序。

12.6 fscommand 函数的应用

在 Flash 影片中，利用函数 fscommand()可以控制 Flash Player，还可以实现发送信息到服务器端。函数 fscommand()是 Flash 用来与外界沟通的桥梁。

提示：如果影片中使用了函数 fscommand，则只有发布后播放.swf 或.exe 文件时，才能看到效果。

fscommand 函数的格式(参数见表 12-1)如下：

```
fscommand(命令,参数);
```

表 12-1 fscommand 函数的参数

命令	参数	说明
quit	无	关闭播放器
fullscreen	true 或者 false	为 true 时全屏播放，为 false 时标准模式播放
allowscale	true 或者 false	为 true 时允许通过拉伸窗口缩放影片，为 false 时原始大小播放
showmenu	true 或者 false	为 true 时在播放器显示菜单，为 false 时将隐藏播放器菜单
exec	应用程序的路径	在放映文件内执行应用程序
trapallkeys	true 或者 false	为 true 时播放器屏蔽键盘输入，为 false 时显示键盘输入

提示：方法(函数)fscommand 在"脚本工具箱"→flash.system→"方法"类别中。

【例 12-26】 fscommand 函数的应用。

动画情景：以全屏方式播放动画，在画面有 4 个按钮，分别为"全屏"、"还原"、"记事本"和"关闭"。单击按钮时，影片有相应的动作。

(1) 新建 ActionScript 3.0 文档，舞台设置为 800×600 像素，白色背景。将文档保存到工作目录。

(2) 创建两个元件，分别命名为"背景"和"卡通"。在两个元件中分别导入图片(素材\图片\位图\风景_05.jpg、gif_01.gif)。

(3) 返回到场景。将"图层 1"更名为"背景"。将元件"背景"拖动到第 1 帧，并缩小为 800×600 像素，对齐舞台。在第 30 帧插入帧，锁定图层。

(4) 创建新图层，命名为"动画"。将元件"卡通"拖动到第 1 帧，并制作 30 帧的补间动画，锁定图层。这里是从左侧移动到右侧。

(5) 创建新图层，命名为"按钮"。在"公用库"中选择 4 个按钮，分别拖动到第 1 帧，并对齐、均匀分布，放在舞台下方。从左侧按钮开始分别命名实例名为 btn_1、btn_2、btn_3、btn_4，锁定图层。

提示：也可以一个按钮拖动 4 次得到 4 个按钮实例。

(6) 创建新图层，命名为"文本"。在第 1 帧，输入 4 个文本"全屏"、"还原"、"计算器"和"关闭"，并分别与 4 个按钮对齐。锁定图层，如图 12-50 所示。

(7) 创建新图层，命名为"脚本"。选择第 1 帧，打开"动作"面板，输入如下脚本：

```
import flash.events.MouseEvent;
fscommand("fullscreen","true");            //开始用全屏播放
btn_1.addEventListener(MouseEvent.CLICK,fullScreen);
btn_2.addEventListener(MouseEvent.CLICK,normalScreen);
btn_3.addEventListener(MouseEvent.CLICK,notepadExe);
```

图 12-50 场景中的按钮和文本

```
btn_4.addEventListener(MouseEvent.CLICK,quitWindow);
function fullScreen(E:MouseEvent):void
{
    fscommand("fullscreen","true");      //全屏播放
}
function normalScreen(E:MouseEvent):void
{
    fscommand("fullscreen","false");     //恢复原始大小播放
}
function notepadExe(E:MouseEvent):void
{
    fscommand("exec","calc.exe");        //调用计算器程序
}
function quitWindow(E:MouseEvent):void
{
    fscommand("quit");                   //退出影片播放
}
```

(8) 在图层“脚本”的第 30 帧插入空白关键帧，并输入脚本“gotoAndPlay(2);”。循环播放动画时，不改变当前的屏幕状态(全屏或默认舞台大小)。

(9) 在工作目录中，创建文件夹 fscommand，并将计算器程序 calc. exe(在系统“Windows”目录中)复制到 fscommand 文件夹内。

(10) 将影片发布为 Win 放映文件(. exe)。执行菜单“文件”→“发布设置”命令，打开“发布设置”对话框。在该对话框中，选中“其他格式”→“Win 放映文件”复选框，并在“输出文件”文本框中指定输出文件位置后，单击“发布”按钮发布，如图 12-51 所示。

(11) 测试动画。运行 windows 放映文件(. exe)播放动画后，全屏播放动画。单击每个按钮完成相应的功能。完成动画的时间轴如图 12-52 所示。

提示：使用命令“exec”时，要求将影片发布为“windows 放映文件(. exe)”，并且在放

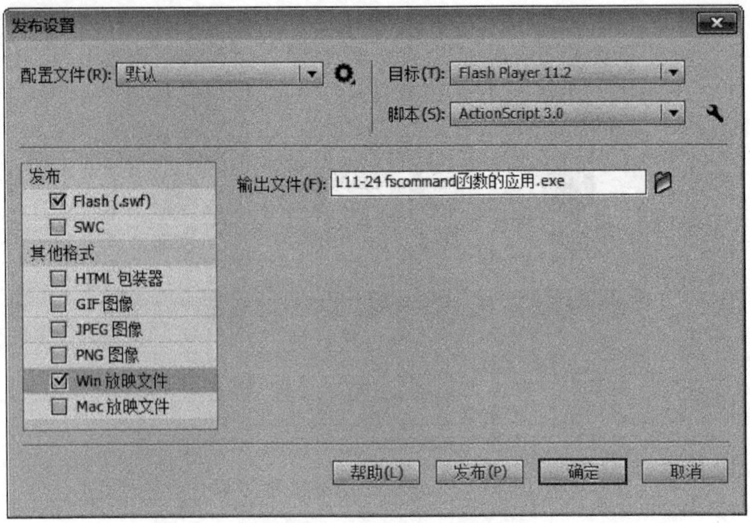

图 12-51 “发布设置”对话框

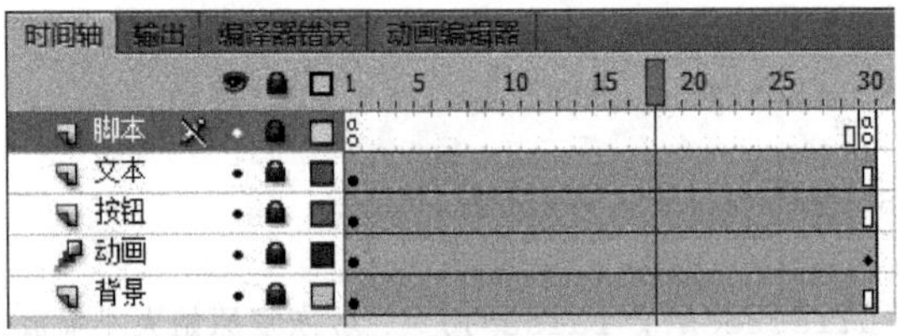

图 12-52 完成动画的时间轴

映文件所在的目录中创建文件夹 fscommand，并在该文件夹中存放要运行的外部程序。例如，将计算器程序 calc.exe 复制到 fscommand 文件夹内。

函数 fscommand 在 Web 页中多数已经无效，只能在 Flash Player 中起作用。

用“脚本助手”添加 fscommand 函数比较方便，如图 12-53 所示。

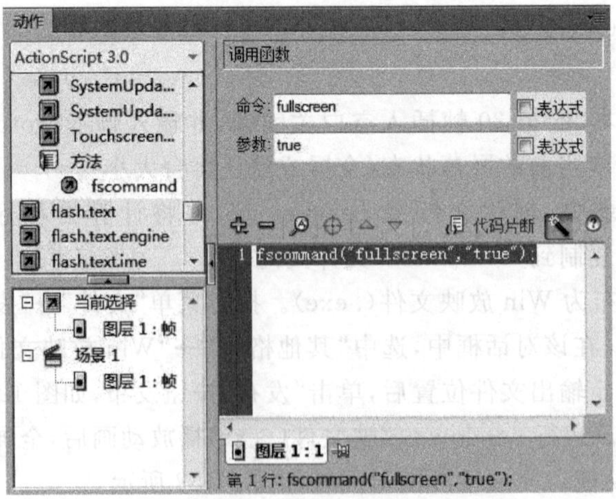

图 12-53 用“脚本助手”添加函数 fscommand

思 考 题

1. ActionScript 是什么？Flash 中的动作指的是什么？
2. 动作面板由哪儿部分组成？各部分的功能是什么？
3. Flash CS6 中 ActionScript 3.0 代码可以在哪儿添加？
4. 什么是帧事件、影片剪辑事件、鼠标事件和键盘事件？
5. 常用的鼠标事件有哪些？其功能是什么？
6. 如何利用动作脚本实现 Flash 动画的播放或停止播放？
7. 实例的常用属性有哪些？如何利用动作脚本动态设置实例的这些属性？
8. 如何实现动态连续地更新实例的属性？如何限制实例的属性在指定范围内更新？
9. 如何利用动作脚本实现影片全屏播放？如何实现还原窗口播放？
10. 如何实现关闭 Flash 动画的播放窗口？
11. 载入外部文本文档与载入图片或 SWF 文件内容所用的类有何不同？

操 作 题

1. 动画中一幅超过舞台宽度的长条图片(素材\图片\位图\雪景_08.JPG)。单击“向左”按钮时,图片向左移动;单击“向右”按钮时,图片向右移动,浏览图片。

提示:舞台设置为 800×600 像素;将图片按比例缩小为高 500 像素;用遮罩层,使动画画面有边框;按钮可以使用“公用库”→“Buttons”面板中的按钮。

2. 动画中一幅超过舞台宽度的长条图片(素材\图片\位图\雪景_08.JPG)。鼠标指针指向“向左”按钮时,图片向左移动;鼠标指针指向“向右”按钮时,图片向右移动,浏览图片。鼠标指针离开按钮时,停止移动图片。

提示:在第 1 题的基础上使用连续作用的按钮制作。

3. 制作一个简单动画。有三个按钮,分别为全屏按钮、恢复到原始窗口的按钮、退出动画的按钮。

提示:利用函数 fscommand 制作。

4. 制作一个动画。单击画面上的按钮时,出现其他动画画面;在这个画面上单击按钮时,返回到开始的画面。

第 13 章　动作脚本进阶

内容提要

本章介绍 ActionScript 3.0 脚本语言基础；基于 ActionScript 3.0 常用事件响应与处理机制；实现分支结构和循环结构的控制语句；自定义函数的方法；举例说明了常用函数的使用方法。

学习建议

首先掌握类的概念及创建对象的方法；掌握常用的语句格式及功能；掌握常用事件响应及操作方法，学会用事件、事件侦听、控制语句控制动画的方法。

13.1　脚本基础知识

13.1.1　类、包的概念

1. 概念

1) 包

包(package)实质上是一个文件夹，包(文件夹)内可以包含多级子包(子文件夹)。

例如，myLib 包下有一个 Tools 文件夹，则 Tools 文件夹就是 myLib 的子包，引用格式为 myLib. Tools。

2) 类

类(class)是一个单独的 as 文件，是用来描述一个对象的。Adobe 建议每个类就是一个单独的文件，文件名就是类名。例如 car. as 就是一个 car 类。

例如，myLib 包下有一个 car 类，引用 car 类的格式为 myLib. car。

如果类 fly. as 在 Tools 包(文件夹)下，则引用格式为 myLib. Tools. fly。

2. 创建方法

1) 包

包的实质是文件夹，所以直接在 *. fla 文件所在的目录创建以包命名的文件夹即可。例如，新建文件夹命名为 myLib，可以创建一个名为 myLib 的包。

2) 子包

如果要在 myLib 包内分类管理 as 文件，可以继续建立子包，即建立子文件夹。例如，在 myLib 文件夹内新建文件夹命名为 Tools，可以在 myLib 包内创建一个子包 Tools。

3）类

类文件可单独创建，也可以创建在包内。例如，创建一个 car. as 文件，可以创建一个描述汽车（car）的类。

3. 用法

1）包

如果包 myLib 中包含了一个或多个类文件（*. as），则在 fla 文件中必须先导入（import）包，才可以使用包。

提示：包的位置必须和 *. fla 文件在同一个文件夹内，否则，编译器将提示错误信息"1172：找不到定义×××"。

导入包的格式为：

```
import myLib.*;
```

导入子包格式为：

```
import myLib.Tools.*;
```

2）类

要使用类，必须先导入包含该类包或类。例如，在 myLib 包内有两个类，分别为 car. as 和 jeep. as。

(1) 直接导入包，可以使用包内的类（如 car. as 类和 jeep. as 类）。导入格式为：

```
import myLib.*;
```

(2) 直接导入类（如 car. as 类）。导入格式为：

```
import myLib.car;
```

(3) 直接导入子包内的类（如 Tools 子包内的 fly. as 类）。导入格式为：

```
import myLib.Tools.fly;
```

(4) 使用不在任何包下类（如 bike. as 类）。引用格式为：

```
include "bike.as";       //类文件 bike.as 与 fla 文件在同一个目录中
```

或

```
inclide "d:/bike.as";  //类文件 bike.as 在 D 盘根目录中
```

提示：搞清楚包和类的关系后，就可以灵活地把 as 代码写在 *. fla 文件外部。

13.1.2 创建对象

在 ActionSctipt 3.0 中处理的一切数据都是由类生成的对象，对象有时也称为类的实例，由类生成实例的过程称为实例化。在元件"库"中创建"影片剪辑"类型的元件，将元件拖动到舞台创建元件的实例，这个过程是元件的实例化。创建元件就是创建一种类或类型，元件的实例就是类或类型的对象。

ActonScript 3.0 中用运算符 new 来创建类的对象，也称对类实例进行实例化。

new 的语法格式如下：

```
var 对象:Object=new Object([参数表]);
```

Object：类名称。类可以是系统内置的，也可以是用户自定义的(如元件的“类”)。

例如，

```
var mySound1:Sound=new Sound();                //创建 Sound 类的对象 mySound
var req:URLRequest=new URLRequest("test.swf");     //创建 URLRequest 类对象 req
var myText:TextField=new TextField();    //创建文本框对象(实例)myText
```

13.1.3 处理对象

创建对象后，对象具有了类的所有方法、事件和属性。

1. 属性

属性是描述对象状态特征的量。使用点“.”运算符可以访问对象的属性值。

使用格式如下：

```
对象(或实例).属性                    //读取属性值
对象(或实例).属性=数值或表达式;       //设置属性值
对象(或实例)["属性"]                 //用数组运算符[]访问属性值或设置属性值
```

2. 方法

对象的方法表明对象具有的行为或具有的能力。也可以通过点“.”运算符来调用对象的方法。

具体格式如下：

```
对象(或实例)名称.方法名称;          //这是一个语句形式
```

例如：

```
mc.gotoAndPlay(10);          //实例 mc 调用其 gotoAndPlay()方法，跳转到第 10 帧
```

3. 事件

事件在程序设计中的含义和在日常生活中的含义很相似。例如，在 Flash 影片中移动鼠标、单击鼠标、按下键盘上的某个键都会产生事件。发生一个事件时，调用指定的函数，执行函数内部的代码就是这个事件发生后执行的代码(程序段)。

13.1.4 类的应用

ActionScript 3.0 将包中的类，以文件的形式存储在类文件.as 中。可以用三种方式

利用类文件制作动画。

1. 与元件关联的类

把类文件中的类与元件关联起来，称为元件的类。在“元件属性”对话框中，为元件命名“类”名称和“基类”名称后，可以用 var 关键字和 new 运算符生成元件类的实例。

【例 13-1】 用元件类创建元件的实例。

动画情景：用脚本动态添加元件的实例。

(1) 新建 ActionScript 3.0 文档。

(2) 新建“影片剪辑”类型元件，命名为 Balles。在元件中绘制直径为 60 像素的球。

(3) 在“库”面板中，选择元件 Balles，打开“元件属性”对话框。在该对话框中，选中“为 ActionScript 导出”和“在第 1 帧中导出”两个复选框，在“类”文本框中输入类名称，在“基类”文本框中输入基类名称。这里保留默认名称，如图 13-1 所示。单击“确定”按钮，关闭对话框。

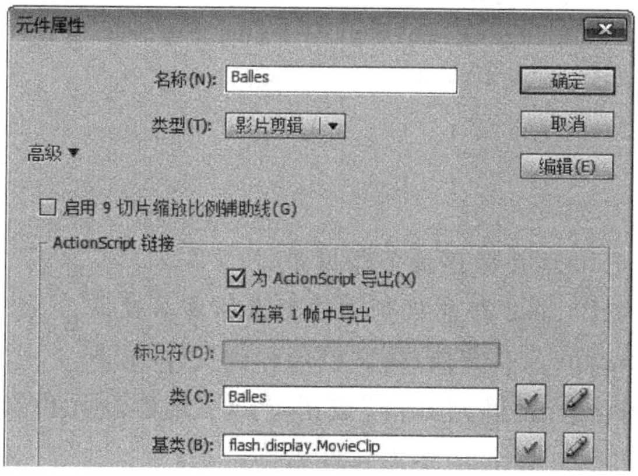

图 13-1 设置元件的类

(4) 返回到场景，选择“图层 1”的第 1 帧，打开“动作”面板，输入如下脚本：

```
var Ball: Balles=new Balles();  //创建名称为 Ball 的实例
addChild(Ball);                  //将实例添加到显示列表,即舞台上
Ball.x=Math.random() * stage.stageWidth;  //在舞台宽度内随机设置 Ball 的 x 坐标
Ball.y=Math.random() * stage.stageHeight; //在舞台高度内随机设置 Ball 的 y 坐标
```

(5) 保存文档。命名为“用元件类创建元件的实例”保存到工作目录。

(6) 测试动画。在舞台随机位置显示一个球。

【例 13-2】 元件类实例添加拖动功能。

动画情景：播放动画时，可以用鼠标拖动球。

(1) 执行菜单“文件”→“新建”→“常规”→“ActionScript 文件”命令，打开“脚本”窗口，输入如下脚本：

```
package     //创建包,包中有一个类 Balles2 和构造函数 Balles2,两个方法 Drg 和 Sdrg
{
```

```
    import flash.display.MovieClip;          //导入影片剪辑类
    import flash.events2.MouseEvent;         //导入鼠标事件类
    public class Balles2 extends MovieClip   //创建类并继承于 MovieClip 类
    {
        public function Balles2()            //构造函数名称 Balles2,与类名称相同
        {
            this.buttonMode=true;            //设置影片剪辑实例对象的按键模式为真
            this.addEventListener(MouseEvent.MOUSE_DOWN,star_Drg);
            this.addEventListener(MouseEvent.MOUSE_UP,stop_Drg);
        }
        function star_star_Drg(e:MouseEvent):void      //定义类中的方法 Drg()
        {
            e.target.startDrag(false);
        }
        function stop_Drg(e:MouseEvent):void           //定义类中的方法 SDrg()
        {
            e.target.stopDrag();
        }
    }
}
```

命名为 Balles2(*.as),并保存到工作目录。

提示:*类文件名称 Balles2 与包代码中的类名称要一致。*

(2) 新建 ActionScript 3.0 文档,将文档保存到工作目录。

(3) 在"库"面板中,单击"新建元件"按钮,打开"创建新元件"对话框。在该对话框中,在"名称"文本框中输入 Balles2 作为元件名称。

单击"高级"按钮,展开高级选项,选中"为 ActionScript 导出"和"在第 1 帧中导出"两个复选框,在"类"文本框和"基类"文本框保留默认名称,如图 13-2 所示。

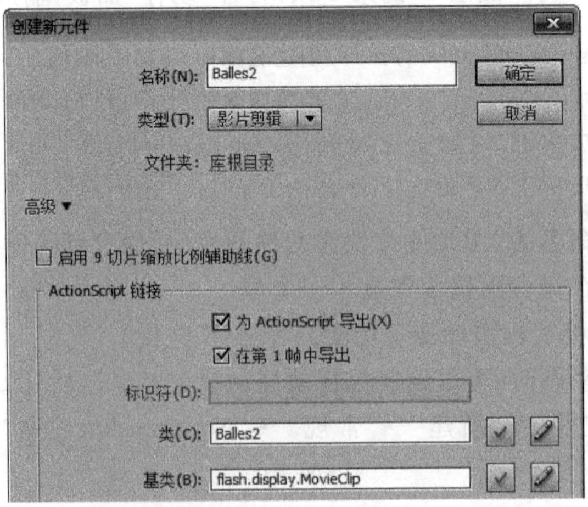

图 13-2 命名元件和指定类名称

提示：“类”文本框中默认添加元件名称，也是我们创建的类文件的名称 Balles2。如果创建的类文件名称不同，则要输入新的类文件名称。

“基类”文本框中保留默认名称。

单击“类”名称右侧的“验证类定义”按钮，可以验证找到与元件关联的类文件，如图 13-3 所示。

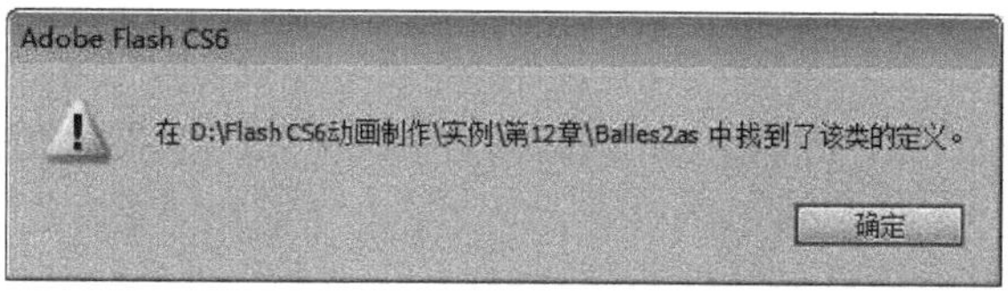

图 13-3　验证类定义对话框

(4) 单击“确定”按钮，关闭对话框。在打开的元件 Balles2 编辑窗口中，绘制直径为 60 像素的球。

(5) 返回到场景。选择“图层 1”的第 1 帧，打开“动作”面板，输入如下脚本：

```
var Ball: Balles2=new Balles2();  //创建名称为 Ball 的实例
addChild(Ball);                   //将实例添加到显示列表,即舞台上
Ball.x=Math.random() * stage.stageWidth;
Ball.y=Math.random() * stage.stageHeight;
```

(6) 保存文档。

(7) 测试动画。按下鼠标左键拖动小球，释放鼠标左键停止拖动小球。

提示：可以在“元件属性”对话框或者“创建新元件”对话框中命名“类”名称来创建元件类。

在“库”面板中，双击元件的“AS 链接”栏，输入名称，也可以创建该元件的元件类，如图 13-4 所示。

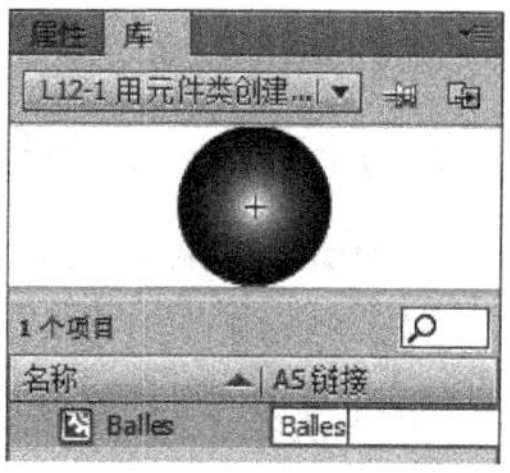

图 13-4　命名“AS 链接”

2. 与文档关联的类

创建要与 Flash 文档关联的类文件后，在文档“属性”面板的“发布”选项“类”文本框中，输入要关联到文档的类文件名称，并保存文档到与类文件同一目录中，可创建与文档关联的类，称为文档类。

【例 13-3】 用文档类实现拖动影片剪辑实例。

动画情景：可以用鼠标拖动动画窗口中的每一个影片剪辑实例对象。

(1) 创建类文件。执行菜单“文件”→“新建”→“常规”→“ActionScript 文件”命令，打开“脚本”窗口，输入如下脚本：

```
package
{
    import flash.display.MovieClip;          //导入影片剪辑类
    import flash.events.MouseEvent;          //导入鼠标事件类
```

```
    public class Balles3 extends MovieClip          //创建类并继承于 MovieClip 类
    {
        public function Balles3()          //构造函数名称 Balles3,与类名称相同
        {
            this.buttonMode=true;          //设置影片剪辑实例对象的按钮模式为真
            this.addEventListener(MouseEvent.MOUSE_DOWN,star_Drg);
            this.addEventListener(MouseEvent.MOUSE_UP,stop_Drg);
        }
        function star_Drg(e:MouseEvent):void          //类中的方法 Drg()
        {
            e.target.startDrag(false);
        }
        function stop_Drg(e:MouseEvent):void          //类中的方法 SDrg()
        {
            e.target.stopDrag();
        }
    }
}
```

命名为 Balles3(*.as),并保存到工作目录。

(2) 打开例 13-1 中的文档,命名为"拖动影片剪辑实例"保存到工作目录。

(3) 打开文档"属性"面板,在"发布"选项的"类"文本框中,输入类名称 Balles3。

(4) 保存文档,测试动画。用鼠标可以拖动小球。

(5) 创建"影片剪辑"类型的元件,并将元件拖动到舞台。这里元件中导入轿车图片。

(6) 测试动画。新添加的实例也能用鼠标拖动。

3. 用 import 语句导入类

用 import 语句可以导入类文件中定义的类和包,用于当前脚本。

【例 13-4】 用类的方法添加实例。

动画情景:播放动画时,可以用鼠标拖动动画窗口中的每一个小球对象。

(1) 执行菜单"文件"→"新建"→"常规"→"ActionScript 文件"命令,打开"脚本"窗口,输入如下脚本:

```
package
{
    import flash.display.MovieClip;
    import flash.events.MouseEvent;
    public class Balles4 extends MovieClip
    {
        public function Balles4()
        {
            this.buttonMode=true;
            this.addEventListener(MouseEvent.MOUSE_DOWN,Drg);
            this.addEventListener(MouseEvent.MOUSE_UP,SDrg);
```

```
        }
        private function Drg(e:MouseEvent):void
        {
            e.target.startDrag(false);
        }
        private function SDrg(e:MouseEvent):void
        {
            e.target.stopDrag();
        }
        public function copyBall():void         //类的方法 copyBall()
        {
            for(var i:uint=0; i<9; i++)
            {
                var Ball:Balles=new Balles;     //创建元件类实例
                addChild(Ball);                 //将实例添加到显示列表,即舞台上
                Ball.x=Math.random() * stage.stageWidth;
                Ball.y=Math.random() * stage.stageHeight;
                Ball.scaleX=Ball.scaleY=Math.random() * 0.6+0.4;
                Ball.alpha=Math.random() * 0.9+0.1;
            }
        }
    }
}
```

命名为 Balles4(＊.as),并保存到工作目录。

(2) 打开例 13-1 中的文档,命名为"用类的方法添加实例"保存到工作目录。

(3) 选择"图层 1"的第 1 帧,打开"动作"面板,修改脚本如下:

```
import Balles4;              //导入外部自定义类
var Ball:Balles4=new Balles4();
addChild(Ball);
Ball.copyBall();             //调用类方法 copyBall()
```

(4) 测试动画。显示大小不等、透明度不同的九个球,每个球都可用鼠标拖动。

13.1.5 脚本程序的构成

脚本程序是由若干条 ActionScript 语言语句(或命令)构成的,能够完成一定功能的命令集合。计算机运行程序就是执行程序中的命令,每条语句完成一定的功能(如计算数据或处理数据),程序运行结束给出结果。

下面用一个简短的代码片段,了解 ActionScript 程序的结构。先不考虑这段代码的功能,只对其进行解剖,了解其语法结构。

```
btn.addEventListener(MouseEvent.CLICK,Fun);     //单击按钮 btn 时,调用函数 Fun
function Fun(E:MouseEvent):void
```

```
{
    var angle:Number=90;              //定义数值(Number)变量,变量名为 angle
    myClip_mc.rotation=angle;         //设置 myClip_mc.rotation 的属性值,旋转 90
    myClip_mc.gotoAndPlay(50);        //myClip_mc 中的动画跳转到第 50 帧并播放
}
```

1. 变量

变量名可以由字母、数字、下画线或美元符号组成，但第一个字符必须是字母、下画线(_)或美元符号($)。

变量主要用于存储实数(Number)、整数(int)、无符号整数(uint)、字符串(String)、布尔型(Boolean)或对象型(如影片剪辑)等数值。

变量的定义格式为：

```
var 变量名:数据类型;
```

或

```
var 变量名:数据类型=值;
```

例如，

```
var angle:Number;
```

或

```
var angle:Number=90;
```

用关键字 var 定义了一个存储数值型数据的变量 angle，并赋初始值 90。

Flash 在给变量赋值时，可以自动确定变量的数据类型。因此定义变量时，也可以不指定变量的数据类型。例如：

```
var angle;
```

或

```
angle=90;           //定义变量 angle,并赋初值 90
```

2. 语句

ActionScript 程序中每个完整的语句是以分号“;”结束，执行某项特定的操作。在一行可以写一个语句或多个语句。例如：

```
var angle:Number=90;
```

定义一个名为 angle 的变量，其类型为 Number(数值型)，设置其初值为 90。语句“myClip_mc. gotoAndPlay(50);”的作用是影片剪辑 myClip_mc 中的动画跳转到第 50 帧并播放动画。

3. 运算符

常见的运算符有算术运算符(+、-、*、/、%、++、--)、关系运算符(!=、<、

<=、==、>、>=)、逻辑运算符(&&、||、!)、赋值运算符(=、+=、-=、*=、/=、%=)。

4. 关键字

关键字是 ActionScript 专用的，用户在命名自定义的变量、函数等元素的名称时，要避免使用关键字。例如，function、var 是一个关键字，因此不能将变量或函数命名为 on。

5. 点“.”

在脚本中，点“.”用得非常频繁，初学者不好理解。它有两个作用：

第一个作用是用来指定对象的位置(路径)。例如，

```
flash.events.MouseEvent
```

表示 flash.events 类包中的 MouseEvent 类。也可以理解为 flash 中有 events，而 events 中有 MouseEvent。这时，把这个点理解为“中的”，表示包含的层次关系。

第二个作用是访问对象属性、调用对象方法。例如，使影片剪辑 myClip._mc 旋转 90 度，可以使用语句：

```
myClip_mc.rotation=angle;        //设置影片剪辑的 rotaion 属性
```

播放动画剪辑 myClip_mc，可以使用语句：

```
myClip_mc.play();                //调用 play()方法，播放 myClip_mc 中的动画
```

6. 注释

ActionScript 中可以使用注释，这些注释仅仅供开发者做一些注记，并不当作程序产生动作。一行的注释用“//”开头，多行注释以“/*”开头，以“*/”结束。

13.2 处理事件

ActionScript 3.0 引入了单一事件处理机制。处理事件有三大要素：即事件的对象(发送者)、函数(接收者)和事件(动作)。事件的对象负责发送事件，函数负责接收事件。处理事件的过程就是事件的对象调用 addEventListener()函数，把这三者联系起来。这个过程称为发送者注册事件侦听器。这样当发生事件时，事件就可以被函数收到。

1. 事件侦听器(自定义函数)对象的基本结构

```
function 函数名称(事件对象:事件类型):void
{
    //此处是为响应事件而执行的动作
}
触发事件的对象.addEventListener(事件类型.事件名称, 函数名称);
```

(1) 触发事件的对象：发生事件的对象，也被称为事件目标或事件侦听对象。例如，舞台、实例或按钮等可视对象。

(2) 事件名称：事件名称也叫事件常量，由事件对象类型和事件对象属性值组成。例如，MouseEvent. CLICK、MouseEvent. DOUBLE_CLICK。

(3) 函数名称：发生事件要执行的函数，也被称为事件响应对象或事件侦听器对象。在处理事件时必须定义函数，用 addEventListener()方法把定义的函数(事件侦听器对象)注册到事件侦听对象名下。

(4) 定义一个函数，指定在响应事件时将要执行的动作。

定义函数时须定义一个参数，这个参数实际上是事件类的实例，它的数据类型是相关的事件对象类型名。

例如：

```
function eventResponse(eventObject:EventType):void
{
    //此处是为响应事件而执行的动作
}
eventTarget.addEventListener(EventType.EVENT_NAME,eventResponse);
```

在该对象 eventTarget 发生事件 EventType. EVENT_NAME 时，执行函数 eventResponse。

提示：函数是以引用作为事件的接收者，因此编写函数时要注意代码的顺序。有时要求函数定义代码写在前面。

2. 注销事件的格式

不再需要事件时，可用 removeEventListener()方法注销在事件对象的事件侦听器。格式为：

```
事件对象.removeEventListener(事件名,函数名);
```

提示：函数 addEventListener()和 removeEventListener()是 flash. events→EventDispatcher 类的方法。

13.2.1 鼠标事件

在 ActionScript 3.0 中，使用 MouseEvent 类来管理鼠标事件。在使用过程中，无论是按钮还是影片事件，统一使用 addEventListener 注册鼠标事件。若在类中定义鼠标事件，则需要先引入(import)flash. events. MouseEvent 类。

MouseEvent 类定义了 10 种常见的鼠标事件。

(1) MouseEvent. CLICK：鼠标单击目标对象时触发事件。

(2) MouseEvent. MOUSE_DOWN：鼠标在目标对象上按下左键时触发事件。只有按下鼠标左键时才会触发，右键和滚轮都不会触发。在目标对象外按下鼠标左键，再移动到目标对象上时，也不会触发。

(3) MouseEvent. MOUSE_UP：鼠标在目标对象上释放左键时触发事件。只有释放鼠标左键时才会触发，右键和滚轮都不会触发。在目标对象上按下鼠标左键，再移动到目标对象外释放时，不会触发。但在目标对象外按下鼠标左键，再移动到目标对象上释放时，就会触发。

（4）MouseEvent.MOUSE_OVER：鼠标移动到目标对象上时触发事件。

（5）MouseEvent.MOUSE_MOVE：鼠标在目标对象上移动时触发事件。

（6）MouseEvent.MOUSE_OUT：鼠标移动到目标对象外时触发事件。

（7）MouseEvent.MOUSE_WHEEL：鼠标在目标对象上转动滚轮时触发事件。

（8）MouseEvent.DOUBLE_CLICK：鼠标双击目标对象时触发事件。

（9）MouseEvent.ROLL_OUT：鼠标从目标对象上移出时触发事件。

（10）MouseEvent.ROLL_OVER：鼠标移到目标对象上时触发事件。

【例 13-5】 测试鼠标在按钮上的状态。

动画情景：鼠标在按钮上操作时，显示鼠标的状态。

（1）新建 ActionScript 3.0 文档。

（2）将“图层 1”更名为“文本框”。用“文本工具”在第 1 帧绘制“TLF 文本”引擎的文本框，命名文本框实例为 my_txt。

（3）新建图层，命名为“按钮”。打开按钮“公用库”，在 buttons bar 文件夹中将按钮 bar blue 拖动到第 1 帧，命名按钮实例为 btn，如图 13-5 所示。

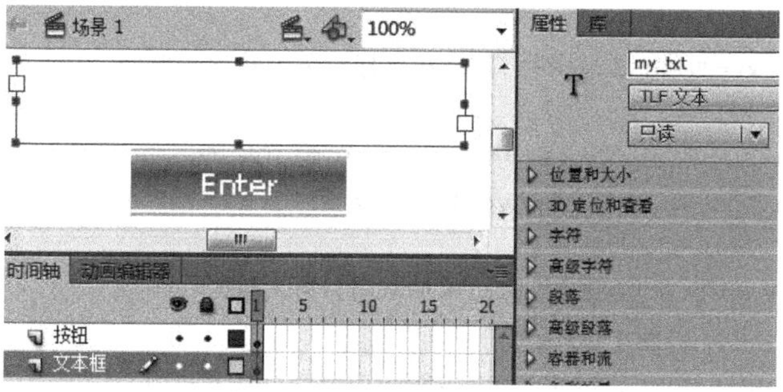

图 13-5 命名文本框和按钮实例名

（4）新建图层，命名为“脚本”。选择第 1 帧，打开“动作”面板，输入如下脚本：

```
btn.addEventListener(MouseEvent.CLICK,fun_Click);
function fun_Click(E:MouseEvent):void
{
    my_txt.text="CLICK:单击鼠标";
}
btn.addEventListener(MouseEvent.MOUSE_DOWN,fun_Down);
function fun_Down(E:MouseEvent):void
{
    my_txt.text="MOUSE_DOWN:按下鼠标左键";
}
btn.addEventListener(MouseEvent.MOUSE_UP,fun_Up);
function fun_Up(E:MouseEvent):void
{
```

```
    my_txt.text="MOUSE_UP:释放鼠标左键";
}
btn.addEventListener(MouseEvent.MOUSE_OVER,fun_Over);
function fun_Over(E:MouseEvent):void
{
    my_txt.text="MOUSE_OVER:鼠标移动到目标对象上";
}
btn.addEventListener(MouseEvent.MOUSE_OUT,fun_Out);
function fun_Out(E:MouseEvent):void
{
    my_txt.text="MOUSE_OUT:鼠标移动到目标对象外";
}
btn.addEventListener(MouseEvent.MOUSE_MOVE,fun_Move);
function fun_Move(E:MouseEvent):void
{
    my_txt.text="MOUSE_MOVE:鼠标在目标对象上移动";
}
btn.addEventListener(MouseEvent.MOUSE_WHEEL,fun_Wheel);
function fun_Wheel(E:MouseEvent):void
{
    my_txt.text="MOUSE_WHEEL:鼠标在目标对象上转动滚轮";
}
btn.addEventListener(MouseEvent.DOUBLE_CLICK,fun_Double);
function fun_Double(E:MouseEvent):void
{
    my_txt.text=".DOUBLE_CLICK:鼠标双击目标对象";
}
btn.addEventListener(MouseEvent.ROLL_OUT,fun_Rout);
function fun_Rout(E:MouseEvent):void
{
    my_txt.text="ROLL_OUT:鼠标从目标对象上移出";
}
btn.addEventListener(MouseEvent.ROLL_OVER,fun_Rover);
function fun_Rover(E:MouseEvent):void
{
    my_txt.text="ROLL_OVER:鼠标移到目标对象上";
}
```

提示：因为有些鼠标操作状态是叠加的，部分信息不能正常显示。可以将部分代码标注为注释观察鼠标的操作状态。

语句“my_txt.text="×××";”的功能是将字符串输出到指定的文本框 my_txt。

(5) 测试动画。随着不同的鼠标动作，可以看到相应的信息，如图 13-6 所示。

图 13-6 测试鼠标事件

【例 13-6】 利用鼠标动作移动舞台中的实例。

动画情景：对鼠标做按下、释放、移入、移出动作时，移动舞台中的图片。

(1) 新建 ActionScript 3.0 文档。

(2) 新建"影片剪辑"类型元件，命名为"图片"。在元件中导入图片(素材\图片\PNG\P_轿车.png)。

(3) 将"图层 1"更名为"图片"，从元件"库"拖动元件"图片"到第 1 帧，并命名实例为 my_mc，如图 13-7 所示。

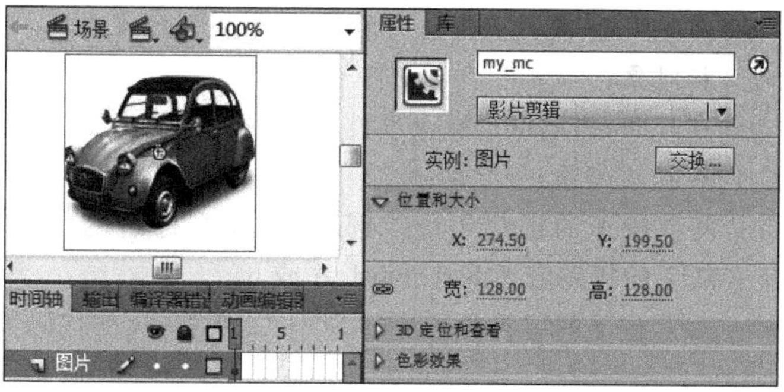

图 13-7　命名实例名

(4) 新建图层，命名为"脚本"。选择第 1 帧，打开"动作"面板，输入如下脚本：

```
my_mc.addEventListener(MouseEvent.MOUSE_DOWN,fun_Left);
function fun_Left(E:MouseEvent):void
{
    x-=10;  //x=x-10;
}
my_mc.addEventListener(MouseEvent.MOUSE_UP,fun_Up);
function fun_Up(E:MouseEvent):void
{
    y-=10;  //y=y-10;
}
my_mc.addEventListener(MouseEvent.MOUSE_OVER,fun_Right);
function fun_Right(E:MouseEvent):void
{
    x+=10;  //x=x+10;
}
my_mc.addEventListener(MouseEvent.MOUSE_OUT,fun_Alow);
function fun_Alow(E:MouseEvent):void
{
    y+=10;  //y=y+10;
```

(5) 测试动画。按下鼠标时，轿车向左移动；释放鼠标时，轿车向上移动；移入鼠标指针时，轿车向右移动；移出鼠标指针时，轿车向下移动。

13.2.2 键盘事件

在 ActionScript 3.0 中使用 KeyboardEvent 类来管理键盘操作事件。若在类中定义键盘事件，则需要先引入(import)flash.events.KeyboardEvent 类。

KeyboardEvent 类中定义了两种类型的键盘事件。

(1) KeyboardEvent.KEY_DOWN：定义按下键盘时的事件。

(2) KeyboardEvent.KEY_UP：定义松开键盘时的事件。

提示：在使用键盘事件时，要先获得它的焦点，如果不想指定焦点，可以直接把 stage(舞台)作为侦听的目标对象。

利用键盘与动画交互时，需要借助键盘事件(KeyboardEvent)获取按键的内容，并利用 Keyboard 类属性值(按键常量)控制动画。

属性 keyCode：表示按下的键代码值。例如，向左光标键的代码值为 Keyboard.LEFT 或 37；字母 A 或 a 的代码值为 Keyboard.A 或 65。

属性 charCode：表示按下的字符代码值(ASCII)。例如，A 的代码为 65，a 的代码值为 97。

提示：keyCode 和 charCode 在 flash.events→KeyboardEvent 类"属性"中。

ActionScript 3.0 在 flash.ui→Keyboard 类"属性"中内置定义了一组按键常量，用于存储常用键的对应码。可以直接使用这些常量，而不必再查阅这些键的对应码。常用按键常量及对应码见表 13-1。

表 13-1 常用按键常量及对应码

按键常量	对应码	键名	按键常量	对应码	键名
Keyboard.BACKSPACE	8	Backspace 键	Key.INSERT	45	Insert 键
Keyboard.CAPSLOCK	20	Caps Lock 键	Keyboard.LEFT	37	左箭头键
Keyboard.CONTROL	17	Ctrl 键	Keyboard.PGDN	34	Page Down
Keyboard.DELETEKEY	46	Delete 键	Keyboard.PGUP	33	Page Up
Keyboard.DOWN	40	向下箭头键	Keyboard.RIGHT	39	右箭头键
Keyboard.END	35	End 键	Keyboard.SHIFT	16	Shift 键
Keyboard.ENTER	13	Enter 键	Keyboard.SPACE	32	空格键
Keyboard.ESCAPE	27	Escape 键	Keyboard.TAB	9	Tab 键
Keyboard.HOME	36	Home 键	Keyboard.UP	38	向上箭头键

提示：Keyboard.大写字母(如 Keyboard.A)，表示该字母(如 A 或 a)键的常量。

【例 13-7】 用四个方向键和 x、y、z 字母键控制实例移动和旋转。

动画情景：舞台中的实例，按下四个方向键时，按相应的方向移动；按下字母键 x、y、z 时，绕相应的轴旋转。

(1) 新建 ActionScript 3.0 文档。

(2) 新建“影片剪辑”类型的元件,命名为“图片”。在元件中导入图片(素材\图片\PNG\P_轿车.png)。

(3) 将“图层 1”更名为“图片”。从元件“库”拖动元件“图片”到第 1 帧,并命名实例为 my_mc。

(4) 新建图层,命名为“脚本”,选择第 1 帧,打开“动作”面板,输入如下脚本:

```
stage.addEventListener(KeyboardEvent.KEY_DOWN,myFun);
function myFun(E:KeyboardEvent):void
{
    if (E.keyCode==Keyboard.LEFT)
    {
        my_mc.x-=10;
    }
    if (E.keyCode==Keyboard.RIGHT)
    {
        my_mc.x+=10;
    }
    if (E.keyCode==Keyboard.UP)
    {
        my_mc.y-=10;
    }
    if (E.keyCode==Keyboard.DOWN)
    {
        my_mc.y+=10;
    }
    if (E.keyCode==Keyboard.X)
    {
        my_mc.rotationX+=10;
    }
    if (E.keyCode==Keyboard.Y)
    {
        my_mc.rotationY+=10;
    }
    if (E.keyCode==Keyboard.Z)
    {
        my_mc.rotationZ+=10;
    }
    if (E.keyCode==Keyboard.SPACE)
    {
        my_mc.rotation+=10;
    }
}
```

(5) 测试动画。按下方向键时,按相应的方向移动;按下字母键 x、y、z 时,分别绕 x、

y、z 轴旋转。

【例 13-8】 用键盘移动坦克，并控制开炮。

动画情景：用上下左右四个方向键调整坦克的方向，并移动坦克。按下空格键开炮。

(1) 新建 ActionScript 3.0 文档。

(2) 新建"影片剪辑"类型元件，命名为"坦克"，并绘制或导入一个坦克图片。将坦克体中心对齐舞台中心，如图 13-8 所示。

图 13-8 绘制坦克

(3) 新建"影片剪辑"类型元件，命名为"火"。在"图层 1"制作一个火焰动画。

制作方法如下：

① 在第 1 帧绘制红色的椭圆，左侧对齐舞台中心，如图 13-9 所示。

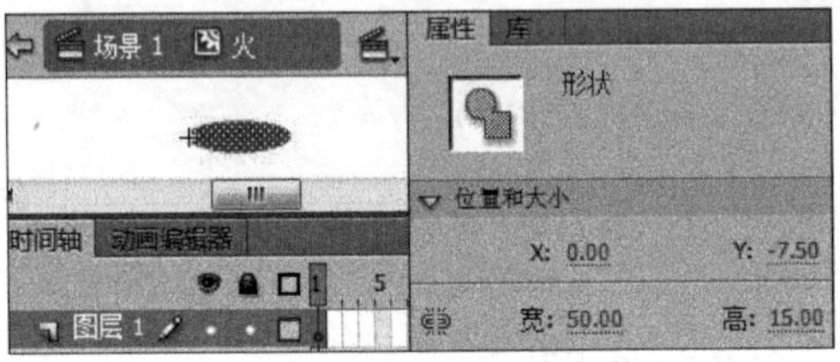

图 13-9 在第 1 帧绘制火焰

② 分别在第 3 帧和第 5 帧插入关键帧。选择第 3 帧，将椭圆缩小 50%，左侧对齐舞台中心，如图 13-10 所示。分别创建"形状补间"动画。

(4) 在元件"库"面板中，双击打开元件"坦克"的编辑窗口。创建新图层，命名为"火"。将元件"火"拖动到该图层的第 1 帧，调整坦克炮口右侧上下对齐，并命名实例为 fire，如图 13-11 所示。

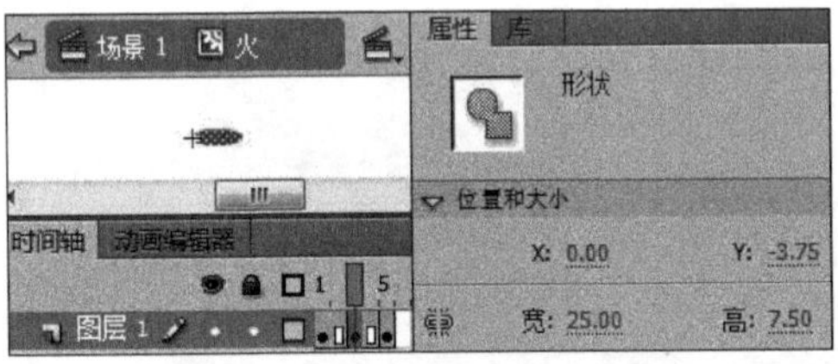

图 13-10 缩小第 3 帧中的火焰

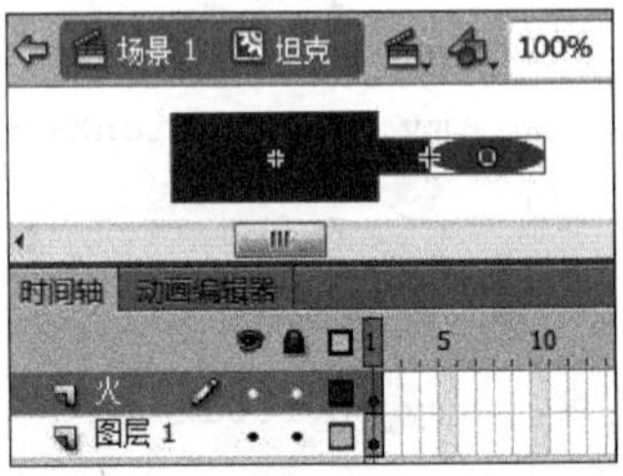

图 13-11 元件"坦克"添加实例

(5) 返回到场景，将"图层 1"更名为"坦克"。将元件"坦克"拖动到该图层的第 1 帧，并命名实例名为 tanK。

(6) 新建图层，命名为"脚本"。选择第 1 帧，打开"动作"面板，输入如下脚本：

```
tanK.fire.visible=false;
stage.addEventListener(KeyboardEvent.KEY_DOWN,tankMove);
stage.addEventListener(KeyboardEvent.KEY_UP,fireStop);
function tankMove(E:KeyboardEvent):void
{
```

```
    if (E.keyCode==Keyboard.LEFT)
    {
        tanK.x-=5;
        if (tanK.x<100)
        {
            tanK.x=100;
        }
        tanK.rotation=180;
    }
    if (E.keyCode==Keyboard.UP)
    {
        tanK.y-=5;
        if (tanK.y<100)
        {
            tanK.y=100;
        }
        tanK.rotation=-90;
    }
    if (E.keyCode==Keyboard.RIGHT)
    {
        tanK.x+=5;
        if (tanK.x> 450)
        {
            tanK.x=450;
        }
        tanK.rotation=0;
    }
    if (E.keyCode==Keyboard.DOWN)
    {
        tanK.y+=5;
        if (tanK.y> 300)
        {
            tanK.y=300;
        }
        tanK.rotation=90;
    }
    if (E.keyCode==Keyboard.SPACE)
    {
        tanK.fire.visible=true;
        tanK.fire.play();
    }
}
function fireStop(E:KeyboardEvent):void
{
```

```
    tanK.fire.visible=false;
    tanK.fire.stop();
}
```

(7) 测试动画。按上下左右方向键可调整坦克方向，并移动坦克，按下空格键开火。

测试动画时发现，同时按下方向键和空格键时，不能同时起作用。用下面的脚本可以解决此问题。

```
import flash.events.KeyboardEvent;
tanK.fire.stop();
tanK.fire.visible=false;
var key:Dictionary=new Dictionary();     //创建属性的动态集合
stage.addEventListener(KeyboardEvent.KEY_DOWN,KeyDown);
stage.addEventListener(KeyboardEvent.KEY_UP,KeyUp);
stage.addEventListener(Event.ENTER_FRAME,tankMove);
function KeyDown(E:KeyboardEvent):void
{
    key[E.keyCode]=true;                 //获得按下的键值,该键有效
}
function KeyUp(E:KeyboardEvent):void
{
    delete key[E.keyCode];               //删除释放的键,该键无效
    tanK.fire.stop();
    tanK.fire.visible=false;
}
function tankMove(E:Event):void
{
    if(key[Keyboard.LEFT])
    {
        tanK.x-=5;
        if(tanK.x<100)
        {
            tanK.x=100;
        }
        tanK.rotation=180;
    }
    if(key[Keyboard.UP])
    {
        tanK.y-=5;
        if(tanK.y<100)
        {
            tanK.y=100;
        }
        tanK.rotation=-90;
    }
```

```
    if(key[Keyboard.RIGHT])
    {
        tanK.x+=5;
        if(tanK.x>450)
        {
            tanK.x=450;
        }
        tanK.rotation=0;
    }
    if(key[Keyboard.DOWN])
    {
        tanK.y+=5;
        if(tanK.y>300)
        {
            tanK.y=300;
        }
        tanK.rotation=90;
    }
    if(key[Keyboard.SPACE])
    {
        tanK.fire.visible=true;
        tanK.fire.play();
    }
}
```

13.2.3 时间事件

在 ActionScript 3.0 中，使用 Timer 类来处理时间事件。而对 Timer 类调用的事件进行管理的是 TimerEvent 类。若在类中定义时间事件，则需要先引入(import) flash. utils. Timer 类和(import) flash. events. TimerEvent 类。

Timer 类建立的事件间隔，可能受到 SWF 文件的帧频和 Flash Player 的工作环境(比如计算机的内存的大小)的影响，会造成计算的不准确。

Timer 类中定义了两种事件。

(1) TimerEvent. TIMER：计时事件，按照设定的间隔触发事件。

(2) TimerEvent. TIMER_COMPLETE：计时结束事件，当计时结束时触发事件。

【例 13-9】 基于定时器制作动画。

动画情景：叉车在定时器控制下移动。

(1) 新建 ActionScript 3.0 文档。

(2) 新建"影片剪辑"类型的元件，命名为"图片"。在元件中导入图片(素材\图片\PNG\P_叉车. png)。

(3) 返回到场景，将"图层 1"更名为"图片"。将元件"库"中的元件"图片"拖动到第 1 帧，并命名实例名为 my_mc。

(4) 新建图层，命名为“按钮”。打开按钮“公用库”，在 playback flat 文件夹中，将按钮 flat grey play 和 flat grey stop 拖动到第 1 帧，分别命名实例名为 btn_play 和 btn_stop。

(5) 新建图层，命名“脚本”。选择第 1 帧，打开“动作”面板，输入如下脚本：

```
var myTimer:Timer=new Timer(20,90);      //创建 Timer 类的对象 myTimer
myTimer.addEventListener(TimerEvent.TIMER,ballMove);
myTimer.addEventListener(TimerEvent.TIMER_COMPLETE,ballStop);
myTimer.start();                          //启动计时器
function ballMove(E:TimerEvent):void
{
    my_mc.x+=5;
    E.updateAfterEvent();
}
function ballStop(E:TimerEvent):void
{
    trace("定时器结束定时");                //在输出面板显示信息
}
btn_stop.addEventListener(MouseEvent.CLICK,timerStop);
function timerStop(e:MouseEvent):void
{
    myTimer.stop();                       //stop 方法停止计时器计时
}
btn_star.addEventListener(MouseEvent.CLICK,timerReplay);
function timerReplay(e:MouseEvent):void
{
    myTimer.start();                      //start 方法启动计时器开始计时
}
```

(6) 测试动画。单击停止按钮时，调用定时器对象的方法 stop()停止动画；单击播放按钮时，调用定时器对象的方法 start()从停止处继续播放动画。

Timer()函数的格式如下：

```
Timer(delay:Number,repeatCount:int=0)
```

delay:Number：计时器事件间的延迟(以毫秒为单位)。建议 delay 不要低于 20 毫秒。计时器频率不得超过 60fps，这意味着低于 16.6 毫秒的延迟可导致出现运行时问题。

repeatCount:int(默认为 0)：指定重复次数，计时器运行指定的次数后停止。如果为 0，则计时器将持续不断重复运行，最长可运行 24.86 天(int.MAX_VALUE+1)。

功能：使用指定的 delay 和 repeatCount 状态构造新的 Timer 对象。计时器必须调用 start()方法来启动。

13.2.4　帧循环事件

帧循环 ENTER_FRAME 事件是 ActionScript 3.0 中动画编程的核心事件。该事件能够控制代码跟随 Flash 的帧频播放，在每次刷新屏幕时改变显示对象。使用该事件时，需要把该事件代码写入事件侦听函数中，然后在每次刷新屏幕时，都会调用 Event.ENTER_FRAME 事件，从而实现动画效果。

帧循环事件有两个。

(1) Enter. ENTER_FRAME：当播放头进入帧时触发事件。

(2) Enter. EXIT_FRAME：当播放头离开帧时触发事件。

【例 13-10】 基于帧事件制作动画。

动画情景：球在代码控制下从左向右运动。

(1) 新建 ActionScript 3.0 文档。

(2) 新建"影片剪辑"类型的元件，命名为"园"。在元件中绘制一个圆。

(3) 将"图层 1"更名为"图片"，从元件"库"拖动元件"图片"到第 1 帧，并命名实例名为 my_mc。

(4) 新建图层，命名"脚本"。选择第 1 帧，打开"动作"面板，输入如下脚本：

```
import flash.events.Event;
stage.frameRate=50;          //动态更改帧频
my_mc.addEventListener(Event.ENTER_FRAME,myFun);
function myFun(E:Event):void
{
    my_mc.x+=5;
    if (my_mc.x > =stage.stageWidth)
    {  //如果影片剪辑实例移动到舞台右边界，移除事件侦听
        my_mc.removeEventListener(Event.ENTER_FRAME,myFun);
    }
}
```

(5) 测试动画。当球移动到舞台右边界停止。

提示：当不需要 ENTER_FRAME 事件时，一定要用 removeEventListener()函数来删除 ENTER_FRAME 事件。

将 Event. ENTER_FRAME 换成 Event. EXIT_FRMAE 测试动画，可以了解 Event. EXIT_FRAME。

13.2.5　文本事件

在 ActionScript 3.0 中使用 TextEvent 类管理文本事件。例如，对文本字符的选择、输入、删除和更改等。

TextEvent 类有两种事件。

(1) TextEvent. LINK：单击超文本链接时触发事件。

(2) TextEvent. TEXT_INPUT：有文本输入时触发事件。

用 Event. CHANGE 事件处理文本的变化(输入或删除文本)时触发事件。

【例 13-11】 基于文本事件的网站导航。

动画情景：在动画画面中显示有下划线的超链接文本，单击打开链接网页。

(1) 新建 ActionScript 3.0 文档。

(2) 将"图层 1"更名为"文本"。在第 1 帧用"文本工具"创建"TLF 文本"文本框，并命名文本框实例名为 myText。

提示：为了能够在其他计算机显示预设的字体，选择字体"微软雅黑"后，单击"嵌入"按钮，打开"字体嵌入"对话框。在该对话框中，在"系列"中选择字体，在"字符范围"列表中选择要显示的字符。这里要显示的是简体中文，可以选择"简体中文-1 级"。

(3) 新建图层，命名为"脚本"。选择第 1 帧，打开"动作"面板，输入如下脚本：

```
import flash.events.TextEvent;
myText.htmlText="<a href='event:http://www.tup.tsinghua.edu.cn'>清华大学出
版社<a/>";
//用文本的 htmlText 属性使文本支持 html 文本格式
myText.addEventListener(TextEvent.LINK,fun_link);
//侦听文本链接事件;
function fun_link(E:TextEvent):void
{
    navigateToURL(new URLRequest(E.text), "_blank");
}
```

(4) 保存文档，测试动画效果。

提示：在"发布设置"对话框中，需要将"本地播放安全性"设置为"只访问网络"。

【例 13-12】 基于 TextEvent.TEXT_INPUT 事件文本输入响应。

动画情景：播放动画时，用户从输入文本框输入信息，在不同文本框显示同样内容。

(1) 新建 ActionScript 3.0 文档。

(2) 将"图层 1"更新为"文本"。在第 1 帧用"文本工具"创建三个"TLF 文本"文本框，分别命名文本框实例名为 myOut1、myOut2 和 myInput。文本框实例 myInput 的"属性"面板中，"文本类型"设置为"可编辑"，在"容器和流"选项组中"容器边框颜色"设置为黑色。在每个文本框前添加文本实例名称，如图 13-12 所示。

(3) 新建图层，命名为"脚本"。选择第 1 帧，打开"动作"面板，输入如下脚本：

```
myInput.addEventListener(TextEvent.TEXT_INPUT,textOut1);      //侦听文本输入
事件;
myInput.addEventListener(Event.CHANGE,textOut2);      //侦听文本改变事件;
function textOut1(E:TextEvent):void
{  //E 为事件目标对象(即变量),用于存储一个对象的名称
   //下句可替换为 myOut1.text=E.currentTarget.text;看效果
   myOut1.text=E.text;     //用 E 得到事件目标对象名称
}
function textOut2(E:Event):void
{     //下句可替换为 myOut2.text=E.currentTarget.text; 看效果
   myOut2.text=E.target.text;     //用 E.target 得到事件目标对象名称
}
```

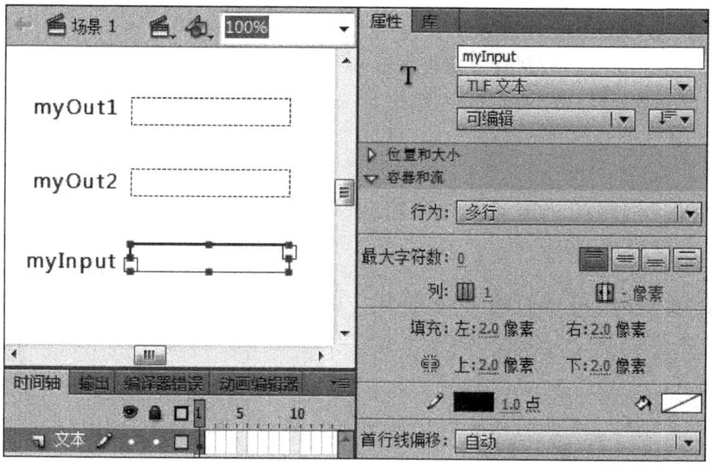

图 13-12 创建三个 TLF 文本框,并命名实例名

(4) 测试动画。在文本框 myInput 输入文本时,分别在文本框 myOut1 和 myOut2 显示输入的文本。文本框 myOut1 中只显示最后一次的输入文本,文本框 myOut2 中显示所有输入的文本。在文本框 myInput 中修改输入的文本时,文本框 myOut2 中的内容即时更新,文本框 myOut1 还是只显示最后一次输入的文本。分两次输入“我的”和“测试”效果,如图 13-13 所示。

提示:在文本框 myInput 粘贴文本时,文本框 myOut2 显示文本;文本框 myOut1 不显示文本。可用于实现不允许粘贴文本的打字练习等。

试将“myOut1. text=E. text;”语句修改成“myOut1. text=myInput. text;”。

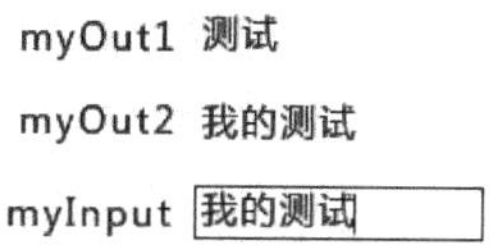

图 13-13 测试动画效果

13.3 脚本程序控制语句

13.3.1 分支语句

1. if 语句

语法格式为:

```
if (条件) {
    语句 1
}
else {
    语句 2
}
```

功能:当条件成立时,执行“语句 1”的内容。当“条件”不成立时,执行“语句 2”的内容。执行“语句 1”或“语句 2”后,退出结构到最后的花括号“}”后面继续执行。

例如：

```
if(a>b) {                //判断 a 是否大于 b
    trace("a>b");        //若成立,则输出 a> b
}
else {
    trace("b>=a");       //若不成立,则输出 b>=a
}
```

不需要“语句 2”时，可以省略 else 部分。语法格式为：

```
if (条件) {
    语句
}
```

2. switch 语句

语法格式为：

```
switch (表达式) {
    case 值 1:
        语句 1
        break;
    case 值 2:
        语句 2
        break;
    …
    default:
        语句
}
```

例如：

```
var n:Number=25;
switch (Math.floor(n/10)) {      //floor 取不大于 n/10 的最大整数。
    case 1:                      //若表达式的值为 1
        trace("number=1");
        break;
    case 2:                      //若表达式的值为 2
        trace("number=2");
        break;
    case 3:                      //若表达式的值为 3
        trace("number=3");
        break;
    default :                    //若表达式的值均不等于 1、2、3
        trace("number=?");
}
```

输出结果：

```
number=2
```

功能：先计算“表达式”的值，然后在各 case 子句中寻找匹配的“值”，并执行对应的语句。如果找不到匹配的“值”，就执行 default 后面的语句。

提示：语句 break 的功能是结束 switch 语句。如果找到匹配的“值”，执行对应的语句后，没遇到语句 break，则继续执行下面的 case 子句，直到遇到 break 语句或 switch 语句结束。

13.3.2 循环语句

1. while 语句

语法格式为：

```
while(条件) {
    代码块
}
```

功能：当“条件”成立时，程序就会一直执行“代码块”，当“条件”不成立时，则跳过“代码块”，并结束循环。

例如：

```
var i:Number=10;          //定义一个数字型变量 i,并赋初值 10
while (i>=0) {            //先判断条件,i>=0 时循环,否则结束循环
    trace(i);             //若条件成立,则输出 i
    i--;                  //i 自减 1,等价于 i=i-1;
}
```

输出结果为依次输出 10、9、8、7、6、5、4、3、2、1、0。

2. do...while 语句

语法格式为：

```
do {
    代码块
} while(条件)
```

功能：程序先执行“代码块”，然后判断“条件”。如果“条件”成立，则执行“代码块”；否则结束循环。

例如：

```
var i:Number=10;
do {
    trace(i);                    //先执行代码块输出 i
    i--;
} while(i>=0)                    //后判断条件,i>=0 时循环,否则结束循环
```

输出结果为依次输出 10、9、8、7、6、5、4、3、2、1、0。

3. for 语句

语法格式为：

```
for(循环变量赋初值;循环条件;循环变量增值){
    代码块
}
```

功能：执行一次“循环变量赋初值”后，开始循环。循环从判断“循环条件”开始，如果“循环条件”成立，将执行“代码块”，并执行“循环变量增值”；然后再次从判断“循环条件”开始，如果“循环条件”不成立，则结束 for 语句。

例如：

```
var i:Number=0;
var sum:Number=0;              //定义累加器,并清 0
for (i=1; i<=100; i++) {       //i 依次取 1,2,…,100
    sum+=i;                    //等价于 sum=sum+i;求累加和
}
trace(sum);                    //输出累加和
```

输出结果：

```
5050
```

13.4 自定义函数

语法格式：

```
function 函数名(参数) {
    代码块
    [return 表达式;]
}
```

例如，定义一个函数 week()。

```
function week(){                    //定义一个函数 week(),没有参数
    trace("Today is Monday");       //设置函数 week()的功能
}
```

当调用函数 week()时，输出结果为：

```
Today is Monday
```

例如，计算矩形的面积。

```
function Area(a:Number,b:Number){
```

```
    //定义函数 Area,有两个 Number 类型的参数 a 和 b
  var s:Number=a*b;             //定义变量 s,存放 a 和 b 的乘积
  return s;                     //s 的值作为函数值
}
trace("面积 S="+Area(5,8));     //调用函数 Area,并输出信息
```

输出结果为：

```
面积 S=40
```

13.5 常用的函数

13.5.1 动态添加影片剪辑

如果将由 new 运算符创建的元件类对象(实例)显示在舞台上或显示列表中,必须用 addChild 方法或 AddChildAt 方法将该显示对象添加到显示列表上的显示对象容器中;如果不再需要对象显示,可用 removeChild 方法或 removeChildAt 方法从容器的子级列表中删除显示对象(实例)。

(1) 函数 addChild 的语法格式如下：

```
addChild(child)
```

child：影片剪辑类实例。作为子对象添加到对象或舞台上。

例如,

```
var ball_mc:Ball=new Ball();     //创建元件类 Ball 的对象 ball_mc
ball_mc.x=100;                   //指定放置对象的 x 坐标
ball_mc.y=150;                   //指定放置对象的 y 坐标
addChild(ball_mc);               //对象(实例)ball_mc 显示在舞台
```

功能：将子对象放置到舞台最顶层或显示列表中的下一位置。

(2) 函数 removeChild 语法格式如下：

```
removeChild(child)
```

child：从显示列表中要删除的对象。

例如,

```
removeChild(ball_mc)
```

功能：从容器的子级列表中删除显示对象实例 ball_mc。

(3) 函数 AddChildAt 的语法格式如下：

```
addChildAt(child,index)
```

child：影片剪辑类实例。要添加到索引位置的子对象。

Index：数字。要添加子对象的索引位置，即显示对象的排列层深（深度级别）。

例如，

```
var ball_mc:Ball=new Ball();
ball_mc.x=40;
ball_mc.y=40;
stage.addChildAt(ball_mc,1); //在舞台的索引 1 位置（排列层深位置）显示对象 ball_mc
```

功能：将子对象添加到指定索引位置（层深）。如果指定的位置已经被占用，则位于该位置以及该位置上的对象均会向上移动一个位置。

提示：舞台默认索引（层深）为 0。子级列表中从 0 开始的索引位置与显示对象的分层（从前到后顺序）有关。索引值越大，显示对象排列越靠前面。

(4) 函数 removeChildAt 的语法格式如下：

```
removeChildAt(Index)
```

Index：数字。删除索引位置处的子对象，也即删除对象的层深（深度级别）

例如，

```
stage.removeChildAt(1);       //在舞台的删除索引 1 位置（层深）显示对象
```

功能：从容器的子级列表中删除指定索引位置（层深）的显示对象实例。

提示：方法 removeChild 和 removeChildAt 并不完全删除显示对象实例。这两种方法只是从容器的子级列表中删除显示对象实例。该实例仍可由另一个变量引用。使用 delete 运算符可以完全删除对象。

【例 13-13】 不断地复制影片剪辑实例。

动画情景：在舞台不断地出现新的瓢虫。

(1) 新建 ActionScript 3.0 文档。

(2) 新建"影片剪辑"类型的元件，命名为"瓢虫"。在元件中导入瓢虫图片（素材\图片\PNG\P_瓢虫.png），对齐到舞台中心。

(3) 在"库"面板中选择元件"瓢虫"，"AS 链接"命名为 my_mc。

(4) 返回到场景，将"图层 1"更名为"脚本"。选择第 1 帧，打开"动作"面板，输入如下脚本：

```
for(var i:uint=0;i<10;i++)
{
    var mc:my_mc=new my_mc();
    addChild(mc);
    mc.x=Math.random()*stage.stageWidth;
    mc.y=Math.random()*stage.stageHeight;
    mc.rotation=Math.random()*360;
}
```

(5) 测试动画。在舞台显示十只瓢虫。

(6) 将第 1 帧中的脚本修改为：

```
stage.addEventListener(Event.ENTER_FRAME,myFun);
function myFun(E:Event):void
{
    var mc:my_mc=new my_mc();
    addChild(mc);
    mc.x=Math.random() * stage.stageWidth;
    mc.y=Math.random() * stage.stageHeight;
    mc.rotation=Math.random() * 360;
}
```

(7) 测试动画。在舞台不断地复制瓢虫。

(8) 保存文档,便于后面例子中使用。

【例 13-14】 限制复制影片剪辑实例的个数。

动画情景:舞台中不断出现新的瓢虫,同时消失部分瓢虫,保持指定个数的瓢虫。

(1) 打开例 13-13 中的文档。

(2) 选择图层"脚本"的第 1 帧,打开"动作"面板,输入如下脚本:

```
var k:uint=0;
stage.addEventListener(Event.ENTER_FRAME,myFun);
function myFun(E:Event):void
{  //用函数 myFun()动态创建固定数量的实例
    if(k<10)
    {  //k<10 确定实例总数量为 10 个
        var mc:my_mc=new my_mc();
        stage.addChildAt(mc,k);
        mc.x=Math.random() * stage.stageWidth;
        mc.y=Math.random() * stage.stageHeight;
        mc.rotation=Math.random() * 360;
        k++;    //k=k+1;
    }
    else
    {
        var j:uint=Math.random() * 10;
        stage.removeChildAt(j);     //移除深度为 j(0<j<10)的实例;
        k--;  //k=k-1
    }    //k 值减 1 后,又满足 k<=9 条件,添加新的实例
}
```

(3) 测试动画。在舞台中动态保持十只瓢虫,如图 13-14 所示。

【例 13-15】 下雨效果。

动画情景:不断地从上方落下雨点,雨点落到下面产生水波纹。

(1) 新建 ActionScript 3.0 文档,舞台背景色选择灰色(#666666)。

(2) 新建"影片剪辑"类型的元件,命名为"雨点",在其中制作一个雨点的动画。一个雨点(白色的短线)从上落下后,出现从小变大的椭圆。

制作雨点的方法：

① 在“图层 1”，元件舞台中心(＋)处绘制一个白色竖线段，转化为元件。在第 10 帧插入帧，并创建补间动画。将第 10 帧中的雨点，向下移动到合适的位置。

② 创建新图层“图层 2”，在第 10 帧插入空白关键帧，在雨点下方绘制一个空心的白色椭圆，转化为元件，如图 13-15 所示。

③ “图层 2”的第 15 帧，插入帧，并创建补间动画。

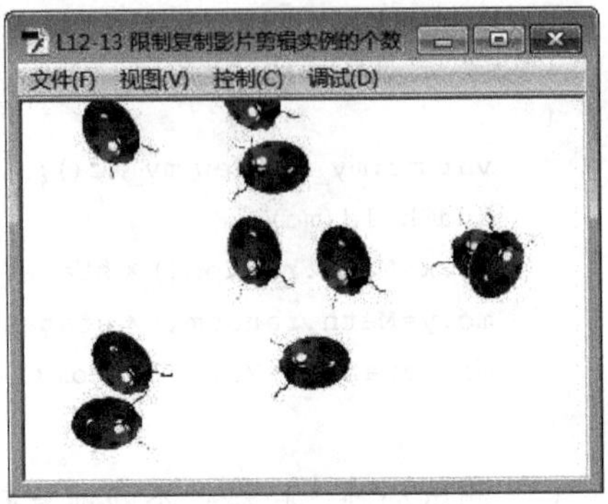

图 13-14　动态复制多个实例

④ 用“任意变形工具”将第 10 帧中的椭圆适当缩小。将第 15 帧中的椭圆的透明度(Alpha)设置为 30%，如图 13-16 所示。

⑤ 创建新图层“图层 3”，在第 16 帧插入空白关键帧，并在该帧输入脚本：

```
stop();
```

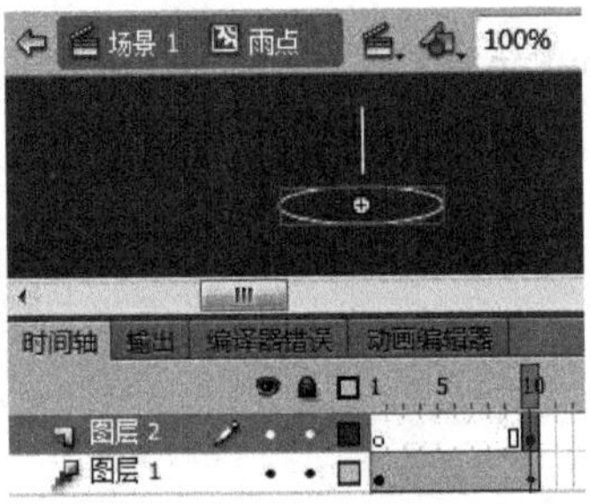

图 13-15　绘制椭圆

图 13-16　设置第 15 帧中的椭圆透明度

(3) 在元件“库”面板选择元件“雨点”，“AS 链接”命名为 my_mc。

(4) 返回到场景。选择“图层 1”的第 1 帧，打开“动作”面板，输入如下脚本：

```
var k:uint=0;
stage.frameRate=50;            //动态更改帧频
stage.addEventListener(Event.ENTER_FRAME,myFun);
function myFun(E:Event):void
{
    if(k<50)                   //k 用于控制产生雨滴的数量
    {
        var mc:my_mc=new my_mc();
        stage.addChildAt(mc,k);
        mc.x=Math.floor(Math.random()*stage.stageWidth);
        mc.y=Math.floor(Math.random()*50+100);   //y 坐标为 100~150
        k++;  //k=k+1;
    }
    else
```

```
    {
        var j=Math.floor(Math.random() * 50);        //产生小于 50 的随机整数
        stage.removeChildAt(j);
        k--;  //k=k-1;                                 //使 k 值减 1,便会产生新的雨滴
    }
}
```

(5) 测试动画。

【例 13-16】 水泡效果。

动画情景:水泡不断地从下方升起。

(1) 新建 ActionScript 3.0 文档,背景选择浅蓝色。

(2) 新建"影片剪辑"类型元件,命名为"水泡",在其中绘制一个水泡。

制作水泡的方法:

① 制作一个无笔触(边线)填充色不同于背景色的圆。

② 选择圆后,执行菜单"窗口"→"颜色"命令,打开"颜色"面板。颜色类型选择"径向渐变",在下面的配色栏设置颜色,如图 13-17 所示。

提示:*左侧的渐变颜色样本按钮用于指定内部颜色,右侧的渐变颜色样本按钮用于指定外侧颜色。*

③ 双击左侧的渐变颜色样本按钮,打开"配色样本",选择白色;双击右侧的渐变颜色样本按钮,打开"配色样本",选择浅蓝色。

④ 圆填充为放射状渐变效果后,如果渐变效果不符合要求,则用"颜料桶工具"单击圆,调整渐变效果,如图 13-18 所示。

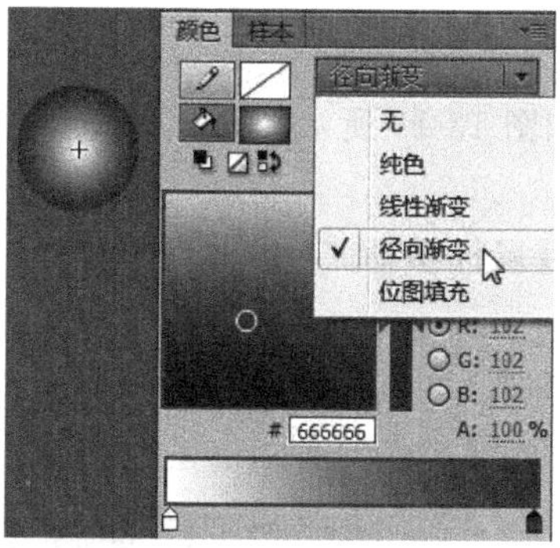

图 13-17 制作水泡

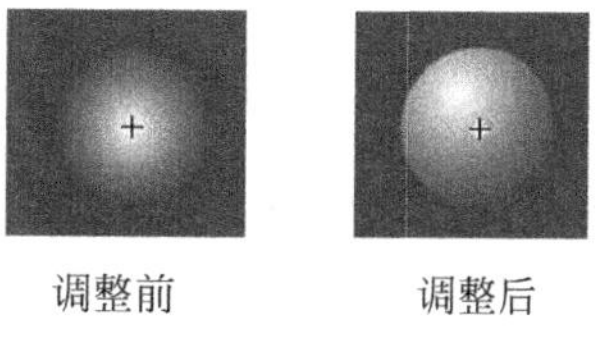

图 13-18 调整渐变效果

提示:*可以进一步调整水泡的效果。*

(3) 在元件"库"面板中,选择元件"水泡","AS 链接"命名为 my_mc。

(4) 返回到场景。选择"图层 1"的第 1 帧,打开"动作"面板,输入如下脚本:

```
for (var i:int=0; i<100; i++)          //在舞台生成 100 个水泡实例
{
    var mc:MovieClip=new my_mc();
    addChild(mc);
```

```
    mc.x=Math.random() * stage.stageWidth;     //随机设置水泡实例在舞台上的位置
    mc.y=Math.random() * stage.stageHeight;
    mc.scaleX=mc.scaleY=Math.random() * 0.8+0.2;        //随机缩放水泡实例的大小
    mc.alpha=Math.random() * 0.6+0.4;  //产生 0～1 间的数,随机设置 mc 的透明度
    mc.vx=Math.random() * 2-1;      //随机设置水泡实例上升过程左右摆动范围(-1,1)
    mc.vy=Math.random() * 3+3;               //随机设置水泡上升的速度,范围(3,6)
    mc.name="mc"+i;                          //设置 mc 的新名称 m0、m1、m2……
}
addEventListener(Event.ENTER_FRAME,myFun);
function myFun(E:Event):void
{
    for(var i:int=0; i<100; i++)
    {//用 getChildByName 方法得到名称为"mc"+i 的水泡实例
        var mc:MovieClip=getChildByName("mc"+i) as MovieClip;
        mc.x+=mc.vx;                         //设置水泡左右摆动
        mc.y-=mc.vy;                         //设置水泡向上移动
        if(mc.y<0)                           //判断水泡上升到舞台上方时
        {
            mc.y=stage.stageHeight;                    //设置水泡返回舞台底部
        }
        if (mc.x<0||mc.x>stage.stageWidth)             //判断水泡是否超出舞台宽度
        {
            mc.x=Math.random() * stage.stageWidth;   //随机设置水泡 x 坐标
        }
    }
}
```

(5) 测试动画。可以看到水泡不断地上升,如图 13-19 所示。

【例 13-17】 跟随鼠标移动多个对象。

动画情景:50 个从大到小排列的五角星,随着鼠标移动。

(1) 新建 ActionScript 3.0 文档。

(2) 新建"影片剪辑"类型元件,命名为"五角星"。在其中绘制一个内部是红色,外侧是黄色的径向渐变五角星,并对齐舞台中心"+",如图 13-20 所示。

图 13-19 水泡效果

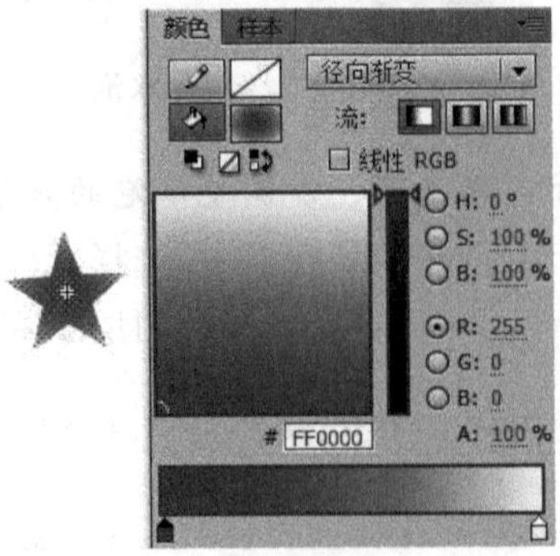

图 13-20 绘制径向渐变的五角星

(3) 在元件“库”面板中，选择元件“五角星”，“AS 链接”命名为 Stares。

(4) 返回到场景。选择“图层 1”的第 1 帧，打开“动作”面板，输入如下脚本：

```
var Star:Array=new Array();              //定义数组对象 Star
for(var i=0; i<50; i++)
{
    var myStar:Stares=new Stares();      //实例化类对象
    myStar.x=Math.random() * stage.stageWidth;
    myStar.y=Math.random() * stage.stageHeight;
    myStar.scaleX=myStar.scaleX * (1-i * 0.02);
    myStar.scaleY=myStar.scaleY * (1-i * 0.02);
    myStar.rotation=10 * i;
    myStar.alpha=1-0.02 * i;
    Star.push(myStar);                   //将 myStar 实例对象存放到数组中
}
for(var j=49;j>=0;j--)
{
    addChild(Star[j]);                   //将存放在数组中的实例放到舞台上
}
stage.addEventListener(Event.ENTER_FRAME,myFun);
function myFun(E:Event):void
{
    Star[0].x=mouseX;                    //用鼠标拖动实例 Star[0]
    Star[0].y=mouseY;
    for (var k=1;k<50;k++)
    {//Star[k]随着 Star[k-1]移动
        Star[k].x=(Star[k-1].x+Star[k].x)/2;
        Star[k].y=(Star[k-1].y+Star[k].y)/2;
    }
}
```

(5) 测试动画，如图 13-21 所示。

【例 13-18】 数据流特效。

图 13-21　鼠标拖动多个对象

动画情景：由数字 0～9 构成的数据流，不断地从上方降落到下方并消失。

(1) 新建 ActionScript 3.0 文档，舞台背景设置为黑色。

(2) 新建“影片剪辑”类型元件，命名为“数字”。在“图层 1”的第 1 帧，创建“TLF 文本”文本框。选择文本框，打开“属性”面板，设置字体 Impact、20pt、绿色。单击“嵌入”按钮，打开“字符嵌入”对话框，在“字符范围”下拉列表框中选择“数字[0..9](11 字型)”，单击“确定”按钮，关闭对话框。

在第 2 帧插入帧。

提示：文本框对齐舞台中心，大小为能够显示一个数字。

(3) 在元件“数字”编辑窗口，创建新图层“图层 2”。选择第 1 帧，打开“动作”面板，输入如下脚本：

```
var t=Math.floor(Math.random() * 9+1);      //产生 1～9 间的数
mytext.text=String(t);     //将数字字符串在 mytext 文本框中显示
```

(4) 在元件“库”面板中选择元件“数字”，“AS 链接”命名为 num。

(5) 新建“影片剪辑”类型元件，命名为“数字流”。选择“图层 1”的第 1 帧，打开“动作”面板，输入如下脚本：

```
var number:Array=new Array();        //定义数组对象 number
for(var i=0;i<10;i++)
{
    var myNum:num=new num();
    myNum.x=0;
    myNum.y=0;
    myNum.alpha=1-0.1*i;
    addChild(myNum);
    number.push(myNum);
}
number[0].x=Math.random() * stage.stageWidth;
number[0].y=0;
for(var j=1;j<10;j++)
{
    number[j].x=number[0].x;
    number[j].y=number[j-1].y+number[j-1].height;
}
```

(6) 在元件“库”面板中选择元件“数据流”，“AS 链接”命名为 nums。

(7) 返回到场景。选择“图层 1”的第 1 帧，打开“动作”面板，输入如下脚本：

```
var numbers:Array=new Array();
for(var i=0;i<20;i++)
{
    var myNums:nums=new nums();
    myNums.x=myNums.width * i;
    myNums.y=myNums.height;
    myNums.speedY=Math.random() * 5+2;
    addChild(myNums);
    numbers.push(myNums);
}
stage.addEventListener(Event.ENTER_FRAME,myFun);
function myFun(E:Event):void
{
    for(var i=0;i<numbers.length;i++)
    {
```

```
            numbers[i].y+=numbers[i].speedY;
            if(numbers[i].y>stage.stageHeight)
            {
                numbers[i].y=0;
            }
        }
    }
```

(8) 测试动画。播放动画效果，如图 13-22 所示。

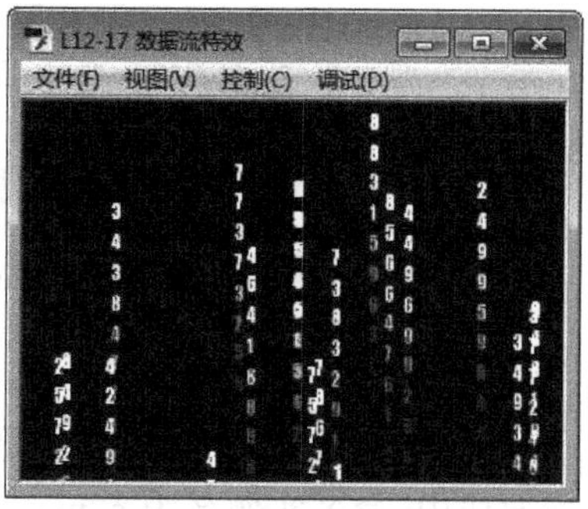

图 13-22 动画播放效果

13.5.2 碰撞检测方法

在 ActionScript 3.0 中用 hitTestObject 方法(函数)来检测两个显示对象或实例是否重叠或相交。用 hitTestPoint 方法(函数)检测显示对象或实例是否与舞台中坐标 x 和 y 参数指定的点重叠或相交。如果相交或重叠，就执行相应的动作，这对于制作互动的动画和游戏是非常有用的。例如击中目标，找到目标、点蜡烛和放炮等。

hitTestObject 方法(函数)的格式：

```
mc.hitTestObject(obj)
```

功能：计算显示对象 mc 的边框，以确定它是否与显示对象 obj 的边框重叠或相交。如果显示对象的边框相交，则为 true；否则为 false。

hitTestPoint 方法(函数)的格式：

```
mc.hitTestPoint(x,y,flag)
```

功能：计算显示对象 mc，以确定它是否与舞台中指定的点(x,y)重叠或相交。参数 flag 用于检查对象 (true) 的实际像素，还是检查边框 (false) 的实际像素。如果显示对象与指定的点重叠或相交，则为 true；否则为 false。

这两个方法在 Flash 的 flash.display 包中的 DisplayObject 类方法中。

【例 13-19】 球的碰撞。

动画情景：一个小球在上下两横条之间上下弹跳。

(1) 新建 ActionScript 3.0 文档。

(2) 新建“影片剪辑”类型元件，命名为“横条”。在第 1 帧绘制笔触为 10 像素、长度短于舞台宽度(这里取 400 像素)的线条，并在第 2 帧、第 3 帧、第 4 帧分别插入关键帧。选择第 2 帧，将线条向上略微弯曲；选择第 4 帧，将线条向下略微弯曲，如图 13-23 所示。

(3) 在元件“横条”编辑窗口，创建新图层“图层 2”，选择第 1 帧，打开“动作”面板，输入如下脚本：

```
stop();
```

(4) 新建“影片剪辑”类型元件，命名为“球”。在其中绘制一个球，中心对齐到舞台中心。

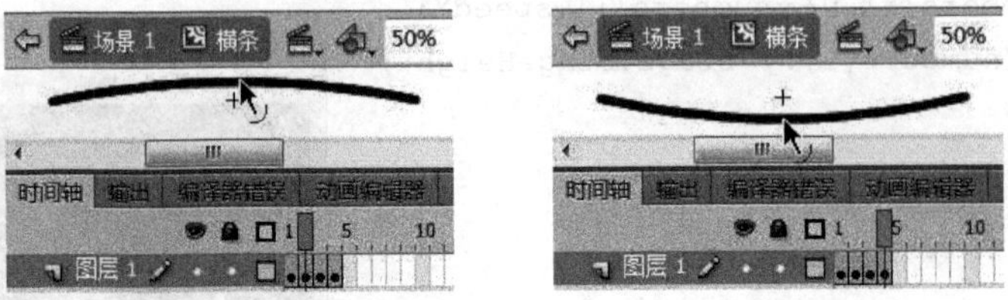

图 13-23　分别上下弯曲第 2 帧、第 4 帧中的线条

(5) 返回到场景。将“图层 1”更名为“横条上”，将元件“横条”拖动到第 1 帧舞台的上方横向居中，命名实例名为 s_mc。

(6) 创建新图层，命名为“横条下”，将元件“横条”拖动到第 1 帧舞台的下方横向居中，并将实例垂直翻转，命名实例名为 x_mc。

(7) 创建新图层，命名为“球”，将元件“球”拖动到第 1 帧舞台两条横条实例之间，命名实例名为 ball_mc。

(8) 创建新图层，命名为“脚本”。选择第 1 帧，打开“动作”面板，输入如下脚本：

```
var dy:Number=10;
addEventListener(Event.ENTER_FRAME,ballFun);
function ballFun(E:Event):void
{
    if(ball_mc.hitTestObject(x_mc))
    {
        x_mc.play();
        dy=-dy;
    }
    else
    {
        ball_mc.y+=dy;
    }
    if(ball_mc.hitTestObject(s_mc))
    {
        s_mc.play();
        dy=-dy;
    }
    else
    {
        ball_mc.y+=dy;
    }
}
```

(9) 测试动画。最终场景如图 13-24 所示。

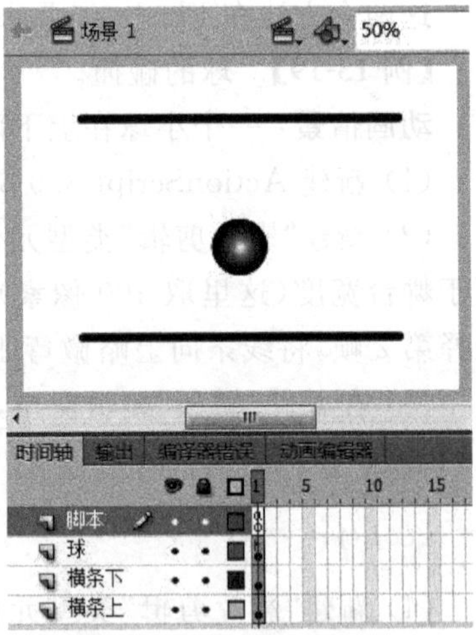

图 13-24　最终场景

【例 13-20】 撞球游戏。

动画情景：用鼠标拖动灰色球碰撞红色球时，红色球在方框内移动；当红色球碰到方框的上下左右边框时，反射弹回。

动画情景：用鼠标拖动一球去碰撞另一球，另一球开始在一方框内移动。当碰到方框的上下左右边框时，反射弹回。

(1) 新建 ActionScript 3.0 文档。

(2) 新建两个"影片剪辑"类型元件，分别命名为"灰色球"和"红色球"。其中分别绘制白色、红色径向渐变到黑色的球，球的直径约 50 像素，对齐舞台中心。

(3) 新建"影片剪辑"类型元件，命名为"横条"。在第 1 帧绘制笔触为 5 像素、长度短于舞台宽度(这里取 450 像素)的线条，并在第 2 帧、第 3 帧、第 4 帧分别插入关键帧。选择第 2 帧，将线条向上略微弯曲；选择第 4 帧，将线条向下略微弯曲，如图 13-23 所示。

(4) 在元件"横条"编辑窗口创建新图层"图层 2"，选择第 1 帧，打开"动作"面板，输入如下脚本：

```
stop();
```

(5) 返回到场景，将"图层 1"更名为"横条上"。拖动元件"横条"到第 1 帧舞台上方水平居中，实例命名为 up_mc。

(6) 创建新图层，命名为"横条下"。拖动元件"横条"到第 1 帧舞台下方水平居中，并垂直翻转，实例命名为 down_mc。

(7) 创建新图层，命名为"横条左"。拖动元件"横条"到第 1 帧舞台，长度调整为 300 像素，左侧垂直居中，逆时针旋转 90 度，实例命名为 left_mc。

(8) 创建新图层，命名为"横条右"。拖动元件"横条"到第 1 帧舞台，长度调整为 300 像素，右侧垂直居中，顺时针旋转 90 度，实例命名为 right_mc。

提示：4 线条构成四边形边框，四边框的边距为 50 像素。

(9) 创建新图层，命名为"灰色球"，将元件"灰色球"拖动到第 1 帧舞台线框内，实例命名为 ball_gray。

(10) 创建新图层，命名为"红色球"，将元件"红色球"拖动到第 1 帧舞台线框内，不与灰色球叠加，实例命名为 ball_red，如图 13-25 所示。

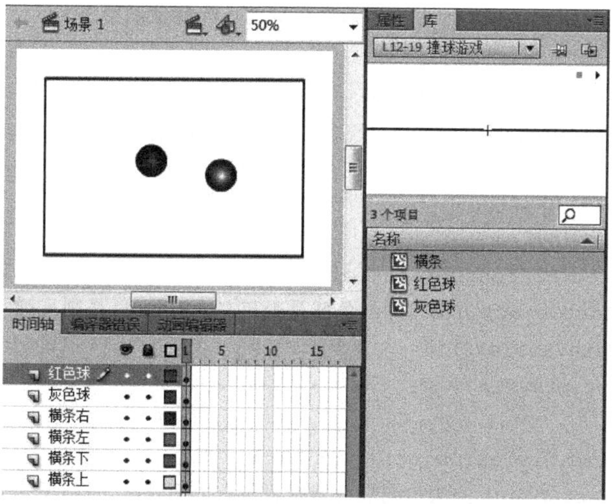

图 13-25　场景及舞台中的实例布局

(11) 创建新图层，命名为“脚本”。选择第 1 帧，打开“动作”面板，输入如下脚本：

```
var mouseState:Boolean=true;          //设置拖动灰色球，为 true 时，拖动灰色球
var x01:Number=ball_gray.x;           //设置 ball_gray 的初始位置
var y01:Number=ball_gray.y;
var dx1:Number=0;                     //ball_gray 的 x 坐标增量
var dy1:Number=0;                     //ball_gray 的 y 坐标增量
var dx2:Number=0;    //ball_red 的 x 坐标增量，指定 ball_gray 的横向移动速度
var dy2:Number=0;    //ball_red 的 y 坐标增量，指定 ball_gray 的纵向移动速度
ball_gray.addEventListener(MouseEvent.MOUSE_DOWN,mouseDown_1);
ball_gray.addEventListener(Event.ENTER_FRAME,enterFrame_1);
function mouseDown_1(E:MouseEvent):void
{//按下鼠标左键时调用的函数
    if(mouseState)
    {//mouseState 为 true，鼠标可拖动灰色球
        ball_gray.startDrag(true);
        mouseState=false;
    }
    else
    {
        ball_gray.stopDrag();
        mouseState=true;
    }
}
function enterFrame_1(E:Event):void
{//反复计算灰色球的位置变化
    dx1=ball_gray.x-x01;          //灰色球的 x 坐标赋给 dx1
    dy1=ball_gray.y-y01;          //灰色球的 y 坐标赋给 dy1
    x01=ball_gray.x;              //灰色球的 x 坐标值赋给 x01
    y01=ball_gray.y;              //灰色球的 y 坐标值赋给 y01
}
ball_red.addEventListener(Event.ENTER_FRAME,enterFrame_2);
function enterFrame_2(E:Event):void
{
    ball_red.x+=dx2;
    ball_red.y+=dy2;
    if (ball_red.hitTestObject(left_mc))
    {//用 hitTestObject 方法检测红色球是否与左边框触碰，是则反弹
        dx2=Math.abs(dx2);
        left_mc.play();
    }
    if (ball_red.hitTestObject(right_mc))
    {//用 hitTestObject 方法检测红色球是否与右边框触碰，是则反弹
        dx2=-Math.abs(dx2);
```

```
        right_mc.play();
    }
    if (ball_red.hitTestObject(up_mc))
    {//用 hitTestObject 方法检测红色球是否与上边框触碰,是则反弹
        dy2=Math.abs(dy2);
        up_mc.play();
    }
    if (ball_red.hitTestObject(down_mc))
    {//用 hitTestObject 方法检测红色球是否与下边框触碰,是则反弹
        dy2=-Math.abs(dy2);
        down_mc.play();
    }
    if (ball_gray.hitTestObject(ball_red))
    {//用 hitTestObject 方法检测两球是否接触
        dx2=dx1;                    //将灰色球的 dx1 值赋给红色球的 dx2
        dy2=dy1;                    //将灰色球的 dy1 值赋给红色球的 dy2
    }//灰色球的 dx1 和 dy1 的值为红色球的移动速度
    if(ball_red.x<50||ball_red.x>500||ball_red.y<50||ball_red.y>350)
    {//设置红色球到达边框时,回到框内
        ball_red.x=Math.random() * (stage.stageWidth-100)+50;
        ball_red.y=Math.random() * (stage.stageHeight-100)+50;
    }
}
```

(12) 测试动画。单击鼠标拖动灰色球去碰撞红色小球,红色小球开始运动,运动到上下左右边框时反弹,碰到灰色球停止。再次单击停止灰色球。

13.6　设置滤镜

ActionScript 3.0 在 flash.filters 包中提供了滤镜类。使用滤镜对显示对象设置模糊、斜角、发光和投影等效果。

常用的滤镜类有 6 种。

(1) 斜角滤镜(BevelFilter 类)。

(2) 模糊滤镜(BlurFilter 类)。

(3) 投影滤镜(DropShadowFilter 类)。

(4) 发光滤镜(GlowFilter 类)。

(5) 渐变斜角滤镜(GradientBevelFilter 类)。

(6) 渐变发光滤镜(GradientGlowFilter 类)。

显示对象应用滤镜格式:

```
displayObjectName.filters=[filterName];
```

displayObjectName: 显示对象名称,如影片剪辑实例名称。

filters：显示对象的一个属性，是一个数组类型量。

filterName：滤镜对象名称。

【例 13-21】 设置图片的投影滤镜和发光滤镜。

动画情景：显示原始图片，添加投影滤镜的图片和添加发光滤镜的图片。

(1) 新建 ActionScript 3.0 文档，背景选择浅蓝色。

(2) 新建“影片剪辑”类型元件，命名为“图片”，在其中导入图片(\素材\图片\位图\gif_02.gif)。

(3) 在元件“库”面板中，选择元件“图片”，“AS 链接”命名为 my_mc。

(4) 返回到场景。选择“图层 1”第 1 帧，打开“动作”面板，输入如下脚本：

```
//显示原始图片
var mc:my_mc=new my_mc();
addChild(mc);
mc.x=mc.width/2;
mc.y=stage.stageHeight/2;
//添加投影滤镜
var myFilter1:DropShadowFilter=new DropShadowFilter();
myFilter1.color=0x000000;
myFilter1.angle=45;
myFilter1.alpha=0.8;
myFilter1.blurX=8;
myFilter1.blurY=8;
myFilter1.distance=15;
myFilter1.strength=0.65;
myFilter1.inner=false;
myFilter1.knockout=false;
myFilter1.quality=BitmapFilterQuality.HIGH;
var myRect1:my_mc=new my_mc();
myRect1.x=stage.stageWidth/2;
myRect1.y=stage.stageHeight/2;
addChild(myRect1);
myRect1.filters=[myFilter1];
//添加发光滤镜
var myFilter2:GlowFilter=new GlowFilter();
myFilter2.color=0xFF0000;
myFilter2.blurX=10;
myFilter2.blurY=10;
myFilter2.strength=0.65;
myFilter2.inner=false;
myFilter2.knockout=false;
myFilter2.quality=BitmapFilterQuality.HIGH;
var myRect2:my_mc=new my_mc();
```

```
myRect2.x=stage.stageWidth-myRect2.width/2;
myRect2.y=stage.stageHeight/2;
addChild(myRect2);
myRect2.filters=[myFilter2];
```

(5) 测试动画。播放效果如图 13-26 所示。

原始图片　　投影滤镜　　发光滤镜

图 13-26　滤镜效果

投影滤镜和发光滤镜参数说明如下：

(1) 投影滤镜(DropShadowFilter 类)。

distance：阴影的偏移距离，以像素为单位。默认值为 4。

angle：阴影的倾斜角度，用 0～360 度的浮点数表示。默认值为 4.5。

color：阴影颜色，采用十六进制格式 0xRRGGBB。默认值为 0x000000(黑色)。

alpha：阴影颜色的 Alpha 透明度值(0～1)。默认值为 1。

blurX：水平模糊偏移量(0～255)。默认值为 4。

blurY：垂直模糊偏移量(0～255)。默认值为 4。

strength：印记或跨页的强度(0～255)。默认值为 1。该值越高，压印的颜色越深，而且阴影与背景之间的对比度也越强。

quality：滤镜的品质。使用 BitmapFilterQuality 常数：BitmapFilterQuality. LOW、BitmapFilterQuality. MEDIUM 和 BitmapFilterQuality. HIGH。

inner：阴影的方式。true 指定内侧阴影；false 指定外侧阴影。

knockout：挖空效果。true 将对象的填色变为透明。

hideObject：隐藏对象本身。true 不显示对象本身，只显示阴影。

(2) 发光滤镜(GlowFilter 类)。

color：光晕颜色，采用十六进制格式 0xRRGGBB。默认值为 0xFF0000(红色)。

alpha：颜色的 Alpha 透明度值(0～1)。默认值为 1。

blurX：水平模糊偏移量(0～255)。默认值为 6。

blurY：垂直模糊偏移量(0～255)。默认值为 6。

strength：印记或跨页的强度(0～255)。默认值为2。该值越高，压印的颜色越深，而且发光与背景之间的对比度也越强。

quality：滤镜的品质。使用BitmapFilterQuality常数：BitmapFilterQuality.LOW、BitmapFilterQuality.MEDIUM、BitmapFilterQuality.HIGH。

inner：发光的方式。true内侧发光。false外侧发光(对象外缘周围的发光)。

knockout：挖空效果。true将对象的填充变为透明。

思 考 题

1. Flash中的常用事件有几大类？
2. 如何在Flash中定义变量？变量的作用是什么？
3. 什么是Flash中的关键字？
4. Flash中的点运算符“.”有何作用？
5. 编写脚本时为什么要用注释？Flash中有几种注释方法？
6. Flash中的new运算符有何作用？
7. 在ActionScript 3.0中如何给按钮或影片剪辑实例注册事件侦听？
8. 常用的按钮或影片剪辑事件或键盘事件有哪些？
9. 在ActionScript 3.0中如何动态复制影片剪辑实例添加到舞台？
10. 制作跟随鼠标移动效果有哪几种方法？
11. 碰撞检测方法常用的有几个？格式和功能如何？
12. Flash中脚本控制语句有哪些？具体格式各是什么？

操 作 题

1. 制作大量雪花飘落效果的动画。
2. 制作斜着下雨的动画。
3. 制作一串会跟随鼠标移动的文字。
4. 用两个键(如左、右光标移动键)移动两个球。当两个球相撞时，给出提示信息。

第 14 章　动画的优化与发布

内容提要

网络的多样性以及诸多因素都会影响 Flash 动画影片播放效果。在正式发布动画作品之前，需要测试 Flash 动画影片，确保在不同的网络中都能准确、顺畅地播放动画。本章介绍与动画测试、发布和导出相关的知识。

学习建议

了解优化动画作品和发布动画的基础知识，掌握测试或调试动画、优化动画作品输出与发布动画作品的基本方法。了解将作品发布为在其他软件中使用的 Flash 文件的方法。

14.1　测试 Flash 动画作品

在制作动画中，需要测试动画作品的播放效果，还需要了解作品在网络中传输的性能。具体操作如下：

(1) 打开制作好的动画文档，执行菜单"控制"→"测试动画"→"测试"命令，或按 Ctrl+Enter 组合键打开影片测试窗口，如图 14-1 所示。

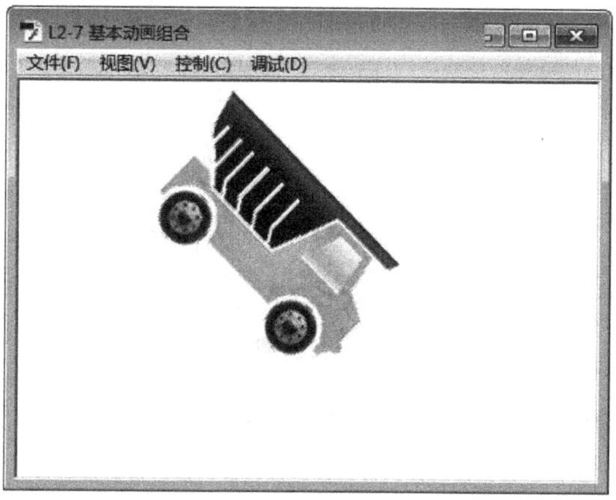

图 14-1　影片测试窗口

提示：测试动画，将在影片文档所在的文件夹创建 SWF 格式的影片文件。

如果动画中有脚本代码，执行菜单“调试”→“调试影片”→“调试”命令，或按Ctrl+Shift+Enter组合键将工作界面切换到“调试”窗口。

（2）在影片测试窗口，执行菜单“视图”→“下载设置”命令，在子菜单中选择设置下载的速度，如图14-2所示。

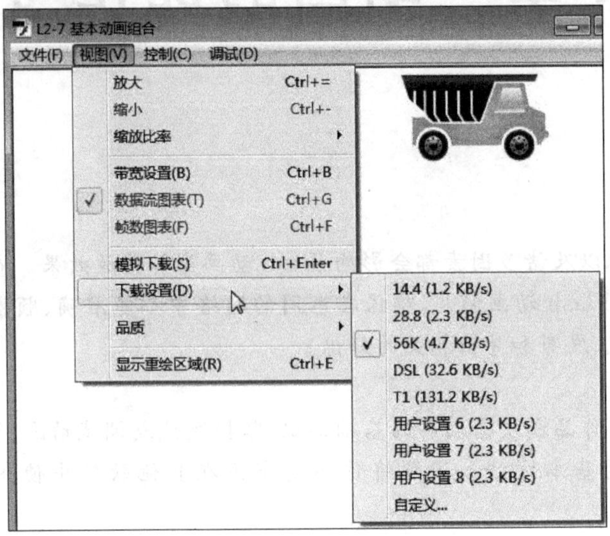

图14-2 设置下载速度

提示：执行菜单“视图”→“下载设置”→“自定义”命令，将打开“自定义下载设置”对话框。在该对话框中，可以自定义下载的设置，如图14-3所示。

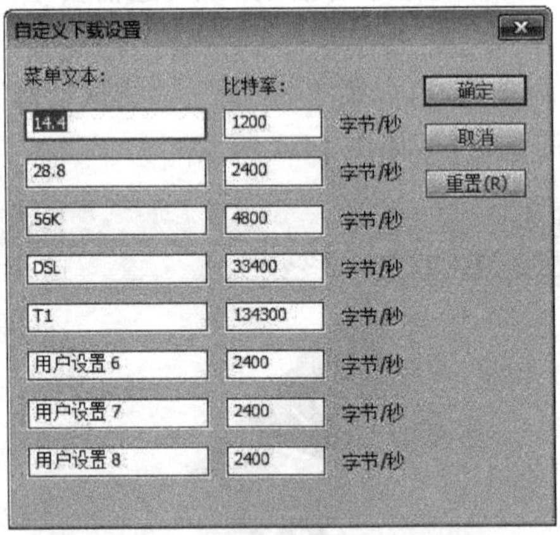

图14-3 “自定义下载设置”对话框

（3）执行菜单“视图”→“带宽设置”命令，将显示下载性能图表，用于查看动画的下载性能，如图14-4所示。

在左侧窗口，显示影片文档的相关信息。

① 影片：用于显示动画的总体属性，包括动画的尺寸、帧频、文件大小、持续时间和预加载时间。

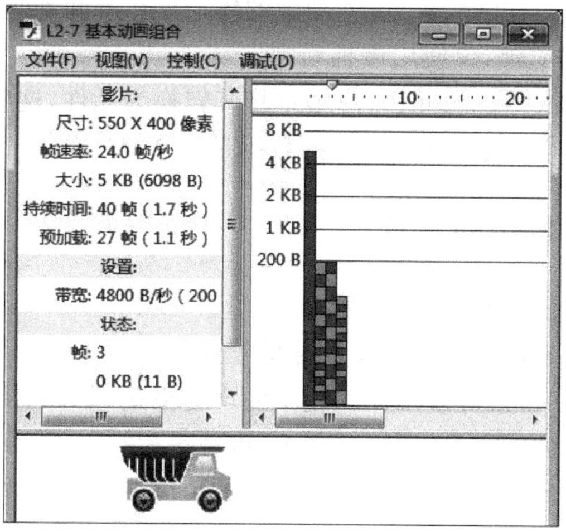

图 14-4 下载性能图表

② 设置：用于显示当前使用的带宽。

③ 状态：用于显示当前帧号、数据大小及已经载入的帧数和数据量。

在右侧窗口，显示时间轴标题和图表。在图表中，每个条形代表影片文档的一个单独帧。条形的大小对应于帧的字节大小。下面的红线表示在当前的调制解调器速度(在“控制”菜单中设置)下，指定的帧能否实时流动。如果某个条形伸出到红线之上，则影片文档必须等待加载该帧。

执行菜单“视图”→“帧数图表”/“数据流图表”命令，可以调整图表视图。

① 数据流图表：用于显示引起暂停(等待)的帧。默认的视图，将显示交替的淡灰色和深灰色块，代表各个帧。每块的旁边指出了它的相对字节大小。第一帧存储元件的内容，所以它通常比其他帧大。

② 逐帧图表：显示每个帧的大小。此视图有助于查看导致数据流延迟帧。如果某一帧块伸到图表红线之上，Flash Player 将暂停回放，直到整个帧下载完毕。

(4) 经过测试后，单击测试窗口的标题栏“关闭”按钮，返回编辑窗口。

提示：打开菜单“视图”，取消选中“带宽设置”命令，可以恢复到默认的测试窗口。

14.2 优化 Flash 动画作品

为了减小影片文件的大小，加快网络上的播放速度，在发布影片之前，还需要对动画文件进行优化。优化动画主要包括以下几个方面。

14.2.1 优化动画

优化动画时，应注意以下几点：

(1) 因为位图比矢量图的体积大得多，很容易使 Flash 动画变得臃肿，所以调用素材时尽量多使用矢量图，而少用或不用位图。

(2) 因为制作相同的动画效果，逐帧动画的体积要比补间动画大很多，所以在制作动画时应尽量多使用补间动画，少使用逐帧动画。

(3) 对于动画中多次出现的元素，应尽量将其转换为元件，这样可以使多个相同内容的对象只保存一次，从而有效地减少作品的数据量。

14.2.2 优化动画中的元素

优化动画元素时，应注意以下几点：

(1) 动画中的各元素最好进行系统的分层管理。

(2) 导入音频文件时，最好使用体积较小的声音格式，如 MP3 格式的声音。

(3) 尽量减少导入外部素材，特别是位图，以减少作品大小。

(4) 尽量使用矢量线条代替矢量色块，并且减少矢量图形的形状复杂程度。

14.2.3 优化动画中的文本

优化文本时，应注意以下几点：

(1) 应使用尽量少的字体和样式，以便减小作品的数据量，并统一风格。

(2) 文字尽量不要分离为形状使用。

14.2.4 优化动画中的色彩

优化动画中色彩时，应从以下几个方面考虑优化处理：

(1) 无论对色块或线条进行填充时，尽量少用渐变色填充或位图填充。

(2) 使用纯色填充能达到效果的，就不要用其他填充方式进行填充。

(3) 尽量少使用滤镜，使用滤镜也会增加动画的数据量。

14.2.5 优化动画中形状的曲线

将导入的位图分离后，执行菜单“修改”→“形状”→“优化”命令，打开“优化曲线”对话框，设置“优化强度”，最大程度地减少用于描述矢量图形轮廓的线条数目，减小影片的数据量，如图 14-5 所示。

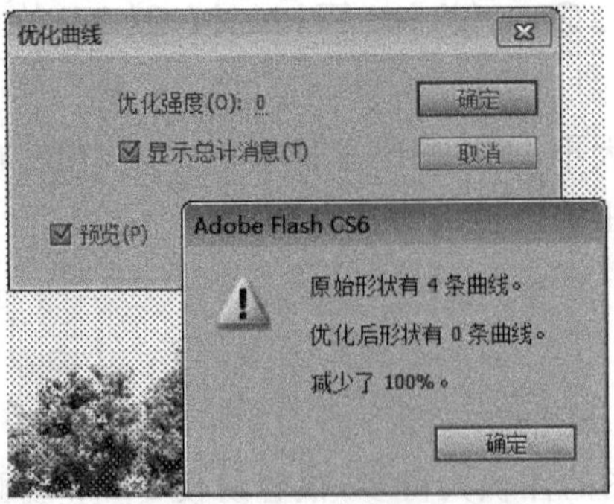

图 14-5 优化形状曲线

14.3 导出 Flash 作品

完成动画制作并测试后，可以导出动画。在 Flash 中既可以导出整个影片的内容，也可以导出图像、声音文件。

14.3.1 导出图像

（1）选择一个帧或场景中要导出的图像。

（2）执行菜单“文件”→“导出”→“导出图像”命令，打开“导出图像”对话框，如图 14-6 所示。

图 14-6 “导出图像”对话框

（3）在该对话框中，选择保存图像的文件夹，在“文件名”文本框中输入文件名称，在“保存类型”下拉列表框中选择图像的保存类型。

提示： 将 Flash 图像导出为矢量图形文件（Adobe Illustrator 格式）时，可以保留其矢量信息。可以在其他基于矢量的绘画程序中编辑这些文件。

（4）单击“保存”按钮，保存为图像文件。

提示： 将 Flash 图像保存为位图 GIF、JPEG、PICT（Macintosh）或 BMP（Windows）文件时，将丢失其矢量信息，仅以像素信息保存。可以在图像编辑器中编辑导出为位图的 Flash 图像，但是不能在基于矢量的绘画程序中编辑它们。

14.3.2 导出声音

（1）打开有声音的 Flash 文档。

（2）执行菜单“文件”→“导出”→“导出影片”命令，打开“导出影片”对话框，如图 14-7 所示。

（3）在该对话框中，选择保存声音的文件夹，在“文件名”文本框中输入文件名称，在

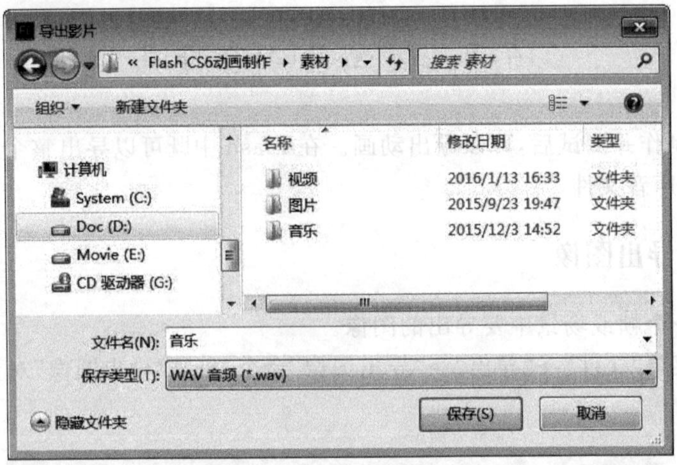

图 14-7 “导出影片”对话框(一)

“保存类型”下拉列表框中选择声音的保存类型，在此选择“WAV 音频(＊wav)”。

(4) 单击“保存”按钮，保存为声音文件。

14.3.3 导出影片

(1) 打开 Flash 文档。

(2) 执行菜单“文件”→“导出”→“导出影片”命令，打开“导出影片”对话框，如图 14-8 所示。

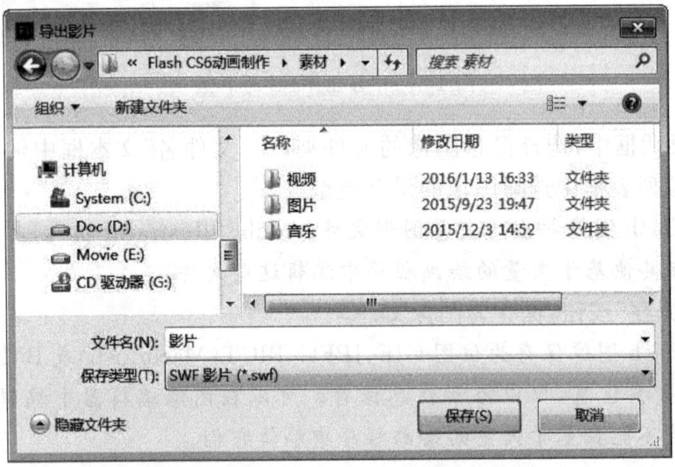

图 14-8 “导出影片”对话框(二)

(3) 在该对话框中，选择保存影片的文件夹，在“文件名”文本框中输入文件名称，在“保存类型”下拉列表框中选择影片的保存类型，在此选择“SWF 影片(＊.swf)”。

提示： 导出影片时，可将 Flash 文档导出为静止图像格式，而且可以为文档中的每一帧都创建一个带有编号的图像文件。

(4) 单击“保存”按钮,保存为影片文件。

14.4 发布 Flash 作品

为了 Flash 作品的推广和传播,还需要将制作的 Flash 动画文件进行发布。

14.4.1 设置发布格式

利用 Flash 的“发布设置”菜单命令,可以对动画发布格式等进行设置,还能将动画发布为其他的图形文件和视频文件格式。

(1) 执行菜单“文件”→“发布设置”命令,打开“发布设置”对话框,选择发布文件的格式,还可以设置输出文件的位置及相关的信息,如图 14-9 所示。

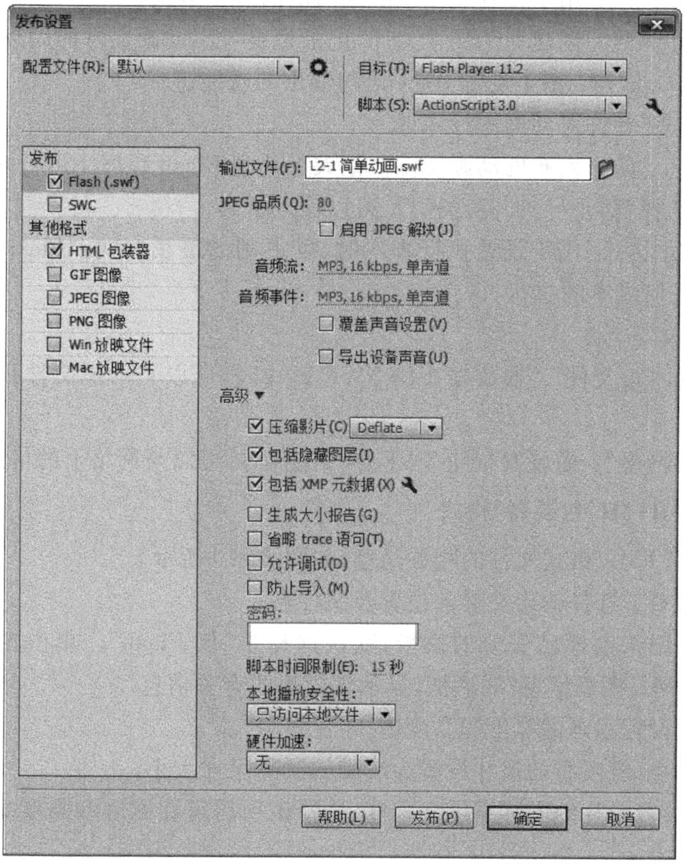

图 14-9 “发布设置”对话框

① 目标:用于选择发布的 Flash 动画影片的版本。选择低版本可以兼容较老版本的 Flash Player 软件。

② 脚本:用于设置 Flash 文档中 ActionScript 版本。

提示：指定 ActionScript 版本后，单击右侧的“ActionScript 设置”按钮，将打开相应脚本的“ActionScript 设置”对话框。

1. 发布为 Flash(.swf)格式

(1) 输出文件：选择输出文件的位置及文件名。

(2) JPEG 品质：将动画中的位图保存为一定压缩率的 JPEG 文件。如果所导出的动画中不含位图，则该项设置无效。

(3) 音频流：单击打开“声音设置”对话框，在其中可设定导出的流式音频的压缩格式、比特率和品质等。

(4) 音频事件：设定导出的事件音频的压缩格式、比特率和品质等。

(5) 高级。

① 压缩影片：用于选择压缩影片文件的压缩模式。

② 包括隐藏图层：用于设置文档中隐藏图层的显示方式。

③ 生成大小报告：创建一个文本文件，记录最终导出动画文件的大小。

④ 省略 trace 语句：用于设置 trace 语句输出的功能。

⑤ 允许调试：允许对动画进行调试。

⑥ 防止导入：防止发布的动画文件被他人下载到 Flash 程序中进行编辑。

⑦ 密码：选择“防止导入”复选框后，可以输入密码。

⑧ 脚本时间限制：用于设置执行脚本时，可占用的最长时间。Flash Player 将取消超过此时间的任何脚本的执行。

⑨ 本地播放安全性。

- “只访问本地文件”：播放发布的 SWF 影片时，可以与本地文件和系统资源进行交互。
- “只访问网络”：播放发布的 SWF 影片文件时，可以与网络上的信息进行交互。

2. 发布为“HTML 包装器”格式

用于设置 HTML 格式文件的相关信息，如图 14-10 所示。

(1) 输出文件：选择输出文件的位置及文件名。

(2) 模板：用于选择已安装的模板，默认选择是“仅 Flash”。单击右边的“信息”按钮，将打开“HTML 模板信息”对话框，显示该模板的有关信息。

(3) 大小：设置动画的宽度和高度值。

① 匹配影片：将发布的尺寸设置为动画的实际尺寸大小。

② 像素：设置影片的实际宽度和高度，选择该项后可在宽度和高度文本框中输入具体的像素值。

③ 百分比：设置动画相对于浏览器窗口的尺寸大小。

(4) 播放：对发布的影片进行设置。

① 开始时暂停：使动画开始处于暂停状态，只有当用户单击动画中的“播放”按钮或从快捷菜单中选择 Play 菜单命令后，动画才开始播放。

② 循环：使动画反复进行播放。

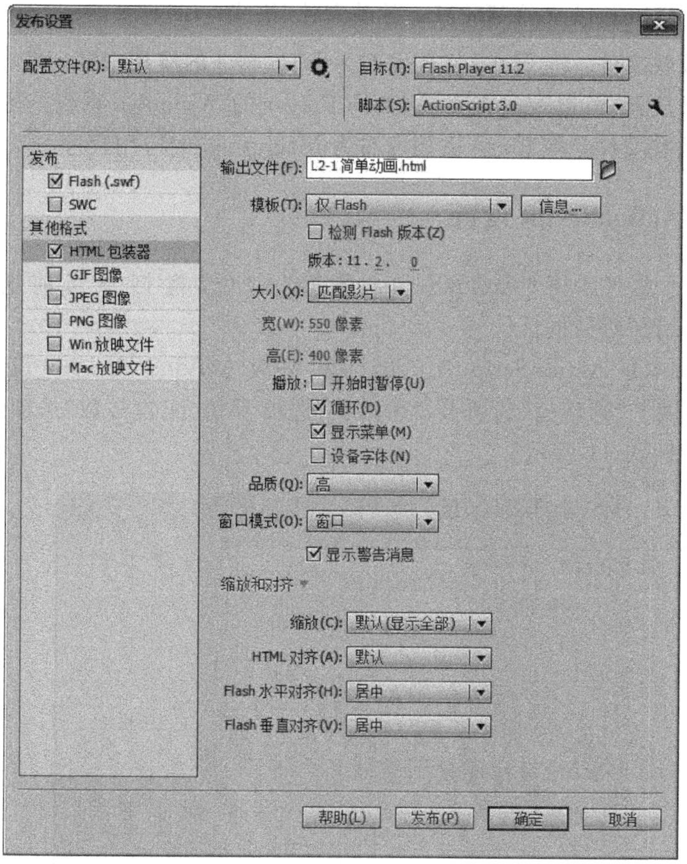

图 14-10　发布 HTML 格式

③ 显示菜单：右击时，弹出的快捷菜单中的命令有效。

④ 设备字体：用反锯齿系统字体取代用户系统中未安装的字体。

(5) 品质：设置动画的品质，包括低、自动减低、自动升高、中、高和最好六个选项。

(6) 窗口模式：设置安装有 FlashActive X 的 IE 浏览器，可利用 IE 的透明显示、绝对定位及分层功能。有以下几种不同模式可以选择。

① 窗口：在网页窗口中播放 Flash 动画。

② 不透明无窗口：可使 Flash 动画后面的元素移动，但在穿过动画时不会显示出来。

③ 透明无窗口：使嵌有 Flash 动画的 HTML 页面背景从动画中所有透明的地方显示出来。

(7) 缩放和对齐：有四个选项。

① 缩放：用于设置修改内容边框或虚拟窗口与 HTML 页面中内容的关系。

② HTML 对齐：设置动画窗口在浏览器窗口中的位置，有左、右、顶、底部及默认等几个选项。

③ Flash 水平对齐：有左对齐、居中、右对齐三个选项；

④ Flash 垂直对齐：有顶部、居中、底部三个选项。

3. 发布为"Win 放映文件"和"Mac 放映文件"格式

(1) Win 放映文件：将 Flash 文档发布为 Windows 的应用程序。发布的应用程序包含 Flash 影片播放器，可以在没有安装 Flash Player 的 Windows 系统上播放动画。

(2) Mac 放映文件：将 Flash 文档发布为 Macintosh 的应用程序。

14.4.2 ActionScript 设置

执行菜单"文件"→"ActionScript 设置"命令，将打开当前所指定脚本的"ActionScript 设置"对话框。

如果当前脚本是 ActionScript 3.0，则打开"高级 ActionScript 3.0 设置"对话框。在该对话框中，提供了"源路径"选项卡、"库路径"选项卡和"配置常数"选项卡，以及文档类相关的选项，如图 14-11 所示。

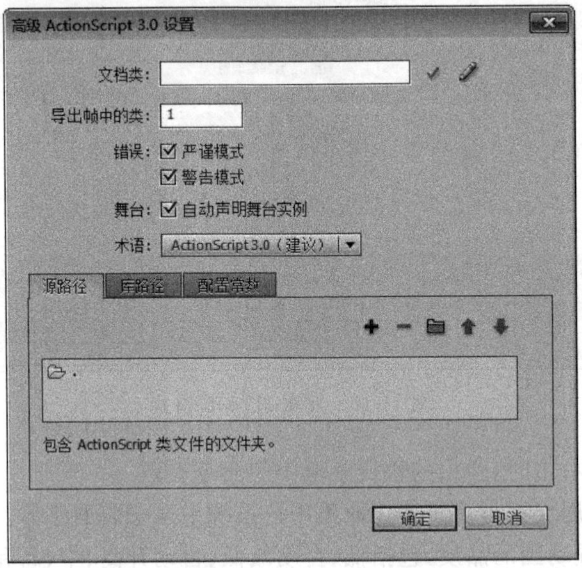

图 14-11 "高级 ActionScript 3.0 设置"对话框

(1) "源路径"选项卡：设置类文件(*.as)所在文件夹路径。在列表中，"."是默认的路径为当前目录。

(2) "库路径"选项卡：设置 SWC 所在文件夹或 SWC 文件路径，如图 14-12 所示。

在列表中，打开文件夹或文件的属性树，双击"连接类型"，打开"库路径项目选项"对话框，可以选择"连接类型"，如图 14-13 所示。

其中，"合并到代码"是将代码资源合并到 SWF 文件；"外部"是播放 SWF 文件时，在指定的位置加载；"运行时共享库 (RSL)"是播放 SWF 文件时，Flash Player 下载资源。

在"运行时共享库设置"选项组中，"默认连接"设置为"运行时共享库 (RSL)"时，需要提供共享库或从服务器下载；设置为"合并到代码"时，将"运行时共享库"合并到影片。

(3) "配置常数"选项卡：定义配置常数，指定是否编译某些 ActionScript 代码行。

提示：初学者不要随意改动和设置这三个选项卡中的内容。

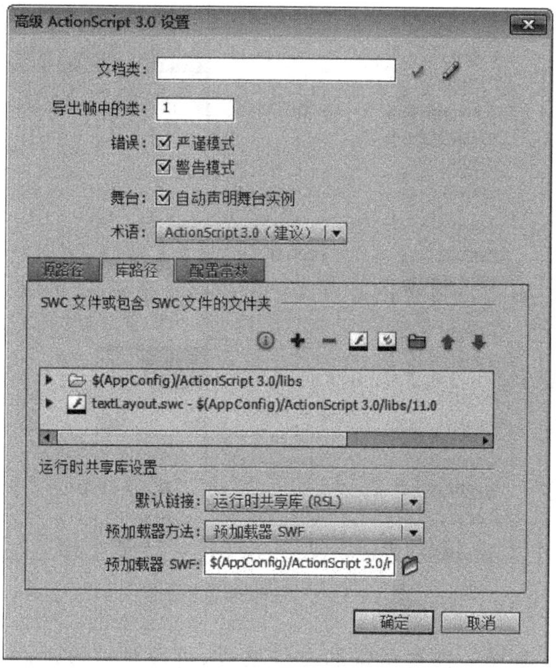

图 14-12　“库路径”选项卡

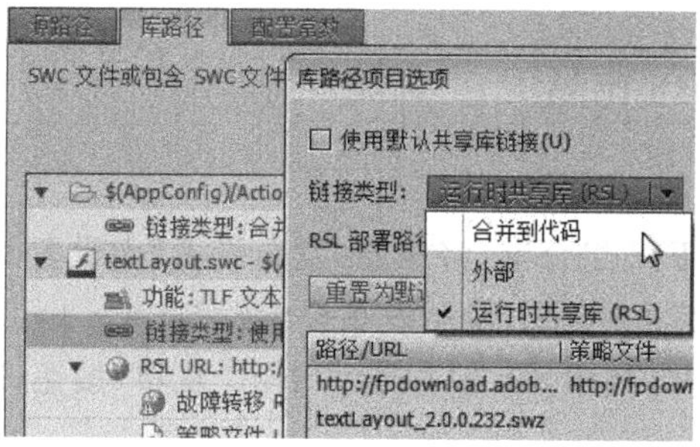

图 14-13　在“库路径”选项卡中，设置“连接类型”

若在动画影片中使用了“TLF 文本”，则播放该影片时需要共享库（发布影片时自动生成运行库）。如果在当前文件夹没提供共享库，则播放动画时将自动从服务器下载。

在“库路径”选项卡的“运行时共享库设置”选项组中，将“默认连接”设置为“合并到代码”，可以将“运行时共享库”合并到影片。播放动画时，不需要提供共享库。

提示：共享库合并到影片，将增加影片文件的大小。

14.4.3　预览发布

设置动画影片的发布格式后，还可以预览动画影片格式的发布效果。

(1) 执行菜单“文件”→“发布预览”命令，打开子菜单，如图 14-14 所示。

提示：按 F12 键，可采用系统默认的发布预览方式对动画进行预览。

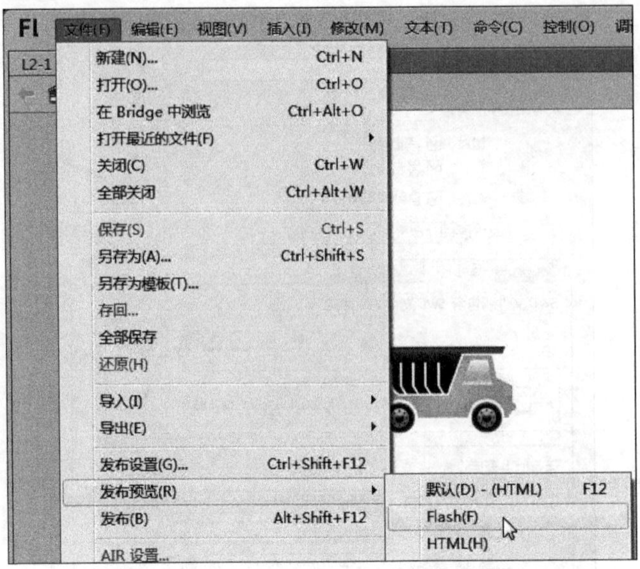

图 14-14 “发布预览”命令

(2) 在子菜单中，选择一种要预览的文件格式，可以预览该动画影片发布后的效果。

提示：预览发布效果时，Flash 将在当前文档所在文件夹，创建“发布设置”中指定的格式文件。

14.4.4 发布 Flash 作品

发布动画的方法，有如下几种：

(1) 按 Alt+Shift+F12 组合键，将按照“发布设置”中设置的格式发布作品。

(2) 执行“文件”→“发布”命令，按照发布设置发布。

(3) 在“发布设置”对话框中，设置完成后，单击“发布”按钮，完成作品的发布。

思 考 题

1. 发布 Flash 作品之前，为什么要对 Flash 作品进行优化？
2. 优化 Flash 作品主要从哪几个方面入手？

操 作 题

制作一个动画影片，练习测试动画、设置发布格式、预览发布、发布影片等操作。

第15章 综合实例

内容提要

本章举例说明制作Flash网站和制作Flash MTV的方法。通过两个综合实例，让读者进一步掌握Flash的综合开发方法，并在实践中找到更多乐趣。

学习建议

按照教材介绍步骤和方法制作网站和MTV过程中，希望充分利用学过的基础知识和掌握的基本技能，不要考虑是否与教材做的一样，具体动画片段的设计要充分发挥自己的创造力。

15.1 个人网站制作

网站由主页面(封面)和6个子页面组成。单击主页面进入子页面，在子页面单击导航按钮可以进入相应的内容页面。主页面如图15-1所示，子页面如图15-2所示。

图15-1 主页面

网站的设计用了两个场景。主页面中，有时钟和文本动画；子页面有8个按钮。具体需要制作的元件有文本动画影片剪辑、时钟影片剪辑、网页标题影片剪辑、主菜单影片剪辑、显示页面影片剪辑、按钮等。每种影片剪辑中又包含不同的元件。

图 15-2　子页面

提示：6 个子页面中没有具体内容，只是用来说明制作 Flash 网站的方法和网站的架构，根据需要可以在页面添加具体内容。

15.1.1　制作主页面

新建 ActionScript 3.0 文档，舞台设置为 550×350 像素。执行菜单“窗口”→“其他面板”→“场景”命令，打开“场景”面板，将“场景 1”更名为“主页面”。

提示：为了说明方便，舞台设置得较小。读者可以根据显示器设置舞台大小。设置舞台大小要考虑浏览器的标题栏、菜单栏、地址栏、任务栏、左右边框、垂直滚动条占据的尺寸。

1. 制作元件

(1) 制作元件“生如夏花”。

新建“影片剪辑”类型元件“生如夏花”。在“图层 1”第 1 帧，用“文本工具”输入绿色(#00FF00)、50 点的垂直文本“生如夏花”，对齐到舞台中心。用“选择工具”选择文本，在“属性”面板，打开“滤镜”选项，设置“投影”滤镜，如图 15-3 所示。

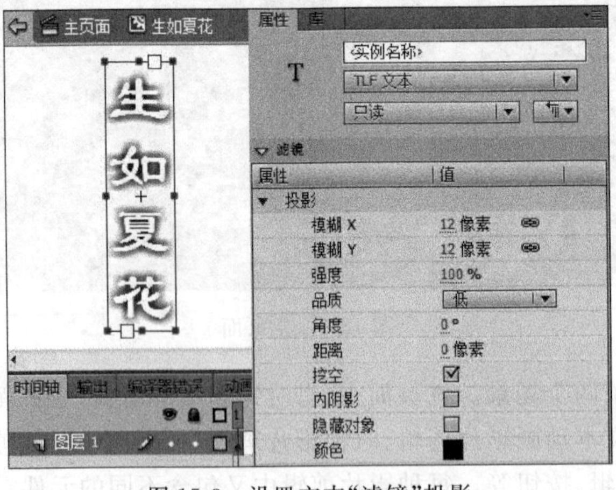

图 15-3　设置文本“滤镜”投影

提示：在元件中，也可以制作文本动画。

(2) 制作"时钟"元件。

① 新建"影片剪辑"类型元件"向日葵"。在元件中导入向日葵图片(素材\图片\位图\向日葵_01.jpg)到第1帧，缩小50%，对齐到舞台中心。分离向日葵图片，用"套索工具"的"魔术棒"选项去除图片背景色。

② 新建"影片剪辑"类型元件"指针"。将元件"向日葵"拖动到"图层1"的第1帧，设置大小10×90像素、位置(0，－30)作为指针，如图15-4所示。

③ 新建"影片剪辑"类型元件"时钟"。将"图层1"更名为"表盘"，将元件"向日葵"拖动到第1帧，对齐到舞台中心。

④ 在元件"时钟"编辑窗口，在图层"表盘"上方插入新图层"刻度"。在第1帧用"椭圆工具"绘制无边线的红色到绿色的径向渐变圆，调整大小为20×20像素，并转换为元件"刻度"。并将实例中心移动到下方(距离为表盘中心到表盘刻度)，如图15-5所示。

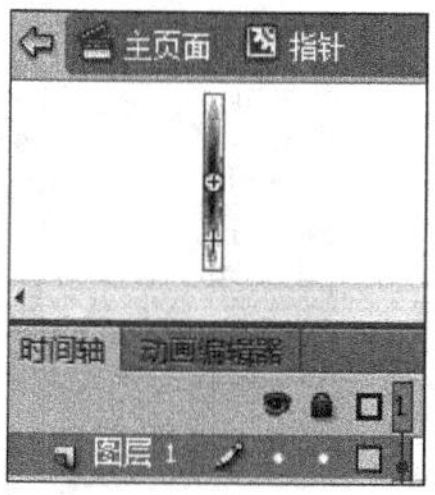

图15-4　元件"指针"

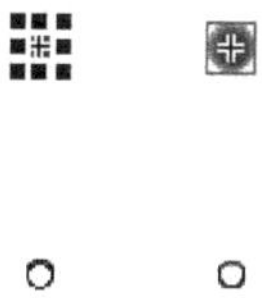

图15-5　制作刻度

⑤ 将元件"刻度"实例拖动到表盘上方，并将中心对齐表盘中心。选择实例后，打开"变形"面板，"旋转"设置30°，单击"重制选区和变形"按钮，复制旋转成12个实例，如图15-6所示。

⑥ 在元件"时钟"编辑窗口，在图层"刻度"上方插入3个图层，从上到下分别命名为"秒针"、"分针"和"时针"。将元件"指针"分别拖动到3个图层的第1帧，实例分别命名为s、m和h。将3个实例坐标均设置为(0,0)，"秒针"实例高为110像素，"分针"实例高为90像素，"时针"实例高为60像素，如图15-7所示。

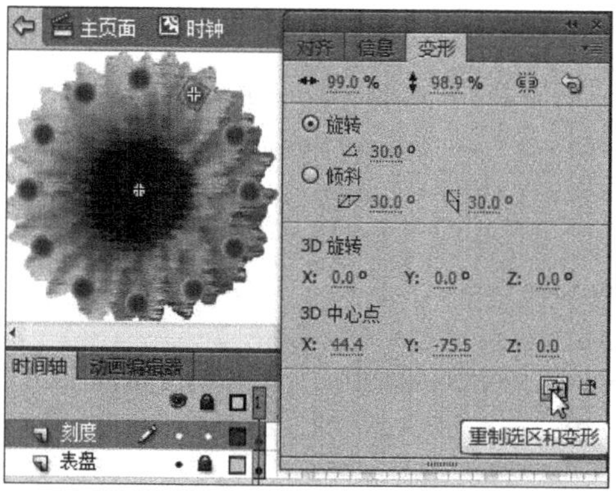

图15-6　制作表盘中的刻度

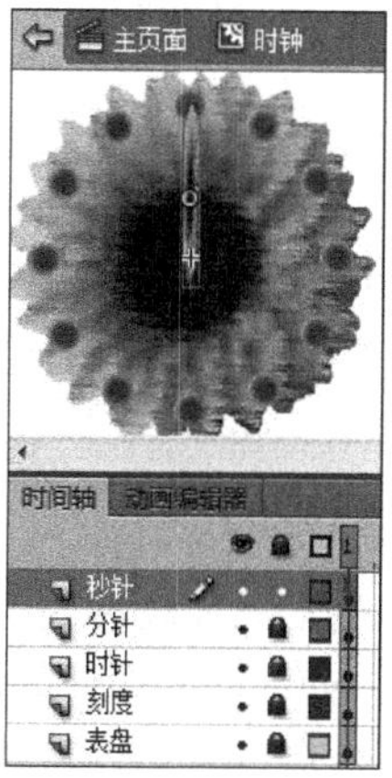

图15-7　元件"时钟"

提示：设置"秒针"、"分针"和"时针"的实例名、位置和大小时，可以利用隐藏图层和锁定图层的方法。

(3) 制作"按钮"元件。

新建"按钮"类型元件"按钮"。在按钮元件的"点击"帧插入空白关键帧，并在其中绘制舞台大小的矩形(550×350 像素)。

2. 制作主页面

(1) 打开场景"主页面"，将"图层 1"更名为"背景"。在第 1 帧导入图片(素材\图片\位图\向日葵.jpg)，将图片缩小为舞台大小，并对齐舞台。锁定图层。

(2) 创建新图层"生如夏花"，将元件"生如夏花"拖动到第 1 帧舞台的左侧。

(3) 创建新图层"时钟"，将元件"时钟"拖放到第 1 帧舞台的中央位置。

(4) 创建新图层"按钮"，将元件"按钮"拖放到第 1 帧，对齐舞台。选择"按钮"实例，打开"属性"面板，将按钮实例命名为 myButton。

(5) 将音乐文件(素材\音乐\铁达尼克.mp3)导入元件"库"。

(6) 创建新图层"音乐"。选择第 1 帧，打开"属性"面板。在"声音"选项组中，"名称"选择"铁达尼克.mp3"；在"效果"选项组中，单击"编辑声音封套"按钮，打开"编辑封套"对话框，降低音量；在"同步"选项组中，选择"开始"；"重复"设置为 999。

场景"主页面"如图 15-8 所示。

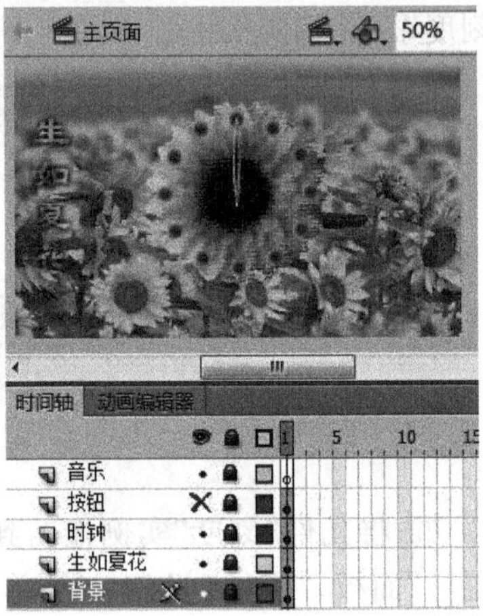

图 15-8 场景"主页面"

(7) 创建新图层"脚本"。选择第 1 帧，打开"动作"面板，输入如下脚本代码：

```
stop();
stage.addEventListener(Event.ENTER_FRAME,clockAnimate);
myButton.addEventListener(MouseEvent.CLICK,gotoNextPage);
function clockAnimate(e:Event):void
{
    var now: Date=new Date();
    clock.h.rotation=now.getHours() * 30+now.getMinutes()/2;
    clock.m.rotation=now.getMinutes() * 6+now.getSeconds()/10;
    clock.s.rotation=now.getSeconds() * 6+now.getMilliseconds() * 0.006;
}
function gotoNextPage(e:MouseEvent):void
{
    stage.removeEventListener(Event.ENTER_FRAME,clockAnimate);
    myButton.removeEventListener(MouseEvent.CLICK,gotoNextPage);
    gotoAndStop(1,"子页面");
}
```

15.1.2　制作子页面

子页面包括主菜单(7个按钮组成)、显示页面、友情链接地址和返回主页面按钮等。

1. 制作元件

(1) 制作按钮元件。

① 新建“按钮”类型元件“个人简历”。在图层1的“弹起”帧,用“矩形工具”绘制70×25像素的无笔触由绿色(0x00FF00)到深绿色(0x006666)径向渐变矩形,对齐舞台中心。在“点击”插入帧,分别在“指针经过”帧和“按下”帧插入关键帧,将“指针经过”帧的矩形填充为深绿色(0x006666)到绿色(0x00FF00)径向渐变。

② 插入新图层“图层2”。在“弹起”帧,用“文本工具”输入文本“个人简历”,对齐舞台中心,设置文本字体和大小(这里选择微软雅黑15点),如图15-9所示。

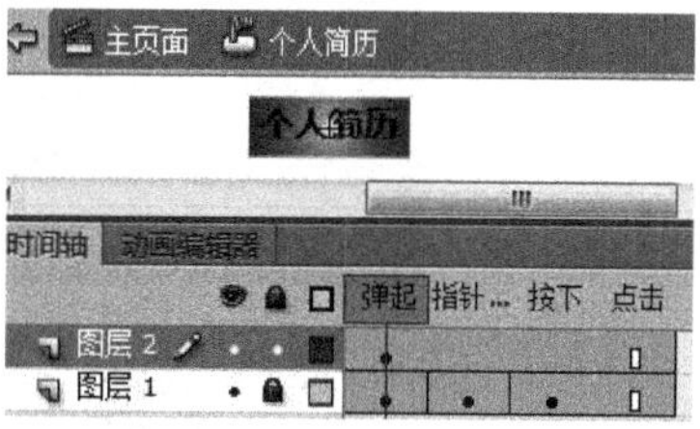

图15-9　按钮“个人简历”

③ 在元件“库”面板右击按钮元件“个人简历”,在弹出的快捷菜单执行“直接复制”命令,创建按钮元件“成长相册”。用同样的方法,创建按钮元件“成长日记”、“学习简历”、“个人爱好”、“网站介绍”、“友情链接”和“返回主页”。

④ 分别打开新建的按钮元件。将按钮中的文本分别修改为“成长相册”“成长日记”“学习简历”“个人爱好”“网站介绍”“友情链接”和“返回主页”。

(2) 制作主菜单元件。

新建“影片剪辑”类型元件“主菜单”。分别将按钮元件“个人简介”“成长相册”“成长日记”“学习简历”“个人爱好”“网站介绍”和“友情链接”拖动到第1帧。将7个按钮水平中齐,垂直居中分布,7个按钮的排列高度约240像素。

将按钮实例分别命名为myButton1、myButton2、myButton3、myButton4、myButton5、myButton6和myButton7,如图15-10所示。

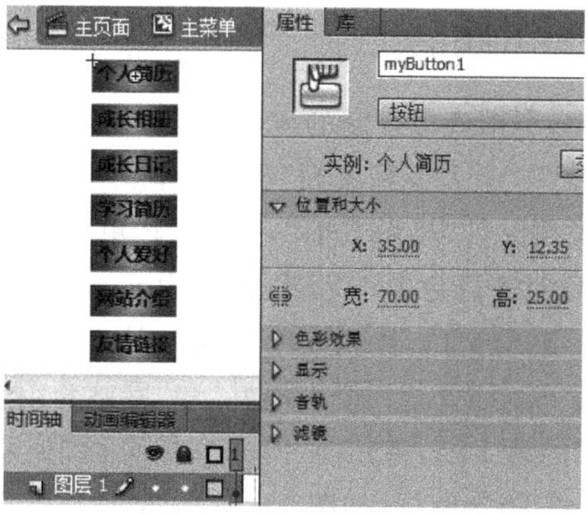

图15-10　元件“主菜单”

(3) 制作显示页面。

在子页面单击按钮时,利用显示页面显示相关的内容。显示页面由显示页面背景和6个显示内容组成。

① 新建"影片剪辑"类型元件"页面背景"。其中绘制矩形,中间浅灰色(#CCCCCC)大小为418×135像素,上边的深绿色(#006600)条大小为418×6像素,下边的深绿色条大小为418×10像素。矩形左上角对齐舞台中心,如图15-11所示。

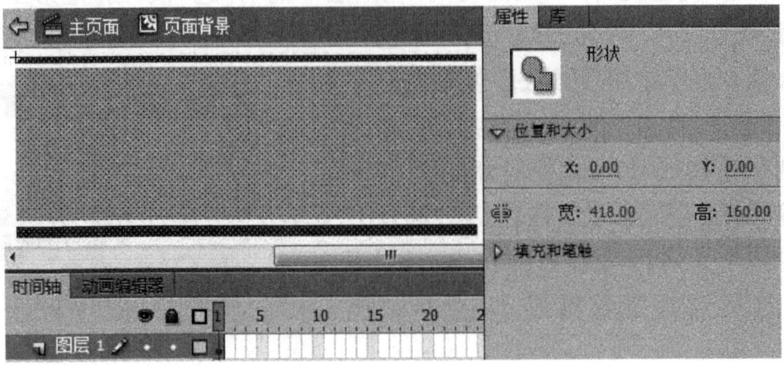

图 15-11 元件"页面背景"

② 新建"影片剪辑"类型元件"个人简历页面"。在300×120像素的文本框内输入文本,左上角对齐舞台中心,如图15-12所示。

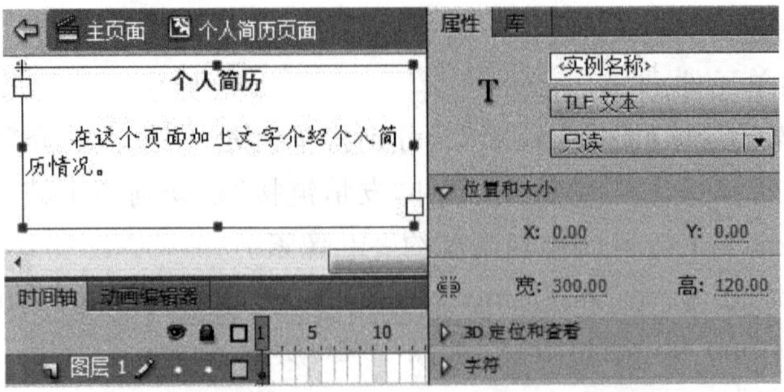

图 15-12 元件"个人简历页面"

③ 在元件"库"面板中,利用直接复制的方法制作5个元件:"成长相册页面"、"成长日记页面"、"学习简历页面"、"个人爱好页面"和"网站介绍页面"。

④ 新建"影片剪辑"类型元件"显示页面","图层1"更名为"页面背景"。在第1帧拖放元件"页面背景",左上角对齐舞台中心,实例命名为pageBack。

⑤ 在元件"显示页面"编辑窗口,插入6个图层。从上到下分别命名为"个人简历"、"成长相册"、"成长日记"、"学习简历"、"个人爱好"和"网站介绍"。

选择图层"网站介绍"的第1帧,将元件"网站介绍页面"拖动到舞台,并对齐"页面背景"实例,实例命名为page6,锁定图层,如图15-13所示。

⑥ 在元件"显示页面"编辑窗口,将元件"个人简历页面"、"成长相册页面"、"成长日记页面"、"学习简历页面"和"个人爱好页面"分别拖动到相应图层的第1帧,"页面背景"

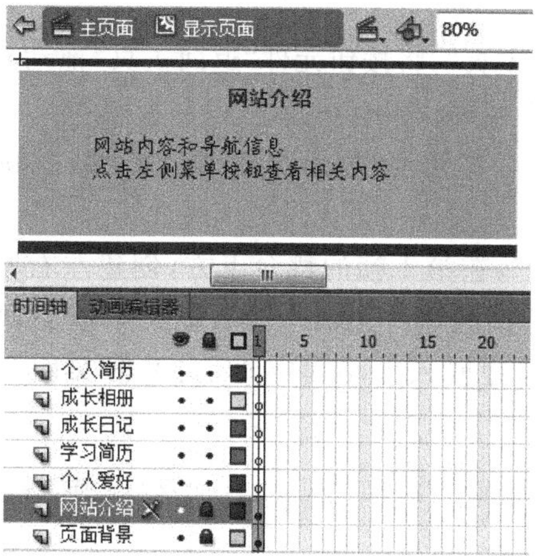

图 15-13　元件"网站介绍页面"

实例的右侧,并垂直中齐。这里坐标设置为(450,20),分别将实例命名为 page1、page2、page3、page4、page5,如图 15-14 所示。

图 15-14　元件"显示页面"编辑窗口

⑦ 在元件"显示页面"编辑窗口,插入新图层"脚本"。选择第 1 帧,打开"动作"面板,输入脚本:

```
stop();
```

2. 制作子页面

单击"主页面"按钮返回到场景。执行菜单"窗口"→"其他面板"→"场景"命令,打开"场景"面板。在面板插入新场景"子页面",并打开场景"子页面"。

(1) "图层 1"更名为"背景",将元件"库"面板中的位图"向日葵.jpg"拖动到第 1 帧,图片缩小为舞台尺寸,并对齐舞台。锁定图层。

(2) 创建新图层"主菜单",将元件"主菜单"拖动到第 1 帧舞台的左侧,位置为(20,

50)。实例命名为 button_mc。

(3) 创建新图层“返回主页”,将按钮元件“返回主页”拖动到第 1 帧舞台的右下角,位置为(490,320)。实例命名为 backButton。

(4) 创建新图层“页面”,将元件“显示页面”拖放到第 1 帧舞台,位置为(110,100)。实例命名为 page_mc。

(5) 创建新图层“文本”,在第 1 帧的舞台下方,创建左右两个 TLF 文本框。左侧文本框输入文本“输入友情链接网址: http://”;右侧文本框类型设置为“可编辑”,“字符”选项组中设置字体和大小,并嵌入大小写字母,文本框实例命名为 txt_url,如图 15-15 所示。

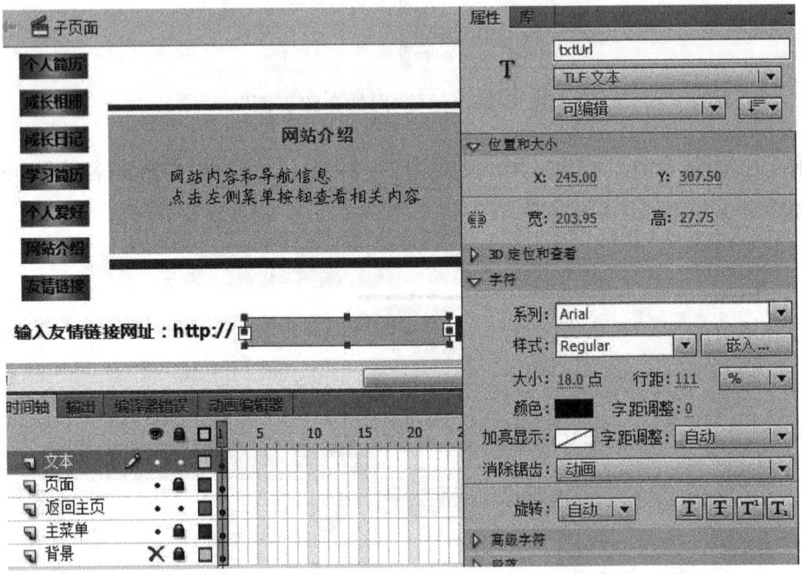

图 15-15 设置文本框属性

提示:为了看清楚输入的网址,可以在文本框“属性”面板的“容器和流”选项组中设置文本框的背景色。

为了看清楚舞台布局,隐藏了图层“背景”。

(6) 创建新图层“脚本”,选择第 1 帧,打开“动作”面板,输入如下脚本:

```
stop();
backButton.addEventListener(MouseEvent.CLICK,backFirstPage);
function backFirstPage(e:MouseEvent):void
{
    this.page_mc.removeEventListener(Event.ENTER_FRAME,page11);
    this.page_mc.removeEventListener(Event.ENTER_FRAME,page22);
    this.page_mc.removeEventListener(Event.ENTER_FRAME,page33);
    this.page_mc.removeEventListener(Event.ENTER_FRAME,page44);
    this.page_mc.removeEventListener(Event.ENTER_FRAME,page55);
    this.page_mc.removeEventListener(Event.ENTER_FRAME,page66);
```

```
        button_mc.myButton1.removeEventListener(MouseEvent.CLICK,page1);
        button_mc.myButton2.removeEventListener(MouseEvent.CLICK,page2);
        button_mc.myButton3.removeEventListener(MouseEvent.CLICK,page3);
        button_mc.myButton4.removeEventListener(MouseEvent.CLICK,page4);
        button_mc.myButton5.removeEventListener(MouseEvent.CLICK,page5);
        button_mc.myButton6.removeEventListener(MouseEvent.CLICK,page6);
        gotoAndStop(1,"主页面");
    }
    button_mc.myButton1.addEventListener(MouseEvent.CLICK,page1);
    button_mc.myButton2.addEventListener(MouseEvent.CLICK,page2);
    button_mc.myButton3.addEventListener(MouseEvent.CLICK,page3);
    button_mc.myButton4.addEventListener(MouseEvent.CLICK,page4);
    button_mc.myButton5.addEventListener(MouseEvent.CLICK,page5);
    button_mc.myButton6.addEventListener(MouseEvent.CLICK,page6);
    button_mc.myButton7.addEventListener(MouseEvent.CLICK,linkUrl);
    function page1(e:MouseEvent):void
    {
        this.page_mc.stop();
        if (this.page_mc.page1.x>50)
        {
            this.page_mc.page2.x=stage.stageWidth;
            this.page_mc.page3.x=stage.stageWidth;
            this.page_mc.page4.x=stage.stageWidth;
            this.page_mc.page5.x=stage.stageWidth;
            this.page_mc.page6.x=stage.stageWidth;
            this.page_mc.removeEventListener(Event.ENTER_FRAME,page22);
            this.page_mc.removeEventListener(Event.ENTER_FRAME,page33);
            this.page_mc.removeEventListener(Event.ENTER_FRAME,page44);
            this.page_mc.removeEventListener(Event.ENTER_FRAME,page55);
            this.page_mc.removeEventListener(Event.ENTER_FRAME,page66);
            this.page_mc.addEventListener(Event.ENTER_FRAME,page11);
        }
    }
    function page11(e:Event):void
    {
        if (this.page_mc.page1.x>50)
        {
            this.page_mc.page1.x+=(50-this.page_mc.page1.x)/6;
        }
        else
        {
            this.page_mc.removeEventListener(Event.ENTER_FRAME,page11);
        }
```

```
}
function page2(e:MouseEvent):void
{
    this.page_mc.stop();
    if (this.page_mc.page2.x>50)
    {
        this.page_mc.page1.x=stage.stageWidth;
        this.page_mc.page3.x=stage.stageWidth;
        this.page_mc.page4.x=stage.stageWidth;
        this.page_mc.page5.x=stage.stageWidth;
        this.page_mc.page6.x=stage.stageWidth;
        this.page_mc.removeEventListener(Event.ENTER_FRAME,page11);
        this.page_mc.removeEventListener(Event.ENTER_FRAME,page33);
        this.page_mc.removeEventListener(Event.ENTER_FRAME,page44);
        this.page_mc.removeEventListener(Event.ENTER_FRAME,page55);
        this.page_mc.removeEventListener(Event.ENTER_FRAME,page66);
        this.page_mc.addEventListener(Event.ENTER_FRAME,page22);
    }
}
function page22(e:Event):void
{
    if (this.page_mc.page2.x>50)
    {
        this.page_mc.page2.x+=(50-this.page_mc.page2.x)/6;
    }
    else
    {
        this.page_mc.removeEventListener(Event.ENTER_FRAME,page22);
    }
}
function page3(e:MouseEvent):void
{
    this.page_mc.stop();
    if (this.page_mc.page3.x>50)
    {
        this.page_mc.page1.x=stage.stageWidth;
        this.page_mc.page2.x=stage.stageWidth;
        this.page_mc.page4.x=stage.stageWidth;
        this.page_mc.page5.x=stage.stageWidth;
        this.page_mc.page6.x=stage.stageWidth;
        this.page_mc.removeEventListener(Event.ENTER_FRAME,page11);
        this.page_mc.removeEventListener(Event.ENTER_FRAME,page22);
        this.page_mc.removeEventListener(Event.ENTER_FRAME,page44);
```

```
            this.page_mc.removeEventListener(Event.ENTER_FRAME,page55);
            this.page_mc.removeEventListener(Event.ENTER_FRAME,page66);
            this.page_mc.addEventListener(Event.ENTER_FRAME,page33);
        }
}
function page33(e:Event):void
{
        if (this.page_mc.page3.x>50)
        {
            this.page_mc.page3.x+=(50-this.page_mc.page3.x)/6;
        }
        else
        {
            this.page_mc.removeEventListener(Event.ENTER_FRAME,page33);
        }
}
function page4(e:MouseEvent):void
{
        this.page_mc.stop();
        if (this.page_mc.page4.x>50)
        {
            this.page_mc.page1.x=stage.stageWidth;
            this.page_mc.page3.x=stage.stageWidth;
            this.page_mc.page2.x=stage.stageWidth;
            this.page_mc.page5.x=stage.stageWidth;
            this.page_mc.page6.x=stage.stageWidth;
            this.page_mc.removeEventListener(Event.ENTER_FRAME,page11);
            this.page_mc.removeEventListener(Event.ENTER_FRAME,page22);
            this.page_mc.removeEventListener(Event.ENTER_FRAME,page33);
            this.page_mc.removeEventListener(Event.ENTER_FRAME,page55);
            this.page_mc.removeEventListener(Event.ENTER_FRAME,page66);
            this.page_mc.addEventListener(Event.ENTER_FRAME,page44);
        }
}
function page44(e:Event):void
{
        if (this.page_mc.page4.x>50)
        {
            this.page_mc.page4.x+=(50-this.page_mc.page4.x)/6;
        }
        else
        {
            this.page_mc.removeEventListener(Event.ENTER_FRAME,page44);
```

```
    }
}
function page5(e:MouseEvent):void
{
    this.page_mc.stop();
    if (this.page_mc.page5.x>50)
    {
        this.page_mc.page1.x=stage.stageWidth;
        this.page_mc.page3.x=stage.stageWidth;
        this.page_mc.page4.x=stage.stageWidth;
        this.page_mc.page2.x=stage.stageWidth;
        this.page_mc.page6.x=stage.stageWidth;
        this.page_mc.removeEventListener(Event.ENTER_FRAME,page11);
        this.page_mc.removeEventListener(Event.ENTER_FRAME,page22);
        this.page_mc.removeEventListener(Event.ENTER_FRAME,page44);
        this.page_mc.removeEventListener(Event.ENTER_FRAME,page33);
        this.page_mc.removeEventListener(Event.ENTER_FRAME,page66);
        this.page_mc.addEventListener(Event.ENTER_FRAME,page55);
    }
}
function page55(e:Event):void
{
    if (this.page_mc.page5.x>50)
    {
        this.page_mc.page5.x+=(50-this.page_mc.page5.x)/6;
    }
    else
    {
        this.page_mc.removeEventListener(Event.ENTER_FRAME,page55);
    }
}
function page6(e:MouseEvent):void
{
    this.page_mc.stop();
    if (this.page_mc.page6.x>50)
    {
        this.page_mc.page1.x=stage.stageWidth;
        this.page_mc.page3.x=stage.stageWidth;
        this.page_mc.page4.x=stage.stageWidth;
        this.page_mc.page2.x=stage.stageWidth;
        this.page_mc.page5.x=stage.stageWidth;
        this.page_mc.removeEventListener(Event.ENTER_FRAME,page11);
        this.page_mc.removeEventListener(Event.ENTER_FRAME,page22);
```

```
            this.page_mc.removeEventListener(Event.ENTER_FRAME,page44);
            this.page_mc.removeEventListener(Event.ENTER_FRAME,page33);
            this.page_mc.removeEventListener(Event.ENTER_FRAME,page55);
            this.page_mc.addEventListener(Event.ENTER_FRAME,page66);
        }
}
function page66(e:Event):void
{
    if (this.page_mc.page6.x>50)
    {
        this.page_mc.page6.x+=(50-this.page_mc.page6.x)/6;
    }
    else
    {
        this.page_mc.removeEventListener(Event.ENTER_FRAME,page66);
    }
}
function linkUrl(e:MouseEvent):void
{
    if (this.txtUrl.text==null||this.txtUrl.text=="")
    {
        this.txtUrl.text="没有输入网址,请输入!";
    }
    else if (this.txtUrl.text.charAt(1)=="w"||this.txtUrl.text.charAt(1)=="W")
    {
        navigateToURL(new URLRequest("http://"+this.txtUrl.text));
    }
    else
    {
        this.txtUrl.text="输入网址不正确,再输入!";
    }
}
```

15.1.3 修饰页面

1. 场景“主页面”

(1) 新建“图形”类型元件“亮度”,在其中绘制一个圆角矩形,圆角半径为 5 点,笔触宽度为 5 像素,宽高为 550×350 像素,填充色与笔触颜色根据需要选择。这里选择填充色为浅蓝色,笔触边线颜色为绿色。

(2) 打开场景“主页面”,在图层“背景”上方创建新图层“亮度”。将元件“亮度”拖动到第 1 帧,并对齐舞台。

(3) 在图层“亮度”的第 1 帧,选择“亮度”实例,在“属性”面板的“颜色效果”选项组中设置 Alpha 值为 30%。

2. 场景"子页面"

(1) 打开场景"子页面",在图层"背景"上方创建新图层"亮度"。将元件"亮度"拖动到第 1 帧,并对齐舞台。

(2) 在图层"亮度"的第 1 帧,选择"亮度"实例,在"属性"面板的"颜色效果"选项组中设置 Alpha 值为 30%。

(3) 在图层"亮度"上方创建新图层"标题"。在第 1 帧输入文本"风华正茂个人网站",文本框对齐舞台顶端、水平中齐,并添加"投影"滤镜。

提示: 为了能够访问填写的网址,在"发布设置"对话框的"Flash(.swf)"选项"高级"列表中,将"本地播放安全性"设置为"只访问网络"。

15.2 《雪绒花》MTV 制作

该 MTV 以雪景和满天飞舞的雪花展现自然景色之美。MTV 由封面和播放歌曲画面构成,如图 15-16 和图 15-17 所示。

图 15-16 封面画面

图 15-17 播放画面

15.2.1 制作场景“封面”

新建 ActionScript 3.0 文档，舞台大小 650×340 像素，背景色为灰色（#999999）。将“场景 1”更名为“封面”。

1. 制作背景音乐元件

(1) 将歌曲（素材\音乐\edelweiss.mp3）导入到元件“库”。

(2) 新建“影片剪辑”类型元件“背景音乐”。选择“图层 1”第 1 帧，打开“属性”面板。在“声音”选项的“名称”列表中选择 edelweiss.mp3。在“效果”选项组中，单击“编辑声音封套”按钮，打开“编辑封套”对话框。在该对话框中，将“起点游标”拖动到开始有声音的位置，单击添加 3 个控制句柄。设计声音逐渐变大，逐渐变小，并减小音量，如图 15-18 所示。

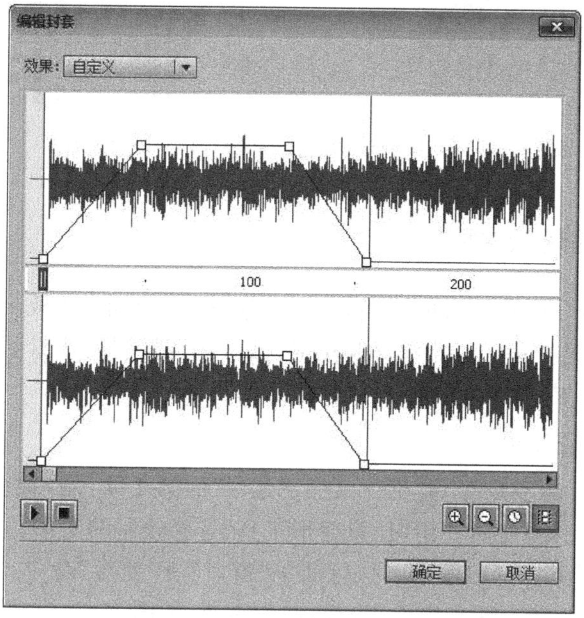

图 15-18 “编辑封套”对话框

(3) 单击“确定”按钮，关闭对话框。将“声音”选项的“同步”设置为“数据流”，“重复”设置为较大的数（这里设置为 999）。

(4) 在“图层 1”的第 150 帧插入帧。

提示：这里以要制作 MTV 的歌曲前奏部分作为封面的背景音乐。利用封套可以查看前奏部分，并确定作为背景音乐需要的帧数。

2. 制作封面

(1) 打开场景“封面”。将“图层 1”更名为“背景”，在第 1 帧导入雪景图片（素材\图片\位图\雪景_01.jpg），并对齐舞台。

(2) 插入新图层“雪人”，在第 1 帧导入雪人图片（素材\图片\位图\雪人_03.png），放置在适合的位置。

(3) 插入新图层"歌名",在第 1 帧输入文本"Edelweiss 雪绒花",并修饰文本,如图 15-19 所示。

(4) 插入新图层"背景音乐",将元件"背景音乐"拖动到第 1 帧,如图 15-20 所示。

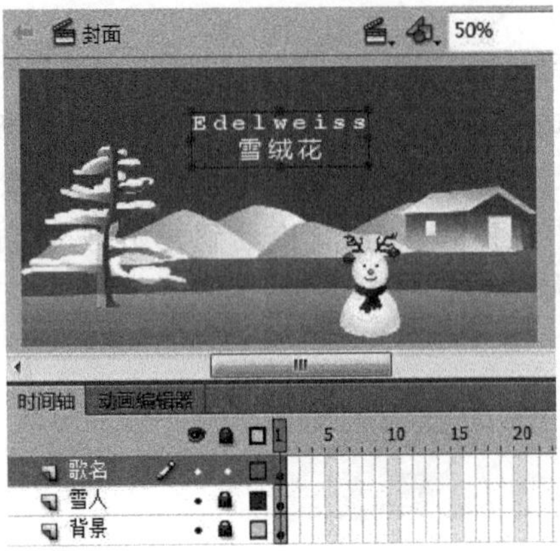

图 15-19 导入背景图片和歌名

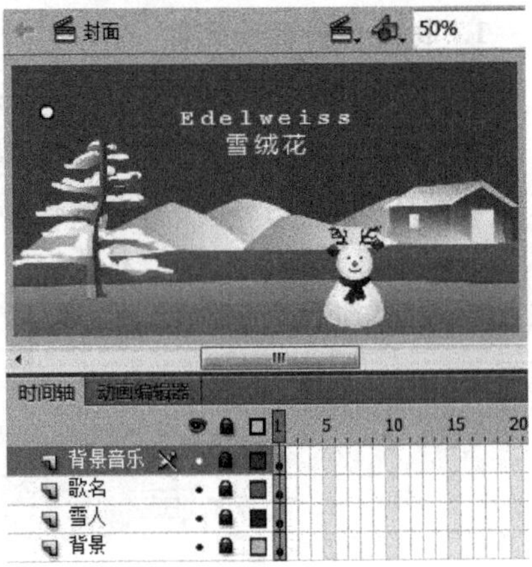

图 15-20 场景"封面"

15.2.2 制作场景"播放"

执行菜单"窗口"→"其他面板"→"场景"命令,打开"场景"面板。在"场景"面板选择场景"封面",单击"直接复制场景"按钮,复制场景,并将复制的场景更名为"播放"。打开场景"播放",保留图层"背景"和"雪人",删除其他图层。

1. 制作飘落雪花元件

(1) 新建"图形"类型元件"雪花"。在"图层 1"的第 1 帧,用"线条工具"绘制白色的"半"字形,如图 15-21(a)所示。用"任意变形工具"选择绘制的图形,并将旋转中心移动到下端水平中心,如图 15-21(b)所示。执行菜单"窗口"→"变形"命令,打开"变形"面板,设置"旋转"60°,单击"重置选区和变形"按钮,制作雪花,如图 15-21(c)所示。

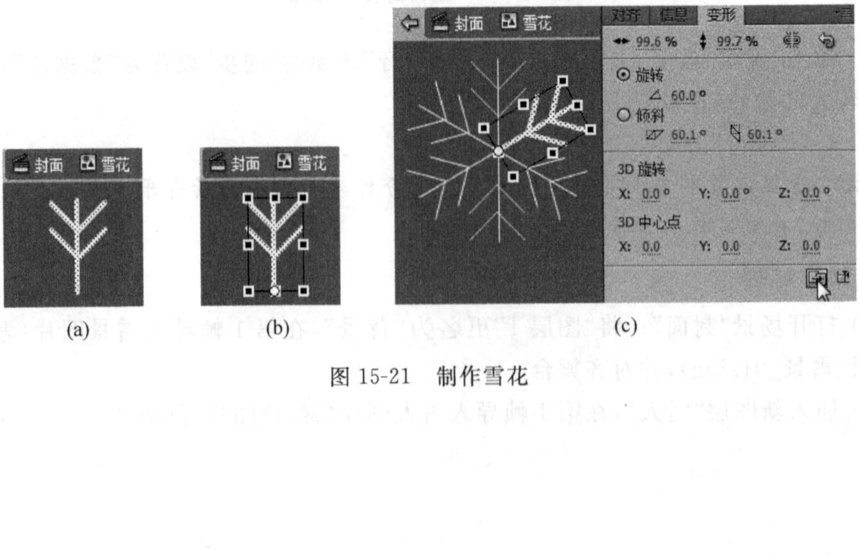

(a) (b) (c)

图 15-21 制作雪花

选择制作的雪花图形，打开“属性”面板。在“位置和大小”选项组中，设置 X 和 Y 坐标均为−10 像素，“宽”、“高”均为 20 像素。

(2) 在元件“库”面板中，将元件“雪花”的“AS 连接”命名为 snow。

(3) 新建“影片剪辑”类型元件“下雪”。选择“图层 1”的第 1 帧，打开“动作”面板，输入如下脚本(这段脚本类似于第 13 章水泡效果的脚本，只不过雪花是下降的)：

```
for (var i:int=0;i<100;i++)     //产生 100 个雪花实例,随机放到舞台上
{
    var mc:MovieClip=new snow();
    addChild(mc);
    mc.x=Math.random() * stage.stageWidth;
    mc.y=Math.random() * stage.stageHeight;
    mc.scaleX=mc.scaleY=Math.random() * 0.8+0.2;
    mc.alpha=Math.random() * 0.6+0.4;
    mc.vx=Math.random() * 2-1;
    mc.vy=Math.random() * 3+3;
    mc.name="mc"+i;
}
import flash.events.Event;
addEventListener(Event.ENTER_FRAME,snowFun);
function snowFun(evt:Event):void{
    for (var i:int=0;i<100;i++)
    {
        var mc:MovieClip=getChildByName("mc"+i) as MovieClip;
        mc.x+=mc.vx;
        mc.y+=mc.vy;     //注意此句与第 13 章水泡效果的类似语句比较,找出区别
        if (mc.y>stage.stageHeight)
        {
            mc.y=0;
        }
        if (mc.x<0||mc.x>stage.stageWidth)
        {
            mc.x=Math.random() * stage.stageWidth;
        }
    }
}
```

2. 制作歌词同步元件

(1) 新建“影片剪辑”类型元件“歌词同步”。将“图层 1”更名为“歌曲”，并选择第 1 帧，在“属性”面板的“声音”选项组中，“名称”选择为 edelweiss. mp3，“同步”设置为“数据流”。

提示：前面已经将歌曲 edelweiss. mp3 导入元件“库”。

(2) 计算歌曲的长度。

提示：在第 1 帧添加歌曲后，在歌曲结束的位置插入帧，才能播放完整的歌曲。这里需要计算歌曲的长度(所需的帧数)。

有两种方法可以计算歌曲的长度。

① 直接计算歌曲的长度。选择歌曲所在的帧(这里选择第 1 帧),打开“属性”面板可以查看相关信息,如图 15-22 所示。

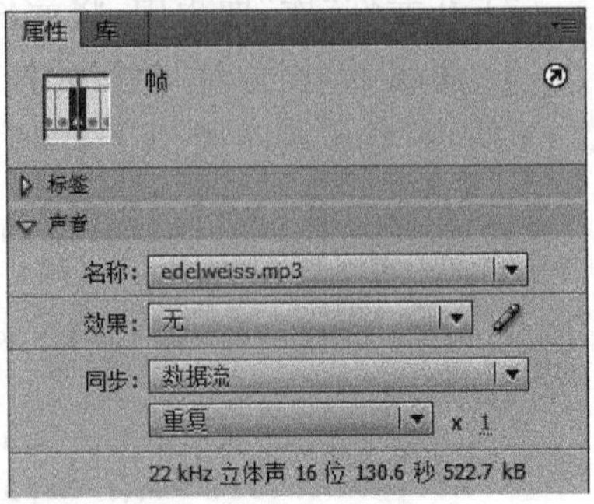

图 15-22 歌曲的信息

添加的歌曲播放时间为 130.6 秒,Flash CS6 默认的播放动画“帧频”为 24fps,即每秒播放 24 帧。可以计算添加歌曲所需帧数为 130.6×24=3134.4,取整数值为 3135 帧。

② 利用“编辑封套”对话框,查看歌曲的长度。选择添加歌曲的第 1 帧,在“属性”面板单击“编辑声音封套”按钮,打开“编辑封套”对话框。在该对话框中单击“帧”按钮,将单位设置为帧。单击“缩小”按钮缩小显示模式,向右拖动下面的水平滚动条到显示歌曲结束位置。因为选择的单位是帧,所以歌曲结束的数值就是歌曲所需的帧数,如图 15-23 所示。

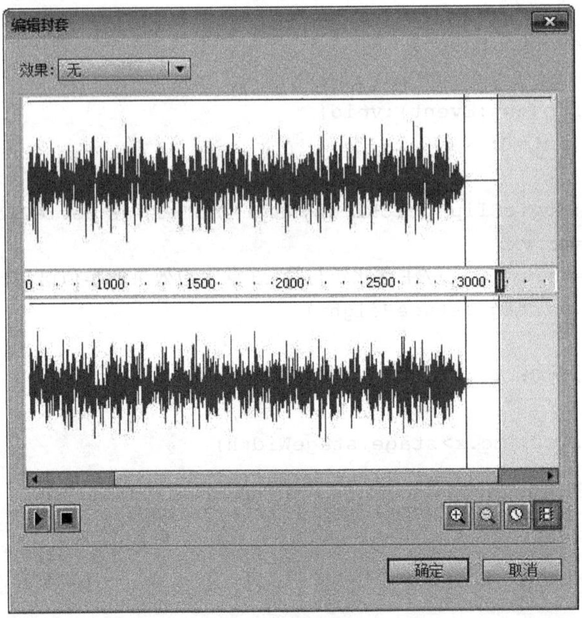

图 15-23 查看歌曲的长度

这里一个刻度的单位是 100,可以读出歌曲的长度为少于 3100 帧。

(3) 歌曲的设置。在图层“歌曲”,逐步插入帧,直到图层的帧数为“3100 帧”。这样图层“歌曲”中的帧数与歌曲的长度保持一致。

提示:从“编辑封套”对话框中读取的帧数并不是精确数值。插入帧时,可以根据图层中查看到信息(有声音的帧有波形)插入歌曲的结束帧。这里在第 2950 帧插入结束帧。

(4) 标识歌词的帧。为了实现歌词与歌曲同步,首先要确定每句歌词显示的帧,然后根据确定的帧添加歌词。

在“播放”场景中插入新图层“标记”。将“播放头”移动到第1帧，按回车键，开始播放歌曲。当听到开始唱第1句歌词时，再按回车键，停止播放歌曲。此时播放头停止的帧就是第1句歌词的显示的帧。在图层“标记”的此帧处插入关键帧，并选择该帧，打开“属性”面板，在“标签”选项组的“名称”输入“第1句”，并将“类型”选择为“注释”，如图15-24所示。

提示：根据按回车键的情况具体确定关键帧的位置。

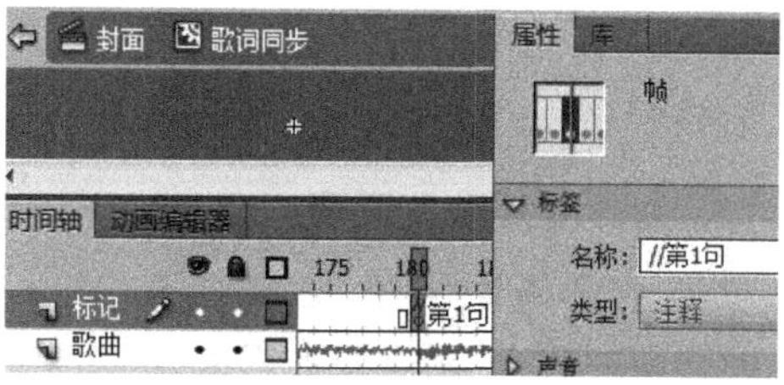

图15-24　在关键帧添加注释做标记

按回车键，继续播放歌曲。用同样的方法在图层“标记”为每一句歌词做标记。

(5) 制作歌词元件。新建“图形”类型元件“歌词1”，在第1帧用“文本工具”输入第1句歌词(素材\音乐\《Edelweiss》歌词.txt)，并修饰文本，相对舞台居中。这里设置Arial、20点的黑色文本。

用同样的方法制作其余歌词的元件。

提示：可以在元件“库”面板中利用“直接复制”元件“歌词1”，创建其他歌词元件，再修改文本。

在元件“库”面板中创建文件夹“歌词”，将所有歌词元件拖动到文件夹“歌词”。

(6) 歌词的制作和设置同步。

① 打开元件“歌词同步”，插入新图层“歌词”。在标记“第1句”的相同帧插入关键帧，并将元件“歌词1”拖放到该帧，对齐舞台中心。

② 在“歌词”图层，选择与标记“第2句”的相同帧，插入关键帧。此时，在该帧的舞台显示的是第一句歌词。选择此歌词实例，在“属性”面板单击“交换”按钮，打开“交换元件”对话框。在该对话框中选择“歌词2”，单击“确定”按钮，如图15-25所示。

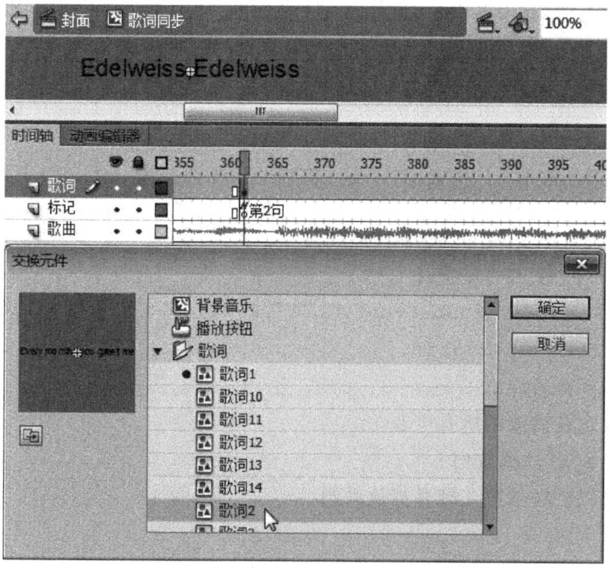

图15-25　“交换元件”对话框

③ 最后一句歌词在第 2925 帧结束。在图层“歌词”的第 2925 帧插入空白关键帧。

④ 在“歌词”图层的第 2950 帧插入空白关键帧。选择该帧，打开“动作”面板，输入如下脚本：

```
stop();
```

3. 制作播放歌曲页面

(1) 打开场景“播放”。

(2) 在“雪人”图层添加雪人。

(3) 插入新图层“下雪”。将元件“下雪”拖动到第 1 帧，对齐舞台左上角(0,0)。

(4) 插入新图层“歌词”。将元件“歌词同步”拖动到第 1 帧舞台下方水平居中。

(5) 插入新图层“脚本”。选择第 1 帧，打开“动作”面板，输入如下脚本：

```
stop();
```

(6) 执行菜单“控制”→“测试场景”命令，测试场景“播放”。场景“播放”如图 15-26 所示。

图 15-26 场景“播放”

15.2.3 设置控制播放的按钮

1. 在封面添加播放按钮

(1) 制作播放按钮。

新建“按钮”类型元件“播放按钮”。在按钮元件的“点击”帧插入空白关键帧，并在其中绘制舞台大小的矩形(650×340 像素)，制作隐形按钮。

(2) 打开场景“封面”。

(3) 插入新图层“按钮”，将元件“播放按钮”拖动到第 1 帧，对齐舞台，并命名按钮实例名为 btn。

(4) 插入新图层“脚本”。选择第 1 帧，打开“动作”面板，输入如下脚本代码：

```
import flash.events.MouseEvent;
stop();          //停止动画播放
btn.addEventListener(MouseEvent.CLICK,Fun);
function Fun(E:Event):void{
    SoundMixer.stopAll();
    //停止播放正在播放的所有声音
    gotoAndPlay(1,"播放");
    //跳转到“播放”场景第 1 帧并播放动画
}
```

(5) 测试动画。最终场景“封面”如图 15-27 所示。

2. 在播放页面添加音量控制按钮

(1) 制作增大音量按钮。

① 创建“按钮”类型元件“加”。

② 在“图层 1”的“弹起”帧，绘制无填充色的蓝色三角形。相对舞台左对齐，垂直居中，如图 15-28 所示。

图 15-27　场景“封面”

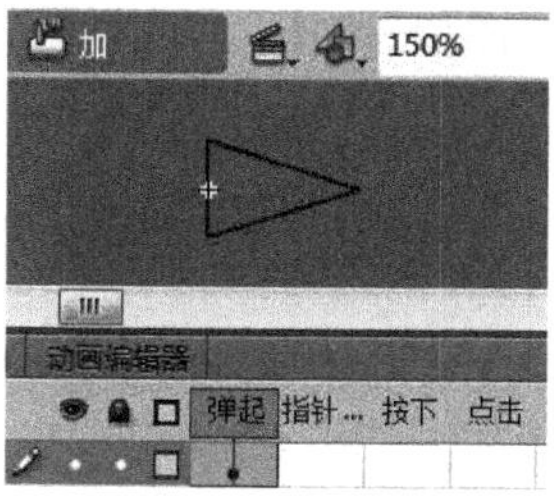

图 15-28　绘制三角形

在“指针经过”帧插入关键帧，并填充水蓝色(＃00FFFF)，在“点击”帧插入帧。

③ 插入新图层“图层 2”。用“文本工具”在“弹起”帧输入“＋”，大小适合于三角形，如图 15-29 所示。

(2) 制作减小音量按钮。

① 在元件“库”面板中，右击元件“加”，在弹出的快捷菜单中选择“直接复制”命令，创建新的按钮元件“减”。

② 打开元件“减”编辑窗口。分别将“图层 1”的“弹起”帧和“指针经过”帧中的图形水平翻转，并右对齐。

③ 将“图层 2”中的“＋”修改为“－”，并右对齐，如图 15-30 所示。

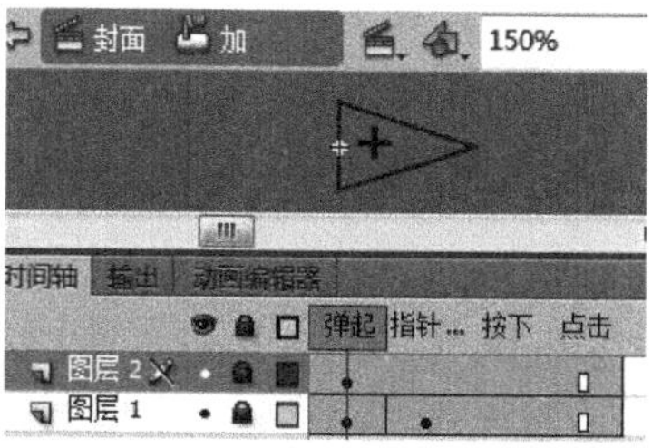

图 15-29　制作增大音量按钮

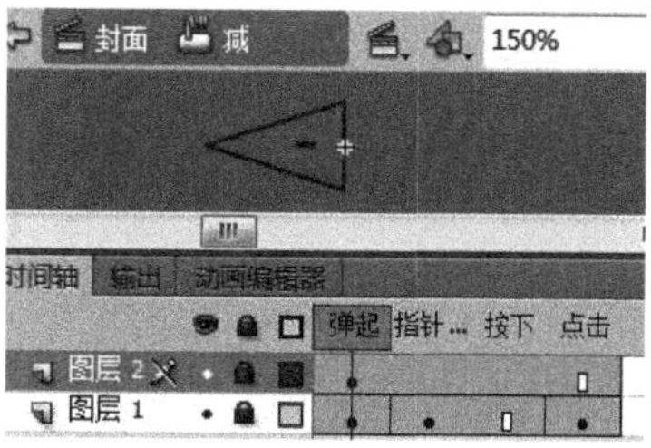

图 15-30　制作减小音量按钮

(3) 制作控制音量按钮。

① 在元件“库”面板中，将声音元件 edelweiss.mp3 的“AS 连接”命名为 mySound。

② 创建“影片剪辑”类型元件“控制音量”。将“图层 1”更名为“按钮”。分别将按钮元件“加”和“减”拖动到第 1 帧，并左右相连接。元件“加”实例命名为 btnR，元件“减”实例

命名为 btnL，如图 15-31 所示。

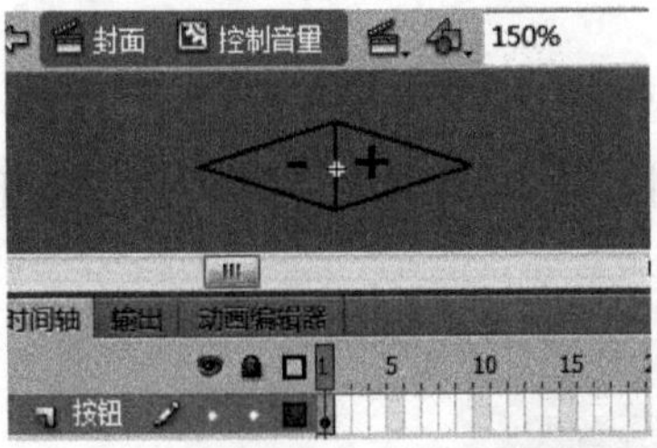

图 15-31 元件“控制音量”

③ 插入新图层“脚本”。选择第 1 帧，打开“动作”面板，输入如下脚本代码：

```
import flash.media.Sound;                    //导入 Sound 类,用于创建 Sound 对象
import flash.media.SoundChannel;             //导入 SoundChannel 类,用于控制声音
import flash.media.SoundTransform;           //导入 SoundTRansform 类,用于控制音量
import flash.events.MouseEvent;              //导入鼠标事件类,用于支持鼠标操作
stop();
var sound:Sound=new mySound() as Sound; //创建声音对象 sound
var sc:SoundChannel=sound.play();            //用声音对象的 play 创建声道 sc
var st:SoundTransform=new SoundTransform();     //创建控制声音音量对象 st
var vol=0.5;                  //定义 vol 变量,用于设置声音音量,0.5 使音量为原来的 50%
st.volume=vol;                //为 st 对象的 volume 属性赋值,设置音量
sc.soundTransform=st;         //将 st 对象分配给声道 sc 对象,以控制 sc 声道中音量
btnR.addEventListener(MouseEvent.CLICK,Rfun);
function Rfun(E:Event)        //定义函数 Rfun,用于增大音量
{
    if(vol<1.0)               //如果 vol 的值小于 1.0
    {
        vol+=0.1;             //使变量 vol 值增加 0.1
    }
    else
    {
        vol=1.0;              //使 vol 值最大为 1.0
    }
    st.volume=vol;            //设置 st 对象的属性 volume 的值
    sc.soundTransform=st;  //将 st 对象分配给声道 sc 对象,以控制 sc 声道中的音量
}
btnL.addEventListener(MouseEvent.CLICK,Lfun);
function Lfun(E:Event)        //定义函数 Lfun,用于减小音量的功能
{
    if(vol>0.0)
    {
        vol -=0.1;
    }
```

```
    else
    {
        vol=0.0;
    }
    st.volume=vol;
    sc.soundTransform=st;
}
```

(4) 打开场景“播放”，插入新图层“音量”。将元件“控制音量”拖动到第 1 帧舞台的右下角。

(5) 打开元件“歌词同步”编辑窗口。选择图层“歌曲”的第 1 帧，打开“属性”面板。“声音”选项组的“名称”选择“无”。

(6) 测试动画。最终场景“播放”如图 15-32 所示。

图 15-32 场景“播放”

提示：在时间轴用数据流播放的声音，无法控制音量。在时间轴插入声音，制作歌曲同步后，不再需要时间轴中播放的声音。可以在属性中设置不播放声音或删除该图层。

利用声音元件创建声音对象，并播放声音和控制声音。

在场景“播放”中，将元件“歌词同步”拖放到舞台后，只能看到实例的旋转中心“○”，看不到歌词。为了定位歌词，选择实例(旋转中心“○”)后，打开“属性”，将“实例的行为”(实例的类型)“影片剪辑”修改为“图形”，并在“循环”选项组中的“第一帧”文本框中输入 897(元件“歌词同步”中，最长歌词(第 5 句)所在的第 7 帧)，如图 15-33 所示。设置完歌词的位置，再将“实例的行为”(实例的类型)修改为“影片剪辑”。

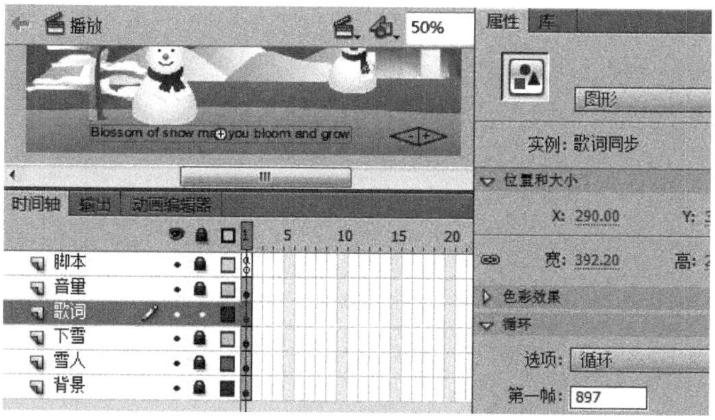

图 15-33 设置歌词的位置

15.2.4 制作动感画面

利用前面学过的知识，根据歌曲的节奏、歌词内容，创建若干个影片剪辑元件，创作动画。打开场景"播放"的图层文件夹"背景"，在图层"风景"和"图片 1"，根据需要插入若干个关键帧，将制作的影片剪辑元件拖放到插入的关键帧。

思 考 题

1. 制作 Flash 作品时，分多个场景有什么好处？
2. 本章介绍的两个实例，可否用一个场景制作？

操 作 题

1. 制作一个网站导航条。
2. 自己选择一首歌曲，制作 MTV。

参 考 文 献

[1] 金升灿，杨家毅，张运香．Flash 动画制作．北京：清华大学出版社，2012.
[2] 高敏．Flash CS6 中文版入门与提高．北京：清华大学出版社，2013.
[3] 张豪，祝文庆，倪宝童．Flash CS6 中文版从新手到高手．北京：清华大学出版社，2014.
[4] 文杰书院．Flash CS6 中文版动画设计与制作．北京：清华大学出版社，2014.
[5] Roger Braunnstein. ActionScript 3.0 宝典．2 版．陶小梅，王超，曹蓉蓉，译．北京：清华大学出版社，2012.
[6] 何红玉，夏文栋．ActionScript 3.0 编程基础与范例教程．北京：清华大学出版社，2013.